"十一五"国家重点图书

演化密码引论

EVOLUTIONARY CRYPTOSYSTEM

张焕国 覃中平 等著

武汉大学出版社

图书在版编目(CIP)数据

演化密码引论/张焕国,覃中平等著.—武汉:武汉大学出版社,2010.12
"十一五"国家重点图书
　ISBN 978-7-307-08398-1

Ⅰ.演… Ⅱ.①张… ②覃…[等] Ⅲ.密码—理论 Ⅳ.TN918.1

中国版本图书馆 CIP 数据核字(2010)第 257296 号

责任编辑:刘　阳　　责任校对:王　建　　版式设计:王　晨

出版发行:**武汉大学出版社**　　(430072　武昌　珞珈山)
　　　　　(电子邮件:cbs22@whu.edu.cn　网址:www.wdp.com.cn)
印刷:武汉中远印务有限公司
开本:787×1092　1/16　印张:24.75　字数:520 千字　插页:3
版次:2010 年 12 月第 1 版　　2010 年 12 月第 1 次印刷
ISBN 978-7-307-08398-1/TN・42　　定价:58.00 元

版权所有,不得翻印;凡购我社的图书,如有质量问题,请与当地图书销售部门联系调换。

序

人类社会在经历了机械化时代和电气化时代之后，进入了一个崭新的信息化时代。信息的获取、存储、传输、处理和安全保障能力成为一个国家综合国力的重要组成部分，信息安全已成为影响国家安全、社会稳定和经济发展的决定性因素之一。我国正处在建设有中国特色社会主义现代化强国的关键时期，必须采取措施确保我国的信息安全。

密码是信息安全的核心技术。掌握现代密码技术是世界大国奋力竞争的制高点之一。发展我国独立自主的密码科学技术，创新是关键。

1999年张焕国和覃中平教授借鉴生物进化的思想，将密码学与演化计算结合起来，提出了演化密码的概念和利用演化密码实现密码设计和分析自动化的方法。所谓演化密码就是一种加密算法在加密过程中可以不断变化，而且越变越好的密码。由于密码算法的可变性和渐强性，所以演化密码可以具有比传统固定算法密码更高的安全性。

张焕国和覃中平教授的研究小组对演化密码的研究，已经经历了十年的历程，取得了丰硕的研究成果。他们在演化密码体制，演化密码芯片，密码部件S盒、P置换、轮函数和安全椭圆曲线的设计自动化，Bent函数等密码函数的分析与演化设计，密码的演化分析，协议的演化设计等方面获得实际成功，而且研制出实际的"演化密码软件系统"。他们的研究表明：演化密码的思想和技术是成功的，而且是密码智能化发展过程中的一种成功实践。

演化密码的概念和利用演化密码实现密码设计和分析自动化方法的提出，是张焕国和覃中平教授在密码学领域的一个创新。他们的研究小组在这方面的研究成果得到国际同行的高度评价，使我国在这一研究领域处于国际前列。

本书集中介绍了张焕国和覃中平教授的研究小组十年来在演化密码方面的研究成果。本书的出版将会推进演化密码理论与技术的交流，促进演化密码的深入研究。我相信，经过广大演化密码爱好者的共同研究，将会取得更辉煌的研究成果。

1999年张焕国和覃中平教授向国家自然基金申请开展演化密码的研究，我支持了这一申请。今天又看到他们取得了丰硕的实际研究成果，并出版了学术专著《演化密码引论》，我由衷地感到高兴。我向张焕国和覃中平教授以及他们的研究小组表示祝贺，并预祝他们在今后的研究中取得更杰出的研究成果！

《演化密码引论》一书的出版，只是演化密码研究的阶段成果总结，而不是研究的结束。演化密码领域值得研究的问题还很多,许多更重要的成果等待人们去探索、去获取。我希望今后能有更多的年青人投入这一领域的研究!演化密码的明天一定会更辉煌!

中国工程院院士　蔡吉人

2010 年 11 月 1 日

致 谢

我们的研究小组在演化密码的研究过程中得到国家自然科学基金项目的连续支持：
①面上项目：演化密码研究（69973034）
②重点项目：网上信息收集和分析的基础问题和模型研究（90104005）
③面上项目：密码函数的演化设计研究（60373087）
④面上项目：密码部件的设计自动化研究（60673071）
⑤面上项目：有理分式公钥密码构造理论研究（60970115）
⑥面上项目：基于混沌优化蚁群安全曲线选择的轻量ECC算法研究（60970006）
⑦面上项目：演化计算在密码分析中的应用研究（61003267）
我们的研究还得到国家863计划项目的支持：
商业密码芯片安全结构与技术研究（2002AA141051）
我们还得到其他系列科研项目的支持。
在此我们一并向他们表示衷心感谢！

张焕国　覃中平
2010 年 10 月

目 录

前言 ·· 1

第1章 信息安全概论 ·· 1
   1.1 信息安全是信息时代永恒的需求 ··· 1
   1.2 信息安全的内涵 ·· 3
   1.3 信息安全的主要研究方向和研究内容 ·· 5
   1.4 信息安全的理论基础 ·· 7
   1.5 信息安全的方法论基础 ··· 9
   1.6 密码是信息安全的关键技术 ··· 10
   参考文献 ·· 16

第2章 智能计算概论 ·· 19
   2.1 演化计算与密码问题求解 ·· 19
   2.2 遗传算法 ·· 21
   2.3 模拟退火算法 ··· 23
   2.4 蚁群算法 ·· 25
   参考文献 ·· 33

第3章 密码学基础 ··· 35
   3.1 密码体制 ·· 35
   3.2 密码分析 ·· 39
   3.3 完善保密 ·· 41
   参考文献 ·· 50

第4章 演化密码基础 ·· 51
   4.1 演化密码的概念 ··· 51
   4.2 演化密码体制的安全性 ··· 54
   4.3 小结 ·· 73
   参考文献 ·· 74

第5章 演化DES类密码体制 ································· 77
5.1 DES的S盒的演化设计 ································· 78
5.2 演化DES密码体制 ······································· 93
5.3 演化DES密码芯片 ····································· 102
5.4 小结 ··· 109
参考文献 ··· 109

第6章 密码函数的演化设计与分析 ·················· 115
6.1 布尔函数的演化设计与分析 ······················· 115
6.2 Bent函数的演化设计与分析 ······················· 125
6.3 Hash函数的演化设计与分析 ······················· 159
6.4 小结 ··· 164
参考文献 ··· 165

第7章 S盒的设计自动化 ······································· 171
7.1 基于多项式表示的S盒演化设计 ··············· 171
7.2 基于MM类Bent函数的完全非线性S盒的设计 ··· 177
7.3 基于正形置换的S盒演化设计 ··················· 182
7.4 小结 ··· 206
参考文献 ··· 207

第8章 P置换的设计和生成 ··································· 211
8.1 P置换的构成 ·· 211
8.2 线性正形置换和广义线性正形置换 ··········· 223
8.3 有限域上的轮换矩阵 ··································· 227
8.4 小结 ··· 234
参考文献 ··· 235

第9章 密码的演化分析 ·· 238
9.1 DES密码的演化分析 ····································· 238
9.2 序列密码的演化分析 ····································· 276
9.3 小结 ··· 291
参考文献 ··· 292

第10章 椭圆曲线的演化产生 ································ 296

10.1 概述 ……………………………………………………………………… 296
10.2 Koblitz 安全椭圆曲线的演化产生 ……………………………………… 297
10.3 大素数域安全椭圆曲线的演化产生 …………………………………… 308
10.4 小结 ……………………………………………………………………… 320
参考文献 …………………………………………………………………… 321

第11章 安全协议的演化设计 …………………………………………………… 324
11.1 协议的演化设计 ………………………………………………………… 324
11.2 认证协议的演化设计 …………………………………………………… 330
11.3 非否认协议的演化设计 ………………………………………………… 344
11.4 小结 ……………………………………………………………………… 356
参考文献 …………………………………………………………………… 358

第12章 演化密码软件系统 ……………………………………………………… 362
12.1 系统结构与功能 ………………………………………………………… 362
12.2 系统功能 ………………………………………………………………… 368
12.3 系统介绍 ………………………………………………………………… 370

附录1 演化设计的2组(16个)DES的S盒 ………………………………………… 377

附录2 演化设计的108个DES的P置换 …………………………………………… 380

前　言

人类社会在经历了机械化、电气化之后，进入了一个崭新的信息化时代。信息科学技术得到突飞猛进的发展，取得了辉煌的成就。信息产业超过钢铁、机械、石油、汽车、电力等传统产业，成为世界第一大产业。信息和信息技术改变着人类的生活和工作方式，离开计算机、网络、电视和手机等电子信息设备，人们将无法生活和工作。因此，信息成为当今最具活力的生产要素和最重要的战略资源，以计算机网络为核心的信息系统成为国家重要的基础设施。

当前，一方面是信息科学技术的空前繁荣，另一方面是危害信息安全的事件不断发生，敌对势力的破坏、黑客攻击、恶意软件侵扰、利用计算机犯罪等，对信息安全构成了严重威胁，信息安全的形势是严峻的。

在信息化社会中，通信、计算机和消费电子的结合，构成了人类生存的信息空间（Cyberspace）。在信息空间中，计算机和网络在军事、政府、金融、工业、商业等方面的应用越来越广泛，社会对计算机和网络的依赖程度越来越大，如果计算机和网络系统的信息安全受到破坏将导致社会混乱并造成巨大损失。我们应当清楚，人类社会中的安全可信与信息空间中的安全可信是休戚相关的。对于人类生存来说，只有同时解决了人类社会和信息空间的安全可信，才能保证人类社会的安全、和谐、繁荣和进步。

因此，信息的获取、存储、传输、处理和安全保障能力成为一个国家综合国力的重要组成部分，信息安全已成为影响国家安全、社会稳定和经济发展的决定性因素之一。我国正处在建设有中国特色社会主义现代化强国的关键时期，必须采取措施确保我国的信息安全。

密码是信息安全的关键技术，安全强度高是对密码的基本要求，然而高安全强度密码的设计却是十分复杂困难的。如何设计出高安全强度的密码和使密码设计自动化是人们长期追求的目标。

大自然是人类获得灵感的源泉。几百年来，将生物界提供的答案应用于实际问题，已经证明是一种成功的方法，并且已经形成了仿生学这个专门的科学分支。我们知道，自然界所提供的答案是经过漫长的演化过程而获得的结果，除了演化过程的最终结果，我们还可以利用这一过程来解决一些复杂问题。于是，我们不必非常明确地描述问题的全部特征，只需要根据自然法则来产生新的更好的解。演化计算正是基于这种思想而发展起来的一种通用的问题求解方法，它具有高度并行、自适应、自学习等特征，它通过优胜劣汰的自然选择和简单的遗传操作使演化计算能够解决许多复杂问题。

1999年我们将密码学与演化计算结合起来，借鉴生物进化的思想，提出了演化密码的概念和利用演化密码的思想实现密码设计和密码分析自动化的方法。所谓演化密码就是一种加密算法在加密过程中可以不断变化，而且越变越好的密码。由于密码算法的可变性和渐强性，所以演化密码具有比传统固定算法密码更高的安全性，同时可以实现密码设计的自动化。基于演化密码的思想还可以实现密码分析的自动化。

演化密码的研究已经经历了十年的历程，取得了丰硕的研究成果，在演化DES密码体制、演化DES密码芯片、密码部件（如S盒、P置换、轮函数和安全椭圆曲线等）的设计自动化、Bent函数、Hash函数等密码函数的分析与演化设计、密码演化分析、协议演化设计等方面已获得实际成功。实践证明，演化密码的思想和技术是成功的。

在演化密码的概念提出和研究成果发表之后，得到国内外许多学者的好评，越来越多的青年研究者投入到这一研究领域中来。由于演化密码是一种新型密码，它的理论和技术都需要经过长期的研究才能逐渐成熟，需要广大研究者的共同研究才能最终取得成功，只有我们小组的研究是远远不够的。我们相信，经过广大研究者的共同研究之后，将会取得更加辉煌的研究成果，演化密码的优势将会更加突出地展现出来。

和许多其他技术和系统一样，密码技术和密码系统也在朝着智能化的方向发展，将最终发展成为智能密码。智能密码将具有自学习、自适应和自演化的能力。智能密码通过学习获取和积累知识，并能够利用知识进行推理，做出正确的判断；对工作环境（包括干扰、攻击等）具有感知和识别的能力，并能够作出反应，进而自我演化以适应环境，如自动增强抗干扰和抗攻击能力等。显然，智能密码至少应具有进化、渐强的性能，而这些恰好是演化密码所具有的。

将演化密码与智能密码对比可知，虽然演化密码距离智能密码还有很大差距，但是演化密码已经具备了智能密码的一些特征，因此演化密码是密码智能化发展过程中的一种成功实践。进一步将演化密码朝智能化的方向发展将是密码智能化的一种有效途径。

本书是我们研究小组十年来在演化密码研究方面阶段成果的总结，这些研究成果都是我的博士研究生、硕士研究生、博士后和到我这里进修的青年教师们取得的，没有他们的创新性研究和勤奋努力，就不可能取得这些研究成果。

全书共分12章。第1章"信息安全概论"由张焕国编写，第2章"智能计算概论"由王潮编写，第3章"密码学基础"由张焕国编写，第4章"演化密码基础"由张焕国、覃中平和李春雷编写，第5章"演化DES类密码体制"由唐明、冯秀涛和覃中平编写，第6章"密码函数的演化设计与分析"由孟庆树和王张宜编写，第7章"S盒的设计自动化"由孟庆树和韩海青编写，第8章"P置换的设计和生成"由韩海清、袁媛和童言编写，第9章"密码的演化分析"由宋军和赵云编写，第10章"椭圆曲线的演化产生"由王潮编写，第11章"安全协议的演化设计"由王张宜、王娟和周雅洁编写，第12章"演化密码软件系统"由唐明编写。全书由张焕国审校和统稿。

本书的出版只是总结了我们小组在演化密码研究方面的阶段性成果,并不是演化密码研究的结束,我们小组将会继续深入研究演化密码的理论、技术和应用问题。我们相信,经过广大演化密码爱好者的共同研究,演化密码将会取得更加辉煌的研究成果,将会有更多的演化密码优秀论文发表和学术著作出版。

演化密码的研究从一开始就得到国家自然科学基金的支持,国家自然科学基金连续给我们支持了7个项目。我国其他一些科学研究领导部门也给了我们项目支持。我们取得的所有研究成果都是在这些科研项目的支持下取得的,没有这些项目的支持,我们的研究是不能顺利进行的。为此,我代表本书的所有作者,向所有支持过我们的领导部门表示衷心的感谢!

在演化密码的研究过程中,我们得到了我国著名密码专家蔡吉人院士、肖国镇教授、陶仁骥教授、王育民教授、王新梅教授、裴定一教授、刘木兰教授、戴宗铎教授、冯登国教授、吴文玲教授、曹珍富教授、陈克非教授、杨义先教授等众多专家教授的支持和帮助,没有他们的支持和帮助,就没有我们今天的研究成果。我代表本书的所有作者,向他们表示衷心的感谢!

作者衷心感谢给予作者指导、支持和帮助的所有领导、专家和同行!衷心感谢本书的每一位读者!

由于作者学术水平所限,书中难免会有不妥和错误之处。对此,作者恳请读者的理解和批评指正,并于此先致感谢之意。

张焕国

于武汉大学珞珈山

2010 年 10 月

第1章 信息安全概论

本章介绍信息安全的社会需求，信息安全的内涵、理论基础、研究内容、方法论，以及密码技术发展等方面的内容。

1.1 信息安全是信息时代永恒的需求

人类社会在经历了机械化、电气化之后，进入了一个崭新的信息化时代。

在20世纪中叶，出现了一批重要的理论，如信息论、控制论、系统论、图灵机理论、冯·诺伊曼理论、计算理论等，它们共同构成了信息科学技术的理论基础。在这些理论的支持和指导下，信息技术得到突飞猛进的发展，取得了辉煌的成就，造就了信息技术与信息产业几十年的繁荣。信息产业超过钢铁、机械、石油、汽车、电力等传统产业，一举成为世界第一大产业。信息和信息技术改变着人类的生活和工作方式，离开计算机、网络、电视和手机等电子信息设备，人们将无法生活和工作。因此，信息成为当今最具活力的生产要素和最重要的战略资源，以计算机网络为核心的信息系统成为国家重要的基础设施。

信息安全是信息的影子，哪里有信息哪里就存在信息安全问题。

当前，一方面是信息技术与产业空前繁荣，另一方面是危害信息安全的事件不断发生，敌对势力的破坏、恶意软件的入侵、黑客攻击、利用计算机犯罪等，对信息安全构成了极大威胁，信息安全的形势是严峻的[1-4]。对我国来说，信息安全形势的严峻性，不仅在于这些威胁的严重性，更在于我国在诸如CPU芯片、计算机操作系统等核心芯片和基础软件方面主要依赖国外产品，这就使我国在信息安全中失去了自主可控的基础。

在信息化社会中，通信、计算机和消费电子的结合，产生了Internet、信息高速公路和全球信息基础设施（GII），构成了人类生存的信息环境，即信息空间（Cyberspace）。在信息空间中，计算机和网络在军事、政治、金融、工业、商业、人们的生活和工作等方面的应用越来越广泛，社会对计算机和网络的依赖性越来越大，如果计算机和网络系统的安全受到破坏将会导致社会的混乱并造成巨大损失。

我们应当清楚，人类社会中的安全可信与信息空间中的安全可信是密切相关的。对于人类生存来说，只有同时确保人类社会和信息空间是安全可信的，才能保证人类社会的安全、和谐、繁荣和进步。

因此，信息的获取、存储、传输、处理和安全保障能力成为综合国力和经济竞争力的重要组成部分，信息安全已成为影响国家安全、社会稳定和经济发展的决定性因素之一，信息安全已成为世人关注的社会问题和信息科学技术领域的研究热点。

我国正处在建设有中国特色社会主义现代化强国的关键时期，必须采取有力措施确保我国的信息安全。

随着信息科学技术持续几十年的高速发展和广泛应用，信息科学技术的发展已经遇到或即将遇到"信息技术墙"的障碍[5,6]。所谓"信息技术墙"是指进一步挖掘并行性和可扩展性所面临的困难，信息处理的高能耗问题和复杂信息系统安全可信性低的问题。信息系统的安全可信成为信息技术进一步发展的主要障碍之一。由于"信息技术墙"的阻碍，到2020年，反映集成电路的集成度每18个月翻一番的摩尔定律不再有效，反映超级计算机的计算速度每10年提高1000倍的千倍定律也不再有效。由此可见，不突破"信息技术墙"的障碍，信息科学技术就难以保持高速持续发展。图1-1所示是信息科学技术领域需要突破的三个重点方向，突破"信息技术墙"的障碍已经成为社会对信息科学技术发展的迫切需求。

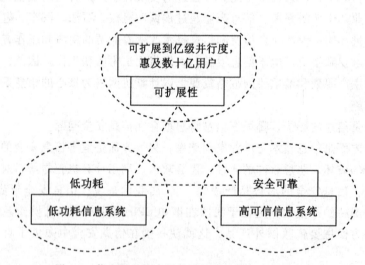

图1-1 信息科学技术领域需要突破的三个重点方向

另外，在信息科学技术持续几十年的高速发展之后，目前在信息科学技术领域出现了普遍存在"技术超前、理论滞后"的现象。笔者在2007年就指出在可信计算领域存在"技术超前、理论滞后"的现象[1,2]。网络和信息系统中的一些问题尚不能得到理论上的圆满解释。另外，一些原有的理论也逐渐呈现出一些局限性。例如，Shannon在信息论中只研究了两点间进行通信时的数据完整性和保密性问题，并相应地提出了用纠错编码提高数据的完整性、用密码提高数据的保密性的方法[12-14]。理论和实践都证明，这是十分正确和有效的。纠错编码和密码对确保通信时的数据完整性和保密性发挥了极其重要的作用，至今仍是主要的技术手段。又由于数据存储的理论模型与通信的模型是一致的，即数据存储本质上可以看成是一种数据通信，因此 Shannon 在信息论中提出的纠错编码和密码方法较好地解决了数据存储和数据传输过程中的数据完整性和保密性问题。但是，Shannon 在信息论中却没有研究信息处理（如计算）中的安全问题，没有研究什么样的计算是安全的，什么样的计算是不安全的。至今，我们在对付信息处理过程中的安全威胁方面缺乏理论指导，这就是今天计算机病毒、蠕虫、木马等恶意软件泛滥成灾，而我们又没有普遍有效的应对办法的根本原因。

由此可见，无论是"信息技术墙"还是"技术超前、理论滞后"，都说明社会需要解决这些问题。众所周知，社会需求是科技进步的源动力，挑战与机遇并存，战胜了挑战便产生了突破。这正说明信息科学技术正面临新的突破机遇。人们根据前苏联经济学家康德拉季耶夫提出经济长波理论，预测在21世纪上半叶信息科学技术将取得突破性进展，形成新的信息科学理论，在21世纪下半叶将出现一次基于这种理论突破的新的信息技术革命[5,6]。

20世纪中期形成的一批信息科学理论，支持了如何设计、构造和应用计算机。21世纪将产生新的信息科学理论，这些新的理论将支持如何设计、构造和应用网络，因此新的理论很可能是网络理论（Network Theory）。历史上没有人设计互联网，它是自己演化涌现形成的。未来的网络理论将建立在对网络的深刻理解之上，不仅要理解网络的协议层，更要理解网络的动力行为、可控性、安全性、健壮性及其演化规律。不太严格地说，这就是现在已经开始研究的可信网络。

在新的信息科学理论的支持下，人们将建立普惠泛在的信息网络体系（U-INS）。这种网络体系具有变革性的器件与系统，具有惠及全民的功能和应用，具有安全可信的网络体系结构。

综上所述，可见无论在信息科学技术发生新的突破之前或之后，信息安全始终是一个重要的问题。因此，我们可以说，信息安全是信息时代永恒的需求，不确保信息安全就不能确保我们赖以生存的人类社会和信息空间的和谐繁荣。

1.2 信息安全的内涵

目前学术界关于信息安全的定义和内涵尚没有形成一个统一的说法，不同的学者根据自己的研究和理解，给出了不同的诠释。尽管这些诠释不尽相同，但是其主要内容却是相同的。

传统的信息安全强调信息（数据）本身的安全属性，认为信息安全主要包含：
(1) 信息的秘密性：信息不泄露给未授权者的特性；

(2) 信息的完整性：保护信息正确、完整和未被修改的特征；

(3) 信息的可用性：已授权实体一旦需要就可访问和使用信息的特征。

信息论的基本知识告诉我们，信息不能脱离它的载体而孤立存在，因此我们不能脱离信息系统而孤立地谈论信息安全。这也就是说，每当我们谈论信息安全时总是不可避免地要谈论信息系统的安全。据此，我们应当从信息系统的角度来全面考虑信息安全的内涵。

信息安全主要包括以下四个层面：设备安全，数据安全，内容安全，行为安全。其中数据安全即传统的信息安全[1-4]。

(1) 设备安全。信息系统设备的安全是信息系统安全的首要问题。

① 设备的稳定性；

② 设备的可靠性；

③ 设备的可用性。

(2) 数据安全。采取措施确保数据免受未授权的泄露、篡改和毁坏。

① 数据的保密性；

② 数据的完整性；

③ 数据的可用性。

(3) 内容安全。内容安全是信息安全在政治、法律、道德层次上的要求。

① 信息内容在政治上是健康的；

② 信息内容符合国家法律法规；

③ 信息内容符合中华民族优良的道德规范。

(4) 行为安全。数据安全在本质上是一种静态的安全。在信息系统中许多数据是程序，程序是要进行某种处理的，处理的过程称为行为。程序在静态存储时就是一种数据，因此数据安全是静态安全。而程序在运行时(也就是动态时)表现为一系列的行为。因此，除了要确保静态的数据安全外，还需要确保动态的行为安全。行为安全符合哲学上实践是检验真理的唯一标准的基本原理。

① 行为的保密性：行为的过程和结果不能危害数据的保密性。必要时，行为的过程和结果也应该是保密的；

② 行为的完整性：行为的过程和结果不能危害数据的完整性，行为的过程和结果是预期的；

③ 行为的可控性：当行为的过程偏离预期时，能够发现、控制并纠正。

信息系统的硬件系统安全和操作系统安全是信息系统安全的基础，密码和网络安全等技术是信息系统安全的关键技术。确保信息系统安全是一个系统工程，只有从信息系统的硬件和软件的底层做起，从整体上采取措施，才能比较有效地确保信息系统的安全。

为了表述简单，在不会产生歧义时可以直接将信息系统安全简称为信息安全。实际上,在多数情况下是不会产生歧义的,而且大家已经这样称呼了。

综上所述,信息安全是研究信息获取、信息存储、信息传输和信息处理领域中信息安全保障问题的一门新兴学科。

信息安全是计算机、电子、通信、数学、物理、生物、管理、法律和教育等学科交叉融合而形成的一门交叉学科,它与这些学科既有紧密的联系,又有本质的不同。信息安全已经形成了自己的内涵、理论、技术和应用,并服务于信息社会,从而构成一个独立的学科。

1.3 信息安全的主要研究方向和研究内容

当前,信息安全的主要研究方向有:密码学,网络安全,信息系统安全,信息内容安全和信息对抗。可以预计,随着信息安全科学与技术的发展和应用,一定还会产生新的研究方向,信息安全的研究内容将更加丰富[7]。

下面分别介绍五个方向的研究内容。

1. 密码学

密码学由密码编码学和密码分析学组成,其中密码编码学主要研究对信息进行编码以实现信息隐藏的方法,而密码分析学主要研究通过密文获取对应的明文信息的方法[10]。密码学研究密码理论、密码算法、密码协议、密码技术和密码应用等,其主要研究内容有:

(1) 对称密码;

(2) 公钥密码;

(3) Hash 函数;

(4) 密码协议;

(5) 新型密码(生物密码,量子保密等);

(6) 密码应用。

2. 网络安全

网络安全的基本思想是在网络的各个层次和范围内采取防护措施,以便能对各种网络安全威胁进行检测和发现,并采取相应的响应措施,确保网络环境的信息安全。其中,防护、检测和响应都需要基于一定的安全策略和安全机制。网络安全的研究包括网络安全威胁、网络安全理论、网络安全技术和网络安全应用等,其主要研究内容有:

(1) 通信安全;

(2) 协议安全;

(3) 网络防护;

(4) 入侵检测;

(5)入侵响应；

(6)可信网络。

3. 信息系统安全

信息系统是信息的载体，是直接面对用户的服务系统。用户通过信息系统得到信息的服务，感知到信息是否安全。信息系统安全的特点是从系统级的整体上考虑安全威胁与防护，它研究信息系统的安全威胁、信息系统安全的理论、信息系统安全技术和应用，其主要的研究内容有：

(1)信息系统的硬件系统安全；

(2)信息系统的软件系统安全；

(3)访问控制；

(4)可信计算；

(5)信息系统安全测评认证；

(6)信息系统安全等级保护；

(7)应用信息系统安全。

4. 信息内容安全

信息内容安全是信息安全在政治、法律、道德层次上的要求。我们要求信息内容是安全的，就是要求信息内容在政治上是健康的，在法律上是符合国家法律法规的，在道德上是符合中华民族优良的道德规范的。

信息内容安全领域的研究内容主要有：

(1)信息内容的获取；

(2)信息内容的分析与识别；

(3)信息内容的管理和控制；

(4)信息内容安全的法律保障。

5. 信息对抗

随着计算机网络的迅速发展和广泛应用，信息领域的对抗从电子对抗发展到信息对抗。

信息对抗是为削弱、破坏对方电子信息设备和信息的使用效能，保障己方电子信息设备和信息正常发挥效能而采取的综合技术措施，其实质是斗争双方利用电磁波和信息的作用来争夺电磁频谱和信息的有效使用和控制权。

信息对抗研究信息对抗的理论、信息对抗技术和应用，其主要的研究内容有：

(1)通信对抗；

(2)雷达对抗；

(3)光电对抗；

(4)计算机网络对抗。

1.4 信息安全的理论基础

信息安全是数学、通信、计算机、物理、生物、法律、管理和教育等学科的交叉学科,其理论基础和方法论基础也与这些学科相关,在学科的形成和发展过程中又丰富和发展了这些理论和方法论,从而形成了自己特有的理论和方法论[7]。

1. 理论基础

(1)数学是一切自然科学的理论基础,当然也是信息安全的基础理论。

现代密码可以分为两类:基于数学的密码和基于非数学的密码,但是基于非数学的密码(如量子保密和 DNA 密码)正处在发展的初期,尚不能实际应用,目前广泛应用的密码仍然是基于数学的密码。本质上,设计一个密码就是设计一个数学函数,而密码破译就是求解某一数学问题。这就从本质上清晰地阐明了数学是密码学的理论基础。作为密码学理论基础之一的数学分支主要有代数、数论、概率统计和组合数学等[11]。

协议是网络的核心,因此协议安全是网络安全的核心。作为协议安全理论基础之一的数学主要有逻辑学等。

因为信息安全领域的斗争,本质上都是攻防双方之间的斗争,因此博弈论便成为信息安全的基础理论之一。

博弈论(Game Theory)是现代数学的一个分支,是研究具有对抗或竞争性质的行为的理论与方法[22]。一般称具有对抗或竞争性质的行为为博弈行为。在博弈行为中,参加对抗或竞争的各方各自具有不同的目标或利益,并力图选取对自己最有利的或最合理的方案。博弈论研究的就是博弈行为中对抗各方是否存在最合理的行为方案,以及如何找到这个合理方案。博弈论考虑对抗双方的预期行为和实际行为,并研究其优化策略。博弈论的思想古已有之,我国古代的《孙子兵法》不仅是一部军事著作,而且是最早的一部博弈论专著。博弈论已经在经济、军事、体育和商业等领域得到广泛应用。信息安全领域的斗争无一不具有这种对抗性或竞争性,如网络的攻与防、密码的加密与破译、病毒的制毒与杀毒、信息隐藏与攻击、信息对抗等。因为信息安全领域的斗争,本质上都是人与人之间的攻防斗争,因此博弈论便成为信息安全的基础理论之一。遵循博弈论的指导原则,我们将在信息安全的斗争中避免被动,掌握主动,立于不败之地。

(2)信息论、控制论和系统论是现代科学的基础,因此也是信息安全的基础理论。

信息论是 Shannon 为解决现代通信问题而创立的,控制论是 Wiener 在解决自动控制技术问题时建立的,系统论是为了解决现代化大科学工程项目的组织管理问题而诞生的。它们本来都是独立形成的科学理论,但它们相互之间紧密联系,互相渗透,在发展中趋向综合、统一,有形成统一学科的趋势。这些理论是信息安全的基础理论。

信息论奠定了密码学和信息隐藏的基础。密码学、信息隐藏的发展至今没有超越信息论的理论范畴。信息论对信息源、密钥、加密和密码分析进行了数学分析,用不确定性和唯一解距离来度量密码体制的安全性，阐明了密码体制、完善保密、纯密码、理论保密和实际保密等重要概念，把密码置于坚实的数学基础之上，标志着密码学作为一门独立的学科的形成。从此，信息论成为密码学的重要的理论基础之一[12-14]。

从信息论角度看，信息隐藏（嵌入）可以理解为在一个宽带信道（原始宿主信号）上用扩频通信技术传输一个窄带信号（隐藏信息）。尽管隐藏信号具有一定的能量，但分布到信道中任意特征上的能量是难以检测的。隐藏信息的检测是一个有噪信道中弱信号的检测问题[15]。因此，信息论构成了信息隐藏的基础。

系统论是研究系统的一般模式、结构和规律的科学[16]。系统论的核心思想是整体观念。任何一个系统都是一个有机的整体，不是各个部件的机械组合和简单相加。系统的功能是各部件在孤立状态下所不具有的。系统论的能动性不仅在于认识系统的特点和规律，更重要的是在于利用这些特点和规律去控制、管理、改造或创造一个系统，使它的存在和发展符合人的需求。

控制论是研究控制和通信的一般规律的科学[17,18]，它研究动态系统在变化的环境条件下如何保持平衡状态或稳定状态。控制论中把"控制"定义为：为了改善受控对象的功能或状态，获得并使用一些信息，以这种信息为基础施加到该对象上的作用。由此可见，控制的基础是信息，信息的传递是为了控制，任何控制又都依赖于信息反馈。

信息安全遵循"木桶原理"。这个"木桶原理"正是系统论的思想在信息安全领域的体现。

保护、检测、反应（PDR）策略是确保信息系统和网络系统安全的基本策略。在信息系统和网络系统中，系统的安全状态是系统的平衡状态或稳定状态。恶意软件的入侵打破了这种平衡和稳定。检测到这种入侵，便获得了控制的信息，进而消灭这些恶意软件，使系统恢复安全状态。

确保信息系统安全是一个系统工程，只有"从信息系统的硬件和软件的底层做起，从整体上采取措施，才能比较有效地确保信息系统的安全"[1-4]。

以上策略和观点已经经过信息安全的实践检验，证明是正确的，是行之有效的，它们符合系统论和控制论的基本原理。这表明，系统论和控制论是信息系统和网络系统安全的基础理论。

（3）信息安全的许多问题是计算安全问题，因此计算理论也是信息安全的理论基础，其中包括可计算性理论和计算复杂性理论等。

可计算性理论是研究计算的一般性质的数学理论，它通过建立计算的数学模型，精确区分哪些是可计算的，哪些是不可计算的。对于判定问题，可计算性理论研究哪些问题是可判定问题，哪些问题是不可判定问题[19]。

计算复杂性理论使用数学方法对计算中所需的各种资源的耗费进行定量分析，并研究各类问题之间在计算复杂程度上的相互关系和基本性质[20]。计算复杂性理论是计算理论在可计算理论之后的又一个重要发展。可计算理论研究区分哪些是可计算的，哪些是不可计算的,但是这里的可计算是理论上的可计算或原则上的可计算。而计算复杂性理论则进一步研究现实的可计算性,如研究计算一个问题类需要多少时间和多少存储空间,研究哪些问题是现实可计算的,哪些问题虽然是理论可计算的,但因计算复杂性太大而实际上是无法计算的。

众所周知,授权是信息系统访问控制的核心,信息系统是安全的,其授权系统必须是安全的。可计算性的理论告诉我们:一般意义上,对于给定的授权系统是否安全这一问题是不可判定问题,但是一些"受限"的授权系统的安全问题又是可判定问题[21]。由此可知,一般操作系统的安全问题是一个不可判定问题,而具体的操作系统的安全问题却是可判定问题。又例如,著名的"停机问题"是不可判定问题,而具体程序的停机问题却是可判定问题。由此可知,一般计算机病毒的检测是不可判定问题,而具体软件的计算机病毒检测又是可判定问题。这就说明了可计算理论是信息系统安全的理论基础之一。

本质上密码破译就是求解一个数学问题,如果这个问题是理论不可计算的,则这个密码就是理论上安全的;如果这个问题虽然是理论可计算的,但是由于计算复杂性太大而实际上不可计算,则这个密码就是实际安全或计算上安全的。如果这个问题是容易计算的,则这个密码是不安全的。"一次一密"密码是理论上安全的密码,其余的密码都只能是计算上安全的密码。根据计算复杂性理论的研究,NPC 类问题是最难计算的一类问题。公钥密码的构造往往基于一个 NPC 问题,以使密码是计算上安全的。如 McEliece 密码基于纠错码的一般译码是 NPC 问题,背包密码基于求解一般背包问题是 NPC 问题,MQ 密码基于多变量二次非线性方程组的求解问题是 NPC 问题等,这说明计算复杂性理论是密码学的理论基础之一。

综上可知,数学、信息论和计算复杂性理论是密码学的理论基础之一。

1.5 信息安全的方法论基础

笛卡儿在 1637 年出版了著作《方法论》,研究论述了解决问题的方法,对西方人的思维方式和科学研究方法产生了极大的影响。笛卡儿在书中把研究的方法划分为四步。

(1)永不接受任何自己不清楚的真理。对自己不清楚的东西,不管是什么权威的结论,都可以怀疑。

(2)将要研究的复杂问题尽量分解为多个比较简单的小问题,逐个解决。

(3)将这些小问题从简单到复杂排序,先从容易解决的问题入手。

(4)将所有问题解决后,再综合起来检验,看是否完全,是否将问题彻底解决了。

笛卡儿的方法论强调把复杂问题分解成一些细小的问题分别解决,是一种分而治之的思想,但是它忽视了各个部分的关联和彼此影响。近代科学特别是系统论的发展使我们发现,许多复杂问题无法分解,分解之后的局部并不具有原来整体的性质,因此必须用整体的思想和方法来处理,由此导致系统工程的出现,方法论由传统的方法论发展到系统性的方法论，系统工程的出现推动了信息科学技术的快速发展[23,24]。

信息安全有自己的方法论，既包含分而治之的传统方法论，又包含综合治理的系统工程方法论，而且将这两者有机地融合为一体。信息安全学科的方法论与数学或计算机科学等学科的方法论既有联系又有区别。具体概括为理论分析、实验验证、技术实现、逆向分析四个核心内容。这四者既可以独立运用，也可以相互结合，从而指导解决信息安全问题，推动信息安全科学与技术的发展。

其中的逆向分析是信息安全特有的方法论。这是因为信息安全领域的斗争本质上是攻防双方之间的斗争，信息安全学科的每一个分支都具有攻和防两个方面，因此必须从攻和防两个方面进行分析研究。例如，在进行密码设计时要遵循公开设计原则，即假设对手知道密码算法、掌握足够的数据资源、具有足够的计算资源，在这样的条件下仍要确保密码是安全的。在进行信息系统和网络系统安全设计时，首先要进行安全威胁分析和风险评估。这些做法就是逆向分析方法论的具体应用，并且已被实践证明是正确的和有效的。

信息安全所面对的信息网络基础设施、安全防御体系、组织管理和法规标准等层次组成的安全保障体系是一个复杂巨系统。

首先，安全保障体系中的主体、客体以及它们的相互作用构成了一个复杂动力系统，其复杂性体现在：

(1) 系统各部件之间互相紧密联系，每一组件的安全性都会受到其他组件的影响，并会引起其他组件安全性的变化。

(2) 系统具有多层次、多功能的结构。

(3) 系统在发展过程中能够不断学习并对其层次结构与功能结构进行重组及调节。

(4) 系统是开放的，与环境有密切的联系，能与环境相互作用。

(5) 系统是动态的，处于不断发展变化之中。

其次，在这种复杂巨系统环境中，信息安全是通过主体对客体的作用体现的，而这种作用具有时空复杂性。

另外，信息安全领域对抗的本质是人与人之间的对抗，而人是最智能的，不考虑人的因素是不可能有效解决信息安全问题的。

因此，我们应当以"人"为核心，运用定性分析与定量分析相结合、注意量变会引发质变、综合处理、追求整体效能，解决信息安全中的理论、技术和应用等问题。

我们提出的"从软硬件底层做起，从整体上采取措施，才能比较有效地解决信息系统安全问题"[1-4]的学术思想就是这一方法论思想的体现。

1.6 密码是信息安全的关键技术

密码技术是一门古老的技术，大概自人类社会出现战争便产生了密码(Cipher)。由于密码长期以来仅用于政治、军事、公安、外交等要害部门，其研究本身也只限于秘密进行，所以密码被蒙上神秘的面纱。在军事上，密码成为决定战争胜负的重要因素之一。有些军事评论家认为，盟军在破译密码方面的成功，使第二次世界大战提前十年结束。

密码技术的基本思想是伪装隐蔽信息，伪装就是对数据施加一种可逆的数学变换。伪装前的数据称为明文(Plaintext)，伪装后的数据称为密文(Ciphertext)。伪装的过程称为加密(Encryption)，去掉伪装恢复明文的过程称为解密(Decryption)。加解密要在密钥(Key)的控制下进行，将数据以密文的形式存储在计算机的文件中或送入网络信道中传输，而且只给合法用户分配密钥。这样，即使密文被非法窃取，由于未授权者没有密钥而不能得到明文，因此未授权者也不能理解它的真实含义，从而达到确保数据秘密性的目的。同样，因为未授权者没有密钥不能伪造出合理的明密文，因而篡改数据必然被发现，从而达到确保数据真实性的目的。与能够检测发现篡改数据的道理相同，如果密文数据中发生了错误或毁坏也能够检测出来，从而达到确保数据完整性的目的。

由此可见，密码技术对于确保数据安全性具有特别重要和有效的作用。

密码的发展经历了由简单到复杂，由古典到近代的发展历程。在密码发展的过程中，科学技术的发展和战争的刺激都起了巨大的推进作用。

1946年电子计算机一出现便用于密码破译，使密码技术进入了电子时代。

1949年Shannon发表了题为《保密系统的通信理论》的著名论文，对信息源、密钥、加密和密码分析进行了数学分析，用不确定性和唯一解距离来度量密码体制的安全性，阐明了密码体制、完善保密、纯密码、理论保密和实际保密等重要概念，把密码置于坚实的数学基础之上，标志着密码学作为一门独立的学科的形成[13]。

然而对于传统密码，通信双方必须预约使用相同的密钥，而密钥的分配只能通过其他安全途径，如派专门的信使等。在计算机网络中，设共有n个用户，任意两个用户都要进行保密通信，故需要$\frac{n(n-1)}{2}$种不同的密钥，当n较大时这个数字是很大的。另一方面，因为安全需要，密钥需经常更换，如此大量的密钥要经常产生、分配和更换，其困难性和危险性是可想而知的。而且有时甚至不可能事先预约密钥，如企业间想通过通信网络来洽谈生意而又要保守商业秘密，在许多情况下不可能事先预约密钥。因此，传统密码在密钥分配上的困难成为它在计算机网络环境中应用的主要障碍。

1976年W. Diffie和M. E. Hellman提出公开密钥密码(Public Key Cryptosystem)的概念，从此开创了一个密码新时代。公开密钥密码从根本上克服了传统密码在密钥分配上的困难，特别适合计算机网络应用，而且容易实现数字签名，因而特别受到重视。目前，公开密钥密码已经得到广泛应用，在计算机网络中将公开密钥密码和传统密码相结合已经成为网络加密的主要形式。在国际上研究得比较充分，而且公认比较安全的公开密钥密码有：基于大整数因子分解困难性的 RSA 密码，基于有限域上离散对数问题困难性的 ELGamal 密码和基于椭圆曲线离散对数问题困难性的椭圆曲线密码（ECC）等。

1977 年美国颁布了数据加密标准（DES, Data Encryption Stantard），这是密码史上的一个创举。DES 算法最初由美国 IBM 公司设计，经美国国家安全局评测后颁布为标准。DES 开创了向世人公开加密算法的先例，它设计精巧、安全、方便，是近代密码成功的典范。它成为商用密码的国际标准，为确保数据安全做出了重大贡献。DES 的设计充分体现了 Shannon 信息保密理论所阐述的设计密码的思想，标志着密码的设计与分析达到了新的水平。1998 年底美国政府宣布不再支持 DES，DES 完成了它的历史使命。1999 年美国政府颁布三重 DES 为新的密码标准。三重 DES 已得到许多国际组织的认可，我国银行系统也采用三重 DES。

早在 1984 年年底，美国总统里根就下令美国国家安全局研制一种新密码，准备取代 DES。经过了近十年的研制和试用，1994 年美国颁布了密钥托管加密标准（EES, Escrowed Encryption Stantard），这是密码史上的又一个创举。EES 的密码算法被设计成允许法律监听的保密方式，即如果法律部门不监听，则加密对其他人来说是计算上不可破译的，但是经法律部门允许可以解密进行监听。如此设计的目的在于既要保护正常的商业通信秘密，又要在法律部门允许的条件下可解密监听，以阻止不法分子利用保密通信进行犯罪活动。而且 EES 只提供密码芯片不公开密码算法。EES 的设计和应用标志着美国密码政策发生了改变，由公开征集转向秘密设计，由公开算法转向算法保密。和 DES 一样，EES 也在美国社会引起激烈的争论。商界和学术界对不公布算法只承诺安全的作法表示不信任，强烈要求公开密码算法并取消其中的法律监督。迫于社会的压力，美国政府曾邀请少数密码专家介绍算法，企图通过专家影响民众，然而收效不大。科学技术的力量是伟大的。1995 年美国贝尔实验室的青年博士 M. Blaze 攻击 EES 的法律监督字段，伪造 ID 获得成功。于是，美国政府宣布仅将 EES 用于话音加密，不用于计算机数据加密，并且后来又公开了密码算法。美国政府于 1997 年又开始公开征集新的数据加密标准算法 AES。

1994 年美国颁布了数字签名标准（DSS, Digital Signature Stantard），这是密码史上的第一次。数字签名就是数字形式的签名盖章，它是确保数据真实性的一种重要措施。没有数字签名，诸如电子政务、电子商务、电子金融等系统是不实用的。由于美国在计算机科学技术方面的领先地位，DSS 实际上成为一种国际标准。许多国际标准化组织都已将 DSS 颁布为数字签名标准。我国于 1995 年颁布了自己的数字签名标准（带消息恢复的数字签名方案 GB15851-1995）。1995 年美国犹他州颁布了世界上第一部《数字签名法》，从此数字签名有了法律依据。2004 年我国颁布了《中华人民共和国电子签名法》，我国成为世界上少数几个颁布数字签名法的国家。

1997 年美国宣布公开征集高级加密标准（AES, Advanced Encryption Stantard）以取

代 1998 年底停止的 DES。经过三轮筛选，2000 年 10 月 2 日美国政府正式宣布选中比利时密码学家 Joan Daemen 和 Vincent Rijmen 提出的密码算法 Rijndael 作为 AES。2001 年 11 月 26 日，美国政府正式颁布 AES 为美国国家标准（编号为 FIST PUBS 197），这是密码史上的又一个重要事件，至今已有许多国际标准化组织采纳 AES 作为国际标准。为了与国际标准一致，我国银行系统也采用 AES。

在美国之后，欧洲启动了 NESSIE(New European Schemes for Signatures, Integrity, and Encryption)计划和 ECRYPT(European Network of Excellence for Cryptology)计划。该计划的实施为欧洲制定了一系列的密码算法，其中包括分组密码、序列密码、公开密钥密码、MAC 算法和 Hash 函数、数字签名算法、识别方案，一共 17 个密码算法，极大地促进了欧洲乃至全世界的密码研究和应用[25]。

1999 年笔者受自然界生物进化的启发，将密码学与演化计算结合起来，提出了演化密码概念和利用演化密码的思想实现密码设计和密码分析自动化的方法[26,27]。在国家自然科学基金项目的长期支持下，我们的研究小组在演化密码体制、演化 DES 密码、演化密码芯片、密码函数的演化设计和分析、密码部件的设计自动化等方面取得了实际成功。和许多其他技术一样，密码也在朝着智能化的方向发展，最终成为智能密码。而演化密码就是密码智能化发展过程中的一种成功实践。

目前美国正在进行新的 Hash 函数标准 SHA-3 的征集审定。2007 年开始公开征集，2009 年 7 月公布了第一轮评审结果，共有 14 个候选算法胜出进入第二轮评审。预计在 2012 年完成最后的评审，最后胜出的算法将作为美国的新 Hash 函数标准[28]。

受科学技术的发展和社会需求的推动，密码学正从原来单纯的基于数学的密码向基于数学的密码和基于非数学的密码同时发展的阶段转变，这是密码学发展中的一次重大变化，其影响将是深远的。

由信息科学、计算机科学和量子力学结合形成的新的量子信息科学正在建立，量子技术在信息科学领域的应用导致了量子计算机、量子通信和量子保密研究热潮的兴起[29,30]。

值得注意的是，一些在电子计算机环境下是安全的密码，在量子计算机的环境下却是可破译的。

目前，针对密码破译的量子计算算法主要有两种。第一种攻击算法是 Grover 在 1996 年提出的一种通用搜索破译算法[31]，其计算复杂度为 $O(2^{n/2})$，这相当于把密码的密钥长度减少了一半，对现有密码构成了一定的威胁，但是这并没有构成本质的威胁，因为我们只要把密钥加长就可以抵抗这种攻击。第二种攻击算法是 1997 年 Shor 提出的在量子计算机上计算离散对数和因子分解的多项式时间算法[32]。对于椭圆曲线离散对数问题，Proos 和 Zalka 指出在 K 量子位的量子计算机上可以容易地求解 k 比特的椭圆曲线离散对数问题[33]，其中 $K \approx 5k + 8(k)^{1/2} + 5\log_2 k$。对于整数的因子分解问题，Beauregard 指出，在 K 量子位的量子计算机上可以容易地分解 k 比特的整数，其中 $K \approx$

$2k$。根据这种分析，利用 1448 量子位的量子计算机可以求解 256 位的椭圆曲线离散对数，因此也就可以破译 256 位的椭圆曲线密码。利用 2048 量子位的量子计算机就可以分解 1024 位的大合数，因此就可以破译 1024 位的 RSA 密码[33]。于是，什么时候能够制造出大规模的量子计算机就成为举世瞩目的焦点。

2007 年 2 月加拿大的 D-Wave System 公司宣布研制出世界上第一台商用 16 量子位的量子计算机，2008 年又提高到 48 量子位，并公布了 128 量子位处理器的 CAD 设计图。当然，目前的这种 48 量子位的量子计算机的计算能力还很有限，还不能够直接攻击密码。但是，它的诞生是了不起的，位数的提升只是时间问题，这是值得我们密切关注的。

即使到了量子计算时代，仍然需要保密，仍然需要密码，其中一种有效的保密技术就是量子保密[29,30]。量子保密的基本依据是量子的测不准原理和量子态的不可克隆、不可删除原理，它是一种基于非数学原理的保密技术。量子保密具有可证明的安全性，同时还能对窃听行为方便地进行检测。这些特性使量子保密具有许多其他密码所没有的优势，因此量子保密引起了国际密码学界和物理学界的高度重视。

另外，根据基本哲学原理：凡是有优点的东西，一定也有缺点。因此，量子计算机既然有优势(有其擅长计算的问题，有其可以破译的密码)，它也就一定有劣势(有其不擅长计算的问题，有其不能破译的密码)。只要我们依据量子计算机不擅长计算的问题设计构造密码，就可以抵抗量子计算机的攻击。目前，量子计算机之所以能够有效地攻击 RSA、ELGmal、ECC 等密码，是因为它擅长计算广义离散傅里叶变换问题，而恰好攻击这些密码的问题可以转换为计算广义离散傅里叶变换问题。计算领域有许多量子计算机不擅长计算的数学问题，依据这些数学问题便可设计构造出抗量子计算密码(Post-Quantum Cryptography)。在已有的密码当中，基于纠错码的一般译码问题困难性的 McEliece 密码，基于多变量二次方程组求解困难性的 MQ 密码等许多密码都可以抵抗量子计算机的攻击，因此都是抗量子计算密码。目前，抗量子计算密码已经成为密码界的一个研究热点[34]，2006 年至今已经举办过三届抗量子计算密码国际会议。

我国科学家在量子计算和量子保密通信领域作出了卓越的贡献。2007 年我国宣布，国际上首个量子保密通信网络由我国科学家在北京测试运行成功，这是迄今为止国际公开报道的唯一无中转、可同时、任意互通的量子保密通信网络，这标志着量子保密通信技术从点对点方式向网络化迈出了关键一步。同样，我国学者在抗量子计算密码的研究方面也取得了一些有影响的研究成果[35-40]。

近年来，生物信息技术的发展推动了 DNA 计算机和 DNA 密码的研究。

DNA 计算具有许多现在的电子计算所无法比拟的优点，如具有高度的并行性、极高的存储密度和极低的能量消耗。2003 年，可人机交互的 DNA 计算机就已经问世，人们已经开始利用 DNA 计算机求解数学难题。如果能够利用 DNA 计算机求解数学难题，就意味着可以利用 DNA 计算机破译密码。

目前人们已经提出了一些DNA密码方案[41-43]，尽管这些方案还不能实际应用，但已经显示出诱人的魅力。由于DNA密码的安全不依赖于计算困难问题，所以不管未来的电子计算机、量子计算机和DNA计算机具有多么强大的计算能力，DNA密码对于它们的计算攻击都是免疫的。

我们相信，量子保密、DNA密码、抗量子计算密码将会把我们带入一个新的密码时代。

密码学历来是中国人所擅长的学科之一，无论是传统密码还是公开密钥密码方面，中国人都作出了自己的卓越贡献[1,2]。

2006年我国政府公布了自己的一个商用密码算法SMS4，这是我国密码史上的第一次。2007年中国密码学会正式成立。这些都是中国密码史上的重要事件，标志着我国密码事业的发展和密码科学与技术的繁荣。

自古以来，密码主要用于军事、政治、外交等要害部门，因而密码学的研究工作本身也是秘密进行的。密码学的知识和经验主要掌握在军事、政治、外交等部门的保密机构，不便公开发表，这是过去密码学的书籍资料一向很少的原因。然而由于计算机科学技术、通信技术、微电子技术的发展，使得计算机、网络和手机等电子信息产品的应用进入了人们的日常生活和工作，于是陆续出现了电子政务、电子商务、电子金融、云计算、物联网、三网融合等必须确保信息安全的信息系统，这就使得民间和商业界对信息安全的需求大大增加。于是在民间产生了一大批不从属于保密机构的密码学者，他们可以毫无顾忌地发表论文，讨论学术，公开地进行密码学研究。密码学的研究方式由过去的单纯秘密进行，转向公开和秘密两条战线同时进行。实践证明，正是这种公开研究和秘密研究相结合的局面促成了今天密码学的空前繁荣。

现在人们预测：在21世纪上半叶信息科学将取得突破性进展，形成新的信息科学理论。21世纪下半叶将出现一次基于这种理论突破的新的信息技术革命。在新的信息科学理论的支持下，人们将建立普惠泛在的信息网络体系(U-INS)。这种网络体系具有变革性的器件与系统，具有惠及全民的功能和应用，具有安全可信的网络体系结构，于是在电子政务、电子商务、电子金融之后又出现了云计算、物联网、三网融合等重要的新型信息系统。在这些系统中必须确保信息的安全，这就为密码技术提供了更广泛的应用空间。

虽然我国在信息安全技术方面整体上落后于美国等发达国家，但我国在信息安全领域中的许多方面有自己的特色。如在密码技术、恶意软件防治、软件加密等方面我国都有自己的特色，而且具有很高的水平。可信计算(Trusted Computing)是近年发展起来的一种信息系统安全新技术，并且已经在世界范围内形成热潮。我国在可信计算领域起步不晚，水平不低，成果可喜，我国已经站在世界可信计算领域的前列[3,4,44]。

我国政府大力支持信息安全科学技术和产业的发展。完全可以相信，我国的信息安全科学技术和产业将会得到迅速发展，为确保我国信息安全作出贡献。

参考文献

[1] 沈昌祥, 张焕国, 冯登国, 等. 信息安全综述[J]. 中国科学, E辑: 信息科学, 2007, 37(2): 129-150.

[2] Shen Changxiang, Zhang Huanguo, Feng Dengguo, et al. Survey of Information Security [J]. Science in Chian Series F, 2007, 50(3): 273-298.

[3] 沈昌祥, 张焕国, 王怀民, 等. 可信计算的研究与发展[J]. 中国科学, 信息科学, 2010, 40(2): 139-380.

[4] Shen Changxiang, Zhang Huanguo, Wang Huaimin, et al. Researches on trusted computing and its developments[J]. Science China: Information Sciences, 2010, 53 (3): 405-433.

[5] 中国科学院信息领域战略研究组.《中国至2050年信息科技发展路线图》[M]. 北京: 科学出版社, 2009.

[6] 李国杰. 信息科学技术的长期发展趋势和我国的战略取向[J]. 中国科学, 信息科学, 2010, 40(1): 128-138.

[7] 张焕国, 王丽娜, 杜瑞颖, 等. 信息安全学科体系结构研究[J]. 武汉大学学报(理学版), 2010, 56(5): 614-620.

[8] 张焕国, 王丽娜, 黄传河, 等. 武汉大学信息安全学科建设与人才培养与实践[J]. 计算机教育, 2009.12.

[9] 张焕国, 王丽娜, 黄传河, 等. 信息安全学科建设与人才培养的研究与实践[C]. 全国计算机系主任(院长)会议论文集, 北京: 高等教育出版社, 2005.

[10] 张焕国, 王张宜. 密码学引论(第二版)[M]. 武汉: 武汉大学出版社, 2009.

[11] 覃中平, 张焕国, 等. 信息安全数学基础[M]. 北京: 清华大学出版社, 2006.

[12] Shannon, C E. A Mathematical Theory of Communication[J]. Bell System Technical Journal, 1948, 27(4): 623-656.

[13] Shannon, C E. Communication theory of secrecy system[J]. Bell System Technical Journal, 1949, 28(4): 656-715.

[14] 王育民, 李晖, 梁传甲. 信息论与编码理论[M]. 北京: 高等教育出版社, 2005.

[15] 王育民, 张彤, 黄继武. 信息隐藏——理论与技术[M]. 北京: 清华大学出版社, 2006.

[16] 李喜先, 等. 工程系统论[M]. 北京: 科学出版社, 2007.

[17] Wiener N. Cybernetics or Control and Communication in the Animal and the Machine [M]. New York: John Wiley & Sons Ioc. 1948.

[18] 维纳 著, 郝季仁 译, 控制论(或关于在动物和机器中控制和通信的科学)[J]. 第

二版，北京：科学出版社，2009.

[19] 杨东屏. 可计算理论[M]. 北京：科学出版社，1999.

[20] 陈志东，徐宗本. 计算数学-计算复杂性理论与 NPC/NP 难问题求解[M]. 北京：科学出版社，2001.

[21] 周锡龄. 计算机数据安全原理[M]. 上海：上海交通大学出版社，1987.

[22] 张维迎. 博弈论与信息经济学[M]. 上海：上海人民出版社，2004.

[23] 张伟刚. 科研方法论[M]. 天津：天津大学出版社，2006.

[24] 金观涛. 控制论与科学方法论[M]. 北京：新星出版社，2005.

[25] 冯登国，林东岱，吴文玲. 欧洲信息安全算法工程[M]. 北京：科学出版社，2003.

[26] 张焕国，冯秀涛，覃中平，等. 演化密码与 DES 密码的演化设计[J]. 通信学报，2002，23(5)：57-64.

[27] 张焕国，冯秀涛，覃中平，等. 演化密码与 DES 的演化研究[J]. 计算机学报，2003，26(12)：1678-1684.

[28] 薛宇，吴文玲，王张宜. SHA-3 杂凑密码候选算法简评[J]. 中国科学院研究生院学报，2009，26(5)：577-586.

[29] 张镇九，张昭理，李爱民. 量子计算与通信加密[M]. 武汉：华中师范大学出版社，2002.

[30] 曾贵华. 量子密码学[M]. 北京：科学出版社，2006.

[31] Grover L K, A fast quantum mechanical algorithm for database search[C]. Proceedings of the Twenty-Eight Annual Symposium on the Theory of Computing, New York：ACM Press, 1996：212-219.

[32] Shor P W. Polynomial-time algorithms for prime factorization and discrete logarithms on a quantum computer[J]. SIAM J. Computer, 1997, (26)：1484-1509.

[33] Darrel H, Alfred M, Scott V, Guide to Elliptic Curve Cryptography[M]. New York：Springer, 2004. 中译本：张焕国，王张宜，译. 椭圆曲线密码学引论[M]. 北京：电子工业出版社，2005.

[34] Bernstein D J, Buchmann J, Dahmen E. Post-Quantum Cryptography [M]. Berlin：Springer Verlag, 2009.

[35] 胡予濮. 一个新型的 NTRU 类签名方案[J]. 计算机学报，2008，31(9)：1662-1666.

[36] 聂旭云. 多变量公钥密码系统及其代数攻击[D]. 北京：中国科学院研究生院博士学位论文，2007.

[37] 王励成，王立华，曹珍富，等. 辫群上的共轭链接问题及基于辫群的数字签名方案的新设计[J]. 中国科学：信息科学，2010，40(2)：258-271.

[38] 王后珍,张焕国,管海明,等. 一种新的加噪扰动算法及其对 SFLASH 签名方案安全性的增强[J]. 中国科学:信息科学, 2010, 40(3):393-402.

[39] Wang Houzhen, Zhang Huanguo, Guan Haiming, et al. A New Perturbation Algorithm and Enhancing Security of SFLASH Signature Scheme[J]. SCIENCE CHINA Information Sciences, 2010, 53(4):677-884.

[40] Wang HouZhen, Zhang HuanGuo, WU QianHong, et al., Design theory and method of multivariate hash function[J]. SCIENCE CHINA Information Sciences, 2010, 53(10):1977-1987.

[41] Leiee A, Richter C, Banzhaf W, et al. Cryptography with DNA Binary Strands[J]. Biosystems, 2000, 57(1):13-22.

[42] 来学嘉,卢明欣,秦磊,等. 基于 DNA 技术的非对称加密与签名方法[J]. 中国科学:信息科学, 2010, 40(2):240-248.

[43] 卢明欣,来学嘉,肖国镇,等. 基于 DNA 技术的对称加密方法[J], 中国科学:信息科学, 2007, 37(2):175-182.

[44] 张焕国,赵波,等. 可信计算[M]. 武汉:武汉大学出版社, 2010.

第 2 章 智能计算概论

本章简单介绍演化密码中常用的几种演化计算方法(Evolutionary Computing)：遗传算法、模拟退火和蚁群算法。这些算法的进一步的内容以及最新的一些演化算法，请参阅相关文献。

2.1 演化计算与密码问题求解

2.1.1 模拟大自然演化过程的演化计算

演化计算(Evolutionary Computing)是从生物进化的过程中得到灵感和启发，用计算机模拟大自然的演化过程(特别是生物进化过程)来进行优化和问题求解的一种仿生计算方法，演化计算起源于 20 世纪五六十年代，目前演化计算已经成为计算机科学的一个重要组成部分[1]。

达尔文的进化论指出：自然界提供的答案是经过漫长的自适应过程，即经过演化过程而获得的结果。除了从演化过程中产生结果，还可以运用演化这个过程去解决不少复杂的问题。

演化计算正是基于这种思想而发展起来的一种通用的问题求解方法，它可以在不用描述全部的问题特征的情况下，只需要根据自然法则来产生新的更好的解。它采用简单的编码技术来表示各种复杂的结构，对一组编码简单的遗传操作和优胜劣汰的自然选择来指导学习和确定搜索方向空间的各个区域，而且用种群组织搜索的方式使得演化计算特别适合大规模并行计算。

演化计算的各类算法都是一种随机概率搜索算法，但是并非简单的随机搜索，从所求解问题的一些相互竞争的候选解集的种群开始，通过随机地对现有的解施加改变来得到新的解，并用性能的一个目标函数来对每个候选解进行评价，得到每个候选解的适应度，然后再由某种选择机制来确定哪些解被保留下来作为后续子代的"父代"。演化计算的各类算法都是利用已有的信息来搜索更优的解，如通过遗传算法的杂交算子和蚁群算法的信息素等，把搜索注意力集中在感兴趣的解上，通过变异算子或爬山法跳出局部解空间，搜寻更好的解，这样既达到优化目的，也加快了搜索的速度，降低了搜索需要的空间量级。

经典的演化计算算法通常有以下几种：

(1) 遗传算法 GA(Genetic Algorithm)[2]以及在此基础上发展起来的演化策略 ES(Evolution Strategies)和演化规划 EP(Evolutionary Programming)。

(2) 模拟退火 SA(Simulated Annealing)[3]。

(3) 蚁群算法 ACS(Ant Colony System)。

(4) 粒子群算法 PSO(Particle Swarm Optimization)。

智能计算是一个广阔的研究领域，除了上述几种算法之外，还有许多其他的智能算法，对此不再赘述。

2.1.2　演化计算与密码问题求解

演化计算作为随机概率算法，可以证明在概率意义下渐进收敛到全局最优解，保证概率 1 的渐进收敛，而且计算结果优于确定性算法。

演化计算在组合优化问题求解和搜索问题求解领域已经取得较大成果，特别是城市旅行商问题(TSP)、0-1 背包问题、装箱问题、生产线调度优化等 NP 困难问题。密码学的分析和设计中很多问题可以归结为搜索和优化的 NP 困难问题，因此演化计算解决密码设计与分析中的搜索和优化问题也是必然的，从而实现密码部件设计的自动化和密码分析的自动化。

演化计算克服传统随机测试算法和穷尽搜索算法的局限性，它根据个体生存环境即目标函数来进行有指导的搜索。演化计算在密码学中的应用，是通过目标函数的设计，进行类似于多目标优化问题的求解，可以同时针对不同的密码学性能指标改善密码部件或密码系统的密码学性质，对传统密码设计与分析中的思维方式起补充作用。

与传统的密码算法设计和分析的确定性数学方法相比，这些确定性数学方法或者是通过穷尽搜索完成，或者需要对密码算法本身的数学特性有很深入的了解，否则不能保证快速生产密码部件的参数或者对密码算法进行有效分析。通过演化计算在密码学中的应用，可以实现密码部件的设计自动化和密码分析自动化，节省密码设计和密码分析的人力和时间[4,5,6]。在这方面，本书后面的各章节给出了许多十分成功的实例。

演化计算尽管不能保证在多项式时间内找到 NP 困难问题的最优解，但是可以找到次优解，演化计算以不依赖于问题本身的方式搜索未知空间以找到高适应值[1-3]，具备不用描述全部的问题的特征的情况下进行问题求解的特性，非常适合密码部件的优化设计和密码分析，特别是对于密码算法未知或者无解析表达式的情况下的密码分析。基于这一特性，我们判定：将来也有望在密码算法设计时，通过密码部件的优化，满足对未知攻击模式的抵御需求[17]。

2.2 遗传算法

2.2.1 遗传算法的发展历史

遗传算法最早在1965年由美国Michigan大学的J. H. Holland教授在其专著《自然系统和人工系统中的自适应》(*Adaption in Natural and Artificial Systems*)中提出。遗传算法是模拟生物在自然环境中的遗传和进化过程而形成的一种自适应全局优化概率搜索算法,它把问题的参数用基因表示,把问题的解用染色体表示(二进制码基因编码表示),算法存在一个代表问题潜在解集的种群,从而得到一个由具有不同染色体的个体组成的种群。该种群由经过基因编码的染色体个体组成。每个个体携带不同的染色体,染色体作为遗传物质的主要载体表现为某种基因组合,决定了个体性状的外部表现。这个种群在问题特定的环境里生存竞争,适者有最好的机会生存和产生后代。后代随机地继承了父代的最好特征,并也在生存环境的控制支配下继续这一过程。在初代种群产生之后,按照适者生存和优胜劣汰的原理,使用选择算子、交叉算子和变异算子这三种基本遗传操作,演化产生出代表新的解集的种群。种群像自然进化一样,后代种群的染色体都将逐渐适应环境,不断演化,最后逐代演化收敛到一族最适应环境的个体,即得到问题的最优解。

从数学角度看,遗传算法是一种随机搜索算法;从工程角度看,它是一种自适应的迭代寻优过程。构成简单遗传算法的要素主要有:染色体编码、个体适应度评价、遗传算子以及遗传参数设置等。目前的遗传算法已不再局限于二进制编码,将不同的编码策略(即不同的数据结构)与遗传算法的结合称为演化规划EP(Evolution Program)。

演化策略模仿自然界演化规律以解决参数优化问题,1963年德国柏林大学的I. Rechenberg和Ii. P. Schwefel合作于流体工程学院进行风洞实验,由于在设计中描述物体形状的参数难以用传统的方法进行优化,提出利用生物变异的思想来随机改变参数,取得了较好的效果,随后产生了演化策略这一计算模型。早期演化策略的种群中只包含一个个体,而且只是使用变异操作。在每一演化代,变异后的个体与其父体进行再选择两者之优,这一策略目前称为(1+1)策略。但这种策略存在很多弊端,如有时收敛不到全局最优解、效率较低等,后来的改进方法是增加种群内个体的数量,从而演化为(p+1)演化策略。

2.2.2 遗传算法概述

遗传算法通过模拟"优胜劣汰,适者生存"的规律提供随机优化与搜索,遗传算法具有如下特点:遗传算法不是盲目的乱搜索,也不是穷举式的全面搜索,它根据个体生存环境即目标函数来进行有指导的搜索。遗传算法适用于无解析表达式的目标函数优化，具有很强的通用性，且隐含并行性。

1. 遗传算法中的生物遗传学概念

遗传算法是由进化论和遗传学机理而产生的直接搜索优化方法，遗传学概念、遗传算法概念和相应的数学概念三者之间的对应关系如表 2-1 所示。

表 2-1　　　　　　遗传学、遗传算法和数学三者之间的对应关系

序号	遗传学概念	遗传算法概念	数学概念
1	个体	要处理的基本对象、结构	可行解
2	群体	个体的集合	被选定的一组可行解
3	染色体	个体的表现形式	可行解的编码
4	基因	染色体中的元素	编码中的元素
5	基因位	某一基因在染色体中的位置	元素在编码中的位置
6	适应值	个体对于环境的适应程度，或在环境压力下的生存能力	可行解所对应的适应函数值
7	种群	被选定的一组染色体或个体	根据入选概率定出的一组可行解
8	选择	从群体中选择优胜的个体，淘汰劣质个体的操作	保留或复制适应值大的可行解，去掉小的可行解
9	交叉	一组染色体上对应基因段的交换	根据交叉原则产生的一组新解
10	交叉概率	染色体对应基因段交换的概率（可能性大小）	闭区间 $[0,1]$ 上的一个值，一般为 $0.65 \sim 0.90$
11	变异	染色体水平上的基因变化	编码的某些元素被改变
12	变异概率	染色体上基因变化的概率（可能性大小）	开区间 $(0,1)$ 内的一个值，一般为 $0.001 \sim 0.01$
13	进化、适者生存	个体优胜劣汰地进化，一代又一代地优化	目标函数取最大值，即最优的可行解

2. 遗传算法的步骤

遗传算法计算优化的操作过程主要有三个基本操作（或称为算子）：选择（Selection）、交叉（Crossover）、变异（Mutation）。

下面给出遗传算法的具体步骤。

第一步：选择编码策略，把参数集合（可行解集合）转换为染色体结构空间；

第二步：随机产生初始化种群（Population），拥有 M 个染色体的初始化种群 S，

$S=\{S_1, \cdots, S_M\}$，M 为训练染色体的容量，种群的大小决定了搜索空间；

第三步：确定遗传策略，包括选择群体大小，选择、交叉、变异方法以及确定交叉概率 p_c、变异概率 p_m 等遗传参数；

第四步：定义适应函数(Fitness Function)：$F(X)$，即目标函数，便于计算适应度函数值；

第五步：计算群体中的个体或染色体解码后的适应值，并计算 S 中每个解得适应度函数值 $F(S)=\{F(S_1), \cdots, F(S_M)\}$；

第六步：按照遗传策略，运用选择、交叉和变异算子作用于群体，形成下一代群体；

选择算子的作用是选择好的基因。选择算子的方法有很多，如轮盘赌选择方法(Roulette Wheel Selection)、筛选择算法(Boltman Selection)、锦标赛选择方法(Tournament Selection)、分级选择方法(Rank Selection)、稳定状态选择方法(Steady State Selection)和精英主义等。

交叉的目的是从种群中选择父代，交叉形成新的母体群；变异的目的是防止种群的解陷入局部解。

(1) 选择 S 中的个体组成繁衍后代的父体群 $S=\{(S_i, S_j) \mid 1 \leqslant i, j \leqslant M\}$，$M$ 为产生后代的个数。

(2) 根据交叉、变异等手段，以概率方式(交叉概率 p_c 和变异概率 p_m)产生并组成新的后代群体 $S^{(2)}=\{S_1^{(2)}, \cdots, S_N^{(2)}\}$，$N$ 为产生后代的个数。

(3) 以 $S^{(2)}$ 中个体作为问题的解并分别计算 $F(S^{(2)})=\{F(S_1^{(2)}), \cdots, F(S_N^{(2)})\}$。

第七步：判断 $F(S^{(2)})$ 中存在优于 $F(S)$ 的个体，或者群体性能是否满足某一指标，或者是否已完成预定的迭代次数，不满足则返回第五步，或者修改遗传策略再返回第六步。

2.3 模拟退火算法

2.3.1 模拟退火算法的物理意义

模拟退火算法是一类被称为 Monte Carle 方法的随机弛张算法，该算法源于对固体退火的模拟。

当固体被加热时，固体粒子热运动增强，随着温度的升高，粒子与其平衡位置的偏离越来越大。当温度达到溶解温度后，固体的规则性被彻底破坏，固体被溶解为液体。粒子排序从有序的结晶态到无序的液态，这个过程称为溶解。溶解过程的目的在于消除原先系统中可能存在的非具有状态，使随后的冷却过程以某一平衡态为起始点。

冷却时，液体粒子的热运动逐渐减弱，随着温度逐渐降低，粒子运动渐趋有序。当温度降至结晶温度后,粒子运动即为围绕晶体格点的微小振动,液体凝固为固体的晶态,这个过程就是"退火"。退火过程一定要"徐徐"进行,这是为了使系统在每一个温度下都达到平衡态,最终达到固体的基态。退火过程中,系统的能量随着温度的降低而趋于最小值。若冷却时温度急剧下降,则会引起淬火效应,固体只能冷却为非均匀的亚稳态,系统的能量也不能达到最小值。

根据 Boltzmann 有序性原理,系统在每一个温度点上达到平衡态的过程遵循自由能减少定律:封闭系统的状态变化总是朝着自由能减少的方向进行。当自由能达到最小值时,系统达到平衡态。

对固体在恒定温度下达到热平衡的过程可以用 Monte Carle 方法模拟,Monte Carle 方法的优点是简单。

后来,Metropolics 提出了一种重要的采样方法,并用这一方法成功解决了这个问题,采样方法如下。

首先给定以粒子相对位置表征的初始状态 i,当前状态的能量为 E_i,采用摄动装置使随机选取的某个粒子的位移随机地产生一微小变化,得到一个新的状态 j,新状态的能量为 E_j,若 $\Delta E = E_j < E_i$,则新状态 j 为重要状态;若 $\Delta E = E_j > E_i$,那么新状态 j 是否为重要状态要按照处于该状态的概率 P 来决定,其中:

$$P = \begin{cases} \exp(-\Delta E/T) & \Delta E > 0 \\ 1 & \Delta E \leq 0 \end{cases} \quad (2\text{-}1)$$

采用随机数发生器产生一个在区间[0,1)中的随机数 ξ,若 $P > \xi$ 则新状态 j 为重要状态,否则舍去。

若新状态 j 为重要状态,则用替代 i 为当前状态,否则 i 为当前状态。再重复上述过程,在大量迁移后,系统趋于能量较低的平衡态。

2.3.2 基于 Metropolics 准则的模拟退火算法

对固体退火过程的研究给人们在求解大规模组合优化问题以新的启示。1982年,Kirkpatrick 等首先意识到固体退火过程与组合优化问题存在相似性。而 Metropolics 等对固体在恒定温度下达到热平衡过程的模拟终于导出了 Metropolics 准则被引入组合优化问题,得到一种以 Metropolics 算法进行迭代的组合优化算法。由于这种算法模拟固体退火过程,因此称为模拟退火算法。

在模拟退火算法中,一个组合优化问题的解 U 和目标函数 $J(U)$ 与固体的状态和能量 E 对应,在算法进程中递减其值的参数 t 对应固体退火过程中的温度 T,对于控制参数 t 的每一个取值,算法持续进行"产生新解—判断—接收/舍弃"的迭代过程对应于固体在某一恒定温度下趋于热平衡的演化过程,也就是执行了一次 Metropolics 算法。与 Metropolics 从某一初始状态出发,通过计算系统的时间演化过程,求出系统最终达到的状态相似,模拟退火算法从某个初始解出发,通过减小控制参数 t 的值,重复执行

Metropolics 算法，就可以在控制参数 t 趋于 0 时，最终得到组合优化问题的整体最优解。由于固体退火要求"徐徐"降温，才能使固体在每个温度下都达到热平衡，最终趋于能量最小的基态，模拟退火算法的控制参数 t 的值也要缓慢衰减，才能确保最终趋于组合优化问题的整体最优解。

模拟退火算法描述如下：

(1) 确定求解问题的目标函数 $E(U)$，设置初始温度 $T_{\max}$、终止温度 $T_{\min}$、每个温度上的迭代次数 $I_{\max}$。

(2) 令 $i=0$，初始温度 $T=T_{\max}$，随机选择初始值 $U^{(0)}$。

(3) 随机产生一个新的候选解 $U^{(i+1)'}$。

(4) 计算 $\Delta E = E(U^{(i+1)'}) - E(U^{(0)})$。

(5) 计算 $P = \begin{cases} \exp(-\Delta E/T) & \Delta E > 0 \\ 1 & \Delta E \leq 0 \end{cases}$

(6) 若 $P=1$，则接收 $U^{(i+1)} = U^{(i+1)'}$；否则产生一个在 [0，1] 中均匀分布的随机数 ξ，若 $P > \xi$，则接收 $U^{(i+1)} = U^{(i+1)'}$；否则 $U^{(i+1)} = U^{(i)}$。

(7) 令 $i = i+1$，若 $i < I_{\max}$，转到步骤 (3)；

(8) 令 $i=0$，$U^{(0)} = U^{(I_{\max})}$。根据温度方案减少 T。若 $T > T_{\min}$，则转到步骤 (3)，否则结束。

模拟退火算法在本质上是对求解空间的部分随机搜索。但是，在模拟退火算法中，算法的每一步都随机产生一个新的候选解，如果这个候选解使目标函数减小，则它总是可以接受的；否则就要计算 Metropolics 准则接受概率 P 来确定是否接受这个候选解的可能性大小。这就使得模拟退火算法与梯度下降方法等局部搜索算法有了本质上的区别，后者仅在目标函数下降的方向上运动，而模拟退火算法可以在目标函数增加的方向上运动。模拟退火算法根据 Metropolics 准则除了接受优化解外，还在一个限定的范围内接受恶化解，开始时 t 值较大，Metropolics 准则接受概率 P 趋于 1，接受较差的恶化解的概率也大；随着 t 值降低，Metropolics 准则接受概率 P 减小，接受较差的恶化解的概率也变小；最后当 t 趋于 0 时，Metropolics 准则接受概率 P 也趋于 0，就不再接受恶化解。这就使得模拟退火算法可以从局部最优的"陷阱"中跳出，有可能达到组合优化问题的整体最优解，同时又不失算法的通用性和简单性。

2.4 蚁群算法

2.4.1 蚁群算法的产生与发展

在自然界，生物学家通过长期观察发现，蚂蚁等昆虫虽然个体的行为以及智能都很简单，但是它们可以通过群体性的活动产生高度的智能从而进行一些如觅食、筑巢等复杂的活动。人们从这些现象中得到了启发,对这些简单个体的群体性活动进行了模拟,提出了群体智能算法,即简单的个体通过分布式的计算以及简单的信息交流使得群体可以表现出一定高度的智能行为。蚁群算法就是群体智能算法中的一个重要分支。

如前所述,蚁群在觅食的时候,总能找到从蚁巢到食物之间的最短路径。蚂蚁个体的行为非常简单,如果单个蚂蚁进行觅食,则它无法快速地找到到达食物的路径,然而通过蚂蚁群体的合作却能在食物与蚁巢之间快速找到最短路径,究其原因,生物学家发现,蚂蚁会在其经过的路径上释放一种称为信息素的化学物质,该物质可以沉积在蚂蚁所经过的路径上,并随着时间挥发。当蚂蚁选择路径的时候,它会倾向于选择路径上剩余信息素较高的路径。同时自己经过该路径时,会继续留下信息素,以加强该路径上剩余的信息素,从而使得后续蚂蚁也会倾向于选择该条路径,进而使得蚂蚁可以在该路径上集中。由此可见,虽然蚂蚁个体的智能非常简单,信息素的交流手段也非常简单,但是蚂蚁却可以通过群体之间的这种合作产生高度的智能。通过对蚂蚁的这种特性的模拟,产生了蚁群算法。

意大利学者 M. Dorigo 于 1991 年在其博士论文中首次提出了一种新型的智能优化算法——蚂蚁系统 AS(Ant System),成功应用于求解城市旅行商(TSP)问题。实验结果表明 AS 算法具有较强的鲁棒性和较好的搜索最优解的能力,但也同时存在收敛速度慢、易出现停滞现象的缺陷。此后,蚁群算法的理论和应用受到越来越多研究者的关注,各种基于 AS 的改进方法层出不穷。1996 年,M. Dorigo[7]在基于蚁群基础上提出了蚁群系统 ACS(Ant Colony System),与 AS 相比,蚁群系统实现起来更为简便;M. Dorigo[11,12]又在 Ant-Q 的基础上提出了 Ant-Q System,通过使用伪随机比例状态转移规则替代 AS 中的随机比例状态转移规则,克服了 Ant-Q 中可能出现的停滞现象;T. Stutzle 等人[8,9,10]提出了最大—最小蚂蚁系统(MAX-MIN Ant System,MMAS),允许各个路径上的信息素在一个限定范围内变化,避免算法过早陷入停滞;Bullnheimer 等人[13]提出了基于排序的蚂蚁系统(Rank-based Version of Ant System,简称 AS_{rank} 算法),每次迭代后将蚂蚁所经路径的长度按照从小到大的顺序排列,并根据解的质量赋予不同的权重;Blum[14]等提出的 HCF(Hyper-cube Framework) ACO 框架将信息素的取值限制在[0,1]之间,增加了蚁群算法的鲁棒性;O. Cordon[15]提出了最优—最差蚂蚁系统(Best-Worst Ant System,BWAS),通过对最优解进行增强,对最差解进行削弱,使得最优路径与最差路径之间的信息素差异进一步增大,使蚂蚁的搜索更集中在最优解的附近;2004 年,Marco Dorigo 和 Thomas Stützle 出版了 *Ant Colony Optimization*,这是第一部详细介绍蚁群算法的专著,该书为蚁群算法的理论研究和算法设计提供了一个统一的框架,并将所有符合该框架的蚂蚁算法称为蚁群优化算法,产生出一种通用的优化技术——蚁群优化 ACO(Ant Colony Optimization)。

1998 年,首届蚁群优化国际研讨会(ANTS' 98)在比利时布鲁塞尔召开,表明蚁群算法作为一个新兴的研究领域正式走上国际舞台。此后每两年召开一次这样的国际研讨会，为蚁群算法的研究提供了一个很好的交流平台。近几届的会议主题都是蚁群优化和群体智能，这是当前和今后一段时间内蚁群算法研究的主要方向，最近一届蚁群优化国际研讨会 ANTS'2010 于 2010 年 9 月 8 日在布鲁塞尔举行。

2.4.2 基本算法

群体智能中，各个个体之间具有分布式的关系，每个个体具有较为简单的计算能力，个体之间可以通过简单而且是间接的手段进行信息交流。然而在群体上，通过个体的简单计算以及有限交流可以达到高度的智能行为，如蚂蚁觅食。在蚂蚁觅食中，单个蚂蚁的智能程度非常简单，但是通过它们在地面留下的信息素进行信息交流，进而整个蚁群可以找到从蚁巢到食物之间最短的路径。

我们只介绍最基本的蚂蚁系统、MAX-MIN 蚂蚁系统和蚁群系统，我们通过对城市旅行商问题(TSP)的求解说明这三种系统的不同。

城市旅行商问题：设 $C=\{1,2,3,\cdots,i,\cdots\}$ 为 n 个城市的集合；$L=\{ij\,|\,i,j\in C\}$ 是两两城市相连接的集合，即路径集合；$G=(C,L)$ 是一个图，且已知各个城市之间的距离。TSP 求解的目的是从 G 中找出对 n 个城市访问且只访问一次的最短的一条封闭曲线。

1. 蚂蚁系统(AS)

M. Dorigo 提出的蚂蚁系统是第一个蚁群优化系统，它的特点是：在每次迭代中，所有蚂蚁在完成路径构建后，都可以更新信息素的值。连接城市 i 和 j 路径上的信息素 τ_{ij} 按照以下公式更新：

$$\tau_{ij} \leftarrow (1-\rho)\cdot\tau_{ij} + \sum_{k=1}^{m}\Delta\tau_{ij}^{k} \tag{2-2}$$

其中，ρ 是信息素的蒸发速率，m 是迭代中蚂蚁的数量，$\Delta\tau_{ij}^{k}$ 是蚂蚁 k 在路径 ij 上留下的信息素：

$$\Delta\tau_{ij}^{k} = \begin{cases} \dfrac{Q}{L} & \text{如果蚂蚁 } k \text{ 选择了路径 } ij \\ 0 & \text{其他} \end{cases} \tag{2-3}$$

其中，Q 是一个常数，L_k 是蚂蚁 k 在本次迭代中走过的路径总长度。

当蚂蚁 k 当前位于城市 i 中，且当前该蚂蚁已经访问过的城市集合为 s^p，那么下一个访问目标是城市 j 的概率为：

$$p_{ij}^{k} = \begin{cases} \dfrac{\tau_{ij}^{\alpha}\cdot\eta_{ij}^{\beta}}{\sum_{c_{il}\in N(s^p)}\tau_{il}^{\alpha}\cdot\eta_{il}^{\beta}} & \text{当 } c_{ij}\in N(s^p) \\ 0 & \text{其他} \end{cases} \tag{2-4}$$

其中，$N(s^p)$ 是可以访问的城市集合，也就是说路径 il 中的 l 是目前还未被蚂蚁 k 访问的城市。参数 α 和 β 的比例关系决定了下一个访问城市的选择中是依赖信息素还是依赖

于启发式搜索 η_{ij}:

$$\eta_{ij} = \frac{1}{d_{ij}} \quad (2\text{-}5)$$

其中，d_{ij} 是城市 i 和城市 j 之间的距离。

2. MAX-MIN 蚁群系统（MMAS）

德国学者 Thomas Stutzle 提出了一种改进的蚁群算法——最大—最小蚁群系统。MMAS 是目前为止解决 TSP、QAP 等问题的最好 ACO 算法。

MMAS 具有以下特点：

（1）只有当前迭代最优解的蚂蚁才有更新信息素的权利。

最优蚂蚁的更新公式如下：

$$\tau_{ij} \leftarrow [(1-\rho) \cdot \tau_{ij} + \Delta\tau_{ij}^{best}]_{\tau_{min}}^{\tau_{max}}$$

其中，τ_{max} 和 τ_{min} 分别代表路径上信息素累积值的上限和下限。这里的操作符 $[x]_b^a$ 按如下规则定义：

$$[x]_b^a = \begin{cases} a & x > a \\ b & x < b \\ x & \text{其他} \end{cases} \quad (2\text{-}6)$$

$\Delta\tau_{ij}^{best}$ 的定义如下：

$$\Delta\tau_{ij}^{best} = \begin{cases} \dfrac{1}{L_{best}} & \text{如果 } ij \text{ 属于最优解中的一段} \\ 0 & \text{其他} \end{cases}$$

其中，L_{best} 是最优蚂蚁走过的路径总和。这里的"最优蚂蚁"的定义可以分为：当前迭代中的最优蚂蚁和从开始到当前所有迭代中的最优蚂蚁。设计者可以根据自身的需要决定使用哪种"最优蚂蚁"，或者同时使用两种"最优蚂蚁"。

（2）路径上的信息素累积值有规定上下限 τ_{max} 和 τ_{min}，并且采用了平滑机制，防止过快收敛。

MMAS 在初始化时，将所有路径上的信息素初始化为最大值 τ_{max}。每次迭代后，所有路径按照蒸发因子 ρ 降低信息素浓度，当信息素浓度达到 τ_{min} 时就不再减少。只有最佳路径上的信息素浓度会增加，增加比例大于蒸发比例，且累积信息素值不超过 τ_{max}。τ_{max} 和 τ_{min} 的引入，避免了某条路径上的信息量远大于其他路径，避免了所有蚂蚁的搜索都集中于某些高浓度路径过早陷入收敛。另外，MMAS 还加入了平滑机制，使得浓度的增加量与当前浓度值有关，而不是一个常数，进一步消除了停滞现象的出现。

3. 蚁群系统（ACS）

为了降低同一次迭代中多只蚂蚁产生相同解的概率，1996 年，M. Dorigo[13] 又提出一种改进的蚁群算法——蚁群系统。ACS 具有以下特点：

(1) 局部信息素更新。局部信息素更新发生在每只蚂蚁每走过一条路径 ij 后,更新公式如下:

$$\tau_{ij} \leftarrow (1-\rho) \cdot \tau_{ij} + \rho \cdot \tau_0$$

其中,$\rho \in (0, 1]$ 是信息素蒸发因子,τ_0 是路径上信息素初始值。通过不断蒸发路径上的信息素,使得后续蚂蚁在路径选择的时候会有更多的选择,这样每次迭代都能够尝试更多的访问路径,得到更多的解。

(2) 全局信息素更新。全局信息素更新类似于 MMAS 中的信息素更新,它发生在每次迭代完成之后,仅有其中最优蚂蚁完成更新。不过,更新公式有一些区别:

$$\tau_{ij} \leftarrow \begin{cases} (1-\rho) \cdot \tau_{ij} + \rho \cdot \Delta\tau_{ij} & \text{路径}(i, j)\text{属于最优解中的一段} \\ \tau_{ij} & \text{其他} \end{cases}$$

和 MMAS 一样 $\Delta\tau_{ij} = \dfrac{1}{L_{\text{best}}}$。

(3) 城市访问。ACS 采用伪随机状态转移规则选择下一个城市。对位于城市 i 的蚂蚁 k,以概率 q 移动到城市 j,其中 j:

$$j = \begin{cases} \arg\max\limits_{j \notin J_k(r)} \{[\tau_{ij}]^\alpha [\eta_{ij}]^\beta\} & q \leq q_0 \\ p_{ij}^k & \text{其他} \end{cases}$$

其中,j 是蚂蚁 k 选择的下一个城市。$q \in (0, 1)$ 表示一个随机变量,$q_0 \in (0, 1)$ 是一个适当选定的常数。τ_{ij} 是城市 i 与城市 j 之间路径上的信息素,η_{ij} 表示城市 i 与城市 j 之间的启发式因子,β 表示启发式因子的强弱程度。$J_k(r)$ 称为禁忌表,下一个城市 j 不能来自于禁忌表。

蚂蚁在选择下一个城市之前先进行一次随机测试得到 q。当 $q \leq q_0$ 时,选择城市时按第一种情况进行选择,即采用已知信息的非随机方法选择。当 $q > q_0$ 时,则按照第二种情况进行选择:

$$p_{ij}^k = \begin{cases} \dfrac{\tau_{ij}^\alpha \cdot \eta_{ij}^\beta}{\sum_{s \notin J_k(i)} \tau_{is}^\alpha \cdot \eta_{is}^\beta} & \text{当} j \notin J_k(i) \\ 0 & \text{其他} \end{cases} \tag{2-7}$$

2.4.3 蚁群算法的应用

蚁群算法的应用研究一直非常活跃,继 M. Dorigo 首先将 AS 应用到 TSP 问题中后,不断涌现出新的蚁群算法及其应用。目前,蚁群算法已经在组合优化问题、函数优化、系统辨识、机器人路径规划、数据挖掘等领域取得了成功。表 2-2 列举了具有代表性的蚁群算法及其应用情况。

表 2-2　　　　　　　　　　代表性的蚁群算法

问题名称	研究者	算法名称	年代
城市旅行商(TSP)	Dorigo, Maniezzo, Colorni	AS	1991
	Gambardella, Dorigo	Ant-Q	1995
	Dorigo, Gambardella	ACS	1997
	Stutzle, Hoos	MMAS	1997
	Bullnheimer, Hart, Strauss	AS_{rank}	1997
	Coron	BWAS	2000
指派问题(QAP)	Maniezzo, Colorni, Dorigo	AS-QAP	1994
	Gambardella, Taillard, Dorigo	HAS-QAP	1997
	Stutzle, Hoos	MMAS-QAP	1997
	Maniezzo	ANTS-QAP	1999
	Maniezzo, Colorni	AS-QAP	1999
	Stutzle, Hoos	MMAS-QAP	2000
车辆路径规划(VRP)	Bullnheimer, Hartl, Strauss	AS-VRP	1999
	Gambadlla, Taillar, Agazzi	HAS-VRP	1999
	Reimann, Stummer, Doerner	SbAS-VRP	2002
调度问题(SP)	Colorni, Dorigo, Maniezzo	AS-JSP	1994
	Pfahringer	AS-OSP	1996
	Stutzle	AS-FSP	1998
	Bauer	ACS-SMTTP	2000
	Den Bestem, Stutzle, Dorigo	ACS-SMTWTP	2003
	Blum	ACO-SSP	2003
图着色问题(GCP)	Costa, Hertz	ANTCOL	1997
网络路由问题	Di Caro, Dorigo	AntNet	1997
	Subramanian, Druschel, Chen	Regular ants	1997
	Heusse	CAF	1998
	Van der Put, Rothkrantz	ABC-backward	1998
	Schoonderwoerd	ABC	1996
	White, Pagurek, Oppacker	ASGA	1998
	Di Caro, Dorigo	AntNet-FS	1998
	Bonabeau	ABC-samrt Ants	1998
	Navarro Varela, Sincair	ACO-VWP	1999

续表

问题名称	研究者	算法名称	年代
有序排列问题(SOP)	Gambardella, Dorigo	HAS-SOP	1997
机器人路径规划	金飞虎等	ACA	2002
数据挖掘	Rafael S. Parpinelli	Ant-Miner	2002
连续函数优化	汪镭,吴启迪	ACA	2003
三维地图成像	Julia Handl, Joshua Knowles, M. Dorigo	AS	2004
连续空间优化	Krzysztof Socha, M. Dorigo	ACO	2005
公平竞争系统	Christian Blum, M. Dorigo	ACO	2005
机器人控制系统	H. Labella, M. Dorigo	AS	2006

2.4.4 蚁群算法与其他搜索算法的比较

M. Dorigo[16]将 ACS 算法与遗传算法(GA)、进化规划(EP)、模拟退火(SA)、模拟退火—遗传算法相结合(AG)进行了比较,发现 ACS 算法在大多数情况下优于其他算法。在解决非对称 TSP 问题时,ACS 算法更具有优势。表 2-3 的数据源自 M. Dorigo 的论文 *Solving symmetric and asymmetric TSPs by ant colonie*[7]在解决对称型随机距离 50 城市 TSP 问题时的实验结果。

表 2-3　　对称型随机距离 50 城市 TSP 问题时的实验结果

问题名称	ACS (average)	SA (average)	EN (average)	SOM (average)
城市集合 1	5.88	5.88	5.98	6.06
城市集合 2	6.05	6.01	6.03	6.25
城市集合 3	5.58	5.65	5.70	5.83
城市集合 4	5.74	5.81	5.86	5.87
城市集合 5	6.18	6.33	6.49	6.70

从表 2-3 的结果不难看出,ACS 在解决 TSP 的性能上要优于其他搜索算法。下面详细介绍蚁群算法与其他常见搜索算法的区别。

(1) 蚁群算法与模拟退火算法的比较

蚁群算法和模拟退火算法有很多相似的地方：这两种算法在本质上是一致的，"退火"与"分泌信息素"都是利用积累信息来增强对空间的搜索；SA 的"Metropolis 准则"和蚁群算法的"随机状态转移规则"类似，都是使算法能够跳出局部最优解，搜索新的空间。

蚁群算法在收敛性方面的研究比较落后，而 SA 在这方面已经十分成熟。因此，SA 对分析设置蚂蚁规模参数和信息素分布策略有很大的借鉴意义，SA 的一些改进和变异可以直接用在蚁群算法上以改进其性能。

(2) 蚁群算法与神经网络的比较

从结构上看，蚁群算法与神经网络具有类似的并行机制。蚂蚁访问过的每一个状态 i 对应于神经网络中的神经元 i，与问题相关的状态 i 的领域结构与神经元 i 中的突触连接相对应；蚂蚁本身可以看成是通过神经网络的输入信号；信号经过随机转换函数局部反传，使用的突触越多，两个神经元之间的连接越强；蚁群算法中的学习规则可以解释为一种后天性的规则——质量好的解包含连接信号的强度高于质量差的解。但是神经网络比较复杂，其实现复杂度远大于蚁群算法。

(3) 蚁群算法与遗传算法的比较

蚁群算法和遗传算法具有某些相同点：遗传算法和蚁群算法都是受生物进化论的启发而提出来的一种仿生算法；两种算法都主要应用于求解组合优化问题，并取得了一定的成果；另外，蚁群算法和遗传算法都是一种分布式计算，易于并行实现，同时具有较强鲁棒性的概率搜索仿生算法。

蚁群算法和遗传算法相比较，具有以下优缺点：遗传算法具有快速全局搜索能力，但没有信息反馈的能力，往往导致无效的冗余迭代，而蚁群算法能通过共享信息素获知先前的搜索经验，能够在很少的迭代次数内获得最优解；蚁群算法原理比遗传算法更简单，参数更少，实现更容易；在收敛性方面，遗传算法具有更为成熟的收敛方法，而蚁群算法在这方面的研究还比较薄弱。

(4) 蚁群算法与粒子群算法的比较

蚁群算法与粒子群算法的相同点在于：蚁群算法和粒子群算法都源自生物社会行为学，都属于群智能算法；这两种算法中都应用了概率随机搜索算法和并行搜索模式；两种算法的群体特征明显，每个解都是在所有个体的参与下获得的；两种算法都无法保证得到的解是最优的，但一定是接近最优的解；在收敛性方面，两者都不理想。

以上相同点主要集中在群智能整体的特点上，蚁群算法和粒子群算法在处理问题方式上还是有很大的区别：粒子群算法的记忆力主要体现在对中间迭代信息的保存，蚁群算法在迭代结束后只能得到当前迭代的信息，不能获得之前所有的迭代信息；蚁群算法中个体之间的交流主要通过更新信息素和共享信息素，而粒子群算法只是在内部进行更新，原理更简单；另外，蚁群算法在处理离散问题方面更具优势，而粒子群算法更适用于连续问题。

参 考 文 献

[1] 潘正君,康立山,潘正军. 演化计算[M]. 北京:清华大学出版社,1998.

[2] 刘勇,康立山,陈毓屏. 非数值并行算法(第二册)[M]. 北京:科学出版社,1995.

[3] 康立山,谢云,尤矢勇,等. 非数值并行算法(第一册)[M]. 北京:科学出版社,1994.

[4] 张焕国,冯秀涛,覃中平,等. 演化密码与DES密码的演化设计[J]. 通信学报,2002,23(5):5.

[5] 张焕国,冯秀涛,覃中平,等. 演化密码与DES的演化研究[J]. 计算机学报,2003,26(12):1678-1684.

[6] 张焕国,王张宜. 密码学引论(第二版)[M]. 武汉:武汉大学出版社,2009.

[7] Gambardella L M, Dorigo M. Solving symmetric and asymmetric TSPs by ant colonie[A]. Proc of the IEEE Conference on Evolutionary Coomputation[C]. 1996,622-627.

[8] Stutzle T., Hoos H. H. MAX-MIN Ant System[J]. Future Generation Computer Systems Journal,2000,16(8):889-914.

[9] Stutzle T, Hoos H. H. The MAX-MIN Ant System: Introdcing MAX-MIN Ant System [C]. In proc. Int. Conf. Artificial Neural Networks and Genetic Algorithms. Springer Verlag,1997.

[10] Stutzle T, Hoos H. H. The MAX-MIN Ant System and Local Search for the Traveling Salesman Problem[C]. In Proc. IEEE Int. Conf. Evolut. Comp. (ICEC'97),1997,309-314.

[11] Gambardella L M, Dorigo M. Ant-Q: A reinforcement learning approach to the traveling salesman problem[C]. In: Proceedings of ML-95, the 12th International Conference on Machine Learning. Morgan Kaufmann: IEEE Press,1995,252-260.

[12] Dorigo M, Luca M. The Ant-Q algorithm applied to the nuclear reload problem[J]. Annals of Nuclear Energy,2002,29(12):1455-1470.

[13] Bullnheimer B, Hartl R. F, Strauss C. A new rank based version of the ant system: A computational study [J]. Cental European Journal for Operations Research and Economics,1999,7(1):25-28.

[14] Blum C, Dorigo M. The Hyper-Cube Framework for Ant Colony Optimization[J]. IEEE Transactions on Systems, Man and Cybernetics B,2004,34(2):1161-1172.

[15] O Cordon, IF de Viana, F Herrera, L Moreno. A new ACO model integrating

evolutionary computation concepts: the best-worst ant system. ANTS 2000.

[16] Dorigo M, Gambardella L M. Ant Colony System: A Cooperative Learning Approach to the Traveling Salesman Problem[J]. IEEE Transactions on Evolutionary Computation, 1997, 1: 1.

[17] 王育民,信息安全理论与技术的几个进展情况[J]. 中国科学基金, 2003, 2: 76~81.

第3章 密码学基础

本章讨论密码学的基本概念和基础知识,为后面各章准备一些必要的基础。

3.1 密码体制

密码学(Cryptology)是一门古老的科学。大概自人类社会出现战争便产生了密码,以后受科学技术发展和战争刺激的推动,密码经历了从简单到复杂、从古典到现代的发展,逐渐形成了一门独立的学科,并成为信息安全学科的重要组成部分。

研究密码编制的科学称为密码编制学(Cryptography),研究密码破译的科学称为密码分析学(Cryptanalysis),密码编制学和密码分析学共同组成密码学(Cryptology)。

密码技术的基本思想是伪装隐蔽信息,伪装就是对数据施加一种可逆的数学变换。伪装前的数据称为明文(Plaintext),伪装后的数据称为密文(Ciphertext)。伪装的过程称为加密(Encryption),去掉伪装恢复明文的过程称为解密(Decryption)。加解密要在密钥(Key)的控制下进行。将数据以密文的形式存储在计算机的文件中或送入网络信道中传输,而且只给合法用户分配密钥。这样,即使密文被非法窃取,因为未授权者没有密钥而不能得到明文,因此未授权者不能理解它的真实含义,从而达到确保数据秘密性的目的。同样,因为未授权者没有密钥,不能伪造出合理的密文,因而篡改密文必然被发现,从而达到确保数据真实性的目的。与能够检测发现篡改数据的道理相同,如果密文数据中发生了错误或毁坏也将能够被发现,从而达到确保数据完整性的目的[1-5]。

1949年Shannon发表了题为《保密系统的通信理论》的著名论文[6],针对信息从信源出发,经过信道,传输到信宿的通信过程的安全保密问题,对密码体制、密钥、加密和密码分析进行了数学分析,用不确定性和唯一解距离来度量密码体制的安全性,阐明了密码体制、完善保密、纯密码、理论保密和实际保密等重要概念,把密码置于坚实的数学基础之上,标志着密码学作为一门独立的学科的形成。Shannon的研究是针对两点间进行通信时的数据保密性的问题,并提出了用密码确保数据保密性的理论和方法,实践证明这是十分正确和有效的,密码对确保通信时的数据保密性发挥了极其重要的作用,至今仍是主要的技术手段。又由于数据存储的理论模型与通信的模型是一致的,即数据存储本质上可以看成是一种数据通信,因此Shannon提出的密码理论较好地解决了数据传输和数据存储过程中的数据保密性问题。

演化密码引论

在通信系统中,信源是信息的源地,信道是信息通过的通道,信宿是信息的目的地。信息从信源发出,经过信道,传输到信宿。假设信源和信宿是安全的,信息通过信道时可能受到攻击者的攻击。攻击可分为两种,一种是窃听,攻击者想获得传输的信息;另一种是篡改,攻击者篡改传输的数据。因此,要确保通信的信息安全主要就是要确保信息通过信道时是安全的。为此,采用密码把从信源发出的明文信息 M 加密成密文 C,把密文 C 送入信道传输,密文到达信宿时再进行解密,恢复出明文信息 M。加密要在密钥 K 的控制下由加密算法 E 进行,解密也要在密钥 K 的控制下由解密算法 D 进行。由此可见,确保通信信息的安全性主要由加密算法 E、解密算法 D、密钥 K 的安全性决定。设计出安全方便的密码以确保通信信息的安全是密码学的中心任务。

设明文字母表为 $A = \{a_0, a_1, \cdots, a_{N-1}\}$,字母 a_i 出现的概率为 $p(a_i)$,简记为 p_i,$p_i \geq 0$ 且 $\sum_{i=0}^{N-1} p_i = 1$。明文 M 是取自明文字母表的 L 维向量,$M = (m_0, m_1, \cdots, m_{L-1})$,其中 $m_i \in A$, $i = 0, 1, \cdots, L-1$。全体明文的集合构成明文空间 $\boldsymbol{M}$,则

$$\boldsymbol{M} = \{M = (m_0, m_1, \cdots, m_{L-1}) \mid m_i \in A, i = 0, 1, \cdots, L-1\} \tag{3-1}$$

显然,明文空间 $\boldsymbol{M}$ 包含 N^L 个明文。

再设密钥字母表为 $B = \{b_0, b_1, \cdots, b_{R-1}\}$,字母 b_i 出现的概率为 $p(b_i)$,简记为 p_i,$p_i \geq 0$ 且 $\sum_{i=0}^{R-1} p_i = 1$。密钥 K 是取自密钥字母表的 S 维向量,$K = (k_0, k_1, \cdots, k_{S-1})$,其中 $m_i \in B$, $i = 0, 1, \cdots, S-1$。全体密钥的集合构成密钥空间 $\boldsymbol{K}$,则

$$\boldsymbol{K} = \{K = (k_0, k_1, \cdots, k_{S-1}) \mid k_i \in B, i = 0, 1, \cdots, S-1\} \tag{3-2}$$

显然,密钥空间 $\boldsymbol{K}$ 包含 R^S 个密钥。

一般,明文空间与密钥空间相互独立。因为只给合法收信者分配密钥,所以合法的收信者知道密钥 K 和密钥空间 $\boldsymbol{K}$,非法攻击者不知道密钥 K,可能知道也可能不知道密钥空间 $\boldsymbol{K}$。

类似地,再设密文字母表为 $D = \{d_0, d_1, \cdots, d_{T-1}\}$,字母 d_i 出现的概率为 $p(d_i)$,简记为 p_i,$p_i \geq 0$ 且 $\sum_{i=0}^{T-1} p_i = 1$。密文 C 是取自密文字母表的 U 维向量,$C = (c_0, c_1, \cdots, c_{U-1})$,其中 $c_i \in D$, $i = 0, 1, \cdots, U-1$。全体密文的集合构成密文空间 $\boldsymbol{C}$,则

$$\boldsymbol{C} = \{C = (c_0, c_1, \cdots, c_{U-1}) \mid m_i \in D, i = 0, 1, \cdots, U-1\} \tag{3-3}$$

显然,密文空间 $\boldsymbol{C}$ 包含 T^U 个密文。

加密算法 E 是一族由 $\boldsymbol{M}$ 到 $\boldsymbol{C}$ 的加密变换,而解密算法 D 是一族由 $\boldsymbol{C}$ 到 $\boldsymbol{M}$ 的解密变换,而且 D 是 E 的逆。对于每个确定的密钥 K,加密算法 E 将确定一个具体的加密变换,解密算法 D 将确定一个具体的解密变换,而且解密变换就是加密变换的逆变换。对于明文空间 $\boldsymbol{M}$ 中的每一个明文 M,加密算法 E 在密钥 K 的控制下将明文 M 加密成密

文 C，即

$$C = E(M, K) \tag{3-4}$$

而解密算法 D 在密钥 K 的控制下将密文 C 解密出同一明文 M，即

$$M = D(C, K) = D(E(M, K), K) \tag{3-5}$$

在保密通信系统中，只给合法收信者分配密钥，所以合法的收信者能够解密获得的明文信息。而非法攻击者不知道密钥 K，所以不能解密获得明文信息，也不能伪造出合理的密文，使得篡改密文必然被发现。这样就确保了通信信息的安全。

在实际密码设计时，为了方便，通常使明文空间 M 与密文空间 C 相等，即 $M=C$。著名的 DES、AES、IDEA 等密码都是这样的。

图 3-1 所示为基于单密钥密码体制的保密通信系统模型。

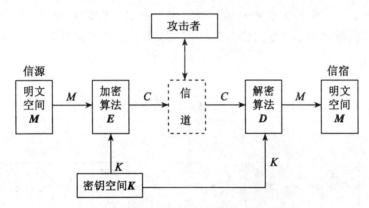

图 3-1 基于单密钥密码体制的保密通信系统模型

综上所述，一个密码系统，通常称为密码体制(Cryptosystem)是一个 5 元组 $\{M, C, K, E, D\}$，由以下五部分组成：

①明文空间 M，它是全体明文的集合。
②密文空间 C，它是全体密文的集合。
③密钥空间 K，它是全体密钥的集合。
④加密算法 E，它是一族由 M 到 C 的加密变换。
⑤解密算法 D，它是一族由 C 到 M 的解密变换，而且是 E 的逆。

在图 3-1 所示的密码体制中，加密和解密使用同一个密钥 K，我们称这样的密码为单密钥密码(Single Key Cryptosystem)或传统密码(Traditional Cryptosystem)或对称密码(Symmetric Cryptosystem)。

传统密码具有理论和技术成熟、安全高效等优点。然而对于传统密码，通信的双方必须预约使用相同的密钥，而密钥的分配只能通过其他安全途径，如派专门信使等。在

计算机网络中,设共有 n 个用户,任意两个用户都要进行保密通信,故需要 $\frac{n(n-1)}{2}$ 种不同的密钥,当 n 较大时这个数字是很大的。另一方面,为了安全,密钥需要经常更换,如此大量的密钥要经常产生、分配和更换,其困难性和危险性是可想而知的。而且有时甚至不可能事先预约密钥,如企业间想通过通信网络来洽谈生意而又要保守商业秘密,在许多情况下不可能事先预约密钥。因此,传统密码在密钥分配上的困难成为它在计算机网络环境中应用的主要障碍。

1976 年 W. Diffie 和 M. E. Hellman 提出公开密钥密码(Public Key Cryptosystem)的概念,从此开创了一个密码新时代[7]。公开密钥密码从根本上克服了传统密码在密钥分配上的困难,特别适合计算机网络应用,而且容易实现数字签名,因而特别受到重视。

公开密钥密码的基本思想是将密钥 K 一分为二,$K=<K_e, K_d>$。K_e 称为加密密钥,专门用于加密;K_d 称为解密密钥,专门用于解密。K_e 和 K_d 满足一定的数学关系。据此,我们可以根据图 3-1 得到如图 3-2 所示的基于公开密钥密码体制的保密通信系统模型。

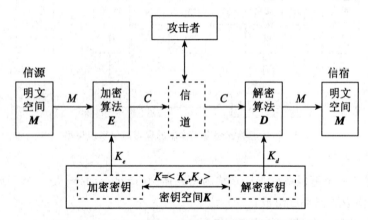

图 3-2　基于公开密钥密码体制的保密通信系统模型

我们可以根据密钥的使用情况以及加密算法是否可变,对密码体制进行分类。

如果一个密码体制的 $K_d = K_e$,或由其中一个很容易推出另一个,则称为单密钥密码体制或对称密码体制或传统密码体制,否则称为双密钥密码体制(Double Key Cryptosystem)。进而,如果在计算上 K_d 不能由 K_e 推出,这样将 K_e 公开也不会损害 K_d 的安全,于是便可将 K_e 公开。这种密码体制称为公开密钥密码体制,简称为公钥密码体制。

根据明密文的划分和密钥的使用不同,可将密码体制分为分组密码体制和序列密码体制。

设 M 为明文，分组密码将 M 划分为一系列明文块 $M_i(i=1, 2, \cdots, n)$，通常每块包含若干位或字符，并且对每一块 M_i 都用同一个密钥 K_e 进行加密。即

$$M = (M_1, M_2, \cdots, M_n),$$
$$C = (C_1, C_2, \cdots, C_n),$$

其中

$$C_i = E(M_i, K_e) \qquad i=1, 2, \cdots, n \tag{3-6}$$

而序列密码将明文和密钥都划分为位(bit)或字符的序列，并且对于明文序列中的每一位或字符都用密钥序列中的对应分量来加密，即

$$M = m_1, m_2, \cdots$$
$$K = k_1, k_2, \cdots$$
$$C = c_1, c_2, \cdots$$

其中

$$c_i = m_i \oplus k_i \qquad i=1, 2, \cdots \tag{3-7}$$

分组密码每次加密一个明文块，而序列密码每次加密一位或一个字符。分组密码和序列密码在计算机系统中都有广泛的应用。序列密码是要害部门使用的主流密码，而商用领域则多用分组密码。

根据加密算法在使用过程中是否变化，可将密码体制分为固定算法密码和演化密码。本书主要介绍作者的研究小组在演化密码方面的研究成果。

3.2 密码分析

如果能够根据密文系统地确定出明文或密钥，或者能够根据明文—密文对系统地确定出密钥，则我们说这个密码是可破译的。研究密码破译的科学称为密码分析学。

密码分析者攻击密码的方法主要有以下三种。

(1) 穷举攻击。所谓穷举攻击是指密码分析者采用依次试遍所有可能的密钥对所获得的密文进行解密，直至得到正确的明文；或者用一个确定的密钥对所有可能的明文进行加密，直至得到所获得的密文。显然，理论上，对于任何实用密码只要有足够的资源，都可以用穷举攻击将其攻破。从平均角度讲，采用穷举攻击破译一个密码必须试遍所有可能密钥的一半。

穷举攻击所花费的时间等于尝试次数乘以一次解密（加密）所需的时间。显然可以通过增大密钥量或加大解密（加密）算法的复杂性来对抗穷举攻击。当密钥量增大时，尝试的次数必然增大；当解密（加密）算法的复杂性增大时，完成一次解密（加密）所需的时间增大，从而使穷举攻击在实际上不能实现。穷举攻击是对密码的一种最基本的攻击。理论上，一切可实用的密码都可以用穷举攻击将其攻破。1997 年 6 月 18 日美国科罗拉多州以 Rocke Verser 为首的一个工作小组宣布，通过 Internet，利用数万台微机，

历时四个多月,通过穷举破译了 DES 的一个密文。这是穷举攻击的一个很好的例证。

(2)统计分析攻击。所谓统计分析攻击是指密码分析者通过分析密文和明文的统计规律来破译密码。统计分析攻击在历史上为破译密码作出过极大的贡献。许多古典密码都可以通过分析密文字母和字母组的频率及其他统计参数而破译。对抗统计分析攻击的方法是设法使明文的统计特性不带入密文。这样,密文不带有明文的痕迹,从而使统计分析攻击成为不可能。能够抵抗统计分析攻击已成为近代密码的基本要求。

(3)数学分析攻击。所谓数学分析攻击是指密码分析者针对加密和解密算法的数学基础和某些密码学特性,通过数学求解的方法来破译密码。对于基于数学的密码,对其进行密码分析,本质上是要求解一个数学问题。数学分析攻击是对基于数学难题的各种密码的主要威胁。为了对抗这种数学分析攻击,应当选用具有坚实数学基础和足够复杂度的加解密算法。

此外,根据密码分析者可利用的数据资源来分类,可将攻击密码的类型分为以下四种。

(1)仅知密文攻击(Ciphertext-only attack)。

所谓仅知密文攻击是指密码分析者仅根据截获的密文来破译密码。因为密码分析者所能利用的数据资源仅为密文,因此这是对密码分析者最不利的情况。

(2)已知明文攻击(Known-plaintext attack)。

所谓已知明文攻击是指密码分析者根据已经知道的某些明文—密文对来破译密码。例如,密码分析者可能知道从用户终端送到计算机的密文数据是从一个标准词"LOGIN"开头。又例如,加密成密文的计算机程序文件特别容易受到这种攻击,这是因为诸如"BEGIN"、"END"、"IF"、"THEN"、"ELSE"等词的密文有规律地在密文中出现,密码分析者可以合理地猜测它们。再例如,加密成密文的数据库文件也特别容易受到这种攻击,这是因为对于特定类型的数据库文件的字段及其取值往往具有规律性,密码分析者可以合理地猜测它们。如学生成绩数据库文件一定会包含诸如姓名、学号、成绩等字段,而且成绩的取值范围在 0~100 之间。近代密码学认为,一个密码仅当它能经得起已知明文攻击时才是可取的。

(3)选择明文攻击(Chosen-plaintext attack)。

所谓选择明文攻击是指密码分析者能够选择明文并获得相应的密文。这是对密码分析者十分有利的情况。计算机文件系统和数据库系统特别容易受到这种攻击,这是因为用户可以随意选择明文,并获得相应的密文文件和密文数据库。例如,Windows 环境下的数据库 SuperBase 的密码就被作者用选择明文的方法破译[1]。如果分析者能够选择明文并获得密文,那么他将会特意选择那些最有可能恢复出密钥的明文。

(4)选择密文攻击(Chosen-ciphertext attack)。

所谓选择密文攻击是指密码分析者能够选择密文并获得相应的明文。这也是对密码分析者十分有利的情况。这种攻击主要攻击公开密钥密码体制,特别是对数字签名的攻击。

一个密码，如果无论密码分析者截获了多少密文和用什么技术方法进行攻击都不能攻破，则称为是绝对不可破译的或绝对安全的。绝对不可破译的密码在理论上是存在的，这就是著名的"一次一密"密码。但是，由于它在密钥管理上的困难，"一次一密"密码是不实用的。理论上，如果能够利用足够的资源，那么任何实际可使用的密码都是可破译的。

如果一个密码不能被密码分析者根据可利用的资源所破译，则称为计算上不可破译的(Computationlly unbreakable)或计算上安全的。因为任何秘密都有其时效性，因此，对于我们更有意义的是在计算上不可破译的密码。

值得注意的是，计算机网络的广泛应用，特别是Internet的广泛应用，可以把全世界的计算机资源联成一体，形成巨大的计算能力，从而形成巨大的密码破译能力，使得原来认为是十分安全的密码被破译。1994年，40多个国家的600多位科学家通过Internet，历时9个月破译了RSA-129密码，1999年又破译了RSA-140密码，这些都是明证。因此，在21世纪，只有经得起通过Internet进行全球攻击的密码，才是安全的密码。

3.3 完善保密

信息论是密码学重要的理论基础之一。1949年Shannon在《保密系统的通信理论》的著名论文中，从信息论的角度对信息源、密钥、加密和密码分析进行了数学分析，用不确定性和唯一解距离来度量密码体制的安全性，阐明了密码体制、完善保密、纯密码、理论保密和实际保密等重要概念。Shannon建议采用扩散(Diffusion)、混淆(Confusion)和乘积迭代的方法设计密码，并且还以"揉面团"的过程形象地比喻扩散、混淆和乘积迭代的概念。所谓扩散就是将每一位明文和密钥数字的影响扩散到尽可能多的密文数字中。在理想情况下，明文和密钥的每一位都影响密文的每一位。换句话说，密文的每一位都是明文和密钥的每一位的函数，我们称此情况为达到"完备性"。所谓混淆就是使密文和密钥之间的关系复杂化。密文和密钥之间的关系越复杂，则密文和明文之间、密文和密钥之间的统计相关性就越小，从而使密码分析不能奏效。设计一个复杂的密码一般比较困难，而设计一个简单的密码相对比较容易，因此利用乘积迭代的方法对简单密码进行组合迭代可以达到理想的扩散和混淆，从而得到安全的密码。近代各种成功的分组密码(如DES、AES、SMS4等)，都在一定程度上采用和体现了Shannon的这些设计思想。实践证明Shannon的这些设计思想是正确有效的。

3.3.1 信息量与熵

设X是一个离散事件集合，它有N个事件，$X = \{x_0, x_1, \cdots, x_{N-1}\}$，事件$x_i$出现

的概率为 $p(x_i)$，简记为 p_i，$p_i \geq 0$ 且 $\sum_{i=0}^{N-1} p_i = 1$。

定义 3-1 事件 x_i 的自信息，记作 $I(x_i)$，定义为

$$I(x_i) = -\log_a p(x_i) = -\log_a p_i \tag{3-8}$$

显然自信息是非负的。

自信息的单位与所用的对数底 a 有关。对数底 a 为 2 时，相应的自信息的单位为比特(bit)，对数底 a 为 e 时，自信息的单位为奈特(nat)，对数底 a 为 10 时，自信息的单位为哈特(hart)。

根据对数换底公式

$$\log_a x = \frac{\log_b x}{\log_b a}$$

可知，1 奈特 = 1.44 比特，1 哈特 = 3.32 比特。

自信息度量了一个离散事件 x_i 未发生时所呈现的不确定性，也度量了该事件发生后所给出的信息量。如果一个事件越不常发生，则它发生的概率就越小，它的不确定性就越大，当我们知道它发生时获得的信息量就越大。如果事件 x_i 是确定性事件，$p_i = 1$，使 $I(x_i) = 0$。这是合理的，因为事件 x_i 是确定性事件，不存在不确定性。

例 3-1 （1）对于二进制，只有 0 和 1 两个数字，设任选一个数字的概率为 $\frac{1}{2}$，所以任意选一个数字所给出的信息量为

$$I = -\log_2 \frac{1}{2} = 1 \text{ 比特。}$$

（2）从英文字母表中任意选出一个字母将给出 4.7 比特的信息量。因为从英文字母表中任意选出一个字母的概率为 $\frac{1}{26}$，所以有

$$I = -\log_2 \frac{1}{26} = 4.7 \text{ 比特。}$$

自信息描述了事件集合 X 中一个事件发生时所给出的信息量，那么整个事件集合 X 的平均信息量是该集合中所有事件自信息量的统计平均值（数学期望），称其为集合 X 的熵(Entropy)。

定义 3-2 集合 X 的熵记作 $H(X)$，定义为

$$H(X) = -\sum_{i=0}^{N-1} p_i \log_a p_i \tag{3-9}$$

定义中规定 $0\log_a 0 = 0$。

熵 $H(X)$ 度量了集合 X 中各个事件未发生时所呈现的平均不确定性，也度量了集合 X 中一个事件发生时所给出的平均信息量。

例 3-2 设集合 $X = \{x_0, x_1, x_2\}$，$p_0 = 1/2$，$p_1 = 1/4$，$p_2 = 1/4$。根据定义 3-1 有

$I(x_0) = \log_2 2 = 1$ 比特,$I(x_1) = I(x_2) = \log_2 4 = 2$ 比特。于是,

$$H(X) = 1 \times \frac{1}{2} + 2 \times \frac{1}{4} + 2 \times \frac{1}{4} = 1.5 \text{ 比特}。$$

由定义 3-2 可知,熵 $H(X)$ 是集合 X 概率分布 $p_0, p_1, \cdots, p_{N-1}$ 的 N 元函数,由于 $\sum_{i=0}^{N-1} p_i = 1$,实际上是 $N-1$ 元函数。记 $P = (p_0, p_1, \cdots, p_{N-1})$,于是熵函数可以写成

$$H(X) = H(P) = H(p_0, p_1, \cdots, p_{N-1}) = -\sum_{i=0}^{N-1} p_i \log_a p_i \tag{3-10}$$

显然熵具有以下性质:
① 对称性:改变 $P = (p_0, p_1, \cdots, p_{N-1})$ 中各分量的位置,熵不变。
② 非负性:$H(X) \geqslant 0$。
③ 确定性:若 $p_i = 1$,且 $i \neq j$ 时 $p_j = 0$,则 $H(X) = 0$。

例 3-3 设集合 $X = \{x_0, x_1\}$,$p_0 = p$,$p_1 = 1-p$,则集合 X 的熵为

$$H(X) = -p \log_2 p - (1-p) \log_2 (1-p) = H(p) \text{ 比特}。$$

当 $p=0$ 或 $p=1$ 时 $H(P) = 0$,而当 $p = 1/2$ 时,$H(P) = 1$。这说明,两个等可能事件中一个事件发生所给出的信息量是 1 比特。

$H(P)$ 随 p 的变化曲线如图 3-3 所示。可见,当集合 X 等概分布时熵将取最大值。

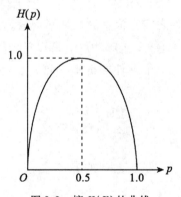

图 3-3 熵 $H(X)$ 的曲线

熵定义了一个事件集合的平均信息量,但是实际问题常常会涉及两个事件集合,因而希望能给出与这两个集合间各种关系(如联合关系,条件关系等)相应的信息量。

设有事件集合 X,它有 N 个事件,$X = \{x_0, x_1, \cdots, x_{N-1}\}$,事件 x_i 出现的概率为 $p(x_i)$,简记为 p_i,$p_i \geqslant 0$ 且 $\sum_{i=0}^{N-1} p_i = 1$。

设另有事件集合 Y,它有 M 个事件,$Y = \{y_0, y_1, \cdots, y_{M-1}\}$,事件 y_i 出现的概率

为 $q(y_j)$，简记为 q_j，$q_j \geq 0$ 且 $\sum_{j=0}^{M-1} q_j = 1$。

设事件集合 X 和 Y 之间为联合关系，于是有联合事件集合 XY，XY 含有的事件为 $\{x_i y_i, i=0, 1, \cdots, N-1; j=0, 1, \cdots, M-1\}$，联合事件 $x_i y_j$ 出现的概率为 $p(x_i y_j)$，简记为 p_{ij}，$i=0, 1, \cdots, N-1$，$j=0, 1, \cdots, M-1$，$p_{ij} \geq 0$ 且 $\sum_{i}^{N-1} \sum_{j=0}^{M-1} p_{ij} = 1$。

仿照事件自信息的定义，我们利用联合事件概率可以给出事件互信息的定义。

定义 3-3 在事件 y_j 和事件 x_i 都发生的条件下的信息量称为事件互信息，记作 $I(x_i; y_j)$，

$$I(x_i; y_j) = \log_a \frac{p_{ij}}{p_i q_j} \tag{3-11}$$

事件的互信息 $I(x_i; y_j)$ 是当事件 x_i 和事件 y_j 都发生时给出的信息量。如果事件 x_i 和事件 y_j 是统计独立的，则 $I(x_i; y_j) = 0$。这是合理的，因为此时一个事件不能提供其他事件的任何信息。

有了事件之间的互信息，我们就可以定义事件集合之间的互信息，记为 $I(X; Y)$。

定义 3-4 集合 X 和集合 Y 之间的互信息 $I(X; Y)$ 为

$$I(X; Y) = \sum_{i=0}^{N-1} \sum_{j=0}^{M-1} p_{ij} I(x_i; y_j) = \sum_{i=0}^{N-1} \sum_{j=0}^{M-1} p_{ij} \log_a \frac{p_{ij}}{p_i q_j} \tag{3-12}$$

集合之间的互信息是事件之间互信息的统计平均值。如果集合 X 和集合 Y 是统计独立的，则所有的事件互信息 $I(x_i; y_j)$ 都为 0，所以集合的互信息 $I(X; Y)$ 也为 0。

联合事件 $x_i y_i$ 的概率 p_{ij} 与单个事件的概率 p_i 和 q_j 是相互关联的，由事件概率的定义，有

$$p_i = \sum_{j=0}^{M-1} p(x_i y_j) = \sum_{j=0}^{M-1} p_{ij} \tag{3-13}$$

$$q_j = \sum_{i=0}^{N-1} p(x_i y_j) = \sum_{i=0}^{N-1} p_{ij} \tag{3-14}$$

又根据条件概率的定义，有

$$p(x_i | y_j) = p(x_i y_j)/p(y_j) = p_{ij}/q_j \tag{3-15}$$

$$p(y_j | x_i) = p(x_i y_j)/p(x_i) = p_{ij}/p_i \tag{3-16}$$

仿照事件自信息的定义，我们利用条件概率可以给出事件的条件自信息的定义。

定义 3-5 在给定事件 y_j 已经发生的条件下，事件 x_i 的条件自信息记为 $I(x_i | y_j)$，

$$I(x_i | y_j) = -\log_a(x_i | y_j) = -\log_a p(p_{ij}/q_j) \tag{3-17}$$

条件熵是 $H(X | Y)$ 是条件自信息 $I(x_i | y_j)$ 在联合集合 XY 上的统计平均值。于是我们可以给出条件熵是 $H(X | Y)$ 的定义。

定义 3-6 在给定集合 Y 的条件下，集合 X 的条件熵记为 $H(X | Y)$，

$$H(X|Y) = \sum_{i=0}^{N-1}\sum_{j=0}^{M-1} p_{ij}I(x_i|y_j) = -\sum_{i=0}^{N-1}\sum_{j=0}^{M-1} p_{ij}\log_a(p_{ij}/q_j) \tag{3-18}$$

条件熵 $H(X|Y)$ 还可以理解为，观察到集合 Y 后集合 X 还保留的不确定性，或 X 未被 Y 泄露的平均信息量。

定理 3-1[8]　　$H(X|Y) \leq H(X)$，当且仅当 X 和 Y 统计独立时等号成立。

定理 3-1 说明条件熵总是不大于无条件熵。这是合理的，因为事物之间总是有联系的，知道了 Y 后必然会减少 X 的不确定性。这一性质在密码学中表现得十分明显。

定理 3-2
$$I(X;Y) = H(X) - H(X|Y) \tag{3-19}$$
$$I(X;Y) = H(Y) - H(Y|X) \tag{3-20}$$

证明：由式(3-12)，可得

$$I(X;Y) = \sum_{i=0}^{N-1}\sum_{j=0}^{M-1} p_{ij}\log_a \frac{p_{ij}}{p_i q_j} = \sum_{i=0}^{N-1}\sum_{j=0}^{M-1} p_{ij}(\log_a \frac{p_{ij}}{q_j} - \log_a p_i) = H(X) - H(X|Y),$$

式(3-19)得证。同理可证明式(3-20)。证毕。

式(3-19)和式(3-20)的重要性在于揭示了通信系统的信息数量关系，因此可以作为通信系统的一种数学模型，如图 3-4 所示。将集合 X 看成通信系统的输入空间，将集合 Y 看成通信系统的输出空间，条件熵 $H(X|Y)$ 成为含糊度，它是在已知集合 Y 后集合 X 仍保留的不确定性，这是由于信道存在干扰而损失的信息量。而条件熵 $H(Y|X)$ 称为散布度，它是已知集合 X 时关于集合 Y 尚存的不确定性，也是由于信道干扰造成的结果，干扰越大，散布度就越大。互信息 $I(X;Y)$ 是在有干扰的信道上传输的平均信息量，它是输入集合 X 的熵与含糊度之差，或是输出集合 Y 的熵与散布度之差。

对于无干扰信道，$H(X|Y) = H(Y|X) = 0$，所以 $I(X;Y) = H(X) = H(Y)$，即 X 的信息全部传输给 Y。在最坏的情况下，信道干扰严重，以致 X 与 Y 统计独立，此时 $H(Y|X) = H(Y)$，$H(X|Y) = H(X)$ 和 $I(X;Y) = 0$，信息全部损失在信道上，信道不能传输任何信息。由于实际信道总会有一定的干扰，所以在实际通信中将会有一定的信息损失。

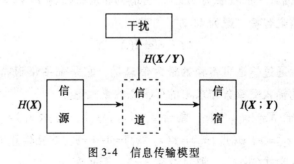

图 3-4　信息传输模型

定理 3-3 集合互信息 $I(X;Y) \geq 0$，当且仅当集合 X 与 Y 统计独立时等号成立。

证明：由式(3-19)，有 $I(X;Y) = H(X) - H(X|Y)$，又根据定理 3-1，有 $H(X|Y) \leq H(X)$，所以有 $I(X;Y) \geq 0$。又根据定理 3-1，当且仅当 X 与 Y 统计独立时有 $H(X|Y) = H(X)$，所以有 $I(X;Y) = 0$。证毕。

根据定理 3-2，信道的特性对通信系统传输信息的能力有很大影响。我们用信道的转移概率来描述信道的错误状况，我们称由于信道干扰使得一个字符错成另一字符的概率为信道的转移概率。

例 3-4 设信道的输入空间为 X，输出空间为 Y，$X = Y = \{0, 1\}$，即信道只传输二进制信号。由于信道有干扰，设输入到信道的字符为 0，经过信道传输后，输出可能仍为 0(正确)，也可能为 1(错误)。同样，设输入到信道的字符为 1，经过信道传输后，输出可能仍为 1(正确)，也可能为 0(错误)。进一步设 0 错成 1 的概率与 1 错成 0 的概率相等，都等于 e，则正确传输的概率也都等于 $1-e$，我们称这样的信道为二元对称信道 BSC(Binary Symmetric Channel)。如图 3-5 所示为二元对称信道。

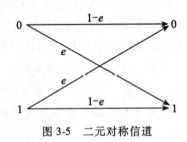

图 3-5 二元对称信道

设信道的输入空间为 X，其元素为 x，x 的概率为 $p(x)$；输出空间为 Y，其元素为 y；信道的错误特征用转移概率为 $p(y/x)$ 来表示。于是，我们可以给出信道容量的定义。

定义 3-7 设输入 x 的概率为 $p(x)$，信道的转移概率为 $p(y|x)$，则称信道可传输的最大信息量为信道容量，记为 LC，

$$LC = \max_{\{p(x)\}} I(X;Y) \tag{3-21}$$

信道容量表示通过信道可传输的最大信息量，它是在给信道特性(转移概率)条件下，对所有可能的输入概率分布求出的互信息的最大值。

例 3-5 设集合 $X = \{x_0, x_1\}$，集合 $Y = \{y_0, y_1\}$，记 $p(x_0) = p$，$p(x_1) = 1-p = \bar{p}$，$p(y_1|x_0) = p(y_0|x_1) = e$，$p(y_0|x_0) = p(y_1|x_1) = 1-e = \bar{e}$。求互信息 $I(X;Y)$。

根据定义 3-6 和式(3-16)，取对数底 $a = 2$，于是有

$$H(Y|X) = -\sum_{i=0}^{1}\sum_{j=0}^{1}p(x_i)p(y_j|x_i)\log_2 p(y_j|x_i)$$
$$= -\{p(x_0)p(y_0|x_0)\log_2 p(y_0|x_0) + p(x_0)p(y_1|x_0)\log_2 p(y_1|x_0)$$
$$+ p(x_1)p(y_0|x_1)\log_2 p(y_0|x_1) + p(x_1)p(y_1|x_1)\log_2 p(y_1|x_1)\}$$
$$= -\{p(1-e)\log_2(1-e) + pe\log_2 e + (1-p)e\log_2 e + (1-p)(1-e)\log_2(1-e)\}$$
$$= -(e\log_2 e + \bar{e}\log_2 \bar{e})$$

进一步可得概率为
$$p(y_0) = p(x_0)p(y_0|x_0) + p(x_1)p(y_0|x_1) = p\bar{e} + \bar{p}e$$
$$p(y_1) = p(x_0)p(y_1|x_0) + p(x_1)p(y_1|x_1) = pe + \bar{p}\bar{e} = 1 - (p\bar{e} + \bar{p}e)$$

于是
$$H(Y) = -p(y_0)\log_2 p(y_0) - p(y_1)\log_2 p(y_1)$$
$$= -(p\bar{e} + \bar{p}e)\log_2(p\bar{e} + \bar{p}e) - [1 - (p\bar{e} + \bar{p}e)]\log_2[1 - (p\bar{e} + \bar{p}e)]$$

所以
$$I(X;Y) = H(Y) - H(Y|X)$$
$$= \{-(p\bar{e} + \bar{p}e)\log_2(p\bar{e} + \bar{p}e) - [1 - (p\bar{e} + \bar{p}e)]\log_2[1 - (p\bar{e} + \bar{p}e)]\} - \{-(e\log_2 e + \bar{e}\log_2 \bar{e})\}$$

进一步把 X 和 Y 看作通信的输入空间和输出空间,这恰好是例3-4的二元对称信道BSC。当输入概率分布为等概分布时,$e = 1-e = p = 1-p = \frac{1}{2}$。据例3-3可知此时 $H(Y) = 1$,互信息 $I(X;Y)$ 达到最大,故其信道容量为

$$LC = 1 + e\log_2 e + \bar{e}\log_2 \bar{e} = 1 + \frac{1}{2}\log_2\frac{1}{2} + \frac{1}{2}\log_2\frac{1}{2} = 0$$

请注意,当信道的转移概率 $e = \frac{1}{2}$ 时,$LC = 0$。这说明,当一个信道的转移概率为 $e = \frac{1}{2}$ 时,信道已无法有效传输信息。这是因为,当信道输出一个字符时,已无法判定它是否是正确的,只有信道的正确概率大于错误概率时,信道才能有效传输信息。

3.3.2 完善保密

我们说一个密码系统是安全的,是指攻击者不能通过所获得的明密文数据破译密码来获得所传输的信息。但是,密码系统的安全性通常是针对某种类型的攻击而言的。我们这里只研究在仅知密文攻击下密码系统的安全性,所得的结论不一定适合已知明文攻击、选择明文攻击和选择密文攻击。

根据图3-5,设明文空间 M 的熵为 $H(M)$,密钥空间 K 的熵为 $H(K)$,密文空间 C 的熵为 $H(C)$,已知密文条件下明文的含糊度为 $H(M/C)$,已知密文条件下密钥的含糊度为 $H(K/C)$。

从已知的密文攻击来看，密码攻击者的任务是从截获的密文中提取出明文信息，或从密文中提取密钥信息。根据定理3-2的式(3-19)和式(3-20)，有

$$I(M;C) = H(M) - H(M|C) \tag{3-22}$$

和

$$I(K;C) = H(K) - H(K|C) \tag{3-23}$$

根据式(3-22)和式(3-23)可知，如果含糊度$H(M|C)$和$H(K|C)$越大，则攻击者所获得的明文或密钥信息就越少。对于合法的收信者，由于他已知密钥且收到密文，又根据加密算法的可逆性可知

$$H(M|CK) = 0 \tag{3-24}$$

于是根据式(3-22)有

$$I(M;CK) = H(M) \tag{3-25}$$

这表明，在已知密钥和密文的条件下，合法的收信者完全可以获得明文。

定理 3-4[8] 对于任意的密码系统都有

$$I(M;C) \geqslant H(M) - H(K) \tag{3-26}$$

定理3-4说明，如果密码体制的密钥长度越短，则密钥量就越小，$H(K)$就越小，从而使$I(M;C)$越大，即在密文中含有的明文的信息量就越大，这是对攻击者有利的，至于攻击者能否有效地获得明文信息，则是另外的问题。从密码设计的角度看，应当选择足够长的密钥，使密钥量足够大，使$I(M;C)$足够小。

定义 3-8 一个密码系统是完善保密系统或无条件安全的，如果其密文空间C与明文空间M之间的互信息为零，即

$$I(M;C) = 0 \tag{3-27}$$

对于完善保密系统，攻击者从密文得不到任何明文信息，不管攻击者截获了多少密文，也不管它拥有多么丰富的计算资源，都无济于事。

定理 3-5 完善保密系统存在的必要条件是

$$H(K) \geqslant H(M) \tag{3-28}$$

证明：当式(3-28)成立时，根据式(3-26)和定理3-3的互信息的非负性，可知必有式(3-27)成立。证毕。

定理3-5说明，对于二元密码系统，要使密码系统是完善保密的，在明文和密钥空间均匀分布的情况下，密钥的长度应大于等于明文的长度。

定理 3-6 完善保密系统是存在的。

证明：首先构造一个密码系统，然后证明其是完善的。

设明文、密钥、密文都是二元数字序列，且三者的长度都相等。

$$M = (m_0, m_1, \cdots, m_{L-1}), \quad i = 0, 1, \cdots, L-1,$$
$$K = (k_0, k_1, \cdots, k_{L-1}), \quad i = 0, 1, \cdots, L-1,$$
$$C = (c_0, c_1, \cdots, c_{L-1}), \quad i = 0, 1, \cdots, L-1。$$

再设明文空间 M 和密钥空间 K 相互独立，密钥 K 是一个随机序列，于是 $p(K) = \frac{1}{2^L}$，$H(K) = L$。

设加密算法为明文按位与密钥模 2 相加，即 $c_i = m_i \oplus k_i$，$i = 0, 1, \cdots, L-1$。由于密钥 K 是随机的，对于这样的加密算法，相当于把明文按位送入转移概率为 1/2 的二元对称信道 BSC 进行传输。根据例 3-5，此时信道容量为零。根据定义 3-7 有

$$I(M, C) \leq LC = 0$$

又根据定理 3-3 集合互信息的非负性有

$$I(M, C) = 0$$

这说明系统是完善保密的。证毕。

定理 3-6 所构造的密码系统对于仅知密文攻击是完善保密的，但是对于已知明文攻击，它是不安全的。假设攻击者知道了密文 C 和对应的明文 M，则他通过计算 $K = M \oplus C$，就可得到密钥 K。于是，凡是由 K 加密的密文，攻击者都可破译。这告诉我们，为了安全，密钥 K 不要重复使用。如果一个密钥只使用一次，则密码不仅在仅知密文攻击下是安全，而且在已知明文攻击下也是安全的。这是因为，即使攻击者根据已知的密文以及对应的明文求出了对应的密钥，但是一个密钥只使用一次，求出的这个密钥对于进一步求出其他明文和密钥没有帮助[8]。

根据定理 3-5 和定理 3-6，我们可总结得到如下定理。

定理 3-7 满足如下条件的密码称为"一次一密"密码，它不仅在仅知密文攻击下是安全，而且在已知明文攻击下也是安全的。

（1）密钥是随机的；
（2）密钥至少和明文一样长；
（3）一个密钥只用一次。

在定理 3-7 中"一次一密"密码的条件"密钥是随机的"，确保了"一次一密"密码是完善保密的。条件"密钥至少和明文一样长"与条件"一个密钥只用一次"，确保了"一次一密"密码在已知明文攻击下是安全的。所以，"一次一密"密码不仅在仅知密文攻击下是安全，而且在已知明文攻击下也是安全的。

虽然"一次一密"密码在理论上是安全的，但是它却不实用，不实用的原因在于它在密钥管理方面的困难。首先随机密钥的产生是困难的；其次，与明文一样长的密钥要不停地产生、存储和分配，这一切都是困难的。

"一次一密"密码在理论上是无条件安全的，给密码工作者指出了一个诱人的方向。如果能够用某种方式来模拟和逼近"一次一密"密码，虽然不能得到无条件安全的密码，但可得到相当安全的密码。长期以来，人们用序列密码仿效"一次一密"密码，大大促进了序列密码的研究。现在，序列密码的理论和技术已经比较成熟，可以获得相当高的密码安全性，因此世界各国的要害部门都使用序列密码。实践证明，这一技术路线是成

功的。

参 考 文 献

[1] 张焕国，王张宜．密码学引论(第二版)[M]．武汉：武汉大学出版社，2009．

[2] 王育民，刘建伟．通信网的安全——理论与技术[M]．西安：西安电子科技大学出版社，1999．

[3] 冯登国，裴定一．密码学导引[M]．北京：科学出版社，1999．

[4] 丁存生，肖国镇．流密码学及其应用[M]．北京：国防工业出版社，1994．

[5] William Stallings．网络安全与密码编码学(第四版)[M]．孟庆树，傅建明，王丽娜，等，译．北京：电子工业出版社，2006．

[6] Shannon C E. Communication theory of secrecy system [J]. Bell System Technical Journal, 1949, 28(4): 656-715.

[7] Diffie W and Hellman M E. New direction in cryptography [J]. IEEE Transaction on Information Theory, 1976, IT-22(6): 644-654.

[8] 覃中平，张焕国，乔秦宝，等．信息安全数学基础[M]．北京：清华大学出版社，2006．

第4章 演化密码基础

众所周知，密码是一种重要的信息安全技术，安全强度高是对密码的基本要求，然而设计高安全强度密码的设计却是十分复杂困难的。设计出高安全强度的密码和使密码设计自动化是人们长期追求的目标[1,2]。

大自然是人类获得灵感的源泉。几百年来，将生物界所提供的答案应用于实际问题，已经证明是一种成功的方法，并且已经形成了仿生学这个专门的科学分支。我们知道，自然界所提供的答案是经过漫长的演化过程而获得的结果，除了演化过程的最终结果，我们还可以利用这一过程来解决一些复杂问题。于是，我们不必非常明确地描述问题的全部特征，只需要根据自然法则来产生新的、更好的解。演化计算正是基于这种思想而发展起来的一种通用的问题求解方法，它具有高度并行、自适应、自学习等特征，它通过优胜劣汰的自然选择和简单的遗传操作使演化计算能够解决许多复杂问题[3]。

我们将密码学与演化计算结合起来，借鉴生物进化的思想，提出了演化密码的概念和利用演化密码的思想实现密码设计和分析自动化的方法，并在演化DES密码体制、演化DES密码芯片、密码部件（如S盒、P置换、轮函数和安全椭圆曲线等）的设计自动化、Bent函数、Hash等密码函数的分析与演化设计等方面获得实际成功[4-12]。实践证明，演化密码的思想和技术是成功的。

4.1 演化密码的概念

设 E 是加密算法，D 是解密算法，M 为明文，K 为密钥，C 为密文，则加密可表示为

$$C = E(M, K) \tag{4-1}$$

解密可表示为

$$M = D(C, K) \tag{4-2}$$

根据定义3-8，一个密码系统是完善保密系统或无条件安全的，充分条件是其密文空间 C 与明文空间 M 之间的互信息 $I(M; C) = 0$。对于完善保密系统，攻击者从密文得不到任何明文的信息，不管攻击者截获了多少密文，也不管它拥有多么丰富的计算资源都无济于事。完善保密只说明密码在唯密文攻击条件下是安全的，并不能保证在其他条件下的安全性。

众所周知,著名的"一次一密"是绝对安全的密码。"一次一密"之所以是绝对安全的,其中有一个原因是一个密钥只使用一次。这就告诉我们,不断地更换密钥是增强密码安全性的一种有效手段。根据式(4-1)和式(4-2),除了密钥可以变化外,加密算法 E 和解密算法 D 也是可以变化的。于是就有以下四种可能的密码:

(1)加密算法(解密算法)和密钥都固定不变;
(2)加密算法(解密算法)固定,而密钥变化;
(3)加密算法(解密算法)变化,而密钥固定;
(4)加密算法(解密算法)和密钥都变化。

对于密码(1),根据密码学的常识可知,加密算法(解密算法)和密钥都固定不变的密码是不安全的。根据第3章中的例3-3可知,当密钥空间 K 等概率分布时密钥空间的熵 $H(K)$ 将取最大值。而现在密钥 K 固定不变,这说明密钥空间 K 不是等概率分布的,因此熵 $H(K)$ 将减小。又根据定理3-4有

$$I(M;C) \geq H(M) - H(K)$$

如果熵 $H(K)$ 减小,将使密文空间 C 与明文空间 M 的互信息 $I(M,C)$ 增大,这说明在密文中含有的明文的信息量增大。这是对攻击者有利的,对安全不利的。从密码安全角度看,应当选择足够长的密钥,使密钥量足够大,而且使密钥随机变化,增大熵 $H(K)$,从而使 $I(M;C)$ 足够小,这样的密码才是安全的。正是因为这个原因,密码(1)在实际上是没有用的。

对于密码(2),加密算法(解密算法)固定,而密钥变化。这就是目前我们广泛使用的密码。如果密码算法设计得好,而且密钥不断变化,则密码是安全的。迄今为止的实用密码都是这一类的密码,例如 DES,IDEA,AES,SMS4,RC4,RSA,ELGamal,ECC 等。

对于密码(3),加密算法(解密算法)变化,而密钥固定。首先,根据对密码(1)的分析可知,其密钥固定是对安全不利的。其次,加密算法(解密算法)变化是一种对安全有利的。综合两者来看,总体上是对安全不利的。因此,这类密码在实际上也是没有用的。

对于密码(4),加密算法(解密算法)和密钥都变化。根据密码学常识,加密算法(解密算法)和密钥都变化,对攻击者来说不确定因素多了,因此攻击的难度增大,有利于提高安全性。我们提出的演化密码就是属于这种密码中的一类。

下面我们给出关于演化密码的一些定义。

定义 4-1 设 E 为加密算法,$K_0, K_1, \cdots, K_n$ 为密钥,$M_0, M_1, \cdots, M_{n-1}, M_n$ 为明文,$C_0, C_1, \cdots, C_{n-1}, C_n$ 为密文,如果把明文加密成密文的过程中加密算法固定不变,即

$$C_0 = E(M_0, K_0), C_1 = E(M_1, K_1), \cdots, C_n = E(M_n, K_n) \quad (4\text{-}3)$$

则称其为固定算法密码体制。

定义 4-2 如果在加密过程中加密算法 E 也不断变化，即

$$C_0 = E_0(M_0, K_0), C_1 = E_1(M_1, K_1), \cdots, C_n = E_n(M_n, K_n) \tag{4-4}$$

其中 $E_0, E_1, \cdots, E_n$ 互不相同，则称其为变化算法密码体制。

由于加密算法和密钥在加密过程中不断变化，显然可以极大地提高密码的强度。更进一步，若能使加密算法朝着越来越好的方向演变进化，那么密码就成为一种自进化的、渐强的密码，我们称其为演化密码(Evolutionary Cryptosystem)。

用 $S(E)$ 表示加密算法 E 的安全强度，则这一演化过程可表示为：

$$\begin{cases} E_0 \to E_1 \to E_2 \to \cdots \to E_{n-1} \to E_n \\ S(E_0) < S(E_1) < S(E_2) < \cdots < S(E_{n-1}) < S(E_n) \end{cases} \tag{4-5}$$

另一方面，密码的设计是十分复杂困难的。密码设计自动化是人们长期追求的目标。我们提出一种模仿自然界的生物进化，通过演化计算来设计密码的方法。在这一过程中，密码算法不断演变进化，而且越变越好。设 $E_{-\tau}$ 为初始加密算法，则演化过程从 $E_{-\tau}$ 开始，经历 $E_{-\tau+1}, E_{-\tau+2}, \cdots, E_{-1}$，最后变为 E_0。由于 E_0 的安全强度达到实际使用的要求，可以实际应用，我们称这一过程成为"十月怀胎"，$E_{-\tau}$ 为"初始胚胎"，E_0 为"一朝分娩"的新生密码。

用 $S(E)$ 表示加密算法 E 的强度，则这一演化过程可表示为：

$$\begin{cases} E_{-\tau} \to E_{-\tau+1} \to E_{-\tau+2} \to \cdots \to E_{-1} \to E_0 \\ S(E_{-\tau}) < S(E_{-\tau+1}) < S(E_{-\tau+2}) < \cdots < S(E_{-1}) < S(E_0) \end{cases} \tag{4-6}$$

考虑到 E_0 的安全强度已达到实际使用的要求，另外还考虑到加密算法 E 的强度可能达到它的最大值，因此在 $E_0 \to E_1 \to E_2 \to \cdots \to E_{n-1} \to E_n$ 的过程中，要求其安全强度 $S(E)$ 不出现减弱的变化就行了。于是我们可以将式(4-5)中的<号改换为≤号，这样将更加合理。据此，我们综合以上密码设计和工作两个方面，可把加密算法 E 的演化过程表示为：

$$\begin{cases} E_{-\tau} \to E_{-\tau+1} \to E_{-\tau+2} \to \cdots \to E_{-1} \to E_0 \to E_1 \to E_2 \to \cdots \to E_n \\ S(E_{-\tau}) < S(E_{-\tau+1}) < \cdots < S(E_{-1}) < S(E_0) \leq S(E_1) \leq S(E_2) \leq \cdots \leq S(E_n) \end{cases} \tag{4-7}$$

其中 $E_{-\tau} \to E_{-\tau+1} \to \cdots \to E_{-1}$ 为加密算法的设计演化阶段，即"十月怀胎"阶段。在这个阶段中，加密算法的强度尚不够强，不能实际使用，这个过程在实验室进行。E_0 为"一朝分娩"的新生密码，它是密码已经成熟的标志。$E_0 \to E_1 \to E_2 \to \cdots \to E_n$ 为密码的工作阶段，而且在工作过程中仍不断演化，密码的安全性越变越好。这就是演化密码的思想。

定义 4-3 如果密码的变化满足式(4-7)，则称其为演化密码。

我们把演化密码的思想和变化过程画成如图 4-1 所示的原理框图，由此，我们可以清楚地看出演化密码的两个阶段：设计阶段和工作阶段。在设计阶段，加密算法不断演化进化，而且安全程度严格递增，产生出可以实际使用的新生加密算法 E_0；在工作阶段，加密算法仍然不断演化进化，安全程度保持递增或不减。

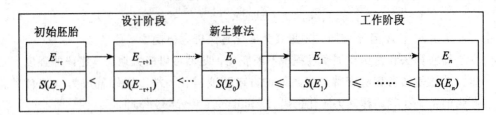

图 4-1 演化密码的原理框图

4.2 演化密码体制的安全性

在 4.1 节，我们给出了演化密码的概念，并从定性的角度指出演化密码的安全性与传统固定算法密码相比是增强的。本节我们将从定量的角度证明这一事实。

一般而言，加密算法 E 的一些部件在其对抗某种已知攻击时发挥核心作用，如非线性部件 S 盒和扩散层的 P 置换部件是 AES 对抗线性攻击和差分攻击的核心。为了有效对抗某种已有的攻击，算法中一些部件通常需要满足一系列密码准则，在某种程度上，这些密码准则被看成是一种量化指标，用来度量密码部件对抗已有攻击的安全强度。以加密算法 AES 为例，算法中 S 盒的非线性度被用来度量其抵抗线性攻击的能力，而差分均匀性被用来度量其抵抗差分攻击的能力。一般情况下，演化密码可表示成一个六元组 $\langle E, \omega, \Omega, \Gamma, \Psi, f \rangle$ 表示，其中：

E 表示一个加密算法；

ω 表示加密算法 E 中的核心密码部件，如分组密码算法中的非线性部件 S 盒；

Ω 表示所有可能的 ω 组成的集合；

Γ 表示密码部件 ω 已有的一些密码准则，简称规则集，如密码部件为 S 盒时，规则集中包含差分均匀性、非线性度、代数次数等；

Ψ 表示所有 Ω 到 Ω 的映射组成的集合；

f 表示 Ω 到正实数集 $\mathbf{R}^+$ 的映射，通常被称为评估函数，其函数值称为适应值。

通过比较密码部件 ω 对应的适应值，设计者可以得出一组密码部件 $\omega_0, \omega_1, \cdots, \omega_{t-1}$，使算法 $E_i (i=0, 1, \cdots, t-1)$ 能对抗已知某种攻击，且安全强度满足 $S(E_0) \leqslant S(E_1) \leqslant \cdots \leqslant S(E_{t-1})$，其中算法 E_i 表示密码部件为 ω_i 时的算法 E。为了便于讨论，本书中我们将固定算法密码记为 $\langle E, \omega_0 \rangle$，将演化密码记为 $\langle E, \omega_0, \omega_1, \cdots, \omega_{t-1} \rangle$。

4.2.1 演化密码对抗线性密码分析的安全性

4.2.1.1 线性密码分析简介

作为评估迭代型分组密码安全强度的重要方法之一，线性密码分析最初是由 Matsui

针对 DES 提出的，它的基本思想是根据密码体制中明文、密文以及密钥之间的线性逼近式的统计特性恢复密钥信息。Matsui 在文献[13]中给出了两种获取密钥信息的算法：利用一个线性逼近式，算法 1 可以获取一比特密钥位异或信息，算法 2 可以恢复最后一轮(或首轮)密钥的若干密钥位信息。文献[14]中描述了通过使用两个线性逼近式对算法 2 进行改进，降低了线性密码分析的数据复杂度。此后，密码学者们开始研究利用多个线性逼近式进行线性攻击的方法，即多重线性密码分析。Kaliski 等利用若干个具有相同密钥位的线性逼近式进行多重线性密码分析[15]，文献[16]推广了 Kaliski 等人的方法，他们提出的多重线性密码分析方法没有限制所使用的线性逼近式中的密钥位必须相同，可以恢复出若干个密钥位异或值。然而，这两种方法关于密钥分析的讨论依赖于线性逼近式统计无关性假设，文献[17]指出一般情况下，关于线性逼近式的统计无关性假设可能不成立。Hermelin 等人在文献[18—20]中分别对 Matsui 的算法 1 和算法 2 进行推广，给出了不依赖线性逼近式之间的统计无关性的多重线性密码分析方法，并指出在密钥恢复阶段，如果确定的线性逼近式的概率分布没有明显误差，基于对数似然比统计的 LLR 方法优于统计分析吻合度的 χ^2 方法。因此，我们选取基于 LLR 的统计方法对演化密码和固定算法密码进行攻击，并比较它们对抗这种多重密码分析方法的安全强度。下面我们先给出统计密码分析的基本框架，并在此基础上介绍基于对数似然比统计的 LLR 方法的实施步骤和复杂度水平。

在具体介绍算法 1 和算法 2 的 LLR 扩展算法之前，先给出一些关于布尔函数和概率分布的基本定义和相关结论。

设 V_n 表示二元域$\{0, 1\}$上的 n-维线性空间，函数 $f: V_n \to V_1$ 称为 n 元布尔函数，函数 $F: V_n \to V_m$ 称为向量布尔函数。事实上，向量布尔函数 F 可表示成 $F = (f_1, f_2, \cdots, f_m)$，其中分量函数 f_i，$i = 1, 2, \cdots, m$ 都是 n 元布尔函数。任意一个 n 元线性布尔函数可表示为向量之间的内积：

$$\xi \mapsto a \cdot \xi = a_1\xi_1 \oplus \cdots \oplus a_n\xi_n,$$

其中 $\xi = (\xi_1, \cdots, \xi_n)$，$a = (a_1, \cdots, a_n) \in V_n$。故 V_n 到 V_m 上的线性向量函数可以表示成一个 $m \times n$ 矩阵 U：

$$\xi \mapsto U \cdot \xi^T$$

其中 $U = (u_1, \cdots, u_m)^T$，$u_i \in V_n$。

一个 n 元布尔函数 f 的相关值定义为

$$c(f) = 2^{-n} \sum_{\xi \in V_n} (-1)^{f(\xi)}$$

我们用大写的黑体字母表示随机变量，如 $\boldsymbol{X}, \boldsymbol{Y}, \boldsymbol{Z}, \cdots$，对于随机变量 $\boldsymbol{X}$，称向量 $\boldsymbol{p} = (p_0, p_1, \cdots, p_M)$ 是 $\boldsymbol{X}$ 的概率分布，并简记为 $\sim \boldsymbol{p}$。如果对于任意的 $0 \leq \eta \leq M$，$\Pr(\boldsymbol{X} = \eta) = p_\eta$。记 θ_m 表示向量空间 V_m 上的均匀独立的概率分布，即 $\theta_m = (2^{-m}, 2^{-m}, \cdots, 2^{-m})$。设函数 $F: V_n \to V_m$，$\sim \theta_n$，则称随机变量 $\boldsymbol{Y} = F(\boldsymbol{X})$ 的概率分布 $(p_0,$

$p_1, \cdots, p_{2^m-1}$)是向量布尔函数 F 的概率分布。

定义 4-4 设 $p=(p_0, p_1, \cdots, p_M)$ 和 $q=(q_0, q_1, \cdots, q_M)$ 是两个概率分布,相对熵 $D(p \parallel q)$ 定义如下:

$$D(p \parallel q) = \sum_{\eta=0}^{M} p_\eta \log \frac{p_\eta}{q_\eta}$$

定义 4-5 设 $p=(p_0, p_1, \cdots, p_M)$ 和 $q=(q_0, q_1, \cdots, q_M)$ 是两个概率分布,则它们之间的容量 $C(p, q)$ 定义为:

$$C(p, q) = \sum_{\eta=0}^{M} \frac{(p_\eta - q_\eta)^2}{q_\eta}$$

如果 q 是均匀独立的概率分布,此时 $C(p, \theta_m) = 2^m \parallel p-\theta_m \parallel_2^2$ 称为概率分布 p 的容量,简记为 $C(p)$。概率分布 p 称为接近于概率分布 q。如果对于任意的 $\eta = 0, 1, \cdots, M$,都有 $|p_\eta - q_\eta| \leq q_\eta$,此时 $D(p \parallel q) \approx \frac{1}{2} C(p, q)$。

设 $Z_1, \cdots, Z_N$ 表示 $(0, 1, \cdots, M)$ 上的 N 个相互独立的随机变量,且要么服从概率分布 $p=(p_0, p_1, \cdots, p_M)$,要么服从概率分布 $q=(q_0, q_1, \cdots, q_M)$。对于一组实验数据 $z_1, z_2, \cdots, z_N$,令

$$q_\eta = \frac{1}{N} \#\{i=1, 2, \cdots, N \mid z_i = \eta\}$$

设 H_0 表示 $z_i, i=1, 2, \cdots, N$ 服从概率分布 p;H_1 表示 $z_i, i=1, 2, \cdots, N$ 服从概率分布 q。关于假设检验的问题就是判断接受声明 H_0 还是声明 H_1。Neyman-Pearson 引理指出解决假设检验问题的最优统计方法是利用极大似然比(LLR)的方法进行判断,其中 LLR 的定义如下:

$$\text{LLR}(q, p, q) = \sum_{\eta=0}^{M} N q_\eta \log \frac{p_\eta}{q_\eta}$$

令假设检验的门槛值为 γ,若 $\text{LLR}(q, p, q) < \gamma (>\gamma)$,则接受(拒绝)声明 H_0。文献[21]给出了利用相对熵 $D(p \parallel q)$ 考察 $\text{LLR}(q, p, q)$ 概率分布的方法。

命题 4-1 对于 N 个相互独立的随机变量 $Z_1, \cdots, Z_N$,如果这些变量服从分布 $p(q)$,则上式中 $\text{LLR}(q, p, q)$ 的概率分布近似于正态分布 $N(\mu_0, \sigma_0)(N(\mu_1, \sigma_1))$,其中

$$\mu_0 = D(p \parallel q), \quad \mu_1 = -D(q \parallel p)$$

$$\sigma_0^2 = \sum_{\eta=0}^{M} p_\eta \log^2 \frac{p_\eta}{q_\eta} - \mu_0^2, \quad \sigma_1^2 = \sum_{\eta=0}^{M} q_\eta \log^2 \frac{p_\eta}{q_\eta} - \mu_1^2$$

而且,若 p 接近于 q,则有

$$\mu_0 \approx -\mu_1 \approx \frac{1}{2} C(p, q), \quad \sigma_0^2 \approx \sigma_1^2 \approx C(p, q)$$

对于一个分组密码系统 (P, C, K, E, D) 和给定密钥 $K \in K$,加密算法 E 将明文

$P \in \boldsymbol{P}$ 映射成 $C = E(P, K) \in \boldsymbol{C}$。对加密算法 E 的统计分析模型可表述如下：

一般情况下，对加密算法 E 的统计密码分析只能恢复密钥 K 的部分信息，故需要将所有密钥分成若干等价类。定义映射 $\phi_1: K \to Z$，其中 $Z = \phi_1(K)$ 表示密钥 K 对应的等价类。统计密码分析通常先设法从子密钥空间 Z 中恢复密钥 $Z = \phi_1(K)$，再确定正确的密钥 K。整个分析过程可分为下面三个阶段。

信息提取阶段：攻击者先截获 N 个明密文对 (P_i, C_i)，$i = 1, 2, \cdots, N$，通常情况下，N 个明密文对中仅有一部分信息与密钥有关，故攻击者需要提取仅与密钥有关的信息，信息提取过程可表示为 $\phi_2: \boldsymbol{P} \times \boldsymbol{C} \to S$，其中集合 S 中每个元素对应于特定的密钥信息，并对 $S_i = \phi_2(P_i, C_i)$ 在 S 中出现的次数进行计数。

密钥分析阶段：攻击者根据具体的密码分析方法定义一个函数 $\phi_3 = Z \times S \to T$，其中 $T_Z = \phi_3(S, Z)$ 用来标记每个候选密钥 Z 是正确密钥的可能性，并对所有候选密钥 Z 按 T_Z 递增（或递减）的顺序进行排列。

密钥搜索阶段：攻击者按候选密钥的排列顺序遍历所有密钥，直至恢复出正确密钥。

对于已知的几种多重线性密码分析方法，它们的不同之处主要体现在不同的信息提取方式和密钥分析方法。在恢复密钥的过程中，函数 $T_z = \phi_3(S, Z)$ 决定了密码分析方法的强度。在理想的统计分析模型下，在所有候选密钥对应的 T_Z 排列中，正确密钥 Z_0 对应的 T_{Z_0} 应排在最前。如果 T_{Z_0} 没有排在最前，则攻击者需要依次尝试其他候选密钥，直至找出正确的密钥 Z_0。文献[16]中利用给出的"收获(gain)"指标考察了密钥搜索阶段的时间复杂度，不过这种方法有一定的局限性，因为它要求各线性逼近表达式是线性无关的。而文献[25]中"比特优势(advantage)"的指标可以更广泛地用于考察多重线性密码分析的复杂度水平。

定义 4-6 设一个密钥分析方法预期恢复的密钥长度为 n，在所有 2^n 个候选密钥中，若根据该方法确定的密钥顺序，正确密钥排在前 $r = 2^{n-a}$ 个候选密钥，则称该密钥分析方法对于穷举攻击的比特优势为 a。

恢复密钥的统计分析方法通常情况下基于如下的错误密钥假设。

错误密钥假设：在密钥的统计分析过程中，存在两个不同的概率分布 p 和 q 满足，对于正确的密钥 Z_0，与明密文相关的实验数据服从概率分布 p；而对于其他错误密钥 Z，与明密文相关的实验数据服从概率分布 q。

下面我们介绍基于对数似然比（LLR）扩展 Matsui 提出的算法 1 和算法 2 的过程。

算法 1 的 LLR 扩展算法

对于一个 r-轮迭代型分组密码加密算法 E，设明文 $P \in \boldsymbol{P}$ 的分组长度为 n，原始密钥长度为 n_k，K 表示初始密钥扩展后的轮密钥，密文 $C = E(P, K) \in \boldsymbol{C}$，即明文空间 $\boldsymbol{P}$ 和密文空间 $\boldsymbol{C}$ 可等同于 V_n。设攻击者获得 m' 个线性逼近表达式

$$u_i \cdot P \oplus w_i \cdot C \oplus v_i \cdot K, \quad j = 1, 2, \cdots, m'$$

其中有 m 个线性无关的行向量 (u_i, w_i)，不妨记为 (u_1, w_1)，$\cdots$，(u_m, w_m)。

对算法 E 的 m-维线性逼近式可表示为

$$V_n \times V_n \to V_m, \quad F(P, C) = UP \oplus WC \oplus VK, \tag{4-8}$$

其中矩阵 $U = (u_1, u_2, \cdots, u_m)^T$，$W = (w_1, w_2, \cdots, w_m)^T$，矩阵 V 有 m 个行向量，将所有密钥 K 映射到 2^m 个等价类 $Z = VK \in V_m$（对应于统计分析模型中的函数 ϕ_1）。对分组密码进行多重线性密码攻击的任务就是根据若干个明密文对 (P, C) 确定正确密钥 Z。

在文献[17]中，Hermelin 等人给出了利用 m 个线性无关的线性逼近式估算向量布尔函数 F 的概率分布的方法。对于布尔函数 $F = (f_1, f_2, \cdots, f_m)$，其概率分布 p 可确定如下：

$$p_\eta = 2^{-m} \sum_{a \in V_m} (-1)^{a \cdot \eta} \rho(a), \quad \eta \in V_m$$

其中 $\rho(a)$ 表示布尔函数 $f_a = a_1 f_1 \oplus \cdots \oplus a_m f_m$ 的相关值，$\rho(a)$ 可根据归结引理和 f_i，$i = 1$，2，$\cdots$，m 的相关值确定。此时，概率分布 p 的容量为：

$$C(p) = 2^m \sum_\eta (p_\eta - 2^{-m})^2 = \sum_{a \neq 0} \rho^2(a)$$

根据式(4-8)，攻击者只需要确定 m 个线性无关的线性逼近式就可以进行 m 维多重线性攻击，因此，在下面的讨论中，m 维多重线性攻击都是指利用 m 个线性无关的逼近式进行密码分析。

假设攻击者获得了算法 E 的 N 个明密文 (P_i, C_i)，$i = 1, 2, \cdots, N$，则可确定随机变量 $\hat{Z}_i = UP_i + WC_i$，$i = 1, 2, \cdots, N$ 的概率分布如下：

$$\hat{q}_\eta = \frac{1}{N} \#\{i = 1, 2, \cdots, N \mid \hat{Z}_i = \eta\}, \quad \eta \in V_m \tag{4-9}$$

如果式(4-8)的向量布尔函数 $F(P, C) = UP \oplus WC \oplus VK$ 服从概率分布 p，则对于每个密钥 $Z \in V_m$，随机变量 $UP \oplus WC$ 的概率分布 p^Z 可看成是 $F(P, C)$ 的概率分布 p 关于 Z 的一个置换：对任意的 Z，η，$h \in V_m$，$p^Z_{\eta \oplus h} = p^{Z \oplus h}_\eta$。因此，根据向量布尔函数 $F(P, C)$ 的概率分布可近似计算出每个密钥 Z 对应的概率分布 p^Z。在分析过程中，通常假设对于任意两个密钥 Z 和 Z'，相应的概率分布 p^Z 接近于 $p^{Z'}$，而且任意密钥 Z 对应的概率分布 p^Z 接近于均匀分布 θ_m。

由于实验数据 $\hat{Z}_i (i = 1, 2, \cdots, N)$ 要么服从正确密钥对应 Z_0 的概率分布 p^{Z_0}，要么服从其他密钥 Z 对应的概率分布 p^Z。在利用 LLR 的方法进行多重线性密码分析时，攻击者计算

$$l(Z) = \text{LLR}(\hat{q}, p^Z, \theta_m)$$

并认为 $l(Z)$ 取值越大，相应的密钥 Z 是正确密钥的可能性越大。

综上所述，对于 r-轮迭代型分组密码算法 E，Matsui 算法 1 的 LLR 扩展算法可表述为如表 4-1 所示的三个阶段。

表 4-1	算法 1 的 LLR 扩展算法
信息提取阶段：	1. 寻找 m 个线性无关的 r-轮线性逼近表达式 $UP \oplus WC \oplus VK$；
	2. 对于每个 $Z=0, 1, 2, \cdots, 2^m-1$，确定理论上的概率分布 p^Z；
	3. 截获 N 个明密文对 (P_i, C_i)，根据式(4-9)计算相应的概率分布 $\hat{q}$；
密钥分析阶段：	4. 对每个密钥 $Z \in V_m$，计算 $l(Z) = \text{LLR}(\hat{q}, p^Z, \theta_m)$；
	5. 对 $l(Z)$ 按递减的顺序重新排列；
密钥搜索阶段：	6. 依次遍历所有候选密钥 $Z=VK$，直至确定原始密钥 K。

算法 2 的 LLR 扩展算法

对于一个 r-轮迭代型分组密码算法 E，设明文 $P \in \mathcal{P}$ 的分组长度为 n，K' 表示初始密钥扩展后除最后一轮的所有轮密钥，C' 表示最后一轮轮函数 f_r 的输入。由密文 C 和最后一轮密钥 $k \in V_l$ 得出 $C' = f_r^{-1}(C, k)$。设攻击者获得 m 个线性无关的 $(r-1)$ 轮线性逼近表达式，类似于上节的讨论，根据这 m 个线性逼近式，可以确定向量布尔函数

$$V_n \times V_n \rightarrow V_m, \quad F(P, C) = UP \oplus Wf_r^{-1}(C, k) \oplus VK' \tag{4-10}$$

的概率分布 p。令 $Z' = VK'$ 表示轮密钥的 m 个异或值，并记 k_0 表示正确的最后一轮的轮密钥。在通常的线性密码分析过程中，实际影响 $Wf_r^{-1}(C, k)$ 取值的并不是整个最后一轮密钥 k，而是 k 的部分子密钥，相应的密钥长度与矩阵 W 有关。下面我们记实际影响 $Wf_r^{-1}(C, k)$ 取值的子密钥为 g，长度为 $l' \leq l$。

假设攻击者获得了算法 E 的 N 个明密文 (P_i, C_i)，$i = 1, 2, \cdots, N$。则对于每个 $g \in V_{l'}$，可确定相应的概率分布 $\hat{q}_k$ 如下：

$$\hat{q}_\eta^g = \frac{1}{N} \#\{i = 1, 2, \cdots, N \mid UP_i \oplus Wf_r^{-1}(C_i, g) = \eta\}, \quad \eta \in V_m \tag{4-11}$$

若攻击者使用错误的密钥 $g \neq g_0$ 解密最后一轮，则根据错误密钥随机性假设[22]，数据 $UP_i \oplus Wf_r^{-1}(C_i, g)$，$i = 1, 2, \cdots, N$ 近似服从概率分布 θ_m；若攻击者使用正确的密钥 g_0 解密最后一轮，则数据 $UP_i \oplus Wf_r^{-1}(C_i, g_0) \oplus Z'$，$i = 1, 2, \cdots, N$ 服从概率分布 p，相应地，数据 $UP_i \oplus Wf_r^{-1}(C_i, g_0)$，$i = 1, 2, \cdots, N$ 服从概率分布 $p^{Z'}$，其中 $p^{Z'}$ 满足条件：对任意的 $\eta, h \in V_m$，$p_{\eta \oplus h}^{Z'} = p_\eta^{Z' \oplus h}$。

我们记

$$L(g, Z') = \text{LLR}(\hat{q}^g, p^{Z'}, \theta_m), \quad L(g) = \max_{Z' \in V_m} L(g, Z')$$

根据上面的分析，正确密钥 g_0 对应的 $L(g_0)$ 应取最大值，即 $L(g_0) = \max_{g \in V_{l'}} L(g)$。另外，确定正确密钥 g_0 后，正确的密钥异或 Z_0' 对应的 $L(g_0, Z_0')$ 应取得最大值，即 $L(g_0, Z_0') = \max_{Z' \in V_m} L(g_0, Z')$，这个过程如算法 1 所述，故我们不在算法 2 中列出。结合上面的分析，对算法 2 的 LLR 扩展算法可表述为如表 4-2 所示的三个阶段。

表 4-2　　　　　　　　　　　　算法 2 的 LLR 扩展算法

信息提取阶段：1. 寻找 m 个线性无关的 $(r-1)$-轮线性逼近表达式
$$UP \oplus Wf_r^{-1}(C, k) \oplus VK';$$

2. 对于每个 $Z=0, 1, \cdots, 2^m-1$，确定理论上的概率分布 p^Z；

3. 截获 N 个明密文对 (P_i, C_i)，对每个 $g \in V_{l'}$，根据式(4-11)计算相应的概率分布 $\hat{q}^g$；

密钥分析阶段：4. 对每个轮密钥 $g \in V_{l'}$，计算 $L(g) = \max_{Z' \in V_m} \mathrm{LLR}(\hat{q}^g, p^{Z'}, \theta_m)$；

5. 对 $L(g)$ 按递减的顺序重新排列；

密钥搜索阶段：6. 依次遍历所有候选密钥 g，直至确定正确的子密钥 g。

LLR 扩展算法的复杂度分析

根据上一节的介绍，线性密码分析分为信息提取、密钥分析和密钥搜索三个阶段，下面我们根据算法中各阶段需执行的运算讨论其复杂度水平。

我们下面分析算法 1 的复杂度，可以类似地讨论算法 2 的复杂度。在信息提取阶段，攻击者首先需要获得算法 E 的 m 个线性无关的线性逼近式，Matsui 最初在文献[23]中给出搜索 DES 型分组密码的最佳线性逼近式，此后文献[16]将 Matsui 的算法进行了推广，进而可以搜索出迭代型分组密码算法的多个线性逼近式，这两个搜索算法的复杂度依赖于具体的加密算法。对于加密算法 E，我们下面记每次执行搜索算法的平均时间复杂度为 $\vartheta_1^{(E)}$，此阶段需存储 m 个线性无关的逼近式。确定 m 个线性逼近式后，对于每个密钥 $Z \in V_m$，需计算其对应的概率分布 p^Z。记每次计算概率分布 p^Z 的时间复杂度为 ϑ_2，由于需要存放所有概率分布 p^Z，而每个概率分布 p^Z 有 2^m 个值，故相应的空间复杂度为 2^{2m}。对于在线攻击阶段，攻击者先截获 N 个明密文对，并以此为基础计算概率分布 $\hat{q}$，故这一步骤的数据复杂度为 N。记完成一次概率分布 $\hat{q}$ 的计算的时间复杂度为 ϑ_3，概率分布 $\hat{q}$ 有 2^m 个值，故相应的空间复杂度为 2^m。在密钥分析阶段，对每个候选密钥 Z，记完成一次 $\mathrm{LLR}(\hat{q}, p^Z, \theta_m)$ 计算的时间复杂度为 ϑ_4，对 2^m 个 $l(Z)$ 进行重排的时间复杂度为 $\vartheta_5^{(m)}$，存放所有 $l(Z)$ 的空间复杂度为 2^m。在密钥搜索阶段，记算法相对于穷举的比特优势为 a，执行一次加密算法 E 的时间复杂度为 ϑ_6，则根据定义 4-6，搜索密钥 Z 的时间复杂度为 $2^{m-a} \cdot \vartheta_6$。记原始密钥的长度为 n_k，进而可知密钥搜索阶段的时间复杂度为：

$$2^{n_k-m} \cdot 2^{m-a} \cdot \vartheta_6 = 2^{n_k-a} \cdot \vartheta_6$$

根据上面的分析，算法 1 和算法 2 的 LLR 扩展算法的复杂度分别列于下面的表 4-3 和表 4-4 中。

表 4-3　　　　　　　　　算法 1 的 LLR 扩展算法的复杂度

	数据复杂度	时间复杂度	空间复杂度
信息提取阶段	N	$\vartheta_1^{(E)}+2^m\cdot\vartheta_2+\vartheta_3$	2^{2m}
密钥分析阶段	—	$2^m\cdot\vartheta_4+\vartheta_5^{(m)}$	2^m
密钥搜索阶段	—	$2^{n_k-a}\cdot\vartheta_6$	2^m

表 4-4　　　　　　　　　算法 2 的 LLR 扩展算法的复杂度

	数据复杂度	时间复杂度	空间复杂度
信息提取阶段	N	$\vartheta_1^{(E)}+2^m\cdot\vartheta_2+2^{l'}\cdot\vartheta_3$	$2^m\max\{2^m,2^{l'}\}$
密钥分析阶段	—	$2^{m+l'}\cdot\vartheta_4+\vartheta_5^{(l')}$	$2^{m+l'}$
密钥搜索阶段	—	$2^{n_k-a}\cdot\vartheta_6$	$2^{l'}$

在讨论线性攻击分组密码过程中,算法的数据复杂度和时间复杂度(特别是搜索阶段的复杂度)占主导地位。利用 LLR 扩展算法进行线性攻击时,Hermelin 等人分别给出了算法 1 和算法 2 中所需明密文对个数 N,比特优势 a,向量布尔函数的概率分布容量 $C(p)$ 以及成功率 P_s 之间的关系式[18,19]。令 $\Phi(\cdot)$ 表示标准正态分布 $N(0,1)$ 的累积函数,利用算法 1 的 LLR 扩展算法恢复 m 位密钥比特异或时,

$$a=-\log_2\left(1-\Phi\left(\frac{1}{2}\sqrt{N\cdot C(p)}-\Phi^{-1}(P_s)\right)\right),$$

根据上式,容易得出:

$$N=\frac{4(\phi^{-1}(P_s)+\phi^{-1}(1-2^{-a}))^2}{C(p)} \tag{4-12}$$

利用算法 2 的 LLR 扩展算法恢复最后一轮密钥 k 时,

$$a=\frac{(\sqrt{N\cdot C(p)}-\phi^{-1}(P_s))^2}{2}-m,$$

进而有:

$$N=\frac{(\phi^{-1}(P_s)+\sqrt{2(a+m)})^2}{C(p)}。$$

4.2.1.2　演化密码对抗多重线性密码分析

1. 演化密码体制

设 E 表示一个 r-轮迭代型分组密码算法,其明密文分组长度为 n,原始密钥长度为

n_k。令 ω 表示算法 E 的核心部件，如 E 表示 AES 加密算法，ω 表示算法 E 中的轮函数。设 γ 表示算法 E 的某个密码指标，在本节中，对于算法 E 中 m 个线性逼近式对应的向量布尔函数 $F=(f_1, f_2, \cdots, f_m)$，我们令指标 γ 表示各分量布尔函数 $f_i(i=1, 2, \cdots, m)$ 的相关值的绝对值，即 $\gamma=(\gamma_1, \gamma_2, \cdots, \gamma_m)$，其中对于 $i=1, 2, \cdots, m$，

$$\gamma_i = |c(f_i)| = \left| 2^{-n} \sum_{\xi \in V_n} (-1)^{f_i(\xi)} \right|. \tag{4-13}$$

算法 E 中所有可能的 γ 组成集合 $\Gamma \subset \mathbf{R}^m$。

对于集合 Γ 中任意两个元素 $\alpha=(\alpha_1, \cdots, \alpha_m)$，$\beta=(\beta_1, \cdots, \beta_m)$，定义如下一个偏序关系"$\geq$"：

$$\alpha \geq \beta \Leftrightarrow \text{对于} i=1, 2, \cdots, m, \alpha_i \geq \beta_i \tag{4-14}$$

对于加密算法 E，更换其核心部件 ω 可能会导致其密码指标 $\gamma^{(0)}$ 相应地发生变化。如果存在一个智能算法，利用该算法对部件 ω_0 进行处理，可得到一些新的密码部件 $\omega_1, \omega_2, \cdots, \omega_t$，且相应的密码指标 $\gamma^{(1)}, \gamma^{(2)}, \cdots, \gamma^{(t-1)}$ 按偏序关系逐渐变小，即

$$\gamma^{(0)} \geq \gamma^{(1)} \geq \gamma^{(2)} \geq \cdots \geq \gamma^{(t-1)},$$

基于此智能算法可以得到一个演化密码体制 $E_0, E_1, \cdots, E_{t-1}$，其中对于 $i=0, 1, 2, \cdots, t-1$，E_i 对应于核心部件为 ω_i 的算法 E，$\gamma^{(i)}$ 是算法 E_i 的密码指标。我们将上面的演化密码体制记为

$$\langle E, \omega_0, \omega_1, \cdots, \omega_{t-1} \rangle,$$

其中算法对应的密码指标 $\gamma^{(i)}$ 满足下面的关系

$$\gamma^{(0)} \geq \gamma^{(1)} \geq \gamma^{(2)} \geq \cdots \geq \gamma^{(t-1)} \tag{4-15}$$

另外，我们把核心部件 w_0 固定不变的密码算法 E 记作 $\langle E, \omega_0 \rangle$。下面我们将比较这两个算法对抗多重线性密码分析的安全强度。

2. 攻击模型的假设

对于算法 $\langle E, \omega_0 \rangle$ 和 $\langle E, \omega_0, \omega_1, \cdots, \omega_{t-1} \rangle$，下面讨论这两个算法对抗多重线性密码分析的安全强度。我们将分别利用算法 1 和算法 2 的 LLR 扩展算法攻击这两个算法，并比较攻击算法的复杂度水平。先给出如下一些必要的攻击假设：

(1) 对于在线攻击阶段，给定一个时间周期 T，假设攻击者可以截获 N 个明密文对；

(2) 假设攻击者的数据截获能力与算法相互独立，即对算法 $\langle E, \omega_0 \rangle$ 和 $\langle E, \omega_0, \omega_1, \cdots, \omega_{t-1} \rangle$，攻击者的数据截获能力相当；

(3) 假设演化密码 $\langle E, \omega_0, \omega_1, \cdots, \omega_{t-1} \rangle$ 每隔一个时间周期 $P_t = T/t$ 更换一次核心部件 w；

(4) 假设攻击者在每个时间周期 P_t 内的数据截获能力基本相当，换句话说，攻击

者分析每个算法 E_i 时可利用的明密文数量约为 N/t；

(5) 假设对每个加密算法 $E_i(i=0,1,\cdots,t-1)$，根据算法 1 的 LLR 扩展算法每次进行线性攻击时，都是利用 m 个 r-轮线性无关的线性逼近式；而根据算法 2 的 LLR 扩展算法每次进行线性攻击时，都是利用 m 个 $(r-1)$ 轮线性无关的线性逼近式。

3. 攻击复杂度比较

线性密码分析的复杂度主要取决于在线攻击阶段的数据复杂度以及密钥搜索阶段的时间复杂度[13,14]。对于算法 1 和算法 2 的 LLR 扩展算法，我们下面对算法 $\langle E, \omega_0 \rangle$ 和 $\langle E, \omega_0, \omega_1, \cdots, \omega_{t-1} \rangle$ 的数据复杂度进行比较。

定理 4-1 对于算法 E, E'，设其如式 (4-13) 定义的密码指标为 γ, γ'，且 $\gamma \geq \gamma'$。当利用算法 1 的 LLR 扩展算法分别对 E, E' 进行攻击时，若两次攻击的预期成功率和算法的比特优势相同，则两次攻击的数据复杂度满足 $N \leq N'$，其中 N, N' 分别表示攻击 E, E' 时的数据复杂度。

证明：对于算法 E, E'，分别令对应的 m 个线性无关的线性逼近式的向量布尔函数为 $F=(f_1, f_2, \cdots, f_m)$ 和 $F'=(f'_1, f'_2, \cdots, f'_m)$，相应的概率分布分别为 p 和 p'。下面讨论概率分布 p 和 p' 的容量。

对于任意 $a=(a_1,\cdots,a_m) \in V_m$，布尔函数 $f_a = a_1 f_1 \oplus \cdots \oplus a_m f_m$ 的相关值可按如下方式计算：记 $p_a = \Pr(f_a(\xi)=0)$，则有 $c(f_a) = 2p_a - 1$。设向量 a 中分量不为零的下标为 $i_1, i_2, \cdots, i_t$，即 a 的支集 $\{i \mid a_i=1, i=1,2,\cdots,m\} = \{i_1, i_2, \cdots, i_t\}$，则 $f_a = a_{i_1} f_{i_1} \oplus \cdots \oplus a_{i_t} f_{i_t}$。根据归结引理[13]有

$$p_a = 1/2 + 2^{t-1} \prod_{s=1}^{t} (p_{i_s} - 1/2)$$

其中 $p_{i_s} = \Pr(f_{i_s}(\xi)=0)$。由 $c(f_{i_s}) = 2p_{i_s} - 1$ 可得

$$c(f_a) = \prod_{s=1}^{t} c(f_{i_s})$$

类似地，

$$c(f'_a) = \prod_{s=1}^{t} c(f'_{i_s})$$

由于密码指标满足 $\gamma \geq \gamma'$，即对于 $i=1,2,\cdots,m$，$|c(f_i)| \geq |c(f'_i)|$，故 $|c(f_a)| \geq |c(f'_a)|$。根据式 (4-14)，

$$C(p) = \sum_{a \neq 0} c^2(f_a) \geq \sum_{a \neq 0} c^2(f'_a) = C(p')$$

设两次攻击的预期成功率为 P_S，攻击算法的比特优势为 a，根据式 (4-12)，可得 $N \leq N'$。

类似地，可以证明下面的定理。

定理 4-2 对于算法 E, E'，设其由式 (4-13) 定义的密码指标满足 $\gamma \geq \gamma'$。当利用

算法2的LLR扩展算法分别对E，E'进行攻击时，设数据复杂度分别为N，N'，若两次攻击的预期成功率和算法的比特优势相同，则数据复杂度满足$N \leq N'$。

根据上面的定理4-1和定理4-2，由于算法$\langle E, \omega_0 \rangle$和$\langle E, \omega_0, \omega_1, \cdots, \omega_{t-1} \rangle$满足式(4-15)，不难得出如下结论。

定理4-3 对于算法$\langle E, \omega_0 \rangle$和$\langle E, \omega_0, \omega_1, \cdots, \omega_{t-1} \rangle$，当利用算法1(算法2)的LLR扩展算法分别对它们进行攻击时，设数据复杂度分别为N_1，N_1'(N_2，N_2')，若攻击这两个算法的预期成功率和攻击算法的比特优势相同，则数据复杂度满足$N_1 \leq N_1'$($N_2 \leq N_2'$)。

对于算法$\langle E, \omega_0 \rangle$和$\langle E, \omega_0, \omega_1, \cdots, \omega_{t-1} \rangle$，下面我们讨论算法1和算法2的数据复杂度相同时，这两个算法在攻击过程中的时间复杂度和空间复杂度。

我们先讨论利用算法1的LLR扩展算法对$\langle E, \omega_0 \rangle$和$\langle E, \omega_0, \omega_1, \cdots, \omega_{t-1} \rangle$进行线性攻击时的情形。类似于已有文献的讨论，我们把利用算法1恢复出的每个密钥比特异或看作一个密钥比特。

假设攻击者在时间T内可截获的明密文数量为N，利用算法1的LLR扩展算法恢复算法$\langle E, \omega_0 \rangle$的$m$比特密钥的情形上节已经讨论。根据攻击模型中的假设，对于算法$\langle E, \omega_0, \omega_1, \cdots, \omega_{t-1} \rangle$的情形，每隔时间周期$T/t$，算法$E$更新一次核心部件，故对于每个算法$E_i(i=1, 2, \cdots, t-1)$，相应的明密文对为$N/t$个。对于算法$E_i$对应的向量布尔函数$F_i$，记布尔函数$F_i$中的密钥比特为$Z_i$，$Z_i \in V_m$，令$\hat{Z}$表示$Z_0, Z_1, \cdots, Z_{t-1}$中所有的密钥比特(包括重复出现的密钥比特)，$\hat{Z}$的密钥长度等于$tm$。令$\tilde{Z}$表示$Z_0, Z_1, \cdots, Z_{t-1}$中所有互相独立的密钥比特，记$\tilde{Z}$的密钥长度为$\tilde{m}$，通常情况下，$m < \tilde{m} < tm$。对于$\tilde{Z}$中的所有密钥，记$\tilde{Z}_1$表示在$\hat{Z}$仅出现一次的所有密钥，$\hat{Z}_2$表示在$\hat{Z}$至少出现两次的所有密钥，易知$\tilde{Z} = \tilde{Z}_1 \cup \hat{Z}_2$，且$\tilde{Z}_1 \cap \tilde{Z}_2 = \emptyset$。

利用算法1对$\langle E, \omega_0, \omega_1, \cdots, \omega_{t-1} \rangle$进行分析的目标就是恢复出$\tilde{Z}$中的密钥比特。设$\tilde{Z}_1$和$\tilde{Z}_2$的密钥长度分别为$\tilde{m}_1$，$\tilde{m}_2$，根据上面的描述，仅有$N/(t+1)$个明密文对与$\tilde{Z}_1$相关，可用来恢复$\tilde{Z}_1$中的密钥；对于$\tilde{Z}_2$，最多有$N$个明密文对可用来恢复其中的密钥。记$\tilde{p}$，$\tilde{p}_1$和$\tilde{p}_2$分别表示$\tilde{Z}$，$\tilde{Z}_1$以及$\tilde{Z}_2$对应的概率分布。下面我们记$\vartheta_1^{(E_i)}$表示利用文献[16]中的搜索算法获得$m$个线性无关的线性逼近式的时间复杂度，其他符号沿用上节中的定义。

在数据复杂度N和预期成功率P_s相同的情况下，表4-5比较了算法1的LLR扩展算法对$\langle E, \omega_0 \rangle$和$\langle E, \omega_0, \omega_1, \cdots, \omega_{t-1} \rangle$进行攻击的复杂度水平。

表 4-5　算法 1 的 LLR 扩展算法攻击 $\langle E, \omega_0 \rangle$ 和 $\langle E, \omega_0, \omega_1, \cdots, \omega_{t-1} \rangle$ 的复杂度比较

	$\langle E, \omega_0 \rangle$		$\langle E, \omega_0, \omega_1, \cdots, \omega_{t-1} \rangle$	
	时间复杂度	空间复杂度	时间复杂度	空间复杂度
信息提取阶段	$\vartheta_1^{(E)} + 2^m \cdot \vartheta_2 + \vartheta_3$	2^{2m}	$\sum_{i=0}^{t-1} \vartheta_1^{(E_i)} + 2^{\tilde{m}} \cdot \vartheta_2 + \vartheta_3$	$2^{2\tilde{m}}$
密钥分析阶段	$2^m \cdot \vartheta_4 + \vartheta_5^{(m)}$	2^m	$2^{\tilde{m}} \cdot \vartheta_4 + \vartheta_5^{(\tilde{m})}$	$2^{\tilde{m}}$
密钥搜索阶段	$2^{n_k - a} \cdot \vartheta_6$	2^m	$2^{n_k - (\tilde{a}_1 + \tilde{a}_2)} \cdot \vartheta_6$	$2^{\tilde{m}}$

其中比特优势 $a = -\log_2 \left(1 - \Phi \left(\frac{1}{2} \sqrt{N \cdot C(p)} - \Phi^{-1}(P_S) \right) \right)$，恢复 $\tilde{Z}_1$ 中密钥的比特优势 $\tilde{a}_1 = -\log_2 \left(1 - \Phi \left(\frac{1}{2} \sqrt{N \cdot C(p)/t} - \Phi^{-1}(P_S) \right) \right)$，恢复 $\tilde{Z}_2$ 中密钥的比特优势 $\tilde{a}_2$ 满足如下不等式

$$-\log_2 \left(1 - \Phi \left(\frac{1}{2} \sqrt{2N \cdot C(p)/t} - \Phi^{-1}(P_S) \right) \right) \leqslant \tilde{a}_2 \leqslant -\log_2 \left(1 - \Phi \left(\frac{1}{2} \sqrt{N \cdot C(p)} - \Phi^{-1}(P_S) \right) \right).$$

由表 4-5 可知，在相同的数据复杂度 N 和预期成功率的条件下，利用算法 1 的 LLR 扩展算法对 $\langle E, \omega_0 \rangle$ 和演化密码 $\langle E, \omega_0, \omega_1, \cdots, \omega_{t-1} \rangle$ 进行攻击的过程中，在信息提取阶段和密钥分析阶段，通常情况下，$m < \tilde{m} < tm$，故攻击 $\langle E, \omega_0, \omega_1, \cdots, \omega_{t-1} \rangle$ 的时间复杂度和空间复杂度都明显高于攻击 $\langle E, \omega_0 \rangle$ 的情形。在密钥搜索阶段，攻击演化密码 $\langle E, \omega_0, \omega_1, \cdots, \omega_{t-1} \rangle$ 的空间复杂度也明显高于攻击 $\langle E, \omega_0 \rangle$ 的情形，此阶段攻击这两个算法的时间复杂度依赖于比特优势 a，$\tilde{a}_1$，$\tilde{a}_2$ 的实际取值。特别地，当所有算法 E_i 对应的 m 个线性逼近式的密钥比特异或全部相同，即 $\tilde{m} = m$ 时，攻击演化密码 $\langle E, \omega_0, \omega_1, \cdots, \omega_{t-1} \rangle$ 过程中，除搜索线性无关的线性逼近式以外，其复杂度水平与攻击 $\langle E, \omega_0 \rangle$ 的情形相同。

下面我们再比较利用算法 2 的 LLR 扩展算法对 $\langle E, \omega_0 \rangle$ 和 $\langle E, \omega_0, \omega_1, \cdots, \omega_{t-1} \rangle$ 进行线性攻击的情况。与算法 1 的讨论类似，我们假设攻击者在时间 T 内可截获的明密文数量为 N，利用算法 2 的 LLR 扩展算法恢复算法 $\langle E, \omega_0 \rangle$ 的情形前面已经讨论。而对于 $\langle E, \omega_0, \omega_1, \cdots, \omega_{t-1} \rangle$，根据攻击模型中的假设，每隔时间周期 T/t，算法 E 更新一次核心部件，相应地，对于每个算法 $E_i (i = 0, 1, 2, \cdots, t-1)$，可利用的明密文对的数量为 N/t。对于算法 E_i 对应的向量布尔函数 F_i，记布尔函数 F_i 中的 $f^{-1}(C, k)$ 涉及的最后一轮密钥为 g_i，密钥长度为 l_i。令 $\tilde{g}$ 表示 $g_1, g_2, \cdots, g_t$ 中所有互相独立的密钥比特，记 $\tilde{g}$ 的密钥长度为 $\tilde{l}$，由于算法 E 最后一轮密钥长度为 l，故 $\max_{0 \leqslant i \leqslant t} \{l_i\} \leqslant \tilde{l} \leqslant l$。

对于 $\tilde{g}$ 中的所有密钥，记 $\tilde{g}_1$ 表示仅出现在一个密钥 g_i 的所有密钥比特，$\tilde{g}_2$ 表示至少出现在两个密钥 g_i，g_j 中的所有密钥，易知 $\tilde{g} = \tilde{g}_1 \cup \tilde{g}_2$，且 $\tilde{g}_1 \cap \tilde{g}_2 = \emptyset$。设 $\tilde{Z}$，$\tilde{Z}_1$ 和 $\tilde{Z}_2$ 表示与密钥 $\tilde{g}$，$\tilde{g}_1$ 和 $\tilde{g}_2$ 对应的位密钥比特异或，相应的密钥长度分别为 $\tilde{m}$，$\tilde{m}_1$，$\tilde{m}_2$，并记 $\tilde{p}$，$\tilde{p}_1$ 和 $\tilde{p}_2$ 分别表示 $\tilde{Z}$，$\tilde{Z}_1$ 以及 $\tilde{Z}_2$ 对应的概率分布。

利用算法 2 对 $\langle E, \omega_0, \omega_1, \cdots, \omega_{t-1} \rangle$ 进行分析时，攻击者的目的是恢复出 $\tilde{g}$ 中的密钥比特。设 $\tilde{g}_1$ 和 $\tilde{g}_2$ 的密钥长度分别为 $\tilde{l}_1$，$\tilde{l}_2$，根据前面的描述，仅有 N/t 个明密文对可用来恢复 $\tilde{g}_1$ 中的密钥；而对于 $\tilde{g}_2$，最多有 N 个明密文对可用来恢复其中的密钥。下面我们记 $\vartheta_1^{(E_i)}$ 表示利用文献 [16] 中的搜索算法获得 m 个线性无关的线性逼近式的时间复杂度，其他符号沿用上节中的定义。

在数据复杂度 N 和预期成功率 P_s 相同的情况下，表 4-6 比较了算法 2 的 LLR 扩展算法对 $\langle E, \omega_0 \rangle$ 和 $\langle E, \omega_0, \omega_1, \cdots, \omega_{t-1} \rangle$ 进行攻击的复杂度水平。

表 4-6　算法 2 的 LLR 扩展算法攻击 $\langle E, \omega_0 \rangle$ 和 $\langle E, \omega_0, \omega_1, \cdots, \omega_{t-1} \rangle$ 的复杂度比较

	$\langle E, \omega_0 \rangle$		$\langle E, \omega_0, \omega_1, \cdots, \omega_{t-1} \rangle$	
	时间复杂度	空间复杂度	时间复杂度	空间复杂度
信息提取阶段	$\vartheta_1^{(E)} + 2^m \cdot \vartheta_2 + 2^{l_0} \cdot \vartheta_3$	$2^m \max\{2^m, 2^{l_0}\}$	$\sum_{i=0}^{t+1} \vartheta_1^{(E_i)} + 2^{\tilde{m}} \cdot \vartheta_2 + 2^{\tilde{l}} \cdot \vartheta_3$	$2^{\tilde{m}} \max\{2^{\tilde{m}}, 2^{\tilde{l}}\}$
密钥分析阶段	$2^{m+l_0} \cdot \vartheta_4 + \vartheta_5^{(l_0)}$	2^{l_0+m}	$2^{\tilde{m}+\tilde{l}} \cdot \vartheta_4 + \vartheta_5^{(\tilde{l})}$	$2^{\tilde{l}+\tilde{m}}$
密钥搜索阶段	$2^{n_k-a} \cdot \vartheta_6$	2^{l_0}	$2^{n_k-(\tilde{a}_1+\tilde{a}_2)} \cdot \vartheta_6$	$2^{\tilde{l}}$

其中 $a = \left(\sqrt{N \cdot C(p)} - \Phi^{-1}(P_s)\right)^2 / 2 - m$，$\tilde{a}_1 = \left(\sqrt{N \cdot C(\tilde{p}_1)/t} - \Phi^{-1}(P_s)\right)^2 / 2 - \tilde{m}_1$，$\tilde{a}_2$ 满足如下不等式：

$$\left(\sqrt{2N \cdot C(\tilde{p}_2)/t} - \Phi^{-1}(P_s)\right)^2 / 2 - \tilde{m}_2 \leq \tilde{a}_2 \leq \left(\sqrt{N \cdot C(\tilde{p}_2)} - \Phi^{-1}(P_s)\right)^2 / 2 - \tilde{m}_2$$

由表 4-6 可知，在信息提取阶段和密钥分析阶段，由于 $m \leq \tilde{m}$ 以及 $l_0 \leq \tilde{l}$，攻击 $\langle E, \omega_0, \omega_1, \cdots, \omega_{t-1} \rangle$ 的时间复杂度和空间复杂度都明显高于攻击 $\langle E, \omega_0 \rangle$ 的情形；在密钥搜索阶段，攻击 $\langle E, \omega_0, \omega_1, \cdots, \omega_{t-1} \rangle$ 的空间复杂度也明显高于攻击 $\langle E, \omega_0 \rangle$ 的情形，此阶段攻击这两个算法的时间复杂度依赖于比特优势 a，$\tilde{a}_1$，$\tilde{a}_2$ 的实际取值。特别地，当所有算法 E_i 对应的 m 个线性逼近式的密钥比特异或和最后一轮密钥全部相同，即 $\tilde{m} = m$ 且 $\tilde{l} = l_0$ 时，攻击演化密码 $\langle E, \omega_0, \omega_1, \cdots, \omega_{t-1} \rangle$ 过程中，除搜索线性无关的线性逼近式以外，算法的复杂度水平与攻击 $\langle E, \omega_0 \rangle$ 的情形相同。

4.2.2 演化密码对抗差分密码分析的安全性

4.2.2.1 差分攻击简介

1991年，Biham和Shamir提出了对DES类密码的差分密码分析方法[25]，从此差分密码分析成为对迭代型分组密码进行攻击和安全评估的最有力手段之一，其基本思想是通过分析明文对的差值对密文对差值的影响来恢复某些密钥比特。

对于一个r-轮迭代密码算法E，设初始密钥长度为n_k，轮函数为F，每轮密钥长度为n_r，X_0，X_0^*是E的一对明文，其差分为$\Delta X_0 = X_0 \oplus X_0^*$，经过加密后可得到一条差分序列$\Delta X_0$，$\Delta X_1$，$\cdots$，$\Delta X_r$，其中$\Delta X_i$是第$i(1\leqslant i\leqslant r)$轮输出$X_i$和$X_i^*$的差分，$X_i = F(X_{i-1}, K_i)$，$K_i$表示第$i(1\leqslant i\leqslant r)$轮的密钥。已有的研究结果表明，通常情况下，如果$\Delta X_{i-1}$，$X_i$和$X_i^*$已知，则根据简单轮函数$F$确定密钥$K_i$是容易的。在差分密码分析过程中，攻击者先选择符合特定差分值ΔX_0的明文对X_0，X_0^*，并使最后一轮的输入差分以高概率取特定值ΔX_{r-1}，进而由轮函数F确定最后一轮的子密钥或部分子密钥的密钥测试集。

密码算法的差分特征是一条差分序列ΔX_0，ΔX_1，$\cdots$，ΔX_r，它的概率是指在明文和各轮子密钥相互独立的条件下，明文差分为ΔX_0时，第i轮差分为ΔX_i的概率。当明文差分为$\Delta X_0 = 0$时，显然各轮的差分也等于零，此时差分特征概率等于1，通常被称为平凡差分特征。差分特征的概率影响差分攻击的有效性，概率越大对攻击者越有利，我们称概率最大时的非平凡差分特征为最佳差分特征。对于差分特征ΔX_0，ΔX_1，$\cdots$，ΔX_r，若明文对X_0，X_0^*的差分为ΔX_0，且第$i(1\leqslant i\leqslant r)$轮输出差分$\Delta X_i$，则称明文对$X_0$，$X_0^*$是该差分特征的一个正确对，否则称为该差分特征的错误对。当尝试的明文对是符合最佳差分特征的"正确对"时，正确子密钥一定包含在相应的密钥测试集中；当尝试的明文对是"错误对"时，相应的密钥测试集中包含一些随机密钥；在寻找密钥过程中，由一个正确对获得正确密钥的概率与由一个错误对获得一个随机密钥的概率两者的比值被称为信噪比，信噪比取值的大小直接影响差分密码分析获取正确密钥的成功率[25]。

通过尝试大量的明文对，攻击者对出现在密钥测试集中的候选密钥进行计数，一般情况下，正确子密钥出现的次数会明显高于随机子密钥出现的次数，通过对候选子密钥按累计次数排序，攻击者可以从累计次数较高的候选密钥中恢复出正确子密钥。

对r-轮分组密码的差分分析大致分为如下3个阶段。

密钥提取阶段：攻击者设法获得一个最佳差分特征ΔX_0，ΔX_1，$\cdots$，ΔX_{r-1}，均匀随机地选择差分值为ΔX_0的N个明文对，对每个明文对X_0，X_0^*，加密获得密文对X_r，X_r^*，根据轮函数F和三元组$(\Delta X_{r-1}, X_r, X_r^*)$确定相应的密钥测试集。

密钥分析阶段：记最后一轮子密钥K_r或部分子密钥有2^m个可能值，对每个可能的

子密钥 K_r^i，设置相应的计数器 $T_i(1\leq i\leq 2^m)$，T_i 表示 K_r^i 在密钥提取阶段的密钥测试集中出现的次数，对计数器 $T_i(1\leq i\leq 2^m)$ 按递增的顺序排列。

密钥搜索阶段：按密钥计数器的顺序从大到小尝试候选密钥，直至恢复出正确子密钥。

根据上面对差分密码分析的介绍，我们下面对差分攻击的数据复杂度、空间复杂度和时间复杂度进行分析。由于对分组密码算法进行差分分析的过程比较繁琐，攻击时受不同分组密码算法以及所调用已知算法的影响，精确地分析差分密码分析的复杂度比较困难，我们下面给出的分析仅仅是差分攻击复杂度水平的大致刻画。

在文献[23]中，Matsui 给出搜索 DES 型分组密码的最佳差分特征的算法，这一算法的复杂度依赖于具体的分组算法。在密钥提取阶段，分别令 $\vartheta_1^{(E)}$ 表示对算法搜索最佳差分特征的时间复杂度，ϑ_2 表示三元组 $(\Delta X_{r-1}, X_r, X_r^*)$ 确定密钥测试集的时间复杂度，故密钥提取阶段的时间复杂度为 $\vartheta_1^{(E)}+N\cdot\vartheta_2$；在密钥分析阶段，令 ϑ_3 表示确定计数器 T_i 取值的时间复杂度，$\vartheta_4^{(m)}$ 表示利用特定排序算法对计数器 $T_i(1\leq i\leq 2^m)$ 排序的时间复杂度，从而此阶段的时间复杂度为 $2^m\vartheta_3+\vartheta_4^{(m)}$。在密钥分析阶段，设上面介绍的差分攻击方法的比特优势度为 a，执行一次加密算法 E 的时间复杂度为 $\vartheta_5^{(E)}$，则搜索阶段的时间复杂度为 $2^{k-m}\cdot 2^{m-a}\cdot\vartheta_5^{(E)}=2^{k-a}\vartheta_5^{(E)}$。根据上面的分析，差分分析的复杂度如表 4-7 所示。

表 4-7　　　　　　　　　差分密码分析的复杂度

	数据复杂度	时间复杂度	空间复杂度
密钥提取阶段	N	$\vartheta_1^{(E_0)}+N\cdot\vartheta_2$	$O(N)$
密钥分析阶段	—	$2^{n_r}\vartheta_3+\vartheta_4^{(m)}$	$O(2^{n_r})$
密钥搜索阶段	—	$2^{k-a}\vartheta_5^{(E)}$	$O(2^{n_r})$

其中差分攻击的比特优势 a 和数据复杂度 N、算法的最佳差分特征概率 p 以及预期成功率是确定的[25]。在差分攻击的密钥分析和搜索阶段，文献[25]考察了密钥测试集中候选密钥对应的计数器的样本分布以及按递增顺序排列后的样本分布。设 ξ_1, $\xi_2, \cdots, \xi_n$ 是取自相同分布的 n 个独立的样本，将这组样本按递增的顺序排列，重排后的样本为 $\xi_{\tau(1)}\leq\xi_{\tau(2)}\leq\cdots\leq\xi_{\tau(n)}$，则样本 $\xi_{\tau(i)}$ 被称为是 $\xi_1,\xi_2,\cdots,\xi_n$ 的第 i 个统计量。重排后的样本 $\xi_{\tau(1)}\leq\xi_{\tau(2)}\leq\cdots\leq\xi_{\tau(n)}$ 的概率分布可由命题 4-2 确定。

命题 4-2　设 ξ_1, $\xi_2, \cdots, \xi_n$ 是取自相同分布 $F(x)$ 的 n 个独立的变量，设其密度函数 $f(x)=F'(x)$ 在区间 $[a,b]$ 上连续且取正值。设 $0<F(a)<q<F(b)<1$，序列 $i(n)$ 是一条整数序列，满足 $\lim\limits_{n\to\infty}\sqrt{n}\left|\dfrac{i(n)}{n}-q\right|=0$，$\xi_{\tau(i)}$ 是 $\xi_1, \xi_2, \cdots, \xi_n$ 的第 i 个统计量，则

$$\lim_{n\to\infty}\Pr\left(\frac{\xi_{\tau(i(n))}-\mu_q}{\sigma_q}<x\right)=\Phi(x),$$

其中 $\mu_q=F^{-1}(q)$,$\sigma_q=\frac{1}{f(\mu_q)}\sqrt{\frac{q(1-q)}{n}}$。

根据命题 4-2,若取 $i(n)=\lfloor qn\rfloor+1$,当 n 取值较大时,则样本 $\xi_{\tau(i(n))}$ 近似地服从期望 $\mu_q=F^{-1}(q)$,标准差 $\sigma_q=\frac{1}{f(\mu_q)}\sqrt{\frac{q(1-q)}{n}}$ 的正态分布 $N(\mu_q,\sigma_q^2)$。

在此基础上,文献[25]给出了差分攻击成功率 P_S、最佳差分特征概率 p、明文对数量 N 和比特优势的关系式。

命题 4-3 对算法 E 进行差分攻击时,设攻击者利用 N 个选择明文分析 m 比特密钥,最佳差分特征的概率为 p,差分攻击的比特优势不小于 a,当 2^m 个候选密钥计数器统计独立且错误密钥的计数器服从相同分布时,差分攻击的成功率

$$P_S=\Phi\left(\frac{\sqrt{p^2N}-\sqrt{p_r}\Phi(1-2^{-a})}{\sqrt{p+p_r}}\right),\tag{4-16}$$

其中 p_r 表示一个随机明文对确定的密钥测试集包含特定错误密钥的平均概率。

文献[25]对上式的准确性和实验结果进行了比较,比较结果显示,当实际攻击的成功率接近 99% 时,上式中各参数的关系与实际结果非常吻合,而当实际攻击的成功率较低时,各参数的关系与实际结果有一定的偏差。因此,下面我们在成功率接近 99% 的前提下,讨论上式中数据复杂度、最佳差分概率和比特优势的关系。

4.2.2.2 演化密码对抗差分密码分析

对于 r-轮迭代型密码算法 E,令 ω 表示算法 E 的核心部件,如 E 表示 AES 加密算法,用 ω 表示算法 E 中的轮函数。设 γ 表示算法的某个密码指标,在对抗差分密码分析中,我们令指标 γ 表示算法 E 的最佳差分特征 $\Delta X_0,\Delta X_1,\cdots,\Delta X_{r-1}$ 的概率 p,算法 E 中所有可能的 γ 组成集合 $\Gamma\subset\mathbf{R}^+$。对于加密算法 E,更换其核心部件 γ 可能会导致其密码指标相应地发生变化。如果存在一个智能算法,利用该算法对部件 γ_0 进行作用,可得到一些新的密码部件 $\omega_1,\omega_2,\cdots,\omega_{t-1}$,且相应的最佳差分特征的概率 $p^{(0)}$,$p^{(1)},\cdots,p^{(t-1)}$ 满足如下关系:

$$p^{(0)}\geq p^{(1)}\geq\cdots\geq p^{(t-1)}。$$

则基于此智能算法可以得到一个演化密码体制 $E_0,E_1,\cdots,E_{t-1}$,其中对于 $i=0$,$1,\cdots,t-1$,算法 E_i 对应于核心部件为 ω_i 的算法 E。由于算法 E 中除了核心部件 ω,其他部件没有改变,我们可将上面的演化密码体制记为

$$\langle E,\omega_0,\omega_1,\cdots,\omega_{t-1}\rangle,$$

其中算法对应的密码指标 $p^{(i)}$ 满足不等式

$$p^{(0)}\geq p^{(1)}\geq\cdots\geq p^{(t-1)}。\tag{4-17}$$

另外,我们把核心部件 ω_0 固定不变的密码算法记作 $\langle E,\omega_0\rangle$。需要指出的是,对

于分组算法 E，算法中有些密码部件和轮密钥的产生有关，有些部件和轮密钥的产生无关，本文仅讨论部件更换不会改变与轮密钥的情形，也就是说，我们总是假设算法 $\langle E, \omega_0\rangle$ 和 $\langle E, \omega_0, \omega_1, \cdots, \omega_{t-1}\rangle$ 具有相同的轮密钥。

下面我们将比较这两个算法对抗差分密码分析的安全强度。对于算法 $\langle E, \omega_0\rangle$ 和 $\langle E, \omega_0, \omega_1, \cdots, \omega_{t-1}\rangle$，下面讨论差分攻击这两个算法的复杂度水平。先给出如下一些必要的假设：

(1) 对于在线攻击阶段，给定一个时间周期 T，假设攻击者可以截获 N 个明密文对；

(2) 假设攻击者的数据截获能力与算法相互独立，即对算法 $\langle E, \omega_0\rangle$ 和 $\langle E, \omega_0, \omega_1, \cdots, \omega_{t-1}\rangle$，攻击者的数据截获能力相当；

(3) 假设演化密码 $\langle E, \omega_0, \omega_1, \cdots, \omega_{t-1}\rangle$ 每隔一个时间周期 T/t，更换一次核心部件 ω；

(4) 假设攻击者在每个时间周期内的数据截获能力基本相当，换句话说，攻击者分析每个算法可利用的明密文数量约为 N/t；

(5) 假设攻击者每次攻击算法 $E_i(0\leq i\leq t-1)$ 都利用 $(r-1)$-轮差分特征分析第 r 轮的轮密钥。

差分密码分析的复杂度主要取决于数据复杂度以及密钥搜索阶段的时间复杂度，我们先对差分攻击固定密码算法 $\langle E, \omega_0\rangle$ 和演化密码算法 $\langle E, \omega_0, \omega_1, \cdots, \omega_{t-1}\rangle$ 的数据复杂度进行比较。

定理4-4 对于算法结构相同的两个算法 E 和 E'，设它们对应的最佳差分特征的概率为 p 和 p'，且 $p>p'$。当差分攻击算法 E 和 E' 时，若攻击算法 E 和 E' 的预期成功率相同且接近 99%，而且算法的比特优势相同，则两次差分攻击所需的明文对数量 N 和 N' 满足 $N<N'$。

证明：设攻击算法 E 和 E' 时的比特优势为 a，由于攻击算法 E 和 E' 的预期成功率相同且接近 99%，根据式(4-16)可得

$$\Phi\left(\frac{\sqrt{p^2N}-\sqrt{p_r}\,\Phi(1-2^{-a})}{\sqrt{p+p_r}}\right)=P_s=P_s'=\Phi\left(\frac{\sqrt{p'^2N'}-\sqrt{p_r'}\,\Phi(1-2^{-a})}{\sqrt{p'+p_r'}}\right),$$

由于算法 E 和 E' 的算法结构相同，故由一个随机明文对确定某特定错误密钥的平均概率基本相同，即 $p_r=p_r'$，从而有

$$\frac{\sqrt{p^2N}-\sqrt{p_r}\,\Phi(1-2^{-a})}{\sqrt{p+p_r}}=\frac{\sqrt{p'^2N'}-\sqrt{p_r}\,\Phi(1-2^{-a})}{\sqrt{p'+p_r}}。$$

进一步，由于 $p>p'$，我们有

$$\frac{\sqrt{p^2N}}{\sqrt{p+p_r}}<\frac{\sqrt{p'^2N'}}{\sqrt{p'+p_r}},$$

故有

$$N < \frac{p'^2(p+p_r)}{p^2(p'+p_r)}N' = \frac{p'^2 p + p'^2 p_r}{p^2 p' + p^2 p_r}N' < N$$

命题得证。

定理 4-5 对于算法 $\langle E, \omega_0 \rangle$ 和 $\langle E, \omega_0, \omega_1, \cdots, \omega_{t-1} \rangle$，设算法 $\langle E, \omega_0, \omega_1, \cdots, \omega_{t-1} \rangle$ 的最佳差分特征概率满足式(4-17)，若差分攻击算法 $\langle E, \omega_0 \rangle$ 和 $\langle E, \omega_0, \omega_1, \cdots, \omega_{t-1} \rangle$ 的预期成功率相同且接近99%，而且算法的比特优势相同，则两次差分攻击所需的明文对数量 N 和 $\hat{N}$ 满足 $N \leq \hat{N}$。

证明：类似于定理 4-4 的证明，我们通过考察差分攻击算法 $\langle E, \omega_0 \rangle$ 和 $\langle E, \omega_0, \omega_1, \cdots, \omega_{t-1} \rangle$ 对应的差分特征、比特优势和成功率的关系式来证明上面的结论。对于攻击算法 $\langle E, \omega_0 \rangle$ 的情形，命题 4-2 确定了差分特征、比特优势和成功率的关系式。下面讨论攻击算法 $\langle E, \omega_0, \omega_1, \cdots, \omega_{t-1} \rangle$ 的情形。对于 $i = 0, 1, \cdots, t-1$，差分攻击法 E 可利用的明文对数量仅为 N/t，攻击者每次攻击 E_i 时都试图恢复出算法的第 r 轮密钥，相应的密钥长度为 n_r。在 2^{n_r} 个候选密钥中，记 k_0 表示正确密钥，$k_j (1 \leq j \leq 2^{n_r}-1)$ 表示错误密钥。在对算法 $E_i (0 \leq i \leq t-1)$ 进行差分攻击过程中，令 $p^{(i)}$ 表示一个明文对确定的密钥测试集包含密钥 k_0 的概率，$p_r^{(i)}$ 表示一个随机明文对确定的密钥测试集包含某错误密钥的概率，则有 $p_0^{(i)} = p^{(i)} + (1-p^{(i)})p_r^{(i)} \approx p^{(i)} + p_r^{(i)}$；根据错误密钥假设，对于 $1 \leq j \leq 2^{n_r}-1$，我们有 $p_j^{(i)} = p_r^{(i)}$。

对于 $i = 0, 1, \cdots, t-1$，记 $T_j^{(i)}$ 表示差分攻击 E_i 时密钥 k_j 出现的次数，$\mu^{(i)} = p^{(i)}$，N/t 表示正确对的期望值。根据错误密钥假设，密钥计数器 $T_j^{(i)} (1 \leq j \leq 2^{n_r}-1)$ 相互独立且服从相同的概率分布。不难看出计数器 $T_0^{(i)}$ 服从二项分布 $B(N/t, p_0^{(i)})$，$T_j^{(i)} (1 \leq j \leq 2^{n_r}-1)$ 服从二项分布 $B(N/t, p_r^{(i)})$，当 N/t 充分大时，计数器 $T_0^{(i)}$ 近似服从正态分布 $N(\mu_0^{(i)}, (\sigma_0^{(i)})^2)$，$T_j^{(i)} (1 \leq j \leq 2^{n_r}-1)$ 近似服从正态分布 $N(\mu_j^{(i)}, (\sigma_j^{(i)})^2)$，其中

$$\begin{aligned} \mu_0^{(i)} &= p_0^{(i)} N/t, \ (\sigma_0^{(i)})^2 = p_0^{(i)}(1-p_0^{(i)})N/t \approx p_0^{(i)} N/t, \\ \mu_j^{(i)} &= p_r^{(i)} N/t, \ (\sigma_j^{(i)})^2 = p_r^{(i)}(1-p_r^{(i)})N/t \approx p_r^{(i)} N/t, \ 1 \leq j \leq 2^{n_r}-1 \end{aligned} \quad (4\text{-}18)$$

为了简化下面的讨论，我们记 $\hat{p} = \sum_{i=0}^{t-1} p^{(i)}/t$ 表示这 t 个最佳差分特征概率的均值，并定义统计量 $U_j = \sum_{i=0}^{t-1} T_j^{(i)}$，$j = 0, 1, \cdots, 2^{n_r} - 1$。根据正态分布的性质，统计量 U_j 近似服从正态分布 $N(\mu_j, \sigma_j^2)$，其中

$$\begin{aligned} \mu_0 &= \sum_{i=0}^{t-1} \mu_0^{(i)} = \sum_{i=0}^{t-1} p_0^{(i)} N/t = (\hat{p} + p_r)N, \ \sigma_0^2 = \sum_{i=0}^{t-1} (\sigma_0^{(i)})^2 \approx (\hat{p} + p_r)N, \\ \mu_j &= \sum_{i=0}^{t-1} \mu_j^{(i)} = \sum_{i=0}^{t-1} p_r^{(i)} N/t = p_r N, \ \sigma_j^2 = \sum_{i=0}^{t-1} (\sigma_j^{(i)})^2 \approx p_r N, \ 1 \leq j \leq 2^{n_r} - 1 \end{aligned}$$

(4-19)

对统计量 U_0, U_1, $\cdots$, $U_{2^{n_r}-1}$ 按递增的顺序重排，记重排后的次序统计量为 $U_{\tau(0)}$, $U_{\tau(1)}$, $\cdots$, $U_{\tau(2^{n_r}-1)}$，设差分攻击的比特优势为 a，记 $e=2^{n_r}-2^a$，在前 2^{n_r-a} 个候选密钥中恢复出正确密钥 k_0 的成功率 $\widetilde{P}_S = \Pr(U_0 > U_{\tau(e)})$。

根据命题 4-2，由于统计量 $U_j(1 \leq j \leq 2^{n_r}-1)$ 近似服从正态分布 $N(p_r N, p_r N)$，故 $U_{\tau(e)}$ 近似服从正态分布 $N(\mu_q, \sigma_q^2)$，其中

$$\mu_q = F^{-1}(1-2^{-a}) = p_r N + \sqrt{p_r N}\Phi^{-1}(1-2^{-a}),$$

$$\sigma_q = \frac{1}{f(\mu_q)} 2^{-\frac{n_r+a}{2}} = \frac{\sqrt{p_r N}}{\phi(\Phi^{-1}(1-2^{-a}))} 2^{-\frac{n_r+a}{2}},$$

进而统计量 $U_0 - U_{\tau(e)}$ 近似服从正态分布 $N(\mu_0-\mu_q, \sigma_0^2+\sigma_q^2)$，我们记此正态分布的密度函数为 f'，则有

$$\begin{aligned}\widetilde{P}_S &= \Pr(U_0 - U_{\tau(e)} > 0) \\ &= \int_0^\infty f'(x)\mathrm{d}x \\ &= \int_{-\frac{\mu_0-\mu_q}{\sqrt{\sigma_0^2+\sigma_q^2}}}^\infty \phi(x)\mathrm{d}x\end{aligned}$$

由于 $\sigma_q^2 \ll \sigma_0^2$，故有

$$\widetilde{P}_S = \int_{-\infty}^{\frac{\mu_0-\mu_q}{\sigma_0}} \phi(x)\mathrm{d}x = \Phi\left(\frac{\mu_0-\mu_q}{\sigma_0}\right) \tag{4-20}$$

其中 $\mu_0 = \sigma_0^2 = (\hat{p}+p_r)N$，$\mu_q = p_r N + \sqrt{p_r N}\Phi^{-1}(1-2^{-a})$。

由于攻击算法 $\langle E, \omega_0 \rangle$ 和 $\langle E, \omega_0, \cdots, \omega_{t-1} \rangle$ 的预期成功率相同且接近 99%，根据式(4-16)和式(4-20)，可知

$$\Phi\left(\frac{\sqrt{(p^{(0)})^2 N} - \sqrt{p_r}\Phi(1-2^{-a})}{\sqrt{p^{(0)}+p_r}}\right) = P_S = \widetilde{P}_S = \Phi\left(\frac{\sqrt{\hat{p}^2 \hat{N}} - \sqrt{p_r}\Phi(1-2^{-a})}{\sqrt{\hat{p}+p_r}}\right)$$

类似于定理 1 的证明，由于 $\hat{p} = \sum_{i=0}^{t-1} p^{(i)}/t \leq p^{(0)}$，我们有

$$N \leq \frac{\hat{p}^2(p+p_r)}{(p^{(0)})^2(\hat{p}+p_r)}\hat{N} = \frac{\hat{p}^2 p^{(0)} + \hat{p}^2 p_r}{(p^{(0)})^2 \hat{p} + (p^{(0)})^2 p_r}\hat{N} \leq \hat{N}$$

命题得证。

前面讨论了在攻击成功率和比特优势相当的情况下，差分攻击算法 $\langle E, \omega_0 \rangle$ 和 $\langle E, \omega_0, \omega_1, \cdots, \omega_{t-1} \rangle$ 的数据复杂度水平。下面我们在数据复杂度相当的情况下，比较差分攻击算法 $\langle E, \omega_0 \rangle$ 和 $\langle E, \omega_0, \cdots, \omega_{t-1} \rangle$ 的时间复杂度。假设攻击者在时间 T 内可截获的明密文数量为 N，差分攻击算法 $\langle E, \omega_0 \rangle$ 的情形前面已经讨论。对于算法 $\langle E, \omega_0 \rangle$ 和 $\langle E, \omega_0, \omega_1, \cdots, \omega_{t-1} \rangle$ 的情形，在密钥提取阶段，攻击者需搜索每个算法 E_i（0

$\leqslant i \leqslant t-1$)的最佳差分特征,记$\vartheta_1^{(E_i)}$表示利用文献[23]中的算法搜索$E_i$的时间复杂度,沿用上节中的符号,分析算法$E_i(0 \leqslant i \leqslant t-1)$过程中计算三元组$(\Delta X_{r-1}, X_r, X_r^*)$的密钥测试集的时间复杂度为$N\vartheta_2/t$,故搜索最佳差分特征的复杂度为$\sum_{i=0}^{t-1}\vartheta_1^{(E_i)} + N\vartheta_2$,空间复杂度为$O(N)$。在密钥分析阶段,分析算法$\langle E, \omega_0 \rangle$和$\langle E, \omega_0, \omega_1, \cdots, \omega_{t-1} \rangle$的情形类似,时间复杂度和空间复杂度基本相当。在密钥搜索阶段,当攻击$\langle E, \omega_0 \rangle$和$\langle E, \omega_0, \omega_1, \cdots, \omega_{t-1} \rangle$的预期成功率相同且接近99%时,由于核心部件改变引起最佳差分特征概率发生变化,两次攻击的比特优势度不同,从而导致搜索阶段的时间复杂度也不同。根据上面的分析,在数据复杂度为N,预期成功率相同且接近99%的情况下,表4-8比较了差分攻击算法$\langle E, \omega_0 \rangle$和$\langle E, \omega_0, \omega_1, \cdots, \omega_{t-1} \rangle$的复杂度水平。

表4-8　　差分攻击$\langle E, \omega_0 \rangle$和$\langle E, \omega_0, \omega_1, \cdots, \omega_{t-1} \rangle$的复杂度比较

	$\langle E, \omega_0 \rangle$		$\langle E, \omega_0, \omega_1, \cdots, \omega_{t-1} \rangle$	
	时间复杂度	空间复杂度	时间复杂度	空间复杂度
密钥提取阶段	$\vartheta_1^{(E_0)} + N \cdot \vartheta_2$	$O(N)$	$\sum_{i=0}^{t-1}\vartheta_1^{(E_i)} + N \cdot \vartheta_2$	$O(N)$
密钥分析阶段	$2^{n_r}\vartheta_3$	$O(2^{n_r})$	$2^{n_r}\vartheta_3$	$O(2^{n_r})$
密钥搜索阶段	$2^{n_k-a}\vartheta_5^{(E)}$	$O(2^{n_r})$	$2^{n_k-\hat{a}}\vartheta_5^{(E)}$	$O(2^{n_r})$

其中攻击算法$\langle E, \omega_0 \rangle$和$\langle E, \omega_0, \omega_1, \cdots, \omega_{t-1} \rangle$的比特优势分别为

$$a = -\log_2\left(1 - \Phi\left(\sqrt{(p^{(0)})^2 N/p_r} - \sqrt{p^{(0)}/p_r + 1}\,\Phi^{-1}(P_S)\right)\right) \text{和}$$

$$\hat{a} = -\log_2\left(1 - \Phi\left(\sqrt{\hat{p}^2 N/p_r} - \sqrt{\hat{p}/p_r + 1}\,\Phi^{-1}(P_S)\right)\right)$$

由于$\hat{p} = \sum_{i=0}^{t-1} p^{(i)} \leqslant p^{(0)}$,成功率$P_S$和数据复杂度$N$相同,不难推出$a \leqslant \hat{a}$,因此,在密钥提取阶段和密钥搜索阶段,差分分析$\langle E, \omega_0, \omega_1, \cdots, \omega_{t-1} \rangle$的时间复杂度高于分析$\langle E, \omega_0 \rangle$的时间复杂度。

4.3　小　　结

本章阐述了演化密码的基本思想,介绍了差分密码分析方法和利用LLR扩展Matsui的算法1、算法2的多重密码分析方法,并比较了利用这三种方法攻击固定算法密码$\langle E, \omega_0 \rangle$和演化密码$\langle E, \omega_0, \omega_1, \cdots, \omega_t \rangle$的复杂度水平。

在考察多重线性密码分析时,我们通过分析多重线性密码分析的数据复杂度、攻击算法的比特优势以及预期成功率之间的关系,证明了在比特优势和预期成功率相同的条

件下，利用算法 1 和算法 2 的 LLR 扩展算法攻击演化密码 $\langle E, \omega_0, \omega_1, \cdots, \omega_t\rangle$ 的数据复杂度大于攻击固定算法密码 $\langle E, \omega_0\rangle$ 的数据复杂度。另外，通过分析算法 1 和算法 2 的 LLR 扩展算法的复杂度水平，说明了当数据复杂度相同时，这两个算法攻击演化密码 $\langle E, \omega_0, \omega_1, \cdots, \omega_t\rangle$ 的时间复杂度和空间复杂度都明显高于攻击 $\langle E, \omega_0\rangle$ 的情形，这表明演化密码在对抗多重线性攻击方面的安全性高于固定算法密码。

对于差分密码分析，我们分析了差分攻击演化密码 $\langle E, \omega_0, \omega_1, \cdots, \omega_{t-1}\rangle$ 的过程中，数据复杂度 N、算法的最佳差分特征概率、比特优势以及成功率的关系，在此基础上，证明了在比特优势和预期成功率相同的条件下，差分攻击演化密码 $\langle E, \omega_0, \omega_1, \cdots, \omega_{t-1}\rangle$ 的数据复杂度大于攻击固定算法密码 $\langle E, \omega_0\rangle$ 的数据复杂度，并说明了当数据复杂度和预期成功率相同的情况下，差分攻击演化密码 $\langle E, \omega_0, \omega_1, \cdots, \omega_{t-1}\rangle$ 的时间复杂度都明显高于攻击固定算法 $\langle E, \omega_0\rangle$ 的情形，这表明演化密码在对抗传统的差分攻击的安全性高于固定算法密码。

根据 4.2 节的分析比较，演化密码体制对抗差分密码分析和多重线性密码分析的能力优于固定密码算法。

参 考 文 献

[1] 张焕国，王张宜. 密码学引论(第二版)[M]. 武汉：武汉大学出版社，2009.

[2] 吴文玲，冯登国，张文涛. 分组密码的设计与分析[M]. 北京：清华大学出版社，2009.

[3] 潘正君，康立山，等. 演化计算[M]. 北京：清华大学出版社，1998.

[4] 张焕国，冯秀涛，覃中平，等. 演化密码与 DES 密码的演化设计[J]. 通信学报，2002，23(5)：57-64.

[5] 张焕国，冯秀涛，覃中平，等. 演化密码与 DES 的演化研究[J]. 计算机学报，2003，26(12)：1678-1684.

[6] 冯秀涛. 演化密码与 DES 类密码的演化设计[D]. 武汉：武汉大学硕士学位论文，2003.

[7] 唐明. 演化 DES 密码芯片研究[D]. 武汉：武汉大学博士学位论文，2007.

[8] 孟庆树. Bent 函数的演化设计[D]. 武汉：武汉大学博士学位论文，2005.

[9] 王张宜. 密码学 Hash 函数的分析与演化设计[D]. 武汉：武汉大学博士学位论文，2006.

[10] 韩海清. 密码部件设计自动化研究[D]. 武汉：武汉大学博士学位论文，2010.

[11] 宋军. 智能计算在密码分析中的应用研究[D]. 武汉：武汉大学博士学位论文，2008.

[12] 赵云. 基于演化计算的序列密码分析方法研究[D]. 武汉：武汉大学硕士学位论文, 2008.

[13] Matsui M. Linear cryptanalysis method for DES cipher[C]. Advances in Cryptology-Eurocrypt'93 (eds. Helleseth, T.), LNCS 765, Berlin: Springer-Verlag, 1994, 386-397.

[14] Matsui M. The first experimental cryptanalysis of the Data Encryption Standard[C]. Advances in Cryptology-Crypto'94 (eds. Desmedt, Y. G.), LNCS 839, Berlin: Springer-Verlag, 1994, 1-11.

[15] Kaliski B S. Robshaw, M J B. Linear cryptanalysis using multiple approximations[C]. Advances in Cryptology-Crypto'94 (eds. Desmedt, Y. G.), LNCS 839, Berlin: Springer-Verlag, 1994, 26-39.

[16] Biryukov A, Cannie're C D, Quisquater M. Linear cryptanalysis using multiple approximations[C]. Advances in Cryptology-Crypto'04 (eds. Desmedt, Y. G.), LNCS 3152, Berlin: Springer-Verlag, 2004, 1-22.

[17] Hermelin M, Cho J Y. Nyberg K. Multidimensional linear cryptanalysis of reduced round Serpent[C]. ACISP 2008 (eds. Mu, Y., Susilo, and W., Seberry, J.) LNCS 5107, Berlin: Springer-Verlag, 2008, 203-215.

[18] Hermelin M, Cho J Y. Nyberg K. Statistical Tests for Key Recovery Using Multidimensional Extension of Matsui.s Algorithm 1[C]. Advances in Cryptology-Eurocrypt'09-Post Session (eds. Joux, A.), LNCS 5479, Berlin: Springer-Verlag, 2009.

[19] Hermelin M, Cho J Y. Nyberg K. Multidimensional Extension of Matsui.s Algorithm 2 [C]. Fast Software Encryption (eds. Dunkelman, O.), LNCS 5665, Berlin: Springer-Verlag, 2009, 209-227.

[20] Hermelin M, Nyberg K. Dependent Linear Approximations-The Algorithm of Biryukov and Others Revisited[C]. CT-RSA2010 (eds. Pieprzyk, J.), LNCS 5985, Berlin: Springer-Verlag, 2010, 318-333.

[21] Baign'eres T, Junod P, Vaudenay S. How Far Can We Go Beyond Linear Cryptanalysis? [C]. ASIACRYPT 2004 (eds. Lee, P. J.), LNCS 3329, Berlin: Springer-Verlag, 2004, 432-450.

[22] Junod P, Vaudenay S. Optimal key ranking procedures in a statistical cryptanalysis[C]. FSE 2003 (eds. Johansson T.), LNCS 2887, Berlin: Springer-Verlag, 2003, 235-246.

[23] Matsui M, On correlation between the order of S-boxes and the strength of DES[C]. Advances in Cryptology-Eurocrypt'93 (eds. DeSantis, A.), LNCS 950, Berlin:

Springer-Verlag, 1995, 366-375.

[24] Murphy S, Piper F, Walker M, Wild P. Likelihood estimation of block cipher keys [R]. Technical report, Information Security Group, University of London, England, 1995.

[25] Selcuk A A. On probability of success in linear and diffferential cryptanalysis[J]. Journal of Cryptology, 2008, 21: 131-147.

第 5 章　演化 DES 类密码体制

根据演化密码的设计思想，不仅可以设计具体的演化密码体制，而且还可以实现密码部件的设计自动化。作为实例，本章讨论演化 DES 类密码体制和分组密码的重要部件——轮函数的设计自动化。

在本章，我们选择 DES 作为演化密码的研究对象。这样选择的原因是因为 DES 是目前研究得最充分的分组密码，而且算法公开、资料众多，便于我们研究。在演化密码思想的指导下，我们发展了 DES 类密码的差分分析和线性分析的理论，找到了 DES 类密码差分分析上下对称的结构性质以及构造线性逼近有效表达式的充分必要条件，借助差分的上下对称的结构性质和周期性质以及线性结构的跳跃式特点实现了 DES 类密码差分和线性密码特性的自动化分析，从而为演化 DES 类密码的安全评估奠定了理论基础。在此基础上，我们结合 DES 的 S 盒内在的结构特点，找到了保持 S 盒统计特性不变的一组演化算子，在这些算子的作用下，子代可以一直保持父代个体的某些优良的统计特性，如差分均匀性、线性均匀性等，从而可以使算法很快地收敛，进而很快演化产生出密码学特性良好的 S 盒。

分组密码的结构有许多种，但是目前比较流行的分组密码结构主要是 Feistel 结构和 SP 结构。这两种结构之所以能够提供足够的安全性，主要是依赖一种称为 S 盒的非线性部件。因此，人们围绕着 S 盒的安全性分析和设计进行了大量的研究，并且已经提出了一些基本的准则和设计方案。S 盒的设计方法有很多，但大体上可以归纳为以下两类。

①随机产生。首先用随机数填充产生一个 S 盒，然后对其密码学指标进行测试，丢弃不安全的 S 盒，选用安全的 S 盒。这种方法的优点是随机性好，S 盒的输出和输入之间一般不存在确定的代数关系；其缺点是对于规模大的 S 盒来说，产生一个安全 S 盒的时间消耗较大。

②根据数学函数设计，利用指数函数、对数函数、逆函数等数学函数设计 S 盒。这种方法的优点是可以设计出密码学指标很好的 S 盒而且效率较高，缺点是 S 盒的输出和输入之间存在确定的代数关系。

本章介绍一种利用演化密码的思想设计 S 盒的方法，它不仅可以设计 S 盒，而且还可以设计分组密码的其他部件，如 P 置换和轮函数。此外，该方法还可以用来设计流密码以及 Hash 函数的密码部件，因此它是一种通用的设计密码部件的方法。这种方法对于那些我们目前没有明确办法来解决，但实际上我们又知道什么样才算是好的问题特别有效。用这种方法设计的密码部件的特点不仅可以提供足够的安全性，而且可以实现密码部件设计的自动化。

我们构造演化 DES 密码的基本思想是，首先找到其关键部件 S 盒演化的设计方法，并用这种方法得到可不断演化而且越来越好的 S 盒，然后用这种不断演化且越来越好的 S 盒替换 DES 的原 S 盒，从而构成演化 DES 密码。这种演化 DES 密码的算法可不断演化变化，而且越来越好。

5.1 DES 的 S 盒的演化设计

S 盒是许多密码算法的唯一的非线性部件，因此，它的密码强度在很大程度上决定了整个密码算法的安全强度。S 盒本质上均可看作映射 $S(X) = ((f_1(x), \cdots, f_m(x)): F_2^n \rightarrow F_2^m)$，通常简称 S 是一个 $n \times m$ 的 S 盒。当参数 m 和 n 选择得很大时，几乎所有的 S 盒都是非线性的，而且发现某些攻击所用的统计特性比较困难。但是 m 和 n 过大将给 S 盒的设计带来困难，而且会增加算法的存储量。

5.1.1 S 盒的设计原则

S 盒主要提供了分组密码算法所必需的混淆作用，但如何全面准确地度量 S 盒的密码强度，如何设计安全有效的 S 盒是分组密码设计和分析中的一个困难问题。以下是通过总结过去研究的成果而给出的 S 盒的设计准则及构造方法。

1976 年，NSA 公布的 DES 的 S 盒设计准则：

P0：每个 S 盒的任意一行都是整数 0 到 15 的一个置换；

P1：每个 S 盒的输出都不是它的输入的线性或仿射函数；

P2：改变 S 盒的任一输入比特，其输出至少有两比特发生改变；

P3：对任一 S 盒和任一输入 x，$S(x)$ 和 $S(x \oplus 001100)$ 至少有两位发生变化（这里 x 是一个长度为 6 的比特串）；

P4：对任何 S 盒和任一输入 x 以及 $e, f \in \{0, 1\}$，有 $S(x) \neq S(x \oplus 11ef00)$，其中 x 是一个长度为 6 的比特串；

P5：对任何 S 盒，当它的任一输入比特位保持不变，其他 5 位改变时，输出数字中 0 和 1 的数目大致相等。

在这之后，随着研究的深入，又提出了许多设计准则及构造方法。

1. 非线性度准则

定义 5-1 令 $f(x): F_2^n \rightarrow F_2$ 是一个 n 元布尔函数，称 $N_f = \min\limits_{l \in L_n} d_H(f, l)$ 为 $f(x)$ 的非线性度，其中 L_n 表示全体 n 元线性和仿射函数的集合，$d_H(f, l)$ 表示 f 和 l 之间的 Hamming 距离。

定义 5-2 设 $S(x) = (f_1(x), \cdots, f_2(x)): F_2^n \to F_2^m$ 是一个多输出函数,称 $N_s = \min\limits_{\substack{l \in L_n \\ 0 \neq u \in F_2^m}} d_H(u \cdot S, l)$ 为 $S(x)$ 的非线性度。

一般情况下,如果非线性度太低,则容易遭到线性分析的攻击。

2. 差分均匀性准则

定义 5-3 设 $S(x) = (f_1(x), \cdots, f_2(x)): F_2^n \to F_2^m$ 是一个多输出函数,称 $\delta = \dfrac{1}{2^n} \max\limits_{0 \neq \alpha \in F_2^n} \max\limits_{\beta \in F_2^m} |\{x \in F_2^n: S(x \oplus \alpha) \oplus S(x) = \beta\}|$ 为 $S(x)$ 的差分均匀性。

一般情况下,差分均匀性如果太大,则容易遭到差分分析的攻击。

3. 代数次数及项数分布准则

在代数中,任一 n 元布尔函数 $f(x): F_2^n \to F_2$ 都可以唯一表示成 $f(x) = a_0 + \sum\limits_{1 \leq k \leq n} a_{i_1 i_2 \cdots i_k} x_{i_1} x_{i_2} \cdots x_{i_k}$ 的形式,通常将此称为 $f(x)$ 的代数正规形式。

定义 5-4 设 $f(x): F_2^n \to F_2$ 是一个 n 元布尔函数,它的代数正规表达式中的最高项的次数称为 $f(x)$ 的次数,所有项的个数称为 $f(x)$ 的项数。

一般情况下,如果布尔函数的项数太少,则容易遭到插值分析的攻击;如果布尔函数的次数太低,则容易受到高阶差分的攻击。

4. 严格雪崩准则

定义 5-5 设 $S(x) = (f_1(x), \cdots, f_2(x)): F_2^n \to F_2^m$ 是一个 n 元多输出函数,如果改变 x 的任一比特,其输出中恰好有一半发生改变,则称 $S(x)$ 满足严格雪崩准则。

5. 扩散准则

定义 5-6 设 $f(x): F_2^n \to F_2$ 是一个 n 元布尔函数,如果对任意 $\alpha \in F_2^n$ 满足: $1 \leq W_H(\alpha) \leq k$,有 $f(x \oplus \alpha) \oplus f(x)$ 是一个平衡函数,则称 $f(x)$ 满足 k 次扩散准则。

定义 5-7 设 $S(x) = (f_1(x), \cdots, f_2(x)): F_2^n \to F_2^m$ 是一个 n 元多输出函数,如果其每一个分量函数都满足 k 次扩散准则,则称 $S(x)$ 满足 k 次扩散准则。

6. 可逆准则

SP 网络中所用的 S 盒必须是可逆的,这是为了保证解密,为此,给出一类特殊的多输出函数—置换。

定义 5-8 对于多输出函数 $S(x) = (f_1(x), \cdots, f_2(x)): F_2^n \to F_2^m$,若 $m = n$,且 $S(x)$ 是单射,则称 $S(x)$ 是一置换。

更一般地有如下正交性的概念。

定义 5-9 称 $S(x) = (f_1(x), \cdots, f_2(x)): F_2^n \to F_2^m$ 是正交的,若对任意的 $\beta \in F_2^m$,恰好有 2^{n-m} 个 $x \in F_2^n$,使得 $S(x) = \beta$。

7. 没有陷门

S 盒的另一种称呼是"黑盒子",这从侧面反映了用户怀疑 S 盒里隐藏了"陷门"。

因此，根据诚信原则，S盒的设计不能留有陷门。

但值得注意的是，S盒的某些准则要求是一致的，比如非线性性与差分均匀性，而某些准则之间存在一定的制约关系，比如代数次数与扩散次数，在具体设计时要折中考虑。

5.1.2 S盒的安全性指标

本节针对当前分组密码中S盒主要面临的三种攻击方法，分别提取其密码学指标，以便演化设计时适应值函数的设计。

5.1.2.1 DES类密码的差分分析

定义5-10 R轮差分特征Ω是一个差分序列：

$$\Delta_0, \Delta_1, \cdots, \Delta_i, \cdots, \Delta_R$$

其中，Δ_0是输入明文对(X_0, X_0^*)的差分，$\Delta_i(1 \leq i \leq R)$是第$i$轮的输出$Y_i$，$Y_i^*$的差分。$R$轮差分特征$\Omega$的概率是指在初始明文和密钥均匀独立随机时，使得第$i$轮的输出差分等于$\Delta_i$时的概率。

基本原理：如果分析者能够准确或者以很高的概率知道某一轮的输入差分、输出差分以及输入的明文或者输出的密文，那么他可以比较容易地确定该轮所对应的子密钥或部分子密钥。

设某一轮的S盒的输入差分、输出差分分别为Δ_{in}和Δ_{out}，S盒对应的输入为S_{in}，用集合$\Pi(\Delta_{in}, \Delta_{out}, S_{in})$表示为

$$\Pi(\Delta_{in}, \Delta_{out}, S_{in}) = \{x \oplus S_{in} \mid S(S_{in}) \oplus S(S_{in} \oplus \Delta_{in}) = \Delta_{out}, 0 < x < 64\} \quad (5-1)$$

则可以得到以下定理。

定理5-1 对于某一轮，若已经知道了三元组$(\Delta_{in}, \Delta_{out}, S_{in})$，那么子密钥$K$满足

$$K \in \Pi(\Delta_{in}, \Delta_{out}, S_{in})。$$

定理5-2 设DES进行r轮分析的概率为p，可能密钥计数器的个数为k，区分正确子密钥的显居因子为α，则对DES进行r轮分析时所需要的明文总数N为

$$N \approx \alpha * P^{-1} * \frac{k}{k-1} \quad (5-2)$$

证明：由于N对明文中可能正确的明文对有$N*P$对，可能错误的明文对有$N*(1-P)$对，在密钥、明文均匀随机的条件下，这些明文对对各个可能的密钥计数器的贡献是一致的，即每个可能密钥计数器大致得到N/K次计数，而正确子密钥的计数器可以得到计数：

$$N*p + N*(1-p)/k, \text{故}(N*p + N*(1-p)/k) - N/k = \alpha$$

即$N = \alpha * P^{-1} * \dfrac{k}{k-1}$，证毕。

定理5-3 若分析者已经找到一个最大概率（或近似最大概率）的r轮差分特征Ω：$\Delta_0, \Delta_1, \cdots, \Delta_i, \cdots, \Delta_R$，并设$\Delta_R$的有效S盒个数（经DES扩展置换后分配到8个S

盒中非零的个数)为 k,那么他可以利用该轮特征来对 DES 进行 $r+2$ 的差分分析,从而能够得到该轮全部子密钥,并且可以对 $r+3$ 轮作差分分析,但只能得到 k 个子密钥。

证明:考察第 $r+2$ 轮的三元组,对差分分析来说,可以知道 L_{R+2}, R_{R+2}(实际上就是已经剥去最后一轮逆变换所得到的密文),因此也就知道了

$$\Delta_{\text{in}}^{R+2}=E(L_{R+2}\oplus L_{R+2}^*),\ S_{\text{in}}^{R+2}=E(L_{R+2})$$

又由于

$$\Delta_{\text{out}}^{R+2}=P^{-1}((R_{R+2}\oplus R_{R+2}^*)\oplus(L_{R+1}\oplus L_{R+1}^*))=P^{-1}((R_{R+2}\oplus R_{R+2}^*)\oplus(R_R\oplus R_R^*))$$

而根据差分轮特征,由于已知 $(R_R\oplus R_R^*)$,所以实际上分析者得到了 Δ_{out},由定理 5-1,可知命题对 $r+2$ 轮成立。对 $r+3$ 轮,同样有:

$$\Delta_{\text{out}}^{R+3}=P^{-1}((R_{R+3}\oplus R_{R+3}^*)\oplus(R_{R+1}\oplus R_{R+1}^*))$$

而

$$R_{R+1}\oplus R_{R+1}^*=(L_{R+2}\oplus L_{R+2}^*)\oplus P(\Delta_{\text{out}}^R)$$

所以

$$\Delta_{\text{out}}^{R+3}=P^{-1}((R_{R+3}\oplus R_{R+3}^*)\oplus(L_{R+2}\oplus L_{R+2}^*))\oplus\Delta_{\text{out}}^R$$

因为 Δ_R 的有效 S 盒个数为 k,所以 Δ_{out}^R 恰有 k 个 S 盒的输出差分为 0,而其他 $(8-k)$ 个则不能确定,故在 $\Delta_{\text{out}}^{R+3}$ 中只有对应的 k 个 S 盒的输出差分是确定的,所以对 $(r+3)$ 轮进行分析时,只能得到 k 个子密钥。证毕。

5.1.2.2 差分特征的周期结构

对 DES 的差分攻击关键在于是否能够找到一个高概率的 r 轮特征。下面介绍如何构造攻击所需的轮特征。很自然的想法是,若找到了一个具有很高概率 R 循环轮特征 $\Omega:\Delta_0,\Delta_1,\cdots,\Delta_i,\cdots,\Delta_R$,其中 $\Delta_R=\Delta_0$,那么就可以对任意轮 DES 进行攻击。

下面介绍简单的循环轮特征的构造。设循环轮特征的循环周期为 T:

当 $T=2$ 时:

$$\Delta R_1=\Delta L_0\oplus F(\Delta R_0) \tag{5-3}$$

其中,$F(\Delta)$ 定义为 $\Delta_{\text{out}}=F(\Delta_{\text{in}})^P$,它表示 DES 轮函数在输入差分为 Δ_{in} 下以概率 P 产生输出差分 Δ_{out}。又因为 $\Delta R_1=\Delta L_0$,故 $F(\Delta R_0)^P=0$。

于是要构造周期为 2 的循环轮特征,只需解上述方程即可。为了使所得的轮特征概率最高,分析者通常假设 $\Delta L_0=0$,并设该循环轮特征的概率为 P。根据上面的分析,有如下结论。

结论 5-1 利用该循环轮特征攻击 $(2*k+3)$ 轮 DES,可以得到 8 个 S 盒的全部子密钥,并且可以对 $(2*k+4)$ 轮 DES 进行攻击,但只能得到部分 S 盒的子密钥,其攻击概率为 P^k,攻击轮特征为:

$$\begin{cases} \Delta L_{2*i}=\Delta R_0,\ \Delta R_{2*i}=0 \\ \Delta L_{2*i+1}=0,\ \Delta R_{2*i+1}=\Delta R_0 \\ i=0,1,\cdots,k \end{cases} \tag{5-4}$$

当 $T=3$ 时,同样的道理,假设 $\Delta L_0=0$,此时有:

$$\Delta R_0 = \Delta L_2 \oplus F(\Delta R_2) = \Delta L_2 \oplus F(\Delta L_0) = \Delta L_2 = \Delta R_1 = \Delta L_0 \oplus F(\Delta R_0) = F(\Delta R_0)$$

所以 $F(\Delta R_0)^P = \Delta R_0$。

解上面的公式，可以得到周期为 3 的循环轮特征，于是有结论 2。

结论 5-2 利用给循环轮特征攻击 $(3*k+3)$ 轮 DES，可以得到 8 个 S 盒的子密钥，并且可以对 $(3*k+4)$ 轮 DES 进行攻击，但只能得到部分 S 盒的子密钥，其攻击概率为 P^{k*2}，攻击轮特征为：

$$\begin{cases} \Delta L_{3*i} = \Delta R_0, \Delta R_{3*i} = 0 \\ \Delta L_{3*i+1} = 0, \Delta R_{3*i+1} = \Delta R_0 \\ \Delta L_{3*i+2} = \Delta R_0, \Delta R_{3*i+2} = \Delta R_0 \\ \Delta L_{3*k+1} = 0, \Delta R_{3*k+1} = \Delta R_0 \\ i = 0, 1, \cdots, k-1 \end{cases} \tag{5-5}$$

从上面的推理，可以得到一个重要的结论。

定理 5-4 设周期为 T 的 R 轮循环轮特征 Ω：$\Delta_0, \Delta_1, \cdots, \Delta_i, \cdots, \Delta_R$，其中 $\Delta_R = \Delta_0$，设其轮特征概率为 P，则利用其可以攻击 $(k*T+4)$ 轮 DES，能够得到 8 个 S 盒的全部子密钥；并且可以对 $(k*T+4)$ 轮 DES 进行攻击，但只能得到部分 S 盒的子密钥，其攻击概率为 P^k。

证明：注意在周期为 T 的循环轮特征中，本文总是假设 $\Delta L_0 = 0$ 的左半部分为 0，而 $\Delta_R = \Delta_0$，于是可以知道 Δ_{R-1} 的右半部分也为 0，因此可以构造如下的轮特征：

$$\begin{cases} \Delta_0 = \Delta_{R-1} \\ \Delta_{i*T+j} = \Delta_{j-1} \\ i = 0, 1, \cdots, k-1, j = 1, 2, \cdots, T \end{cases} \tag{5-6}$$

则该轮特征的长度为 $(k*T+2)$，根据结论 5.2，可以利用该轮特征来进行 $(k*T+3)$（或 $(k*T+4)$）轮的差分分析，得到全部（或部分）S 盒的子密钥。由于开始的第一轮特征其概率为 1，所以整个轮特征的概率为 P^k。证毕。

上述定理说明在进行高轮差分分析时，可以利用低轮差分的一些特征。

5.1.2.3 DES 类密码的线性分析

1. 线性分析的基本原理

线性密码分析方法本质上是一种已知明文攻击方法[10]，这种方法可用 2^{21} 个已知明文破译 8 轮 DES，可用 2^{47} 个已知明文破译 16 轮 DES。这种方法在某些情况下，可用于唯密文攻击。线性密码分析的基本思想是通过寻找一个给定密码算法的有效的线性近似表达式来破译密码系统。

在下面的介绍中，引入如下符号：

P   表示 64 比特的明文；

C   表示 P 相应的 64 比特密文；

P_H	表示 P 的左边 32 比特;
P_L	表示 P 的右边 32 比特;
C_H	表示 C 的左边 32 比特;
C_L	表示 C 的右边 32 比特;
X_i	表示第 i 轮的 32 比特中间值;
K_i	表示第 i 轮的 48 比特子密钥;
$F(X, K)$	表示 DES 的 F 函数即轮函数;
$A[i]$	表示 A 的第 i 比特,有时也表示为 $A[i]$;
$A[i, j, \cdots, k]$	表示 $A[i] \oplus A[j] \oplus \cdots \oplus A[k]$,有时也表示为 $A[i, j, \cdots, k]$。

线性密码分析的目的是寻找一个给定密码算法的具有下列形式的"有效的"线性表达式

$$P_{[i_1,i_2,\cdots,i_a]} \oplus C_{[j_1,j_2,\cdots,j_b]} = K_{[k_1,k_2,\cdots,k_c]} \tag{5-7}$$

这里 $i_1, i_2, \cdots, i_a, j_1, j_2, \cdots, j_b$ 和 $k_1, k_2, \cdots, k_c$ 表示固定的比特位置,并且对随机给定的明文 P 和相应的密文 C,等式(5-7)成立的概率 $p \neq 1/2$,用 $|p-1/2|$ 来判断等式(5-7)的有效性。

如果获得了一个有效的线性表达式,则可以通过基于最大似然方法的算法来推测一个密钥比特 K。

形如(5-7)的等式成立的概率可用下列的堆积引理(piling-up lemma)来计算。

引理 5-1 堆积引理(piling-up lemma): 设 $X_i(1 \leqslant i \leqslant n)$ 是独立的随机变量,$p(X_i = 0) = p_i$,$p(X_i = 1) = i - p_i$ 则

$$p(X_1 \oplus X_2 \oplus \cdots \oplus X_n = 0) = 1/2 + 2^{n-1} \prod_{i=1}^{n} (p_i - 1/2) \tag{5-8}$$

引理 5-1 可通过对 n 作归纳法来证明,在此不再赘述。

在实际中,对 n 轮 DES 进行已知明文攻击时,使用$(n-1)$轮 DES 密码的最佳表达式。也就是说,假定已把最后一轮使用 K_n 解密,解密结果的左边 32 比特为 $C_H \oplus F(C_L, K_n)$,右边 32 比特为 C_L。这时,把$(C_H \oplus F(C_L, K_n)) \oplus C_L$当作$(n-1)$轮 DES 密码的密文,使用$(n-1)$轮 DES 的最佳表达式可得

$$P_{[i_1,i_2,\cdots,i_a]} \oplus C_{[j_1,j_2,\cdots,j_b]} \oplus F(C_L, K_n)_{[e_1,e_2,\cdots,e_d]} = K_{[k_1,k_2,\cdots,k_c]} \tag{5-9}$$

等式(5-9)与 F 函数有关。如果在等式(5-9)中代入一个不正确的候选者,那么这个等式的有效性显然就降低了。因此,可使用最大似然方法来推导 K_n 和 $K_{[k_1,k_2,\cdots,k_c]}$,算法见《分组密码的设计与分析》[13]。

2. DES 类密码的线性分析

下面将线性分析的基本思想用于 DES 类分组密码的攻击。

对于一个给定的 S 盒 $S_i(1 \leqslant i \leqslant 8)$,$1 \leqslant \alpha \leqslant 63$,$1 \leqslant \beta \leqslant 15$,定义

$$NS_i(\alpha, \beta) = \left| \left\{ x \mid 0 \leqslant x \leqslant 63, \sum_{S=0}^{5} x_{[S]} \cdot \alpha_{[S]} = \sum_{t=0}^{3} S_i(x)_{[t]} \cdot \beta_{[t]} \right\} \right| \quad (5\text{-}10)$$

这里 $x_{[S]}$ 表示 x 二进制表示的第 S 个比特，$S_i(x)_{[t]}$ 表示 $S_i(x)$ 的二进制表示的第 t 个比特，$\sum$ 表示逐比特异或和，$\cdot$ 表示逐比特与运算。NS_i 度量了 S 盒 S_i 的非线性程度。对于线性逼近式：

$$\sum_{S=0}^{5} x_{[S]} \cdot \alpha_{[S]} = \sum_{t=0}^{3} S_i(x)_{[t]} \cdot \beta_{[t]} \quad (5\text{-}11)$$

根据概率 $p = \dfrac{NS_i(\alpha, \beta)}{64}$，当 $NS_i(\alpha, \beta) \neq 32$ 时，式(5-11)就是一个有效的线性表达式。这时，称 S_i 的输入和输出比特是相关的。例如 $NS_5(16, 15) = 12$，这表明 S_5 的第 4 个输入比特和所有输出比特的异或值符合的概率为 $12/64 = 0.19$。因此，通过考虑 F 函数中的 E 扩展和 P 置换，可以推出，对一个固定的密钥 K 和一个随机给定的中间输入 X，下式成立的概率为 0.19：

$$X_{[15]} \oplus F(X, K)_{[7,18,24,29]} = K_{[22]} \quad (5\text{-}12)$$

通过计算所有 S 盒的 NS_i 指标，可以看到等式(5-11)是所有 S 盒中最有效的线性逼近，因此等式(5-12)是 F 函数的最佳逼近。可以很容易将各 S 盒得到的类似(5-12)的最佳线性逼近表达式推广到多轮的 DES 算法上。

线性分析的核心思想是寻找一个 R 轮的有效线性逼近表达式，如下式：

$$w \cdot P \oplus u \cdot C \oplus v \cdot K = 0 \quad (5\text{-}13)$$

式中 w, u, v 分别表示明文、密文、密钥对应的线性相关系数，P, C, K 分别对应明文、密文和密钥。设(5-13)成立的概率为 p，如果 $p \neq 1/2$，则称该表达式有效。

定理 5-5 表达式(5-13)为一个 r 轮的有效的线性逼近表达式的充分必要条件是：

(1) $O_i \oplus O_{i+2} = I_{i+1}$，$i = 0, 1, \cdots, r-2$

(2) $p_k \neq 1/2$，$k = 0, 1, \cdots, r-1$

其中 I_i, O_i 分别表示第 i 轮的输入输出线性相关系数，并且约定若 $I_i = 0$ 则 $O_i = 0$。

证明参见《演化密码与 DES 类密码的演化设计》一文。

下面介绍由单轮最佳线性逼近表达式构造多轮最佳线性逼近表达式的方法。

① 三轮最佳线性逼近表达式

由定理 5-6 可以看出，寻找三轮最佳线性逼近表达式只需求解方程式

$$O_0 \oplus O_2 = I_1 \quad (5\text{-}14)$$

在概率 $p = p_0 \cdot p_1 \cdot p_2$ 的条件下的最大解。显然有

$$I_1 = O_1 = 0, \; p_1 = 1, \; O_0 = O_2, \; p_0 = p_2 = p_{\max}$$

为方程(5-14)的一组最优解，其中 $p_{\max}$ 为最佳单轮线性逼近的概率。

② 三轮以上的最佳线性逼近表达式

下面的定理给出了线性分析在周期性特征方面的性质。

首先,构造一个两轮线性逼近表达式。

第一轮:$R_0 \cdot I_0(L_0 \oplus R_1) \cdot O_0 = K_0 \cdot v_0$

第二轮:$R_1 \cdot I_1(L_1 \oplus R_2) \cdot O_1 = K_1 \cdot v_1$

将上述两个线性逼近表达式合并成一个,假设 $I_0 = O_1$,$O_0 = I_1$,则有:

$$L_0 \cdot O_1 \oplus R_2 \cdot O_0 = K_0 \cdot v_0 \oplus K_1 \cdot v_1 \tag{5-15}$$

同理,可以构造许多这样的线性逼近表达式,如

$$L_{3*i} \cdot O_{3*i+1} \oplus R_{3*i+2} \cdot O_{3*i} = K_{3*i} \cdot v_{3*i} \oplus K_{3*i+1} \cdot v_{3*i+1}, \quad i = 0, 1, \cdots \tag{5-16}$$

将它们合并,可得一个 N 轮线性逼近表达式:

$$L_0 \cdot O_N \oplus R_N \cdot O_{3*i-2} = \sum_{i=0}^{N-2} K_i \cdot v_i \tag{5-17}$$

定理 5-6 如果(5-15)式所构造的两轮线性逼近表达式是最佳线性逼近表达式,那么当公式(5-17)满足下列条件时为最佳的 N 轮线性逼近表达式:

(1) $N \mod 3 = 2$

(2) $O_1 = O_3 = \cdots = O_{2k-1}$

证明(数学归纳法):当 $N = 2$ 时,由于已知(5-15)式所构造的两轮线性逼近表达式是最佳线性逼近表达式,所以命题成立。

假设 $N = k$ 时命题成立,其中 $k \mod 3 = 2$,现证明当 $N = k+3$ 时命题也成立。当 $(N/3)$ 为偶数时,在原线性逼近表达式的最后再加一个两轮的线性逼近表达式

$$L_k \cdot O_{k+1} \oplus R_{k+2} \cdot O_k = K_k \cdot v_k \oplus K_{k+1} \cdot v_{k+1} \tag{5-18}$$

并使 $O_{k+1} = O_{k+3} = O_1$,$O_{k+2} = O_2$。由于公式(5-15)是最佳线性逼近表达式,故知上式也是最佳线性逼近表达式。两个最佳线性逼近表达式相互连接构成的新表达式也是最佳线性逼近表达式。同理,当 $(N/3)$ 为奇数时,直接在其后连接上式(5-15)所构成的线性逼近表达式,易知其同样为最佳线性逼近表达式,故当 $N = k+3$ 时命题也成立。证毕。

5.1.2.4 DES 类密码的代数攻击

随着差分分析和线性分析的深入研究,现有的分组密码设计在抗差分分析和抗线性分析方面有了显著提高,以 AES 算法为例,该密码算法的设计指标就是具有强的抗差分分析和抗线性分析能力。

与此同时,有许多新的攻击方法不断出现,目前国内外对分组密码的攻击的研究主要集中在以下三个方面:积分分析(Integral Cryptanalysis)、功耗分析(Power Analysis)和代数攻击(Algebraic Attack)。其中代数攻击方法是目前讨论最多,也是最有前途的一种攻击方法。这里我们对代数攻击这种新的攻击方法进行分析与研究,提取其密码学指标,以供演化密码设计时使用。

1. 代数攻击的研究背景

1995 年,Jacques Patarin 提出了一种针对 1988 年欧洲密码学会上 Matsumoto 和 Imai 设计的公钥密码算法的攻击方法。Matsumoto 和 Imai 提出的这种公钥密码算法一度被认

为是非常安全的，它基于单变量变换，可以用 $X \to X^3$ 来描述。由于使用立方方程，这种公钥密码算法有很好的布尔函数特性。

然而，这也没能阻止 Jacques Patarin 对这种算法的成功攻击。在文献[17]中，Patarin 介绍了这种加密体制中输入输出比特间存在的简单代数关系。更准确地说，如果输入是 $(x_0, x_1, \cdots, x_{79})$，输出是 $(y_1, y_2, \cdots, y_{79})$，那么输入输出间存在二元线性等式(bi-linear equations)，如 $\sum_{ij} \alpha_{ij} x_i y_j = 0$。接着，Patarin 对是否存在这种方程进行了讨论，结果发现这种方程可以很容易在公开密钥中发现，并且可用来解密任何信息，"如果替换这些方程中 y 的具体值，使方程变成线性的，则可以通过解这些线性方程得到 x 的值"。

Patarin 提出的这种攻击方法得到了 Courtois 的总结与提炼，形成了针对多种密码体制的通用代数攻击方法。其中，自 2003 年 Courtois 和 Meier 成功利用代数攻击对序列密码进行成功分析后，代数攻击方法得到密码学界的广泛关注。作用于序列密码的代数攻击可以覆盖所有序列密码结构(LFSR 和 cellular automata)。

至于现有的分组密码是否能有效抵抗代数攻击仍然是学术界研究的热点。这里介绍由 Courtois 等提出的代数攻击方法，其实验结果表明该方法能有效分析包括 AES 在内的多种分组密码。

Courtois 对分组密码的代数攻击源于 2002 年对 AES 中 S 盒的代数分析，这种攻击方法被称为"直接或全局(direct/global)"代数攻击策略或"准确(exact)"代数攻击方法。这种方法没有对出现在多个方程中的单项式(monomials)进行关联，而是针对提取整个加密算法的方程来获得密钥的线索。

这种代数攻击方法被 Courtois 证明在实际运算时是可行的，它不同于其他针对分组密码的攻击方法[18]。主要区别在于，到目前为止针对分组密码的主要攻击都是基于统计概率的原则，这样使得这些攻击方法具有以下这些共同的缺点：

(1)攻击的复杂度随着轮次的增加呈指数级增加；

(2)需要的明文个数同样随轮次的增加呈指数级增加，而这一点常常是攻击方法无法付诸实践的主要原因；

(3)具有好的扩散性的密码算法迫使攻击者需要在同一轮内并行使用多种概率指标，降低了攻击的效率。

代数攻击方法提取方程为真(成立)的概率是 1，即是确定性攻击，于是可以避免以上攻击方法的三种缺点。

2. 针对分组密码的代数攻击——OSE 攻击

Courtois 等提出的针对分组密码的代数攻击方法为 OSE(Overdefined System of Equations)攻击，对应的具体算法是 XSL(eXtended Sparse Linearization)，这种算法是对 XL 算法的扩展。

下面具体介绍 OSE 攻击[19]。

设 $S(X)$ 是一个 m 比特输入，n 比特输出的 S 盒：$y_1y_2\cdots y_n = S(x_1x_2\cdots x_m)$。当分析 S 盒的密码学特性时，如非线性度或严格的雪崩准则等，设计者和密码分析员最关心的是如何将 x 映射到 y 中，形成多变量函数 $y=f(x)$ 或多个布尔函数的集合 $y_i=f(x)$，$1<i<n$。根据 Courtois 提出的由输入输出的变量构造的多项式形式，当阶确定时，多项式有特定的形式。如一个 3×3 的 S 盒的二次多项式形式如下：

$$\begin{aligned}P &= p(x, y)\\ &= x_1 \oplus x_2 \oplus x_3 \oplus y_1 \oplus y_2 \oplus y_3 \oplus x_1x_2 \oplus x_1x_3 \oplus x_1y_1 \oplus x_1y_2 \oplus \\ &\quad x_1y_3 \oplus x_2x_3 \oplus x_2y_1 \oplus x_2y_2 \oplus x_2y_3 \oplus x_3y_1 \oplus x_3y_2 \oplus x_3y_3 \oplus \\ &\quad y_1y_2 \oplus y_1y_3 \oplus y_2y_3 \oplus 1\end{aligned} \quad (5\text{-}19)$$

其中的单项式个数等于

$$T = C_{m+n}^2 + m + n + 1 = 22$$

对于一个特定的 S 盒 S1，可以构造一个 $2^m * T$ 的二维矩阵 M，其中，某一行（m_i）对应的是多项式 P 中某个元素的值，这个值根据 S 盒中的具体参数而定。下面举例说明 M 的构造过程，假设 S1 是一个 3×3 的 S 盒，具体参数如表 5-1 所示。

表 5-1　　　　　　　　　　　　　　S1 值举例

INPUT	0	1	2	3	4	5	6	7
OUTPUT	6	3	1	5	0	7	4	2

以上这张表用二进制形式的真值表如表 5-2 所示。

表 5-2　　　　　　　　　　　　　　S1 的真值表

X1	X2	X3	Y1	Y2	Y3
0	0	0	1	1	0
0	1	0	0	1	1
0	0	1	0	0	1
0	1	1	1	0	1
1	0	0	0	0	0
1	0	1	1	1	1
1	1	0	1	0	0
1	1	1	0	1	0

设 m_1 是 P 表中的一项,其中输入为 $x_1x_2x_3=000$,则由上表得到 $y_1y_2y_3=110$,于是有:$m_1=0001100000000000001001$。

同理,可以得到 m_2,对应的输入是 $x_1x_2x_3=001$。于是可知对于 S1 的完整 M 矩阵如下:

$$M = \begin{vmatrix} 0 & 0 & 0 & 1 & 1 & 0 & 0 & 0 & 0 & 0 & 0 & 0 & 0 & 0 & 0 & 0 & 0 & 0 & 1 & 0 & 0 & 1 \\ 0 & 0 & 1 & 0 & 0 & 1 & 0 & 0 & 0 & 0 & 0 & 0 & 0 & 0 & 0 & 0 & 1 & 1 & 0 & 0 & 1 & 1 \\ 0 & 1 & 0 & 0 & 0 & 1 & 0 & 0 & 0 & 0 & 0 & 0 & 0 & 1 & 0 & 0 & 0 & 0 & 0 & 0 & 0 & 1 \\ 0 & 1 & 1 & 1 & 0 & 1 & 0 & 0 & 0 & 0 & 0 & 1 & 1 & 0 & 1 & 1 & 0 & 1 & 0 & 1 & 0 & 1 \\ 1 & 0 & 0 & 0 & 0 & 0 & 0 & 0 & 0 & 0 & 0 & 0 & 0 & 0 & 0 & 0 & 0 & 0 & 0 & 0 & 0 & 1 \\ 1 & 0 & 1 & 1 & 1 & 0 & 1 & 1 & 1 & 0 & 0 & 0 & 0 & 0 & 1 & 1 & 1 & 1 & 1 & 1 & 1 & 1 \\ 1 & 1 & 0 & 0 & 0 & 1 & 0 & 1 & 0 & 0 & 1 & 0 & 0 & 0 & 0 & 0 & 0 & 0 & 0 & 0 & 0 & 1 \\ 1 & 1 & 1 & 0 & 1 & 0 & 1 & 1 & 0 & 1 & 0 & 1 & 0 & 1 & 0 & 0 & 1 & 0 & 0 & 0 & 0 & 1 \end{vmatrix}$$

整个矩阵的秩 r,最大为 8(等于行列的最小维度),所以 M 阵列中最多有 8 个线性无关的列向量 C_I,至少有 22-8=14 个线性相关的列向量 C_D,且每个线性相关的列向量都是由多个线性无关的列向量组合而成。以上描述的内容可由下面的公式表示:

$$C_{D_i} = a_{i_1}c_{I_1} \oplus a_{i_2}c_{I_2} \oplus \cdots \oplus a_{i_8}c_{I_8}, \quad a_{i_j} \in \{0,1\}, \quad 1 \leq i \leq (T-r) \tag{5-20}$$

如果已知矩阵 M 的秩 r,那么可以由 C_D 定义出 $T-r$ 个 6 变元(x_1, x_2, x_3, y_1, y_2, y_3)的联立方程,这些联立方程称为超定(overdefined)联立方程,因为这些方程的数量超过了求解所需的方程数量的理论值。当(5-20)方程中的大量系数 a_{i_j} 为零时,这些方程是稀疏方程形式(这种方程很容易求解)。XSL 算法的目的是将不满足超定特性或稀疏特性的这些方程扩展成方便代数攻击的超定方程或稀疏方程形式。所以在下面的举例说明中,直接对原始方程进行代数攻击。

由于 S 盒与轮函数中其他部件的相互作用,有可能会出现将相邻轮之间的 C_{D_i} 串在一起的情况。在很多设计中,第 L 轮的第 i 个 S 盒的输入比特等于明文中的比特与轮密钥比特的异或,$x_{i_L} = b_{i_L} \oplus k_{i_L}$。于是,在已知明文或选择明文攻击中,第一轮 C_{D_L} 方程中的未知变量是第一轮的密钥比特。因为 S 盒的输出可以被扩展或交叉到下一轮的输入中,所以 C_{D_L} 在第 1 轮的解相当于 C_{D_L} 方程组在第 $(L+1)$ 轮的正确输入。举例来说,假设 M 矩阵对应 S1,M 矩阵中无关的列向量包括:x_1,x_2,x_3,x_1x_2,x_1x_3,x_2x_3,1,y_1y_3。为了简化说明对轮函数的代数攻击原理,进一步假设一个两轮加密算法,它们的轮函数中仅包括 S1 和层间的扩散函数(将第一轮的输出 y_1,y_2,y_3 分别扩散到第二轮的输入 x_3,x_2,x_1 中),则 C_{D_i} 所对应的 3 个方程如下:

$$y_1 = x_2 \oplus x_1x_3 \oplus 1$$
$$y_2 = y_1y_3 \oplus x_1 \oplus x_1x_3$$
$$y_3 = x_2x_3 \oplus x_1x_2$$

于是，第 2 轮的输出是：

$$\begin{aligned}
y_2 &= y_1 y_3 \oplus x_1 \oplus x_1 x_3 \\
&= y_1 y_3 \oplus [[x_2 x_3 \oplus x_1 x_2] \oplus k_{1,2}] \oplus [[x_2 x_3 \oplus x_1 x_2] \oplus k_{1,2}][x_2 \oplus x_1 x_3 \oplus 1] \oplus k_{3,2}] \\
&= y_1 y_3 \oplus [[(b_2 \oplus k_{2,1})(b_3 \oplus k_{3,1}) \oplus (b_1 \oplus k_{1,1})(b_2 \oplus k_{2,1}) \oplus k_{1,2}] \\
&\quad \oplus [[(b_2 \oplus k_{2,1})(b_3 \oplus k_{3,1}) \oplus (b_1 \oplus k_{1,1})(b_2 \oplus k_{2,1}) \oplus k_{1,2}] \\
&\quad [[(b_2 \oplus k_{2,1}) \oplus (b_1 \oplus k_{1,1})(b_3 \oplus k_{3,1}) \oplus 1] \oplus k_{3,2}]
\end{aligned}$$

(5-21)

方程(5-21)中的第 2 行是用 y_3 和 y_1 在第 1 轮的输出代替第 2 轮中的 x_1 和 x_3，并且加入了第 2 轮的相关密钥 $k_{i,2}$。第 3 行将第 1 轮中的 x_1，x_2，x_3 是明文与第 1 轮密钥的异或代替的结果。最后，利用已知明文或选择明文攻击方法对明文比特 b_i 进行修改，由对应结果 y_i 可推出部分密钥比特。如果攻击者使用许多不同的 C_{D_i} 方程对应许多明文/密文对，就可以得到非常有价值的分析结果，这一攻击结果比穷举攻击的效率要高得多。值得注意的是，在用代数攻击分析一个实际加密算法时，并不总是有必要或可能对多轮对应的方程进行求解。

与其他攻击(如差分攻击、线性攻击)相比，代数攻击最明显的优势在于：代数攻击是以确定的方式计算输入输出间的关系，而不是以一个较低的概率。这样，代数攻击的复杂度不再像过去基于概率统计的分析方法随着加密算法轮次的增加呈指数级增加，而代数攻击的复杂度只随轮次的增加呈线性或多项式形式增加。这就意味着，一个加密算法要想对抗 OSE 代数攻击，不能仅仅靠增加加密轮次来实现。

所以，代数攻击(包括 OSE 攻击)，从某种意义上讲，比已有的攻击对分组密码更具威胁性，应该得到分组密码设计者的重视。

5.1.2.5 对抗各类攻击的密码学指标

1. 抗差分分析的密码学指标

计算抗差分攻击的密码学指标的关键是建立各 S 盒的差分统计表，该表以输入差分为行，输出差分为列，表中单元是各输出差分的出现概率。差分统计表的具体构造方法如下：

对于任意的两个差分输入 a 和 b，计算 $S_i(a)$ 和 $S_i(b)$ 的值。令 $in = a \oplus b$，$out = S_i(a) \oplus S_i(b)$。按这样穷举 a 和 b，则可以产生一系列数对 (in, out)，可定义为数组 $A[in][out]$，穷举 a 和 b 的过程中，如果产生一个 (in, out)，则对应的 $A[in][out]$ 中的数值加 1，这个数组就可看做一张二维的表格，其中 in 的权重 ≤ 4（按二进制 1 的个数小于 4）。

构造好差分统计表后，找出 8 个 S 盒中每个 S 盒的输出差分概率的最大值，连乘之后除以 64 的 8 次方，得到的结果就是差分指标值。

2. 抗线性分析的密码学指标

对于一个给定的 S 盒 $S_i(1 \leq i \leq 8)$，$a \in F_2^6$，$b \in F_2^4$，定义：

$$F(a, b) = \{x \mid 0 \leq x \leq 63, S_i(x \cdot a) = S_i(x) \cdot b\} \qquad (5\text{-}22)$$

其中 S_i 表示第 i 个 S 盒；· 表示按位与运算；x 表示对于特定输入的非线性程度。式(5-22)即为线性逼近式。

对于线性逼近式而言，$P = |F(a, b) - 32|/64$，当上式中的 $F(a, b) \neq 32$ 时，就是对于一个 S 盒的一个有效的线性逼近表达式。对于线性逼近式，构造一张以 a 为行 b 为列的二维表，表格中是值为 $F(a, b)$。然后对于每个 S 盒的 S_i，求该表中的最大值 MAX，其中 MAX 的值不等于 32，就可以求出单个 S 盒 S_i 的线性逼近值 P_i。

$$Cr = \prod P_i / 64^8, \quad 1 \leq i \leq 8$$

Cr 的值就是整个 S 盒的线性指标值。

3. 抗代数攻击的密码学指标

由上面中对代数攻击的介绍可知，代数攻击作为目前各类密码算法应对的新型攻击类型，是密码分析与设计领域的研究热点，目前还没有统一的衡量对抗代数攻击的量化密码学指标。下面提取的指标的依据是：对抗代数攻击的密码学指标等价于代数攻击算法（XSL 算法）的执行复杂度。当然，这里给出的指标只是反映了求解多元方程的复杂度，至于 XSL 算法的改进算法的复杂度还需要进一步研究。

定义 5-11 假设有这样一个函数：
$f: GF(2)^n \rightarrow GF(2)^m$，$f(x) = y$，其中 $x = (x_0, x_1, \cdots, x_{n-1})$，$y = (y_0, y_1, \cdots, y_{m-1})$。

定理 5-7 对于任意一个规模是 $n \times m$ 的 S 盒（n 位输入，m 位输出），$F: (x_1, \cdots, x_n) \mapsto (y_1, \cdots, y_m)$，并且对 t 的任意一个子集 T，其中 t 是由 x_i 和 y_j 组成 2^{m+n} 个单项式总集取出 t 个单项式组成，如果 $t > 2^n$，至少有 $t - 2^n$ 个线性独立的等式在 T 中。

定理 5-7 的应用例子。

假如考虑如下的等式：

$$\sum \alpha_{ijk} x_i y_j y_k + \sum \beta_{ijk} x_i x_j y_k + \sum \gamma_{ij} x_i y_j + \sum \delta_i x_i + \sum \varepsilon_i y_i + \eta = 0$$

在上面的等式中单项式的个数 $t = 1 + nm + n + m + n \times m(m-1)/2 + m \times n(n-1)/2 = 131$。

推论 5-1 对于任意一个 6×4 S 盒（不仅仅是 DES 的 S 盒）的这种线性独立等式的个数 r 为

$$r \geq t - 2^n = 67$$

5.1.3 S 盒的演化设计方法

要构造满足上述所有准则的 S 盒是非常困难的事情，因此，在实际中，要根据设计的要求适当降低一些指标。

目前已有的 S 盒设计方法有如下两种。

(1)随机选取并测试。随机选择的小规模的 S 盒并不安全，但有证据表明，S 盒的规模越大，随机产生的 S 盒的密码性能就越好，譬如《分组密码的设计与分析》[13]一书中证明了随着 n 的增大，F_2^n 上几乎所有的置换均是非退化置换，而且如果 S 盒既随机又依赖于密钥，则强度会更高。通常的做法是随机选取，然后通过测试某些特定需求进行筛选。只要设计者的时间和计算能力允许，采用此方式总可以构造所需的 S 盒，而且可以使用户相信没有陷门。

(2)按一定规则构造并测试。此方法通常以已有的"好"S 盒为基础，以一种简单而确定的方式构造满足需要的 S 盒。Serpent 算法所用的 S 盒就是利用 DES 的 S 盒以此种方式生成。此方法构造的 S 盒可以使用户相信没有陷门。

研究发现，使用传统的密码设计方法很难满足 S 盒的安全设计标准，而庞大的 S 盒空间又使随机搜索几乎无法在合理的时间内找到具有好的密码学指标的 S 盒。

于是，我们采用演化计算的思想与密码学设计方法相结合，旨在构造密码学指标好的 S 盒。并且，由于引入了演化计算的思想，设计出的 S 盒的抗攻击能力越来越强，抗攻击种类可不断增加。这样，使演化设计出的 S 盒比用传统方法设计出的 S 盒具有不断升级更新的特点，其不断增强的密码学安全性使演化设计的使用寿命更长，应用面更广。

S 盒的具体演化设计总体策略是：先利用已有的设计准则，尤其是那些具有明确量化标准的准则，设计产生初始种群，这一步相当于缩小 S 盒的样本空间；再根据事先制定好的密码学指标——通常是对抗目前有效攻击的量化指标，对随机选取的初始种群进行指标过滤和排序；对各类指标得到的最优解或非劣解进行演化折衷；若折衷失败则进行新一轮演化。图 5-1 说明了 S 盒的具体演化设计策略。

S 盒的演化结果如表 5-3 所示。

表 5-3　　　　　　　　　　　　　　S 盒演化结果

密码学指标	DES 中 S 盒	演化要求	演化次数/平均演化代数
抗差分分析	16	<16	100/327
抗线性分析	20	<20	1000/338
抗代数攻击	64	<64	5000/344

说明：演化次数是进行演化运算的次数，每次的演化代数有所不同，实际衡量演化效率的是平均演化代数，研究结束条件是得到两个 S 盒个体(相当于 16 个符合条件的 S 盒)或演化失败(超出规定演化代数)。平均演化代数与产生的随机数有关，所以在具体

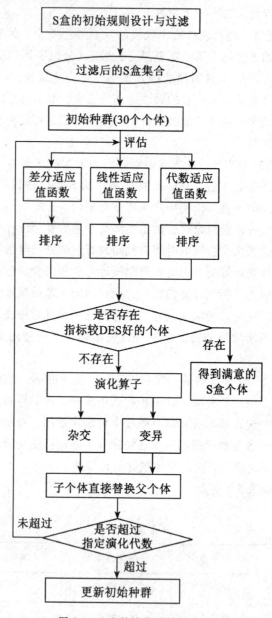

图 5-1　S 盒的演化设计策略图

计算时会与表 5-3 中的值略有偏差。因为表 5-3 中的演化次数较大，所以可以用表中的值近似表示平均演化代数。

我们在附录 1 中列举了演化出的两个 S 盒个体及 3 项密码学指标（每个含 8 个符合以上密码学指标的 S 盒）。

5.2 演化 DES 密码体制

5.2.1 DES 密码算法简单介绍

DES 类分组密码由 16 轮相同的运算迭代而成,每轮运算称为轮函数,轮函数由 E 扩展、S 盒、P 置换和异或等操作组成。轮函数结构如图 5-2 所示。

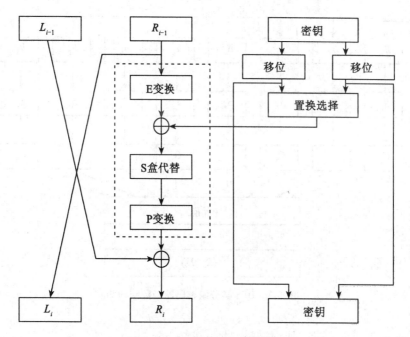

图 5-2 DES 类分组密码结构图

轮函数中 S 盒是唯一的非线性运算部件,是 DES 算法的核心,也是各类数学分析攻击的焦点,有关 S 盒的演化设计已在前面介绍过。根据 Shannon 提出的混乱与扩散的密码设计原则,S 盒主要负责实现混乱,而 P 置换则负责实现扩散。

下面详细介绍图 5-2 中虚线框部分的函数结构,本文下面记轮函数为 $f(R, K_i)$,该结构如图 5-3 所示,用如下几步说明。

(1) 首先,将 R 按表 5-4 扩展成 $E(R)$,这意味着 $E(R)$ 的第 1 位是 R 的第 32 位。

(2) 计算 $E(R) \oplus K_i$,它有 48 位,记作 $B_1, B_2, \cdots, B_8$,这里每一个 B_j 有 6 位。

(3) 有 8 个 S 盒,即 $S_1, S_2, \cdots, S_8$,B_j 是 S_j 的输入,记作 $B_j = b_1 b_2 \cdots b_6$。$b_1 b_6$ 确定 S 盒的行,$b_2 b_3 b_4 b_5$ 确定 S 盒的列。按此方式,可以得到 8 个 4 位的输出 $C_1, C_2, \cdots, C_8$。

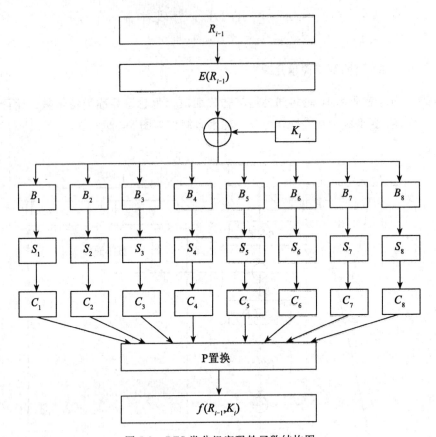

图 5-3 DES 类分组密码轮函数结构图

(4) 字串 C_1, C_2, …, C_8 根据表 5-5 进行置换。

表 5-4 E 扩展

32	1	2	3	4	5	6	7	8	9
8	9	10	11	12	13	14	15	16	17
16	17	18	19	20	21	22	23	24	25
24	25	26	27	28	29	30	31	32	1

表 5-5 P 置换表

16	7	20	21	29	12	28	17	1	15	23	26	5	18	31	10
2	8	24	14	32	27	3	9	19	13	30	6	22	11	4	25

结果，32 位的字符串就是 $f(R, K_i)$。

5.2.2 线性部件设计原则

5.2.2.1 P 置换已有的设计准则

目前针对 P 置换的研究主要集中在 SP 网络结构中，其中最常用的评价参数是分支数。直接将分支数用于 Feistel 结构分组密码中的 P 置换评价或构造显然不合适。

于是，本节从 P 置换的扩散实质出发，研究并构造扩散特性好的 P 置换。根据 Shannon 提出的密码设计标准，扩散的实质是保证输出的每个比特与输入的所有比特都相关，并且实现这一过程的轮次越少越好。同样，以这种思想构造 P 置换，主要的研究是将 P 置换与 E 扩展合成为新的 P 置换，其中 E 扩展保持 DES 中的结构不变。Shannon 提出的 P 置换设计规则具体如下。

① $S(i)$ 的 6 个输入端必须由上一轮中不同的 S 盒产生；
② $S(i)$ 的 6 个输入端不能由上一轮的 $S(i)$ 产生；
③ 不同 S 盒对应的输入必须不同；
④ 上一轮 $S(i-2)$ 的输出对应本轮 $S(i)$ 中 a, b 的一位，上一轮 $S(i+1)$ 的输出对应本轮 $S(i)$ 中 a, b 的另一位；上一轮 $S(i-1)$ 的输出对应本轮 $S(i)$ 中 e, f 的一位，上一轮 $S(i+2)$ 的输出对应本轮 $S(i)$ 中 e, f 的另一位；
⑤ 上一轮 $S(i-3)$，$S(i+3)$ 和 $S(i+4)$ 中的两个输出对应 $S(i)$ 的 c, d 输出；
⑥ 每个 S 盒的输出有两位作为下一轮的 a, b 或 e, f，另外两位作为 c, d。

其中 ab, cd, ef 为 S 盒的 6 个输入端，每组中的两个输入端等价；$S(i)$ 表示第 i 个 S 盒。

5.2.2.2 演化密码的 P 置换设计规则

本节直接从 P 置换的扩散功能出发进行构造，利用 *Cryptography: A new dimension incomputer security*[40] 中介绍的 G 阵列构造法，对 P 置换的所有排列进行过滤，得到 7 类 P 置换。经过实验证明，原 DES 算法中的 P 置换其扩散性能已属最佳。在这之后，又利用改进后的分支数计算方法对 P 置换进行再次过滤，最终得到 108 个扩散性能最好的 P 置换，具体值附在本章后面的附录中。

1. *G* 阵列构造法介绍

G 阵列构造法的核心思想是 $G_{i,j}$ 中无非空元素[40]等价于 P 置换达到完全扩散的效果。*G* 阵列由四张表组成，如图 5-4 所示。

$$G_{i,j} = \begin{bmatrix} G_{i,j}^{L,L} & G_{i,j}^{L,R} \\ G_{i,j}^{R,L} & G_{i,j}^{R,R} \end{bmatrix}$$

图 5-4 *G* 阵列组成示意图

以一般情况 $(G_{j+1,i}, j \geq i)$ 说明四张表的构造规则如下：

$$G_{j+1,i}^{L,L} = G_{j,i}^{R,L};$$

$$G_{j+1,i}^{L,R} = G_{j+1,i}^{R,L} = G_{j,i}^{R,R};$$

$$G_{j+1,i}^{R,R} = G_{j,i}^{L,R} \oplus G_{j,i}^{R,R};$$

其中第三条规则表示 $G_{j+1,i}^{R,R}$ 的第 s 行由 $G_{j,i}^{L,R}$ 的第 s 行与 $G_{j,i}^{R,R}$ 的 $m_1(s)$，$m_2(s)$，$m_3(s)$，$m_4(s)$，$m_5(s)$，$m_6(s)$ 六行进行异或得到。

由以上规则可知：

$G_{j+1,i}^{R,R}$ 是 $G_{j+1,i}$，$j \geqslant i$ 阵列中最先达到全部非空的子阵列。

若 $G_{j+1,i}^{R,R}$ 在第 K 轮达到全部非空，则 $G_{j+1,i}^{L,R}$，$G_{j+1,i}^{R,L}$ 在第 $(K+1)$ 轮达到全部非空，$G_{j+1,i}^{L,L}$ 在第 $(K+2)$ 轮达到全部非空。于是，$G_{j+1,i}$，$j \geqslant i$ 在第 $(K+2)$ 轮全部非空。

G 阵列全部非空的轮次理想值计算。

以 $G_{2,0}^{R,R}$ 为例，$G_{2,0}^{R,R} = G_{1,0}^{L,R} \oplus G_{1,0}^{R,R}$，$G_{1,0}^{L,R}$ 的每行只有一个非空元素，$G_{1,0}^{R,R}$ 中最好情况是 6 行每行有 6 个非空元素[40]，在这种理想情况下，$G_{1,0}^{L,R}$ 和 $G_{1,0}^{R,R}$ 一共可覆盖 37 列，而 $G_{2,0}^{R,R}$ 中每行只有 32 列，所以，当 S 从 1 到 32（S 是 $G_{2,0}^{R,R}$ 的行标）对应的 $G_{1,0}^{L,R}$ 和 $G_{1,0}^{R,R}$ 均能覆盖 37 列时，$G_{2,0}^{R,R}$ 即可达到全部非空。于是可以推出，理想状态下，G 阵列在第 4 轮即可达到全部非空。

G 阵列全部非空的轮次实际最小值。

上面的分析是理想状态下的结果，实际分析时发现：$G_{j,i}^{L,R}$ 的第 S 行中非空元素在第 S 列，这是由 DES 的等分 Feistel 结构决定的，这样，$G_{j,i}^{L,R}$ 的非空元素呈线性分布，与 P 置换、E 扩展及 S 盒的具体参数没有关系。所以，$G_{1,0}^{R,R}$ 中第 $m_1(s)$，$m_2(s)$，$m_3(s)$，$m_4(s)$，$m_5(s)$，$m_6(s)$ 行中非空元素的分布是轮次收敛最小化的关键，而 $G_{1,0}^{R,R}$ 中的这 6 行非空元素与 P 置换和 E 扩展有以下直接关系。

(1) E 扩展保持 DES 中的结构不变。E 扩展的功能是把 R_{i-1} 的 32 位扩展成 48 位，这意味着 R_{i-1} 中有 16 位会重复。重复的这 16 位分布在 S_1，S_2，S_3，S_4，S_5，S_6，S_7，S_8 这 8 个 S 盒中，每个 S 盒的输出被 P 置换以等概率选中，则 16 位等分到 8 个 S 盒中是任取 6 个 S 盒时空缺列数最少，则 E 扩展的最佳结构是保证 8 个 S 盒等分 2 位重复位，而这种等分法等价于 DES 中的 E 扩展结构。所以，在轮函数设计时保持 E 扩展结构不变。

(2) $G_{2,2}^{R,R}$ 的一行最多有 29 列非空。由于 E 扩展结构不变，所以 $G_{1,0}^{R,R}$ 中的 6 行无法覆盖所有 32 列，最多只能覆盖 28 列。若以 S_i 表示第 i 个 S 盒，当 $G_{1,0}^{R,R}$ 中的 6 行对应的 S_i 不同时，6 行所能覆盖的列数最大。而 6 个 S_i 间总会出现两处间隔，也就是当 S_i 不等于 S_j 时，S_i 和 S_j 间会出现 2 列无法被覆盖到的情况，那么 6 个不同的 S_i 会出现至少 4 列无法覆盖的情况，所以在实际构造时，无论 P 置换的结构如何，$G_{1,0}^{R,R}$ 的 6 行至多能覆盖 28 列，当这 28 列不包括 $G_{1,0}^{L,R}$ 的第 S 列时，则 $G_{2,2}^{R,R}$ 的第 S 行有 29 个非空元素否则有 28 个非空元素。

(3) G 阵列完全非空的轮次最小值。根据上面的分析，可以证明 $G_{2,2}^{R,R}$ 无法达到全部非空，而如果 P 置换结构合理，则 $G_{2,2}^{R,R}$ 中的每行都可以达到 28 列非空。所以 $G_{2,2}^{R,R}$ 中的 6 行所能覆盖的列一定能超过 32 列，所以 G 阵列达到完全非空的实际轮次最小值是 5。

2. 新的 P 置换设计规则

根据使 G 阵列完全非空的实际最小轮次值和修改后的 P 置换分支数法则，我们提出了新的 P 置换设计规则，并给出实验结果。

下面举例说明 P 置换的设计规则。

设 $R_{i-1} = \{b_i, i \in [1 \cdots 32]\}$，即 R_{i-1} 有 32 位。经过 E 扩展后这 32 位变成 48 位，等分给 8 个 S 盒($S_i, i \in [1 \cdots 8]$)；由于 E 扩展保持 DES 中的结构，所以各 S_i 对应 R_{i-1} 的位数固定，分别是：

$S_1 = <b_{32}, b_1, b_2, b_3, b_4, b_5>$, $S_2 = <b_4, b_5, b_6, b_7, b_8, b_9>$, $S_3 = <b_8, b_9, b_{10}, b_{11}, b_{12}, b_{13}>$,
$S_4 = <b_{12}, b_{13}, b_{14}, b_{15}, b_{16}, b_{17}>$, $S_5 = <b_{16}, b_{17}, b_{18}, b_{19}, b_{20}, b_{21}>$, $S_6 = <b_{20}, b_{21}, b_{22}, b_{23}, b_{24}, b_{25}>$,
$S_7 = <b_{24}, b_{25}, b_{26}, b_{27}, b_{28}, b_{29}>$, $S_8 = <b_{28}, b_{29}, b_{30}, b_{31}, b_{32}, b_1>$.

P 置换与 S 盒的关系用下面的表达式表示：

$$P[u] = v, \quad v \in S_t, \quad t = \left\lceil \frac{v}{4} \right\rceil$$

(1) 由 G 阵列完全非空得到的规则

根据 G 阵列实际收敛轮次的分析，首先把 P 置换的目标定在实现 $G_{2,2}^{R,R}$ 中任一列的非空元素为 29 个，产生如下两条设计规则。

P1：S_i 对应的 P 置换中连续的 6 个元素，再次对应的 S_j 互不相同。

设 $S_i = <r_1, r_2, r_3, r_4, r_5, r_6>$，若 $P[r_i] \in S_k$，$P[r_j] \in S_t$，其中 $i \neq j$，
则 $S_k \neq S_t (k \neq t)$。

规则 P1 可以保证 $G_{1,0}^{R,R}$ 中的 $m_1(s)$，$m_2(s)$，$m_3(s)$，$m_4(s)$，$m_5(s)$，$m_6(s)$ 6 行共覆盖 28 列。

进一步分析规则 P1 发现，若 $m_1(s)$，$m_2(s)$，$m_3(s)$，$m_4(s)$，$m_5(s)$，$m_6(s)$ 所覆盖的列不包括第 S 列(设当前求 $G_{2,2}^{R,R}$ 中的第 S 行的覆盖列)，则 $G_{2,2}^{R,R}$ 的第 S 行能覆盖 29 列，否则覆盖 28 列。于是得到规则 2。

P2：设 S 为 $G_{2,2}^{R,R}$ 中待确定覆盖列所在的行，则有如下规则：

若 S 列只包含在一个 S_i 块中，则 P 置换选择剩余 7 个中的 6 个，这样可保证 $G_{2,2}^{R,R}$ 的第 S 列覆盖 29 列；

若 S 列包含在 2 个 S_i 块中，则不需考虑 $G_{1,0}^{L,R}$ 中的第 S 列，直接用规则 1 可确保 $G_{2,2}^{R,R}$ 的第 S 行覆盖 28 列。

由于 E 扩展结构保持原 DES 中结构不变，所以可事先对 $G_{2,2}^{R,R}$ 的 32 行进行分类，S_0 表示包含在一个 S_i 块中的 S 列的集合，S_1 表示包含在两个 S 块中的 S 列的集合。

$S_o = \{2, 3, 6, 7, 10, 11, 14, 15, 18, 19, 22, 23, 26, 27, 30, 31\}$

$S_t = \{4, 5, 8, 9, 12, 13, 16, 17, 20, 21, 24, 25, 28, 29, 32, 1\}$

由此可以得出，$G_{2,2}^{R,R}$ 中有 16 行覆盖 29 列，另外 16 行覆盖 28 列。

(2) 修改后的 P 置换分支数规则

有关 P 置换的研究大多集中在 SP 网络结构上。目前，关于 P 置换的设计准则，人们考虑的最多的一个参数就是分支数。其定义如下。

定义 5-12 令 $P: (F_2^n)^m \to (F_2^n)^m$ 是一个置换，$X = (x_1, x_2, \cdots, x_m) \in (F_2^n)^m$，$W_H(X)$ 表示非零 $x_i (1 \leq i \leq m)$ 的个数，则称

$$B(P) = \min_{X \neq 0}(W_H(X) + (W_H(P(X))))$$ 为置换 P 的分支数。

在 DES 类密码中直接套用上述关于置换 P 分支数的概念显然并不适宜。根据 P 置换的扩散本质，上述有关分支数概念的核心在于描述了进行一轮变换后 S 盒最少的活动盒子数，以此提供关于差分、线性分析等指标的估计。DES 类密码的 S 盒是其唯一的非线性部件，它由 8 个 S 盒组成，每一个盒子都是 6 进 4 出，用数学函数可以表示成 $S: (F_2^6)^8 \to (F_2^4)^8$。因此，按照 S 盒的结构特点以及活动盒子数概念，可以给出如下有关 DES 类密码置换 P 的分支数的定义。

定义 5-13 设 $X = (x_1, x_2, \cdots, x_8) \in (F_2^4)^8$ 为一轮 S 盒的输出、置换 P 的输入，$Y = (y_1, y_2, \cdots, y_8) \in (F_2^6)^8$ 为下一轮 S 盒的输入、置换 P 的输出，则称 $B(P) = \min_{X \neq 0} (W_H(X) + (W_H(Y)))$ 为 DES 类密码置换 P 的分支数。

(3) 在上述定义下，由于 $Y = E(P(X) \oplus C_L^i)$，只要取适当的 C_L^i 就可以使 $Y = 0$，并调整 X 使 $W_H(X) = 1$，这样置换 P 的分支数可以达到最小值 B=1。

这种定义没有体现置换 P 的任何特性。置换 P 的分支数主要用来描述普遍意义下 S 盒的活动数的下界值，对 DES 类密码而言，由于置换 P 仅将 32 比特输入数据的各位重新排列，然后再由扩展变换 E 简单地将其扩展成 48 比特，因此要考查置换 P 的扩散效应，必须在"最有代表意义的状态"下研究置换 P 的一般特性。在这种意义下，可以不考虑 C_L^i 的影响，并且让 $x_i \in \{0, 1111_2\}$，这种要求是合理的。于是有如下定义。

定义 5-14 设 $X = (x_1, x_2, \cdots, x_8)$，其中 $x_i \in \{0, 1111_2\}$，$1 \leq i \leq 8$ 为下一轮 S 盒的输出，即置换 P 的输入，$Y = (y_1, y_2, \cdots, y_8) = E(P(X)) \in (F_2^6)^8$ 为下一轮 S 盒的输入、扩展变换 E 的输出，则称 $B(P) = \min_{X \neq 0}(W_H(X) + W_H(Y))$ 为 DES 类密码置换 P 的分支数。

(4) 新的 P 置换设计规则

分析 G 阵列构造中得到的两条规则及经这两条规则筛选后的 P 置换结果，本文对由前面两种不同角度得到的设计规则进行改进和综合，得到下面的新的 P 置换设计规则。

利用扩散效应设计出的 P 置换等价于设计 S_i 中 6 个元素经过 P 置换后对应的新 S_i 的方法。而 $G_{2,2}^{R,R}$ 是否能覆盖 28 列或 29 列，不是 $G_{3,2}^{R,R}$ 是否能覆盖所有 32 列的充分条件，所以对原来的两条规则修改如下设 $S_i = <a_{i1}, a_{i2}, a_{i3}, a_{i4}, a_{i5}, a_{i6}>$。

NP1：$P[a_{i1}]\cdots P[a_{i6}]$ 对应的 S_j 互不相同；

NP2：$P[a_{i1}]\cdots P[a_{i6}]$ 对应的 S_j 和 S_i 不同，其中 $j=\left\lceil\dfrac{a_{ij}}{4}\right\rceil$；

NP3：由于 S_i 中的 6 个元素受 E 扩展影响，有 16 位重复，所以 P 置换设计时要满足前后一致性，即重复位首尾对应；

NP4：每个 S_i 在一个 P 置换中均出现 4 次。这是因为共有 8 个 S_i，P 置换有 32 个单元；

NP5：用修改后的分支数规则对以上 4 条规则得到的 P 置换进行再次过滤，得到最后的 108 条满足扩散效应的 P 置换（具体值见附录 2）。

5.2.3 轮函数设计方法

由前面两部分介绍的内容，可以得到具有好的密码学特性的 S 盒和扩散特性的 P 置换，于是考虑由这两方面是否可生成具有好的密码学特性的轮函数。

5.2.3.1 轮函数的设计准则

现有的密码算法的轮函数可以分为两种：一种是有 S 盒的，例如 DES、LOKI 系列及 E2 等；另一种是没有 S 盒的，例如 IDEA、RC5 及 RC6 等。没有 S 盒的轮函数的"混淆"主要靠加法运算、乘法运算及数据依赖循环等来实现。

一般来说，轮函数的"混淆"由 S 盒或算术运算来实现。虽然 S 盒需要一些存储器，（例如 8 比特 S 盒需 256 字节的存储器），但是 S 盒的实现方式没有限制（例如可以采用随机 S 盒、密钥相关 S 盒及基于数字函数的 S 盒）。另一方面，虽然算术运算不需要存储器，但其软件程序和结构是特殊的，这难以符合轮函数的"灵活性"设计准则。此外，查表运算至少比乘法运算快 3 或 4 倍，因此，使用 S 盒是当今设计轮函数的主流。查表运算不易遭受定时攻击，并可用地址及其补码抵抗能量攻击。所以，可选择 DES 类分组密码进行轮函数的演化设计尝试。

1. 安全性

轮函数的设计应保证对应的密码算法能抵抗现有的所有攻击方法。也就是说，设计者应能估计轮函数抵抗现有各种攻击的能力。特别地，对于差分密码分析和线性密码分析，设计者应能估计最大差分概率及最佳线性逼近的优势。

2. 速度

轮函数和轮数直接决定了算法的加解密速度。现有的密码算法有两种趋势，一是构造复杂的轮函数，使得轮函数本身对差分（线性）密码分析等攻击方法是非常安全的，但是考虑到加密速度，采用此类轮函数的密码算法的轮数必须要小；二是构造简单的轮函数，这样的轮函数本身似乎不能抵抗差分（线性）密码分析等攻击方法，但是，因为此类轮函数的速度快，因而轮数可以很大，当轮函数的各种密码指标适当时，也可以构造出实际安全的密码算法。

3. 灵活性

灵活性是 AES 候选算法的最基本的要求之一，也就是使得密码算法能够在多平台上得到有效实现的关键，如，8 比特、16 比特、32 比特以及 64 比特的处理器实现密码算法。

5.2.3.2 轮函数的密码学指标

轮函数设计的一个重要方面是关于轮函数密码学指标的设计与计算。目前已有的研究结果表明，差分密码分析和线性密码分析是目前已知的最有效的理论攻击方法，因此，每个分组密码设计者都要想办法估计新算法抵抗差分密码分析和线性密码分析的能力。现有的作法是给出最大差分和线性特征的概率或给出差分和线性特征的概率的下界。对目前流行的 Feistel 密码（以 DES 为代表）和 SP 密码（以 Square 为代表），有大量文献讨论此问题。针对 SP 密码，有研究[41]介绍了分支数的概念，分支数代表了连续两轮非平凡差分（线性）特征的概率，所以分支数给出了连续两轮差分（线性）特征概率的上界。针对 Feistel 密码，文献[42]给出了以下结果。

结果1 对于具有独立子密钥的 r 轮 Feistel 密码，令 p 和 q 分别表示轮函数的最大差分和线性特征概率，DCP_{max}^r 和 LCQ_{max}^r 分别表示 r 轮最大差分和线性特征概率；则有

当 $r=2m$，$2m+1$ 时，$DCP_{max}^r \leq p^m$，$LCQ_{max}^r \leq q^m$；

当 $r=3m$，$3m+1$，且轮函数是双射时，$DCP_{max}^r \leq p^{2m}$，$LCQ_{max}^r \leq q^{2m}$；

当 $r=3m+2$，且轮函数是双射时，$DCP_{max}^r \leq p^{2m+1}$，$LCQ_{max}^r \leq q^{2m+1}$。

文献[43]进一步讨论了轮函数使用 SP 结构的 Feistel 密码的情况，给出了以下结果。

结果2 对于具有独立子密钥的 $4r$ 轮 Feistel 密码，如果轮函数采用 SP 结构，且 S 和 P 都是双射，则差分和线性活动的盒子数都不小于 $r \times P_d + \lfloor r/2 \rfloor$。其中差分活动的盒子数指输入差分非 0 的 S 盒，线性活动的盒子数是指输出的表示向量非 0 的 S 盒。P_d 为 P 置换的分支数，同前面 P 置换的设计准则介绍。

文献[13]对 SP 结构轮函数的上界及与 S 盒差分/线性指标和 P 置换的分支数关系进行了研究，得到以下结果。

结果3 如果轮函数采用 SP 网络结构且是双射，S 盒的最大差分和线性特征概率分别是 p_s 和 q_s，P 置换的分支数是 B，则 2 轮轮函数的最大差分概率 $p_F \leq p_s^B$，最佳线性逼近概率优势 $q_F \leq 2^{B-1} q_s^B$。

结果4 16 轮轮函数的最大差分概率 $p_F \leq p_s^{3B+1}$，最佳线性逼近概率优势 $q_F \leq q_s^{3B+1}$。

根据以上结论，本文可以推导出在 DES 类分组密码演化设计中，当 S 盒和 P 置换达到差分/线性指标的最佳值时，轮函数也达到最佳差分/线性指标。

5.2.3.3 轮函数的演化设计策略

基于前面对轮函数结构和内部各部件的分析与设计方法的讨论，本章提出 DES 类密码结构的轮函数演化设计策略。轮函数演化设计结构如图 5-5 所示：

第 5 章 演化 DES 类密码体制

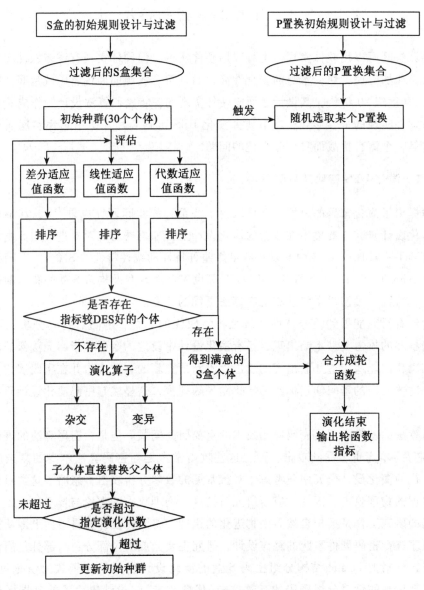

图 5-5 轮函数演化设计结构

说明：目前设计的轮函数演化设计策略是在 S 盒和 P 置换设计的基础上，由演化设计算法及密码设计方法相结合，对样板空间的非线性部件进行设计与筛选，生成具有强密码学指标的 S 盒和 P 置换，并随机选择符合条件的 S 盒与 P 置换合成 SPN 结构的轮函数。

5.3 演化 DES 密码芯片

密码算法既可以用软件实现，也可以用硬件实现，但硬件实现有许多软件实现不具备的优点，如加密速度快，本身的安全性高，而且符合我国的商用密码政策等。DES 密码设计于 20 世纪 70 年代，其设计是面向硬件实现的。将密码算法设计制作成芯片，是密码算法硬件实现的最佳形式。本节研究演化 DES 密码芯片，即用芯片实现演化 DES 密码，这是一个富有挑战而且十分有趣的问题。

5.3.1 演化 DES 密码芯片概述

我们提出了演化密码的思想，并已取得了一系列的实际研究成果[1,2]，其中对分组密码的演化设计研究主要集中在 S 盒的演化设计上，如冯秀涛等对 6 进 4 出 S 盒的演化设计，得到了一批比原 DES 中 S 盒具有更好差分特性和线性特性的 S 盒[1,2]。国外研究团队包括 John A. Clark 等[5]和 W. Millan[6]等也先后对 S 盒及构造 S 盒的布尔函数进行演化设计，得到一批密码学特性较已有算法更优的 S 盒。

虽然已有研究能得到差分特性和线性特性较优的 S 盒，但随着密码分析的不断深入，越来越多的攻击类型不断出现，已有演化设计中设定的密码学指标无法保证演化设计出的密码算法能适应这些新出现的攻击。不断研究新的有效攻击并在密码演化设计中加入对抗这些攻击的密码学指标作为演化结果的评价，这显然是密码演化设计研究的必然趋势。

密码算法的硬件实现是密码应用技术的重要研究问题。但是，密码算法的硬件实现（如密码芯片）本身也会受到攻击，而且这些攻击常常是与密码算法本身的复杂度无关的。在以往的演化设计研究中只考虑了对抗常见的数学分析攻击，忽略了这类对密码算法硬件实现的物理攻击。因此，应当研究对抗这类物理攻击的理论与技术。

我们的研究工作是模拟自然界生物进化的原理，将演化设计按自下而上即从简单到复杂的顺序进行密码硬件系统的整体设计，研究主要分成两个部分：一部分是演化密码理论研究，包括把 Feistel 结构分组密码 S 盒的演化设计扩展到轮函数的演化设计上；同时研究新出现的针对分组密码的有效攻击（代数攻击），设计出除了差分指标和线性指标外，抗代数攻击的密码学指标更优的 DES 类 S 盒，其设计算法可以移植到其他分组密码 S 盒的演化设计中。另一部分是密码芯片自演化自生长研究与设计，利用可编程芯片的无限次编程能力，用演化计算的设计思想指导芯片智能化设计，实现密码芯片资源与电路的自动重组与进化；另一方面，硬件电路的快速运算能力和并行计算特点又对演化计算和密码自动化设计提供了物质基础，最终设计完成演化密码芯片和硬件系统[84]。

5.3.2 演化密码芯片设计过程中要解决的主要问题

1. 速度问题

较低的速度一直是演化算法无法全面走向应用的主要问题。由于缺少先验知识，演化计算在求解速度上存在很大不确定性，速度会受初始种群及启发式信息等因素的影响。

为了提高演化设计速度，我们从演化算法设计和实现平台两方面入手进行研究。从演化算法角度，针对不同类型的问题采用不同的演化设计算法。研究并选择适合分组密码设计的演化算法，特别是演化算法的设计，是提高设计速度的关键，要求演化算法在不改变密码算法/部件统计特性的前提下尽可能提高演化收敛速度。另一方面，我们采用 FPGA 芯片作为演化密码的实现平台。首先 FPGA 芯片具有丰富的可编程资源而适合分组密码演化设计，尤其是能真正实现演化算法所固有的大规模并行计算的特点；其次芯片中的资源可无限次编程，因此可以加大演化代数，从而准确模拟演化设计过程；而 FPGA 芯片本身的快速运算能力和并行处理方式可以进一步提高密码设计速度。

2. 适应值函数设计

适应值函数是演化算法中定量评价演化结果的指标，是保证算法不断产生更优解的重要前提。由于密码算法设计要求能够抵抗各类已知的有效攻击，针对密码设计提出的适应值函数是以函数形式定量评价密码算法对抗各类攻击的能力。

随着密码分析研究的深入，不断有新的攻击方法出现。研究新的有效攻击类型，提取对抗新攻击类型的密码学指标，并将其加入到适应值函数中去是使演化密码具有更强的抗攻击能力的必经之路。

基于目前对分组密码主流攻击的研究，我们在这里选择对抗差分/线性分析和代数攻击的密码学指标作为适应值函数设计的依据。因为多种攻击指标间存在不一致性甚至是矛盾，这就引出了演化算法设计中又一个难点——多目标函数优化问题。

3. 多目标函数优化问题

多目标函数优化无论在理论研究领域还是实际应用领域都是一个非常重要的研究课题。多目标问题中各目标之间通过决策变量相互制约，对其中一个目标性能的优化必须以牺牲其他目标为代价，而且各目标的度量单位又往往不一致，因此很难客观地评价多目标问题解的优劣性。与单目标优化问题的本质区别是，多目标问题的解方案不是唯一的，而是存在一个最优解集合，即所谓的 Pareto 最优解结合或非劣解集合。Pareto 最优解是不存在比这个解方案至少一个目标更好而其他目标不劣的更好的解，也就是不可能优化其中部分目标而使其他目标不劣化。Pareto 最优解集合中的元素就所有目标而言，彼此之间不可进行性能优劣的比较。

随着更多新的攻击方法的出现，对抗这些攻击的多个密码学之间的折衷，相当于求解组合优化问题。组合优化问题作为演化算法最基本的也是最重要的研究和应用领域之一,它所取得的巨大成功启迪人们将演化理论从单目标优化领域延伸到多目标优化领域。演化算法具有求解多目标优化问题的优点。

目前求解多目标优化问题的演化算法主要包括:权重系数变化法、并列选择法、排序选择法、共享函数法和混合法。实际上各种方法都有各自的优缺点,为了能充分发挥各种方法的优势,同时减少其劣势的作用,采用混合法进行多目标问题的优化设计。具体方法是将并列选择法、排序选择法和定期更新初始种群的方法相结合,对各目标适应值函数进行并行选择,并产生各自的排序列表,当演化代数超过事先设定的代数(由应用环境决定的最低计算速度)时,对初始种群进行更新,替换掉各类目标的最差个体。

5.3.3 演化 DES 密码芯片

5.3.3.1 演化密码设计策略

将演化计算与芯片设计技术相结合用于分组密码及真随机数发生器的自动化设计,充分利用演化计算智能化的搜索特点和可编程芯片设计并行处理及动态重构的优势,使密码芯片打破结构功能固定的现状,以类似自然界生物进化的方式,向更加安全的方向快速自生长、自演化。这里所谓更安全是指对抗逻辑及物理攻击的密码学指标不断提高或达到一个相当高的水平。

演化密码芯片本身既是密码与真随机数发生器的自动化设计平台,又是密码算法与真随机数发生器的应用载体,可以作为密码芯片或真随机数发生器使用。在这个过程中,演化密码芯片结构可不断发生变化(可以设置成在用户干预下的变化),演化密码芯片的安全性不断提高[84]。

要实现以上目标,需要研究演化计算方法、可编程芯片设计方法、密码算法安全性、密码芯片物理安全性、真随机序列测试与设计理论等,并综合使用这些理论与方法,形成演化密码芯片的设计模型,如图 5-5 所示。

图 5-5 中的演化对象包括真随机数发生器和分组密码;演化策略是以基本的演化计算模型为框架,实际研究时会在这个基础上进行新型演化模型的分析。

(1)演化对象:真随机数发生器的研究重点是伪随机网络的选取、随机序列测试及设计理论、设计模型与演化方法等方面的研究,最终构成演化的真随机数芯片;分组密码演化的主要内容是从对关键部件、轮函数及算法结构几个方面进行演化设计模型的构造,其中关键部件的演化芯片模型就相当于演化密码部件芯片。这部分的关键是如何保证演化密码芯片的物理及逻辑安全性。

(2)演化策略:图 5-6 中显示的是基本演化计算模型,由适应值和演化算子两部分构成,适应值相当于评价标准,演化算子则控制搜索的方向,而演化算子受演化的真随机发生器控制。

第5章 演化DES类密码体制

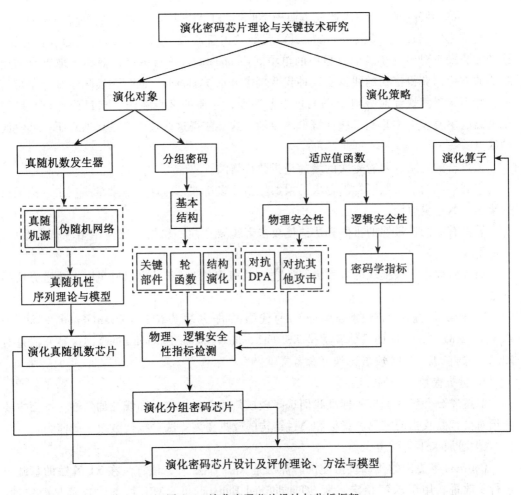

图 5-6 演化密码芯片设计与分析框架

5.3.3.2 代数攻击及对抗

这部分主要结合代数攻击,介绍演化密码芯片的设计方法和思路以及相应的实验结果分析。

研究密码算法面临的攻击方法是设计密码算法的第一步,而提取对抗各类攻击的密码学指标是定量评价密码算法安全性的重要因素。目前分组密码算法所面临的主要攻击包括:差分分析、线性分析和代数攻击三种,其中差分分析和线性分析因为前面已得到相当深入的研究与分析,在此仅简单说明。这里将重点对代数攻击这种新型攻击方法进行介绍,并在分析其原理的基础上提取对抗各类攻击的密码学指标,作为对抗这些攻击的评价标准。

1. 代数攻击

Courtois 对分组密码的代数攻击源于 2002 年对 AES 中 S 盒的代数分析,这种攻击方法被称为"直接或全局(direct/global)"代数攻击策略或"准确(exact)"代数攻击方法。这种方法没有对出现在多个方程中的单项式(monomials)进行关联,而是提取整个加密算法的方程以获得密钥的线索。这种代数攻击方法被 Courtois 证明在实际运算上是可行的,它不同于其他针对分组密码的攻击方法[8],主要的区别在于,到目前为止针对分组密码的主要攻击都是基于统计概率的原则,这样使得这些攻击方法具有以下一些共同的缺点:

①攻击的复杂度随着轮次的增加呈指数级增加;

②需要的明文个数同样随轮次的增加呈指数级增加,而这一点常常是攻击方法无法付诸实践的主要原因;

③具有好的扩散性的密码算法迫使攻击者需要在同一轮内并行使用多种概率指标,降低了攻击的效率。

而代数攻击方法提取的方程为真(成立)的概率是 1,于是可以避免以上攻击方法的三个缺点。

Courtois 等提出的针对分组密码的代数攻击方法为 OSE(Overdefined System of Equations)攻击,对应的具体算法是 XSL(eXtended Sparse Linearization),这种算法是对 XL 算法的扩展,OSE 攻击原理可参考文献[9]。

2. 对抗代数攻击的方法

对抗差分和线性分析的标准我们选择较成熟的差分均匀性和线性均匀性,下面主要介绍对抗代数攻击的密码学指标和通过结构的改进提高算法对抗代数攻击的能力。

① 增加 XSL 算法复杂度

Courtois 等提出的代数攻击使用的算法是 XSL 算法[10],该算法在 XL 算法的基础上进行了改进,用于求解超定方程(Overdefined Equations)。XSL 算法的求解是确定的,即求出的解概率为 1,这样可以保证代数攻击的复杂度不会像大多数已有攻击那样随密码算法轮次的增加而呈指数级增加。

XSL 算法实际上是专门针对分组密码算法设计的,Courtois 等将 XSL 算法的攻击对象称为 XSL 密码(XSL-Cipher)。

X 表示在初始轮,输入数据与初始密钥进行异或(XOR)运算;

S 表示层间的 S 盒是双射运算,各 S 盒可并行运算;

L 表示层间由线性部件完成扩散功能;

X 表示各层运算的中间结果与子密钥进行异或。

可以看到:XSL 密码覆盖了 SPN 结构和 Feistel 结构,这两种是分组密码主要结构,并且只要有 S 盒运算部件的分组密码就面临 XSL 算法的威胁,所以研究 XSL 攻击的复杂度是提高 S 盒抗代数攻击(OSE 攻击)的关键。

根据文献[11,12]中提出的方法,我们将以下公式用于定量衡量 XSL 攻击的复杂度:

$$\Gamma = ((t-r)/n)^{\lceil (t-r)/n \rceil}$$

其中,t 表示 S 盒的单项式个数,r 表示这些单项式组成线性相关的等式的个数,n 表示输入的比特数(维度)。Γ 值越大,说明 XSL 攻击的复杂度越高,也就是对应 S 盒的抗代数攻击能力越强。

而对于一个特定的分组密码算法,Γ 中的三个参数,只有 r 是变化的。如对 DES 类分组密码的 S 盒而言,$t=131$,$n=6$。于是可知 r 值越小表示 S 盒对抗代数攻击的能力越强,可以通过高斯消元法计算 r 的值。其中 DES 密码中原 S 盒的 r 值如表 5-6 所示。

表 5-6　　　　　　　　　　　　DES 中 S 盒的 r 值

DES-S 盒	1	2	3	4	5	6	7	8
r 值	64	64	64	64	63	63	64	64

② CAST 算法的启示

C. Adams 等于 1997 年提出 CAST 分组加密算法[14],并在 1999 年对该算法进行了改进[15],使之能满足 256 比特的分组加密处理,该算法中的一些结构能通过降低 OSE 攻击的有效性而成功对抗代数攻击[16]。

下面介绍 CAST 算法中的这些特殊结构。

(1)用模 2^{32} 上的加和减运算代替各层中间结果与子密钥的异或运算,这样做的好处是不将 S 盒的输入的所有信息暴露出来,攻击者只能通过小概率推测输入信息;

(2)由于 CAST 中使用的 S 盒是由 Bent 函数生成的,这样可以保证 S 盒的每个输出比特与所有输入比特间是复杂的高非线性度的关系,所以很难基于对 S 盒输入端的推测而得到正确的输出结果;

(3)少量的输出信息只能产生轮运算输出的概率统计推断;

(4)相邻轮使用不同的轮函数,这样做增加了代数攻击轮间分析的难度;

(5)利用轮密钥进行循环移位的控制,这样可以增加轮输出比特,即增加了下一轮 S 盒输入比特的不确定性;

(6)使用更大规模的 S 盒,加大 OSE 计算的复杂度。

通过上面的分析可以看到,CAST 之所以能有效对抗 OSE 攻击,其主要原因在于将 OSE 攻击的确定性转换成了概率统计特性,也就使攻击者推测出的结果是一个小概率事件。而实现这一效果的主要原因是 CAST 算法使用了多个不同的轮函数,不是常见分组密码算法中轮函数不变的结构。这一特点对我们的演化设计有很大的启发。

从 CAST 算法中我们得到一些值得借鉴的结构，可用于演化密码算法设计，如相邻层间使用不同的轮函数，方法是利用抗差分分析和抗线性分析的指标对轮函数进行筛选，得到若干具有相同或相近密码学指标的轮函数，作为相邻层使用的轮函数。

实际操作时，既要考虑利用 CAST 算法中有效抵抗代数攻击的结构，又要保持原 DES 算法中加解密同构的优点以及异或运算对抗旁路攻击的结构优势，我们最终决定采用相邻轮次使用不同的轮函数的方法。

3. 实验结果与分析

这一部分主要列举演化密码芯片的演化设计指标和与软件平台的性能对比。

表 5-6 列出了 S 盒经过演化设计后在对抗差分、线性和代数攻击方面的密码学指标和演化代数；表 5-7 对比了演化密码芯片与软件设计平台的演化性能。

表 5-7　　　　　　　　　　　S 盒演化结果

密码学指标	DES 中 S 盒	演化要求	演化次数/平均演化代数
抗差分分析	16	≤16	100/327
抗线性分析	20	≤20	1000/338
抗代数攻击	64	≤64	5000/344

说明：演化次数是进行演化运行的次数，每次要进行的演化代数有所不同，实际衡量演化效率的是平均演化代数，研究结束条件是得到两个 S 盒个体（相当于 16 个符合条件的 S 盒），或演化失败（超出规定演化代数）。平均演化代数与产生的随机数有关，所以在具体计算时会与表 2 中的值略微有偏差；但因为表 5-8 中的演化次数较大，所以可以用表 5-8 中的值近似表示平均演化代数。

表 5-8　　　　　　　对比演化密码芯片与同类软件设计的性能

设计平台 \ 性能	抗差分分析能力	抗线性分析能力	抗代数攻击能力	平均演化代数	平台防篡改能力	随机数发生器	设计平台的自我恢复能力
软件演化密码	有	有	无	1000 代以上	无	伪随机数发生器	无
演化密码芯片	有	有	有	338 代（1000 次实验平均值）	有	真随机数发生器	有

说明：表 5-8 中用平均演化代数代替平均演化时间主要是为了说明除了软件和硬件在执行速度方面的明显差别外，演化密码芯片设计时在演化算子、演化策略方面均进行了较大改进，使平均演化代数得到明显减少。

5.4 小 结

本章以演化 DES 密码为实例,讨论了演化密码的设计与实现。特别是,非线性部件 S 盒的演化设计、线性部件 P 置换的演化设计、轮函数的演化设计以及由此构成的演化 DES 类分组密码体制。在此基础上,进一步介绍了用可编程逻辑芯片实现的演化 DES 密码芯片。本章详细介绍了演化密分组密码的实际设计方法和技术,对非线性部件 S 盒、线性部件 P 置换及轮函数的设计给出了详细的分析。在密码安全性方面,除讨论了传统的密码分析方法,如差分分析、线性分析方法之外,还对代数分析这一新的离线式分析方法进行了研究。

本章的研究从理论和实践两个方面证明了演化密码的思想和技术是成功的,演化密码是设计安全密码和使密码部件设计自动化的有效途径。

本章为读者进行演化密码实际设计和应用提供了具体的范例。以此为例,读者可以推广到其他类型的演化密码。为此,我们还在附录中提供了大量的 S 盒和 P 置换供读者参考。

参 考 文 献

[1] 张焕国,冯秀涛,覃中平等. 演化密码与 DES 的演化研究[J]. 计算机学报,2003, 26(12):1678-1684.

[2] 冯秀涛. 演化密码与 DES 类密码的演化设计[D]. 武汉:武汉大学硕士学位论文, 2003 年 5 月.

[3] 高娜娜,李占才,王沁. 一种可重构体系结构用于高速实现 DES、3DES 和 AES [J]. 电子学报,2006,34(8):1386-1390.

[4] 曾小洋,顾震宇,周晓方,张倩苓. 可重构的椭圆曲线密码系统及其 VLSI 设计 [J]. 小型微型计算机系统,2004,7:1280-1285.

[5] John A C., Jeremy L J. and Susan S. The Design of S-Boxes by Simulated Annealing [C]. IEEE Conference on Evolutionary Computation 2004. Special Session on Security and Cryptology. 2004:370-383.

[6] Millan W., Burentt L., Carter G. and Clark A. and Dawson E. Evolutionary Heuristics for Finding Cryptographically Strong S-Boxes[C]. ICICS 99:332-340.

[7] Dawson E. and Millan W. Efficient Methods for Generating MARS-like S-Boxes[C]. Fast Software Encryption 2000. 2000:15-25.

[8] Laskari E. C., Meletiou G. C. Vrahatis M. N. Utilizing Evolutionary Computation Methods for the Design of S-Boxes [C]. 2006 International Conference on Computational

Intelligence and Security. 2006, 2: 1299-1320.

[9] Mittenthal L. Block Substitutions Using Orthomophic Mappings[J]. Advances in Applied Mathematics. 1995, 16: 59-71.

[10] Courtois N., Debraize B. and Garrido E. On Exact Algebraic Non-Immunity of S-boxes Based on Power Functions[C]. 11th Australasian Conference on Information Security and Privacy. 2006: 223-243.

[11] Courtois N., Goubin L. An Algebraic Masking Method to Protect AES Against Power Attacks[C]. In ICISC 2005. LNCS 3935, Springer. 2005: 13-23.

[12] Adams C. Designing against a class of algebraic attacks on symmetric block ciphers Carlisle Adams[J]. Applicable Algebra in Engineering, Communication and Computing. Vol.17(1), 2006: 17-27.

[13] 冯登国, 吴文玲. 分组密码的设计与分析[M]. 北京: 清华大学出版社, 2000.

[14] Lai X J. On the Design and Security of Block Ciphers[C]. ETH Series in Information Processing. 1992, 1: 33-40.

[15] Biham E. On Matsui's linear cryptanalysis[C]. Advances in Cryptology-Eurocrypt'94 Proc, Berlin: Springer-Verlag. 1995: 24-35.

[16] 肖国镇, 等. AES 密码分析的若干新进展[J]. 电子学报, 2003, 31(10): 1549-1554.

[17] Patarin J. Cryptanalysis of the Matsumoto and Imai Pubic Key Scheme [C]. Eurocrypt'88. Springer, LNCS 963. 1995: 248-261.

[18] Nicolas T. C. General Principles of Algebraic Attacks and New Design Criteria for Cipher Components[J]. Springer, LNCS 3373, 2005: 67-78.

[19] Adams C. Designing against a class of algebraic attacks on symmetric block ciphers[J]. Springer-verlag 2006: 17-27.

[20] 谢满德, 沈海斌, 竺红卫. 对智能卡进行微分功耗分析攻击的方法研究[J]. 微电子学, 2004, 34(6): 609-613.

[21] Novak R. Side-Channel Attack on Substitution Blocks[C]. ACNS 2003. LNCS 2846, 2003: 307-318.

[22] Boneh D., Richard A. D., Richard J. On the Importance of Checking Cryptographic Protocols for Faults[C]. Advances in Cryptology, proceedings of EUROCRYPT'97. 1997: 37-51.

[23] Biham E. and Shamir A. Differential Fault Analysis of Secret Key Cryptosystems[C]. Proceedings of the CRYPTO'97. 1997: 513-525.

[24] Raphael C. W. and Yen S. M. Amplifying Side-Channel Attacks with Techniques from Block Cipher Cryptanalysis[C]. CARDIS 2006, LNCS 3928. 2006: 135-150.

[25] 吴文玲, 贺也平. 一类广义 Feistel 密码的安全性评估[J]. 电子与信息学报, 2002: 1177-1184.

[26] Xiao, L. Applicability of XSL attacks to block ciphers[J]. Electronics Letters. 2003, 39(25): 1810-1811.

[27] Nicolas T. C. and Pieprzyk J. Cryptanalysis of Block Ciphers with Overdefined Systems of Equations[C]. ASIACRYPT 2002, LNCS 2501. 2002: 267-287.

[28] Cheon J. H. and Lee D. H. Resistance of S-Boxes against Algebraic Attacks[C]. FSE 2004, LNCS 3017. 2004: 83-94.

[29] Nicolas T. C. and Gregory V. B. Algebraic Cryptanalysis of the Data Encryption Standard[J]. ePrint Vol. (20070909: 214901), 2007.

[30] Adams C. Constructing Symmetric Ciphers Using the CAST Design Procedure[J]. Designs Codes and Cryptography, 1997, 12(3): 71-104.

[31] Adams C. and Gilchrist J. The CAST-256 Encryption Algorithm. Internet Request for Comments RFC 2612. 1999.

[32] Adams C. Designing against a class of algebraic attacks on symmetric block ciphers[J]. Springer-verlag, 2006: 17-27.

[33] Biham E. and Shamir A. Differential cryptanalysis of DES-like cryptosystems[J]. Journal of Cryptology, 1991, 4(1): 3-72.

[34] Joshi N., Sundararajan J., Wu K., Yang B. and Karri R. Tamper Proofing by Design Using Generalized Involution-Based Concurrent Error Detection for involutional Substitution Permutation and Feistel Networks[J]. IEEE TRANSACTIONS ON COMPUTERS, 2006, 55(10): 320-330.

[35] 吴燕雯, 戎蒙恬, 诸悦, 朱甫臣. 一种基于噪声的真随机数发生器的 ASIC 设计与实现[J]. 微电子学, 2005, 35(2): 213-216.

[36] 杨盛光. 片上真随机数发生器的研究[D]. 合肥: 合肥工业大学硕士学位论文. 2004 年 3 月.

[37] Delgado R. M., Medeiro F., and. Rodriguez V. A. Nonliear switched-current CMOS IC for random signal generation[J]. Electron Lett, 1993, 29(25): 2190-2191.

[38] Daemen J., Rijment V. 高级加密标准(AES)算法—Rijndael 的设计[M]. 谷大武, 徐胜波, 译. 北京: 清华大学出版社, 2003.

[39] Brown L. On the design of permutation in DES type cryptosystem[M]. Berlin: Springer Verlag, 1998.

[40] Meyer C. and Matyas S.. Cryptography: A new dimension incomputer security[M]. Wiley, 1982.

[41] Daemen J., Kundsen L., Rijmen V. The Block Cipher Square[C]. Fast Software

Encryption. Berlin, Springer-Verlag. 1997: 149-155.

[42] Knudsen. L. R. Practically Secure Feistel Ciphers[C]. Fast Software Encryption, Springer-Verlag. 1994: 211-221.

[43] Kanda. M. Practical security evaluation against differential and linear attacks for Feistel ciphers with SPN round function[C]. SAC'2000 Proc. 2000: 168-179.

[44] Wang Y., Liu D.. A fast diagnosis method for interconnect fault in FPGA[J]. Circuits and Systems, 2002, 3: 231-234.

[45] Mehdi B., Subhasish T. M. Techniques and Algorithms for Fault Grading of FPGA Interconnect Test Configuration[J]. IEEE Transactions on Computer-Aided Design of Integrated Circuits and Systems, 2004, 23(2): 261-272.

[46] Liu J., Simmons S. BIST-diagnosis of interconnect fault locations in FPGA's. Electrical and Computer Engineering[C]. IEEE CCECE 2003, 2003, 1: 207-210.

[47] Wu Y., Adham S. M. I. Scan-based BIST fault diagnosis[J]. Computer-Aided Design of Integrated Circuits and Systems, IEEE Transactions on, 1999, 18(2): 203-211.

[48] Wang S. J, Huang C. N. Testing and Diagonosis of interconnect structures in FPGAs [C]. Proceedings of the Seventh Asian Test Symposium 1998. ATS'98. pp. 283-287.

[49] Yu Y., Xu J., Huang W. K. et al. Diagnosing single faults for interconnects in SRAM based FPGAs[C]. Proceedings of the Seventh Asian Test Symposium. 1998: 283-286.

[50] Yu Y., Xu J., Huang W. K. et al. Minimizing the number of programming steps for diagnosis interconnect faults in FPGAs[C]. Proceedings of the Seventh Asian Test Symposium. 1999: 357-362.

[51] McCacken S., Zilic Z. FPGA Test Time Reduction through a Novel Interconnect Testing Scheme[C]. Proceeding of ACM/FPGA'02. 2002: 136-144.

[52] Renovell M., Figueras J., Zorian Y. Test of RAM-Based FPGA: Methodology and Application to the Interconnect[C]. 15th IEEE VLSI Test Symposium. 1997: 230-237.

[53] Kumar K. L., Mupid A. J., Ramani A. S. et al. A Novel Method for Online In-Place Detection and Location of Multiple Interconnect Faults in SRAM based FPGAs[C]. Proceedings of the 12th Asian Test Symposium, 2003: 262-265.

[54] 郝跃, 赵天绪, 易婷. VLSI容错设计研究进展(1)——缺陷的分布模型及容错设计的关键技术[J]. 固体电子学研究与进展, 1999, 19(1): 20-27.

[55] 郝跃, 赵天绪, 易婷. VLSI容错设计研究进展(1)——功能成品率与可靠性的研究[J]. 固体电子学研究与进展, 1999, 19(2): 129-137.

[56] Renovell M., Portal J. M., Figueras J. and Zorian Y. Minimizing the number of Test Configurations for different FPGA Families[C]. IEEE Test Symposium, 1999: 363-368.

[57] Renovell M., Portal J. M., Figueras J. and Zorian Y. RAM-Based FPGA's: A Test Approach for the Configurable Logic[C]. IEEE Design, Automation and Test in Europe, 1998: 82-88.

[58] Renovell M., Portal J. M., Figueras J. and Zorian Y. Different Experiments in Test Generation for XILINX FPGAs[C]. IEEE Test Conference, 2000: 854-862.

[59] Huang W. K. and Lombardi F. An Approach for Testing Programmable/Configurable Field Programmable Gate Arrays[C]. IEEE VLSI Test Symposium, 1996: 450-455.

[60] Sun X., Xu J. and Trouborst P. Testing Xilinx XC4000 Configurable Logic Blocks with Carry Logic Modules[J]. IEEE Defect and Fault Tolerance in VLSI Systems, 2001: 221-229.

[61] Fawcett B. K. Taking Advance of Reconfigurable Logic[C]. IEEE ASIC Conference and Exhibit, 1994. Proceedings Seventh Annual IEEE International. 1994: 227-230.

[62] http://www.xilinx.com/product.

[63] 李华伟, 李晓维, 等. 可测试性设计技术在一款通用CPU芯片中的应用[J]. 计算机工程与应用, 2002, 16: 191-194.

[64] 蔡坚. 计算机硬件电路可测试性设计与自动测试的实现[D]. 西安: 西北工业大学硕士学位论文, 2003: 1-2.

[65] 赵瑞贤, 孟晓风. 具体应用中的可测性设计综合与优化-综述[J]. 电子测量与仪器学报, 2002: 110-113.

[66] 贾勇. FPGA连线资源的自适应诊断算法研究[D]. 哈尔滨: 哈尔滨工程大学硕士学位论文, 2005.

[67] 徐卫林. 系统级芯片的测试与可测性设计研究[D]. 长沙: 湖南大学硕士学位论文, 2005年3月.

[68] Michael John, Sebastian Smith, 虞美华等译.《专用集成电路》(Application-Specific Integrated Circuits)[M]. 北京: 电子工业出版社, 2004.

[69] 段军棋. 基于边界扫描的测试算法和BIST设计技术研究[D]. 成都: 电子科技大学硕士学位论文, 2004年1月.

[70] 徐志军, 徐光辉. CPLD/FPGA的开发与应用[M]. 北京: 电子工业出版社, 2002.

[71] 王诚, 等. FPGA/CPLD设计工具-Xilinx ISE5.X使用详解[M]. 北京: 人民邮电出版社, 2003.

[72] Kuo S. Y. and Chen I. Y. Efficient Reconfiguration Algorithms for Degradable VLSI/WSI Arrays[J]. IEEE Trans. Computer-Aided Design, 1992, 11(10): 1289-1301.

[73] Low C. P. An Efficient Algorithm for Degradable VLSI/WSI Arrays[J]. IEEE Trans. on Computers, 2000, 49(6): 553-559.

[74] Low C. P. and Leong H. W. On the Reconfiguration of Degradable VLSI/WSI Arrays[J].

IEEE Trans. Computer-Aided Design of Integrated Circuits and Systems, 1997, 16 (10): 1213-1221.

[75] Jigang W. and Thambipillai S. A Run-time Reconfiguration Algorithm for VLSI Arrays [C]. In Proc. International Conference on VLSI Design. 2003: 567-572.

[76] Fukushi M. and Horiguchi S. Reconfiguration Algorithm for Degradable Processor Arrays Based on Row and Column Rerouting[C]. In Proc. of the 19th International Symposium on Defect and Fault Tolerance in VLSI Systems. 2004: 496-504.

[77] 王小平, 曹立明, 等. 遗传算法-理论、应用与软件实现[M]. 西安: 西安交通大学出版社, 2002.

[78] Douglas R. Stinson. 密码学原理与实践(第二版)[M]. 冯登国, 译. 北京: 电子工业出版社, 2003.

[79] 周昌乐. 心脑计算举要[M]. 北京: 清华大学出版社, 2003.

[80] 唐明, 张焕国. 分组密码的硬件实现研究[J]. 哈尔滨工业大学学报, 2006, 38(9): 1558-1562.

[81] 唐明, 张焕国. 基于汉明纠错编码的 AES 硬件容错设计与实现[J]. 电子学报, 2005, 33(11): 2013-2016.

[82] Tang Ming, Zhang Guoping and Zhang Huanguo. A Testing Approach for Xilinx FPGA's CLB[C]. ICSICT'2006 IEEE International Conference. 2006: 2158-2160.

[83] 唐明, 张国平, 张焕国. 一种面向应用的 FPGA 互连资源故障检测方法[J]. 固体电子学研究与进展, 2006, 26(1): 105-110.

[84] 唐明. 演化 DES 密码芯片研究[D]. 武汉: 武汉大学博士学位论文, 2007.

第6章 密码函数的演化设计与分析

本章我们讨论密码函数的演化设计与分析,具体介绍一般布尔函数、Bent 函数和 Hash 函数的演化设计与分析。从本章的讨论我们将了解演化密码的思想和演化计算在密码函数的设计与分析方面可以发挥的重要作用。

6.1 布尔函数的演化设计与分析

布尔函数[1-4]作为密码体制设计与分析中一个不可缺少的工具,一直是密码学研究的重要问题之一。在流密码、分组密码和 Hash 函数等的设计中,布尔函数往往作为重要的运算部件。

非线性度、平衡性、相关免疫阶等都是衡量密码学布尔函数的性能好坏的重要指标。一类比较好的途径是使用构造法,通过级联、分解、修改、变换来实现具有这些密码学性质的布尔函数的构造,例如通过修改由线性函数级联而成的 Bent 函数而获得具有较高非线性度的平衡函数,这种方法很容易从低元布尔函数构造出高元布尔函数。但是构造法的一个缺点是仅能获得具有好的密码学性质的函数中的一小部分,然而如果对布尔函数进行全局随机搜索,对于高元的布尔函数由于搜索空间的指数级膨胀而不可行。一个折中的方案就是使用启发式算法,Millan 等[5]提出了用局部爬山法设计满足特定密码学性质的布尔函数的方法,Clark 等[6]在此基础上使用模拟退火算法取得了更好的结果。

我们对布尔函数的真值表使用演化计算,结合构造法的思想对演化过程中的交叉算子和变异算子进行设计,能够得到随机的高度非线性平衡布尔函数,同时其他密码学指标也较好,相对于其他启发式算法执行效率和时间也更好。本节介绍布尔函数的基本概念和演化设计方法。

6.1.1 布尔函数的定义及表示方法

设 n 是任一正整数,F_2 为二元域,F_2^n 为 F_2 上的 n 维向量空间。

定义 6-1 设 $f(x)$ 是从 F_2^n 到 F_2 上的映射,即对任意的 $x=(x_1, x_2, \cdots, x_n) \in F_2^n$,都有 $f(x) = f(x_1, x_2, \cdots, x_n) \in F_2$,则称 $f(x)$ 为 F_2^n 上的 n 元布尔函数,记为 $f(x)$:

$F_2^n \rightarrow F_2$ 或 $f(x)$, $x \in F_2^n$。

布尔函数在不同使用情况下有不同的表示方法[3,4]，常用的表示方法有真值表表示、向量表示、小项表示和多项式表示 4 种。

1. 真值表表示和向量表示

对于一个 n 元布尔函数 $f(x)$: $F_2^n \rightarrow F_2$ 的自变量 $(x_1, x_2, \cdots, x_n)$，将其对应的函数值全部列成表格，这种表格就叫做布尔函数 $f(x)$ 的真值表。通常按照二进制表示 x_1, x_2, $\cdots$, x_n 的值递增的顺序由上到下排列真值表（这里 x_n 为最低位）。在此约定下，将表中函数值构成的长为 2^n 的行向量记为 f，称为布尔函数 $f(x)$ 的向量表示。f 中的非零元素的个数称为布尔函数 $f(x)$ 的 Hamming 重量，简称重量，记为 $W_H(f(x))$，即满足 $f(x)=1$ 的 x 的个数。特别地，当 $W_H(f(x)) = 2^{n-1}$ 时，称 $f(x)$ 是平衡布尔函数，或称 $f(x)$ 是平衡的。

例 6-1 设 $f(x)$: $F_2^n \rightarrow F_2$，其真值表如表 6-1 所示。

表 6-1 布尔函数 $f(x)$ 的真值表

x_1	x_2	$f(x)=f(x_1, x_2)$
0	0	1
0	1	1
1	0	1
1	1	0

表 6-1 所表示的函数 $f(x)$ 的向量表示为 $f=(1, 1, 1, 0)$，重量为 $W_H(f(x))=3$。

2. 小项表示

对于 x_i, $c_i \in F_2$，约定 $x_i^1 = x_i$，$x_i^0 = \overline{x_i} = 1 + x_i$，则

$$x_i^{c_i} = \begin{cases} 1, & x_i = c_i \\ 0, & x_i \neq c_i \end{cases}$$

设整数 $c(0 \leq c \leq 2^n - 1)$ 的二进制表示是 $c_1 c_2 \cdots c_n$，约定 $x^c = x_1^{c_1} x_2^{c_2} \cdots x_n^{c_n}$ 具有如下正交性：

$$x_1^{c_1} x_2^{c_2} \cdots x_n^{c_n} = \begin{cases} 1, & (x_1, x_2, \cdots, x_n) = (c_1, c_2, \cdots, c_n) \\ 0, & (x_1, x_2, \cdots, x_n) \neq (c_1, c_2, \cdots, c_n) \end{cases}$$

由此可得到

$$f(x) = \sum_{c=0}^{2^n - 1} f(c_1, c_2, \cdots, c_n) x_1^{c_1} x_2^{c_2} \cdots x_n^{c_n} \tag{6-1}$$

式(6-1)称为 $f(x)$ 的小项表示，每个被加项 $f(c_1, c_2, \cdots, c_n)x_1^{c_1}x_2^{c_2}\cdots x_n^{c_n}$ 称为一个小项，其中求和符号 $\sum$ 指 F_2 上的加法。

小项表示实际上是逻辑表达方式，这种表示法常用于布尔函数的逻辑设计实现。

例 6-2 表 6-1 中的布尔函数 $f(x)$ 的小项表示为：

$$f(x_1, x_2) = 1 \cdot x_1^0 x_2^0 + 1 \cdot x_1^0 x_2^1 + 1 \cdot x_1^1 x_2^0 + 0 \cdot x_1^1 x_2^1$$

$$= \overline{x_1}\,\overline{x_2} + \overline{x_1}x_2 + x_1\overline{x_2}$$

3. 多项式表示

例 6-2 中小项表示的 $f(x)$ 可以变形为 F_2 上的多项式 $f(x_1, x_2) = (x_1+1)(x_2+1) + (x_1+1)x_2 + x_1(x_2+1) = 1 + x_1 x_2$，这就得到了布尔函数 $f(x_1, x_2)$ 的多项式表示。一般地，对式(6-1)利用分配律并合并同类项，可化为变量 $x_1, x_2, \cdots, x_n$ 的一些单项式的模 2 和，即

$$f(x_1, x_2, \cdots, x_n) = a_0 + \sum_{r=1}^{n} \sum_{1 \leq i_1 < i_2 < \cdots < i_r \leq n} a_{i_1 i_2 \cdots i_r} x_{i_1} x_{i_2} \cdots x_{i_r} \qquad (6\text{-}2)$$

其中 $a_0, a_{i_1 i_2 \cdots i_r} \in F_2$ 称式(6-2)为 $f(x)$ 的多项式表示。

常将式(6-2)按变元升幂及下标的字典序写出

$$f(x) = a_0 + a_1 x_1 + a_2 x_2 + \cdots + a_n x_n + a_{1,2} x_1 x_2 + \cdots$$
$$+ a_{n-1,n} x_{n-1} x_n + \cdots + a_{1,2,\cdots,n} x_1 x_2 \cdots x_n \qquad (6\text{-}3)$$

称式(6-3)为 $f(x)$ 的代数正规型。任一确定的 n 个变元的布尔函数 $f(x)$ 的代数正规型式(6-3)是唯一的，其中布尔函数 $f(x)$ 的次数定义为 $f(x)$ 的代数正规型中具有非零系数的乘积项中的最大次数，即 $\max\{k \mid a_{j_1,\cdots,j_k} \neq 0\}$，记为 $\deg(f)$。若 $\deg(f) = 1$，则称 $f(x)$ 为仿射布尔函数。当 $a_0 = 0$ 时，仿射布尔函数被称为线性布尔函数；当 $\deg(f) \geq 2$ 时，称 $f(x)$ 为非线性布尔函数。

6.1.2 布尔函数的密码学性质

上节在介绍布尔函数的基本定义和表示方法时，已经介绍了平衡性、代数次数的定义。具有密码学意义的布尔函数，通常要满足平衡性、非线性度、自相关、代数次数等密码学性质[1-4]，本节介绍这些基本性质的定义。

定理 6-1 设 n 是正整数，令 $P_n = \{f(x) \mid f(x): F_2^n \to F_2\}$，即 F_2 上全体 n 元布尔函数的集合，则 $|P_n| = 2^{2^n}$。

该定理说明 n 元布尔函数共有 2^{2^n} 个。后文我们用 P_n 表示 n 元布尔函数的集合。

定理 6-2 设 $f(x): F_2^n \to F_2$，n 是正整数，则 $W_H(f(x))$ 为偶数当且仅当 $f(x)$ 的最高次项不出现，即 $\deg(f) \leq n-1$。

特别地，平衡布尔函数无最高次项 $x_1, x_2, \cdots, x_n$。

定义 6-2 设 $f(x): F_2^n \to F_2$，$x=(x_1, x_2, \cdots, x_n)$，$w=(w_1, w_2, \cdots, w_n) \in F_2^n$，$w \cdot x = x_1 w_1 + x_2 w_2 + \cdots + x_n w_n \in F_2$ 为 w，x 的点积。称 $s_f(w) = \sum_{x \in F_2^n} f(x)(-1)^{w \cdot x}$ 为 $f(x)$ 的一阶线性（Walsh）谱，称 $s_{(f)}(w) = \sum_{x \in F_2^n}(-1)^{f(x)}(-1)^{w \cdot x}$ 为 $f(x)$ 的一阶循环（Walsh）谱。两种谱的关系为：

$$s_f(w) = \begin{cases} 2^{n-1} - s_{(f)}(w)/2 & w=0 \\ -s_{(f)}(w)/2 & w \neq 0 \end{cases}$$

在不引起混淆时，两种谱统称为 Walsh 谱。

定义 6-3 布尔函数与所有仿射函数的最小 Hamming 距离称为布尔函数的非线性度，记为 Nf。非线性度和 Walsh 谱的关系为：$Nf = \frac{1}{2}(2^n - \max|s_{(f)}(w)|)$。

定义 6-4 设 $f(x)$，$x \in F_2^n$ 是布尔函数，若对任意 $w \in F_2^n$，都有 $|s_{(f)}(w)| = 2^{n/2}$，则称 $f(x)$ 为 Bent 函数。显然对于 Bent 函数有：$Nf = \frac{1}{2}(2^n - 2^{\frac{n}{2}})$。

Walsh 谱本质上反映了布尔函数和线性函数的符合率，根据定义，非线性度则反映了将该布尔函数与所有仿射函数逼近的困难程度。而 Bent 函数非线性度达到最优，但 Bent 函数不是平衡的。

定义 6-5 设 $f(x): F_2^n \to F_2$，$x=(x_1, x_2, \cdots, x_n)$ 是 n 元布尔函数，对 $x=(x_1, x_2, \cdots, x_n) \in F_2^n$ 和 $s=(s_1, s_2, \cdots, s_n) \in F_2^n$，记

$$x+s = (x_1+s_1, x_2+s_2, \cdots, x_n+s_n)$$

称

$$r_f(s) = \sum_{x \in F_2^n}(-1)^{f(x+s)+f(x)}$$

为布尔函数 $f(x): F_2^n \to F_2$ 的自相关函数，其中 $s=(s_1, s_2, \cdots, s_n) \in F_2^n$。

6.1.3 布尔函数的演化设计

前面已经介绍了布尔函数及其基本性质的定义和计算方法，接下来我们讨论如何利用演化计算来设计密码学性质"好"的布尔函数，涉及的问题包括对于搜索空间的限制、候选个体的编码、演化算子的优化以及适应值函数的选择策略等。

1. 搜索空间

根据定理 6-1，对于给定的变元数整数 n，有 2^{2^n} 个布尔函数，其中平衡的布尔函数有 $C_{2^n}^{2^{n-1}}$ 个，搜索的空间很大。文献[68]讨论了 Hamming 重量和线性谱的关系，对于搜索空间进行进一步的限定以减小搜索规模。

定理 6-3 设 $f(x_1, x_2, \cdots, x_n) = \sum_{i=0}^{2^k-1} \delta_{a_i}(x') f_i(x'')$,其中 $x' = (x_1, x_2, \cdots, x_k)$,$x'' = (x_{k+1}, x_{k+2}, \cdots, x_n)$,$f_i(x''): F_2^{n-k} \to F_2$,$i = 0, 1, \cdots, 2^k-1$,$a_i \in F_2^k$ 的整数表示为 i,$\delta_{a_i}(x') = \begin{cases} 1, & a_i = x' \\ 0, & a_i \neq x' \end{cases}$,则有

$$[s_f(a_0, w''), s_f(a_1, w''), \cdots, s_f(a_{2^k-1}, w'')] = H_k [s_{f_0}(w''), s_{f_1}(w''), \cdots, s_{f_{2^k-1}}(w'')]^T,$$

其中 $w = (w', w'')$,$w'' \in F_2^{n-k}$。

证明可见 6.2 节及文献[4, 21, 68]。

特别地,取 $w'' = 0$,有:

$$[s_f(a_0, 0), s_f(a_1, 0), \cdots, s_f(a_{2^k-1}, 0)] = H_k [s_{f_0}(0), s_{f_1}(0), \cdots, s_{f_{2^k-1}}(0)]^T$$

其中 $s_f(a_i, 0)$ 表示函数 $f(x)$ 在点 $(a_i, 0)$ 的一阶线性谱,而 $s_{f_i}(0)$ 表示子函数 $f_i(x'')$ 的 Hamming 重量。取 $k = 1$ 时,有 $[s_f(a_0, 0), s_f(a_1, 0)] = H_k [s_{f_0}(0), s_{f_1}(0)]^T$,由线性谱的定义知,$s_{f_0}(0)$,$s_{f_1}(0)$ 分别表示 $x_1 = 0, 1$ 时函数 $f(x)$ 的 Hamming 重量。

不失一般性,设我们要搜索非线性度不小于 Nf_0 的布尔函数,则有 $|s_{(f)}(w)| \leq 2^n - 2Nf_0$,

由于 $\qquad s_f(a_0, 0) = 2^{n-1}$,

因此 $\qquad |s_f(a_1, 0)| \leq 2^{n-1} - Nf_0$

由于 $\qquad [2^{n-1}, s_f(a_1, 0)] = \begin{bmatrix} 1 & 1 \\ 1 & -1 \end{bmatrix} \begin{bmatrix} s_{f_0}(0) \\ s_{f_1}(0) \end{bmatrix}$

可知 $\qquad s_{f_0}(0) + s_{f_1}(0) = 2^{n-1}$

因此 $\qquad |s_{f_0}(0) - s_{f_1}(0)| = |S_f(a_1, 0)| \leq 2^{n-1} - Nf_0$

整理得 $\qquad \frac{1}{2} Nf_0 \leq s_{f_0}(0), s_{f_1}(0) \leq 2^{n-1} - \frac{1}{2} Nf_0$

定理 6-3 表明非线性度不小于 Nf_0 的布尔函数的真值表前半部分和后半部分的 Hamming 重量要满足上式,一方面,这个必要条件使得 Nf_0 越大,真值表可能的取值范围越小,使搜索空间缩小,另一方面,也表明非线性度越高的布尔函数的分布越稀少。

2. 候选个体的表示

6.1.1 节中布尔函数的几种表示方法,都适合于将每个布尔函数表示为二进制编码的形式。考虑到设计的目标是满足非线性度等指标,因此为了便于进行 Walsh 变换、Hamming 重量等计算,我们采用布尔函数真值表或真值表的极坐标 $\hat{f}(x) = (-1)^{f(x)}$ 的形式,即将真值表中的 0 映射为 +1,1 映射为 -1。例如对例 6-1 中的布尔函数的编码如表 6-2 所示。

表 6-2　　　　　　　　　　　　布尔函数 $f(x)$ 的真值表

x_1	x_2	$f(x)=f(x_1, x_2)$	$\hat{f}(x)=(-1)^{f(x)}$
0	0	1	-1
0	1	1	-1
1	0	1	-1
1	1	0	+1

3. 交叉算子

交叉算子把两个父体的部分结构加以替换重组生成新的个体，其目的是为了能够在下一代产生新的个体以便提高搜索能力，是演化算法获取新优良个体的重要手段，从本质上讲也是区别于模拟退火算法等局部搜索算法的特点之一。

对于两个不同的 n 元布尔函数 $f(x)$ 和 $g(x)$，有很多种途径将其组合成一个 n 元布尔函数 $h(x)$。当然组合的方式不同，得到的结果也各不相同。我们把具体的组合方法作为候选布尔函数之间的交叉算子。具体选择组合方法时，我们首先考虑计算的简便性以及避免陷入局部最优的前提。首先我们讨论平衡随机交叉算法：

(1) 平衡随机交叉算法

设有 n 元布尔函数 $f_1(x)$，$f_2(x)$，令

$$\begin{cases} g(x)=f_1(x), & 当 f_1(x)=f_2(x); \\ g(x)=\text{rand}, & 当 f_1(x) \neq f_2(x) \end{cases}$$

进一步可限定 $g(x)$ 随机取 0，1 的个数相同以保持平衡，这时

$$s_{(g)}(w) = \sum_{x \in F_2^n} (-1)^{g(x)} (-1)^{w \cdot x}$$

$$= \sum_{f_1(x)=f_2(x)} (-1)^{g(x)} (-1)^{w \cdot x} + \sum_{f_1(x) \neq f_2(x)} (-1)^{g(x)} (-1)^{w \cdot x}$$

这里 $g(x)$ 就是由 $f_1(x)$ 和 $f_2(x)$ 组合产生的新的候选布尔函数。

(2) 单点交叉算法：

设有 n 元布尔函数 $f(x)$ 和 $g(x)$，x_i 为 n 个输入变元中的任意一个，$1 \leq i \leq n$，令

$$\begin{cases} h(x)=f(x), & 当 x_i=0; \\ h(x)=g(x), & 当 x_i=1 \end{cases}$$

为了便于实现，同时方便讨论，取 $i=1$，即将 $f(x)$ 和 $g(x)$ 的真值表的前半部分和后半部分交换，例如对 n 元布尔函数 $h(x_1, x_2, \cdots, x_n)$，令 h_0，h_1 分别是 $x_1=0$，1 后的 $n-1$ 元布尔函数，则有：

$$[s_h(0,w), s_h(1,w)] = H_1 [s_h(w), s_h(w)]^T, w \in F_2^{n-1}$$

$$s_h(0,w) = S_{h_0}(w) + S_{h_1}(w) = S_{f_0}(w) + S_{g_1}(w) = \frac{1}{2}(s_f(0,w) + s_f(1,w) + s_g(0,w) - s_g(1,w))$$

$$s_h(1,w) = S_{h_0}(w) - S_{h_1}(w) = S_{f_0}(w) - S_{g_1}(w) = \frac{1}{2}(s_f(0,w) + s_f(1,w) - s_g(0,w) + s_g(1,w))$$

注意，$S_h(w)$ 不必重新计算，能够通过 $S_f(w)$ 和 $S_g(w)$ 直接计算出来，需要的时间为 $O(2^{n+2})$，比原来重复使用 Walsh Hadamard 转换的方法所需要的 $O(n2^n)$ 的时间大大减少。如果新得出的 $h(x)$ 不平衡，可以随机选择 $w: S_{(h)}(w) = 0$，则 $h(x) \oplus w \cdot x$ 是平衡的，并且与 $h(x)$ 有相同的非线性度和代数次数[3,4]。

4. 变异算子

变异本身是一种局部随机搜索，与选择/重组算子结合在一起保证了演化算法的有效性，使其具有局部的随机搜索能力，同时使得演化算法保持种群的多样性，以防止出现非成熟收敛。对于布尔函数的变异主要考虑改变其真值表中一位或几位的操作。

我们先来讨论任意改变真值表中的一位对于 Walsh 谱的影响，设有 n 元布尔函数 $f(x)$，令

$$\begin{cases} g(x) = f(x) \oplus 1, \text{当 } x = x_0 \in F_2^n; \\ g(x) = f(x), \text{其他} \end{cases}$$

由定义知

$$s_{(g)}(w) = \sum_{x \in F_2^n} (-1)^{g(x)} (-1)^{w \cdot x} = (-1)^{g(x_0)} (-1)^{w \cdot x_0} + \sum_{x \neq x_0} (-1)^{g(x)} (-1)^{w \cdot x}$$

$$= (-1)^{f(x_0) \oplus 1} (-1)^{w \cdot x_0} + \sum_{x \neq x_0} (-1)^{f(x)} (-1)^{w \cdot x}$$

$$= -(-1)^{f(x_0)} (-1)^{w \cdot x_0} + \sum_{x \neq x_0} (-1)^{f(x)} (-1)^{w \cdot x}$$

因此任意改变真值表中的一位 x_0，则 Walsh 谱的变化为：

$$\Delta_{WHT}(w) = s_{(g)}(w) - s_{(f)}(w) = -2(-1)^{f(x_0)} (-1)^{w \cdot x_0} \in \{-2, 2\}$$

当 $f(x_0) = w \cdot x_0$ 时，$\Delta_{WHT}(w) = -2$；当 $f(x_0) \neq w \cdot x_0$ 时，$\Delta_{WHT}(w) = 2$。

由此对于变异算子作用后的布尔函数，可以用上面的判断对于每个 w 重新计算 Walsh 谱，其时间复杂度为 $O(2^n)$，比直接使用快速 Hadamard 变换的时间 $O(n2^n)$ 提高了 n 倍。

进一步，对于平衡布尔函数，为了保持其 Hamming 重量，将变异算子设计为成对地改变 $f(x)$ 的某两位 x_1 和 x_2，且 $f(x_1) \neq f(x_2)$。相应地，有：

$$\Delta_{WHT}(w) = s_{(g)}(w) - s_{(f)}(w) = -2(-1)^{f(x_1)} (-1)^{w \cdot x_1} - 2(-1)^{f(x_2)} (-1)^{w \cdot x_2} \in \{-4, 0, 4\}$$

文献[5]讨论了改变真值表的两位使得非线性度增加的必要条件，这里我们给出更一般的情形，即改变真值表中 t 对（$2t$ 位）的情况：

设有 n 元平衡布尔函数 $f(x)$，$f(x_i)=1$，$f(y_i)=0$，$i\in[0,t]$，$0\leq t\leq 2^{n-2}$，令

$$\begin{cases} g(x)=f(x)\oplus 1, & \text{当 } x=x_i \text{ 或 } y_i, i\in[0,t] \\ g(x)=f(x), & \text{其他} \end{cases}$$

显然这样改变后 $g(x)$ 仍然保持平衡，且

$$\Delta_{WHT}(w)=s_{(g)}(w)-s_{(f)}(w)$$

$$=-2\sum_{i=0}^{t}(-1)^{f(x_i)}(-1)^{w\cdot x_i}+(-1)^{f(y_i)}(-1)^{w\cdot y_i}\in\{-4t,\cdots,-4,0,4,\cdots 4t\}$$

设 $WH_{\max}=\max|S_{(f)}(w)|$，我们要想使非线性度增加，则应减小 $WH_{\max}$。

定理 6-4 考察 $f(x)$ 的 Walsh 谱，为了保证 $WH_{\max}$ 减小：

对于 $\{w:S_{(f)}(w)=WH_{\max}-4k\}$，$0\leq k\leq t$，当且仅当 $\Delta_{WHT}(w)<4k$，

即 $f(x_i)$ 和 $w\cdot x_i$，$f(y_i)$ 和 $w\cdot y_i (i=1,2,\cdots,t)$ 相等的个数要大于 $t-k$ 个；

对于 $\{w:S_{(f)}(w)=-WH_{\max}+4k\}$，$0\leq k\leq t$，当且仅当 $\Delta_{WHT}(w)>-4k$，

即 $f(x_i)$ 和 $w\cdot x_i$，$f(y_i)$ 和 $w\cdot y_i (i=1,2,\cdots,t)$ 相等的个数要小于 $t+k$ 个；

对于参数 t 的选择，如果选择较大的 t，则搜索的规模更大，改变真值表后非线性度增加的可能情况更多，但是需要判断更多的 Walsh 谱值，而且增加了运行时间和存储的开销。另外，在变异操作中，变异率不能取得太大，如果变异率大于 0.5，演化算法就退化为随机搜索，而其中的一些重要的数学特征和搜索能力也不复存在，在后面对于模式的讨论中将讨论到这一点。在我们实际使用中，取 $t\leq 3$。

5. 适应度函数

演化算法在进化搜索中基本不利用外部信息，仅以适应度函数为依据，利用种群中每个个体的适应度来搜索，因此适应度函数的选取至关重要，直接影响到演化算法的收敛速度以及能否找到最优解。

我们可以直接令非线性度 Nf 为适应度：Fitness $=Nf$，这样的适应度函数简单直观，但是在演化算法的后期，即算法接近收敛时，由于种群中个体适应度差异较小，继续优化的潜能降低，可能陷入局部最优。考虑到 Walsh 谱 $S_{(f)}(w)$ 和非线性度 Nf 的关系以及 Parseval 公式：

定理 6-5 （Parseval 公式）$\sum_{w\in F_2^n}S^2_{(f)}(w)=2^{2n}$

因此 $WH_{\max}=\max|S_{(f)}(w)|\geq 2^{n/2}$，对于 Bent 函数有 $|S_{(f)}(w)|=2^{n/2}$，其非线性度达到最大，但对于平衡布尔函数有 $S_{(f)}(0)=0$。由 Parseval 公式可知，当有谱值 $|S_{(f)}(w)|<2^{n/2}$ 时，必然有谱值 $|S_{(f)}(w)|>2^{n/2}$，因此平衡布尔函数不能达到 Bent 函数的非线性度。另一方面，当有很多谱值偏离 $2^{n/2}$ 过多时，势必使 $WH_{\max}$ 变大，Nf 变小。因此通过考察 $S_{(f)}(w)$ 和 Bent 函数的接近程度，得出新的适应度函数：Fitness $=\sum_{w\in F_2^n}\||S_{(f)}(w)|-(2^{n/2}+K)|^R$，该函数为最小化问题。

文献[6]给出了对于参数 K 和 R 的实验统计数据,对于 8 元函数,K=-6;对于 9 元函数,K=-12;对于 10 元函数,K=-16;R=2 或 3 时的结果最好。

6. 整体演化结构

我们使用郭涛算法[7]来设计布尔函数,采用淘汰最差者策略使群体向好的方向演变。算法整体描述如下:

算法 6-1 布尔函数的演化算法

S1:随机初始化群体(无重复);

S2:当群体中最差者与最佳者适应值不等时循环

(1)随机选择两个个体进行交叉;

(2)随机选择一个个体进行变异;

(3)从原群体、交叉后代和变异后代中淘汰最差的个体形成新的群体(无重复)。

郭涛算法的特点是每一代只产生一组新的个体,算法采用了演化计算中的群体搜索策略,保证了搜索空间的全局性和随机搜索的遍历性,算法采用了"劣汰"策略,每次只把群体中适应值最差的个体淘汰出局,淘汰压力最小。这样既保证了群体的多样性,又保证了适应值最好的个体可以永远存活下来。这种"群体爬山"策略,保证了整个群体最后集体达到最优。对于布尔函数,达到非线性度最高的函数显然不唯一,即最优解不唯一,郭涛算法可能一次同时找到多个最优解,在下节的执行效率的实验数据中我们可以看到这个优点。

6.1.4 算法分析和实验结果总结

"模式"(schema)是演化算法的分析中的一个重要概念,在二进制编码中,模式是基于三个字符集(0,1,*)的串,符号 * 代表任意字符。模式中确定位置的个数为模式的阶,模式中第一个确定位置和最后一个确定位置之间的距离称为模式的定义距。

Holland 曾经给出了模式定理:具有短的定义距、低阶,并且模式采样的平均适应值在种群平均适应值以上的模式,在演化算法迭代过程中将按指数增长率采样。模式定理是演化算法的基本理论,保证了较优的模式(较优解)的数目呈指数增长。

对于布尔函数,低阶的 Bent 函数或者高阶的 Bent 函数的一部分相对于非线性度显然都是比较好的模式,为了加速算法的收敛,可人为地加入真值表中包含 Bent 一部分的函数;相对地,低阶的线性或仿射函数则是较差的模式,演化算法会通过适应值自动把该类模式淘汰。

表 6-3 是通过演化所得结果与其他方法所得结果非线性度的比较。取 Bent 函数的非线性度减 2 为最小上界,其中 Bent 构造法和迭代法给出的是非线性度的下界,Milan 给出的局部爬山算法和 Clark 给出的模拟退火算法以及我们的演化算法均给出的是最好的结果。

表 6-3　　　　　　　　平衡布尔函数非线性度的比较

变元数	8	9	10	11	12
上界	118	244	494	1000	2014
已知最优	116	240	492	992	2010
Bent 构造法	112	240	480	992	1984
迭代法[3]	116		480		2008
Milan[5]	116	236	484	980	1976
Clark[6]	116	238	486	984	1992
演化算法[9]	116	238	484	984	1986

由表 6-3 可以看出，对于奇数和偶数变元，Bent 构造法和迭代法分别是目前最好的方法；而启发式算法也同样能够得到高度非线性平衡布尔函数，并且结果是随机的。

表 6-4 是算法执行效率的比较。在我们的演化算法中分别取种群数为 10~50，平均取 100 个结果的非线性度统计以及同 Clark 的结果的比较。

表 6-4　　　　　　　算法执行效率的比较(100 个)

非线性度	112	114	116
Clark			59
10 * 10	10	28	62
20 * 5	0	31	69
50 * 2	0	36	64

由表 6-4 可以看出，种群的规模对于算法的效率也有影响，对于 8 元函数，种群数取 20~50 较好。另外应当指出的是，虽然模拟退火算法结果达到 116 的比例也很高，但是演化算法具有内在的并行性，其执行时间显然更好，这一点可以从上面每 100 个输出结果的比较可以看出。

表 6-5 列出了我们使用演化计算找到的一些非线性度、自相关性、代数次数三项指标结果最优的布尔函数。

表 6-5　　　　　　　　　　　　　部分实验结果

变元数	(非线性度, 自相关性, 代数次数)			
	8元	9元	10元	11元
	(116, 24, 7)	(238, 40, 8)	(484, 56, 9)	(984, 96, 9)

通过演化的方法设计密码是获得高强度密码的一种有效方法，本节介绍了用演化计算设计布尔函数的方法，具体对平衡布尔函数进行了实际演化，能够得到随机的高度非线性平衡布尔函数，同时其他密码学指标也较好。相对于其他启发式算法，由于其内在的并行性，执行效率和时间更好。

一方面对于 8 元布尔函数的非线性度，可以达到目前已知的最好结果，对于更高元的布尔函数，接近构造法达到的结果；另一方面，用演化的方法得出的结果是随机的，因此相对于构造法仅能获得具有好的密码学性质的函数中的一小部分，演化出的结果可能会得出新的现有构造法所不能得出的结果，这对于构造的方法也有实践意义。进一步的工作是对于演化出的结果进行进一步的分类和研究，将演化计算这类随机搜索算法和构造法进行互补。

6.2　Bent 函数的演化设计与分析

Bent 函数是一类重要的布尔函数，在许多领域有重要的应用。已知的构造法对构造 Bent 函数有重要的意义，然而这些方法构造出的 Bent 函数主要围绕 MM 类[12]和 PS 类[16]以及一些递归构造，由低变元函数产生高变元的函数，所生成的函数相对比较单一。本节我们讨论用演化计算来设计 Bent 函数。它的优点之一是所设计函数具有多样性，能为实际应用提供更多的选择。另外，通过对结果的分析，分析其中的共同规律，从而将结论在更大规模的问题上进行一般性推广或利用其规律得出其他理论性结果，在这个意义上演化计算也是一种重要的研究方法。

上节里我们描述了布尔函数的不同表示方式。同一个问题，描述的角度或方法不同，往往会影响分析和解决问题的难易程度。对于演化计算而言也一样，不同的编码方式将产生不同的演化效果，本节对应布尔函数代数正规型、Walsh 谱、真值表、迹函数四种表示方式，我们将介绍四种演化设计 Bent 函数的方法。通过对演化过程中一些规律和现象的研究，我们得出了布尔函数的子函数的 Walsh 谱规律，利用该规律我们给出了一个搜索算法，利用该搜索算法发现 8 元 4 次齐次 Bent 函数不存在性，这引导我们进一步讨论了齐次 Bent 函数的代数次数上界。

6.2.1 布尔函数表示方法相互间的转换

1. 布尔函数的表示方法

(1) 代数正规型 ANF(Algebraic Normal Form)

记 $x = (x_1, \cdots, x_n) \in F_2^n$, $s = (s_1, \cdots, s_n) \in F_2^n$, $x^s = x_1^{s_1} x_2^{s_2} \cdots x_n^{s_n} \in p_n$,则布尔函数的代数正规型表示为 $f(x) = \sum_{s=0}^{2^n-1} a_s x^s$,其中 $a_s \in F_2$。

一个函数为 Bent 函数,其代数表达式除了次数有限制外[1,13],我们基本不知道是否还有其他特点。运用 ANF 表示研究 Bent 函数的理想结果是:任意给一个表达式,我们不用计算其 Walsh 谱,就容易判定其是否为 Bent 函数。如果不是 Bent 函数,我们应该能够简单地加入一些单项式或去掉一些单项式使原函数变为 Bent 函数。

(2) Walsh 谱表示

给定一个函数 $f(x)$,由定义 6-2 我们容易给出其 Walsh 谱,即:

$$((s_{(f)}(0), \cdots, s_{(f)}(2^n-1)) = ((-1)^{f(0)}, (-1)^{f(1)}, \cdots, (-1)^{f(2^n-1)}) H_n \quad (6\text{-}4)$$

其中 H_n 是 n 阶 Hadamard 矩阵。Hadamard 矩阵递归定义如下:令 $H_0 = [1]$, $H_n = \begin{bmatrix} H_{n-1} & H_{n-1} \\ H_{n-1} & -H_{n-1} \end{bmatrix}$。

由式(6-4)的逆变换

$$((-1)^{f(0)}, (-1)^{f(1)}, \cdots, (-1)^{f(2^n-1)}) = ((s_{(f)}(0), \cdots, s_{(f)}(2^n-1)) H_n / 2^n,$$

我们可以求出布尔函数。但是如果任意给一组数作为 $(s_{(f)}(0), \cdots, s_{(f)}(2^n-1))$ 的值,上式的逆变换不一定对应于一个布尔函数。

由定义 6-4 可知 Bent 函数需要满足:对任意 $w \in F_2^n$,$|s_{(f)}(w)| = 2^{n/2}$ 成立。

(3) 真值表

在代数正规型表示下,令 $x = 0, 1, \cdots, 2^n-1$,便得到布尔函数的真值表$(f(0), f(1), \cdots, f(2^n-1))$,而 $((-1)^{f(0)}, (-1)^{f(1)}, \cdots, (-1)^{f(2^n-1)})$ 为函数的极化真值表,如表 6-2 所示。一个函数为 Bent 函数,其真值表的重量为 $2^{n-1} \pm 2^{n/2-1}$。后文我们会介绍,一个函数为 Bent 函数,其子函数的真值表也是有规律的,这对 Bent 函数的构造是有利的。

(4) 迹表示

设 $Q = 2^n - 1$。如果 r 是集合 $\{r2^i \bmod Q | i = 0, 1, \cdots, n-1\}$ 中的最小整数,我们称整数 r 是该集合的首项。记集合 $\{r2^i \bmod Q | i = 0, 1, \cdots, n-1\}$ 的大小为 $L(r)$,称作 r 的线性度(Linear Span)。记模 Q 的所有陪集首项集合为 CS。

定义 6-6[14] 设 $tr_1^n(x)$ 是 $F_{2^n} \to F_2$ 的线性映射,则 $tr_1^n(x) = x + x^2 + x^4 + \cdots + x^{2^{n-1}}$。如果上下文里 n 可知,则也可以简记为 $tr(x)$,该映射称为迹函数。

它有如下一些基本性质(更多的内容见文献[14])

(1) 对于任意的 $\alpha, \beta \in F_{2^n}$, $tr(\alpha+\beta) = tr(\alpha) + tr(\beta)$

(2) 对于任意的 $c \in F_2$,$\alpha \in F_{2^n} \text{tr}(c\alpha) = c \cdot \text{tr}(\alpha)$

(3) $\text{tr}(\alpha^2) = \text{tr}(\alpha)$

由有限域的知识可知，任意一个布尔函数可以表示为 $f(x) = \sum_{d \in CS} \text{tr}(\alpha x^d)$,$\alpha$,$x \in F_{2^n}$,称上式中的每一个迹函数 $\text{tr}(\alpha x^d)$ 为单项式。一个函数为 Bent 函数，其迹函数的特点没有一般性结论。但在单项式的情况下有一些结论。如果存在参数 $\alpha \in F_{2^n}$ 使得 $f(x) = \text{tr}(\alpha x^d)$ 是 Bent 函数，则称 d 是一个 Bent 指数。文献[15]中介绍了一些已知的 Bent 指数，形如 $2^r + 1$ 的 Gold 类，其中 r 为自然数；形如 $2^k - 1$,$k = n/2$ 的 Dillon 类[16]；形如 $2^{2r} - 2^r + 1$,$\gcd(r, n) = 1$ 的 Dillon-Dobbertin 类[17] 以及由 Canteaut 发现的类 $(2^r + 1)^2$,$n = 4r$。

注意在布尔函数的 ANF 和迹表示里，都出现了 x^d 的记号，但它们表示的意义不同，一般从上下文可以区分。

2. 布尔函数表示间的转换

布尔函数的各种表示之间是可以相互转换的，我们主要讨论代数正规型、Walsh 谱表示、真值表以及迹表示间的转换方法。

(1) 真值表和 Walsh 谱。这个转换很简单，由 Walsh 谱的定义可得 $(s_{(f)}(0), \cdots, s_{(f)}(2^n-1)) = ((-1)^{f(0)}, (-1)^{f(1)}, \cdots, (-1)^{f(2^n-1)}) H_n$，由上式的逆变换，我们可以得到真值表，即

$$((-1)^{f(0)}, (-1)^{f(1)}, \cdots, (-1)^{f(2^n-1)}) = (s_{(f)}(0), \cdots, s_{(f)}(2^n-1)) H_n / 2^n.$$

(2) 代数正规型和真值表。这两者之间的转换是通过 Reed-Muller 变换来实现的。设布尔函数的代数正规型为 $f(x) = \sum_{s=0}^{2^n-1} a_s x^s$，其中 $a^s \in F_2$。设 $x = 0, 1, \cdots, 2^n - 1$，则有 $(f(0), f(1), \cdots, f(2^n - 1)) = (a_0, a_1, \cdots, a_{2^n-1}) A_n$，其中 A_n 可以递归定义为 $A_0 = [1]$,$A_n = \begin{bmatrix} A_{n-1} & A_{n-1} \\ 0 & A_{n-1} \end{bmatrix}$。

(3) 真值表和迹表示。布尔函数的真值表表示和迹表示之间有一一对应的关系。由于两种表示方式分别定义在 F_2^n,F_{2^n} 上，我们首先建立两个定义域的对应关系。设 α 是域 F_{2^n} 的一个本原元素，则 $(1, \alpha, \cdots, \alpha^{n-1})$ 是 F_{2^n} 在 F_2 上的一组基。定义同构映射

$$\begin{array}{ccc} F_{2^n} & \leftrightarrow & F_2^n \\ x = x_0 + x_1\alpha + \cdots + x_{n-1}\alpha^{n-1} & \leftrightarrow & (x_0, x_1, \cdots, x_{n-1}) \end{array} \quad (6\text{-}5)$$

上述对应关系诱导了如下映射关系

$$f(x) = f\left(\sum_{i=0}^{n-1} x_i \alpha^i\right) \leftrightarrow g(x_0, x_1, \cdots, x_{n-1}). \quad (6\text{-}6)$$

上述的对应关系也说明了函数的迹表示和真值表间的相互转换。

从迹表示到真值表。已知 $f(x)$ 的值，由式(6-5)直接可得 $g(x)$ 的真值表，即

$g(x_0, x_1, \cdots, x_{n-1})$ 的值等于 $f\left(\sum_{i=0}^{n-1} x_i \alpha^i\right)$ 的值。

从真值表到迹表示。由式(6-6)，令 $f\left(\sum_{i=0}^{n-1} x_i \alpha^i\right)$ 的值等于 $g(x_0, x_1, \cdots, x_{n-1})$ 的值，然后由 Lagrange 插值公式得到 $f(x) = \sum_{c \in F_{2^n}} f(c) \prod_{d \in F_{2^n}, d \neq c} (c-d)^{-1}(x-d)$，再利用迹函数的定义得到函数的迹表示。

由真值表到迹表示的另一种方法由 Blahut 给出[18]。

对应布尔函数的几种表示方式，接下来我们将介绍四种用演化计算设计 Bent 函数的方法。

6.2.2 基于代数标准型的演化设计

设 $f(x) \in p_n$，对于任意的 $w \in F_2^n$，定义 $f_0(x') = f(x)|_{w \cdot x = 0}$，$f_1(x') = f(x)|_{w \cdot x = 1}$ 为函数在 w 方向分解所得的两个 $n-1$ 元子函数。

定理 6-6[19]　如果 $f(x) \in p_n$ 是 Bent 函数，则其 Hamming 重量为 $2^{n-1} \pm 2^{n/2-1}$，两个子函数之一必为平衡函数。

基于上述原理，Fuller, Dawson 和 Millan 于 2003 年给出基于 ANF 的演化算法[19]，其主要思想是对布尔函数的 ANF 进行演化。随机改变 ANF，计算函数在所有方向上分解所得子函数的 Hamming 重量以及函数本身的 Hamming 重量，检验它们是否满足定理 6-6。如果满足，再计算函数的 Walsh 谱，用 Bent 的定义检验是否为 Bent 函数。否则，随机改变 ANF。

分析：尽管很多构造的 Bent 函数都以 ANF 形式出现，但 Bent 函数的 ANF 有何特点，它的必要条件如何等问题的结果却非常有限。已知的结果有文献[1]给出的有关代数次数的结果，以及文献[13]给出的有关系数的结果。

定理 6-7[1]　设 $f(x) \in p_n$ 是 Bent 函数，则 n 一定是偶数，且当 $n > 2$ 时，$f(x)$ 的代数次数不超过 $n/2$.

定理 6-8[13]　$f = \sum_{v \subset \{1, 2, \cdots, 2t\}} a_v x^v \in p_{2t}(t \geq 2)$ 是 Bent 函数，其中 $x^v = \prod_{i \in v} x_i \in p_{2t}$。对于一个给定的整数 $l \geq 1$ 以及一个给定的子集 $s \subset \{1, 2, \cdots, 2t\}$，如果 $2t > |s| \geq \max\{l+t, (l-1)\deg f + 1\}$，或 $2t = |s| \geq \max\{l+t+1, (l-1)\deg f + 1\}$，则如下方程成立：

$$\sum_{\substack{s_1, \cdots, s_l \subset s, \text{且不同}, \\ s_1 \cup \cdots \cup s_l = s}} a_{s_1} a_{s_2} \cdots a_{s_l} = 0 \tag{6-7}$$

讨论　上述条件是必要条件，仅由这个必要条件，给定一个函数的 ANF，我们很难判定函数为 Bent 函数的可能性有多大。然而我们有如下猜测：当 $H(d)$ 比较小时，x^d 更容易用于构造 Bent 函数，即作为 Bent 函数代数表达式的一个单项式。这个猜测是基于如下观察：对于一个单项式 x^d，有 $C_n^{H(d)}+\cdots+C_n^n$ 个不同的 x 取值，可以使 x^d 取值为 1。这样，$H(d)$ 越大，使 x^d 取 1 的 x 就越少，即 x^d 对函数的影响也就越有限。我们举个例子：设函数 $f(x) \in p_5$，往函数表达式里分别加入单项式 $x_1 x_2$ 和 $x_1 x_2 x_3 x_4 x_5$，则两个单项式对函数真值表的影响差别是很大的。发现 Bent 函数的 ANF 的其他规律是很有意义的研究课题。

6.2.3 基于 Walsh 谱的演化设计

由于布尔函数的许多密码学性质与 Walsh 谱有密切的关系，如果以 Walsh 谱作为演化对象，根据密码学要求来设置 Walsh 谱的值来设计布尔函数，则设计出的布尔函数直接具有了好的密码学性质。这是很好的想法。然而并不是任意 2^n 个数值构成的序列就是一个布尔函数的 Walsh 谱序列。

Clark 等人[20]的设计思想是，按密码学的要求给一个数组赋值，作为谱向量，计算其真值表，如果取值不是 -1 和 1 这两个值，则将大于 0 的值改为 1，将小于 0 的值改为 -1，而等于 0 的值随机改为 -1 或 1。用这种方法，Clark 等人可以设计 8 元的 Bent 函数，但不能设计 10 元及 10 元以上的 Bent 函数。

6.2.4 真值表的编码方式

本节以真值表作为演化对象来设计 Bent 函数。由于布尔函数的空间很大，存在演化空间过大而导致算法不收敛的问题，为此我们寻找 Bent 函数真值表的一些特征，即必要条件，以减少演化的空间。通过对大量 Bent 函数的真值表进行统计分析，我们发现如果把真值表进行分段，则它们的 Hamming 重量有一定的分布规律。我们从理论上证明了这种分布规律，并且把这种规律加以推广，形成了布尔函数子函数的谱规律，这也是子函数能够进一步构成 Bent 函数的必要条件，即定理 6-3。利用这些必要条件，我们采取了如下演化思想：在初始种群函数的选择上，我们直接要求初始函数具有这些规律，这样的初始函数比随机选择的函数更有可能成为 Bent 函数，然后再利用爬山算法或随机化搜索算法进行搜索。我们称这种演化策略为带指导的演化。对于 6 元的情况，我们容易演化设计出几乎所有的 Bent 函数。

6.2.4.1 基本理论

定理 6-3[21, 68] （见 6.1.3 节）设 $f(x_1, x_2, \cdots, x_n) = \sum_{i=0}^{2^k-1} \delta_{a_i}(x') f_i(x'')$，其中 $x' = (x_1, x_2, \cdots, x_k)$，$x'' = (x_{k+1}, x_{k+2}, \cdots, x_n)$，$f_i(x''): F_2^{n-k} \to F_2$，$i = 0, 1, \cdots, 2^k - 1$，$a_i \in F_2^k$ 的整数表示为 i，$\delta_{a_i}(x') = \begin{cases} 1, & a_i = x' \\ 0, & a_i \neq x' \end{cases}$，则有：

$$[s_f(a_0, w''), s_f(a_1, w''), \cdots, s_f(a_{2^k-1}, w'')] = H_k [s_{f_0}(w''), s_{f_1}(w''), \cdots, s_{f_{2^k-1}}(w'')]^T,$$

其中 $w=(w',\ w'')$,$w''\in F_2^{n-k}$。

证明：

$$s_f(w) = \sum_{x=0}^{2^n-1} f(x)(-1)^{w\cdot x}$$

$$= \sum_{x=0}^{2^{n-k}-1} f_0(x'')(-1)^{w\cdot x} + \sum_{x=2^{n-k}}^{2^{n-k+1}-1} f_1(x'')(-1)^{w\cdot x} + \cdots + \sum_{x=2^{n-1}}^{2^n-1} f_{2^k-1}(x'')(-1)^{w\cdot x}$$

$$= \sum_{i=0}^{2^k-1} (-1)^{w'\cdot a_i} s_{f_i}(w'')$$

令 $w'=a_0,a_1,\cdots,a_{2^k-1}$，有

$$(s_f(a_0,w''),s_f(a_1,w''),\cdots,s_f(a_{2^k-1},w''))^T = H_k(s_{f_0}(w''),s_{f_1}(w''),\cdots,s_{f_{2^k-1}}(w''))^T$$

其中 H_k 为 Hadamard 矩阵。将两边同时左乘矩阵 H_k 得：

$$(s_{f_0}(w''),s_{f_1}(w''),\cdots,s_{f_{2^k-1}}(w''))^T = 2^{-k} H_k(s_f(a_0,w''),s_f(a_1,w''),\cdots,s_f(a_{2^k-1},w''))^T。$$

特别地，取 $w''=0$ 时有：

$$(s_{f_0}(0),s_{f_1}(0),\cdots,s_{f_{2^k-1}}(0))^T = 2^{-k} H_k(s_f(a_0,0),s_f(a_1,0),\cdots,s_f(a_{2^k-1},0))^T$$ 成立。

其中 $s_f(a_i,0)$ 是 $f(x)$ 在点 $(a_i,0)$ 的一阶线性 Walsh 谱，而 $s_{f_i}(0)$ 是子函数 $f_i(x'')$ 的 Hamming 重量(此处定义 $f_i(x'')$ 为 $f(x)$ 的子函数)。类似地，w'' 可取值 $1,2,\cdots,2^{n-k}-1$。

定理 6-9[5] 设 $f(x)$,$g(x)$ 为布尔函数，且 $f(x)=\begin{cases}g(x_i)+1,& x=x_i\\ g(x_j)+1,& x=x_j\\ g(x),& \text{否则}\end{cases}$，则 $s_{(f)}(w)-s_{(g)}(w)=\{0,\pm 4\}$。

运用定理 6-9，文献[24]运用了如下演化方案设计具有密码学意义的布尔函数：首先由模拟退火算法筛选出一批性能较好的个体种群，对筛选出的个体再由局部爬山算法演化出满足密码学性质的较好的布尔函数。

我们的演化思想是直接让初始种群函数满足定理 6-3 设定的必要条件，在满足这些条件的个体里再运用局部爬山算法设计出 Bent 函数。

6.2.4.2 演化设计 6 元 Bent 函数

$k=1$ 时，有 $(s_{f_0}(0),s_{f_1}(0))^T = H_1(s_f(a_0,0),s_f(a_1,0))^T/2$，由线性谱的定义可知 $s_f(a_0,0)$ 为 28 或 36，任取一种值(如 28)，而 $s_f(a_1,0)$ 只有 4 或 -4 两种可能取值。相应的可知 $(s_{f_0}(0),s_{f_1}(0))$ 有 2 种可能的取值分别为(16,12)或(12,16)，任取一种值(如(12,16))。

令 $k=2$，有

$$(s_{f_0}(0),s_{f_1}(0),s_{f_2}(0),s_{f_3}(0))^T = H_2(s_f(a_0,0),s_f(a_1,0),s_f(a_2,0),s_f(a_3,0))^T/4$$

由于 $k=2$ 时的 $(s_f(a_0,0),s_f(a_2,0))$ 对应于 $k=1$ 时的 $(s_f(a_0,0),s_f(a_1,0))$，则只需考虑 $(s_f(a_1,0),s_f(a_3,0))$ 的四种情况，可得到子函数 $f_0(x),f_1(x),f_2(x),f_3(x)$ Hamming 重量的四种情况：(8,4,8,8),(6,6,10,6),(6,6,6,10),

(4, 8, 8, 8)。

当 $k=3$ 时，任取一种(4, 8, 8, 8)，可类似讨论得 16 种情况。

```
40444444    31353535    31533553    22442644
31355353    22264444    22444462    13353553
31535335    22444426    22624444    13533535
22446244    13355335    13535353    04444444
```

上述 16 种 8 分组扩展成 16 分组，由定理 6-3 筛选得到结果如表 6-6 所示（第一行表示 8 分组的序号，第二行表示每一分组得到的 16 分组的数目）。

表 6-6　　　　　　　　　　分组统计结果

0	1	2	3	4	5	6	7	8	9	10	11	12	13	14	15
70	112	112	120	112	120	120	112	112	120	120	112	120	112	112	70

从上表可以看出，每个分组的数目都没有达到 256 的上界。从 16 分组到 32 分组，运用定理 6-3，每一个 16 分组大约可得出 6000 个 32 分组。由于第一次分组时(12, 16)和(16, 12)只是取反的过程，只取一个，这样至多可得 $4 \times 6 \times 128 \times 8192 = 2^{26}$ 个 32 分组，而对每组我们可以在一个非常有限的空间内进行演化，效率很高。我们的实验结果显示每一个 32 分组可得出大约 400 个不同的 Bent 函数。

对于设计 8 元的 Bent 函数，可类似讨论，但在演化设计阶段需要使用基于定理 6-9 的爬山算法以提高设计效率。

在小规模数据集上研究得到现象后，再对现象进行一般性推广被证明是演化计算获得一般性结论的有效方法。利用本文的观察，我们可以得到一个搜索算法，将在后文中专门讨论。

6.2.5　基于迹表示的演化设计

运用迹函数研究 Bent 函数的文献很多，如 Dillon 等人[15,16]研究了形如 $\mathrm{tr}(\alpha x^d)$ 的单项式函数；Dobbertin 和 Leander[15]研究了三类形如 $\mathrm{tr}(\alpha x^{d_1}) + \mathrm{tr}(\beta x^{d_2})$ 的两项式 Bent 函数，其中 d_1, d_2 是 Niho 类指数[25]。但其他形式的 Bent 函数却知之甚少。

我们注意到上述迹表示构成的 Bent 函数所含有的单项式都较少，这提示我们在布尔函数的迹表示里，各个指数所起的作用是不同的。如果我们把这些指数作为构造 Bent 函数的"基因"，则我们就可以区分好的"基因"和坏的"基因"了，这在演化计算里是极为有利的条件。基于上述观察和推理，在设计演化算法时，我们给每个指数一个适应值，如果一个指数长期不能用来构造 Bent 函数，则其适应值就会变得较小，而那些能构造 Bent 函数的指数的适应值就高。通过选择适应值，我们淘汰了那些坏的基因（指数），从而提高了演化效率。演化实验也证实了我们的推理。

本节利用布尔函数的迹表示来演化设计 Bent 函数。该算法与已知的演化算法相比，可以生成更多的等价类，对更多的变元有效。对于演化所得函数，我们又做了进一步的分析工作。首先，我们从演化所得的 Bent 函数进一步验证了陪集首项在构造 Bent 函数中所起的不同作用，而在代数标准型和 Walsh 谱表示里，我们无法确定哪一个单项式和 Walsh 谱更可能用于 Bent 函数的构造。其次，我们发现线性变换可以改变所得 Bent 函数的 linear span，这一观察可以改善所得函数项数较少的缺点，而且可以构造非 Niho 类完全非线性 S 盒。第三，我们将所得函数进行了仿射等价划分，所得等价类要远多于国际同行所得等价类数目。最后我们讨论了等价类函数所包含的单项式数目的问题。本节的部分结果可见文献[26]。

本节我们用迹函数表示布尔函数，即 $f(x) = \sum_{i=0}^{|CS|} \mathrm{tr}(\alpha_i x^{d_i})$，其中 $d_i \in CS$，α_i，$x \in F_{2^n}$。由于 $n = 2k$ 变元的 Bent 函数的代数次数至多为 k，所以我们只考虑满足 $H(d_i \bmod 2^{L(d_i)-1}) \leq k$ 条件的陪集首项。记满足上述条件的陪集首项集合为 BCS。为了减少问题的复杂度，可以先考虑布尔函数的迹表示中单项式个数少的情况，譬如 $\mathrm{tr}(\alpha^i x^{d_1} + \alpha^j x^{d_2})$。通过改变四个参数的值，然后验证它们是否为 Bent 函数，这是一种随机搜索算法。进一步，我们给每一个指数 d_i 一个适应值函数 $C(d_i)$，使得我们的算法优于随机算法，也优于其他已知的编码算法，具体分析见下文。

6.2.5.1 基于迹表示演化算法

下面以两项式函数 $\mathrm{tr}(\alpha^i x^{d_1} + \alpha^j x^{d_2})$ 为例说明演化算法如下。

输入：偶数 n，变元数；输出：Bent 函数。

```
for(d₁ ∈ BCS) C(d₁) = 0; NN1 = 2ⁿ;
for(d₁ ∈ BCS)
begin
    for(d₂ ∈ BCS and d₂ > d₁)
    if(C(d₁) > λ₁ and C(d₂) > λ₂)
    begin
        如果 d₁ 对连续 N₁ 个 d₂ 不能构造 Bent 函数，则 C(d₁) 应变小，否则变大。
        for(i = 0; i < NN1-2; i++)
        begin
            如果 d₁ 对连续 N₂ 个 i 不能构造 Bent 函数，则 C(d₁) 应变小，break;
            否则变大。
            tratofun(i, d₁, s[0]);
            for(j = 0; j < NN1-2; j++)
            begin
```

tratofun(j, d_2, $s[1]$);
for($j=0$; $j<NN1$; j++)ss[j]=s[0][j]+s[1][j];
如果 ss 是 Bent 函数，则 $C(d_1)$，$C(d_2)$ 增加。
如果 ss 对连续 N_3 个 j 不能构造 Bent 函数，则 $C(d_2)$ 应变小，break；
end
end
end
end

其中 tratofun(i, d, s) 计算函数 tr($\alpha^i x^d$) 的真值表 s，α 是 F_{2^n} 的一个本原元素。$C(d_1)$ 是适应值函数，如果该指数可以生成 Bent 函数，则其适应值增加，否则减少。λ_1，λ_2 是两个门限值（借鉴模拟退火算法，它们可以是时间的函数，但我们实现时没有采用），N_1，N_2，N_3 是预设的界。

演化结果：通过以上算法，我们可以设计形如 $f(x) = \text{tr}(\alpha^i x^{d_1}) + \text{tr}(\alpha^j x^{d_2})$ 或 $f(x) = \text{tr}(\alpha^i x^{d_1}) + \text{tr}(\alpha^j x^{d_2}) + \text{tr}(\alpha^k x^{d_3})$ 的 8～16 元 Bent 函数，其中 α 是相应域的本原元。例如函数是 6 元时，设 $F_{64} = \{0, 1, \alpha, \alpha^2, \cdots, \alpha^{62}\}$，其中 α 是 $x^6 + x + 1 = 0$ 的根。如下是一些可以构造 Bent 函数的指数组合 (d_1, d_2)：(3, 5)，(3, 9)，(3, 21)，(3, 27)，(5, 9)，(7, 9)，(7, 21)，(7, 27)，(9, 11)，(9, 21)，(9, 27)。通过选择系数 (i, j)，我们可以构造不同的 Bent 函数，然而它们在仿射等价意义下只有两个等价类：(0, 3, 5, 5)，(3, 7, 0, 9)，即 $\text{tr}_1^6(\alpha^0 x^3 + \alpha^5 x^5)$，$\text{tr}_1^6(\alpha^3 x^7 + \alpha^0 x^9)$。三项式的指数 (d_1, d_2, d_3) 为 (3, 5, 7)，(3, 5, 11)，(3, 5, 13)，(3, 7, 13)，(5, 9, 21)，(7, 13, 21)，(11, 13, 21)。由此我们可以得出另两个等价类：$\text{tr}_1^6(\alpha^1 x^3 + \alpha^6 x^7 + \alpha^{60} x^{13})$ 和 $\text{tr}_1^6(\alpha^0 x^7 + \alpha^1 x^9 + \alpha^0 x^{21})$。这样我们得到了 6 元 Bent 函数的所有四个仿射等价类。

当函数为 8 元时，设 $F_{256} = \{0, 1, \alpha, \alpha^2, \cdots, \alpha^{254}\}$，其中 α 是 $x^8 + x^4 + x^3 + x^2 + 1 = 0$ 的根。8 元 2 项式指数 (d_1, d_2) 为 (3, 51)，(5, 15)，(5, 45)，(9, 85)，(15, 17)，(15, 45)，(17, 23)，(25, 45)，(45, 85)；三项式指数 (d_1, d_2, d_3) 为 (3, 5, 9)，(3, 9, 17)，(3, 15, 27)，(5, 9, 17)，(5, 15, 25)，(5, 25, 45)，(9, 15, 21)，(15, 25, 45)，(17, 21, 27)，(17, 25, 45)。通过改变系数 (i, j) 或 (i, j, k)，我们至少可以得到 53 个仿射等价类，见表 6-7。我们也得到了很多 4 项式，如以下指数组合 (d_1, d_2, d_3, d_4)：(5, 15, 25, 45)，(5, 15, 25, 85)，(5, 15, 45, 85)，(5, 25, 45, 85)，(15, 25, 45, 85)。通过改变系数，我们至少可以得到另外的 76 个仿射等价类，见表 6-8。类似地，我们可以得到许多 10～16 元的 Bent 函数。例如当函数为 10 变元时，通过改变参数 $(i, 31, j, 93)$ 的系数 (i, j)，我们可以得到几百个仿射等价类。通过改变系数就可以生成不同的仿射等价类，这是一个很好的性质，对研究 Bent 函数的构造很有意义。

表 6-7　　8 元 3 项式 Bent 函数类

0	3	1	5	0	51	0	3	17	9	0	27	0	3	0	15	0	27
1	3	30	39	5	51	0	5	0	15	0	17	0	5	0	15	0	25
2	5	16	15	9	25	2	5	20	15	17	25	2	5	23	15	0	25
0	5	0	15	0	53	3	5	2	25	1	45	3	5	21	25	8	45
0	5	0	45	0	53	8	9	0	17	63	39	0	15	0	17	5	45
0	15	0	17	15	45	0	15	0	17	17	45	0	15	1	17	0	45
3	15	0	17	7	45	5	15	0	17	0	45	0	15	4	25	17	45
0	15	23	25	10	45	1	15	31	25	17	45	7	15	4	25	9	45
7	15	17	25	14	45	10	15	27	25	16	45	4	15	31	27	46	45
3	15	2	27	13	51	0	15	17	39	0	45	4	17	2	19	19	53
0	5	17	15	51	25	1	5	1	15	53	25	1	5	10	15	127	25
1	5	23	15	90	25	1	5	53	15	84	25	1	5	70	15	78	25
1	5	100	15	66	25	1	5	122	15	22	25	1	5	122	15	33	25
2	5	25	15	84	25	2	5	34	15	73	25	2	5	35	15	1	25
2	5	53	15	7	25	3	5	77	15	49	25	3	5	94	15	2	25
4	5	2	15	99	25	0	15	13	25	169	45	1	15	48	25	181	45
1	15	64	25	173	45	3	15	47	25	177	45	3	15	62	25	194	45
7	15	29	25	123	45	7	15	29	25	162	45						

表 6-8　　8 元 4 项式生成的 Bent 函数

0	5	1	15	5	25	229	45	0	5	1	15	77	25	130	45
0	5	1	15	85	25	155	45	0	5	1	15	85	25	188	45
0	5	3	15	35	25	249	45	0	5	3	15	43	25	207	45
0	5	3	15	170	25	42	45	0	5	5	15	170	25	91	45
0	5	5	15	170	25	181	45	0	5	7	15	85	25	216	45
0	5	7	15	168	25	66	45	0	5	7	15	170	25	161	45
0	5	7	15	186	25	204	45	0	5	11	15	160	25	118	45
0	5	13	15	85	25	26	45	0	5	13	15	85	25	161	45
0	5	13	15	85	25	177	45	0	5	17	15	85	25	68	45
0	5	31	15	170	25	229	45	0	5	43	15	170	25	89	45
1	5	0	15	252	25	110	45	1	5	2	15	96	25	241	45
0	5	7	15	33	25	9	85	0	5	27	15	29	25	1	85

续表

0	5	51	15	34	25	1	85	0	5	57	15	19	25	5	85
1	5	14	15	1	25	5	85	1	5	27	15	39	25	5	85
1	5	37	15	5	25	9	85	1	5	37	15	10	25	9	85
1	5	63	15	10	25	1	85	2	5	3	15	16	25	9	85
2	5	3	15	58	25	5	85	2	5	6	15	27	25	5	85
2	5	11	15	38	25	5	85	2	5	41	15	55	25	5	85
3	5	7	15	29	25	9	85	3	5	43	15	19	25	9	85
3	5	43	15	32	25	5	85	3	5	48	15	13	25	1	85
0	5	0	15	51	45	5	85	1	5	17	15	18	45	1	85
1	5	31	15	13	45	9	85	1	5	37	15	60	45	5	85
0	5	11	15	181	25	9	85	0	5	43	15	89	25	9	85
0	5	51	15	170	25	5	85	0	5	59	15	191	25	5	85
0	5	87	15	180	25	5	85	0	5	111	15	39	25	5	85
0	5	119	15	153	25	1	85	0	5	127	15	190	25	5	85
1	5	6	15	81	25	1	85	1	5	26	15	245	25	1	85
1	5	29	15	206	25	1	85	1	5	33	15	196	25	5	85
1	5	37	15	141	25	5	85	1	5	37	15	209	25	1	85
1	5	37	15	243	25	9	85	1	5	59	15	139	25	5	85
1	5	71	15	50	25	1	85	1	5	73	15	209	25	1	85
1	5	82	15	231	25	1	85	1	5	88	15	243	25	1	85
1	5	89	15	48	25	5	85	1	5	96	15	126	25	1	85
1	5	97	15	221	25	9	85	1	5	127	15	159	25	1	85
1	5	142	15	169	25	5	85	1	5	142	15	253	25	1	85
1	5	144	15	126	25	1	85	1	5	161	15	201	25	9	85
1	5	178	15	190	25	5	85	1	5	194	15	89	25	5	85
1	5	208	15	176	25	5	85	1	5	209	15	10	25	9	85

6.2.5.2 演化设计结果分析1：指数的不同作用

在迹的表示里，我们称 x 的指数为布尔函数的指数，称 d 是一个 Bent 指数，如果存在一个系数 $\alpha \in F_{2^n}$ 使得 $f(x) = \text{tr}(\alpha x^d)$ 是 Bent 函数。文献[15]就 Bent 指数给了一个综述。已知的一些 Bent 指数有 Gold 类型 2^r+1，r 是自然数，Dillon 类指数[16] 2^k-1，$k = n/2$，Dillon-Dobbertin 类指数[17] $2^{2r}-2^r+1$，$\gcd(r, n) = 1$，以及由 Canteaut 发现的类型 $(2^r+1)^2$，$n = 4r$。通过对所得函数进行观察，我们有如下结论：当函数的单项式数目不

是很大时，集合 BCS 内的元素在构造 Bent 函数时所起的作用是不同的。更确切地说，当 d_1，d_2，……是 Bent 指数，Bent 指数的倍数或是 Bent 指数的因子时，组合（d_1，d_2，……）更有可能构成 Bent 函数。我们给出两组对比的例子。一个例子是当 d_1，d_2，d_3，$d_4 \in \{\text{Dillon 指数的整数倍}\} \cap BCS$，对 8~16 元，除 4 种组合情况外，我们验证了所有的 2 项式（d_1，d_2）、所有的三项式（d_1，d_2，d_3）以及所有的四项式（d_1，d_2，d_3，d_4）都可以用来构造 Bent 函数。4 种例外的组合发生在 14 元情况，它们是（381，2667），（381，1143），（1143，2667）以及（381，1143，2667）。而有些指数则不能够构造 Bent 函数，例如在 8 元时，在 BCS 里共有 22 个陪集元素 BCS = {3，5，7，9，11，13，15，17，19，21，23，25，27，29，37，39，43，45，51，53，85，119}。当我们设计 2 项式 Bent 函数 $\text{tr}(\alpha^i x^{d_1} + \alpha^j x^{d_2})$ 时，只需要几轮外层循环，一些陪集首项的适应值（如 37，43，53）就变得很低。通过选择适当的门限值 λ_1，λ_2，它们就直接被去掉了，从而提高了演化的效率。对演化算法来说，这是一个非常好的性质。因为如果一个 BCS 内的元素不可以构造 Bent 函数，则在程序运行一段时间后，它的适应值会变得很低，从而在程序的后续运行中，通过设置一个适当的门限值，可以直接去掉该指数。而在代数正规型表示，我们没办法判定哪一个 x^r 更容易用于构造 Bent 函数。也正是由于这个特点，使很多的学者从迹表示的角度来研究 Bent 函数。

6.2.5.3 演化设计结果分析 2：改变 linear span

我们演化所得的 Bent 函数的一个缺点是所含的单项式较少。但是一般而言，迹表示简单的函数并不意味着代数正规型也简单，而且所谓的缺点也很容易克服。我们注意到 6 元 Bent 函数有很多，但它们都可以转换为 2，3 项式的形式，这就提示我们线性变换可以改变函数的 linear span，而且下面的定理保证了 linear span 通常会变大。

定理 6-10 当 n 很大时，linear span 为 $2^n - 2$ 的 n 元布尔函数的概率几乎为 1。

证明：函数 $f(x) = \sum_{r \in CS} \text{tr}(\delta_r x^r)$，$\delta_r \in F_{2^n}$，陪集首项的个数可大约估计为 $k = 2^n/n$。则具有如下形式 $f(x) = \text{tr}(\delta_1 x^{r_1} + \delta_2 x^{r_2} + \cdots + \delta_i x^{r_i})$ 的函数个数为 $C_k^i (2^n - 1)^i$，$i < k$，所以 linear span 为 $2^n - 2$ 的函数个数为 $C_k^k (2^n - 1)^{2^n/n} = (2^n - 1)^{2^n/n}$。当 n 足够大时，

$$\lim_{n \to +\infty} (2^n - 1)^{2^n/n} 2^{2^n} = 1.$$

随机生成大量的布尔函数验证了上述定理。虽然我们不知道 Bent 函数在布尔函数空间的分布是否均匀，但大量的实验表明 Bent 函数的 linear span 都比较大。现在我们可以解决本小节开头提出的问题。假设 $f(x)$，$x \in F_{2^n}$ 是两项式或三项式的和，设 $g(x)$ 是其代数正规型。随机选择一个矩阵 $A \in GL(n, 2)$，$g(xA)$ 也是一个 Bent 函数，但是通常 $g(xA)$ 的迹表示里包含很多的单项式。例如，设 $f(x) = \text{tr}_1^8(x^5 + x^{15} + x^{53}) \in p_8$，设 $g(x)$ 是它的代数正规型，随机取一个矩阵 $A = $ (0xd4，0x5d，0x25，0x38，0x9，0x7d，0x5a，0x3)，其中的 16 进制数为矩阵的行向量。则 $g(xA)$ 也是一个 Bent 函数，但函数 $g(xA)$ 的迹表示为：

$$\text{tr}_1^8(\alpha^{183}x^1+\alpha^{105}x^3+\alpha^{107}x^5+\alpha^{133}x^7+\alpha^{41}x^9+\alpha^{234}x^{11}+\alpha^{167}x^{13}+\alpha^{100}x^{15}+\alpha^{203}x^{19}$$
$$+\alpha^{141}x^{21}+\alpha^{33}x^{23}+\alpha^{25}x^{25}+\alpha^{234}x^{27}+\alpha^{199}x^{29}+\alpha^{177}x^{37}+\alpha^{68}x^{43}+\alpha^{146}x^{45}+\alpha^{123}x^{53})$$
$$+\text{tr}_1^4(\alpha^{238}x^{17}+\alpha^{238}x^{51})+\text{tr}_1^2(\alpha^{170}x^{85})$$

由上述观察，我们容易设计非 Niho 型的完全非线性 S 盒。文献[15]中给出了 3 种方法构造 2 项式 Niho 类 Bent 函数的方法。基于 Niho 类 Bent 函数，文献[15]又给出了构造 Niho 类完全非线性 S 盒的方法。设 $f(x)$ 是一个 Niho 类 Bent 函数，则 $F(x)=\{f(x),f(\gamma_1 x),\cdots,f(\gamma_{k-1}x)\}$ 是完全非线性 S 盒，其中 $\{1,\gamma_i\in F_{2^k},i=1,2,\cdots,k-1\}$ 是线性独立的。设 $G(x)$ 是 $F(x)$ 的代数正规型表示，显然对于任意给定的矩阵 $A\in GL(n,2)$，$b\in F_2^n$，$G(xA+b)$ 仍然是一个完全非线性 S 盒，但通常不再是 Niho 类的。例如，取 $f(x)=\text{tr}_1^4(x^{17})+\text{tr}_1^8(x^{23})$，取 $\gamma_0=1$，$\gamma_1=\alpha^{17}$，$\gamma_2=\alpha^{34}$，$\gamma_3=\alpha^{51}\in F_{16}$，它们线性独立。则 $F(x)=\{f(x),f(\gamma_1 x),f(\gamma_2 x),f(\gamma_3 x)\}$ 是完全非线性 S 盒。设 $G(x)$ 是 $F(x)$ 的代数正规型表示。现在随机取一个矩阵 $A=(0xd4,0x5d,0x25,0x38,0x9,0x7d,0x5a,0x3)\in GL(8,2)$，则函数 $G(xA)$ 仍然是完全非线性 S 盒，但是它的 4 个分量函数的迹表示分别为：

（1）
$$\text{tr}_1^8(\alpha^{193}x^1+\alpha^{194}x^3+\alpha^{136}x^5+\alpha^{223}x^7+\alpha^{40}x^9+\alpha^{253}x^{11}+\alpha^{180}x^{13}+\alpha^{126}x^{15}+\alpha^{148}x^{19}+\alpha^{192}x^{21}$$
$$+\alpha^{95}x^{23}+\alpha^{64}x^{25}+\alpha^{157}x^{27}+\alpha^{34}x^{29}+\alpha^{79}x^{37}+\alpha^{108}x^{39}+\alpha^{205}x^{43}+\alpha^{154}x^{45}+\alpha^{238}x^{53}$$
$$+\alpha^{17}x^{51})+\text{tr}_1^4(\alpha^{17}x^{51})+\text{tr}_1^2(\alpha^0 x^{85})$$

（2）
$$\text{tr}_1^8(\alpha^{57}x^1+\alpha^{184}x^3+\alpha^0 x^5+\alpha^{150}x^7+\alpha^{85}x^9+\alpha^{152}x^{11}+\alpha^{102}x^{13}+\alpha^{30}x^{15}+\alpha^{69}x^{19}$$
$$+\alpha^{236}x^{21}+\alpha^{233}x^{23}+\alpha^{120}x^{25}+\alpha^{17}x^{27}+\alpha^{242}x^{29}+\alpha^{120}x^{37}+\alpha^{127}x^{39}+\alpha^{100}x^{43}+\alpha^{61}x^{45}$$
$$+\alpha^{129}x^{53})+\text{tr}_1^4(\alpha^0 x^{17}+\alpha^0 x^{51})\text{tr}_1^2(\alpha^0 x^{85})$$

（3）
$$\text{tr}_1^8(\alpha^{250}x^1+\alpha^{99}x^3+\alpha^{90}x^5+\alpha^{12}x^7+\alpha^{17}x^9+\alpha^{32}x^{11}+\alpha^{128}x^{13}+\alpha^{166}x^{15}+\alpha^1 x^{19}$$
$$+\alpha^{163}x^{21}+\alpha^{130}x^{23}+\alpha^{21}x^{25}+\alpha^{221}x^{27}+\alpha^{197}x^{29}+\alpha^{17}x^{37}+\alpha^{176}x^{39}+\alpha^{102}x^{43}+\alpha^0 x^{45}$$
$$+\alpha^{61}x^{53})+\text{tr}_1^4(\alpha^{170}x^{17}+\alpha^{170}x^{51})$$

（4）
$$\text{tr}_1^8(\alpha^{79}x^1+\alpha^{39}x^3+\alpha^{127}x^5+\alpha^{79}x^7+\alpha^{18}x^9+\alpha^{19}x^{11}+\alpha^{211}x^{13}+\alpha^{216}x^{15}+\alpha^{254}x^{19}$$
$$+\alpha^{123}x^{21}+\alpha^{105}x^{23}+\alpha^{140}x^{25}+\alpha^3 x^{27}+\alpha^{37}x^{29}+\alpha^{185}x^{37}+\alpha^{60}x^{39}+\alpha^{224}x^{43}+\alpha^{48}x^{45}$$
$$+\alpha^{40}x^{53})+\text{tr}_1^4(\alpha^{221}x^{17}+\alpha^0 x^{51})+\text{tr}_1^2(\alpha^0 x^{85})$$

可见，函数 $G(xA)$ 已经不是 Niho 类完全非线性 S 盒了。

这一观察在通信领域里的构造具有低的自相关、互相关的序列簇时很有用。在通信领域，特别是扩频通信领域，人们希望找到好的序列。所谓好的序列簇通常是指有低的自相关性、互相关性，簇里含有足够多的序列以及大的 linear span（可以增加安全性）。

目前已知的几类序列大部分的 linear span 都比较小,因而有许多文献讨论了如何构造具有大 linear span 的序列,同时满足其他性质要求。利用我们给出的方法,这个问题很容易解决,只需对原序列簇进行线性变换即可。由于线性变换并不改变序列的相关性,但 linear span 通常会增加。但是也要注意到,增加了 linear span 有可能使编码增加复杂度。

6.2.5.4 演化设计结果分析3:演化 Bent 函数的仿射分类

对布尔函数的仿射分类是一个有意义的课题,有很多的文献讨论了该问题[16,27,28,29,30],而对 Bent 函数进行仿射等价划分更难,我们使用文献[16,30]的方法有比较好的划分效果。

此处给出一些布尔函数仿射等价划分方面的必要知识,后文将给出更详细的信息。记 $GL(n,2)$ 是由所有 n 阶可逆矩阵构成的一般线性群。设 $f(x)$,$g(x)$ 是两个布尔函数,如果存在 $A \in GL(n,2)$,$b, l \in F_2^n$,$c \in F_2$ 使得 $f(x) = g(xA+b) + lx + c$,则称这两个函数仿射等价。一个从布尔函数集合到数的集合的映射 M 称为布尔函数的不变量,如果该映射满足对任意两个仿射等价的函数 $f(x)$、$g(x)$ 都有 $M(f) = M(g)$ 成立。如果所有具有相同不变量的函数都被认为是同一类,则不变量取不同值的个数就是集合包含的等价类个数。通过这种方式,不变量常可以用来划分集合。假如我们知道 L 为集合关于某等价关系划分的等价类数目,而某一个不变量刚好取 L 个不同的值,则集合已经划分好了,此时的不变量称为判别式。

定理 6-11 设 $f(x) = g(xA+b) + lx + c$,$c \in F_2$,x,b,$l \in F_2^n$,$A \in GL(n,2)$,则 $\{f_v(x) \mid v \in F_2^n\}$ 与 $\{g_v(x) \mid v \in F_2^n\}$ 仿射等价,其中 $f_v(x) = f(x) + f(x+v)$ 为 $f(x)$ 在方向 v 上的导数。

Preneel[31]指出,绝对 Walsh 谱的分布是一个不变量。如果我们给所有具有相同绝对 Walsh 谱分布的函数一个相同的值 $N(\text{walsh}(h))$,这里的 $h(x)$ 是任意的代表函数,则由上述命题知,$\{N(\text{walsh}(f_v(x))) \mid v \in F_2^n\} = \{N(\text{walsh}(g_v(x))) \mid v \in F_2^n\}$,即 $M(f) = \{N(\text{walsh}(f_v(x))) \mid v \in F_2^n\}$ 是一个不变量,可以用于划分 Bent 函数。但是一般而言,我们得到的这个不变量不是判别式,因而很多的不等价函数被划分为等价函数了,所以演化所得函数集合实际包含的等价类要比我们划分所得的等价类多。表 6-9 列出了我们所得的等价类数量,我们所得的等价类要远远多于 Fuller, Dawson 及 Millan 等人[19]的结果。

表 6-9 演化 Bent 函数的等价类比较

函数数目	我们的算法	Fuller 等人的算法
8 变元	129	14
10 变元	多于 300	46

6.2.5.5 演化设计结果分析4：Bent 函数单项式个数

在函数为6元时，所有的4个仿射等价类可以由2, 3项式来覆盖。那么当函数为8元时，是否所有的等价类可以由2, 3, 4项式来覆盖呢？对于更多的变元的情况呢？如果答案是肯定的，则我们应该从迹函数角度来研究 Bent 函数，进一步了解 Bent 函数的分布情况，这样会简化问题的复杂度。

6.2.6 Bent 函数的搜索算法

由6.2.4节知道，Bent 函数的子函数的 Walsh 谱是有规律的，由此观察并结合布尔函数的代数正规型，本节给出一个快速搜索算法。

6.2.6.1 引言

由文献[1]知，如果 $f(x) \in p_n$ 是 Bent 函数，其中 $n=2k$, $k>1$，则 $f(x)$ 的次数至多为 k。由上述论断可知，Bent 函数的代数正规型应具有如下形式：

$$f(x) = \sum_{s \in F_2^n, H(s) \leq k} a_s x^s \tag{6-8}$$

其中 $x^s = x_1^{s_1} \cdots x_n^{s_n}$。进一步，由于一个 Bent 函数加上一个仿射函数仍然是一个 Bent 函数，所以在上式中可以不考虑仿射函数，所以有 $f(x) = \sum_{s \in F_2^n, 1 < H(s) \leq k} a_s x^s$。当 $n=4$ 时，式 (6-8) 右边有 $C_4^2 = 6$ 个单项式，共有 2^6 个函数。我们容易运用 Bent 函数的定义验证这些函数是否为 Bent 函数。当 $n=6$ 时，式 (6-8) 右边有 $C_6^3 + C_6^2 = 35$ 个单项式，共有 2^{35} 个函数。运用定义验证则需要一定的运算代价。当 $n=8$ 时，式 (6-8) 右边有 $C_8^4 + C_8^3 + C_8^2 = 154$ 个单项式，共有 2^{154} 个函数。运用定义进行验证则是一个不可能的任务，即使是只考虑齐次 Bent 函数，当 n 变大时，如 $n=8$，次数为3，我们也需要验证 $2^{C_8^3} = 2^{56}$ 个函数，在普通的微机上这也是不可能的任务。所以想通过枚举来研究 Bent 函数目前来看是不太可能的，所以人们更多的是研究一些特殊形式的 Bent 函数的构造方法，然而这些研究方法对认识 Bent 函数的全体面貌是有局限性的，例如由构造法产生的函数在 Bent 函数空间中的比例如何，是否覆盖了所有 Bent 函数类？这些问题都无法回答。

本节利用 Bent 函数对其子函数 Walsh 谱的限制，结合布尔函数的代数标准型给出一个快速算法，该算法可以解决小参数情况下的枚举问题。我们把函数进行如下分解：

$$f(x) = \sum_{i=0}^{2^k-1} \delta_i(x') f_i(x''),$$

其中 $x' = (x_1, x_2, \cdots, x_k)$, $x' = (x_{k+1}, x_{k+2}, \cdots, x_n)$

$$\delta_i(x') = \begin{cases} 1 & x' = i \\ 0 & x' \neq i \end{cases}$$

$f_i(x'')$, $i=0, 1, \cdots, 2^k-1$，称为 $f(x)$ 的子函数。Bent 函数的子函数的 Walsh 谱也呈现一定的规律，也就是说并不是所有的子函数都可以用来生成 Bent 函数。当我们从演化设计的角度考虑问题时,我们就可以通过子函数的谱条件约束掉一部分不可能构造 Bent 函数的子函数,从而简化了后续搜索的复杂度。当问题的规模较小时,我们给出的算法就变成了枚举算法。在高变元时,我们的算法可以解决存在性问题。

本节的主要结果是:我们给出了一个快速搜索算法。利用该算法,我们可以枚举特定类型的 Bent 函数。如所有的 6 元 Bent 函数,8 元 3 次齐次 Bent 函数,10 元旋转对称 Bent 函数以及其他具有特定代数表达式的 Bent 函数。没有我们的算法,这些结果的获得都是困难的。

6.2.6.2 快速搜索算法

定理 6-12[32] 设 $f(x_1, x_2, \cdots, x_n) = \sum_{i=0}^{2^k-1} \delta_{a_i}(x') f_i(x'')$ 是一个 Bent 函数,则其每一个谱 $s_{(f_i)}(w'')$ 只能取如下 2^k+1 个值:$\{(2^k-j)2^{n/2} - j2^{n/2}\}/2^k = (2^k-2j)2^{n/2-k}$,$j = 0, 1, \cdots, 2^k$,这些值称为 k-阶 Granted-value。

证明:类似定理 6-3,可以证明

$$[s_{(f_0)}(w''), s_{(f_1)}(w''), \cdots, s_{(f_{2^k-1})}(w'')]^T = 2^{-k} H_k [s_{(f)}(a_0, w''), s_{(f)}(a_1, w''), \cdots, s_{(f)}(a_{2^k-1}, w'')]^T$$

,当 $w=0$ 时,$s_{(f)}(a_i, 0)$,$i=0, 1, \cdots, 2^k-1$ 取定了如下两个可能值中的一个 $\{\pm 2^{n/2}\}$,$s_{(f_i)}(0)$,$i=0, 1, \cdots, 2^k-1$ 的值也就固定了。$s_{(f_i)}(0)$ 可能取的不同值的个数仅依赖 $s_{(f)}(a_i, w)$,$i=0, 1, \cdots, 2^k-1$ 中取负值(或正值)的个数。对于其他 $w \neq 0$ 的情形,类似可证 $s_{(f_i)}(w)$ 也只取 2^k+1 个值。

例:设 $k=1$,$f(x)$ 被分成两个子函数 $f_0(x'')$ 和 $f_1(x'')$。两个子函数可以取的 Walsh 谱为 0,$\pm 2^{n/2}$。设 $k=2$,我们得到 5 个值:0,$\pm 2^{n/2-1}$,$\pm 2^{n/2}$。类似的我们可以讨论 $k=3, 4, \cdots, n/2-1$ 的情况。

我们考虑一个具体的情况。设 $n=8$,当 $k=1$ 时,1 阶 Granted-value 是 $\{0, \pm 16\}$。当 $k=2$ 时,2 阶 Granted-value 是 $\{0, \pm 8, \pm 16\}$。当 $k=3$ 时,3 阶 Granted-value 是 $\{0, \pm 4, \pm 8, \pm 12, \pm 16\}$。基于计算机搜索,我们还观察到如下事实:把函数分成两个子函数,则 $[s_{(f_0)}(w), s_{(f_1)}(w)]$ 的绝对值分布只有 1 种;把函数分成 4 个子函数,则 $[s_{(f_0)}(w), \cdots, s_{(f_3)}(w)]$ 的绝对值分布有 2 种;把函数分成 8 个子函数,则 $[s_{(f_0)}(w), \cdots, s_{(f_7)}(w)]$ 的绝对值分布只有 8 种;把函数分成 16 个子函数,则 $[s_{(f_0)}(w), \cdots, s_{(f_{15})}(w)]$ 的绝对值分布只有 40 种。

虽然我们无法给出理论上的分析,但是这一观察可能会有助于证明 Stanica[33,34] 等人提出的猜想:当 $d \geq 3$ 时,不存在 d 次齐次旋转对称 Bent 函数。证明上述猜想的另一关键工作是分析齐次旋转对称函数代表元的分布情况。

Bent 函数可能的 ANF 为

$$f(x) = \sum_{s \in F_2^n,\ 1 < H(s) \leq k} a_s x^s,$$

其中 $a_s \in F_2$, $x^s = x_1^{s_1} \cdots x_n^{s_n}$。记上述函数的集合为 B_n, 记

$$B_{n,n-k,i} = \{f_i(x'') \mid f(x) = \sum_{j \in F_2^k} \delta_j(x')f_j(x''), f(x) \in B_n\}$$

即 n 元函数集合 B_n 的第 i 个 $n-k$ 元子函数的集合。

对函数的代数标准型进行穷举，利用子函数的 Walsh 谱进行过滤，我们得到了如下快速搜索算法。

算法 6-2 快速搜索算法

设变元数 $n = 2m$

(1) 初始化，令 $k = m-1$, $m-2$, $\cdots$, 1, 分别计算 k 阶 Granted-value。令 $k = m-1$。

(2) 对于 B_n 内的每一个函数，分解该函数为 2^k 个子函数。计算第一个子函数的 Walsh 谱，检验他们是否为 $k = m-1$ 阶 Granted-value 内的值。如果是，则保留该子函数，否则丢掉该子函数。记保留的子函数集合为 $R_{n-k} = R_{m+1}$。

(3) 计算集合 $\{(x_{n-k+1}+1)f_0(x') + x_{n-k+1}f_1(x') \mid f_0(x') \in R_{n-k}, f_1(x') \in B_{n,n-k,1}\}$ 里函数的 Walsh 谱，并且检验他们是否在 $k-1$ 阶 Granted-values 内。如果在，则保留该函数，否则丢掉。记保留函数的集合为 R_{n-k+1}。

(4) 令 $k = k-1$, 如果 $k = 0$, 集合 R_n 内的函数就是 Bent 函数, 结束。否则转步骤(3)。

实际运算时，k 可以取集合 $\{m-1, m-2, \cdots, 1, 0\}$ 内合适的值。由于我们将函数分为子函数，用必要条件在早期否定了那些根本不可能扩展为 Bent 函数的子函数，所以减少了后续检验过程的工作量，从而提高了效率，使得以前一些因计算量太大而不能计算的问题变得可计算。

6.2.6.3 算法应用

上述算法理论上可以枚举所有的 Bent 函数,但实际上我们可以对一部分参数的情况进行枚举。在函数为 6 元时，所有可能的函数为 $B_6 = \{f(x) \mid x \in F_2^6, f(x) = \sum_{s \in F_2^6, 1 < H(s) \leq 3} a_s x^s\}$,所以共有 2^{35} 个函数需要检验。由于 2^{35} 这个数目不是很大，可以先用 Reed-Muller 变换计算出真值表，再由真值表通过 Walsh 变换计算出 Walsh 谱，从而根据定义验证是否为 Bent 函数。但这样还是需要一些时间，而我们的算法更快。

集合 $B_6 = \{f(x) = \sum_{s \in F_2^6, 1 < H(s) \leq 3} a_s x^s\} = \{(x_6+1)f_0(x') + x_6 f_1(x')\}$, 并且记 $B_{6,5,0} = \{f_0(x') \mid f(x) = (x_6+1)f_0(x') + x_6 f_1(x'), f(x) \in B_6\}$, 相应的有 $B_{6,5,1}$。

(1) 1 阶 granted-value 为 $\{0, \pm 8\}$。

(2) 用 1 阶 Granted-value 检验集合 $B_{6,5,0}$ 内的函数是否可以扩展为 Bent 函数。只有 215706 个函数得以保留，记保留函数集合为 R_5。

(3) 考虑集合 $\{(x_6+1)f_0(x') + x_6 f_1(x') \mid f_0(x') \in R_5, f_1(x') \in B_{6,5,1}\}$, 验证它们是否满足 0 阶 Granted-value 的要求。共有 42386176 个函数是 Bent 函数，记这些 Bent 函数

的集合为 R_6。

由于如下事实：如果 $f(x)$ 是 Bent 函数，则对任意的仿射函数 $l(x)$，$f(x)+l(x)$ 也是 Bent 函数，从而得到了所有的 Bent 函数集合为 $\{f(x)\mid f(x)=g(x)+l(x), g(x)\in R_6, l(x)\in AF(6)\}$，该集合共有 128×42386176 个元素。这个数目和 Preneel 在文献[35]所得结果一致，但该文没有告诉我们是如何得到的，是一种计数还是通过枚举产生而得。由于在第 2 步我们只保留了 215760 个函数，在第 3 步里只需检验 215760×2^{15} 个函数，而按通常的枚举检验，我们需要检验 $2^{20}\times 2^{15}$ 个函数，所以我们的算法至少比单纯的枚举算法快大约 5 倍。

也许随着计算能力的提高，枚举 6 元 Bent 函数是很简单的事，但相应的我们能解决的变元数也会增加。

对于函数为 8 元的情况，由于有 $C_8^4+C_8^3+C_8^2=154$ 个 2，3，4 次单项式，所有可能的 Bent 函数个数为 2^{154}。显然我们无法像函数为 6 元的情况那样逐个进行验证，但是我们可以对函数的表达式进行一些限制，如限制为齐次函数。

定义 6-7[36] 函数 $f(x)=\sum_{s=0}^{2^n-1}a_s x^s$ 被称为 r 次齐次函数，如果满足对任意的 $H(s)\ne r$，有 $a_s=0$ 成立。

近来有很多文献[36,37,38]研究了齐次 Bent 函数。文献[36]讨论了 6 元 3 次齐次 Bent 函数。6 元 3 次齐次函数共有 2^{20} 个，很容易检验 2^{20} 个函数是否为 Bent 函数。运用这个方法作者们给出了所有的 30 个 3 次齐次 Bent 函数，作者们指出所找到的齐次 Bent 函数展现了有趣的组合结构。由文献[36]，人们容易提出如下问题：是否存在 8，10 元的齐次 Bent 函数？通过建立不变量和 Bent 函数的联系，Charnes 等人[37]利用特定对称群作用构造了部分 8~14 元的齐次 3 次 Bent 函数，从而证明了当 $m>2$ 时，$2m$ 变元 3 次齐次 Bent 函数的存在性。

我们首先考虑 8 元 4 次齐次函数。运用的快速搜索算法我们没有找到 Bent 函数，这引出了下一节关于齐次 Bent 函数的代数次数的讨论，于是考虑 3 次齐次函数。尽管有 $2^{C_8^3}=2^{56}$ 个齐次函数，我们可直接用上述的快速搜索算法，但是计算量较大，因此我们对上述算法进行了修改。

首先，由快速搜索算法，可以除去一些不可能的子函数。其次对函数进行一种容易恢复的等价划分。我们没有用仿射等价来划分，因为 8 元仿射等价的矩阵太多，而置换矩阵只有 8! 个，所以我们用置换矩阵来划分。所谓置换矩阵是指矩阵的行列向量的 Hamming 重量都为 1。记 n 阶置换矩阵的集合为 $PL(n,2)$。

设 $n=2m>4$ 是偶整数，记 B_n 为集合 $\{f(x)=\sum_{s=0}^{2^n-1}a_s x^s\}=\{f(x)=\sum_{i=0}^{2^k-1}\delta_i(x')f_i(x'')\}$，记 $B_{n,n-k,i}$ 为第 i 个 $(n-k)$ 元子函数的集合。

算法 6-3 改进算法

(1) 初始化。设 $k=m-1$，$m-2$，…，1。计算 k 阶 Granted-value。令 $k=m-1$。

(2) 对于 B_n 内的每一个函数，分解函数为 2^k 个子函数，判断第一个子函数 Walsh 谱是否取自 $(m-1)$ 阶 Granted-value。如果是，则保留该子函数，否则丢掉。记保留的函数集合为 R_{m+1}。对集合 R_{m+1} 用置换群 $PL(m+1,2)$ 做等价划分，并记等价类集合为 ER_{m+1}。

(3) 计算集合 $\{(x_{n-k+1}+1)f_0(x')+x_{n-k+1}f_1(x') \mid f_0(x') \in ER_{n-k}, f_1(x') \in B_{n,n-k,1}\}$ 内函数的 Walsh 谱，并检验它们是否取 $(k-1)$ 阶 Granted-value，如果是则保留，否则丢弃。记保留的函数集合为 R_{n-k+1}。用 $PL(n-k+1,2)$ 划分集合 R_{n-k+1}。记等价类集合为 ER_{n-k+1}。

(4) $k=k-1$，如果 $k=0$，输出集合 R_n 内的 Bent 函数，结束。否则转步骤(3)。

运用上述改进的算法，8 元 3 次的枚举过程如下。

8 元 3 次齐次函数集合为 $\{f(x) = \sum_{s=0}^{s=255} a_s x^s \mid a_s = 0 \text{ if } H(s) \neq 3\} = \{f(x) = (x_8+1)(x_7+1)f_0(x') + (x_8+1)x_7 f_1(x') + x_8(x_7+1)f_2(x') + x_8 x_7 f_3(x')\}$，集合 $B_{8,6,0}$ 有 2^{20} 个函数，$B_{8,6,1}$ 有 2^{15} 个函数，$B_{8,6,2}$ 有 2^{15} 个函数，$B_{8,6,3}$ 内有 2^6 个函数。

(1) 令 $k=2$，计算 2 阶 Granted-value 值为 $\{0, \pm 8, \pm 16\}$，令 $k=1$，1 阶 Granted-value 为 $\{0, \pm 16\}$。

(2) 计算集合 $B_{8,6,0}$ 内函数的 Walsh 谱，并用 2 阶 Granted-value $\{0, \pm 8, \pm 16\}$，进行过滤，只有 95370 个函数得以保留。在置换群 $PL(6,2)$ 的作用下，划分为 181 个等价类。即集合 ER_6 只有 181 个元素。

(3) 考虑集合 $\{(x_7+1)f_0(x')+x_7 f_1(x') \mid f_0(x') \in ER_6, f_1(x') \in B_{8,6,1}\}$，该集合的大小为 181×2^{15}。类似的，计算其 Walsh 谱，并用 1 阶 Granted-value $\{0, \pm 16\}$ 进行过滤，只有 3540 个函数得以保留，记保留函数集合为 R_7。用置换群 $PL(7,2)$ 作用，可得 251 个等价类，记该集合为 ER_7。令 $k=1$。

(4) 考虑集合 $\{(x_8+1)f_0(x')+x_8 f_1(x') \mid f_0(x') \in ER_7, f_1(x') \in B_{8,7,1}\}$，该集合大小为 251×2^{21}，检验其是否为 Bent 函数，只有 722 个 Bent 函数得以保留。在 8 阶置换群 $PL(8,2)$ 作用下，有 14 个等价类保留在集合 ER_8 内。如果我们把 $x_i x_j x_k$ 简记为 x_{ijk}，则 14 个 8 元 3 次齐次 Bent 函数如下：

① $x_{023}+x_{123}+x_{014}+x_{025}+x_{135}+x_{235}+x_{045}+x_{245}+x_{016}+x_{026}+x_{126}$
$+x_{236}+x_{046}+x_{246}+x_{346}+x_{356}+x_{456}+x_{027}+x_{037}+x_{047}+x_{147}+x_{347}$
$+x_{157}+x_{257}+x_{357}+x_{457}+x_{067}+x_{367}$

② $x_{012}+x_{013}+x_{023}+x_{015}+x_{125}+x_{035}+x_{145}+x_{245}+x_{016}+x_{136}+x_{046}+x_{146}+x_{346}$
$+x_{156}+x_{256}+x_{037}+x_{237}+x_{047}+x_{247}+x_{347}+x_{257}+x_{357}+x_{267}+x_{467}$

③ $\begin{aligned}&x_{012}+x_{013}+x_{023}+x_{015}+x_{125}+x_{035}+x_{145}+x_{245}+x_{016}+x_{136}+x_{046}+x_{146}+x_{346}\\&+x_{156}+x_{256}+x_{027}+x_{237}+x_{047}+x_{247}+x_{347}+x_{057}+x_{357}+x_{457}+x_{067}+x_{267}+x_{367}\\&+x_{567}\end{aligned}$

④ $\begin{aligned}&x_{023}+x_{123}+x_{014}+x_{025}+x_{125}+x_{035}+x_{135}+x_{045}+x_{145}+x_{245}+x_{016}+x_{026}+x_{126}\\&+x_{036}+x_{136}+x_{236}+x_{046}+x_{056}+x_{156}+x_{356}+x_{017}+x_{027}+x_{127}+x_{037}+x_{137}+x_{237}\\&+x_{047}+x_{247}+x_{057}+x_{157}+x_{357}+x_{457}+x_{267}+x_{467}+x_{567}\end{aligned}$

⑤ $\begin{aligned}&x_{012}+x_{013}+x_{123}+x_{014}+x_{024}+x_{025}+x_{125}+x_{235}+x_{045}+x_{145}+x_{016}+x_{136}+x_{236}\\&+x_{046}+x_{246}+x_{056}+x_{156}+x_{256}+x_{456}+x_{027}+x_{127}+x_{037}+x_{137}+x_{237}+x_{057}+x_{157}\\&+x_{357}+x_{457}+x_{067}+x_{167}+x_{267}+x_{467}\end{aligned}$

⑥ $\begin{aligned}&x_{012}+x_{013}+x_{123}+x_{014}+x_{024}+x_{025}+x_{125}+x_{035}+x_{135}+x_{235}+x_{045}+x_{145}+x_{245}\\&+x_{016}+x_{026}+x_{126}+x_{036}+x_{236}+x_{046}+x_{146}+x_{056}+x_{156}+x_{356}+x_{017}+x_{027}+x_{037}\\&+x_{137}+x_{237}+x_{147}+x_{057}+x_{157}+x_{257}+x_{457}+x_{167}+x_{267}+x_{367}+x_{567}\end{aligned}$

⑦ $\begin{aligned}&x_{012}+x_{013}+x_{123}+x_{014}+x_{024}+x_{025}+x_{125}+x_{035}+x_{135}+x_{235}+x_{045}+x_{145}+x_{245}\\&+x_{016}+x_{026}+x_{126}+x_{036}+x_{236}+x_{046}+x_{146}+x_{246}+x_{346}+x_{056}+x_{156}+x_{356}+x_{017}\\&+x_{027}+x_{037}+x_{137}+x_{237}+x_{147}+x_{247}+x_{347}+x_{057}+x_{157}+x_{257}+x_{457}+x_{167}+x_{267}\\&+x_{367}+x_{567}\end{aligned}$

⑧ $\begin{aligned}&x_{012}+x_{013}+x_{123}+x_{014}+x_{024}+x_{025}+x_{125}+x_{035}+x_{135}+x_{235}+x_{045}+x_{345}+x_{016}\\&+x_{026}+x_{036}+x_{136}+x_{236}+x_{046}+x_{146}+x_{246}+x_{056}+x_{156}+x_{256}+x_{037}+x_{137}+x_{237}\\&+x_{147}+x_{247}+x_{347}+x_{157}+x_{257}+x_{357}+x_{457}+x_{067}+x_{167}+x_{267}\end{aligned}$

⑨ $\begin{aligned}&x_{012}+x_{013}+x_{123}+x_{014}+x_{024}+x_{025}+x_{125}+x_{035}+x_{135}+x_{235}+x_{045}+x_{345}+x_{016}\\&+x_{026}+x_{036}+x_{136}+x_{236}+x_{046}+x_{146}+x_{246}+x_{056}+x_{156}+x_{256}+x_{017}+x_{027}+x_{127}\\&+x_{037}+x_{237}+x_{347}+x_{057}+x_{157}+x_{357}+x_{167}+x_{267}+x_{367}+x_{467}+x_{567}\end{aligned}$

⑩ $\begin{aligned}&x_{012}+x_{013}+x_{123}+x_{014}+x_{024}+x_{025}+x_{125}+x_{035}+x_{135}+x_{235}+x_{045}+x_{345}+x_{016}\\&+x_{026}+x_{036}+x_{136}+x_{236}+x_{046}+x_{246}+x_{056}+x_{156}+x_{256}+x_{456}+x_{017}+x_{027}+x_{127}\\&+x_{037}+x_{237}+x_{147}+x_{347}+x_{057}+x_{157}+x_{357}+x_{457}+x_{167}+x_{267}+x_{367}+x_{467}+x_{567}\end{aligned}$

⑪ $\begin{aligned}&x_{012}+x_{013}+x_{123}+x_{014}+x_{024}+x_{015}+x_{025}+x_{035}+x_{135}+x_{235}+x_{045}+x_{145}+x_{345}\\&+x_{016}+x_{126}+x_{036}+x_{136}+x_{236}+x_{256}+x_{356}+x_{017}+x_{027}+x_{127}+x_{037}+x_{237}+x_{047}\\&+x_{247}+x_{347}+x_{157}+x_{257}+x_{357}+x_{457}+x_{167}+x_{267}\end{aligned}$

⑫ $\begin{aligned}&x_{012}+x_{013}+x_{123}+x_{014}+x_{024}+x_{034}+x_{015}+x_{235}+x_{045}+x_{145}+x_{245}+x_{345}+x_{016}\\&+x_{026}+x_{126}+x_{036}+x_{146}+x_{246}+x_{056}+x_{156}+x_{256}+x_{356}+x_{017}+x_{127}+x_{237}+x_{047}\\&+x_{147}+x_{247}+x_{157}+x_{257}+x_{357}+x_{457}+x_{067}+x_{267}+x_{467}+x_{567}\end{aligned}$

⑬
$$x_{012}+x_{013}+x_{023}+x_{123}+x_{024}+x_{124}+x_{034}+x_{134}+x_{015}+x_{125}+x_{035}+x_{235}+x_{045}$$
$$+x_{145}+x_{245}+x_{345}+x_{016}+x_{026}+x_{126}+x_{136}+x_{046}+x_{017}+x_{027}+x_{137}+x_{237}+x_{047}$$
$$+x_{147}+x_{247}+x_{347}+x_{057}+x_{157}+x_{257}+x_{357}+x_{067}+x_{167}+x_{367}+x_{467}$$

⑭
$$x_{012}+x_{013}+x_{023}+x_{123}+x_{024}+x_{124}+x_{034}+x_{134}+x_{015}+x_{125}+x_{035}+x_{235}+x_{045}$$
$$+x_{145}+x_{245}+x_{345}+x_{126}+x_{136}+x_{046}+x_{246}+x_{056}+x_{017}+x_{027}+x_{137}+x_{237}+x_{047}$$
$$+x_{147}+x_{247}+x_{347}+x_{057}+x_{157}+x_{257}+x_{357}+x_{367}+x_{567}$$

集合 ER_8 内的元素就是所有的 8 元 3 次齐次 Bent 函数在置换群作用下的等价类。从而集合 $\{f(xA) \mid f(x) \in ER_8, A \in PL(8,2)\}$ 就是所有的 8 元 3 次齐次 Bent 函数。这一结论基于如下事实：

定理 6-13 记 $B_n = \{f(x) \in p_n \mid deg(f) \leq r\}$，
$B_{n,n-1,0} = \{f_0(x') \mid f(x) = (x_n+1)f_0(x') + x_n f_1(x'), f(x) \in B_n, x' \in F_2^{n-1}\}$，相应的有 $B_{n,n-1,1}$。用 $PL(n-1,2)$ 划分 $B_{n,n-1,0}$ 为集合 ER_{n-1}，且定义集合 $B' = \{f(x) \mid f(x) = (x_n+1)f_0(x') + x_n f_1(x'), f_0(x') \in ER_{n-1}, f_1(x') \in B_{n,n-1,1}\}$。则两个集合 B' 和 B_n 在 $PL(n,2)$ 作用下等价类数目相同。

证明：对于任意一个函数 $f(x) = (x_n+1)h_1(x') + x_n f_1(x') \in B_n$，存在一个函数 $h_2(x') \in ER_{n-1}$ 和 $A \in PL(n-1,2)$ 使得 $h_1(x') = h_2(Ax')$，又由于 $\{g_1(x'A) \mid g_1(x') \in B_{n,n-1,1}\} = B_{n,n-1,1}$，所以 $f_1(x') \in \{g_1(x'A) \mid g_1(x') \in B_{n,n-1,1}\}$，从而函数 $f(x)$ 在集合 $\{(x_n+1)h_2(x'A) + x_n g_1(x'A) \mid g_1(x') \in B_{n,n-1,1}\}$ 内，上述集合是由集合 $\{(x_n+1)h_2(x') + x_n g_1(x') \mid g_1(x') \in B_{n,n-1,1}\} \subseteq B'$ 合上矩阵 A 而来，所以任何一个 B_n 内的函数在 $PL(n-1,2)$ 作用下可以转化为集合 B' 内的元素。另一方面，集合 B' 内的元素肯定在集合 B_n 内。结论得证。

从 14 个等价类函数，我们得到了 293760 个齐次 Bent 函数，即 $\{f(xA) \mid f(x) \in ER_8, A \in PL(8,2)\}$。

下面的小实验也可以进一步验证我们的结论。我们运用改进的快速算法来构造 6 元 3 次齐次 Bent 函数。记 B_6 为 2^{20} 个齐次函数的集合。令 $k=1$，1 阶 Granted-value 为 $\{0, \pm 8\}$。对集合 $B_{6,5,0}$ 内的 1024 个函数运用 1 阶 Granted-value 过滤，我们得到 15 个函数，放入集合 R_5。在置换群 $PL(5,2)$ 的作用下，只有 1 个函数保留下来，放入集合 ER_5。用 Bent 函数的定义过滤集合 $\{(x_6+1)f_0(x') + x_6 f_1(x') \mid f_0(x') \in R_5, f_1(x') \in B_{6,5,1}\}$ 内的 1024 个函数，只有两个函数为 Bent 函数。在 $PL(6,2)$ 的作用下这两个函数划分为 1 个等价类，放入 ER_6，而集合 $\{f(xA) \mid f(x) \in ER_6, A \in PL(6,2)\}$ 内共有 30 个元素。这和文献[36]所得结果一致。

对于所有的 293760 个 8 元 3 次齐次 Bent 函数，在置换群作用下划分为 14 个等价类。通常求取 Bent 函数间的仿射等价关系是很不容易的，但运用布尔函数的仿射等价划分算法[39]，我们可以进一步给出 14 个 8 元 3 次齐次 Bent 函数的仿射等价关系。我们求得的仿射等价关系如下：函数 1，10，14 相互等价，函数 2，3，4，5，6，7，8，9，11，12，13 相互等价。我们给出几组这种具体的等价关系，由等价关系的传递性，其他没有给出的等价关系可以由给出的等价关系计算出来。其中矩阵中的数为 16 进制，且是行向量。

(1) 1 和 10 的关系为：$f_1(x)=f_{10}(xA)$，$A=(12, 1b, bc, 11, 7c, 33, f8, fc)$

(2) 1 和 14 的关系为：$f_1(x)=f_{14}(xA)$，$A=(ce, d1, 5e, f1, 4c, 4f, f5, f9)$

(3) 2 和 3 的关系为：$f_2(x)=f_3(xA)$，$A=(67, a5, db, 25, de, 2f, ca, fa)$

(4) 2 和 4 的关系为：$f_2(x)=f_4(xA)$，$A=(b3, dd, 23, de, 37, 2b, 9c, fc)$

(5) 2 和 5 的关系为：$f_2(x)=f_5(xA)$，$A=(0d, f4, 8f, 4f, e0, 2f, f1, f8)$

(6) 2 和 6 的关系为：$f_2(x)=f_6(xA)$，$A=(9b, 3c, 97, 91, b3, 7d, 7c, fc)$

(7) 2 和 7 的关系为：$f_2(x)=f_7(xA)$，$A=(78, b8, f0, 16, fa, 37, f8, fc)$

(8) 2 和 8 的关系为：$f_2(x)=f_8(xA)$，$A=(37, 86, e9, 16, eb, 57, e1, ed)$

(9) 2 和 9 的关系为：$f_2(x)=f_9(xA)$，$A=(37, 97, f8, 16, fa, 57, f0, fc)$

(10) 2 和 11 的关系为：$f_2(x)=f_{11}(xA)$，$A=(b3, cd, 33, ce, 3b, 63, c8, ec)$

(11) 2 和 12 的关系为：$f_2(x)=f_{12}(xA)$，$A=(1a, 1f, cc, 9b, 5b, e4, e6, f6)$

(12) 2 和 13 的关系为：$f_2(x)=f_{13}(xA)$，$A=(53, e8, 5b, 52, d3, ee, cc, fc)$

由于 10 元 3 次齐次 Bent 函数很多，我们只给出一些例子，在实际使用时，使用此算法快速可以生产大量 Bent 函数。

上面得到的任意 8 元 Bent 函数都属于 10 元 Bent 函数的 R_8 集合，我们以第一个函数为例，记为 $f_0(x)$。我们得到集合 $\{(x_9+1)f_0(x)+x_9 f_1(x)|f_1(x)\in B_{10,8,1}\}$，其大小为 2^{28}，用 1 阶 Granted-value 进行过滤，只有 19200 个子函数保留于集合 R_9 内。于是我们得到集合 $\{(x_{10}+1)f_0(x')+x_{10}f_1(x')|f_0(x')\in R_9, f_1(x')\in B_{10,9,1}\}$，其大小为 19200×2^{36}。通过查看它们是否为 Bent 函数，我们可以很快地生产 Bent 函数，但难以枚举，毕竟 19200×2^{36} 是一个很大的数。下面我们以真值表的形式给出两个例子，但事实上由于 19200×2^{36} 个函数空间内 Bent 函数所占比例很大，在一台 P4 1.7GHz 的机器上生产一个 Bent 函数在 1 秒以内。

(1)
00061117053f4e74171e5caa12d8fcc9055672de3cacee8147e46ac97ee10996
17225366121b0c05003a1edb05fcbeb874eba9c94d1135963659b1de0f5cd281
121b303942883af0505628d1ffc522e7712dca69e282fc6366ca872b0a65b1de
5f65d7ed0ff6dd241d28cf05b2bbc533a5354b24369a7d2eb2d20666de7d3093

(2)
0061117053f4e74171e5caa12d8fcc9055672de3cacee8147e46ac97ee10996
17225366121b0c05003a1edb05fcbeb874eba9c94d1135963659b1de0f5cd281
003a112b639a28d171443af0ede403f539a94e2166cab4e7e282cfaf42e13596

7e77c5cc1dd7fc360f09ee1793a9d712217d03a07e1ef966fa56822e5a357817

这里我们没划分集合 R_9，因为 $PL(9,2)$ 有 9！=362880 个矩阵，用 362880 个矩阵划分 19200 个函数需要一定的计算量。

下面讲解其他特殊类型 Bent 函数的枚举或构造。

如果我们把函数的代数形式加以更多限制，运用我们的算法可以进行更多类型函数的枚举。Pieprzyk 和 Qupieprzyk[40]在研究 Hash 函数的时候，为了加快函数的运算速度，提出了旋转对称函数的概念。Stanica 和 Maitra 等人[33]研究了旋转对称 Bent 函数的构造问题，给出了 4、6、8 元上所有的旋转对称 Bent 函数。后来，Stanica 等人[34]又猜想齐次旋转对称 Bent 函数不存在。对于这些学者研究的问题，运用我们的算法至少可以给出一些进一步的结果。

我们先给出旋转对称函数的定义。对于 n 元向量 $(x_1, x_2, \cdots, x_n)$ 中的 x_i，$1 \leq i \leq n$，定义

$$\rho_n^k(x_i) = \begin{cases} x_{i+k} & i+k \leq n \\ x_{i+k-n} & i+k > n \end{cases}$$

对于任意的 $(x_1, x_2, \cdots, x_n) \in F_2^n$，定义

$$\rho_n^k(x_1, x_2, \cdots, x_n) = (\rho_n^k(x_1), \rho_n^k(x_2), \cdots, \rho_n^k(x_n)),$$

我们称 $\rho_n^k(x_1, x_2, \cdots, x_n)$，$k=1, 2, \cdots, n-1$ 中数值最小者为这一组的代表元。

定义 6-8 对于任意的 $(x_1, x_2, \cdots, x_n)$，如果布尔函数 $f(x) \in p_n$ 满足

$$f(\rho_n^k(x_1, x_2, \cdots, x_n)) = f(x_1, x_2, \cdots, x_n), \quad 1 \leq k \leq n-1,$$

则称该函数是旋转对称函数[40]。

结果 1 Stanica 猜想当 $d \geq 3$ 时，不存在 d 次齐次旋转对称 Bent 函数，并验证了 6 元和 8 元的情况，运用我们的算法可以进一步验证 10 元和 12 元的情况。

Hamming 重量为 2 至 5 的 10 元旋转对称函数的代表元总共有 65 个，具体如下：

代数次数	个数	代表元
2	5	3 5 9 17 33
3	12	7 11 13 19 21 25 35 37 41 49 69 73
4	22	15 23 27 29 39 43 45 51 53 57 71 75
		77 83 85 89 99 101 105 147 149 165
5	26	31 47 55 59 61 79 87 91 93 103 107 109
		115 117 121 151 155 157 167 171 173 179 181 205 213 341

我们下文会证明 5 次、4 次齐次 Bent 函数的不存在性，当然也就不存在 4 次、5 次的齐次旋转对称函数。而 3 次的代表元只有 12 个，我们容易验证 3 次旋转对称 Bent 函

数是否存在。

Hamming 重量为 2 至 6 的 12 元旋转对称函数的代表元有 214 个，分别如下：

代数次数	个数	代表元									
2	6	3	5	9	17	33	65				
3	19	7	11	13	19	21	25	35	37	41	49	67	69
		73	81	97	133	137	145	273			
4	43	15	23	27	29	39	43	45	51	53	57	71	75
		77	83	85	89	99	101	105	113	135	139	141	147
		149	153	163	165	169	177	195	197	201	209	275	277
		281	291	293	297	325	329	585			
5	66	31	47	55	59	61	79	87	91	93	103	107	109
		115	117	121	143	151	155	157	167	171	173	179	181
		185	199	203	205	211	213	217	227	229	233	241	279
		283	285	295	299	301	307	309	313	327	331	333	339
		341	345	355	357	361	397	403	405	409	421	425	457
		587	589	595	597	613	661				
6	80	63	95	111	119	123	125	159	175	183	187	189	207
		215	219	221	231	235	237	243	245	249	287	303	311
		315	317	335	343	347	349	359	363	365	371	373	377
		399	407	411	413	423	427	429	435	437	441	455	459
		461	467	469	473	485	489	591	599	603	605	615	619
		621	627	629	663	667	669	679	683	685	691	693	715
		717	723	725	819	821	845	853	1365		

我们下文会证明 6 次、5 次齐次 Bent 函数的不存在性，自然不存在 6 次、5 次的齐次旋转对称 Bent 函数，而 4 次的齐次选择对称函数的代表元有 43 个，有 20 个介于 0 到 128 之间，有 14 个介于 128 到 256 之间，有 8 个介于 256 到 512 之间，有 1 个为 585。运用我们的算法，第一组 7 元子函数共有 2^{20} 个，容易验证是否满足 5 阶 Granted-value。而接下来的第一组 8 元子函数，第一组 9 元子函数更容易验证。验证过程不再赘述。

结果2 枚举10元的旋转对称Bent函数。在10元2次至5次的65个代表元中，有30个代表元的值小于64，有21个代表元介于64和128之间，有13个代表元介于128和256之间，1个大于256。所以运用我们的算法时，我们把函数分为16个子函数，则第一组6元子函数共有2^{30}个，用4阶Granted-value进行检验，以目前的计算能力我们完全可以很快验证它们。在验证第一组7元子函数和8元子函数时更容易进行。

结果3 枚举了12元3次的旋转对称Bent函数以及部分4次旋转对称Bent函数[41]。

6.2.7 齐次Bent函数的代数次数

众所周知，$2m$元Bent函数的代数次数上界为m。然而当把函数的表达式限制为齐次的形式时，Bent函数的代数次数上界目前尚无一般性结论。由快速搜索算法，我们发现没有8元4次的齐次Bent函数，那么这一结论是否可以推广到任意偶数变元呢？本节我们得到了一系列结果：对于任意的$2m$变元，当$m>3$时，不存在m次的齐次Bent函数。当$m>4$时，不存在代数次数为$m-1$的Bent函数。一般地，对于任意正整数k，存在一个整数N使得当$m>N$时，不存在代数次数为$m-k$的齐次Bent函数。换句话说，我们得到了齐次Bent函数的次数上界。通过分析不同次数的单项式的真值表特点，我们猜想对于任意整数$k>1$，存在一个正整数N，使得当$m>N$时，存在代数次数为k的$2m$元齐次Bent函数。

6.2.7.1 $2m$元m次Bent函数的不存在性

引理6-1 如果$f(x)$是一个n元$n-1$次齐次函数，则该函数的Hamming重量至多为$n+1$。

证明：如果$f(x)$是n元$n-1$次齐次函数，则它可以写为$f(x) = c_n x_1 x_2 \cdots x_{n-1} + c_{n-1} x_1 x_2 \cdots x_{n-2} x_n + \cdots + c_1 x_2 x_3 \cdots x_n$，其中$c_i \in F_2$。在集合$\{0, 1, \cdots, 2^n - 1\}$中，只有那些Hamming重量等于或大于$n-1$的元素可以使函数$f(x)$取值为1，Hamming重量大于等于$n-1$的元素有$n+1$个。引理得证。

定理6-14[42] 设$n=2m$是正偶数，当$m>3$时，不存在代数次数为m的n元齐次Bent函数。

证明：一方面，令$k = m - 1$，函数$f(x)$可以被分解为2^{m-1}个$m+1$元的子函数。当$s_f(a_0, 0) = 2^n - 2^{n/2-1}$且$s_f(a_i, 0) = -2^{n/2-1}$，$i = 1, 2, \cdots, 2^{m-1} - 1$时，谱$s_{f_0}(0) = \sum_{i=0}^{2^{m-1}-1} s_f(a_i, 0)/2^{m-1} = 2^{m-1}$为最小值。由线性Walsh谱的定义，该值也是第一个子函数的Hamming重量。

另一方面，由引理6-1，$m+1$元m次齐次函数的Hamming重量至多为$m+2$。当$m>3$时有$2^{m-1} > m+2$，也就是说，所有的齐次函数的Hamming重量都达不到Bent函数对子函数Hamming重量的要求。证毕。

这一结论在文献[38]里用差集的研究方法已有论述,但是我们的方法更容易,进一步,可用我们的方法得到深刻的构造性结果。

6.2.7.2　10 元 4 次齐次 Bent 函数的不存在性

为了证明我们的结论,需要文献[13]的一个结果,即定理 6-8,该结果论述了 Bent 函数代数正规型里系数应该满足的必要条件。根据定理 6-8,如果 $l=2$,$m=5$,且 deg$(f)=4$,则 $|s| \geq \max\{7, 5\} = 7$。

运用快速搜索算法 6-2,我们有:

(1) 令 $k=4$,由定理 6-12,计算 4 阶 Granted-value $\{\pm 4k \mid k=0, 1, \cdots, 8\}$,令 $k=3$,计算 3 阶 Granted-value $\{\pm 8k \mid k=0, 1, 3, 4\}$,令 $k=2$,计算 2 阶 Granted-value $\{0, \pm 16, \pm 32\}$。

(2) 令 $k=4$,由 4 阶 Granted-value 过滤集合 $B_{10,6,0}$,并且用 $PL(6, 2)$ 划分集合 R_6,只有 14 个等价类得以保留于集合 ER_6 内。

(3) 令 $k=3$,用 3 阶 Granted-value 过滤集合 $\{(x_7+1)f_0(x') + x_7 f_1(x') \mid f_0(x') \in ER_6, f_1(x') \in B_{10,6,1}\}$,我们得到集合 R_7 并用 $PL(7, 2)$ 划分为集合 ER_7,集合 ER_7 内只有 95 个元素。

(4) 令 $k=2$,考虑集合 $\{(x_8+1)f_0(x') + x_8 f_1(x') \mid f_0(x') \in ER_7, f_1(x') \in B_{10,7,1}\}$。运用 2 阶 Granted-value 过滤,所得结果集合为 R_8。对 R_8 内的函数用定理 6-8 的式子(6-7)规定的系数条件加以过滤。令参数 $m=5$,deg$(f)=4$,$l=2$,则 $|s|>6$,式子(6-7)应该成立。令 s 为 $\{1, 2, 3, 4, 5, 6, 7\}$,$\{1, 2, 3, 4, 5, 6, 8,\}$,$\{1, 2, 3, 4, 5, 7, 8\}$,$\{1, 2, 3, 4, 6, 7, 8\}$,$\{1, 2, 3, 5, 6, 7, 8\}$,$\{1, 3, 4, 5, 6, 7, 8\}$,$\{2, 3, 4, 5, 6, 7, 8\}$,$\{1, 2, 3, 4, 5, 6, 7, 8\}$,检验 R_8 内的函数是否满足方程(6-7)。如果方程成立,则保留函数,否则丢弃。

通过用 Granted-value 和系数条件,所有的 8 元子函数都被丢弃,这意味着没有 10 元 4 次齐次 Bent 函数。

定理 6-15　不存在 10 元 4 次齐次 Bent 函数。

6.2.7.3　齐次 Bent 函数的代数次数

我们可以证明如下更一般性的结果。

定理 6-16[43]　对于任意非负整数 k,存在一个正整数 N 使得当 $m>N$ 时,不存在 $2m$ 元 $m-k$ 次齐次 Bent 函数,其中 N 是满足不等式 $2^{N-1} > C_{N+1}^0 + C_{N+1}^1 + \cdots + C_{N+1}^{k+1}$ 的最小整数。

证明:一方面,一个 $2m$ 元 Bent 函数可以分解为 2^{m-1} 个 $m+1$ 元的子函数。类似于定理 6-14 可得 Bent 函数的第一个子函数的 Hamming 重量至少应为 2^{m-1}。

另一方面,对于任意的 $m+1$ 元 $m-k$ 次齐次函数,可以写为 $f(x) = \sum_{i=1}^{C_{m+1}^{m-k}} c_i g_i(x)$,其中 $c_i \in F_2$,$\{g_i(x) \mid i=1, \cdots, C_{m+1}^{m-k}\}$ 是 $m+1$ 元 $m-k$ 次单项式函数的集合。集合 $\{0, 1, \cdots, 2^n-1\}$ 内有 C_{m+1}^{m-k} 个元素 Hamming 重量等于 $m-k$,有 $C_{m+1}^{m-k+1} + C_{m+1}^{m-k+2} + \cdots + C_{m+1}^{m+1}$

个元素 Hamming 重量大于 $m-k$。现在在集合 $\{0, 1, \cdots, 2^n-1\}$ 内，x 只有取那些 Hamming 重量大于等于 $m-k$ 的元素，才有可能使函数取值为 1。所以 $m+1$ 元 $m-k$ 次齐次函数的 Hamming 重量至多为 $C_{m+1}^{m-k} + C_{m+1}^{m-k+1} + \cdots + C_{m+1}^{m+1} = C_{m+1}^0 + C_{m+1}^1 + \cdots + C_{m+1}^{k+1}$，同时我们知道第一个子函数的 Hamming 重量至少为 2^{m-1}。当 $2^{m-1} > C_{m+1}^0 + C_{m+1}^1 + \cdots + C_{m+1}^{k+1}$ 时，不存在齐次 Bent 函数。对于任意给定的非负整数 k，容易证明存在一个整数 N 使得当 $m > N$ 时上式成立，即达不到 Bent 函数的必要条件。

注意：令 $k=2$，存在整数 $N=8$，使得 $m>8$ 时，不存在 $2m$ 元 $m-2$ 次齐次 Bent 函数。类似地，可以讨论 $k=3, 4, \cdots\cdots$ 的情况。

相反，我们有如下猜想：对于任意的整数 $k>1$，存在一个整数 N，使得当 $m>N$ 时，存在 $2m$ 变元的 k 次齐次 Bent 函数。

6.2.8 8 元 Bent 函数的枚举

本节讨论 8 元 Bent 函数的枚举。自从 20 世纪 70 年代起，Bent 函数的概念被提出已有 30 多年的时间，只有函数为 6 元情况时我们知道所有的 4 个仿射等价类。当函数为 8 元时，我们不知道有多少等价类以及如何去构造它们。有很多学者在这方面作出了贡献：通过划分 $R(3, 8)/R(2, 8)$ 为 32 个等价类，Hou[44] 给出了所有的 8 元 3 次 Bent 函数的结果；Clark 等人[20] 给出的基于逆谱的演化算法，通过此算法可以构造 8 元 Bent 函数；Dobbertin 等人[45] 给出了一个构造 8 元 Bent 函数的工具包(toolkit)。

我们的目标是枚举 8 元 Bent 函数。由于代数次数小于等于 4 的布尔函数的个数为 2^{154}，逐个验证是否为 Bent 函数是不可能的。为了枚举 8 元 Bent 函数，我们方法的主要思想是对 $R(4, 7)/R(2, 7)$ 进行仿射等价划分。在等价类里筛选出可以构造 7 元 Plateaued 函数的等价类，然后由这些选出的等价类，构造出所有的 7 元 Plateaued 函数，然后将 Plateaued 函数扩展为 Bent 函数。为此我们解决了下面 3 个关键问题：

(1) 用演化算法将 Reed-Muller 码 $R(4, 7)/R(2, 7)$ 在 $AGL(7, 2)$ 作用下划分为 68095 个等价类，而 $R(4, 7)/R(2, 7)$ 的准确等价类为 68433 个。有 338 个等价类没有找到，所占比例大约为 0.49%。

(2) 通过 Bent 函数对子函数谱规律的要求，对所得的 68095 个等价类进行筛选，得到了 34049 个类，同时生成了所有 7 元 Plateaued 函数。

(3) 对于如上给定的任意 Plateaued 函数，给出了一个快速算法从 Plateaued 函数来构造 Bent 函数。

基于上述结果，可知枚举 8 元 Bent 函数是实际可行的。

6.2.8.1 布尔函数基本变换及其不变量

布尔函数在科学和技术的许多领域都有重要应用。仿射等价是布尔函数的一个基本等价关系，有着广泛的运用，如电路设计、密码学、纠错编码等领域。在设计组合电路时，同一个等价类的所有函数可以共用一个电路，假如已经根据该等价类的代表元设计出一个电路，则其他函数只需要对输入变量做线性组合即可以使用代表元的电路。也正是设计电路的需要，在20世纪六七十年代有大量文献讨论了这个问题[46,47,48]。由于布尔函数在分组密码和序列密码中的广泛运用，密码学界对布尔函数的研究文献和专著也很多[11,49]。在密码学领域，仿射等价的布尔函数具有许多相同的密码学性质，如非线性度、差分性质等，所以研究仿射等价在密码学领域也很有意义。在纠错码的研究方面，仿射等价的函数具有相同的重量分布，所以纠错编码领域的学者在这方面的研究也很多[50]。简言之，布尔函数的仿射变换作为一种基本变换在科学研究和工程技术实践中被广泛使用，对其进行研究是非常必要的。

布尔函数仿射等价的研究有两个方面，第一个方面是对特定代数次数的布尔函数集合，即 Reed-Muller 码进行划分，第二个方面是判定和求取两个布尔函数间的等价关系。第一个方面的主要研究结果有：Berlekamp 和 Welch[48] 给出的 5 元布尔函数仿射划分的结果，Maiorana[27] 给出的 6 元布尔函数的划分结果。最近，Hou[51,52] 给出了在仿射群作用下 $R(r, m)/R(s, m)$ 的轨道数计算公式，并给出了 6 元、7 元 Reed-Muller 码轨道数的实际计算结果，这为用不变量理论来等价划分 Reed-Muller 码提供了可能，如 Hou[51] 划分了 $R(3, 7)/R(2, 7)$，$R(3, 8)/R(2, 8)$，Eric 和 Philippe[53] 等人划分了 $R(3, 9)/R(2, 9)$。但目前科学界对 $R(r, m)/R(s, m)$，$r-s>1$ 的划分却研究很少。第二个方面的研究结果有文献[28, 29, 39, 54]，Fuller-Millan[28] 在研究 AES 的 S 盒等价性问题时给出判定布尔函数等价的一个结果，但这个方法处理 Bent 函数时基本失效，具体分析见文献[29]。Geiselmann[54] 等人在攻击 HFE 问题时给出列检验方法求取等价关系的结果，但这种方法对真值表不均匀的函数效率低，本质上是一种假设验证的方法。

1. 基本的概念和符号

记 $R(r, n) = \{f(x) \in p_n \mid \deg(f) \leq r\}$，称为 r 阶 Reed-Muller 码。记 $R(r, n)/R(s, n) = \{f(x)+R(s, n) \mid s+1 \leq \deg(f) \leq r\}$。

记 $GL(n, 2)$ 为 F_2 上阶为 n 的全体可逆矩阵集合，即一般线性群。记 $AGL(n, 2) = \{(A, b) \mid A \in GL(n, 2), b \in F_2^n\}$ 为仿射群。定义群运算如下：$(A, u)(B, w) = (AB, wA+u)$，$(A, u)^{-1} = (A^{-1}, uA^{-1})$，其中 (A, u)，$(B, w) \in AGL(n, 2)$。$AGL(n, 2)$ 对布尔函数的作用为：

$$a: p_n \rightarrow p_n$$
$$f(x) \rightarrow f \circ a = f(xA+b)$$

其中 $a = (A, b) \in AGL(n, 2)$。

对于任意 $f(x)$，$g(x) \in R(r, n)/R(s, n)$，如果存在群 $AGL(n, 2)$ 中的元素 (A, b) 使得

$$f(x) = g(xA+b) \bmod R(s, n)$$

成立，则称两个函数等价。求 $R(r, n)/R(s, n)$ 在上述等价意义下的等价类，也就是求集合 $R(r, n)/R(s, n)$ 在 $AGL(n, 2)$ 作用下的轨道。

$R(r, n)/R(s, n)$ 的仿射不变量(简称不变量)是指一个从 $R(r, n)/R(s, n)$ 到一个集合(一般可以数量化)的映射 M,满足:对于任意的两个元素 $f(x)$, $g(x) \in R(r, n)/R(s, n)$,如果 $f(x) = g(xA+b) \bmod R(s, n)$,则有 $M(f) = M(g)$。

2. 函数的基本变换及不变量

(1) Walsh 变换,自相关函数值

由自相关函数的定义 $\left(\text{设} f(x) \in p_n, c_f(s) = \sum_{x \in F_2^n} (-1)^{f(x+s)+f(x)}\right)$ 可以推出:$c_f(s) = 2^{-n} \sum_{\omega \in F_2^n} s_{(f)}^2(\omega)(-1)^{\omega \cdot s}$。

定理 6-17[3,4,31] 对于任意的整数 r,$1 \leq r \leq n$,设 $f(x) \in R(r, n)$,令 $g(x) = f(xA+b) + l \cdot x + c$,其中 $c \in F_2$,$x, b, l \in F_2^n$,$A \in GL(n, 2)$,则对于任意的 $\omega \in F_2^n$,有

$$s_{(g)}(\omega) = (-1)^{(l+\omega)bA^{-1}+c} s_{(f)}((l+\omega)A^{-1T})$$

其中 A^{-1T} 为 A^{-1} 的转置。

推论 6-1 $f(x)$ 在 j 处的绝对 Walsh 谱和 $g(x)$ 在 i 处的绝对 Walsh 谱相等,其中 $i = jA^T + l$,则等价函数同一绝对 Walsh 谱值对应的向量的秩至多差 1。从绝对 Walsh 谱分布的角度看,等价函数的谱分布相同,所以绝对 Walsh 谱分布是 $R(r, n)/R(1, n)$ 的一个不变量。

定理 6-18[3,4,31] 对于任意的整数 r,$1 \leq r \leq n$,设 $f(x) \in R(r, n)$,令 $g(x) = f(xA+b) + l \cdot x + c$,其中 $c \in F_2$,$x, b, l \in F_2^n$,$A \in GL(n, 2)$。则对于任意的 $s \in F_2^n$,有

$$c_g(s) = (-1)^{l \cdot s} c_f(sA)$$

推论 6-2 $f(x)$ 在 j 处的绝对自相关值和 $g(x)$ 在 i 处的绝对自相关值相等,其中 $j = iA$,所以等价函数具有同一绝对自相关函数值的向量具有相同的秩。从绝对自相关函数值分布的角度看,等价函数的绝对自相关函数值分布相同,所以绝对自相关函数值分布是 $R(r, n)/R(1, n)$ 的一个不变量。

(2) 导数变化

设函数 $f(x) \in R(r, n)$,$0 \leq r \leq n$,$a \in F_2^n$,定义函数的导数如下:$D_a f: x \to f(x) + f(x+a) \in R(r-1, n)$。

定理 6-19[53] 设 $f(x) \in R(r, n)$,$0 \leq r \leq n$,则 $D_a(f \circ B) = (D_{aA} f) \circ B$,其中 $B = (A, b) \in AGL(n, 2)$。

由定理 6-19 知,$f(x)$ 在 j 处的导函数算子复合上 B 和 $g(x) = f \circ B$ 在 i 处的导函数算子相等,其中 $j = iA$。

定理 6-20 如果 $f \in R(r, n)/R(s, n)$,则有 $D_a(f \circ B) = (D_{aA} f) \circ B \bmod R(s-1, n)$,其中 $B = (A, b) \in AGL(n, 2)$。如果 M_1 是 $R(r-1, n)/R(s-1, n)$ 的不变量,则有 $M_1(D_a(f \circ B)) = M_1((D_{aA} f) \circ B)$,所以 $\{M_1(D_a(f \circ B)) \mid a \in F_2^n\}$ 是 $R(r, n)/R(s, n)$ 的不变量。

注：这里我们用不变量的值$\{M_1(D_a(f\circ B))\mid a\in F_2^n\}$代替了不变量$\{M_1\circ D_a\mid a\in F_2^n\}$，下文的描述中有几处也是用不变量的值代替了不变量。Hou[51]在划分$R(3,7)/R(2,7)$以及Eric[53]在划分$R(3,9)/R(2,9)$时都运用了导数变换。定理6-20将$f\in R(r,n)/R(r-1,n)$推广到$f\in R(r,n)/R(s,n)$。

（3）分解变化

定理6-21 设两个函数$f(x)$，$g(x)\in R(r,n)/R(s,n)$，并且满足$g(x)=f(xA+b)$ mod $R(s,n)$，$b=(b_n,b_{n-1},\cdots,b_1)\in F_2^n$，$A\in GL(n,2)$。如果$f(x)=(x_n+1)f_0(x')+x_n f_1(x')$，$x'=(x_{n-1},x_{n-2},\cdots,x_1)$，则$g(x)=(xC_n+b_n+1)f_0(x'')+(xC_n+b_n)f_1(x'')$ mod $R(s,n)$，其中C_n，C_{n-1}，$\cdots$，C_1是矩阵A的列向量，$x''=(xC_{n-1}+b_{n-1},\cdots,xC_1+b_1)$。显然，$f_0(x')\cong f_0(x'')$ mod $R(s,n-1)$，同样$f_1(x')\cong f_1(x'')$ mod $R(s,n-1)$，这里$\cong$表示仿射等价。

由定理6-21我们可以看出，如果$f(x)$关于一个向量a（如向量$a=(1,0,\cdots,0)$）进行分解，所得的两个子函数为$f_{ax=0}=f_0(x')$，$f_{ax=1}=f_1(x')$，则与其等价的函数$g(x)$可以用另一个向量$b=aA$（如向量$b=aA=C_n$）进行分解，使得两个函数分解的子函数也分别等价。

定理6-22 如果M_1是$R(r,n-1)/R(s,n-1)$的不变量，则$\{\{M_1(f_{ax=0}),M_1(f_{ax=1})\}\mid a\in F_2^n\}$是$R(r,n)/R(s,n)$的不变量。

注：对函数进行分解的思想早在Maiorana[27]的文章中就有所体现，使得在20世纪90年代就可以划分$R(6,6)/R(1,6)$。近来，Eric等人[53]对分解的思想又加以利用，解决了$R(3,9)/R(2,9)$的等价划分问题。

（4）修改部分真值表

定义6-9[28] 称$f_i(x)=\begin{cases}f(x) & x\neq i \\ f(x)+1 & x=i\end{cases}$，$i=0,1,\cdots,2^n-1$为布尔函数$f(x)$的1-邻域，则称$f_i(x)$与$f(x)$是局部关联的。

定理6-23[53] 设$g(x)=f(xA+b)+l\cdot x+c$，其中$c\in F_2$，x，b，$l\in F_2^n$，$A\in GL(n,2)$，则它们各自的局部关联函数有如下关系：$g_j(x)=f_i(xA+b)+l\cdot x+c$，其中$jA=(i+b)$，$i=0,1,\cdots,2^n-1$。

定理6-24 设M_1是$R(n,n)/R(1,n)$的一个不变量，$f(x)\in R(r,n)$，则分布$\{M_1(f_i(x))\mid i\in F_2^n\}$也是$R(r,n)/R(1,n)$的一种不变量。

利用本节的这些基本变换及不变量，我们可以求取$R(r,n)/R(s,n)$（$r-s>1$）在$AGL(n,2)$作用下的轨道。关于判定两个布尔函数的等价性和求取等价关系的问题请参考文献[39]。

6.2.8.2 $R(4,7)/R(2,7)$的几乎完全仿射划分

不变量理论是进行集合划分的有效手段。按照某种等价关系，如果已知集合的等价

类数目(如 N),如果能找到一个不变量使得该不变量刚好取 N 个不同的值,则我们就完成了对该集合的划分。Hou[52]给出了 6 元、7 元函数在仿射线性群等价下的轨道数,这为我们用不变量理论划分布尔函数集合奠定了基础,如 $R(4,6)/R(1,6)$ 在 $AGL(6,2)$ 作用下的轨道数为 2499,$R(3,7)/R(1,7)$ 的轨道数为 179。我们首先划分了 $R(4,6)/R(1,6)$,$R(3,7)/R(1,7)$,以此为基础,我们几乎完全划分了 $R(4,7)/R(2,7)$。

1. $R(4,6)/R(1,6)$ 的划分

(1) 容易知道 $R(2,6)/R(1,6)$ 的 4 个代表元,根据 Hou 的结果[13],其补函数就是 $R(4,6)/R(3,6)$ 的四个代表元,记作 f_i,$i=1,2,3,4$,则 $R(4,6)/R(2,6)$ 可以初步划分为:$f_i+R(3,6)/R(2,6)$,$i=1,2,3,4$。

(2) 对陪集 $f_i+R(3,6)/R(2,6)$,$i=1,2,3,4$,利用定理 6-20 做等价类划分。4 个陪集划分后分别可得 6,10,12,6 个陪集,所以共有 34 个形如 $g_i+R(2,6)$,$i=1,2,\cdots,34$ 的陪集。这一过程的基本运算量为 $O(4\times 2^{20})$。

(3) 划分 $g_i+R(2,6)$,$i=1,2,\cdots,34$,利用定理 6-22 和定理 6-24 可以给出 2499 个代表元,这一过程的基本运算量为 $O(34\times 2^{15})$。

若不用定理 6-24,本文的任何其他不变量都不可能给出 2499 个等价类。

2. $R(3,7)/R(1,7)$ 的划分

(1) 由文献[51],$R(3,7)/R(2,7)$ 有 12 个陪集,即 $f_i(x)+R(2,7)$,$i=1,2,\cdots,12$。

(2) 对陪集 $f_i(x)+R(2,7)$,$i=1,2,\cdots,12$ 中的函数,运用定理 6-22 进行分解得到两个 6 元 3 次的函数。其中 6 元三次函数的不变量为推论 6-1 的绝对 Walsh 谱分布和推论 6-2 中的绝对自相关函数值分布。12 个陪集可以分别划分为:4,8,19,10,20,6,7,29,12,39,10,15 个等价类,合计 179 个等价类。

3. $R(4,7)/R(2,7)$ 的划分

由 Hou 的工作[51],我们知道 $R(4,7)/R(3,7)$ 和 $R(3,7)/R(2,7)$ 在 $AGL(7,2)$ 作用下的等价类互补。$R(3,7)/R(2,7)$ 的等价类已知,所以 $R(4,7)/R(3,7)$ 的等价类也就知道了,记为 $g_i(x)+R(3,7)$,$\deg(g_i(x))=4$,$i=1,2\cdots,12$。也就是说 Reed-Muller 码 $R(4,7)/R(2,7)$ 可以划分为 12 个如下形式的陪集:$g_i(x)+R(3,7)/R(2,7)$,$i=1,2,\cdots,12$,我们可以逐个划分。对于任意一个给定的陪集 $g_i(x)+R(3,7)/R(2,7)$,我们按如下步骤划分。

算法 6-4 划分算法

(1) 基于向量 a 分解函数 $f(x)$ 为两个子函数 $f_{ax=0}(x)$,$f_{ax=1}(x)\in R(4,6)/R(2,6)$。记 $D_{4,2}^6$ 是 $R(4,6)/R(2,6)$ 的判别式,记 $DE_a=\{D_{4,2}^6(f_{ax=0}),D_{4,2}^6(f_{ax=1})\}$,则分布
$$\{DE_a\mid a\in F_2^n,a\neq 0\}$$
是 $g_i(x)+R(3,7)/R(2,7)$ 的一个不变量。

(2) 令 $f_a(x) \in R(3,7)/R(1,7)$ 是函数 $f(x)$ 在向量 a 处的导数,则分布

$$\{D_{3,1}^7(f_a) \mid a \in F_2^n, a \neq 0\}$$

是 $g_i(x)+R(3,7)/R(2,7)$ 的一个不变量,其中 $D_{3,1}^7$ 是 $R(3,7)/R(1,7)$ 的判别式。上述两个不变量的直积也是一个不变量,它可以用于划分陪集 $g_i(x)+R(3,7)/R(2,7)$。

但是上述算法所需的计算量比较大,我们下面给出更实际的算法。

算法 6-5　演化算法

由于 $R(3,7)/R(2,7)$ 内有 35 个次数为 3 的单项式,记它们为 x^s,$H(s)=3$,根据 s 的取值情况对它们进行编号。如果 s 最小,则 x^s 编号为 0,依次编号,最后当 s 最大时,x^s 编号为 34。通过上述记号,我们将 35 个单项式划分为两个大小分别为 20、15 的组 $G1$,$G2$。即前 20 个单项式在集合 $G1$ 内,而后 15 个单项式在集合 $G2$ 内,并且记两个集合所产生的齐次函数分别为 $FG1$,$FG2$。对于一个给定的陪集 $g_i(x)+R(3,7)/R(2,7)$,运用算法 6-3 划分集合 $g_i(x)+FG1/R(2,7)$,并且记等价类函数集合为 $RG1$。用下面的演化算法划分集合 $\{h(x)+m(x) \mid h(x) \in RG1, m(x) \in FG2\}$,其中所用的不变量为算法 6-4 中的不变量。记所得等价类集合为 $RG2$。

for($h(x) \in RG1$)
begin
    newfun = 0;
    for($m(x) \in FG2$)
    begin
        计算函数 $h(x)+m(x)$ 的不变量值。
        如果是新的等价类函数,则 newfun++;
        如果连续 1024 个 m(x) 都不能产生新的等价类,则跳出循环。
    end
end

运用上述算法,我们的计算更实际可行。算法中的参数为实际所用的参数,集合 $RG2$ 内的元素互不仿射等价,即我们把陪集 $g_i(x)+R(3,7)/R(2,7)$ 至少划分为 $|RG2|$ 个等价类。运用上述算法,12 个陪集划分所得等价类数目如表 6-10 所示,总数为 68095,只有 68433 − 68095 = 338 个类丢失,约占 0.49%。所以我们几乎完全划分了 $R(4,7)/R(2,7)$。我们没有找到所有的等价类的原因至少有如下两点:

(1) 我们所用的不变量可能不是判别式。

(2) 即使我们所用的不变量是判别式,但由于计算量的考虑,我们采用了演化算法,而不是一个穷尽算法,这也可能导致某些等价类的消失。

6.2.8.3　Plateaued 函数的构造

本节利用 Bent 函数子函数 Walsh 谱的必要条件,过滤 $R(4,7)/R(2,7)$ 的等价类

集合 $RG2$，选出能够构造 Plateaued 函数的等价类。

我们先看一下 Plateaued 函数的定义。

定义 6-10[55]　设函数 $f(x) \in p_n$，如果存在一个偶数 r 使得 $s_{(f)}^2(w)$，$w = 0, 1, \cdots,$ $2^n - 1$ 的绝对值只取 2^{2n-r} 或 0，且不等于 0 的个数为 2^r，则称函数 $f(x)$ 是 r 阶 Plateaued 函数。

当 n 为奇数时，取 $r = n - 1$，则 $s_{(f)}^2(w)$，$w = 0, 1, \cdots, 2^n - 1$ 取值为 $\pm 2^{n+1}$ 或 0，即 $s_{(f)}(w)$，$w = 0, 1, \cdots, 2^n - 1$ 取 3 个值 $\pm 2^{(n+1)/2}$，0。本文我们将 $n-1$ 阶 Plateaued 函数简称为 Plateaued 函数。当 Bent 函数分解为两个子函数时，每个子函数都满足 Plateaued 函数的定义。

算法 6-6　筛选算法

在上一节我们划分 $R(4, 7)/R(2, 7)$ 为 68095 个函数，并放入集合 $RG2$ 内。我们可以检验这些函数是否可以生成 Bent 函数。对于任意的函数 $f(x) \in RG2$，如果存在一个函数 $g(x) \in R(2, 7)/R(1, 7)$ 使得函数 $f(x) + g(x)$ 的谱取 1 阶 Granted-value，则函数 $f(x) \in RG2$ 保留下来，否则丢弃。

保留的数目如表 6-10 所示，总共保留的函数量为 34049 个。

表 6-10　各 $g_i + R(3, 7)/R(2, 7)$ 的等价类及保留的等价类

i	1	2	3	4	5	6	7	8	9	10	11	12	Sum
等价类	12	63	285	474	694	185	121	6371	1013	33598	1302	23987	68095
保留量	6	24	128	156	328	55	44	3306	501	16851	657	11993	34049

记保留的 34049 个函数集合为 HB。我们将 68095 个函数划分为两个集合的同时，我们也得到了所有的 7 元 Plateaued 函数。由于 Plateaued 函数在密码学上的意义，构造 7 元 Plateaued 函数本身也很有意义。而且运用文献[56]的推论 2，我们所构造的函数可以用来构造更多元的 Plateaued 函数。

6.2.8.4　扩展 Plateaued 函数为 Bent 函数

本节给出一个算法，该算法能生成所有源自一个 Plateaued 函数的 Bent 函数。

定理 6-25[1]　令 $f(x) \in p_n$ 是 Bent 函数。$\widetilde{f(x)}$ 满足 $s_{(f)}(w) = 2^{n/2}(-1)^{\widetilde{f(x)}}$，则 $\widetilde{f(x)}$ 也是一个 Bent 函数，且被称为函数 $f(x)$ 的对偶函数。

定理 6-26　令 $f(x_1, x_2, \cdots, x_n) = \sum_{i=0}^{2^k-1} \delta_i(x') f_i(x'')$，$k < n/2$ 是 Bent 函数，则 $s_{(f_0)}(w'') = 2^{n/2-k}((-1)^{\widetilde{f(0, w'')}} + (-1)^{\widetilde{f(1, w'')}} + \cdots + (-1)^{\widetilde{f(2^k-1, w'')}})$，特别地，令 $k = 1$，则

$$s_{(f_0)}(w'') = 2^{n/2-1}((-1)^{\widetilde{f(0, w'')}} + (-1)^{\widetilde{f(1, w'')}}) \tag{6-9}$$

证明：由定理 6-12 和定理 6-25 可得。

由定理 6-26，对 $\{s_{(f_0)}(w'') \mid w'' = 0, 1, \cdots, 2^{n-1}-1\}$ 分布的研究可以转化为对函数 $\widetilde{f(x)}$ 的导函数的研究。这种转换在理解 Bent 函数的子函数性质方面是有意义的，譬如下面的推论。

推论 6-3 集合 $\{w'' \mid s_{(f_0)}(w'') = 0, w = 0, \cdots, 2^{n-1}-1\}$ 的大小等于 2^{n-2}。

证明：根据定理 6-26，$\widetilde{f(x)}$ 也是一个 Bent 函数，而 Bent 函数自相关性为 0，即 Bent 函数在所有方向上的导函数平衡。令 $x = (x_1, x')$, $x_1 \in F_2$, $v = (1, 0, \cdots, 0)$, 则

$$\widetilde{f(x)} + \widetilde{f(x+v)} = \begin{cases} \widetilde{f(0, x')} + \widetilde{f(1, x')} & x_1 = 0 \\ \widetilde{f(1, x')} + \widetilde{f(0, x')} & x_1 = 1 \end{cases}$$

所以 $\widetilde{f(0, x')} + \widetilde{f(1, x')}$ 的 Hamming 重量为 $\widetilde{f(x)} + \widetilde{f(x+v)}$ 的一半，即 $2^{n-1}/2 = 2^{n-2}$。由于 $s_{(f_0)}(w'') = 0$ 当且仅当 $\widetilde{f(0, w'')} + \widetilde{f(1, w'')} = 1$ 成立，所以推论得证。

同样，我们可以讨论 $k = 2$ 和 $k = 3$ 的情况。但是随着 k 变大，问题变得复杂起来。

令 $f(x) = (x_1+1)f_0(x') + x_1 f_1(x')$ 是一个 Bent 函数，其中 $x = (x_1, x_2, \cdots, x_8)$, $x' = (x_2, \cdots, x_8)$，由文献[55]知，两个 Plateaued 子函数此时也被称为互补的 Plateaued 函数。它们的 Walsh 谱分别为如下形式：

$$\overbrace{a, \cdots, a}^{n_1}, \overbrace{b, \cdots, b}^{n_2}, \overbrace{a, \cdots, a}^{n_3}, \cdots$$

$$\overbrace{b, \cdots, b}^{n_1}, \overbrace{a, \cdots, a}^{n_2}, \overbrace{b, \cdots, b}^{n_3}, \cdots$$

其中 a 为 ± 16, a' 为 ± 16, 而 $b = 0$。$f(x)$ 的 Walsh 谱应该有如下形式：

$$\overbrace{a, \cdots, a}^{n_1}, \overbrace{a', \cdots, a'}^{n_2}, \overbrace{a, \cdots, a}^{n_3}, \cdots, \overbrace{a, \cdots, a}^{n_1}, \overbrace{-a', \cdots, -a'}^{n_2}, \overbrace{a, \cdots, a}^{n_3} \cdots \tag{6-10}$$

如果把 16 记为 1，而 -16 记为 -1，则所得的序列应该为另一个 Bent 函数的极化真值表，记该序列为 S。对于一个给定的 Plateaued 函数（即 a 已知），把它扩展为 Bent 函数意味着决定参数 a' 的取值。由推论 6-3 可知 a' 的个数为 64。

演化算法如下：

(1) 序列 S 的长度为 256，划分其为 8 个等长分组，则每一个分组是一个 5 变元子函数的真值表。假设在前 4 个分组内分别有 m_1, m_2, m_3, m_4 个 a'，则 $m_1 + m_2 + m_3 + m_4 = 64$。而由式(6-10)知，5~8 分组分别由分组 1~4 决定。对于 8 个分组，用 -1 或者

1 代替 a'，并且检验所得分组的 Walsh 谱是否取 3 阶 Granted-value。如果是，则保留该代替，否则丢弃该代替。该步骤我们的代替量为 $2^{m_1}+2^{m_2}+2^{m_3}+2^{m_4}$。

（2）对于第 1 分组，将其 Walsh 谱和第 2 分组的 Walsh 谱对位做加减运算，其值应该满足 2 阶 Granted-value。同样的要和第 3 分组及第 5 分组做类似的计算和判断。对于第 2 分组，要和第 1 分组、第 4 分组、第 6 分组分别做类似第 1 分组情形的计算和判断。对于第 3 分组，要和第 1 分组、第 4 分组、第 7 分组分别做类似第 1 分组情形的计算和判断。对于第 4 分组，要和第 3 分组、第 2 分组、第 8 分组分别做类似第 1 分组情形的计算和判断。此操作后，我们假设 1~4 分组分别有 N_1，N_2，N_3，N_4 种代替得以保留。

（3）划分序列 S 为 4 个等长分组，则每个分组是一个 6 变元子函数的真值表。第 1 个分组有 $N_1 \times N_2$ 种代替，第 2 个分组有 $N_3 \times N_4$ 种代替。3~4 分组分别由分组 1~2 所决定。对于这 4 个分组，如果它们的谱取 2 阶 Granted-value，则保留相应的替换，否则丢弃。假定第 1 分组和第 2 分组分别保留了 M_1，M_2 种代替，将序列 S 分为两个等长的分组，第 1 个分组有 $M_1 \times M_2$ 种代替，而第 2 个分组由第 1 个分组决定，这样我们可以直接检验序列 S 是否为 Bent 函数。

序列 S 的对偶函数为我们要求的 Bent 函数。基于上述算法，对 8 元 Bent 函数进行枚举是实际可行的，用 Intel 1.66GHz 的 CPU，扩展一个 Plateaued 函数需要大约 1 个小时。但由于 $R(4,7)/R(2,7)$ 的划分是一种几乎完全划分，约有 0.49% 的丢失，所以我们的枚举也是一种几乎完全枚举。如果能够发现新的方法对 $R(4,7)/R(2,7)$ 进行完全划分，则 8 Bent 函数的几乎完全枚举就会成为完全枚举。

本节主要讨论 8 元 Bent 函数在仿射等价意义下的枚举。为了达到这一目标，首先讨论了 $R(4,7)/R(2,7)$ 的划分问题以及 Bent 函数的子函数谱性质，然后给出了所有的 7 元 Plateaued 函数，由 Plateaued 函数，利用给出的算法，容易构造 8 元 Bent 函数，这一工作是很有意义的。首先，为进一步研究 Bent 函数提供了基础，由于人们对 Bent 函数的了解很有限，提出了很多猜想，我们的工作可以进一步验证这些猜想或者否定其中的一些猜想。其次，我们注意到 8 是一个特殊的数字，所有 CPU 可以处理的最大比特数是 8 的倍数，因而许多的对称密码体制为了适应各种平台的实现都以 8 比特作为运算单位，如基于 Feistel 结构的分组密码。因而我们给出的 8 元 Bent 函数无论从理论研究的角度还是从实际的应用角度都是很有意义的。

6.3 Hash 函数的演化设计与分析

密码学 Hash 函数（Cryptography Hash Functions）能够用于数据完整性和消息认证[57-59]，其基本思想是把 Hash 函数值看成输入的消息摘要（message digest），当输入中的任何一个二进制位发生变化时都将引起 Hash 函数值的变化。Hash 函数可以用于消息或文件的完整性检验,Hash 函数的另一个常用方面是数字签名:待签名的消息要先经 Hash 函数进行摘要,然后对这个固定长的摘要签名。

本节我们介绍一种使用演化计算来设计整个 Hash 函数的通用方法。密码算法的设计本身是一项非常复杂、细致的工作,我们在演化设计中仅考虑 Hash 函数的统计特征,目标是初步探索 Hash 函数的自动设计方法,为读者进一步的研究抛砖引玉。

6.3.1 演化的基本对象

在演化过程中,我们把一个 Hash 函数作为演化的个体,若干个不同的 Hash 函数单步操作构成演化群体。算法在每一代演化中随机选择个体进行交叉和变异操作,然后采用淘汰最差者的策略使种群向好的方向演变。淘汰的主要评价策略依据 Hash 的输入输出等方面的统计特性。

6.3.1.1 搜索空间

我们的实验对象是与 MDx 系列类似的 Hash 函数,具体框架模仿 SHA-2 的结构,输入明文消息 512 比特,输出消息摘要 256 比特,中间寄存器为 8 个 32 比特寄存器,整个 Hash 操作由 64 步组成。演化的对象就是 Hash 函数中每一步所用的运算包括逻辑函数运算以及循环移位的位数,其余的初始明文消息扩展算法以及寄存器的交叉迭代过程都采用原 SHA-2(256 位)的方法。

6.3.1.2 编码规则

在确定搜索空间后,接下来的问题就是如何将个体进行适于演化的二进制编码。我们主要对逻辑函数以及移位数进行演化,而逻辑函数为 3 元布尔函数可以用 8 位真值表表示;移位数的范围是 0~31,可以用 5 位二进制表示。每一步的操作共需要进行 2 次逻辑函数运算和 6 次移位运算,因此每步操作的需要 $2\times8+5\times6=46$ 位二进制表示,总共 64 步操作共需要 2944 位二进制表示,即 368 字节。

6.3.2 Hash 函数的随机性检测和适应值评估

我们将演化 Hash 函数的随机统计特性和雪崩、扩散等特性作为评价其好坏的标准[3,67]。每一次评估随机选择分组为 512 比特的若干组输入明文消息作为测试数据,测试的对象包括:对输出 256 比特摘要产生不同形式的取样序列 S 并进行随机性测试;算法对明文的雪崩效应和扩散特性,即每次选取或改变输入明文的 1 个比特,考察原摘要和修改输入后的摘要之间的 Hamming 距离等信息,并对其进行随机性等测试。

6.3.2.1 随机性检测

对于序列 S 常用的随机性测试主要包括单比特(频数)测试、双比特(跟随)测试、游程测试、扑克测试、自相关测试等,限于篇幅我们仅列出最常见的几种测试方法。

1. 单比特测试

该测试的目的是确定 S 中 0 的个数与 1 的个数是否近似相等,这正是随机序列所应具备的。令 n_0 和 n_1 分别表示 S 中 0 和 1 的个数，所使用的统计量为 $X_1 = \frac{(n_0 - n_1)^2}{n}$。

若 n 不小于 10，则该统计量近似地服从自由度为 1 的 χ^2 分布。

2. 双比特测试

该测试的目的是判定 S 的子序列 00，01，10，11 所出现的次数是否近似相等，这也是一个随机序列所应具备的特性。令 n_0 和 n_1 分别表示 S 中 0 和 1 的个数，且 n_{00}，n_{01}，n_{10}，n_{11} 分别表示 S 中子序列 00，01，10，11 出现的次数。注意 $n_{00} + n_{01} + n_{10} + n_{11} = (n-1)$，因为这些子序列允许相交。所使用的统计量为：

$$X_2 = \frac{4}{n-1}(n_{00}^2 + n_{01}^2 + n_{10}^2 + n_{11}^2) - \frac{2}{n}(n_0^2 + n_1^2) + 1$$

若 n 不小于 21，则该统计量近似地服从自由度为 2 的 χ^2 分布。

3. 游程测试

游程测试可用来判定序列 S 中不同长度游程的个数是否与随机序列中所期待的一样。令 B_i，G_i 分别为 S 中长度为 i 的 1 游程和 0 游程的个数，所使用的统计量为：

$$X_3 = \sum_{i=1}^{k} \frac{(B_i - e_i)^2}{e_i} + \sum_{i=1}^{k} \frac{(G_i - e_i)^2}{e_i}, \text{ 其中 } e_i = (n - i + 3)/2^{i+2},$$

该统计量近似地服从自由度为 2k-2 的 χ^2 分布。

6.3.2.2 Hash 函数的随机性检测

对于每一个候选的 Hash 函数，通过不同的方式产生 l 个消息，计算其摘要并连接成摘要流，对摘要流进行随机性检测，其中 l 为待测消息个数。需要保证 l 的选取使得待检序列的比特长度不小于待测随机序列的指定长度，例如 2^{20}。基本检测流程为：

(1) 按照不同生成方式选取待测消息；

(2) 计算待测消息的摘要并连接成摘要流，作为测试样本；

(3) 对每种样本进行随机性检测，检测项目和检测方法参见 6.3.2.1 节。

假设候选的 Hash 函数为 $h(M)$，其中 M 表示消息输入，符号 ‖ 表示序列的串联，则产生消息和待检序列的途径有如下方式。

1. 随机消息生成方式

使用伪随机数发生器产生 l 个消息 M_1，M_2，…，M_l，生成待检序列 $h(M_1) \| h(M_2) \| \cdots \| h(M_l)$。

2. 输出反馈生成方式

使用伪随机数发生器产生消息 M，生成待检序列 $h(M) \| h^2(M) \| \cdots \| h^{l-1}(M)$，其中 $h^{i+1}(M) = h(h^i(M))$，$1 \le i \le l-2$。即待检序列由 M 的输出摘要作为下一个消息的输入，分别计算摘要即可。

3. 扩散性生成方式

使用伪随机数发生器产生长度为 512 比特的消息 M，取遍与 M 的 Hamming 距离为

1 和 2 的 512 比特消息 M'，计算 $\Delta = h(M) \oplus h(M')$，并连接成待检序列，这样做的目的是考察待测 Hash 函数算法输入各比特的扩散特性。

6.3.2.3 Hash 函数的依赖性检测

在适应值函数中使用该检测的目的是测试 Hash 函数算法产生的摘要（输出值）与消息输入之间的依赖性。具体包括输入比特的雪崩效应、输出的每个比特是否与输入的每个比特的取值相关等[67]。

1. 消息雪崩度

消息雪崩度检测 Hash 函数算法通过改变输入消息的每一比特，判断其输出是否近似改变一半，即输入的雪崩效应。

基本检测流程为：

(1) 使用伪随机数发生器产生 10000 个长度为 512 比特的消息，构成消息集合 X；

(2) 计算 $b_{ij} = \#\{M \in X \mid W(h(M^{(i)}) \oplus h(M)) = j\}$，$1 \leq i \leq 512$，$1 \leq j \leq k$。其中 $W(M)$ 表示 M 的 Hamming 重量，$M^{(i)}$ 表示对 M 的第 i 比特取补，$\#\{X\}$ 表示集合 X 中元素的个数；

(3) 计算 Hash 函数算法 h 的雪崩度：$d_a = 1 - \dfrac{\sum_{i=1}^{512}\left|\dfrac{1}{\#X}\sum_{j=1}^{k} 2jb_{ij} - k\right|}{512 \times k}$，$k$ 为待测 Hash 函数摘要值的长度；

(4) 如果 $1 - d_a \leq 0.05$，则算法通过消息雪崩性检测。

该检测的基本原理为对于输入消息每次改变其中的一比特，判断输出摘要改变的比特数，并进行如下统计：$b_{ij} = \#\{M \in X \mid W(h(M^{(i)}) \oplus h(M)) = j\}$，即改变输入消息的第 i 比特，输出摘要刚好改变 j 比特的消息个数。对于雪崩特性好的待测算法，在理想情况下，$W(h(M^{(i)}) \oplus h(M)) \equiv k/2$，即改变输入消息的一比特，输出总是改变一半，这时 $b_{ij} = \begin{cases} \#X, & if \ j = k/2 \\ 0, & else \end{cases}$，$d_a = 1 - \dfrac{\sum_{i=1}^{512}\left|\dfrac{1}{\#X}\sum_{j=1}^{k} 2jb_{ij} - k\right|}{512 \times k} = 1$，此时为最优值。

2. 严格消息雪崩度

严格消息雪崩度检测 Hash 算法通过改变输入消息的每一比特，判断其输出位是否发生改变，即输入的雪崩效应。

基本检测流程为：

(1) 使用伪随机数发生器产生 10000 个长度为 512 比特的消息，构成消息集合 X；

(2) 计算 $a_{ij} = \#\{M \in X \mid (h(M^{(i)}))_j \neq (h(M))_j\}$，$1 \leq i \leq 512$，$1 \leq j \leq k$。其中 $M^{(i)}$ 表示对 M 的第 i 比特取补，$(h(M))_j$ 表示取 $h(M)$ 的第 j 个比特，$\#\{X\}$ 表示集合 X 中元素的个数。

(3) 计算 Hash 函数算法 h 的严格雪崩度：$d_{sa} = 1 - \dfrac{\sum_{i=1}^{512}\sum_{j=1}^{k}\left|\dfrac{2a_{ij}}{\#X} - 1\right|}{512 \times k}$，$k$ 为待测 Hash 函数摘要值的长度；

(4) 如果 $1 - d_{sa} \leq 0.05$，则通过严格消息雪崩性检测。

该检测的基本原理为对于输入消息每次改变其中的一比特，判断输出摘要的每一位是否发生改变，并进行如下统计：$a_{ij} = \#\{M \in X \mid (h(M^{(i)}))_j \neq (h(M))_j\}$，即改变输入消息的第 i 比特，输出摘要的第 j 比特刚好改变的消息个数。对于雪崩特性好的待测算法，在理想情况下，第 j 比特改变的概率为 1/2，即改变输入消息的一比特，输出位总是有一半可能发生改变，这时 $a_{ij} = \#X/2$，$d_{sa} = 1 - \dfrac{\sum_{i=1}^{512}\sum_{j=1}^{k}\left|\dfrac{2a_{ij}}{\#X} - 1\right|}{512 \times k} = 1$，此时为最优值。

3. 完备度

完备度检测 Hash 函数算法通过改变输入消息的每一比特，判断每个输出位是否受到所有输入比特位的影响，即 Hash 函数算法的完备度。

基本检测流程为：

(1) 使用伪随机数发生器产生 10000 个长度为 512 比特的消息，构成消息集合 X；

(2) 计算 $a_{ij} = \#\{M \in X \mid (h(M^{(i)}))_j \neq (h(M))_j\}$，$1 \leq i \leq 512$，$1 \leq j \leq k$。其中 $M^{(i)}$ 表示对 M 的第 i 比特取补，$(h(M))_j$ 表示取 $h(M)$ 的第 j 个比特，$\#\{X\}$ 表示集合 X 中元素的个数。

(3) 计算 Hash 函数算法 h 的完备度：$d_c = 1 - \dfrac{\#\{(i, j) \mid a_{ij} = 0\}}{512 \times k}$，$k$ 为待测 Hash 函数摘要值的长度；

(4) 如果 d_c 等于 1，则算法通过完备性检测。

基本检测原理为对于输入消息每次改变其中的一比特，判断输出摘要的每一位是否发生改变，并进行如下统计：$a_{ij} = \#\{M \in X \mid (h(M^{(i)}))_j \neq (h(M))_j\}$，即改变输入消息的第 i 比特，输出摘要的第 j 比特刚好改变的消息个数。对于不完备的待测算法，即对于某个输入比特无论是取 0 还是取 1，存在某个或某些输出比特总恒定不变的现象，这时存在 i，j，使得 $a_{ij} = 0$，则 $\#\{(i, j) \mid a_{ij} = 0\} \neq 0$，$d_c \neq 1$，因而可以发现待测算法不完备。

以上几项测试在演化设计初期会遇到不能通过的情况，适应值函数通过统计测试失败的次数来判别候选算法的优劣。最终的演化结果要求候选算法通过全部测试。

6.3.3 演化 Hash 函数的基本结构

演化 Hash 函数基于 SHA2 原算法，初始化过程与原算法完全一致。下面仅给出 64

步迭代压缩算法。

(a, b, c, d, e, f, g, h)为 8 个 32 位寄存器，

T_1、T_2 为 32 位缓存寄存器，

ROTR(x, k)表示将 x 循环右移 k 位，

F_t、G_t 为第 t 步的逻辑函数，

W_t、K_t 分别是第 t 步的扩展明文输入和随机数。

迭代算法如下：

算法 6-7 演化 Hash 函数的迭代算法

For $t=0$ to 63
{
    $T_1 = h + \text{ROTR}(e, s_{t,0}) \oplus \text{ROTR}(e, s_{t,1}) \oplus \text{ROTR}(e, s_{t,2}) + F_t(e, f, g) + K_t + W_t$；
    $T_2 = h + \text{ROTR}(a, s_{t,3}) \oplus \text{ROTR}(a, s_{t,4}) \oplus \text{ROTR}(a, s_{t,5}) + G_t(a, b, c)$；
    $h=g$; $g=f$; $f=e$; $e=d+T_1$; $d=c$; $c=b$; $b=a$; $a=T_1+T_2$；
}

6.3.4 部分实验结果及安全性分析

在实验中我们选择群体规模为 20，演化的迭代次数限制在 100 以内，得到的一系列结果表明在 50 次演化迭代以后新得出的 Hash 函数随机性可以全部通过显著性水平为 5% 的单比特测试、双比特测试、游程测试以及依赖性检测。按照本节的演化产生的方法得到的 Hash 函数，能够用于随机数产生等非安全应用。

然而输入输出的随机性测试仅仅是衡量密码安全性的一个基本前提，我们在本节所给出的演化 Hash 函数也不能保证其可抵抗目前常见的差分攻击等分析方法。如对于密码的可证明安全的研究现状一样，我们往往只能给出一个密码的安全性上界，即只能给出用目前已知最好的攻击方法所需要的计算量来衡量一个密码可以达到的最高强度；而不能给出一个密码的安全性下界，即用所有可能的已知或者未知的攻击方法都不能成功破译的计算量来衡量一个密码可以达到的最低强度。

6.4 小　　结

在本章里，我们讨论了密码函数的演化设计与分析，具体介绍了一般布尔函数、Bent 函数和 Hash 函数的演化设计与分析。从本章的讨论我们可以看到演化密码的思想和演化计算在密码函数的设计与分析方面所发挥的重要作用。

本章首先给出了一般布尔函数演化设计的方法，包括对搜索空间的限制、候选个体的编码、演化算子的优化以及适应值函数的选择策略等。在此基础上，我们进行了实际的演化实验。实验表明，在布尔函数的非线性度指标方面我们的演化算法得到了最好的结果。

其次，我们详细研究了 Bent 函数的演化分析与设计，取得了令人满意的结果，其中一些结果是用传统方法很难得到的，从而显示出演化计算在密码函数分析与设计方面的独特优势。

我们给出一个 Bent 函数的快速搜索算法，利用这一搜索算法，我们得到了许多很好的结果：

①完全枚举了 6 元 Bent 函数，而且我们的方法比穷尽搜索至少要快 5 倍。

②完全枚举了 8 元 3 次 Bent 函数，可以按需要快速产生 10 元 3 次齐次 Bent 函数，枚举了所有 10 元旋转对称 Bent 函数。

到目前为止，我们仅知 6 元 Bent 函数的 4 个等价类，对于 8 元 Bent 函数仍不清楚。我们通过划分 Reed-Muller 码 $R(4,6)/R(1,6)$，$R(3,7)/R(1,7)$，从而几乎完全划分了 $R(4,7)/R(2,7)$。结合一个函数为 Bent 函数的必要条件，几乎完全枚举了 8 元 Bent 函数。这一结果对进一步研究 Bent 函数以及一些实际应用都有重要意义。

对于布尔函数的其他表示方式的演化分析与设计我们尚没有研究，这是一个可以进一步研究的内容。另一个值得研究的问题是运用演化计算寻找新类型的 Bent 函数。有很多学者从迹函数角度研究了 Bent 函数，并且得到了许多类 Bent 函数。运用我们的演化计算，如果搜索到的 Bent 函数没有被已知的函数类型所涵盖，则很可能就找到了新类型的 Bent 函数。另外，对演化的 Bent 函数进行任意元的推广是一个值得深入研究的课题。

最后，我们对演化计算用于 Hash 函数的设计与分析进行了探索。分析表明，演化计算完全可以用作 Hash 函数的设计与分析的辅助工具。但是我们在这方面的研究还是初步的，还需要进行更深入的研究。有兴趣的读者也可以进行这方面的探索和研究，我们期望能得到更有价值的结果。

参 考 文 献

[1] Rothaus O S. On "Bent" functions[J]. Journal of Combinatorial Theory, Series A, 1976, 20: 300-305.

[2] Hou Xiang Dong. On the Norm and Covering Radius of First-Order Reed-Muller Codes[J]. IEEE Transactions on Information Theory, 1997, 43(3): 1025-1027.

[3] 冯登国. 信息安全中的数学方法与技术[M]. 北京：清华大学出版社，2009.

[4] 冯登国. 频谱理论及其在密码学中的应用[M]. 北京：科学出版社，2000.

[5] Millan W, Clark A, Dawson E. Smart Hill Climbing Finds Better Boolean Functions[C]. In Workshop on Selected Areas in Cryptology 1997 Workshop Record. Berlin，Springer-Verlag，1997: 50-63.

[6] Clark J A, Jacob J L. Two-stage optimisation in the design of Boolean functions[C]. In 5th Australasian Conference on Information, Security and Privacy-ACISP 2000. Springer Verlag, 2000, LNCS1841: 242-254.

[7] 潘正君, 康立山, 等. 演化计算[M]. 北京: 清华大学出版社, 1998.

[8] 张焕国, 冯秀涛, 覃中平, 等. 演化密码与 DES 密码的演化设计[J]. 通信学报, 2002, 23(5): 57-64.

[9] Wang Zhangyi, Zhang Huanguo, Qin Zhongping, et al. Evolutionary design of Boolean functions[J]. Wuhan University Journal of Natural Science, 2005, 10(1): 179-182.

[10] Wang Zhangyi, Wang Bangju, Zhang Huanguo. Differential cryptanalysis of hash functions based on evolutionary computing[C]. ISICA 2007. Wuhan, China, 2007: 66-69.

[11] 李世取, 曾本胜, 廉玉忠, 等. 密码学中的逻辑函数[M]. 北京: 中软电子出版社, 2003.

[12] Mcfarland R L. A family of noncyclic difference sets[J]. Journal of Combinatorial, series A, 1973, 15: 1-10.

[13] Hou Xiang Dong. On the coefficients of binary bent functions[J]. Proceeding of the American Mathematical Society, 1999, 128(4): 987-996.

[14] Lidl R, Niederreiter H. Finite Field[M]. Encyclopedia of Mathematics and its Applications, Vol. 20, MA: Addison-Wesly, 1983.

[15] Dobbertin H, Leander G. A Survey of Some Recent Results on Bent Functions[C]. Third International ConferenceSequences and Their Applications-SETA 2004[C]. Springer 2005, LNCS 3486: 1-29.

[16] Dillon J F. Elementary Hadamard difference sets[C]. in Proceedings of the Sixth Southeastern Conference on Combinatorics, Graph Theory, and Computing. F. Hoffman et al. (Eds), Utilitas Math, 1975: 237-249.

[17] Dillon J F, Dobbertin H. New cyclic difference sets with singer parameters[J]. Finite Field and Applications, 2004, 10(3): 342-389.

[18] Blahut R E. Theory and Practice of Error Control Codes[M]. MA: Addison Wesley, 1983.

[19] Fuller J, Dawson E, Millan W. Evolutionary generation of bent functions for cryptography[C]. The 2003 Congress on Evolutionary Computation. Vol. 3: 1655-1661.

[20] Clark J, Jacob S, Matria S, et al. Almost Boolean functions: the design of Boolean fucntions by spectral inversion[J]. Computational Intelligence, 2004, 20(3): 446-458.

[21] 孟庆树, 张焕国, 王张宜, 等. Bent 函数的演化设计[J]. 电子学报, 2004, 32

(11): 1901-1903.

[22] Carlet C. Two new classes of bent functions[C]. Advances in Cryptology Eurocrypt' 93. Berlin, Germany: Springer-Verlag, 1994, LNCS765: 77-101.

[23] Canteaut A, Charpin P. Decomposing bent functions [J]. IEEE Transaction on Information Theory, 2003, 49(8): 2004-2019.

[24] Clark J A, Jacob J L, Stepney S, et al. Evolving Boolean function satisfying multiple criteria[C]. Indocrypt 2002. Berlin, Germany: Springer-Verlag, 2002, LNCS2552: 246-259.

[25] Niho Y. Multivalued cross-correlation functions between two maximal linear recursive sequences[D]. University of Southern California, 1972.

[26] Yang Min, Meng Qingshu, Zhang Huanguo. Evolutionary design of trace form bent functions[J]. International Journal of Information and Computer Security, 2009, 3(1): 47-59. also Available at http://eprint.iacr.org. 2005/322.

[27] Maiorana J A. A classification of the cosets of the Reed-Muller code R(1, 6)[J]. Mathematics Computation, 1991, 57: 403-414.

[28] Fuller J, Millan W. Linear Redundancy in S-Box[C]. In Fast Software Encryption. Springer-Verlag, 2003, LNCS 2887, 74-86.

[29] 孟庆树, 张焕国. 布尔函数线性等价的分析与应用[J]. 计算机学报, 2004, 27(11): 1528-1532.

[30] Qingshu Meng, Min Yang, Huanguo Zhang, et al. Analysis of Affinely Equivalent Boolean Functions[C]. The First Workshop on Boolean Functions and Application on Cryptography. Rouen, France, 2005: 105-114. also available at http://eprint.iacr.org, 2005/025.

[31] Preneel B. Analysis and Design of Cryptographic Hash Functions [D]. KU Leuven (Belgium), February 1993.

[32] Meng Qingshu, Yang Min, Zhang Huanguo, et al. A novel algorithm enumerating bent algorithm[J]. Discrete Mathematics, 2008, 308(23): 5576-5584. also available at http://eprint.iacr.org. 2004/274.

[33] Stanica P, Maitra S. Rotation Symmetric Boolean Functions-Count and Cryptographic Properties[J]. Discrete Applied Mathematics, 2008, 156(10): 1567-1580.

[34] Stanica P, Maitra S, Clark J. Results on rotation symmetric bent and correlation immune Boolean functions[C]. B. Roy and W. Meier (Eds.): FSE 2004. Springer-verlag, 2004. LNCS 3017: 161-177.

[35] Preneel B, Leekwijck V, Linden V, et. al. Propagation characteristics of Booelan functions[C]. Advances in Cryptology-Eurocrypt'90. Springer-verlag, 1991, LNCS473:

161-173.

[36] Qu Chengxin, Seberry J, Pieprzyk J. Homogeneous bent functions[J]. Discrete Applied Mathematics. 2000, 102(1-2), 133-139.

[37] Charnes C, Rotteler M, Beth T. Homogeneous bent functions, invariants, and designs [J]. Designs, Codes and Cryptography, 2002, 26: 139-154.

[38] Xia Tianbing, Seberry J, Pieprzyk J, et al. Homogeneous bent functions of degree n in 2n variables do not exist for n>3[J]. Discrete Applied Mathematics, 2004, 142: 127-132.

[39] 孟庆树，张焕国，杨敏，等．仿射等价Bool函数的分析[J]．中国科学，E辑，2007, 37(2)：151-158.

[40] Pieprzyk J, Qu Chengxin. Fast hashing and rotation-symmetric functions[J]. Journal of Universal Computer Science, 1999, 5(1): 20-31.

[41] 郭敬立，孟庆树，王丽娜，等。旋转对称函数的设计[J]．武汉大学学报，2005, 50(S1)：161-163.

[42] Meng Qingshu, Zhang Huanguo, Qin Zhongping, et al. A proof for the nonexistence of some homogenous bent functions[J]. Wuhan University Journal of Natural Science, 2005, 10(3): 504-506.

[43] Meng Qingshu, Zhang Huanguo, Yang Min, et al. On the degree of homogenous bent functions[J]. Discrete Applied Mathematics, 2007, 155(5): 655-669. also available at http: //eprint. iacr. org. 2004/284.

[44] Hou Xiangdong. Cubic bent functions[J]. Discrete Mathematics, 1998, 189(1-3): 149-161.

[45] Dobbertin H, Leander G. Cryptographer's toolkit for construction 8-bit bent functions. http: //eprint. iacr. org, 2005/089.

[46] Glolmb S. On the classification of Boolean functions[J]. IRE Transactions on Circut Theory, 1959, 6(5): 178-186.

[47] Harrison M A. Counting theorems and their applications to classifications of switching functions[C]. In: Mukhopadhyay A, ed. Recent Developments in Switching Theory. New York: Academic Press, 1971: 85-120.

[48] Berlekamp E, Welch L. Weight distribution of the cosets of the (32, 6) Reed-Muller code[J]. IEEE Transctions on Information Theory, 1972, 18(1): 203-207.

[49] 温巧艳，钮心忻，杨义先．现代密码学中的布尔函数[M]．北京：科学出版社，2000.

[50] Macwillams F J, Solane N J A. The Theory of Error-correcting Codes[M]. Amsterdam: North-holland Publishing Company, 1978.

[51] Hou Xiangdong. GL(m, 2) acting on R(r, m)/R(r-1, m)[J]. Discrete Mathematics, 1996, 149: 99-122.

[52] Hou Xiangdong. AGL(m, 2) acting on R(r, m)/R(s, m)[J]. Journal of Algebra, 1995, 171: 921-938.

[53] Brier E, Langevin P. Classification of Boolean cubic forms in nine variables[C]. In: Proceedings of IEEE Information Theory Workshop. 2003: 179-182.

[54] Geiselmann W. Meier W. Steinwandt R. An attack on the isomorphisms of polynomials problem with one secret[J]. International Journal of Information Security, 2003, 2(1), 59-64.

[55] Zheng Yuliang, Zhang Xianmo. Relationships between bent functions and complementary plateaued functions[C]. Proceedings of the 2nd International Conference on Information Security and Cryptology, 1999. Springer-verlag, 1999. LNCS1787: 60-75.

[56] Zeng Xiangyong, Hu Lei. A composition construction of bent-like Boolean functions from quadratic polynomials. http://eprint.iacr.org, 2003/204.

[57] Damgard I. A design principle for hash functions[C]. Crypto 89. Springer-verlag, 1989, LNCS 435: 416-427.

[58] Rivest R. The MD4 message digest lgorithm. RFC1320, April 1992.

[59] Rivest R. The MD5 message digest algorithm. RFC1321, April 1992.

[60] Dobbertin H. Cryptanalysis of MD4[C]. FSE96. Springer-verlag, 1996: 53-69.

[61] Kasselman P R. A fast attack on the MD4 hash function[C]. Proceedings of the 1997 South African Symposium on Communications and Signal Processing. 1997: 147-150.

[62] Boer B D, Bosselaers A. Collisions for the compression function of MD5[C]. Advances in Cryptology, Eurocrypt'93. Springer-Verlag, 1994: 293-304.

[63] Dobbertin H. Cryptanalysis of MD5 compress[C]. Presented at the rump session of Eurocrypt'96.

[64] Wang Xiaoyun, Feng Dengguo, Lai Xuejia, et al. Collisions for Hash Functions MD4, MD5, HAVAL-128 and RIPEMD[C]. Rump session of Crypto'04.

[65] Wang Xiaoyun, Lai Xuejia, Feng Dengguo, et al. Cryptanalysis of the hash functions MD4 and RIPEMD[C]. EUROCRYPT 2005. Springer-Verlag, 2005, LNCS3494: 1-18.

[66] Wang Xiaoyun, Yu Hongbo. How to Break MD5 and Other Hash Functions[C]. EUROCRYPT 2005. Springer-Verlag, 2005, LNCS 3494: 19-35.

[67] 吴文玲,冯登国,张文涛. 分组密码的设计与分析[M]. 北京:清华大学出版社,2009.

[68] 孟庆树. Bent 函数的演化设计[D]. 武汉：武汉大学，2005.

[69] 王张宜. 密码学 Hash 函数的分析与演化设计[D]. 武汉：武汉大学博士学位论文，2006.

[70] 张焕国，王张宜. 密码学引论(第二版)[M]. 武汉：武汉大学出版社，2009.

第7章 S盒的设计自动化

本章讨论一类重要的密码部件——S盒的设计自动化理论与技术。我们已经根据这些理论和技术研制出实际的"演化密码软件系统",达到了满意的S盒自动化设计效果。

7.1 基于多项式表示的S盒演化设计

S盒在分组密码、流密码以及Hash函数等对称密码的设计里有重要应用,是主要的非线性变换部件。为了抗差分分析[1],S盒应具有低的自相关性;为了抗线性分析[2],S盒应具有高的非线性度。我们主要考虑S盒的非线性度、差分均匀性以及代数免疫度等密码学指标[3]。下面给出这些指标的定义。

定义 7-1 设 $f(x)$, $x \in F_2^n$ 为布尔函数,定义 $Nf = 2^{n-1} - \frac{1}{2}\max_{w \in F_2^n} s_{(f)}(w)$ 为函数的非线性度。

定义 7-2 S盒的非线性度为 $Ns = \min_{(s_1,\cdots,s_n) \in F_2^n} Ns_1 f_1 + \cdots + s_n f_n$。

定义 7-3 S盒的差分均匀性为 $D(s) = \max_{a \in F_2^n, b \in F_2^n} \#\{x \mid f(x+a) + f(x) = b\}$,其中 $\#\{\}$ 表示集合元素的个数。

代数攻击是近年来的研究热点。2002年,Courtois等[3]提出了对分组密码算法进行代数攻击的想法,使用的算法主要是XSL算法。代数攻击是对密码算法进行代数结构分析的攻击方法的统称。它的主要思想是建立起初始密钥和输出密钥流比特之间的代数方程,这样的方程希望是非线性低次多元的,然后运用线性化手段(或者XSL等算法)来解方程获得秘密的初始密钥。XSL算法攻击S盒(这里通常是置换盒)的基本原理是建立输入和输出比特间的多元多次方程组:

$$p(x_1, \cdots, x_n, y_1, \cdots, y_n) = 0 \tag{7-1}$$

其中 $x_1, \cdots, x_n$ 表示输入比特, $y_1, \cdots, y_n$ 表示输出比特。一般情况下,该方程左边多项式的最高次数为2。可以用下面的公式定量衡量XSL攻击置换S盒的复杂度:

$$\Gamma = ((t-r)/n)^{\lceil (t-r)/n \rceil}$$

其中,t 表示式(7-1)左边的单项式个数,r 表示S盒实际可生成的线性独立多元多项式方程的个数,n 表示输入输出的比特数。对特定的密码算法而言,t 和 n 是一定的,r 越小,则攻击的复杂度越高。r 的计算可以通过构造一个称为 M 矩阵的方法得到,M 矩阵是一个 $2^n \times t$ 的矩阵,该矩阵的行表示向量 $(x_1 \cdots x_n)$ 从 0 到 2^n-1 的取值,而列表示 t 个单项式。单项式的个数如下确定:设式(7-1)左边的多项式次数为 2,且 2 次单项式只取二次线性的(bi-affine),即只有形如 $x_i y_j$ 这样的 2 次单项式,一次单项式为 x_i 和 y_i,常数项为 1,则可确定 $t = n^2 + 2n + 1$。则据文献[3]知 $r = t\text{-rank}(M)$。显然 M 矩阵的秩 $\text{rank}(M) \leqslant 2^n$。构造出 M 矩阵后,就可以用 $\text{rank}(M)$ 来度量 S 盒的抗代数攻击能力,即 $\text{rank}(M)$ 越大,S 盒抗代数攻击能力越强。

S 盒的设计有如下一些方法:传统上,密码学家会根据一些数学函数来设计具有密码学意义的 S 盒,但这种方法对设计者提出了很高的要求,设计出的盒子的种类有限。另外一种方法是随机生成 S 盒,然后进行密码学评价,进行取舍,但这种方法的效率很低。本节我们给出一个演化算法,该算法以有限域上的多项式为演化对象,可以生产大量的优质盒子。而且在 16 元以内,通过大量的实验观察证实,在小变元上演化所得的多项式可以推广到高变元上去。我们猜想这一结论对任意变元都是成立的,即一旦我们获得了一个好的多项式,便意味着我们得到了一种新类型的盒子,对任意变元有效,而不仅仅是获得了单个好盒子。这会是很好的结果。

7.1.1 演化算法

本章记 F_{2^n} 是具有 2^n 个元素的有限域。本节我们主要考虑置换型 S 盒的设计,置换型 S 盒满足如下两条:(1) $\forall x, y \in F_{2^n}$,如果 $x \neq y$ 则 $S(x) \neq S(y)$;(2)对任意常数 α,存在唯一 x,使得 $S(x) = \alpha$。称 S 是 F_{2^n} 上的一个置换。

对于置换情形 S 盒的设计,我们提出以有限域上的算子为演化对象,通过对算子复合方式的演化,得到好的 S 盒的方法。具体算法如图 7-1 所示。

下面根据图 7-1 说明 S 盒快速演化算法的具体实施方法。

部件 1 是随机源,随机产生随机数 0、1、2。该部件可以是真随机数发生器也可以是伪随机数发生器。

部件 2 是有限域上常数乘法变换,常数为相应域的一个本原元。

部件 3 是有限域上加 1 变换。

部件 4 是有限域上的逆变换。

部件 5 计算盒子的密码学指标,并根据密码学指标判断盒子是否合格。密码学指标主要指非线性度、差分均匀性以及代数免疫度。

部件 6 是判断器,如果计数器大于阈值,则置部件 7 重置为单位置换。

部件 7 是缓存器,用来缓存生成的 S 盒,也是初始化部件。

工作过程如下:

(1)首先部件 7 初始化为单位置换。

(2)接着部件 1 产生随机数,根据随机数的取值,决定缓存器部件 7 的内容送入部

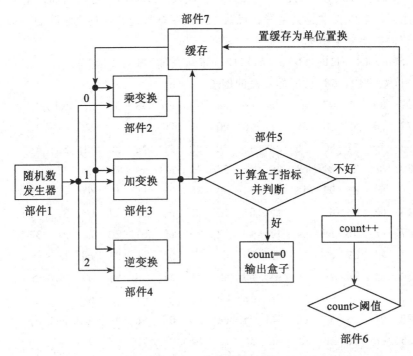

图 7-1 S 盒演化算法框图

件 2、3 或 4。随机数为 0 选部件 2，随机数为 1 选部件 3，随机数为 2 选部件 4。

（3）经过其中一个的变换后，结果送入缓存部件 7，同时送入部件 5 进行密码学指标的计算并判断盒子的指标是否合格。如果是一个合格的盒子，则计数器清零，输出盒子。如果盒子不合格，则计数器加 1。

（4）在部件 6 内，做如下判断：如果计数器的值大于某一阈值，则重置缓存器的内容为恒等置换。

7.1.2 算法的数学基础及演化结果分析

1. 算法的数学基础

定理 7-1[4] 设 $q>2$，c 是有限域 F_q 的一个确定的本原元，则 F_q 上的所有置换可以由 cx，$x+1$ 和 x^{q-2} 进行复合生成。

根据上述定理，我们的演化算法可以保证所得的盒子是平衡的，然后我们只需要考虑差分均匀性、非线性度以及代数免疫度等密码学指标。

2. 演化结果分析

运用上述算法，可以生成大量 14 元以下具有优良密码学性质的 S 盒。

下面以 S 盒的输入变元数 $n=8$ 和 $n=7$ 为例说明。

(1) $n=8$ 时,以差分均匀性、非线性度、代数免疫度作为考核指标,差分均匀性指标是越小越好,非线性度越大越好,代数免疫度指标如前文所述用矩阵的秩来表示,越大越好。我们给出如下指标的 S 盒:

(4,112,58),(4,110,60),(6,112,59),(6,110,61)

① 具有 (4,112,58) 特征的 S 盒的例子

00	01	8e	f4	47	a7	7a	ba	ad	9d	dd	98	3d	aa	5d	96
d8	72	c0	58	e0	3e	4c	66	90	de	55	80	a0	83	4b	2a
6c	ed	39	51	60	56	2c	8a	70	d0	1f	4a	26	8b	33	6e
48	89	6f	2e	a4	c3	40	5e	50	22	cf	a9	ab	0c	15	e1
36	5f	f8	d5	92	4e	a6	04	30	88	2b	1e	16	67	45	93
38	23	68	8c	81	1a	25	61	13	c1	cb	63	97	0e	37	41
24	57	ca	5b	b9	c4	17	4d	52	8d	ef	b3	20	ec	2f	32
28	d1	11	d9	e9	fb	da	79	db	77	06	bb	84	cd	fe	fc
1b	54	a1	1d	7c	cc	e4	b0	49	31	27	2d	53	69	02	f5
18	df	44	4f	9b	bc	0f	5c	0b	dc	bd	94	ac	09	c7	a2
1c	82	9f	c6	34	c2	46	05	ce	3b	0d	3c	9c	08	be	b7
87	e5	ee	6b	eb	f2	bf	af	c5	64	07	7b	95	9a	ae	b6
12	59	a5	35	65	b8	a3	9e	d2	f7	62	5a	85	7d	a8	3a
29	71	c8	f6	f9	43	d7	d6	10	73	76	78	99	0a	19	91
14	3f	e6	f0	86	b1	e2	f1	fa	74	f3	b4	6d	21	b2	6a
e3	e7	b5	ea	03	8f	d3	c9	42	d4	e8	75	7f	ff	7e	fd

② 具有 (4,110,60) 特征的 S 盒的例子

8d	5b	89	21	1b	4f	e0	eb	c7	14	73	19	74	68	07	63
af	3b	08	a9	84	f9	da	23	5f	58	64	a2	6c	01	f8	77
c5	bc	54	7b	e8	05	c9	99	d3	62	9e	0d	2d	00	72	ac
2e	87	27	1e	86	6a	31	d8	a3	f6	2a	de	ae	b8	5a	40
8a	65	df	06	b3	18	c3	95	9f	81	20	48	39	ba	45	02
c2	ee	d1	30	8f	a7	60	ed	11	ab	12	59	e5	c6	46	76
d4	b6	75	83	92	3e	15	d9	3f	8b	0c	b9	9a	47	9a	0e
4e	aa	5c	fe	be	97	0b	fc	ca	cf	ea	44	7a	9d	4d	b7
70	16	1c	41	82	dd	42	51	a1	e1	f2	9c	d0	f4	7e	09
28	4b	e2	1a	cb	61	f3	13	4c	4a	e4	bf	d7	f1	a8	6b
49	e6	8c	32	c0	ff	e7	a5	3c	33	dc	29	26	34	0a	79
8e	fb	66	80	67	6f	b5	5e	a0	d6	85	b0	78	2b	c1	7d
9b	96	56	3d	90	ef	03	b2	22	0f	53	17	5d	57	ad	c8

ce	2c	2f	d2	c4	43	6e	55	52	cc	1d	04	36	e9	b4	fd
cd	10	7c	24	6d	fa	bb	f5	7f	35	f7	98	a4	69	1f	a6
91	37	94	d5	50	88	ec	71	bd	f0	25	db	b1	38	93	e3

③ 具有(6,112,59)特征的 S 盒的例子

05	4b	a3	eb	f2	e5	6e	36	00	21	11	ea	09	58	fa	df
f6	c3	73	cc	b8	ac	94	28	03	e7	24	ce	50	92	74	5d
a7	1e	c6	b4	b5	b1	2f	40	01	ed	72	f3	9d	13	e8	91
d3	35	d9	85	c5	9c	9b	70	f4	f1	60	a8	38	44	e9	0e
4f	d1	08	e6	fb	7d	49	96	8f	2e	77	be	b6	34	78	81
5b	04	59	fd	16	dc	af	c9	52	15	80	51	ec	66	d5	bd
93	71	ad	e2	75	cd	88	0f	f5	33	79	ae	bf	a4	db	54
63	47	c1	ff	4c	99	b7	f7	68	3e	1b	23	6d	17	43	9a
d4	6f	95	c8	b3	a0	41	ca	46	53	98	86	3a	b9	d0	82
7c	83	3f	76	25	3c	c4	f8	26	e3	69	14	8b	1f	fc	4e
f9	32	bc	d2	6b	1c	5f	62	a6	8c	0b	e4	cf	64	29	a1
84	1d	e1	da	56	ab	65	42	2c	f0	8d	e0	2d	2a	7f	45
5e	8a	dd	8e	6c	1a	a5	12	7b	ee	18	ef	3d	9f	d8	2b
3b	c7	67	ba	cb	5c	06	d6	48	87	39	aa	57	89	fe	de
37	27	0a	02	20	55	c2	c0	bb	b2	90	6a	0c	a2	10	4a
a9	9e	4d	07	5a	97	7a	d7	30	b0	22	0d	61	31	7e	19

④ 具有(6,110,61)特征的 S 盒的例子

53	cb	49	6c	55	45	3f	f3	a3	3e	11	90	fb	8d	7a	ca
be	cf	9d	ce	cc	42	78	39	37	c1	c4	c6	ec	00	d4	da
65	9a	1a	06	74	47	d2	0b	c8	5b	a2	3d	26	01	d9	08
6e	e4	2c	2a	b0	b3	48	73	9f	c9	4a	91	b7	64	63	5f
2d	b9	19	ba	ee	de	a5	9b	c7	1b	ed	88	50	7b	92	f4
35	6a	29	89	02	46	57	6d	d8	0d	58	13	86	9e	04	79
43	af	e9	a1	4f	e1	e0	10	15	27	aa	c5	94	a6	a9	96
93	3c	0e	fd	b6	0f	dd	ff	5a	a8	b4	4e	bb	ac	16	bf
d1	66	83	36	1d	99	d5	38	1c	14	ea	09	71	8f	fc	ad
d0	2b	f0	80	62	24	b5	c0	67	1e	b1	ae	d7	e3	3b	ef
30	f1	69	2e	59	7e	e2	34	0c	6f	0a	70	8a	c3	98	db
f5	e8	4d	54	17	2f	eb	41	82	d6	7c	e5	77	1f	12	84
bd	5c	61	ab	df	b2	8e	6b	51	5d	68	4c	97	25	9c	f7
3a	8b	33	f6	b8	f8	32	81	8c	7d	a0	a7	5e	fa	f2	7f

85	72	cd	56	20	75	07	03	fe	a4	d3	dc	c2	52	4b	05
18	40	bc	f9	23	31	21	28	95	e7	60	76	87	22	44	e6

(2) $n=7$ 时的 S 盒

运用上述算法，我们同样可以生成大量有良好性质的盒子，以差分均匀性、非线性度、代数免疫度作为考核指标，我们以如下两类指标(2，54，44)，(4，52，44)为例给出一些盒子，其中具有(2，54，44)的盒子是 APN 函数。

① 具有(2，54，44)的盒子代表

53	5b	62	06	38	59	30	7c	01	75	41	66	4d	6c	6d	67
6f	27	50	14	65	1d	4b	3c	7e	25	45	79	68	36	71	47
29	0b	73	44	4e	16	0a	22	09	1b	00	07	49	74	0e	0f
6e	18	42	70	4c	32	58	04	19	10	08	48	34	56	6b	7b
7d	54	52	23	35	46	2e	2a	76	3d	1f	5a	2f	2c	31	11
3f	12	03	40	28	0c	57	69	3a	5d	1e	4f	61	26	43	39
2b	72	7f	13	3b	02	3e	64	0d	1a	37	5f	2d	15	7a	05
55	33	21	63	51	60	77	1c	24	17	20	6a	78	5e	4a	5c

② 具有(4，52，44)的盒子代表

34	74	27	31	5a	64	1a	5e	09	16	2d	07	4d	57	5f	0f
4f	2b	2c	28	1f	60	7d	4e	3b	0d	76	77	2a	36	1d
5b	59	26	05	55	38	51	03	49	50	01	39	6d	1e	71	79
47	48	35	3e	45	0a	6c	21	40	08	41	65	3a	1c	6f	66
56	0c	3c	0b	32	15	63	43	0e	72	70	7c	6b	73	12	00
62	18	19	25	53	61	14	7f	4a	44	78	5d	3f	23	3d	52
4b	2e	46	10	42	11	6a	17	69	58	22	54	7b	20	6e	29
04	02	1b	2f	24	37	06	68	33	30	13	67	7e	5c	75	4c

3. S 盒的性质比较

我们主要考察差分均匀性、非线性度、代数免疫度这三个指标。差分均匀性指标越小越好，非线性度越大越好，代数免疫度指标如前文所述用矩阵的秩来表示，越大越好。在 8 元的情况下，第一个盒子的指标和 AES 的盒子指标是一样的，而其他 3 个盒子虽然差分或非线性度方面较 AES 的 S 盒差一些，但代数免疫度要好于 AES 的 S 盒。所以，我们设计的盒子要么达到已知的最好结果，要么接近这些最好的结果，且效率很高。其次，由于差分均匀性与非线性度是仿射变换不变的，所以这四类盒子之间肯定互不仿射等价。除第一类外，其他类的内部函数也往往不仿射等价。

4. 猜想

尽管我们的算法在变元数大于 16 时，由于受到内存和计算速度的限制速度会很慢，但基于如下观察设计 16 元以上的盒子不是问题。

我们的算法是对有限域上三个算子的复合方式进行演化，我们猜想在小变元上所得的好盒子对应的复合顺序，对于大变元而言也是有效的，即所得的多项式对于任意变元而言都是好盒子。我们在 16 元以内进行了实验验证，这个论断是成立的，但如何进行理论证明有待进一步研究。对于每一种复合方式，应该可以进行严格的证明，以说明对于任意变元该复合对应的多项式是一个好的盒子。Nyberg[5]论证了逆函数是好的盒子，而运用我们的演化算法我们有望获得更多类型的好盒子，这是一个很好的结果，值得深入研究。

7.2 基于 MM 类 Bent 函数的完全非线性 S 盒的设计

Bent 函数[6]具有最好的自相关性和最高的非线性度，因而可以用于密码学领域，特别是用于对称密码体制。很多文献讨论了用 Bent 函数设计 S 盒的问题，也就是多输出布尔函数，对它的要求是输出函数的任意线性组合也应该具有好的密码学性质。Nyberg[7]给出的向量 Bent 函数就是一类密码学性质很好的 S 盒，称为完全非线性 S 盒。之后有很多的文献[7-12]讨论了完全非线性 S 盒的构造问题。Nyberg[8]给出了两类方法，一类是基于 MM 类 Bent 函数[13]，另一类是基于 PS 类 Bent 函数[14]。Satoh，Iwata 及 Kurosawa[14]给出的方法也是基于 MM 类 Bent 函数的，形式上不同于 Nyberg 给出的方法，显示了很强的技巧性，下文将看到，它是我们构造方法的特定例子。Youssef 和 Gong[9]首先建立了序列的重量和 hyper-bent 函数的对应关系，对于任意一个置换函数，其分量函数的序列重量满足 hyper-bent 的条件，由此给出了向量 hyper-bent 的构造。文献[10]基于 MM 类 Bent 函数，首先从代数正规型角度构造了一类特殊的置换，然后利用线性移位寄存器的状态转换矩阵给出了一类完全非线性 S 盒。文献[11]利用函数的谱分解式给出了二维 Bent 函数的一种构造方法。而 Dobbertin 和 Leander[12]利用 Niho 类 Bent 函数给出了 Niho 类[15]的完全非线性 S 盒。我们在第 6 章利用仿射变换给出了非 Niho 类的完全非线性 S 盒，此处不再赘述。

下面以 MM 类 Bent 函数为基础，从完全非线性 S 盒的定义出发，给出一大类完全非线性 S 盒的构造方法。该方法是 Nyberg 方法的另一种阐述，通过这种阐述，我们不但给出了大量的完全非线性 S 盒，而且说明了 Satoh 方法实际上是我们的方法的一种特殊情况，但 Satoh 方法看上去非常复杂。我们的方法通过选择的适当的置换多项式以及适当的系数就可以构造大量的完全非线性 S 盒。作为方法的运用，我们给了两个例子：例一，通过选择幂函数形式的置换多项式 α^x，我们得到 Satoh 等人构造的 S 盒；例二，通过选取指数形式的置换 x^d，也可获得完全非线性 S 盒。一般地，选择不同的参数，可以得到不同类型的 S 盒，可供选择的 S 盒空间非常大。理论上，对于 $2k$ 个输入变元，$m(m \leq k)$ 个输出的 S 盒，S 盒个数为 $2^k! \prod_{i=0}^{m-1}(2^k - 2^i)$，这对密码学领域的应用是重要的，为使用者提供了更多选择，特别是在所设计的密码算法保密或可重构密码算法的情况下尤其有意义。

然而完全非线性 S 盒子却有一个缺点，它不是平衡的。通过演化算法，这一缺点容易克服。通过演化计算，我们设计出的 S 盒子在几个主要密码学指标上达到或超过公开已知演化结果的指标，本部分的部分结果可见文献[16]。

7.2.1 基本知识

定义 7-4[4] 设 F 是有限域 K 上的有限扩展，$(\alpha_1, \cdots, \alpha_n)$，$(\beta_1, \cdots, \beta_n)$ 是 F 在 K 上的两组基，如果它们满足 $\mathrm{tr}_{F/K}(\alpha_i\beta_j) = \begin{cases} 0 & i \neq j \\ 1 & i = j \end{cases}$，则称它们为对偶基。

定理 7-2[4] 设 $f(x)$ 是定义在有限域 F_{2^n} 上的一个映射。设 F_{2^n} 在 F_2 上的一组基为 $(\alpha_1, \cdots, \alpha_n)$，而 $(\beta_1, \cdots, \beta_n)$ 是其对偶基。则 $f(x)$ 可用 F_2 内的元素表示为：$f(x) = f_1(x)\alpha_1 + \cdots + f_n(x)\alpha_n$，其中 $f_i(x) = \mathrm{tr}_1^n(\beta_i f(x))$，$i = 1, 2, \cdots, n$，称为映射 $f(x)$ 的分量函数。

由迹函数的性质和定理 7-2，推得布尔函数可以用迹函数表示为：$f(x) = \sum_{d \in CS} \mathrm{tr}(a_d x^d)$，$a_d \in F_{2^n}$，其中 CS 如第 6 章所述为陪集。

布尔函数的代数正规型表示和迹表示之间有一一对应的关系。设 α 是有限域 F_{2^n} 的一个本原元，且设 $(1, \alpha, \cdots, \alpha^{n-1})$ 是 F_{2^n} 在 F_2 上的一组基，则 F_{2^n} 的元素可以表示为 $x_0 + x_1\alpha + \cdots + x_{n-1}\alpha^{n-1}$，其中 $x_i \in F_2$，$i = 0, 1, \cdots, n-1$。由此我们定义一个 $F_{2^n} \leftrightarrow F_2^n$ 的映射 $x_0 + x_1\alpha + \cdots + x_{n-1}\alpha^{n-1} \leftrightarrow (x_0, x_1, \cdots, x_{n-1})$。上述映射关系也说明了函数的迹表示和代数正规型表示的转换关系：

$$f\left(\sum_{i=0}^{n-1} x_i\alpha^i\right) \Leftrightarrow g(x_0, x_1, \cdots, x_{n-1}) \tag{7-2}$$

定理 7-3 对于迹函数 $\mathrm{tr}_1^n(\mu x^d)$，其代数正规型的代数次数为 d 的 Hamming 重量 $W_H(d \bmod 2^n - 1)$。

证明：由定理 7-2，存在一个 i，γ 满足 $\mu = \beta_i\gamma$，使得 $\mathrm{tr}_1^n(\mu x^d)$ 对应于映射 γx^d 的一个分量函数。设 d 的二进制展开形式为 $d_{n-1}d_{n-2}\cdots d_0$，按照映射关系式(7-2)，我们有：

$$x^d = (x_0 + \cdots + x_{n-1}\alpha^{n-1})^{d_{n-1}2^{n-1}} \cdots (x_0 + \cdots + x_{n-1}\alpha^{n-1})^{d_0 2^0}$$
$$= (y_0 + \cdots + y_{n-1}\alpha^{n-1}) \cdots (z_0 + \cdots + z_{n-1}\alpha^{n-1})$$
$$= f_0 + \cdots + f_{n-1}\alpha^{n-1}$$

其中 y_i，z_i 是 $x_0, \cdots, x_{n-1}$ 的线性函数，所以各分量函数 f_i 的代数次数为 $W_H(d \bmod 2^n - 1)$。

据文献[1]说该命题早已由 Carlet 证明，但我们没有找到该文献，所以我们给出证明。

定义 7-5 设 $x, y \in F_{2^n}$ 设 $(\alpha_1, \alpha_2, \cdots, \alpha_n)$ 是 F_{2^n} 在 F_2 上的一组基，$x = x_1\alpha_1 + \cdots + x_n\alpha_n$，$y = y_1\alpha_1 + \cdots + y_n\alpha_n$，定义它们的内积为 $x \cdot y = \sum_{i=1}^{n} x_i y_i$。

定义 7-6 如果 $\pi(x)$ 是定义在 F_{2^n} 上的一个单射，则称 $\pi(x)$ 是 F_{2^n} 上的一个置换。

由置换的定义，容易推出如下引理。

引理 7-1 设 $\pi(x)$ 是 F_{2^k} 的一个置换，则对于任意的 $a \in F_{2^k}$，$a \neq 0$，$a\pi(x)$ 都是 F_{2^k} 的置换。

7.2.2 完全非线性 S 盒的构造

定义 7-7[13] 设 $g(x)$，$x \in F_2^k$ 是任意的一个布尔函数，而 $\pi(x)$，$x \in F_2^k$ 是一个任意置换，则 $f(x_1, x_2) = \pi(x_1) \cdot x_2 + g(x_1)$ 定义的映射 $F_2^k \times F_2^k \to F_2$ 是 Bent 函数，且称为 MM 类 Bent 函数。

定义 7-8 设 $n = 2k$，称 $F(x) = (f_1(x), f_2(x), \cdots, f_m(x))$，$x \in F_2^n$，$m \leq k$ 是向量 Bent 函数，如果其分量函数的任意非零线性组合都是 Bent 函数。特别地，如果各个分量函数都是 MM 类 Bent 函数，我们称其为 MM 类向量 Bent 函数。

由上述定义，可知 $F(x) = (f_1(x), f_2(x), \cdots, f_m(x))$，$x \in F_2^n$，$m \leq k$ 是 MM 类向量 Bent 函数，当且仅当各个分量函数里的置换的任意非零线性组合 $c_1\pi_1(x_1) + \cdots + c_m\pi_m(x_1)$ 也是 F_2^k 的一个置换。换一种说法，即 $\{\pi_i(x_1) \mid i = 1, 2, \cdots, m\}$ 构成一个阶为 2^m 的加法群置换群即可。按这种思想我们给出如下构造。

定理 7-4 设 $n = 2k$，$m \leq k$，任意选择一个 F_{2^k} 上的置换 $\pi(x)$，任意选择线性独立的 m 个 F_{2^k} 上的向量 $(\alpha_1, \alpha_2, \cdots, \alpha_m)$，任意选择一组函数 $g_i(x)$，$x \in F_{2^k}$，$i = 1, 2, \cdots, m$。令

$$f_1(x) = \alpha_1 \pi(x_1) \cdot x_2 + g_1(x_1)$$

$$\cdots\cdots\cdots$$

$$f_m(x) = \alpha_m \pi(x_1) \cdot x_2 + g_m(x_1)$$

其中 $x = (x_1, x_2)$，$x_1, x_2 \in F_{2^k}$，

则 $F(x) = (f_1(x), f_2(x), \cdots, f_m(x))$，$x_1, x_2 \in F_{2^k}$，$m \leq k$ 是向量 Bent 函数。

证明：按向量 Bent 函数的定义，分量函数的任意的非零线性组合 $c_1 f_1(x) + \cdots + c_m f_m(x) = (c_1\alpha_1 + \cdots + c_m\alpha_m)\pi(x_1) \cdot x_2 + c_1 g_1(x_1) + \cdots + c_m g_m(x_1)$，由于 c_i，$i = 1, \cdots, m$ 不全为 0，所以由引理 7-1 知，$(c_1\alpha_1 + \cdots + c_m\alpha_m)\pi(x_1)$ 仍然是 F_{2^k} 的置换。所以 $c_1 f_1(x) + \cdots + c_m f_m(x)$ 是 Bent 函数。

注 1：该构造方法是 Nyberg[7] 给出的方法的展开，但用我们的构造方法，一些看上去完全不同甚至很复杂的方法都可以归于此类。如下文的推论 7-1。

注 2：我们用域元素来表示置换，而不是用代数正规型来表示。这样做的好处有两

条：一是有很多的文献，如[4]讨论了域元素形式给出的置换多项式，并且对它们的性质进行了研究，这为我们提供了很好的资源，而代数正规型给出的置换多项式较少；二是由定理7-3我们容易研究其代数次数。虽然域元素形式的盒子不够直观，但是由定理7-2，迹表示和代数正规型表示的对应关系式(7-2)，容易将其转换为代数正规型。

注3：对于$2k$输入变元，m输出的S盒，由于F_{2^k}有$2^k!$种置换，而从F_{2^k}中选择m个线性独立的元素的方案有$\prod_{i=0}^{m-1}(2^k-2^i)$种，所以我们可以构造出很多的向量Bent函数。

该定理非常简单，但是该定理可以用于构造多种类型的MM类向量Bent函数。运用定理7-4，一些看上去技巧性很强的构造则显得很直观自然。

推论 7-1[8]　在定理7-4中，取 $\pi(x)=\begin{cases}0 & x=0\\ \alpha^x & x=1,\cdots,2^k-1\end{cases}$，则$\pi(x)$是$F_{2^k}$的一个置换，而取$(\alpha_1,\alpha_2,\cdots,\alpha_k)=(1,\alpha,\alpha^2,\cdots,\alpha^{k-1})$，其中$\alpha$是$F_{2^k}$的一个本原元，则函数$F(x)=(f_1(x),f_2(x),\cdots,f_k(x))$，$x\in F_2^n$是向量Bent函数。

这是文献[8]的主要结果，运用定理7-4进行解释，显得很简单。

推论 7-2　取$\pi(x)=x^{2^k-2^i-1}$，$i<k$，$x\in F_{2^k}$，任取F_{2^k}上的k个线性独立的向量$(\alpha_1,\alpha_2,\cdots,\alpha_k)$，则$F(x)=(f_1(x),f_2(x),\cdots,f_k(x))$，$x\in F_2^n$是向量Bent函数。

证明：因为$\gcd(2^k-2^i-1,2^k-1)=1$，由文献[4]知，$\pi(x)$是F_{2^k}的一个置换。由定理7-4知函数$F(x)=(f_1(x),f_2(x),\cdots,f_k(x))$，$x\in F_2^n$是向量Bent函数。

7.2.3　具有密码学意义S盒的演化设计

上面构造的盒子具有最佳的抗线性攻击和差分攻击的能力，然而这些盒子有一个共同的缺点——不平衡性。我们用演化算法来克服这个缺点。

定义 7-9[18]　设$F=(f_0,f_1,\cdots,f_{m-1}):F_2^n\to F_2^m$是一个S盒，称该盒子为平衡的盒子（regular s-box），如果该盒子满足：对所有的输出值，它们都有相同个数的输入。

本节我们将S盒的设计目标定为：首先是一个平衡S盒，然后要满足高的非线性度，低的自相关性，低的差分均匀性，高代数次数等性质。

对于上面构造的完全非线性$2k\times k$（$2k$输入k输出）盒子而言，就是要把盒子里的2^k-1个0分别变为$1,2,\cdots,2^k-1$，从而使盒子成为平衡盒子，而且要使得上述非线性度和自相关性这两个指标最优。通过演化算法，我们可以做到这一点。

演化算法的基本思想如下。

(1) S盒里共有$2^{k+1}-1$个0，记它们的位置集合为$P=\{p_1,p_2,\cdots,p_{2^{k+1}-1}\}$。从中任意挑选$2^k-1$个0，并把它们随机的分别赋值$1,2,\cdots,2^k-1$。

(2) 对上述赋值后的S盒，在位置集合P里进行交换，并根据S盒的适应值情况，决定某一个交换的取舍。

我们定义的适应值函数为：fittness $= 0.6 \max_{i,w} s_{g_{a_i}}(w) + 0.4 \max_{i,w} C_{g_{a_i}}(w)$。该适应值越小设计出的函数的两个指标就越好，其中自相关函数的定义见第六章定义 6-5。

由于自相关性和非线性度都是统计性质，少量的修改盒子并不会极大改变这两个指标，所以算法的收敛速度很快。

表 7-1 是根据推论 7-2 构造的一个完全非线性 S 盒，我们取的参数为 $\pi(x) = x^7$，F_{16} 由本原多项式 $x^4 + x + 1 = 0$ 生成，记其根为 α，取 $(\alpha_1, \alpha_2, \alpha_3, \alpha_4) = (1, \alpha, \alpha^2, \alpha^3)$。表 7-2 是由演化算法给出的 S 盒。表 7-3 是我们演化的 S 盒与 Millan[19]，Clark[20] 等人演化的 S 盒在几个密码学指标上的比较，空白处表明相应的方法没有给出这些指标。由表 7-3 可知，我们演化设计得到的 S 盒的几个主要安全性技术指标优于文献 [19, 20] 所设计的 S 盒。需要说明的一点是，演化所得 S 盒（如表 7-2）的第一行全为 0，这看上去好像不够随机，但这不影响盒子的几个主要技术指标。如果确实要改变，只需要对输入变元进行一个线性变换即可：假设表 7-2 的 S 盒的多项式表示为 $F(x)$，$x \in F_2^8$，随机取一个 8 阶可逆矩阵 A，则一般而言，S 盒 $F(xA)$ 不会出现某一行或某一列全 0 的情况。

表 7-1   根据推论 7-2 构造的一个完全非线性 S 盒

0	0	0	0	0	0	0	0	0	0	0	0	0	0	0	0
0	13	10	7	5	8	15	2	6	11	12	1	3	14	9	4
0	8	1	9	2	10	3	11	12	4	13	5	14	6	15	7
0	14	12	2	8	6	4	10	15	1	3	13	7	9	11	5
0	10	6	15	11	1	14	4	13	7	8	2	6	12	3	9
0	9	3	10	6	15	5	12	4	13	7	14	2	11	1	8
0	6	13	11	10	12	7	1	3	5	14	9	15	4	2	
0	4	9	13	3	7	10	14	2	6	11	15	1	5	8	12
0	1	2	3	4	5	6	7	8	9	10	11	12	13	14	15
0	5	11	14	7	2	12	9	5	10	15	1	4	13	8	6	3
0	15	14	1	12	3	2	13	7	8	9	6	11	4	5	10
0	2	4	6	9	11	13	15	1	3	5	7	8	10	12	14
0	12	8	4	1	13	9	5	14	2	6	10	15	3	7	11
0	3	6	5	13	14	11	8	9	10	15	12	2	4	7	2	1
0	7	15	8	14	9	1	6	11	12	4	3	5	2	10	13
0	11	7	12	15	4	8	3	5	14	2	9	10	1	13	6

表 7-2							演化设计的 S 盒								
0	0	0	0	0	0	0	0	0	0	0	0	0	0	0	0
3	13	10	7	5	8	15	2	6	11	12	1	3	14	9	4
9	8	1	9	2	10	3	11	12	4	13	5	14	6	15	7
13	14	12	2	8	6	4	10	15	1	3	7	9	11	5	
2	10	5	15	11	1	14	4	13	7	8	2	6	12	3	9
1	9	3	10	6	15	5	12	4	13	7	14	2	11	1	8
4	6	13	11	10	12	7	3	5	14	9	15	4	2		
12	4	9	13	3	7	10	14	2	6	11	15	1	5	8	12
5	1	2	3	4	5	6	7	8	9	10	11	12	13	14	15
7	5	11	14	7	2	12	9	10	15	1	4	13	8	6	3
14	15	14	1	12	3	2	13	7	8	9	6	11	4	5	10
6	2	4	6	9	11	13	15	1	3	5	7	8	10	12	14
11	12	8	4	1	13	9	5	14	2	6	10	15	3	7	11
8	3	6	5	13	14	11	8	9	15	12	1	7	2	1	
15	7	15	8	14	9	1	6	11	12	4	3	5	2	10	13
10	11	7	12	15	4	8	3	5	14	2	9	10	1	13	6

表 7-3　　密码学指标的比较

	非线性度	自相关性	代数次数	差分均匀性
随机方法[20]	104	72		
Millan 等[19]的方法	106	64		
Clark 等[20]的方法	110	48		
我们的方法	116	32	6	26

7.3　基于正形置换的 S 盒演化设计

在密码系统中，非线性部件是密码安全的重要保障，如果密码部件全是线性的，对于攻击者来说很容易利用差分、线性攻击等方法得到密钥，所以在设计密码时非线性部件是重要的部件,一定要充分考虑其密码学特性,使其能有力抵抗线性、差分和代数攻击。本节研究有限域 F_{2^8} 上的正形置换,正形置换是设计密码部件的原材料,已被证明有良好密码学性质。有限域 F_{2^8} 上的正形置换可以分两类:一类是线性的,可用于设计线性密码部件 P-置换;一类是非线性的,可用于设计 S 盒等非线性密码部件。

7.3.1 正形置换的概念

设 $F_2 = \{0, 1\}$ 是二元有限域。F_{2^n} 是 F_2 的 n 次扩张域,也可以看做 F_2 上的 n 维线性空间。设 S 是 F_{2^n} 上的一个双射,即满足:(1) $\forall x, y \in F_{2^n}$,如果 $x \neq y$ 则 $S(x) \neq S(y)$;(2) 对任意常数 $\alpha \in F_{2^n}$,存在唯一 x,使得 $S(x) = \alpha$。称 S 是 F_{2^n} 上的一个置换。

定义 7-10 设 S 是 F_{2^n} 上的一个置换,I 为 F_{2^n} 上的恒等变换(即 $I(x) = x$,$\forall x \in F_{2^n}$)如果 $S \oplus I$ 仍是 F_{2^n} 上的置换($\oplus$ 为 F_{2^n} 上的加法运算),称 S 为 F_{2^n} 上的正形置换。进一步,如果 $\forall x, y \in F_{2^n}$ 满足 $S(x+y) = S(x) + S(y)$,则称 S 为 F_{2^n} 上的线性正形置换。

由定义 7-10 知,考虑有限域 F_{2^n} 上的正形置换时,只需把 F_{2^n} 看成一个加法群。事实上,正形置换定义只涉及域中的加法运算,所以其完全可以定义在加法群上。文献[21]给出了正形置换的存在性定理[21]:有限 Abel 群 G 上存在正形置换的充要条件是群 G 的 Sylow-2 子群要么不是循环群,要么是平凡子群。

定义 7-10 说明一个置换是正形置换的充要条件是它与恒等置换之和依然是置换。正形置换是一类特殊的置换,并非所有置换都是正形置换。

例 7-1 F_{2^2} 上的置换 S 如果满足:$(0, 0) \mapsto (0, 1)$,$(0, 1) \mapsto (1, 0)$,$(1, 0) \mapsto (0, 0)$,$(1, 1) \mapsto (1, 1)$,则 S 是正形置换。易证 F_{2^2} 上恒等置换不是正形置换。

定义 7-11 设 G 是一个有限群,S 是 G 上的一个双射。如果映射 $S': x \mapsto xS(x)$ 仍然是 G 上的置换,则称 S 为完全映射($xS(x)$ 表示 x 和 $S(x)$ 在 G 上相乘)。

定义 7-12 设 G 是一个有限群,S 是 G 上的一个双射。如果映射 $S': x \mapsto x^{-1}S(x)$ 仍然是 G 上的置换,则称 S 为正交映射($x^{-1}S(x)$ 表示 x 在 G 中求逆后与 $S(x)$ 在 G 中相乘)。

定义 7-13 设 S 是 F_{2^n} 上的一个置换,如果 V 是 F_{2^n} 的任意极大子群(或极大子空间)且其补集记为 $\overline{V} = F_{2^n} \setminus V$,都满足 $|S(V) \cap V| = |S(V) \cap \overline{V}| = 2^{n-2}$,则称 S 为完全平衡映射。

正形置换是一种完全映射,最早由 H. B. Mann 在文献[22]中进行研究。此后 M. Hall 和 L. J. Paige 在文献[21]中从代数角度研究了完全映射。文献[23]在研究正交拉丁方时正式提出正形置换这个概念。1995 年 L. Mittenthal 博士开始从密码学角度研究正形置换[24]。由上述各定义知 F_{2^n} 上正形置换是完全映射、正交映射及完全平衡映射。正形置换以其固有的密码学性质,在实际中得到了很好的应用。

(1) 设 S 是 F_{2^n} 上的一个正形置换,则

$$\Pr ob(x \in V \mid S(x) \in V) = \Pr ob(x \in \overline{V} \mid S(x) \in \overline{V})$$
$$= \Pr ob(x \in \overline{V} \mid S(x) \in V) = \Pr ob(x \in V \mid S(x) \in \overline{V}) = 1/2$$

用信息熵可得：$H(x \in V \mid S(x) \in V) = -\log_2 \Pr ob(x \in V \mid S(x) \in V) = 1$（比特）。

（2）正形置换 S 得到的 S 盒满足输出差分一定不等于输出差分：$\forall x, y \in F_{2^n}$ 且 $x \neq y$ 则 $S(x) \oplus S(y) \neq x \oplus y$。

（3）Teledyne 公司利用正形置换研发 DSD 密码产品[24]。

（4）1996 年，Zhai Qibin 利用线性正形置换强化密码安全性，强化后密码学特性得到了改良[25]。

（5）1999 年谷大武利用正形置换构造布尔函数[26]，使其满足平衡性，代数次数不小于 3，在非线性度、线性结构、扩散准则等方面都有很好性质。

（6）设 S 是正形置换，h 是任意一个线性置换，则复合 $h^{-1}Sh$ 仍是正形置换[27]。

第 2 章已经介绍了演化计算，本章主要利用演化计算来实现密码部件的自动化设计。对正形置换的研究可知，正形置换随着有限域阶的增大，其个数呈"组合爆炸"，如果利用一般的穷举搜索来搜索正形置换，不但速度很慢，而且很难找到非线性度高，差分均匀性小的正形置换，所以本节试图利用演化计算来产生有限域 F_{2^8} 上的非线性正形置换，力求做到密码部件设计自动化。

7.3.2 正形置换的性质

由正形置换的定义知，正形置换在有限域 F_{2^n} 上有且仅有一个不动点，S 是一个正形置换当且仅当 $S \oplus I$ 是正形置换。人们研究正形置换时提出了很多方法，我们总结了正形置换的研究方法，可分为以下几种。

1. 正形置换的向量表示[24]

设置换 S 满足：$S \begin{matrix} x_0 \mapsto y_0 \\ x_1 \mapsto y_1 \\ \vdots \\ x_{255} \mapsto y_{255} \end{matrix}$ 和 $\begin{matrix} x_0 \oplus y_0 = z_0 \\ x_1 \oplus y_1 = z_1 \\ \vdots \\ x_{255} \oplus y_{255} = z_{255} \end{matrix}$，若有下列关系

$F_{2^8} = \{x_0, x_1, \cdots, x_{255}\} = \{y_0, y_1, \cdots, y_{255}\} = \{z_0, z_1, \cdots, z_{255}\}$ 则 S 是正形置换。

称 $G = \{(x_i, y_i, z_i) \mid 0 \leq i \leq 255\}$ 为正形置换 S 的向量表示。上述关系式表明 S 和 $S \oplus I$ 都是置换。

定义 7-14 设 S 是 F_{2^8} 上的线性正形置换，且 $S \begin{matrix} x_0 \mapsto y_0 \\ x_1 \mapsto y_1 \\ \vdots \\ x_{255} \mapsto y_{255} \end{matrix}$ 和 $\begin{matrix} x_0 \oplus y_0 = z_0 \\ x_1 \oplus y_1 = z_1 \\ \vdots \\ x_{255} \oplus y_{255} = z_{255} \end{matrix}$，如保持

式子 $\begin{matrix} x_0 \oplus y_0 = z_0 \\ x_1 \oplus y_1 = z_1 \\ \vdots \\ x_{255} \oplus y_{255} = z_{255} \end{matrix}$ 右边不变,而左边第一列第二列变动,能够得到非线性正形置换,则称这一调整过程为线性正形置换的腐化[28]。

定义 7-15 设 S 是 F_{2^8} 上的线性正形置换,且 $G=\{(x_i, y_i, z_i) \mid 0 \le i \le 255\}$ 是 S 的向量表示,如果存在一个子集 $H=\{(x_{i_k}, y_{i_k}, z_{i_k}) \mid 1 \le k < 255\} \subset G$,可以腐化 H 使得 S 为非线性正形置换,称 H 为 S 的腐化集。

由上述定义知道,在腐化过程中,需要找出一个腐化集,利用腐化集可以变线性正形置换为非线性正形置换。腐化最大线性正形置换是得到非线性正形置换的一种有效方法。

关于正形置换的向量表示有下列结论[24,29]:

(1) 设 $G=\{(x_i, y_i, z_i) \mid 0 \le i \le 2^n-1\}$ 为有限域 F_{2^n} 上正形置换 S 的向量表示,S 是线性正形置换的充要条件是 G 中元在对应分量模二加运算下成一个 Abel 群,其单位元为 $e=(0, 0, 0)$,$0 \in F_{2^n}$。

(2) 设 S 是有限域 F_{2^n} 上最大线性正形置换,令 $S(x_i)=x_{i+1}$,则存在一个整数 p 使得 $S(x_i) \oplus x_i = x_{i-p}$。

(3) 设 $G=\{(x_i, y_i, z_i) \mid 0 \le i \le 2^n-1\}$ 为有限域 F_{2^n} 上线性正形置换 S 的向量表示,如果 $\{x_1, x_2, \cdots, x_n\}$ 是有限域 F_{2^n} 上的一组基,对应的 $y_i = S(x_i)$ 得到 $\{y_1, y_2, \cdots, y_n\}$ 也必然线性无关,那么 $z_i = [S \oplus I](x_i) = x_i \oplus S(x_i) = x_i \oplus y_i$,$\{z_1, z_2, \cdots, z_n\}$ 必然是线性无关。所以只要能找到三组线性无关集 $\{x_1, x_2, \cdots, x_n\}$,$\{y_1, y_2, \cdots, y_n\}$ 及 $\{z_1, z_2, \cdots, z_n\}$,对任意 $1 \le i \le n$ 使得 $z_i = x_i \oplus y_i$,就可以得到线性正形置换 S,满足 $y_i = S(x_i)$,而且任意一个线性正形置换都可以这样得到。

2. 正形置换的置换矩阵表示

设有限域 F_{2^8} 上置换 S 满足 $A=(a_{ij})_{256 \times 256}$ 和 $a_{ij}=\begin{cases} 1 & x_j = S(x_i) \\ 0 & x_j \ne S(x_i) \end{cases}$,同时 $B=(b_{ij})_{256 \times 256}$ 和 $b_{ij}=\begin{cases} 1 & x_j = S(x_i) \oplus x_i \\ 0 & x_j \ne S(x_i) \oplus x_i \end{cases}$,如果 A,B 都是 256×256 的 0—1 矩阵,且每行每列有且仅有一个 1,则置换 S 是正形置换,A 称为与 S 相对应的置换矩阵。

置换矩阵是一种表述置换的方式,而且置换矩阵和置换是一一对应的,但是置换矩阵的缺点是矩阵的阶数比较大,不利于计算机储存和计算。在此只作为一种方法加以介绍,本文不用此法研究 F_{2^8} 上的正形置换。

3. 正形置换的圈结构表示

由代数学知,任意一个置换都可以写成不相交的轮换因子之积[28]。正形置换当然可以将其写成一些不相交轮换因子之积的形式，称为圈结构，正形置换的轮换因子表示称为圈结构表示。文献[27]指出正形置换的圈结构表示中某些长度的轮换因子不存在。

定义 7-16 如果有限域 F_{2^n} 上的一个正形置换表示成圈结构后，只有两个不相交的轮换因子，一个长度为1(即为不动点)，一个长度为(2^n-1)，称这个正形置换为最大正形置换。如果最大正形置换是线性的，则称为最大线性正形置换；如果是非线性的，则称为最大非线性正形置换。

有了最大线性正形置换后，可以改造其结构得到非线性正形置换，从这个意义上说，最大线性正形置换是线性正形置换到非线性正形置换的一个转折点。最大线性正形置换可以写成如下的圈结构形式：

$$(x_0)(x_1 x_2 \cdots x_{2^n-1}), \quad x_i \in F_{2^n}(0 \leq i \leq 2^n-1)$$

文献[31,32]中关于正形置换的圈结构有下列性质：

(1) 正形置换如果分解成轮换因子之积，则没有长为 2, 2^n 及 2^n-2, 2^n-3 的轮换因子。

(2) 设 S 为有限域 F_{2^n} 上的线性正形置换，且非零元形成的最短轮换因子的长度为 l，则 S^2, S^3, $\cdots$, S^{l-1} 仍是线性正形置换。

(3) 线性正形置换 S 的轮换因子中，非零元组成的最短轮换因子长度不能是偶数。

(4) 设 S 为有限域上的最大线性正形置换，而 l 与(2^n-1)互素，则 S^l 仍是最大线性正形置换。

4. 正形置换的多输出布尔函数表示

设 S 是 $F_{2^n} \to F_{2^m}$ 的映射，那么 $S:(x_1, x_2, \cdots, x_n) \mapsto (y_1, y_2, \cdots, y_m)$，这里 $\forall (x_1, x_2, \cdots, x_n) \in F_{2^n}$，$\exists (y_1, y_2, \cdots, y_m) \in F_{2^m}$。因为每个 $y_i(1 \leq i \leq m)$ 都与 $X=(x_1, x_2, \cdots, x_n)$ 有关，可以看做是 $(x_1, x_2, \cdots, x_n)$ 的函数，即

$$y_i = s_i(X) = s_i(x_1, x_2, \cdots, x_n)$$

于是映射 S 可以用向量函数表达为：

$$S = (s_1, s_2, \cdots, s_m) \text{ 即 } S(X) = (s_1(X), s_2(X), \cdots, s_m(X))$$

这里每个 $y_i = s_i(x_1, x_2, \cdots, x_n)$ 都可以看成一个布尔函数。映射 $S=(s_1, s_2, \cdots, s_m)$ 称为多输出布尔函数，简称布尔函数。对于任一个密码中的 S 盒，输入 n 比特，输出 m 比特，那么可以把 S 盒看成是一个多输出布尔函数。同样，F_{2^n} 上的任一置换，也可看成输入 n 比特，输出 n 比特的函数，可用多输出布尔函数来研究有限域上的置换，也就可以用其来研究正形置换。

定义 7-17 如果多输出布尔函数 $S(X) = (s_1(X), s_2(X), \cdots, s_n(X))$ 是有限域 F_{2^n} 上的一个置换，其中每个函数 $s_i(X) = s_i(x_1, x_2, \cdots, x_n)$，$(1 \leq i \leq n)$ 都是布尔函数，称 $S(X) = (s_1(X), s_2(X), \cdots, s_n(X))$ 为布尔置换。

需要指出的是，布尔置换是多输出布尔函数中的一类特殊函数，一个布尔置换 $S(X) = (s_1(X), s_2(X), \cdots, s_n(X))$ 包含有 n 个布尔函数 $s_i(X)$，并非任意 n 个布尔函

数 $s_i(X)(1 \leq i \leq n)$ 就能组成布尔置换。文献[33]指出了布尔函数构成布尔置换的条件。

定理 7-5[33] 设 $S(X) = (s_1(X), s_2(X), \cdots, s_n(X))$ 是有限域 F_{2^n} 上的一个布尔置换，当且仅当分量函数线性组合的重量 $w\left(\sum_{i=1}^{n} c_i s_i(X)\right) = 2^{n-1}$，这里 $c_i \in \{0, 1\}$ 且不全为 0。

这个定理说明，布尔置换的分量函数的任意线性组合是平衡函数。

定理 7-6[33] 设 $S(X) = (s_1(X), s_2(X), \cdots, s_n(X))$ 是有限域 F_{2^n} 上的布尔置换，当且仅当分量函数任意幂之乘积的重量 $w\left(\prod_{i=1}^{n} s_i^{c_i}(X)\right) = 2^{n-r}$，这里 $c_i \in \{0, 1\}$ 且不全为 0，非零 c_i 的个数 $r = w((c_1, c_2, \cdots, c_n))$，$1 \leq r \leq n$，$s_i^0 = 1$，$s_i^1 = s_i$。

定理 7-7[33] 设 $S(X) = (s_1(X), s_2(X), \cdots, s_n(X))$ 是有限域 F_{2^n} 上的一个布尔置换，把分量函数的次序任意重排到 $S(X) = (s_{\sigma(1)}(X), s_{\sigma(2)}(X), \cdots, s_{\sigma(n)}(X))$ 还是一个布尔置换，这里 σ 是下标集 $\{1, 2, \cdots, n\}$ 的一个排列（或置换）。

定理 7-8[33] 设 $S(X) = (s_1(X), s_2(X), \cdots, s_n(X))$ 是有限域 F_{2^n} 上的一个布尔置换，D 是有限域 F_2 上的一个 $n \times n$ 矩阵，向量表示 $\alpha = (c_1, c_2, \cdots, c_n) \in GF(2^n)$ 是常量，则 $S(XD+\alpha) = (s_1(XD+\alpha), s_2(XD+\alpha), \cdots, s_n(XD+\alpha))$ 是布尔置换的充要条件是 D 为可逆矩阵。

定义 7-18 设 S 是有限域 F_{2^n} 上的布尔置换，如果 $\forall X, Y \in F_{2^n}$ 都有 $S(X+Y) = S(X)+S(Y)$，称 S 是线性布尔置换。

由于多输出布尔函数可以用来表示置换，因此可以定义布尔置换的密码学性质，例如可定义布尔置换的线性结构、非线性性、严格雪崩准则、扩散性等。

由文献[34]知，布尔置换是线性的当且仅当每个分量函数是线性的（包括仿射），当且仅当其线性结构全体就是 F_{2^n}，而且布尔置换的线性结构集等于所有分量函数的线性结构集之交。

置换有时在转化成布尔置换后性质更容易研究。下面介绍有限域上由一般置换转换成相应布尔置换的方法。

设 $f(X)$ 是有限域 F_{2^n} 上的布尔函数，则 $f(X)$ 的函数值是 0 或 1。已知 $f(X)$ 在 F_{2^n} 上的所有函数值 $f(0), f(1), f(\xi), \cdots, f(\xi^{q-2})$（记 $q = 2^n$），那么 $f(X)$ 的代数表达式可唯一确定，为：

$$f(X) = \sum_{c \in F_q} f(c) X^c$$

其中 $c = (c_1, c_2, \cdots, c_n)$，$X = (x_1, x_2, \cdots, x_n)$ 是 F_2 上的向量，而且 $X^c = x_1^{c_1} x_2^{c_2} \cdots x_n^{c_n}$，$c_i \in \{0, 1\}(1 \leq i \leq n)$，$x_i^0 = 1+x_i$，$x_i^1 = x_i$，这样 $f(X)$ 可以表示为下列唯一形式：

$$f(X) = a_0 + \sum_{1 \leq j_1 < j_2 < \cdots < j_k \leq n, 1 \leq k \leq n} a_{j_1 j_2 \cdots j_k} x_{j_1} x_{j_2} \cdots x_{j_k}$$

$f(X)$ 是线性布尔函数是指 $f(X)$ 的代数表达式为：

$$f(X) = a_0 + a_1x_1 + a_2x_2 + \cdots + a_nx_n。$$

设 S 是 F_{2^n} 上的一个置换，有 $S: c \mapsto S(c)$，$\forall c \in F_{2^n}$，可以得到向量 $P = \begin{pmatrix} S(0) \\ S(1) \\ \vdots \\ S(\xi^{q-2}) \end{pmatrix}$，

把每一个置换值写成 F_2 上的向量形式：

$$\begin{pmatrix} S(0) \\ S(1) \\ \vdots \\ S(\xi^{q-2}) \end{pmatrix} = \begin{pmatrix} s_1(0) & s_2(0) & \cdots & s_n(0) \\ s_1(1) & s_2(1) & \vdots & s_n(1) \\ \vdots & \vdots & \cdots & \vdots \\ s_1(\xi^{q-2}) & s_2(\xi^{q-2}) & \cdots & s_n(\xi^{q-2}) \end{pmatrix}$$

利用求布尔函数的方法，由第一列可以确定第一个分量函数 $s_1(X)$，依次确定其他分量函数 $s_2(X)\cdots s_n(X)$。上述方法可由一般置换得到相应的多输出布尔置换，即 $F(X) = (s_1(X), s_2(X), \cdots, s_n(X))$。类似地容易确定布尔置换中的恒等置换的多输出函数表达式为 $I(X) = (x_1, x_2, \cdots, x_n)$。

定义 7-19 设置换的多输出函数形式为 $F(X) = (s_1(X), s_2(X), \cdots, s_n(X))$，称 $F(X)$ 是一个线性置换，若 $F(X)$ 的所有分量函数的代数次数都不大于 1 且分量函数的常数项为 0；当每个分量函数的代数次数都不大于 1，且常数项至少有一个不为 0 时，称其为仿射布尔置换；当布尔置换 $F(X)$ 的分量函数中至少有一个代数次数大于 1 时，称其为非线性布尔置换。

关于布尔正形置换有下列性质[33]：

(1) 布尔置换 $F(X) = (s_1(X), s_2(X), \cdots, s_n(X))$ 是正形置换当且仅当

$$F(X) + I(X) = (s_1(X) + x_1, s_2(X) + x_2, \cdots, s_n(X) + x_n)$$

仍是一个布尔置换。

(2) $F(X)$ 是正形置换当且仅当 $F(X)$ 和 $F(X) + I(X)$ 的分量函数的任意线性组合（组合系数不全为 0）是平衡布尔函数。

(3) 布尔置换 $F(X) = (s_1(X), s_2(X), \cdots, s_n(X))$ 是仿射正形置换当且仅当 $\exists \gamma \in F_{2^n}$ 使得 $F(X) = XA + \gamma$，而且 A 是一个 $n \times n$ 可逆矩阵。

5. 置换多项式表示[35]

设多项式 $f \in F_{2^n}[X]$，那么 $\forall c \in F_{2^n}$，$f(c) \in F_{2^n}$，多项式 $f(X)$ 就是 F_{2^n} 上的一个变换。如果 $f(X)$ 还是一个一一变换，则 $f(X)$ 就是 F_{2^n} 上的一个置换。有下列事实：$f(X)$ 是 F_{2^n} 上的置换当且仅当 $f: c \mapsto f(c)$ 在 F_{2^n} 上是单射，当且仅当 f 是 F_{2^n} 的满射，当且仅当 $\forall a \in F_{2^n}$ 方程 $f(X) = a$ 有解，当且仅当 $\forall a \in F_{2^n}$ 方程 $f(X) = a$ 有唯一解。

定义 7-20 设 $f \in F_{2^n}[X]$ 且 $f(X) = a_0 + a_1X + \cdots + a_nX^n$，当 $a_n \neq 0$ 时，称 $f(X)$ 是 n 次多项式，记为 $\deg(f(X)) = n$。

设 S 是 F_{2^n} 上的一个置换，有 $S: c \mapsto S(c)$，$\forall c \in F_{2^n}$，由插值公式可求出其对应的置换多项式为：

$$f(X) = \sum_{c \in GF(2^n)} S(c)(1-(x-c)^{q-1}) = \sum_{c \in GF(2^n)} \left[S(c) \prod_{a \neq c} \frac{a-x}{a-c} \right]$$

这里 $q = 2^n$。

$f(X)$ 化简后的次数 $\deg(f(X)) \leq q-1$，这说明 F_{2^n} 上的任意置换都可以用一个次数不超过 $(q-1)$ 的多项式来表示。容易知道：$f(X)$ 是 F_{2^n} 上的置换多项式，则 $F_{2^n} = \{f(c) \mid c \in F_{2^n}\}$，对任意 $\gamma \in F_{2^n}$ 有 $F_{2^n} = \{f(c) \oplus \gamma \mid c \in F_{2^n}\}$，这也就说明 $f(X)$ 是 F_{2^n} 上的置换当且仅当 $f(X) \oplus \gamma$ 是 F_{2^n} 上的置换。设 $f(X) = a_0 + a_1 X + \cdots + a_{q-1} X^{q-1}$ 是 F_{2^n} 上的置换当且仅当 $f(X) + a_0 = a_1 X + \cdots + a_{q-1} X^{q-1}$ 是 F_{2^n} 上的置换，于是总可以假定置换多项式 $f(X)$ 的常数项为 0。

设 $F_{2^n} = \{0, 1, \xi, \cdots, \xi^{q-2}\}$，$f(X) = a_0 + a_1 X + \cdots + a_{q-1} X^{q-1}$ 是 F_{2^n} 上的置换多项式，于是计算得到 $a_0 = f(0)$，则 $f(X) - f(0) = a_1 X + \cdots + a_{q-1} X^{q-1}$。

$$\begin{pmatrix} f(1)-f(0) \\ f(\xi)-f(0) \\ \vdots \\ f(\xi^{q-2})-f(0) \end{pmatrix} = a_1 \begin{pmatrix} 1 \\ \xi \\ \vdots \\ \xi^{q-2} \end{pmatrix} + a_2 \begin{pmatrix} 1 \\ \xi^2 \\ \vdots \\ (\xi^{q-2})^2 \end{pmatrix} + \cdots + a_{q-1} \begin{pmatrix} 1 \\ \xi^{q-1} \\ \vdots \\ (\xi^{q-2})^{q-1} \end{pmatrix}$$

用矩阵表示为

$$\begin{pmatrix} f(1)-f(0) \\ f(\xi)-f(0) \\ \vdots \\ f(\xi^{q-2})-f(0) \end{pmatrix} = \begin{pmatrix} 1 & 1 & \cdots & 1 \\ \xi & \xi^2 & \cdots & \xi^{q-1} \\ \vdots & \vdots & \vdots & \vdots \\ \xi^{q-2} & (\xi^{q-2})^2 & \cdots & (\xi^{q-2})^{q-1} \end{pmatrix} \begin{pmatrix} a_1 \\ a_2 \\ \vdots \\ a_{q-1} \end{pmatrix}$$

矩阵 $\begin{pmatrix} 1 & 1 & \cdots & 1 \\ \xi & \xi^2 & \cdots & \xi^{q-1} \\ \vdots & \vdots & \vdots & \vdots \\ \xi^{q-2} & (\xi^{q-2})^2 & \cdots & (\xi^{q-2})^{q-1} \end{pmatrix}$ 的行列式是范德蒙行列式，由有限域各元互异性知其是可逆的。求逆为

$$\begin{pmatrix} 1 & 1 & \cdots & 1 \\ \xi & \xi^2 & \cdots & \xi^{q-1} \\ \vdots & \vdots & \vdots & \vdots \\ \xi^{q-2} & (\xi^{q-2})^2 & \cdots & (\xi^{q-2})^{q-1} \end{pmatrix}^{-1} = \begin{pmatrix} 1 & (\xi)^{q-2} & \cdots & (\xi^{q-2})^{q-2} \\ 1 & (\xi)^{q-3} & \cdots & (\xi^{q-2})^{q-3} \\ \vdots & \vdots & \cdots & \vdots \\ 1 & 1 & \cdots & 1 \end{pmatrix}$$

得到另一种求置换多项式的方法（本质上与插值公式是一样的）。设 S 是 F_{2^n} 上的置换，于是置换多项式 $f(X) = a_0 + a_1 X + \cdots + a_{q-1} X^{q-1}$ 的系数求法为 $a_0 = S(0)$

$$\begin{pmatrix} a_1 \\ a_2 \\ \vdots \\ a_{q-1} \end{pmatrix} = \begin{pmatrix} 1 & (\xi)^{q-2} & \cdots & (\xi^{q-2})^{q-2} \\ 1 & (\xi)^{q-3} & \cdots & (\xi^{q-2})^{q-3} \\ \vdots & \vdots & \cdots & \vdots \\ 1 & 1 & \cdots & 1 \end{pmatrix} \begin{pmatrix} S(1) - S(0) \\ S(\xi) - S(0) \\ \vdots \\ S(\xi^{q-2}) - S(0) \end{pmatrix}$$

由上式计算得到：

$$a_k = \sum_{i=0}^{q-2} (\xi^i)^{q-1-k} [S(\xi^i) - S(0)], \ 1 \leq k \leq q-1$$

那么很容易计算出置换多项式 $f(X)$ 的最高次项系数为：

$$\begin{aligned} a_{q-1} &= [S(1) - S(0)] + [S(\xi) - S(0)] + \cdots + [S(\xi^{q-2}) - S(0)] \\ &= [S(0) + S(1) + S(\xi) + \cdots + S(\xi^{q-2})] - qS(0) \\ &= 0 \end{aligned}$$

所以 F_{2^n} 上的置换多项式的次数 $\deg(f(X)) \leq q-2$。

最后给出线性置换多项式的定义。

定义 7-21 设多项式 $f(X)$ 是有限域 F_{2^n} 上的置换，如果 $\forall X, Y \in F_{2^n}$ 满足 $f(X+Y) = f(X) + f(Y)$，则称 $f(X)$ 是线性置换多项式。

有如下性质[35]：$f(X)$ 是线性置换多项式当且仅当

$$f(X) = \sum_{i=0}^{n-1} a_i X^{2^i} = a_0 X + a_1 X^2 + \cdots + a_{q-1} X^{2^{n-1}}$$

有时称 $f(X) = a_0 X + a_1 X^2 + \cdots + a_{q-1} X^{2^{n-1}}$ 为 2-多项式。如果 $A(X) = f(X) + \gamma$，这里 $f(X)$ 是 2-多项式且 $\gamma \in F_{2^n}$，称 $A(X) = f(X) + \gamma$ 为仿射多项式，所以仿射多项式是线性多项式的平移，称置换多项式 $f(X)$ 是非线性的是指其不是仿射多项式（当然也不是线性的）

介绍了置换多项式后，接下来介绍有限域上的多项式是置换多项式的判别准则[35]。

定理 7-9[35]（Hermite's 准则）设有限域 F_q 的特征为 p，那么 F_q 上的多项式 $f \in F_q[X]$ 是置换多项式当且仅当下列两条同时成立：

(1) $f(X)$ 在 F_q 上恰好仅有一根；

(2) 对每个整数 t，其中 $1 \leq t \leq q-2$ 且 $t \not\equiv 0 \bmod p$，$f^t(X) \bmod (x^q - x)$ 约化次数 $\leq q-2$。

上述 Hermite's 准则中条件(1)可改为 $f^{q-1}(X) \bmod (x^q - x)$ 的约化次数为 $q-1$，则准则依然成立。

推论 7-3 当 $d > 1$ 且 $d | (p^n - 1)$，则 $F_q(q = p^n)$ 上不存在次数为 d 的置换多项式。

当有限域的特征是 2 时，上述定理可以叙述为以下形式。

定理 7-10[35] 设 $f \in F_q[X](q = 2^n)$ 是有限域 F_q 上的置换多项式当且仅当下列两个条件同时成立：

(1) $f(X)$ 在 F_q 上恰好仅有一根或者 $f^{q-1}(X) \bmod (x^q - x)$ 的约化次数为 $2^n - 1$；

(2) 对于每个奇数 t 且 $1 \leq t \leq 2^n - 2$，$f^t(X) \bmod (x^q - x)$ 约化次数 $\leq q-2$。

利用上述定理可得到下列事实：$f(X)=\alpha X$ 是一个置换多项式当且仅当 $\alpha \in F_{2^n} \setminus \{0\}$；$f(X)=X^k$ 是置换多项式当且仅当 $\gcd(k, 2^n-1)=1$。对于有限域 F_{2^n} 上的置换，应用 Hermite's 准则时，需计算 $f^t(X) \bmod (x^q - x)$ 的约化次数，也就需要计算 $f^t(X)$，这里 t 为奇数。由二进制表示知：$t=a_0+a_1 \cdot 2^1+\cdots+a_{n-1} \cdot 2^{n-1}$ 其中 $a_i \in \{0, 1\}$，$0 \leqslant i \leqslant n-1$，因为 t 为奇数，故 $a_0=1$，所以要计算 $f^t(X)$。而 $f^t(X)=f(X)[f^2(X)]^{a_1} \cdots [f^{2^{n-1}}(X)]^{a_{n-1}}$，故只需计算 $f(X)$ 的 $2^i(0 \leqslant i \leqslant n-1)$ 次幂而后取出某些幂相乘即可得到 $f^t(X)$，即：

$$[f(X)]^{2^i}=a_0^{2^i}+a_1^{2^i}x^{2^i}+\cdots+a_{q-1}^{2^i}x^{q \cdot 2^i}$$

关于正形置换多项式有下列结论[36]：

(1) 设 $f(X)$ 是有限域 F_{2^n} 上的置换多项式，$f(X)$ 是正形置换当且仅当 $f(X)+X$ 也是一个置换多项式。

(2) $f(X) \in F_{2^n}[X]$ 是正形置换多项式，当且仅当 $f(X)$ 和 $f(X)+X$ 同时满足 Hermite's 准则。

(3) 设 $f(X) \in F_{2^n}[X]$ 是 F_{2^n} 上的置换或正形置换多项式，当且仅当 $\forall \alpha \in F_{2^n}$ 时 $f(X+\alpha)$ 是 F_{2^n} 上的置换或正形置换多项式。

(4) 设 $f(X) \in F_{2^n}[X]$ 是 F_{2^n} 上的置换或正形置换多项式，当且仅当 $\forall \alpha \in F_{2^n}$ 时 $f(X)+\alpha$ 是 F_{2^n} 上的置换或正形置换多项式。

(5) 设 $f(X) \in F_{2^n}[X]$ 是正形置换多项式，当且仅当 $\forall \alpha \in F_{2^n} \setminus \{0\}$ 时 $\alpha^{-1}f(\alpha X)(\alpha f(\alpha^{-1}X))$ 是 F_{2^n} 上的置换或正形置换多项式。

(6) 当 $n \geqslant 2$ 时，F_{2^n} 上的正形置换多项式的次数 $\leqslant 2^n-3$。

(7) 当 $d>1$ 且 $d|(2^n-1)$，则 F_{2^n} 上的正形置换多项式的次数不可能为 d 次。

(8) 设 m, n 都为正整数，当 $n \equiv 0, 1 \pmod{m}$ 时，F_{2^n} 上的正形置换多项式的次数不可能为 (2^m-1) 次，从而知 F_{2^n} 上的不存在 3 次正形置换多项式。

(9) 当 $n>2$ 时，F_{2^n} 上的 4 次正形置换多项式都是仿射多项式。即不存在 4 次非线性正形置换多项式。

(10) 有限域 F_{2^n} 上不存在 2 次正形置换多项式。当 $n \geqslant 2$ 时，有限域 F_{2^n} 上存在 1 次正形置换多项式。

6. 正形拉丁方截集表示[23,37-39]

设 F_{2^n} 为有限域，$\forall X \in F_{2^n}$，则 X 的向量表示为 $X=(x_1, x_2, \cdots, x_n)$，对于任意整数 $0 \leqslant z \leqslant (2^n-1)$，则 z 可以由二进制唯一表示为：

$$z=a_0+a_1 \cdot 2+\cdots+a_n \cdot 2^{n-1}$$

其中 $a_i \in \{0, 1\}$，则 z 可以和 $GF(2^n)$ 中的元一一对应，即：

$$z=a_0+a_1 \cdot 2+\cdots+a_n \cdot 2^n \mapsto (a_0, a_1, \cdots, a_{n-1})$$

用这种办法可以把 F_{2^n} 中元看成是 0 与 (2^n-1) 之间的整数。

定义 7-22 设 $A=(a_{ij})_{q\times q}$ 是一个 $q(=2^n)$ 阶方阵,第 i 行第 j 列处的元素 $a_{ij}=i\oplus j$,其中 $i\oplus j$ 表示 i 和 j 与 F_{2^n} 中元素对应后按位异或,称矩阵 A 为一个 n 阶正形拉丁方。从拉丁方 A 中的每行每列选取一个数且仅选一个数得到 q 个数,同时要求这些数两两不同,则这 q 个数组成的集合称为正形拉丁方的截集。如果得到一个截集为 $\{a_{0i_0}, a_{1i_1}, \cdots, a_{(q-1)i_{(q-1)}}\}$,$q=2^n$,则置换 $S(k)=a_{ki_k}$,$0\leq k\leq 2^n-1$ 是一个正形置换,因为 $S(k)\oplus k=a_{ki_k}\oplus k=k\oplus i_k\oplus k=i_k$,即 $S\oplus I$ 仍是一个置换。

F_{2^n} 上的一个 n 阶正形拉丁方可以表示为:

$$A_n = \begin{pmatrix} 0 & 1 & 2 & \cdots & 2^n-2 & 2^n-1 \\ 1 & 0 & 3 & \cdots & 2^n-1 & 2^n-2 \\ 2 & 3 & 0 & \cdots & 2^n-4 & 2^n-3 \\ \cdots & \cdots & \cdots & \cdots & \cdots & \cdots \\ 2^n-1 & 2^n-2 & 2^n-3 & \cdots & 1 & 0 \end{pmatrix}$$

正形拉丁方有如下性质[23]:

(1) $A_n = \begin{pmatrix} A_{n-1} & 2^{n-1}\oplus A_{n-1} \\ 2^{n-1}\oplus A_{n-1} & A_{n-1} \end{pmatrix}$,其中 $2^{n-1}\oplus A_{n-1}$ 表示 2^{n-1} 与 A_{n-1} 中每个元都相加。正形拉丁方的截集在 A_n 分块后的每一块中选取 2^{n-2} 个元素,由 $4\times 2^{n-2}$ 各元组成一个正形置换。

(2) 正形置换的截集和正形置换是一一对应的。

正形拉丁方被用于研究正形置换,主要是 1997 年亢保元、田建波和王育民利用正形拉丁方截集得到了有限域 F_{2^n} 上正形置换,而任金萍和吕述望在 2006 年指出正形置换与正形拉丁方的截集一一对应[23],2008 年 Liu Qi,Zhang Yi,Chen Cheng,Lv Shuwang 等人利用正形拉丁方得到了正形置换的计数界[39]。综合上述可知,正形拉丁方被用于研究正形置换时,主要用来举例和计数。

对于上述几种方法,在表示正形置换时各有优缺点。当需要给出正形置换的实例时,一般利用正形拉丁方比较方便,而且计数时利用正形拉丁方也比较有效;当需要判断正形置换是线性还是非线性可以利用多输出布尔置换或多项式置换来判断;当研究最大线性正形置换时,一定要用圈结构表示来研究;文献[40-42]指出,从低阶正形置换来构造高阶正形置换时利用布尔置换比较方便。考虑正形置换做成的 S 盒的代数性质时,利用置换多项式来研究更有利;当需要构造线性正形置换时,向量表示是一种有效的研究方法。

因仿射和线性正形置换之间有很明显的关系,只要研究清楚线性正形置换,仿射正形置换也就研究清楚了。

7.3.3 有限域 F_{2^4} 上正形置换的研究

有限域 F_{2^4} 上正形置换基本研究清楚,李志慧在文献[44]中研究了 F_{2^3},F_{2^4} 上正形置换多项式的次数分布情况，重点指出 F_{2^4} 上正形置换多项式不存在 2，3，5，6 次，存在 1，4 次。袁媛给出了正形置换多项式不存在的一般性结论[37]，同时文献[37]证明了 F_{2^4} 上不存在 7 次和 9 次正形置换多项式，存在 10，11，12，13 次正形置换多项式。文献[37]还讨论了 F_{2^4} 上正形置换多项式的非线性度，差分均匀性及线性结构。

文献[45]给出 F_{2^n} 上正形置换的快速枚举算法：

输入：n，$n>1$

(1) 初始化：$x[0]=0$，设正形置换个数为 0，初始化 flagfirst，flaguse，flags，beginning，pre，next，link 这几个数组，行号 $k=1$，$x[1]=2$，pre$[1]=1$，next$[1]=3$，beginning$[1]=2$；

(2) 判断 k 是否大于 0，若大于 0，则进入循环(3)，否则表示枚举完毕，退出循环；

(3) 判断第 k 行的所有列号是否均已试过，若没有则进入循环(4)，否则进入(5)；

(4) 如果当前 $x[k]$ 满足要求，则对各标记位做相应处理，然后跳出循环(4)，进入(5)，如果不满足，则取链表中的下一个节点，并重新判断；

(5) 判断当前 k 行所有列号是否均已试过，若没有则进一步判断 k 是否等于 15，也就是判断是否到达最后一行，若有则记录下结果，并通过对调行号和列号得到逆置换，进而通过平移等价，由这 1 个结果就可以得到 32 个不同的结果；如果 k 不等于 15，则将 k 加 1，进入下一行；如果当前 k 行所有的列号均已试过，则进入(6)；

(6) k 减 1，将当前的 $x[k]$ 添加到链表中，并取下一个节点，然后跳转到(1)。

注意，当 n 大于 4 时以上算法实际上在性能方面已经无法令人满意，因为 n 大于 4 时回溯的情况太多，这样枚举的速度太慢，所以，以上算法较适用的情况是 $n=2$，3，4。在 $n=4$ 时，以上算法在 Visual C++ 下 60 秒内就能枚举出全部 244744192 个正形置换。

利用以上算法，文献[45]统计了 $n=2$，3，4 时所有正形置换（$n=1$ 时个数为 0）的差分均匀度分布情况和非线性度分布情况。当 $n=2$ 时，所有的 8 个正形置换的差分均匀度都为 4，非线性度都为 0；当 $n=3$ 时，所有的 384 个正形置换的差分均匀度都为 8，非线性度都为 0；$n=4$ 的情况如表 7-4、表 7-5 和表 7-6 所示。

表 7-4　　　　　　　　　有限域 F_{2^4} 上正形置换的次数分布

次数 d	F_{16} 上次数为 d 的正形置换多项式个数
$d=1$	224
$d=4$	6560
$d=8$	132480

续表

次数 d	F_{16} 上次数为 d 的正形置换多项式个数
$d = 10$	798720
$d = 11$	933888
$d = 12$	22179840
$d = 13$	220692480
总数	244744192

表 7-5　　F_{2^4} 上正形置换多项式差分均匀性与次数分布

差分均匀性 δ	总个数	多项式次数	个数
$\delta = 4$	1784832	11	4992
		12	48000
		13	1731840
$\delta = 6$	4049920	11	38400
		12	395520
		13	3616000
$\delta = 8$	6429696	11	14976
		12	155520
		13	6259200
$\delta = 10$	1720320	13	1720320
$\delta = 12$	465920	13	465920
$\delta = 16$	845824	1	14
		4	410
		8	8280
		10	49920
		12	787200

表7-6　　　　　　　　F_{2^4}上正形置换多项式非线性度与次数分布

非线性度 N	总个数	多项式次数	个　　数
$N=0$	2279424	1	14
		4	410
		8	8280
		10	49920
		12	787200
		13	1433600
$N=2$	11232256	11	53376
		12	551040
		13	10627840
$N=4$	1784832	11	4992
		12	48000
		13	1731840

值得注意的是，差分均匀度为 4 的 28557312 个正形置换正好就是非线性度为 4 的这 28557312 个正形置换，而差分均匀度越小表示抗差分攻击能力越强，非线性度越大表示抗线性攻击能力越强，因此，如果设计 4 进 4 出的 S 盒则可以从这些正形置换中选择。这也带来一些启示，在 F_{2^n}，$n>4$ 上的正形置换，当其差分均匀度取到它们中的相对最小值时，非线性度很有可能也取到相对的最大值。

7.3.4　有限域 F_{2^8} 正形置换的研究情况

1996 年廖勇、卢起骏给出了仿射正形置换的计数的方法[45]，意味着线性正形置换计数问题完全解决，戴宗铎等人给出了线性正形置换的生成算法[47]。李志慧在文献[44]中研究了 F_{2^2}，F_{2^3}，F_{2^4} 上正形置换多项式的分布情况。吕述望等人利用拉丁方研究了一般有限域上正形置换的计数界问题[40]。文献[31]中讨论了正形置换的正形平移问题，有关正形置换的更多研究请参阅相关文献[48-54]。

正形置换可以用布尔置换、多项式、圈结构及一般置换表示，不同的表示有不同优点，为了方便对正形置换的研究，可交叉使用上述各表示方法。本节集中研究有限域 F_{2^8} 上的正形置换多项式的次数分布。有限域 F_{2^8} 上的正形置换多项式次数的分布情况如

表7-7所示。

表7-7 F_{2^8}上已知正形置换多项式次数分布表

不存在的次数	2, 3, 5, 15, 17, 51, 85, 127, 254, 255	非线性
存在的次数	1, 4	线性
其他次数		待研

下面给出正形置换的真值表示性质[31]：

（1）如果 S 是有限域 F_{2^8} 上的正形置换，其真值表为 $\begin{bmatrix} 0 & 1 & \cdots & 255 \\ S(0) & S(1) & \cdots & S(255) \end{bmatrix}$，设 $a_i = S(i)$，那么真值表为 $\begin{bmatrix} 0 & 1 & \cdots & 255 \\ a_{255} & a_{254} & \cdots & a_0 \end{bmatrix}$ 的置换是正形置换。

（2）如果 S 是有限域 $GF(2^n)$ 上的正形置换，其真值表可表示为 $\begin{bmatrix} 0 & 1 & \cdots & 255 \\ a_0 & a_1 & \cdots & a_{255} \end{bmatrix}$，设 τ 是 F_{2^8} 上的一个变换，满足 $\tau(x) = x \oplus b$，$\forall x \in F_{2^8}$ 且 $b \in F_{2^8}$ 为一个常数。那么真值表为 $\begin{bmatrix} 0 & 1 & \cdots & 255 \\ a_{\tau(0)} & a_{\tau(2)} & \cdots & a_{\tau(255)} \end{bmatrix}$ 的置换是正形置换。τ 称为正形平移，也即是正形置换的正形平移仍然是正形置换。

正形置换多项式的系数有如下一般关系。

定理 7-11[55] 设 $f(X) = a_0 + a_1 X + \cdots + a_{q-1} X^{q-1}$ 是有限域 F_{2^n} 上的正形置换多项式，则系数之间有如下关系： $\sum_{i+i=q-1, i<j} a_i a_j = 0$ 和 $a_{q-2} + \sum_{i+i=q-1, i<j} a_i a_j = 0$。

由于正形置换多项式中，次数为 $(q-2)$ 的多项式不存在[54]，因此必有 $a_{q-2} = 0$，定理中的两个式子其实是同一式子。还可以类似地得到更多关于系数的关系式。

关于有限域 $F_{2^n}(n \geq 6)$ 上非线性正形置换还没完全研究清楚，特别是 F_{2^8} 上非线性正形置换研究有更重要的价值，这还需继续研究[48-54]。

7.3.4.1 F_{2^8} 上正形置换的生成算法[55]

本节给出有限域 F_{2^8} 上正形置换的几种生成算法，这些生成算法的目的是生成正形置换用以设计密码部件，实现密码部件自动化设计。

1. 第一种算法：直接搜索

第一步，计算有限域 F_{2^8} 作为加法群的所有极大子群，记为 $M_1, M_2, \cdots, M_{255}$。每个极大子群中含有 $2^7 = 128$ 个元。

第二步，选取置换 $S = \begin{pmatrix} 0 & 1 & \cdots & 255 \\ 0 & x_1 & \cdots & x_{255} \end{pmatrix}$，其中 $\{0, x_1, x_2, \cdots, x_{255}\} = GF(2^8)$ 且

$S(i) = x_i$, $1 \leq i \leq 255$。这里 x_i, $1 \leq i \leq 255$ 要满足下列条件:

(1) 当 $i \neq j$ 时, $x_i \neq x_j$。这保证了 $S(i) = x_i$, $1 \leq i \leq 255$ 是一个置换。

(2) 当 $i \neq j$ 时, $x_i \oplus i \neq x_j \oplus j$。这保证了 $S \oplus I$ 仍是一个置换。

(3) 对任意一个有限域 F_{2^8} 的极大子群 M_k, 满足

$|S(M_k) \cap M_k| = |S(M_k) \cap \overline{M_k}| = 2^6 = 64$, $1 \leq k \leq 255$, 这里 $\overline{M_k} = F_{2^8} \setminus M_k$ 表示 M_k 的补集。这一条件保证了完全平衡性。

第三步, 得到序列 $\{0, x_1, x_2, \cdots, x_{255}\}$, 利用插值公式计算其多项式形式, 得到的多项式便是正形置换。

第四步, 任意选取一个置换 $\tau: F_{2^8} \to F_{2^8}$, $\tau(x) = b \oplus x$, $b \in F_{2^8}$ 为常数。对序列 $\{0, x_1, x_2, \cdots, x_{255}\}$ 下标做变换, 得到置换 $S = \begin{pmatrix} 0 & 1 & \cdots & 255 \\ 0 & x_{\tau(1)} & \cdots & x_{\tau(255)} \end{pmatrix}$, 这里 S 还是正形置换, 此步是对第三步做了正形平移[29]。利用插值公式计算其置换多项式。

众所周知, 有限域 F_{2^n} 关于加法运算成一个交换群, 下面给出求其极大子群的计算方法。

定理 7-12[55] 设 $\alpha_1, \alpha_2, \cdots, \alpha_n$ 是有限域 F_{2^n} 关于 F_2 的任意一组基, 任取其中 $(n-1)$ 个向量张成一个 F_2 的向量子空间 M, 那么 M 便是 F_{2^n} 关于加法运算的极大子群, 而且 F_{2^n} 关于加法运算的所有极大子群可表示为:

$$aM = \{am \mid m \in M\}, \quad a \in GF(2^n) \setminus \{0\}$$

这样的极大子群共有 $(2^n - 1)$ 个。

2. 第二种算法: 最大线性正形置换的生成及腐化过程。

第一步, 任取二元域 F_2 上的一个 8 次本原多项式, 这种本原多项式的数目为 $N_2(8) = \frac{1}{8} \sum_{d \mid 8} \mu(d) 2^{8/d}$, 其中 μ 为 Moebius 函数。计算这个本原多项式的友矩阵 A, 矩阵 A 就是一个正形矩阵, 而且 A 还对应一个最大线性正形置换。

第二步, 任取二元域 F_2 上的一个 8 阶可逆矩阵 T, 计算 $T^{-1}AT = B$, 也就是对矩阵 A 做相似变换, 矩阵 B 还是对应最大线性正形置换。

第三步, 写出正形置换 A 的向量表示, 假设正形置换的向量表示为: $G = \{(0, 0, 0), (x_i, y_i, z_i) \mid 0 \leq i \leq 255\}$, 由于线性正形置换的向量表示在对应分量模 2 运算下形成一个群, G 可以看成一个 $2^8 = 256$ 阶群。

第四步, 任取线性正形置换向量表示群 G 的一个 $2^k (k \geq 4)$ 阶子群, 这个子群记为 $G_0^k = \{(0, 0, 0), (x_i, y_i, z_i), 1 \leq i \leq 2^k - 1\}$。记分量集 $M = \{0, x_i \mid 1 \leq i \leq 2^k - 1\}$ 和 $N = \{0, y_i \mid 1 \leq i \leq 2^k - 1\}$, 由群的性质知道: M, N 都是有限域 $GF(2^8)$ 关于加法运算的子群, 记 $W = M \cap N$。由于线性正形置换向量表示的下标之间有一定关系, 线性正形置换向量表示群 G 可以表示为 $G = \{(0, 0, 0), (x_{i-1}, x_i, x_{i-p}), 1 \leq i \leq 255\}$ 其中 p 是一

个整常数。可以证明，$2^{2k-n} \leq |W| = |M \cap N| \leq 2^{k-1}$，于是便有 $|W| = |M \cap N| \geq 2$，当 $W \neq \{0\}$ 时，子群可以腐化最大线性正形置换，得到一个非线性正形置换。

第五步，利用子群 G_0^k 对 $G = \{(0, 0, 0), (x_i, y_i, z_i) | 0 \leq i \leq 255\}$ 进行陪集分解，由子群陪集分解的 Lagrange 定理可以得到 $G = G_0^k \cup G_1^k \cup \cdots \cup G_{l-1}^k$，其中 $l = 255/2^k$。

第六步，进行腐化。对每一个 $G_j^k(0 \leq j \leq l-1)$ 进行腐化。用 W_j 表示 $G_j^k(0 \leq j \leq l-1)$ 中向量第一分量集与第二分量集的交，W_0 就是前面的 $W = M \cap N$。具体做法是将 W_j 中的非零元同时加到 G_j^k 的第一个和第二个分量上，其他陪集不变，这样每次都能得到一个新的正形置换，这些新的正形置换都是非线性的。

3. 第三种算法：布尔函数的直接生成

第一步，选取任意布尔函数，$h_2(x_3, \cdots, x_8)$，$h_3(x_4, \cdots, x_8)$，$\cdots$，$h_7(x_8)$，它们分别是 6，5，$\cdots$，1 元布尔函数，变量都在 F_2 上取值。

第二步，构造 8 个新的布尔函数，它们分别是

$$f_1 = f_1(x_1, x_2, \cdots, x_8) = x_8 + a, \ a \in F_2$$
$$f_2 = f_2(x_1, x_2, \cdots, x_8) = x_1 + x_2 + b, \ b \in F_2$$
$$f_3 = f_3(x_1, x_2, \cdots, x_8) = x_2 + h_2(x_3, x_4, \cdots, x_8)$$
$$f_4 = f_4(x_1, x_2, \cdots, x_8) = x_3 + h_3(x_4, x_5, \cdots, x_8)$$
$$f_i = f_i(x_1, x_2, \cdots, x_8) = x_{i-1} + h_i(x_{i+1}, \cdots, x_8), \ (5 \leq i \leq 7)$$
$$f_8 = f_8(x_1, x_2, \cdots, x_8) = x_7 + h_7(x_8)$$

第三步，得到有限域 F_{2^8} 上的正形置换为 $F(x_1, x_2, \cdots, x_8) = (f_1, f_2, \cdots, f_8)$。

4. 第四种算法：拼接法

第一步，将 8 分解成几个整数之和的形式，假设 $8 = n_1 + n_2 + \cdots + n_s$，8 的这种分解最常用的为 (2, 6)，(2, 2, 4)，(4, 4)，(2, 3, 3)。

第二步，设 F_i 是有限域 $F_{2^{n_i}}$ 子域上的正形布尔置换。这里可以分成 4 种情况选取。

① F_1，F_2 分别是 F_{2^2}，F_{2^6} 上的正形布尔置换；

② F_1，F_2，F_3 分别是 F_{2^2}，F_{2^2}，F_{2^4} 上的正形布尔置换；

③ F_1，F_2 都是 F_{2^4} 上的正形布尔置换；

④ F_1 是 F_{2^2} 上的正形布尔置换，而 F_2，F_3 是 F_{2^3} 上的正形布尔置换。

第三步，计算 $F = (F_1, F_2, \cdots, F_s)$，得到 F_{2^8} 上正形布尔置换。

5. 第五种算法：从 $(n-2)$ 阶向 n 阶构造（布尔函数的级联）

第一步，设 $G = (g_1, g_2, \cdots, g_{n-2})$，$g_k = g_k(x_1, x_2, \cdots, x_{n-2})(1 \leq k \leq n-2)$ 和 $H = (h_1, h_2, \cdots, h_{n-2})$，$h_k = h_k(x_1, x_2, \cdots, x_{n-2})(1 \leq k \leq n-2)$ 都是有限域 $F_{2^{n-2}}$ 上的正形布尔置换。

第二步，利用 G，H 得到有限域 F_{2^n} 上的布尔置换，分四类计算。

$$f_k(x_1,x_2,\cdots,x_n)=g_k(x_1,\cdots,x_{n-2})+x_n(g_k(x_1,\cdots,x_{n-2})+h_k(x_1,\cdots,x_{n-2}))\ (1\leq k\leq n-3)$$
$$f_{n-2}(x_1,x_2,\cdots,x_n)=g_{n-2}(x_1,\cdots,x_{n-2})+x_n(g_{n-2}(x_1,\cdots,x_{n-2})+h_{n-2}(x_1,\cdots,x_{n-2})+1)$$
$$f_{n-1}(x_1,x_2,\cdots,x_n)=g_{n-2}(x_1,\cdots,x_{n-2})+x_{n-2}+x_{n-1}+x_n(g_{n-2}(x_1,\cdots,x_{n-2})+h_{n-2}(x_1,\cdots,x_{n-2}))$$
$$f_n(x_1,x_2,\cdots,x_n)=g_{n-2}(x_1,\cdots,x_{n-2})+x_{n-2}+x_{n-1}+x_ng_{n-2}(x_1,\cdots,x_{n-2})$$

第三步，得到布尔置换 $F=(f_1,f_2,\cdots,f_n)$ 就是正形布尔置换。

此算法应用到 F_{2^8} 上时，先选取 F_{2^4} 上的两个正形布尔置换，用上述方法产生 F_{2^6} 上的正形布尔置换，最后用相同方法得到 F_{2^8} 上的正形布尔置换。此算法便于利用递推方式来生成正形置换。

6. 第六种算法：利用 m 和 n 阶正形置换来构造 $(m+n)$ 阶正形置换。

第一步，任意选取 $P(x_1,x_2,\cdots,x_n)=(p_1(x_1,x_2,\cdots,x_n),p_2(x_1,x_2,\cdots,x_n),\cdots,p_n(x_1,x_2,\cdots,x_n))$ 是有限域 F_{2^n} 上的正形布尔置换，任意选取 $Q(y_1,y_2,\cdots,y_m)=(q_1(y_1,y_2,\cdots,y_m),q_2(y_1,y_2,\cdots,y_m),\cdots,q_m(y_1,y_2,\cdots,y_m))$ 是有限域 F_{2^m} 上的正形布尔置换。

第二步，任意选取多输出布尔函数 $H: F_{2^n}\rightarrow F_{2^m}$ 和 $G: F_{2^m}\rightarrow F_{2^n}$：
$$H(x_1,x_2,\cdots,x_n)=(h_1(x_1,x_2,\cdots,x_n),h_2(x_1,x_2,\cdots,x_n),\cdots,h_m(x_1,x_2,\cdots,x_n))$$
$$G(y_1,y_2,\cdots,y_m)=(g_1(y_1,y_2,\cdots,y_m),g_2(y_1,y_2,\cdots,y_m),\cdots,g_n(y_1,y_2,\cdots,y_m))$$

第三步，得到两个正形布尔置换：
$$F_1=(P+G,Q)=(f_1,\cdots,f_n,f_{n+1},\cdots,f_{n+m})$$
其中 $f_i(x_1,\cdots,x_n,y_1,\cdots,y_m)=p_i(x_1,x_2,\cdots,x_n)+g_i(y_1,y_2,\cdots,y_m)\ (1\leq i\leq n)$
$$f_{n+k}(x_1,\cdots,x_n,y_1,\cdots,y_m)=q_k(y_1,y_2,\cdots,y_m)\ (1\leq k\leq m)$$
$$F_2=(P,Q+H)=(f_1,\cdots,f_n,f_{n+1},\cdots,f_{n+m})$$
其中 $f_i(x_1,\cdots,x_n,y_1,\cdots,y_m)=p_i(x_1,x_2,\cdots,x_n)\ (1\leq i\leq n)$
$$f_{l+n}(x_1,\cdots,x_n,y_1,\cdots,y_m)=q_l(y_1,y_2,\cdots,y_m)+h_l(x_1,x_2,\cdots,x_n)\ (1\leq l\leq m)$$

第四步，为了得到更多正形布尔置换，只需任意选取多输出布尔函数即可。

有了上述这些算法，可以生成正形置换。生成的非线性正形置换直接用于设计 S 盒，而生成的广义线性正形置换用于设计 P-置换，实现了密码部件自动化设计。下文将要利用演化的方法来进一步研究 F_{2^8} 上的正形置换。

7.3.4.2 利用遗传算法来产生 F_{2^8} 上的非线性正形置换

本节以有限域 F_{2^8} 上的正形置换作为演化对象，进行演化设计以求得到差分均匀性低和非线性度高的正形置换。得到的非线性正形置换就是一个 S 盒，最后还需计算其抗代数攻击指标。演化过程中主要利用低阶正形置换构造高阶正形置换的方法，将得到的正形置换转化为正形置换多项式，以便研究正形置换多项式的次数分布情况。以遗传算法为基础来实现演化设计，有以下步骤。

(1) 编码策略

一个染色体表示一个 F_{2^8} 上的正形置换，且正形置换用布尔置换来表示。即 $F(x_1, x_2, \cdots, x_8) = (f_1, f_2, \cdots, f_8)$ 表示一个染色体，每一个分量布尔函数表示一个基因（有时也用置换的真值表来表示染色体）。

(2) 初始种群

先搜索有限域 $F_{2^2}, F_{2^3}, F_{2^4}$ 上的全体正形置换，分别存放于 OP_2, OP_3, OP_4 中，利用布尔置换表示所有正形置换，根据从低阶正形置换拼接成高阶正形置换的方法来得到有限域 F_{2^8} 上的正形置换，这些拼接方法分为：

"2+3+3"——表示由一个 F_{2^2} 上的正形布尔置换与两个 F_{2^3} 上的正形置换拼接成 F_{2^8} 上的正形置换；

"4+4"——表示由两个 F_{2^4} 上的正形置换拼接成 F_{2^8} 上的正形置换；

"2+2+4"——表示由两个 F_{2^2} 上的正形布尔置换，与一个 F_{2^4} 上的正形置换拼接成 F_{2^8} 上的正形置换。

当然还有其他组合方式，可任意选取一种组合方式，例如选取 4+4 组合方式。种群的规模确定为 16，本试验中用 4+4 组合方式，这种组合方式的初始种群的选择性较大且易于初始化。

(3) 适应函数

主要考虑线性攻击、差分攻击和代数攻击。在设计时便于实验，先只考虑线性和差分攻击。当非线性度和差分均匀性相同时再考虑代数攻击式的参数。定义评估函数为 $f(x) = 32N_F - 15\delta_F + \dfrac{1}{g}$。其中 N_F 表示布尔函数 F 的非线性度，δ_F 表示布尔函数 F 的差分均匀性，g 表示演化的代数（评估函数中 $\dfrac{1}{g}$ 使得非线性度和差分均匀性相同的个体，子代不如父代优）。

(4) 演化过程

采用 $\mu+\lambda$ 演化策略，即每一代产生 λ 个新个体，加入种群，评价后淘汰 λ 个染色体。演化操作算子包括：

①杂交算子

任意选择两个染色体 $F = (F_1, F_2)$ 和 $G = (G_1, G_2)$，交换基因片段得 $F = (G_1, F_2)$，$G = (F_1, G_2)$。两个染色体杂交概率由轮盘赌决定。

②变异算子

任选一个染色体 $F = (F_1, F_2)$，交换前后两个有限域 F_{2^4} 上正形置换的位置，要注意的是交换后应该看成 F_{2^8} 上的正形置换；任意产生一个 F_{2^4} 上变换（不一定是置换）当成一个基因片，插入到某一个染色体中得到 $F = (F_1 + H, F_2)$ 或 $F = (F_1, F_2 + H)$，变异概率也是由轮盘赌决定。

③选择算子

每一代演化过程中,具有优势基因(适应值大)的染色体要保留,进入下一代中参与进化。

在上述演化过程中,加入置换多项式的计算,得到正形置换多项式,为研究正形置换多项式的次数分布提供依据。进行多次演化计算求得多个正形置换,满足差分和线性密码学指标,在得到的优秀个体中,计算抗代数攻击的指标,选择二次秩大的正形置换当作 S 盒。

实验所得正形置换如下:

58,56,49,141,174,48,71,90,21,173,236,203,170,89,169,175,74,93,65,214,25,138,215,51,
212232,207,147,218,180,97,119,59,104,75,149,27,107,139,144,179,109,101,181,117,106,
158,78,130,136,229,126,193,216,255,140,132,247,54,198,168,128,123,116,110,200,84,61,
38,224,182,77,242,45,190,19,32,192,201,7,127,88,0,86,150,100,87,188,114,64,199,83,129,
204,223,191,133,137,161,164,50,98,55,172,52,230,24,222,9,253,57,63,43,70,184,44,82,
217,35,220,68,103,213,211,91,142,69,145,79,81,99,245,254,183,112,29,20,160,237,243,30,
240,162,66,5,178,225,108,111,16,231,53,228,118,148,3,47,113,233,28,163,120,26,13,221,
37,131,124,42,115,244,125,146,185,152,196,197,121,17,171,153,105,60,135,186,194,177,
67,156,210,31,11,34,40,33,36,46,248,85,80,23,205,219,122,134,41,239,73,208,250,94,167,
12,187,2,92,10,251,76,157,15,176,206,1,252,95,241,246,96,209,166,165,18,143,22,195,
227,235,249,159,226,8,202,4,238,234,39,72,6,154,62,155,14,151,189,102

上述正形置换表示 $\sigma(0) = 58$,$\sigma(1) = 56$,$\cdots$,$\sigma(255) = 102$。数表中数据表示有限域 F_{2^8} 中的元,如 $58 = (00111010)$,$\cdots$,$102 = (01100110)$。该正形置换的相关参数如表 7-8 所示。

表 7-8　　　　演化计算生成的最优正形置换参数表

种群规模	杂交概率	变异概率	演化代	差分均匀性	非线性度	多项式次数
16	0.03	0.08	2000	10	96	252

本实验表明,利用两个 F_{2^4} 上的正形置换拼接成 F_{2^8} 上的正形置换,再进行演化,这样得到的非线性正形置换的差分均匀性和非线性度都难以达到 AES 的 S 盒的水平。要想得到密码性质更好的非线性正形置换还需考虑其他方法,主要是改进初始种群和演化策略。

7.3.4.3 利用粒子群算法来产生 F_{2^8} 上的非线性正形置换

本节中利用粒子群算法[60]来生成非线性正形置换,用有限域 F_{2^8} 上的一个正形置换表示一个粒子[60],也表示一个粒子位置,编码策略和遗传算法相同。具体过程如下:

(1) 编码策略

一个粒子表示一个 F_{2^8} 上的正形置换,且正形置换用布尔置换来表示,即 $F(x_1, x_2, \cdots, x_8) = (f_1, f_2, \cdots, f_8)$ 表示一个粒子,每一个分量布尔函数表示一个位置坐标。有时为了更好地实现个体运动,粒子也表示成真值表形式 $\sigma = (x_1, x_2, \cdots, x_{255})$。总之在计算中交替使用粒子的表示方式,以便运动得到密码学性质好的非线性正形置换。

(2) 初始粒子群

任意选择 32 个 F_{2^4} 上的正形置换,拼接成 16 个 F_{2^8} 上的正形置换,所以初始粒子群的规模为 16。

(3) 适应函数

适应函数为 $f(x) = 32N_F - 15\delta_F + \dfrac{1}{g}$。

其中 N_F 表示布尔函数 F 的非线性度,δ_F 表示布尔函数 F 的差分均匀性,g 表示迭代的代数。适应函数也可以根据计算结果进行适当调节。

(4) 粒子运动方法

先计算初始粒子群个体适应值,适应值最大的粒子不运动,其他粒子都需运动。运动状态中确保粒子群规模不变,一次运动后就计算粒子的适应值。在运动状态中,处于整体最优和个体最优(适应值)位置的粒子不发生运动,而处在其他位置的粒子发生运动,运动是依概率的,有时为了便于实现,这个概率取为定值。粒子运动状态的决策:每个粒子运动后,与自己过去的适应值作比较,适应值增大时保留运动位置,适应值不大于过去则参与新的依概率运动。这种保留方式好处在于没有淘汰每一代中的劣势粒子。

(5) 粒子运动方式

粒子的运动方式有两种:①粒子自身发生变异,变异和演化计算时方法相同(交换位置和插入变换);②粒子 F 发生相似变化,即任意生成一个 8 阶可逆矩阵 A,作相似变换 $A^{-1}FA$。

(6) 粒子的运动概率

为了便于编程实现,除适应值等于整体和个体最优适应值的粒子外,其他粒子都要运动,运动概率设定为 0.017。

在上述搜索过程中加入插值公式,以便得到正形置换多项式,为研究正形置换多项式的次数分布提供依据。最后的多个优秀个体中,还要计算抗代数攻击的指标,选取二次秩大的正形置换来设计 S 盒。

实验得到的正形置换如下:

138，146，148，113，203，224，209，111，61，127，86，163，141，13，117，123，
252，97，244，15，247，250，195，46，242，45，182，60，235，255，135，254，
172，70，11，74，231，110，34，164，216，44，173，94，155，124，142，139，
73，246，22，43，119，176，128，183，2，237，32，154，3，159，204，150，220，
238，171，143，55，52，219，38，210，5，221，80，211，223，213，222，196，
169，212，104，101，71，72，122，77，79，186，75，65，68，243，78，102，156，
95，81，87，59，69，188，131，7，205，152，90，181，240，214，29，57，54，
58，215，42，56，49，50，251，6，208，160，105，64，67，236，130，230，37，
180，8，62，225，121，17，1，228，187，239，229，217，84，25，35，202，199，
192，88，39，82，126，63，151，193，207，129，191，136，96，12，248，218，
83，158，134，233，116，30，165，106，115，4，137，253，185，112，184，206，
144，125，100，76，93，189，14，179，194，149，190，201，9，167，10，198，0，
28，147，197，177，157，140，48，226，23，227，108，178，92，145，103，168，
107，249，98，153，85，27，99，170，51，245，91，31，232，26，132，16，241，
162，18，166，200，89，19，120，21，133，24，161，118，33，36，175，174，40，
53，234，20，114，66，109，47，41

上述正形置换表示 $\sigma(0)=138$，$\sigma(1)=146$，$\cdots$，$\sigma(255)=41$。数表中的数据表示有限域 F_{2^8} 中的元。该正形置换有关参数如表7-9所示。

表7-9 粒子群算法生成正形置换参数表

粒子规模	运动次数	差分均匀性	非线性度	多项式次数	运动概率
16	2000	10	96	252	0.017

与遗传算法相比,利用粒子群算法得到的正形置换的密码学性质没有很好提高,需要考虑其他方法来得到初始粒子群或者结合其他智能计算提高粒子群的搜索能力。

由7.3.4.2和7.3.4.3两节中的实验可以知道,次数为252的正形置换在试验中最容易出现,由极大似然估计推断252次正形置换多项式可能是数目最多的。实验中,还得到了次数为208、224、248、249、250的正形置换多项式,利用线性正形置换的生成算法得到次数为32、64、128的正形置换多项式,所以 F_{2^8} 上的正形置换多项式的次数分布如表7-10所示。

表 7-10　　　　　　　　　正形多项式次数分布表

不存在的次数	2，3，5，15，17，51，85，127，254，255	非线性
存在的次数	252，250，249，248，224，208	非线性
	1，4，32，64，128	线性的
其他次数		待研

文献[45]利用演化算法也得到了 F_{2^8} 上的正形置换，算法如下。

算法：

随机初始化种群 P

while(迭代次数未到)do

begin

  for 每一个个体 $S_i \in P$ do

 begin

   $S' \leftarrow S_i$

   从 S' 随机选择一个非 0 位置 a

  repeat

  begin

    if(rand( ) ≤ p)

     从 S' 随机选择一个非 0 位置 c

    else

     从 P 中随机选择一个个体

     将所选个体中 a 位置后的一个值赋给 c，

    if(a = = c)

     exit repeat

    if 由 a 和 c 确定的 b 和 d，这两对能够满足交换条件

     交换 S' 中 a 和 b 位置的元素，以及 c 和 d 位置的元素

    a ← c

  end

  if(eval(S') ≥ eval(S_i))

   $S_i \leftarrow S'$

 end

end

当取 p = 0.02 时，以下这个 x_i 序列是得到的最好结果之一。

```
00 34 BC CE B0 61 1E 6B 35 62 18 73 1B 9A 05 DC
5F 8D 6C 69 CC 8B E1 FF F3 AE F0 32 4C 4E 94 E6
0F DA 5B 66 99 13 5A 40 33 F2 5E 3D B7 07 C2 97
D4 24 71 D3 AB 50 C7 E3 E5 FA BA 1A 26 60 98 1D
53 84 9E 79 E8 CD CB C6 4A 56 42 15 22 D5 2C AA
44 C0 AF 6A 06 B2 6E 86 F9 F1 55 95 2B 41 59 D8
B9 28 3E 81 CA 0C 85 9F D9 FD 09 4B 1F 2A B1 5C
7A 46 74 A1 82 D0 0D C8 A6 BD 48 2D BE 89 FB B5
72 E9 37 A8 45 52 78 0E 12 90 01 51 36 20 3C 19
7F 8C 7B DF 64 C1 B3 38 A9 A5 21 3F EE 68 B6 0A
39 08 C4 63 57 27 A7 14 B8 E2 25 DB 93 F5 8A D2
23 EA 02 4F 80 65 E7 17 D7 54 F8 7C 3A 31 DE 70
D1 C5 B4 A2 F4 67 C3 49 03 8F 76 7D CF 0B 77 29
EB EF 92 9D 9C 3B 75 47 FE 11 F7 FC 91 88 5D 16
BF EC BB 96 8E A4 4D C9 AC 43 A0 6F 7E E4 E0 10
6D DD 83 ED A3 D6 9B AD 87 2F F6 2E 30 1C 04 58
```

上述数字为十六进制。这个正形置换差分均匀度是 8，非线性度是 100，代数次数依然为 252 次。表示成十进制为：

0, 52, 188, 206, 176, 97, 30, 107, 53, 98, 24, 115, 27, 154, 5, 220, 95,
141, 108, 105, 204, 139, 225, 255, 243, 174, 240, 50, 76, 78, 148, 230, 15,
218, 91, 102, 153, 19, 90, 64, 51, 242, 94, 61, 183, 7, 194, 151, 212, 36,
113, 211, 171, 80, 199, 227, 229, 250, 186, 26, 38, 96, 152, 29, 83, 132,
158, 121, 232, 205, 203, 198, 74, 86, 66, 21, 34, 213, 44, 170, 68, 192,
175, 106, 6, 178, 110, 134, 249, 241, 85, 149, 43, 65, 89, 216, 185, 40, 62,
129, 202, 12, 133, 159, 217, 253, 9, 75, 31, 42, 177, 92, 122, 70, 116, 161,
130, 208, 13, 200, 166, 189, 72, 45, 190, 137, 251, 181, 114, 233, 55, 168,
69, 82, 120, 14, 18, 144, 1, 81, 54, 32, 60, 25, 127, 140, 123, 223, 100,
193, 179, 56, 169, 165, 33, 63, 238, 104, 182, 10, 57, 8, 196, 99, 87, 39,
167, 20, 184, 226, 37, 219, 147, 245, 138, 210, 35, 234, 2, 79, 128, 101,
231, 23, 215, 84, 248, 124, 58, 49, 222, 112, 209, 197, 180, 162, 244, 103,

195，73，3，143，118，125，207，11，119，41，235，239，146，157，156，59，
117，71，254，17，247，252，145，136，93，22，191，236，187，150，142，164，
77，201，172，67，160，111，126，228，224，16，109，221，131，237，163，214，
155，173，135，47，246，46，48，28，4，88

上述结果再次说明252次正形置换最容易搜到。关于差分均匀性和非线性度更优的正形置换还需进一步实验才能得到。

7.3.4.4 利用蚁群算法来搜索S盒高概率的差分特征

文献[57]中介绍了利用蚁群算法搜索高概率差分特征的方法，本节中也考虑用蚁群算法来搜索差分特征，差分可以用于衡量S盒的好坏，而差分特征则是衡量多轮迭代整体抗差分的能力，本节只给算法，没有上机实验。

一个差分特征对应一条路径，高概率差分特征就是要找最短路径。算法步骤为：

(1) 输入迭代轮数r，确定一个输入差分，计算所有可能输出差分。

(2) 每一个可能输出差分表示一只蚂蚁，迭代中每一个状态表示一个点(城市)。

(3) 两个相邻点之间的路径上的信息素等于点之间的差分概率。

(4) 输出差分特征。

通过上述方法可以搜索到好的差分特征，我们计划利用蚁群算法搜索多轮加密函数的线性表达式，用线性分析方法来求解密钥比特。

具体做法是：

(1) 先利用蚁群算法搜索一轮迭代的线性最佳逼近。

(2) 再利用蚁群算法搜索整体的线性最佳逼近。

本节中算法实验有待进一步研究，也可参考文献[57]中的实验。

7.4 小　　结

本章给出了几种S盒的构造方法。7.1节利用域上S盒的多项式表示，将算子作为演化的对象，生成大量的具有密码学意义的S盒，这些盒子的性能指标达到或接近AES所用S盒的指标。7.2节以MM类Bent函数为基础，给出了一类完全非线性S盒的构造方法。该方法可以构造大量的S盒，这在密码算法保密或者可重构密码算法的情况下具有重要意义。特别的，通过选择幂函数形式的置换多项式，我们得到Satoh等人给出的构造。然而这些盒子是不平衡的，我们用演化算法克服了这一缺点。我们演化出的S盒在几个主要密码学指标上达到或超过公开已知演化结果。7.3节主要研究了非线性正形置换的生成算法，利用这些算法来生成F_{2^8}上的正形置换，这些算法都只能生成部分正形置换。然而，穷搜算法搜索F_{2^8}上正形置换遇到"组合爆炸"，转而求助演化计算，本节利用遗传算法和粒子群算法来产生密码学指标好的非线性正形置换，同时利用蚁群算法研究差分特征，设想利用蚁群算法搜索最佳线性逼近优势，这样可以讨论密码部件最

优与整个密码系统最优之间的关系。本节还存在一些未完成的问题：（1）如何提高演化算法得到的非线性正形置换的密码学性质，包括差分均匀性，非线性度；（2）如何使得搜索到的正形置换多项式次数更分散；（3）如何用蚁群算法计算差分特征实验。这些问题需要进一步研究。

为了设计出密码学性质更好的密码部件，需反复多次搜索，对比分析实验结果。当生成了所需的密码部件时，还需组装成密码系统加以分析讨论，以确定其安全性。

参 考 文 献

[1] Bihama E, Shamir A, Differential cryptanalysis of DES-like cryptosystems[J]. Journal of Cryptology, 1991, 4(1)：3-72.

[2] Matsui M. Linear cryptanalysis method for DES cipher [C]. Eurocrypt'93. Springer-verlag, 1994, LNCS 765：386-397.

[3] Courtois N T, Pieprzyk J. Cryptanalysis of block ciphers with overdefned systems of equations[C]. In：Zheng Y. eds, Proceedings of Asiacrypt'02. Springer-Verlag, 2002, LNCS2501：267-287.

[4] Lidl R, Niederreiter H. Finite Field [M]. Encyclopedia of Mathematics and its Applications, Volume 20, Addison-Wesly, 1983.

[5] Nyberg K. Differentially uniform mappings for cryptography[C]. Advances in Cryptology-EUROCRYPT 98. Springer-verlag, 1998, LNCS765：55-64.

[6] Rothaus O S. On "bent" functions [J]. Journal of Combinatorial Theory, Series A, 1976, 20：300-305.

[7] Nyberg K. Perfect non-linear s-boxes[C]. Advances in Crypto-Eurocrypt'91. Springer-verlag, 1991, LNCS547：378-386.

[8] Satoh T, Iwata T, Kurosawa K. On cryptographically secure vectorial Boolean functions [C]. Asiacrypt'99. Springer-verlag, 1999, LNCS1716：20-28.

[9] Youssef, Gong G. Hyper-bent functions[C]. Eurocrypto'01. Springer-verlag, 2001, LNCS 2045：406-419.

[10] 张文英，李世取，傅培利. 具有最高代数次数的 $2n$ 元 n 维 Bent 函数的构造[J]. 应用数学, 2004, 17(3)：444-449.

[11] 张文英，滕吉红，李世取. 布尔函数的谱分解式及其在多维 Bent 函数构造中的应用[C]. 第三届中国信息和通信安全学术会议论文集 CCICS 2003. 北京：科学出版社, 2003：290-296.

[12] Dobbertin H, Leander G. A survey of some recent results on bent functions[C]. The 3rd International Conference Sequences and Their Applications-SETA 2004. Springer-verlag,

2005, LNCS 3486: 1-29.

[13] McFarland R L. A family of noncyclic difference sets[J]. Journal of Combinatorial theory, series A, 1973, 15: 1-10.

[14] Dillon J F. Elementary Hadmard difference sets[C]. Proceedings of the Sixth S-E conference on Combination, Graph Theory and Computation. F. Hoffman et al. (Eds), Winnipeg Utilitas Math(1975), 237-249.

[15] Niho Y. Multivalued cross-correlation functions betweeen two maximal linear recursive sequences[D]. Univeristy of Southern California, 1972.

[16] 孟庆树. Bent 函数的演化设计[D]. 武汉：武汉大学计算机学院，2005.

[17] Beth T, Ding C. On almost perfect nonlinear permutations[C]. Advance in Cryptology-Eurocrypt'93. Springer-verlag, 1994, LNCS765: 65-76.

[18] Zhang Xianmo, Zheng Yuliang. Differece table of regular s-box[C]. Proceeding of the Third Annual Workshop on Selected Areas in Cryptology. 1996: 57-60.

[19] Millan W, Burnett L, Carter G., et al. Evolutionary heuristics for finding cryptographically strong s-boxes[C]. ICICS 99. Springer-Verlag, 1999, LNCS1726: 263-274.

[20] Clark J, Jacob J, Stepney S. The design of s-boxes by simulated annealing[J]. New Generation Computing, 2005, 23(3): 219-231.

[21] Hall M, Paige L J. Complete mappings of finite groups [J]. Pacific Journal of Mathematics, 1957, 5: 541-549.

[22] Mann H B. The construction of orthogonal latin squares[J]. Annual of Mathematics and Statistics, 1943, 13: 418-423.

[23] 任金萍，吕述望. 正形置换的枚举与计数[J]. 计算机研究与发展，2006，43(6)：1071-1075.

[24] Lohrop M. Block substitution using orthormorphic mapping[J]. Advances in Applied Mathematics, 1995, 16(1): 59-71.

[25] Zhai Qibin, Zeng Kencheng. On transformations with halving effect on certain subvarieties of the space Vm(F2)[C]. Proceedings of China Crypt'96, Zhengzhou, 1996.

[26] 谷大武，李继红，肖国镇. 基于正形置换的密码函数的构造[J]. 西安电子科技大学学报，1999，26(1)：40-43.

[27] 吕述望，范修斌，等. 完全映射及其密码学应用[M]. 合肥：中国科技大学出版社，2008.

[28] 谷大武，肖国镇. 一种改进的非线性正形置换构造方法及其性能分析[J]. 西安电子科技大学学报，1997，24(4)：477-481.

[29] Lothrop M. Orthomophism groups of binary numbers[R]. Research Report, 1996.

[30] 樊恽，刘宏伟. 群与组合编码[M]. 武汉：武汉大学出版社，2002.

[31] 朱华安. 正形置换的研究与构造[D]. 长沙: 国防科技大学, 2003.
[32] 李志慧. 最大线性正形置换及其性质[J]. 陕西师范大学学报, 2004, 32(3): 22-24.
[33] 温巧燕, 钮心忻, 杨义先. 现代密码学中的布尔函数[M]. 北京: 科学出版社, 2000.
[34] 吴文玲. 几类正形置换的密码特性[J]. 保密通信, 1998, (2): 49-52.
[35] Lidl R, Niederreiter H. Introduction to Finite Fields and Their Applications [M]. England: Cambridge University Press, 1986.
[36] 袁媛, 张焕国. 关于正形置换多项式的注记[J]. 武汉: 武汉大学学报: 自然科学版, 2007, 53 (1): 33-36.
[37] 袁媛. 16元域的正形置换多项式[M]. 武汉: 武汉大学博士后出站报告, 2007.
[38] 亢保元, 田建波, 王育民. 正形置换与正形拉丁方的两个结果[J]. 西安电子科技大学学报, 1997, 24(3): 421-424.
[39] Huang Genxun, Zhu Yuefei. The lower bound for the numbers of orthomorphic permutations and a method to construct them [C]. Proceedings of China Crypt'2000. Beijing, 2000: 27-30.
[40] Liu Qi, Zhang Yin, Chen Cheng, et al. Construction and counting orthomorphism based on transversal [C]. 2008 International Conference on Computational Intelligence and Security. 2008: 369-373.
[41] 冯登国, 刘振华. 关于正形置换的构造[J]. 保密通信, 1996, 2: 61-64.
[42] 冯登国, 刘振华. 构造正形置换的一种递归方法[J]. 保密通信, 1998, 2: 53-54.
[43] 邢育森, 林晓东, 杨义先, 等. 密码体制中的正形置换的构造与计数[J]. 通信学报, 1999, 20(2): 27-30.
[44] 李志慧. 分组密码体制中置换理论的研究[D]. 西安: 西北工业大学, 2002.
[45] 童言. 正形置换的性质和演化构造[D]. 武汉: 武汉大学, 2008.
[46] 廖勇, 卢起俊. 仿射正形置换的构造与计数[J]. 密码与信息, 1996, 2: 23-25.
[47] Dai Zongduo, Solonmen W G, Guang Gong. Generating all linear orthemorphisms without repetition[J]. Discrete Mathematics, 1999, 205: 47-55.
[48] 谷大武, 肖国镇. 关于正形置换的构造与计数[J]. 西安电子科技大学学报, 1997, 24(3): 381-385.
[49] 常祖领, 柯品惠, 莫骄, 等. F_2^n上的正形置换[J]. 北京邮电大学学报, 2006, 29(1): 115-118.
[50] 朱华安, 谢端强. 关于密码体制中正形置换的性质[J]. 通信技术, 2003, 9: 107-108.
[51] 王珏, 赵亚群. 广义正形置换及Chrestenson谱特征构造[J]. 信息工程大学学报,

2007, 8(3): 272-275.

[52] 亢保元. 密码体制中的正形置换的构造与计数[J]. 电子与信息学报, 2002, 24(9): 1294-1296.

[53] 亢保元, 王育民. 线性置换与正形置换[J]. 西安电子科技大学学报, 1998, 125(2): 224-225.

[54] 周建钦. 关于正形置换的构造[J]. 华中科技大学学报, 2007, 35(2): 40-42.

[55] 韩海清. 密码部件设计自动化研究[D]. 武汉: 武汉大学博士学位论文, 2010.

[56] Wan Daqing. On a problem of Niederreiter and Robinson about finite Fields [J]. Journal of Australian Mathematical Society. (Ser A), 1986, 41: 336-338.

[57] 纪震, 廖慧莲, 吴青华. 粒子群算法及其应用[M]. 北京: 科学出版社, 2008.

[58] 邓小艳, 杨韧, 吉庆兵. 用蚁群算法寻找分组密码差分特征的算法模型[J]. 通信技术, 2007, 40(8): 69-71.

第8章 P置换的设计和生成

在现代分组密码中,应用最广泛的两种对称密码结构是 Feistel 结构和 SP 结构。SP 结构中的 S 是指 S 盒层,一般由若干个 S 盒并置而成,是非线性部分,主要起混淆的作用,故有时也称为混淆层;P 是指 P 置换层,一般由一个置换构成,常称为 P 置换,大多数情况下为线性的,主要起扩散作用,故有时也称为扩散层。本章所说的 P 置换泛指线性密码部件。

密码分析者经长期研究发现:P 置换作为轮函数的一部分对整个密码的安全性至关重要[1-2],良好的 P 置换可使整个密码系统能更好地抵抗线性和差分攻击[3-7]。本章主要讨论 P 置换的构造,分别用纠错码、特殊矩阵及正形置换来构造 P 置换。利用范德蒙矩阵和柯西矩阵构造的 P 置换可达到分支数最大(参看定义 8-1)。尽管分支数越大,抗击线性和差分攻击能力越强,但在很多实际情况下,分支数未必能达到最大,例如 Safer+的扩散层 P 的分支数就没有达到最大[8],但仍是一个优秀密码。我们利用纠错码中的 Goppa 码和 BCH 码来构造 P 置换,使其分支数符合应用要求。正形置换具有良好密码性质,因此可以利用线性正形置换设计 P 置换。本章以 SP 结构为例来设计 P 置换,事实上这里所设计的 P 置换完全可以用作 Feistel 结构中的线性密码部件。

8.1 P 置换的构成

P 置换的主要目的是把那些并置 S 盒各自输出的结果打乱从而进行扩散,提供密码所需的雪崩效应,使得整个密码体系能够更好地抵抗差分和线性密码分析以及其他密码分析。一个好的 P 置换可以使密码具有可证明的抗差分和线性密码攻击的能力[4,7]。

在这里首先详细讨论如何利用 Goppa 码和 BCH 码来构造具有良好密码学指标的 P 置换,再研究如何利用范德蒙矩阵和柯西矩阵来构造分支数最大的 P 置换,此外还介绍了利用线性正形置换和广义线性正形置换来构成 P 置换的方法。

特别说明:本文所讨论的 P 置换是指可逆的线性置换,因为线性置换与 S 盒合成的轮函数一定是非线性的,可避免出现弱轮函数,将特征 2 的有限域记为 F_q,本章很多性质可以直接推广到特征为任意素数 p 的有限域上。为了方便,简记矩阵 $P_{m \times n}$ 为 P。

8.1.1 P置换的数学基础

众所周知,有限集 S 上的一一变换称为一个置换,当 S 是一个有限域时,它上面的置换可以分为两类:线性的和非线性的。有限域上的线性置换与方阵一一对应,可将线性置换与方阵等同视之。下面给出一个评价 P 置换密码性质好坏的概念。

定义 8-1[10-12] 设 $P: GF(q)^m \to GF(q)^m$ 是线性变换,对于 $\alpha = (a_1, a_2, \cdots, a_m) \in GF(q)^m$,令 $W_h(\alpha)$ 表示 α 中非零分量 $a_i(1 \leq i \leq m)$ 的个数,则称
$$B(P) = \min_{\alpha \neq 0}\{W_h(\alpha) + W_h(P(\alpha))\}$$
为线性变换 P 的分支数(Branch Number)。

由定义 8-1 可知,对任意的线性变换 $P: GF(q)^m \to GF(q)^m$ 有 $B(P) \leq m+1$。在如图 8-1 所示的 SP 结构中[5-7,9-12],令 δ_S 为 S 盒的差分均匀性,N_S 为非线性度且 $q_S = \frac{1}{2} - \frac{N_S}{2^m}$,$t = B(P)$ 为 P 的分支数,那么 2 轮特征中输入差分不为零的 S 盒不少于 t 个,因此 r 轮特征中输出差分不为零的 S 盒的个数 η 满足

$$\eta \geq \begin{cases} \dfrac{r}{2} \times t & r \text{ 为偶数} \\ \dfrac{r-1}{2} \times t + 1 & r \text{ 为奇数} \end{cases} \tag{8-1}$$

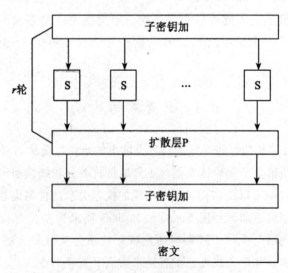

图 8-1 r 轮 SP 型密码

由此可知,任意差分特征的概率 $\leq \delta_S^\eta$,任意线性逼近优势 $\leq 2^{\eta-1} q_S^\eta$。这就说明当 P

置换分支数越大时,进行线性或差分密码分析所需的明密文数量就越多,其抗击差分和线性分析的能力就越强。所以分支数是设计 P 置换时的一个重要指标,一般在设计 P 置换时利用两种方法:纠错码的生成矩阵或多维 2 点变换扩散器(multi-dimensional 2-point transform diffuser)[10],本书只讨论用纠错码来设计 P 置换。下面讨论纠错码的相关知识。

参数为 $[n,k,d]$ 的线性分组码 C,将其系统化后[11-12],设 G 为码 C 的生成矩阵,则 G 可写成 $G=(I_k,A_{k\times(n-k)})$ 的形式,其相应校验矩阵为 H 也系统化,有如下关系:

$$GH^T = HG^T = O \tag{8-2}$$

如果 $k=n-k$(即 $n=2k$),那么 $G=(I_k, A_{k\times(n-k)})$ 中的 $A_{k\times(n-k)}=A_{k\times k}$ 就是一个 k 阶方阵。根据矩阵与向量空间上线性变换之间的关系,$A_{k\times(n-k)}$ 可以看成一个置换。我们得到比文献[10]中定理 4.4.1 更广的结果。

定理 8-1 设 C 是有限域 $GF(q^n)$ 上的一个 $[2k,k,d]$ 线性码,$G=[I_{k\times k}, A_{k\times k}]$ 是 C 的生成矩阵的最简阶梯形,若定义 $GF(q^n)^m$ 上的变换如下:

$$P: GF(q^n)^k \rightarrow GF(q^n)^k \quad x \mapsto y = xA_{k\times k} \tag{8-3}$$

则 P 为一个置换且其分支数为 d。

证明:先证明分支数为 d。由于

$$B(P) = \min_{\alpha \neq 0}\{W_h(\alpha)+W_h(P(\alpha))\} = \min_{\alpha \neq 0} W_h(x, xA_{k\times k})$$

而 $(x, xA_{k\times k})$ 是 C 中码字,其最小 Hamming 重量为 d,因此 P 的分支数为 d。

下面证明 P 是置换,只需证 P 所对应的矩阵 $A_{k\times k}$ 可逆即可。当 $G=[I_{k\times k}, A_{k\times k}]$ 时,其相应的校验矩阵 H 可写成 $H=(I_k, B_{k\times k})$,由(8-2)知

$$GH^T = I_k + A_{k\times k}B_{k\times k} = O, \quad 即 \ I_k = -A_{k\times k}B_{k\times k} \tag{8-4}$$

由(8-4)知 $A_{k\times k}$ 是可逆矩阵。特别地,在特征为 2 的有限域上考虑时,有 $I_k = A_{k\times k}B_{k\times k}$,即 $A_{k\times k}=(B_{k\times k}^{-1})^T$。所以 P 必是可逆的。

综上所述,定理成立。

由(8-3)知道,置换 P 与生成矩阵 $G=[I_{k\times k}, A_{k\times k}]$ 中的 $A_{k\times k}$ 一一对应,以后就将这二者等同视之。

接下来介绍两种线性码——BCH 码和 Goppa 码[11-13],这都是最小距离可设计的线性码。

定义 8-2[11-13] 设 $F=F_q$ 为 q 元有限域,q 必为素数幂形式,且 $\gcd(n,q)=1$,则 F 的某个扩域必有 n 次本原单位根 ω,又设 $l \geq 0$,$d \geq 2$ 为整数且满足 $l+d-2<n$,由校验矩阵

$$H = \begin{pmatrix} 1 & \omega^l & \omega^{2l} & \cdots & \omega^{(n-1)l} \\ 1 & \omega^{l+1} & \omega^{2(l+1)} & \cdots & \omega^{(n-10(l+1))} \\ \vdots & \vdots & \vdots & \vdots & \vdots \\ 1 & \omega^{l+d-2} & \omega^{2(l+d-2)} & \cdots & \omega^{(n-1)(l+d-2)} \end{pmatrix}$$

所确定的 $F=F_q$ 上的 q-元长 n 的码 C 称为设计距离为 d 的 BCH 码。这里
$$C=\{c=(c_1, c_2, \cdots, c_c) \mid cH^T=0\}$$

定义 8-3[13]　设 $g(X)$ 是有限域 $F=F_q$ 的扩域 F_{q^m} 中 t 次首项系数为 1 多项式，令 $L=\{\gamma_0, \gamma_1, \cdots, \gamma_{n-1}\} \subset F_{q^m}$，且满足
$$|L|=n \quad \text{和} \quad g(\gamma_i) \neq 0,\ 0 \leq i \leq n-1,\ n > \deg(g(X))。$$

对于任意码字 $c=(c_0, c_1, \cdots, c_{n-1})$，$c_i \in F_q$，设

$$Rc = \sum_{i=0}^{n-1} \frac{c_i}{X-\gamma_i} \in S_m = F_{q^m}[X]/\langle g(X) \rangle \quad \left(S_m \text{ 为剩余类环，由条件知 } X-\gamma_i \text{ 可逆，} \right.$$

$$\left. \text{记}(X-\gamma_i)^{-1} = \frac{1}{X-\gamma_i}\right)，码长为 n 的 q\text{-元 Goppa 码定义为}$$

$$\Gamma(L, g) = \{c=(c_0, c_1, \cdots, c_{n-1}) \in F_q^n \mid Rc(X) = 0 \bmod g(X)\}。$$

很容易验算 Goppa 码是线性码[13]，其校验矩阵为

$$H = \begin{pmatrix} g(\gamma_0)^{-1} & g(\gamma_1)^{-1} & \cdots & g(\gamma_{n-1})^{-1} \\ \gamma_0 g(\gamma_0)^{-1} & \gamma_1 g(\gamma_1)^{-1} & \cdots & \gamma_{n-1} g(\gamma_{n-1})^{-1} \\ \gamma_0^2 g(\gamma_0)^{-1} & \gamma_1^2 g(\gamma_1)^{-1} & \cdots & \gamma_{n-1}^2 g(\gamma_{n-1})^{-1} \\ \vdots & \vdots & & \vdots \\ \gamma_0^{t-1} g(\gamma_0)^{-1} & \gamma_1^{t-1} g(\gamma_1)^{-1} & \cdots & \gamma_{n-1}^{t-1} g(\gamma_{n-1})^{-1} \end{pmatrix}$$

注 1：BCH 码和 Goppa 码的校验矩阵都是由 $F=F_q$ 的扩域上的元素组成，而建立置换时需要 $F=F_q$ 上的矩阵，需把 BCH 码和 Goppa 码校验矩阵中的每个元看成在固定基下 $F=F_q$ 上的列向量。例如 F_{2^2} 上的校验矩阵 $H=\begin{pmatrix}1 & 0 \\ 2 & 3\end{pmatrix} = \begin{bmatrix}\begin{pmatrix}1\\0\end{pmatrix} & \begin{pmatrix}0\\0\end{pmatrix} \\ \begin{pmatrix}0\\1\end{pmatrix} & \begin{pmatrix}1\\1\end{pmatrix}\end{bmatrix} = \begin{pmatrix}1 & 0 \\ 0 & 0 \\ 0 & 1 \\ 1 & 1\end{pmatrix}$ 就看成是 F_2 上的矩阵，此时 F_{2^2} 上的元 $0=\begin{pmatrix}0\\0\end{pmatrix}$，$1=\begin{pmatrix}1\\0\end{pmatrix}$，$2=\begin{pmatrix}0\\1\end{pmatrix}$，$3=\begin{pmatrix}1\\1\end{pmatrix}$ 是关于基组 $\begin{pmatrix}1\\0\end{pmatrix}$，$\begin{pmatrix}0\\1\end{pmatrix}$ 的 F_2 上的二维向量。

注 2：通过上述处理后，校验矩阵就是 $F=F_q$ 上的矩阵，但此时校验矩阵的秩 $R(H)$ 就只能确定其上下界。设 BCH 码和 Goppa 码校验矩阵为 r 行 n 列，那么 $rm \leq R(H) \leq r$，m 是 $F=F_q$ 的扩域次数。H 对应的生成矩阵 G 的秩为

$$n-mr \leq R(G) \leq n-r \tag{8-5}$$

注 3：为了构造 P 置换，需要参数为 $[n, k, d] = [2k, k, d]$ 的线性码。由于线性码的参数之间互制约，码的最小距离有下界时，由(8-5)知其相应的维数就会在一个区间内变化。所以对(8-5)中的 m 和 r 有如下要求：

$$r \leqslant \frac{n}{2}, \ m < n$$

下面给出 BCH 码和 Goppa 码最小距离的一些结论[11-13]。

定理 8-2[11-13] 设计距离为 d 的 BCH 码,如果不是零码,则最小距离不小于 d。

定理 8-3[11-13] 码长为 n 的 q 元 Goppa 码中,$t = \deg(g(X)) < n$,则 Goppa 码 $\Gamma(L, g)$ 是线性码,其维数 k 满足 $n-mt \leqslant k \leqslant n-t$,最小距离 $d \geqslant t+1$。

本节主要介绍了 P 置换的一些数学性质及如何利用纠错码来得到 P 置换,利用纠错码来得到 P 置换主要考虑纠错码的最小距离和校验矩阵。一般来说,只要线性码的最小距离较大,那么其校验矩阵都可以用来生成 P 置换。读者可以研究线性码的最小距离大于某数的生成方法,以此得到 P 置换的一般生成方法。

8.1.2 主要算法、结论及证明

本节主要研究利用纠错码来生成 P 置换的生成算法。

文献[14-16]中考虑用极大距离可分码(MDS 码[17])来构造分支数达最大的 P 置换,式(8-1)告诉我们,分支数越大,抗击线性和差分攻击能力就越强,但在实际应用情况下,分支数未必能达到最大,例如 Safer+[8]的扩散层 P 的分支数就没有达到最大。为了有较好的使用价值,分支数达较大就可以应用。本节构造一类 P 置换,其分支数的下界可以任意选定。

本研究的目的主要是设计出 P 置换的生成算法,结合前面两种循环码,先给出生成 P 置换算法的主要思想。

①由 BCH 码或 Goppa 码定义,先设计一个最小距离不小于 d 的线性码,求出其校验矩阵 H,利用 Remark1 的方法将 H 化为域 $F = F_q$ 上的矩阵。

②利用 Gauss 消元法,求出 H 的秩 $R(H)$,确定维数 $k = n - R(H)$。

③构造线性码是为了设计 P 置换,而有用的是参数为 $[2k, k, d]$ 的线性码。码长为偶数 $n = 2k$,维数为 k。

④利用 BCH 码来构造 P 置换时,码长 n 与有限域 $F = F_q$ 的阶 q 要互素,这就使得码长受到限制,但 Goppa 码在码长上就不受限制。

由于线性码的参数之间是相互制约的,有些置换不能利用 BCH 码或 Goppa 码来设计,下面给出利用 BCH 码或 Goppa 码设计 P 置换的生成算法。

主算法

(1)输入有限域 $F = F_q$ 和 $n = 2k$,这里 k 是要求置换的阶。输入分支数的界 d,计算 $\gcd(n, q)$。

(2)如果 $\gcd(n, q) = 1$,调用子算法(Ⅰ)或(Ⅱ)。

(3)如果 $\gcd(n, q) \neq 1$,调用子算法(Ⅱ)。

(4)由子算法(Ⅰ)或(Ⅱ)输出矩阵 G,在 $F = F_q$ 上必有秩 $R(G) = n - R(H) \geqslant k$。

当 $R(G)=n-R(H)=k$ 时，利用 Gauss 消元算法化 G 为 $G=[I_{k\times k}, A_{k\times k}]$ 形式；

当 $R(G)=n-R(H)>k$ 时，在矩阵 G 中任选 k 行满足线性无关，组成一个矩阵 G'，利用 Gauss 消元算法化 G' 为 $G'=[I_{k\times k}, A_{k\times k}]$ 形式；否则输出"不存在"。

（5）输出 $A_{k\times k}$ 即是分支数不小于 d 的 P 置换。

子算法（Ⅰ）

（1）输入有限域 $F=F_q$ 和 $n=2k$，在 $F=F_q$ 上分解 $x^n-1=\prod_{h|n}Q_h(x)=\prod_{h|n}\prod_{j=1}^{N(h)}f_{hj}(x)$，这里 $Q_h(x)$ 是分元多项式，$N(h)=\min\{s>0 \mid q^s=1 \bmod h\}$ 即 $N(h)$ 是 q 关于模 h 的乘法阶。

（2）对 x^n-1 分解中的不可约多项式依次数分类，在每类中任选一个，用这些不同次数的多项式对 $F=F_q$ 逐渐扩张，最后得到 F_{q^m}。

（3）在 F_{q^m} 上计算 n 次本原单位根 ω。

（4）依次取 $l=0, 1, \cdots, n+2-d-1$，分别得到 BCH 码的 $(n+2-d)$ 个校验矩阵 H，每一个形如：

$$H=\begin{pmatrix} 1 & \omega^l & \omega^{2l} & \cdots & \omega^{(n-1)l} \\ 1 & \omega^{l+1} & \omega^{2(l+1)} & \cdots & \omega^{(n-1)(l+1)} \\ \vdots & \vdots & \vdots & & \vdots \\ 1 & \omega^{l+d-2} & \omega^{2(l+d-2)} & \cdots & \omega^{(n-1)(l+d-2)} \end{pmatrix}$$

（5）用 Remark1 的方法，确定一组 F_{q^m} 被看成向量空间时关于 $F=F_q$ 的基，把 H 转化为 $F=F_q$ 上的矩阵。

（6）利用 Gauss 消元法计算 H 的秩 $R(H)$。

当 $R(H)\leq k$ 时，计算 H 在 $F=F_q$ 上相应的生成矩阵 G，输出 G；

当 $R(H)>k$ 时，输出"不存在"。

子算法（Ⅱ）

（1）输入有限域 $F=F_q$ 和 $n=2k$，计算 $F=F_q$ 的所有扩域 F_{q^m}，这里 $m<d-1$。

（2）任选一个 F_{q^m}，在 $F_{q^m}[X]$ 中任选一个 $(d-1)$ 次多项式 $g(X)$。

（3）任选 $L=\{\gamma_i\in F_{q^m}\mid g(\gamma_i)\neq 0, 0\leq i\leq n-1\}$。

（4）计算校验矩阵：

$$H=\begin{pmatrix} g(\gamma_0)^{-1} & g(\gamma_1)^{-1} & \cdots & g(\gamma_{n-1})^{-1} \\ \gamma_0 g(\gamma_0)^{-1} & \gamma_1 g(\gamma_1)^{-1} & \cdots & \gamma_{n-1}g(\gamma_{n-1})^{-1} \\ \gamma_0^2 g(\gamma_0)^{-1} & \gamma_1^2 g(\gamma_1)^{-1} & \cdots & \gamma_{n-1}^2 g(\gamma_{n-1})^{-1} \\ \vdots & \vdots & \vdots & \vdots \\ \gamma_0^{t-1}g(\gamma_0)^{-1} & \gamma_1^{t-1}g(\gamma_1)^{-1} & \cdots & \gamma_{n-1}^{t-1}g(\gamma_{n-1})^{-1} \end{pmatrix}$$

（5）用 Remark1 的方法，确定一组 F_{q^m} 看成向量空间时关于 $F=F_q$ 的基，把 H 转化

为 $F=F_q$ 上的矩阵。

(6)利用 Gauss 消元法计算 H 的秩 $R(H)$。

当 $R(H) \leq k$ 时，计算 H 在 $F=F_q$ 上相应的生成矩阵 G，输出 G；

当 $R(H) > k$ 时，输出"不存在"。

为了证明上述算法，需要如下结论。

引理 8-1 设 G 是参数为 $[n, l, d](l \geq k > 0)$ 线性码 C 的生成矩阵。在 G 中任选 k 行，组成新的矩阵 G'，则以 G' 为生成矩阵的码 C' 的参数为 $[n, k, d']$，且 $d' \geq d$。

证明：显然 $C' \subset C$，而 G' 中的行是线性无关的，C' 的码长 = G' 的列数 = G 的列数。线性码的最小距离等于非零码字的最小 Hamming 重量。由 $C' \subset C$ 可知：

$$d = \min_{0 \neq c \in C} \{Wt(c)\} \leq \min_{0 \neq c \in C'} \{Wt(c)\} = d'。$$

所以结论成立。

算法简要证明及复杂度分析：算法中的数都是有限整数，所以算法一定在有限步内完成。而主算法和两个子算法都是构造型的，其构造过程就是证明过程。至于主算法的第(4)步和每个子算法的第(6)步都可以有引理 1 来证明。

主算法的时间复杂度完全取决于子算法 I 和子算法 II，而子算法 I 的时间复杂度由第一步中的因式分解所决定，因式分解的时间复杂度为多项式时间；子算法 II 的时间复杂度由第六步中的高斯消元所决定，高斯消元的时间复杂度和矩阵求逆是相当的。所以本节算法总的时间复杂度为 $O(n^3)$（n 为矩阵的阶）。

定理 8-4 有限域 F_2 上没有分支数达到最大的线性置换。所以 F_2 上的线性 P 置换的产生更适合以上算法。

此定理的证明在下一节中是显然的，在此不证明。

为了便于理解本节所给的算法，给出如下两个例子。

例 8-1 在 F_2 上，利用 Goppa 码来生成分支数不小于 3 的线性 P 置换。

Step1 输入 $F_q = F_2$，$F_{q^m} = F_{2^3} = F_2[x]/\langle x^3+x+1 \rangle = \{0, 1, \omega, \omega^2, \omega^3, \omega^4, \omega^5, \omega^6\}$，指定下界 $d=3$

Step2 选取 $F_8[X]$ 上的 2 次多项式 $g(X) = X^2+1 = (X+1)^2$

Step3 选 $L = \{0, \omega, \omega^2, \omega^3, \omega^5, \omega^6\}$

Step4 计算校验矩阵：在 F_2 上考虑时，利用代数学性质有 $\Gamma(L, g) = \Gamma(L, X^2+1) = \Gamma(L, X+1)$

Step5 在基为 $\{1, \omega, \omega^2\}$ 下，化校验矩阵 $\boldsymbol{H} = \left(\dfrac{1}{0+1}, \dfrac{1}{\omega+1}, \dfrac{1}{\omega^2+1}, \dfrac{1}{\omega^3+1}, \dfrac{1}{\omega^5+1}, \dfrac{1}{\omega^6+1} \right) = (1, \omega^4, \omega, \omega^6, \omega^3, \omega^5)$ 为

$$\boldsymbol{H} = \begin{pmatrix} 1 & 0 & 0 & 1 & 1 & 1 \\ 0 & 1 & 1 & 0 & 1 & 1 \\ 0 & 1 & 0 & 1 & 0 & 1 \end{pmatrix}$$

Step6 输出 $G = \begin{pmatrix} 1 & 0 & 0 & 1 & 1 & 1 \\ 0 & 1 & 0 & 1 & 1 & 0 \\ 0 & 0 & 1 & 1 & 0 & 1 \end{pmatrix}$

Step7 取 $A_{3\times 3} = \begin{pmatrix} 1 & 1 & 1 \\ 1 & 1 & 0 \\ 1 & 0 & 1 \end{pmatrix}$，即为分支数为 3 的置换。

例 8-2 在 F_2 上，利用 BCH 码来生成分支数不小于 2 的线性 P 置换。

Step1 输入 $F_q = F_3$，$n = 2\times 2$ 下界 $d = 2$，在 $F_q = F_3$ 上分解 $x^4 - 1 = (x+1)(x-10(x^2+1))$。

Step2 选取 $F_q = F_3$ 上的 2 次多项式 (x^2+1) 对 $F = F_q$ 扩张，最后得到 $F_{3^2} = F_3[X]/(X^2+1)$，其上的 4 次单位根为 ω，满足 $\omega^2 = -1$，$\omega^3 = -\omega$，$\omega^4 = 1$。

Step3 依次取 $l = 0, 1, \cdots, n+2-d-1$，即 $l = 0, 1, 2, 3$。

Step4 计算校验矩阵为：$H_0 = (1, 1, 1, 1)$；

$$H_1 = (1, \omega, \omega^2, \omega^3) = (1, \omega, -1, \omega);$$

$$H_2 = (1, \omega^2, \omega^4, \omega^6) = (1, -1, 1, -1);$$

$$H_3 = (1, \omega^3, \omega^6, \omega^9) = (1, -\omega, -1, \omega)。$$

Step5 在基 $\{1, \omega\}$ 下，化校验矩阵为：

$$H_0 = (1, 1, 1, 1) = \begin{pmatrix} 1 & 1 & 1 & 1 \\ 0 & 0 & 0 & 0 \end{pmatrix}$$

$$H_1 = (1, \omega, \omega^2, \omega^3) = (1, \omega, -1, \omega) = \begin{pmatrix} 1 & 0 & 2 & 0 \\ 0 & 1 & 0 & 1 \end{pmatrix}$$

$$H_2 = (1, \omega^2, \omega^4, \omega^6) = (1, -1, 1, -1) = \begin{pmatrix} 1 & 2 & 1 & 2 \\ 0 & 0 & 0 & 0 \end{pmatrix}$$

$$H_3 = (1, \omega^3, \omega^6, \omega^9) = (1, -\omega, -1, \omega) = \begin{pmatrix} 1 & 0 & 2 & 0 \\ 0 & 2 & 0 & 1 \end{pmatrix}。$$

Step6 输出相应的生成矩阵：

$$G_0 = \begin{pmatrix} 2 & 1 & 0 & 0 \\ 2 & 0 & 1 & 0 \\ 2 & 0 & 0 & 1 \end{pmatrix}, \quad G_1 = \begin{pmatrix} 1 & 0 & 1 & 0 \\ 0 & 2 & 0 & 1 \end{pmatrix}$$

$$G_2 = \begin{pmatrix} 1 & 1 & 0 & 0 \\ 2 & 0 & 1 & 0 \\ 1 & 0 & 0 & 1 \end{pmatrix}, \quad G_3 = \begin{pmatrix} 1 & 0 & 1 & 0 \\ 0 & 1 & 0 & 1 \end{pmatrix}。$$

8.1.3 分支数最大的 P 置换

上节讨论了 P 置换分支数下界可指定的情形，接下来利用特殊矩阵构造分支数达最大的 P 置换。由定义 8-1 知，矩阵 $A_{k\times k}$ 的分支数上界是 $k+1$，称分支数等于上界的置换为分支数达到最优。MDS 码与分支数达最优的线性置换之间有密切关系。先看下面的定义。

定义 8-4[13,17]　任意的 $[n,k,d]$ 线性分组码都有 Singleton 界：

$$d \leqslant n-k+1$$

如某一个码的最小距离 d 能达到 Singleton 界，即 $d=n-k+1$，则称此码为极大最小距离可分码（MDS 码）。

由定义 8-4 可知，如果令 $n=2k$，则 MDS 码的最小距离等于 $k+1$。而定理 8-1 说明，若 $A_{k\times k}$ 是一个置换，其分支数等于以 $G=[I_{k\times k}, A_{k\times k}]$ 为生成矩阵的码的最小距离，那么可以由 MDS 码来构造分支数达到最优的 P 置换。

为了更好反映分支数最大的线性置换（或矩阵）特点，给出如下定义。

定义 8-5　矩阵 $A_{m\times n}$ 的 k 阶子式（$1 \leqslant k \leqslant \min\{m,n\}$）是指在 $A_{m\times n}$ 中任意指定 k 行 k 列，位于这 k 行 k 列交叉处的元素按原来相对位置组成的行列式。有时，域上的线性置换所对应矩阵的子式，也直接称为线性置换的子式。

定义 8-5 说明，子式是指矩阵中某些元素组成的行列式的值。一个线性置换分支数与其子式之间有一定的关系。

8.1.4　关于分支数最优 P 置换的主要结果及证明

有了上述准备知识，利用 MDS 码与 P 置换之间的关系[18]，结合范德蒙矩阵和柯西矩阵可以产生分支数最优的 P 置换。一般地，先构造校验矩阵 $H=(I_{k\times k}, B_{k\times k})$ 中的矩阵 B，然后计算生成矩阵 $G=(I_{k\times k}, A_{k\times k})$ 中的 $A=(B^{-1})^T$，只要 A 的分支数达最大，它就是所要的 P 置换。本节中将 P 置换和可逆方阵等同视之。

定理 8-5　如果码 C 的校验矩阵 $H=(I_{k\times k}, B_{k\times k})$ 中 B 的各阶子式都不为 0，那么 C 就是 MDS 码，也即码 C 的最小距离为 $k+1$。

证明：显然 C 是参数为 $[2k,k,d]$ 的线性码。由 B 中各阶子式不为零，知 B 可逆。要 C 是 MDS 码，即要 C 的最小距离是 $d=2k-k+1=k+1$，也就是要 $H=(I_{k\times k}, B_{k\times k})$ 满足：

（1）任意 k 列线性无关；

（2）存在 $k+1$ 列线性相关。

由于 H 是 $2k\times k$ 矩阵，则条件（2）显然满足。下面只需说明 H 的任意 k 列是线性无关的即可。

用反证法。

假设在 H 中有 $l(\leqslant k)$ 列线性相关，因为 I 和 B 都是可逆矩阵，这 l 列不可能全在 I 或 B 中，不妨假设有 i 列在 I 中，记为 $I_{k_1}, I_{k_2}, \cdots, I_{k_i}$；有 $j(1\leqslant j\leqslant k-1)$ 列在 B 中，记

为 B_{k_1}, B_{k_2}, $\cdots$, B_{k_j}。由于它们线性相关，所以

$$s_1 I_{k_1} + s_2 I_{k_2} + \cdots + s_i I_{k_i} = \begin{pmatrix} x_1 \\ x_2 \\ \vdots \\ x_m \end{pmatrix} = t_1 B_{k_1} + t_2 B_{k_2} + \cdots + t_j B_{k_j}$$

其中 s_1, s_2, $\cdots$, s_i, t_1, t_2, $\cdots$, t_j 不全为 0 且 $l = i+j$。

由上式第一个等号知，x_1, x_2, $\cdots$, x_k 中有 $(k-i)$ 数是 0，由第二个等号知矩阵 $R = [B_{k_1}, B_{k_2}, \cdots, B_{k_j}]$ 乘以系数 t_1, t_2, $\cdots$, t_j 后有 $(k-i)$ 个分量等于零，把这 $(k-i)$ 个分量所在的集合记为 $\sum$。

又由于 $k-i = k-(l-j) = (k-l)+j \geq j$，所以在 R 中可取出 j 行，使这 j 行分量相应乘以系数 t_1, t_2, $\cdots$, t_j 后等于零，即在 $\sum$ 中任取 j 行，构成一个 R 的 j 阶子式，其值为 0，这个子式也是矩阵 B 的 j 阶子式，这与 B 的各阶子式皆不为 0 矛盾，所以 $H = (I_{k \times k}, B_{k \times k})$ 中任意 k 列线性无关，从而 C 是 MDS 码。

推论 8-1 设 A 是一个 k 阶可逆方阵，若 A 达到分支数最优，设 α, β 为 A 的列向量，则有 $W_h(\alpha) = W_h(\beta) = k$，即说明 A 中没有零元素且 α, β 的分量不能对应成比例。

定理 8-6 码 C 中，校验矩阵为 $H = (I_{k \times k}, B_{k \times k})$，设 B 是范德蒙矩阵，即 $B = \begin{bmatrix} 1 & 1 & \cdots & 1 \\ b_1 & b_2 & \cdots & b_k \\ \vdots & \vdots & \cdots & \vdots \\ b_1^{k-1} & b_2^{k-1} & \cdots & b_k^{k-1} \end{bmatrix}$，如果 b_1, b_2, $\cdots$, b_k 互不相等且非零，那么 C 是 MDS 码，由 B 形成的线性置换能达到分支数最优。

证明：矩阵 B 的各阶子式要么是范德蒙行列式，要么提出系数后是范德蒙行列式，而 b_1, b_2, $\cdots$, b_m 互不相等，所以 B 的各阶子式都不为 0，由定理 8-5 知结论成立。

注意：矩阵 $B = \begin{bmatrix} 1 & 1 & \cdots & 1 \\ b_1 & b_2 & \cdots & b_k \\ \vdots & \vdots & \cdots & \vdots \\ b_1^{k-1} & b_2^{k-1} & \cdots & b_k^{k-1} \end{bmatrix}$，也可由主算法和子算法（Ⅱ）来产生，只需要在主算法中取 $n = 2k$，$g(X) = 1$，$L = \{\gamma_i \in F_q \mid g(\gamma_i) \neq 0, 0 \leq i \leq k-1\}$。这说明利用 Goppa 码产生 P 置换比用范德蒙行列式的用途更加广泛，且能得到更多分支数较大的线性置换。

下面介绍另一种矩阵，其分支数也是能达到最优。

定理 8-7 码 C 中，校验矩阵为 $H=(I_{k\times k}, B_{k\times k})$，设 B 是 Cauchy 矩阵，即 $B=(b_{ij})_{k\times k}$，$b_{ij}=\dfrac{1}{x_i+y_j}$，$0\leq i,j\leq k-1$，如果 $x_0, x_1, \cdots, x_{k-1}$ 互不相等，$y_0, y_1, \cdots, y_{k-1}$ 互不相等，同时 $x_i+y_j\neq 0$，$0\leq i,j\leq k-1$，那么 C 是 MDS 码，从而由 B 形成的线性置换能达到分支数最优。

证明：由文献[11]知 Cauchy 矩阵的行列式

$$\det B = \frac{\prod\limits_{0\leq i,j\leq k-1}(x_j-x_i)(y_j-y_i)}{\prod\limits_{0\leq i,j\leq k-1}(x_i+y_j)} \neq 0$$

（因为 $x_0, x_1, \cdots, x_{k-1}$ 互不相等，$y_0, y_1, \cdots, y_{k-1}$ 互不相等，同时 $x_i+y_j\neq 0$，$0\leq i,j\leq k-1$），而 B 的任意阶子式仍然是由 Cauchy 矩阵构成的行列式，所以 B 的各阶子式都不为 0，由定理 8-5 知结论成立。

推论 8-2 设定理 8-6 或定理 8-7 中校验矩阵为 $H=(I_{k\times k}, B_{k\times k})$，进行如下两类初等变换：

（1）任取 F_{q^n} 中的非零元，把它们分别乘以 B 中的任意行或列；

（2）交换 B 中任意两列或行的位置。

那么，结果所得到的矩阵 B' 仍然达到分支数最优。

8.1.5 分支数最大的 P 置换生成算法

根据定理 8-6 或定理 8-7 可以构造两类线性置换，分支数都达到最大，或者说构造两类 MDS 码。由定理 8-6 可得到算法 8-1。这些算法本质上都是利用特殊矩阵，这两类特殊矩阵的优点是它们的各阶子式都不为零。

算法 8-1

第一步，任取 F_{q^n} 中的 k 个非零数 $b_1, b_2, \cdots, b_k$。

第二步，由第一步中的数构造矩阵 $B = \begin{bmatrix} 1 & 1 & \cdots & 1 \\ b_1 & b_2 & \cdots & b_k \\ \vdots & \vdots & \cdots & \vdots \\ b_1^{k-1} & b_2^{k-1} & \cdots & b_k^{k-1} \end{bmatrix}$

第三步，计算 $A=-(B^{-1})^T$，则 A 即是分支数最大的置换。

上述算法利用了范德蒙矩阵的性质，由定理 8-7 有算法 8-2，这个算法主要是利用柯西矩阵的性质。

算法 8-2

第一步，任取 $GF(q^n)$ 中的 $2k$ 个数 $x_0, x_1, \cdots, x_{k-1}$ 和 $y_0, y_1, \cdots, y_{k-1}$ 要求 $x_0, x_1, \cdots, x_{k-1}$ 互不相等，$y_0, y_1, \cdots, y_{k-1}$ 互不相等，同时 $x_i+y_j\neq 0$，$0\leq i,j\leq k-1$。

第二步，构造矩阵 $B=(b_{ij})_{k\times k}$，$b_{ij}=\dfrac{1}{x_i+y_j}$，$0\leqslant i,j\leqslant k-1$，即

$$B=\begin{bmatrix} \dfrac{1}{x_0+y_0} & \dfrac{1}{x_0+y_1} & \cdots & \dfrac{1}{x_0+y_{k-1}} \\ \dfrac{1}{x_1+y_0} & \dfrac{1}{x_1+y_1} & \cdots & \dfrac{1}{x_1+y_{k-1}} \\ \vdots & \vdots & \cdots & \vdots \\ \dfrac{1}{x_{k-1}+y_0} & \dfrac{1}{x_{k-1}+y_1} & \cdots & \dfrac{1}{x_{k-1}+y_{k-1}} \end{bmatrix}$$

第三步，计算 $A=-(B^{-1})^{\mathrm{T}}$，则 A 即是分支数最大的置换。

上述两个算法中，为了得到更多的矩阵 B，可以任取 $l(1\leqslant l\leqslant k)$ 个 F_{q^n} 中的非零数把它们分别乘到 B 中的 l 列或 l 行，得到 B'；还可以把 B 中若干列或行的位置进行交换，得到 B'。此时 $P=(B'^{-1})^{\mathrm{T}}$ 仍是分支数最大。综合得到以下算法。

算法 8-3

第一步，输入有限域 F_q，确定 P 置换所对应的矩阵的阶 s。

第二步，对有限域 F_q 进行 m 次扩张。得到扩域 K，即 $[K:F]=m$。

第三步，利用定理 8-6 或定理 8-7，构造一个 K 上的 Cauchy 矩阵或 Vandemonde 矩阵 A，确保 A 的阶 t 满足 $t>s$，那么很容易知道矩阵 A 的分支数达到最大。

第四步，对矩阵 A 进行两类初等变换得到新的矩阵 B，B 将转化为 F_q 上的矩阵，再作两类初等变换为：①任意选取 $k(k<t)$ 个数，分别乘到矩阵 A 的行或列；②任意交换矩阵 A 中行或列的位置。

第五步，在第四步结果中任意选择一个子矩阵 C，C 是由 B 的任意 s 行 s 列交叉位置的元素组成的 s 阶矩阵，同时计算出矩阵 C 的逆矩阵 C^{-1}。

第六步，输出矩阵 C 和 C^{-1}，则这二者都是分支数最大的矩阵。

本质上，设矩阵 (I,A) 中 I，P 都是 m 阶方阵，只要 P 中各阶子式都不为零，那么 P 就一定能达到分支数最优。如果生成了一个 s 阶矩阵 A，那么可以在 A 中任选一个 $t(t<s)$ 阶子式 B，同时任意交换 B 的行（或列）或者用非零数乘以 B 的行（或列），仍旧可以得到一个 t 阶分支数最优的 P 置换，算法 8-3 正好是这种思想的体现。先可生成长度较大的 BCH 码或 Goppa 码，再做一些处理（如截断，选子码，RS 码等）得到新码，保证新码的最小距离不减少，从而保证分支数不减小，生成矩阵的阶从较大变得正好适用。从这个意义上说，可以构造任意阶分支数达到最优的 P 置换。

如果能生成的 P 置换既是分支数最大又是正形置换，那么其密码性质更好。下一步研究目标是生成分支数最优的正形置换或对合置换。这样的 P 置换除配合轮函数抵抗线性和差分攻击外，还有其他的密码学特性[12,19]。

8.2 线性正形置换和广义线性正形置换

1995 年发表的文献[20]中，卢起俊利用递推关系得到了有限域 F_{2^n} 上所有线性正形置换的计数公式，1999 年，戴宗铎等人设计出有限域 F_{2^n} 上所有线性正形置换的生成算法，所以有限域 F_{2^n} 上的线性正形置换的构造和计数已经研究清楚。由抽象代数知道[13,17] n 维向量空间上的线性变换和 n 阶矩阵之间存在一一对应关系。所以有限域 F_{2^n} 上线性正形置换可以转化成 F_2 上矩阵进行研究[21-24]。

定义 8-6 设 A 是 F_2 上的 n 阶可逆矩阵，I 为 F_2 上的 n 阶单位矩阵，若 $A+I$ 也为 F_2 上的可逆矩阵，则称 A 为 F_2 上的正形矩阵。

定义 8-7 设 A 是 F_2 上的 n 阶可逆矩阵，其不变因子为 $d_1(\lambda), d_2(\lambda), \cdots, d_r(\lambda)$ 满足 $d_i(\lambda) \mid d_{i+1}(\lambda)$，当 $d_i(\lambda) \neq 1$ 时，用 N_i 表示 $d_i(\lambda)$ 的友矩阵，当 $d_i(\lambda) = 1$ 时，规定 $N_i = 1$，那么准对角型分块矩阵：

$$\mathrm{diag}\{N_1, N_2, \cdots, N_r\} = \begin{pmatrix} N_1 & & & \\ & N_2 & & \\ & & \ddots & \\ & & & N_r \end{pmatrix} = \begin{pmatrix} 1 & & & & & \\ & \ddots & & & & \\ & & 1 & & & \\ & & & N_{i_1} & & \\ & & & & \ddots & \\ & & & & & N_{i_k} \end{pmatrix}$$ 称为 A 的

有理标准型，通过有理标准型得到定理 8-8 和定理 8-9[23-24]。

定理 8-8[23] 设 A 是 F_2 上的 n 阶可逆矩阵，$\mathrm{diag}\{N_1, N_2, \cdots, N_r\}$ 为 A 的有理标准型，则 A 与 $\mathrm{diag}\{N_1, N_2, \cdots, N_r\}$ 是相似的。

容易知道，如果 $B = \mathrm{diag}\{N_1, N_2, \cdots, N_r\}$ 是正形置换，当且仅当每个 N_i 都是正形置换，这是因为行列式

$|B| = |N_1| \| N_2| \cdots |N_r|$，$|B+I| = |N_1+I_1| \| N_2+I_2| \cdots |N_r+I_r|$，这里 I_j 表示与 N_j 同阶的单位矩阵，$|B| \neq 0$ 和 $|B+I| \neq 0$ 等价于对每个 $j(1 \leqslant j \leqslant r)$ 都满足 $|N_j| \neq 0$，$|N_j+I_j| \neq 0$，所以 N_j 为正形矩阵。

定理 8-9[24] 设 S 是有限域 F_{2^n} 上的线性正形置换，在 F_{2^n} 作为 F_2 上向量空间的任意一组基下，S 对应的矩阵是正形矩阵；反之，F_2 上的 n 阶正形矩阵 A 在任意一组基下看成置换时是正形置换。

此定理说明线性正形置换和正形矩阵一一对应，研究清楚了 F_2 上的 n 阶正形矩阵的构造、计数及生成算法也就完全清楚了 F_{2^n} 上的所有线性正形置换。由正形矩阵的定义知，矩阵 A 是正形矩阵当且仅当 A 的特征值不是 0 和 1，当且仅当 A 的特征多项式 $f(x) = |A-xI|$ 在 F_2 上无零点。由不变因子定义知道特征多项式等于不变因子之积

$|A-xI|=d_1(x)d_2(x)\cdots d_r(x)$，因而 A 是正形矩阵等价于 $f(x) = |A-xI|$ 在 F_2 上无零点，也就等价于不变因子 $d_1(\lambda)$，$d_2(\lambda)$，$\cdots$，$d_r(\lambda)$ 在 F_2 上无零点，即等价于 $d_1(\lambda)$，$d_2(\lambda)$，$\cdots$，$d_r(\lambda)$ 都没有一次因子。由准对角型分块矩阵为正形矩阵的条件知道，每个不变因子的次数都 ≥ 2，又因为 $d_i(\lambda) | d_{i+1}(\lambda)$，所以 $d_{i+1}(\lambda)$ 的次数要么等于 $d_i(\lambda)$ 的次数，要么比 $d_i(\lambda)$ 的次数至少高 2 次，即 $\deg(d_{i+1}(x)) = \deg(d_i(x))$ 或者 $\deg(d_{i+1}(\lambda)) - \deg(d_i(x)) \geq 2$。$f(x) = |A-xI|$ 在 F_2 上无零点等价于每一个不变因子 $d_i(\lambda)$ 在 F_2 上无零点，这样也就是要求 $d_i(0) = 1$ 且 $d_i(1) = 1$。当 $\deg(d_i(\lambda)) = n_i$ 时，满足条件的 n_i 次不变因子的个数为 2^{n_i-2}。

由正形置换的性质知，如果 A 是一个正形置换，T 是任意线性置换，则 $T^{-1}AT$ 仍然是一个正形置换。这就说明，正形矩阵的相似矩阵还是正形矩阵。所以在研究线性正形置换时，可先研究有理标准型的性质，然后进行相似变换得到正形矩阵。由友矩阵和特征多项式的定义知道：一个多项式的友矩阵的特征多项式就是这个多项式。

关于线性正形置换和最大线性正形置换的计数有下列定理。

定理 8-10[24] 设 S 是有限域 F_{2^n} 上最大线性正形置换，其对应的正形矩阵为 A，那么 A 的特征多项式是 F_2 上本原多项式，而且 A 的不变因子个数只能为 1。

定理 8-11[20] 有限域 F_{2^n} 上所有线性正形置换的个数满足下列递推式：

$$|LOP_n| = \sum_{k=2}^{n} 2^{k(n-k)+k-2} \prod_{i=1}^{k-1}(2^n - 2^i) |LOP_{n-k}|,$$ 这里 $n \geq 2$，$|LOP_{n-k}|$ 表示有限域 $F_{2^{n-k}}$ 上的全体线性正形置换个数。规定 $|LOP_0| = 1$，$|LOP_1| = 0$。

定理 8-12[24] 有限域 F_{2^n} 上所有最大线性正形置换的个数为：

$$\frac{1}{n} \times 2^{\frac{n(n-1)}{2}} \phi(2^n - 1) \prod_{i=1}^{n-1}(2^i - 1)$$

有了上述结论，F_{2^n} 上的线性正形置换的性质已经很清楚，本章主要研究 F_{2^8} 的正形置换。而 F_{2^8} 的线性上的线性正形置换可以用 F_2 上的一个 8 阶矩阵表示。下面给出线性正形置换的生成算法。

算法 8-4 利用线性空间的三组基来产生线形正形置换

第一步，任选有限域 F_{2^8} 作为 F_2 上线性空间的三组基，分别为 $\{x_1, x_2, \cdots, x_8\}$，$\{y_1, y_2, \cdots, y_8\}$ 及 $\{z_1, z_2, \cdots, z_8\}$，因为有限域 F_{2^8} 作为 F_2 上的线性空间一共有

$$\prod_{i=0}^{7}(2^8 - 2^i) = (2^8 - 1)(2^8 - 2)\cdots(2^8 - 2^7)$$ 组基。

第二步，判断选择的基是否满足 $z_i = x_i \oplus y_i (1 \leq i \leq 8)$，如果不满足，重新选择基 $\{y_1, y_2, \cdots, y_8\}$ 及 $\{z_1, z_2, \cdots, z_8\}$，再判断。

第三步，如果选择的基满足 $z_i = x_i \oplus y_i (1 \leq i \leq 8)$，则可以写出 $\{x_1, x_2, \cdots, x_8\}$ 到 $\{y_1, y_2, \cdots, y_8\}$ 的过渡矩阵 A，那么 A 就是正形矩阵。

第四步，为了得到更多正形矩阵，可以对 A 进行相似变换，即任取一个 F_2 上的 8

阶可逆矩阵 T，计算 $B = T^{-1}AT$，那么 B 也是正形矩阵。

在此算法下，有一种最简单的情形，取 $\{x_1, x_2, \cdots, x_8\}$ 为任一组基，$\{y_1, y_2, \cdots, y_8\} = \{x_2, \cdots, x_8, x_9\}$，其中 x_9 是任意新选取的一个向量，使得 $x_2, \cdots, x_8$，x_9 是线性无关，可以令 $x_9 = x_1 + a_2 x_2 + a_3 x_3 + \cdots + a_8 x_8$，只要满足 $a_2 + a_3 + \cdots + a_8 = 1$ 即可。此时正形矩阵正好对应于多项式的友矩阵。

算法 8-5 利用初等因子来构造线形正形置换

第一步，确定 F_2 上所有的不大于 8 次的不可约多项式，这些 $n(n \leq 8)$ 次不可约多项式的个数为 $N_2(n) = \dfrac{1}{n} \sum_{d \mid n} \mu(d) 2^{n/d}$。把这些不可约多项式按次数大小分类，共可分成 8 类。

第二步，在这些不可约多项式中选出若干多项式，利用其幂做因子得到 $t(t \leq 4)$ 个多项式，$d_1(x), d_2(x), \cdots, d_t(x)$，$t \leq 4$，满足下列条件：(1) 次数满足 $\deg(d_i(x)) \geq 2$；(2) 整除性 $d_i(x) \mid d_{i+1}(x)$；(3) $\sum_{i=1}^{t} \deg(d_i(x)) = 8$，这里相当于利用初等因子写出不变因子。

第三步，写出每个多项式 $d_i(x)$ 的友矩阵 C_i，那么这些友矩阵组成一个准对角型矩阵：

$$A = \begin{pmatrix} C_1 & & & \\ & C_2 & & \\ & & \ddots & \\ & & & C_t \end{pmatrix}$$

第四步，任取 F_2 上的一个 8 阶可逆矩阵 T，计算 $B = T^{-1}AT$，那么 B 也是正形矩阵。这里可以取 $T = I$ (8 阶单位矩阵)，那么 $A = B$ 也是正形置换。

此算法也可以改成搜索形如 $L(X) = \sum_{i=0}^{7} a_i X^{2^i} \in F_{2^8}[X]$ 的多项式，使得这个多项式是置换即可。显然 $L(X)$ 是线性的，只需 $L(X)$ 在 F_2^8 上仅有零解，当且仅当 $\gcd(L(X), (X^{255} - X)) = 1$ 且下列行列式非零。即

$$\det \begin{pmatrix} a_0 & a_7^2 & a_6^{2^2} & \cdots & a_1^{2^7} \\ a_1 & a_0^2 & a_7^{2^2} & \cdots & a_2^{2^7} \\ a_2 & a_1^2 & a_0^{2^2} & \cdots & a_3^{2^7} \\ \vdots & \vdots & \vdots & & \vdots \\ a_7 & a_6^2 & a_5^{2^2} & \cdots & a_0^{2^7} \end{pmatrix} \neq 0$$

线性正形置换在用于密码部件设计时主要用于设计 P 置换，但是 F_2 上的矩阵作为 P 置换时，其密码学性质很难达到最优，F_2 上的 8 阶以下矩阵的分支数最大不会超过 5[25]。在设计 P 置换时要用到有限域 F_q^n (通常 $q = 2^8$，因为 S 盒是 8×8 型，将 S 盒输出的若

干个字节进行扩散）上的线性正形置换。给出有限域 F_q^n 上的广义线性正形置换的概念。

定义 8-8 设 A 是有限域 F_q^n（$q=p^m$ 是素数幂）上的可逆矩阵，如果任意一个 $k=1$，2，$\cdots$，$p-1$，矩阵 $A+kI$ 也为 F_q 上的可逆矩阵，称 A 为 F_q 上的广义正形矩阵。

定义 8-9 设 S 为有限域 F_q^n（$q=p^m$ 是素数幂）上的一个置换，如果对每一个整数 k，当 $1 \leq k \leq p-1$ 时，$S+kI$（I 是恒等变换）仍是有限域 F_q^n（$q=p^m$）上的置换，称 S 为有限域 F_q^n 上的广义正形置换。进一步，如果 $\forall x, y \in F_q^n$ 满足 $S(x+y)=S(x)+S(y)$，则称 S 为有限域 F_q^n 上的广义线性正形置换。

由代数知识知，向量空间上的线性变换与矩阵一一对应，有限域 F_q^n 可以看作 F_q 上的向量空间，有限域 F_q^n 上的线性置换 S 与 F_q 上 n 阶可逆矩阵在某一组基下相对应，恒等变换在任何一组基下所对应的矩阵都是单位矩阵。所以，与特征为 2 的有限域上线性正形置换类似，有限域 F_q^n 上广义线性正形置换与有限域 F_q 上 n 阶广义正形矩阵是一一对应的。

例如：

（1）正形置换多项式是指下列多项式都是置换多项式：$f(X)$，$f(X)+kX(1 \leq k \leq p-1)$；

（2）正形布尔置换是指下列置换都是布尔置换：$F(X)$，$F(X)+kI(1 \leq k \leq p-1)$，$I$ 是恒等布尔置换；

（3）S 是一个广义正形置换，T 是任意线性置换，那么 $T^{-1}AT$ 仍然是一个广义正形置换。在应用中绝大多数考虑的是有限域 F_{2^8} 上的广义线性正形置换，即考虑 F_{2^8} 上的 n 阶正形矩阵，此时特征是 2。具体做法是，先求一个有理标准型正形矩阵，再用相似变换得到一个广义正形矩阵而后计算分支数。

一般线性正形置换的研究已取得很好的结果，文献[20]中给出了计数方法，而文献[26-29]中给出了生成算法。关于线性正形置换性质，文献[30-32]中有更多研究。文献[12]中对环和一般有限域上的广义线性正形置换，做了全面研究。有关广义最大线性正形置换的构造与计数比较复杂，仍需进一步研究。

8.2.1　广义线性正形置换的产生

本节将给出线性及广义线性正形置换的生成算法，并生成线性正形置换和广义线性正形置换，具体方法如下。

（1）找出 F_{2^8} 上的一个 8 次不可约多项式 $f(x) \in F_{2^8}[x]$，或者找出一个 8 次首 1 多项式 $f(x) \in F_{2^8}[x]$ 满足 $f(0) \neq 0$，$f(1) \neq 0$。前者生成最大线性正形置换，后者生成一般线性正形置换。

（2）计算 $f(x)$ 友矩阵 C_f。

（3）对 C_f 做任意相似变换。

具体例子生成的广义线性正形置换和 F_2 上的正形矩阵如下：

$$A\begin{pmatrix}0&0&0&0&0&0&1\\1&0&0&0&0&0&2\\0&1&0&0&0&0&3\\0&0&1&0&0&0&3\\0&0&0&1&0&0&4\\0&0&0&0&1&0&5\\0&0&0&0&0&1&6\\0&0&0&0&0&0&1&7\end{pmatrix}A^{-1}(A\text{ 为任意可逆矩阵}),\begin{pmatrix}1&0&0&1&0&0&1&1\\0&1&1&0&1&0&0&1\\1&0&0&1&0&0&0&0\\0&1&1&1&1&1&1&0\\0&0&0&0&0&1&0&0\\0&1&0&0&0&0&1&0\\0&1&1&1&1&1&0&0\\1&1&1&0&0&0&1&0\end{pmatrix}$$

8.2.2 基于纠错码的 P 置换的产生

本节由直接算法生成 P 置换。由 8.1 节知基于 Goppa 码生成一个 3 阶 P 置换的方法。对于生成 8 阶 P 置换可以同理做到。

(1) 基于 Goppa 码生成一个 3 阶 P 置换

① 选取 $F_8[X]$ 上的 2 次多项式 $g(X)=X^2+1=(X+1)^2$；

② 选 $L=\{0,\omega,\omega^2,\omega^3,\omega^5,\omega^6\}$。生成的 P 置换为：

$$A_{3\times 3}=\begin{pmatrix}1&1&1\\1&1&0\\1&0&1\end{pmatrix}$$

(2) 利用轮换矩阵理论生成的 4 阶轮换矩阵为 (轮换矩阵理论研究在 8.3 节)：

$$A=\text{circ}(02,04,01,01)=\begin{bmatrix}02&04&01&01\\01&02&04&01\\01&01&02&04\\04&01&01&02\end{bmatrix}\quad\text{是正形轮换矩阵}$$

8.3 有限域上的轮换矩阵

轮换矩阵是一类特殊矩阵，轮换矩阵在 AES 中得到了重要应用。本节主要研究 AES 轮函数中的列混淆，它可表示成一个轮换矩阵，找出一般有限域上轮换矩阵的一些密码学特性，为进一步分析 AES 轮函数提供理论支持。

在 AES 的轮函数中，列混淆可以用如下矩阵表示[33]：

$$\begin{bmatrix}02&03&01&01\\01&02&03&01\\01&01&02&03\\03&01&01&02\end{bmatrix}=\begin{bmatrix}\begin{bmatrix}02&03\\01&02\end{bmatrix}&\begin{bmatrix}01&01\\03&01\end{bmatrix}\\\begin{bmatrix}01&01\\03&01\end{bmatrix}&\begin{bmatrix}02&03\\01&02\end{bmatrix}\end{bmatrix}=\begin{bmatrix}A&B\\B&A\end{bmatrix}$$

这里 "01, 02, 03" 分别表示有限域 F_{2^8} 上的元，它们中的每位数代表一个十六进制数。

可用 0 和 1 组成的序列串表示 F_{2^8} 上的元，如 $02=(0000\ 0010)$，$03=(0000\ 0011)$，右边括号中的数是 F_{2^8} 中的元以向量形式表示。上述列混淆矩阵有以下特点：

①矩阵完全由第一行决定，以下各行由第一行轮换得到。

②如果把这个矩阵中的元换成 F_2 上的向量表示，每行每列中的"1"和"0"个数一样多，运算实现容易。

③这个矩阵可逆，而且达到最大分支数。

④矩阵可以分块成 $\begin{bmatrix} A & B \\ B & A \end{bmatrix}$ 形式，即分块对称。

当然，AES 轮函数的列混淆还有一些其他特点和性质，将在下文中进一步讨论。

8.3.1 有限域上轮换矩阵的性质

AES 轮函数中的列混淆是一个重要部件，这个密码部件能用轮换矩阵表出。为了研究列混淆的性质，引入下列基本概念。

定义 8-10 设 $a_0, a_1, \cdots, a_{n-1} \in F_q$（其中 $q=p^m$，p 为素数），称 n 阶方阵 $A =$
$\begin{bmatrix} a_0 & a_1 & a_2 & \cdots & a_{n-1} \\ a_{n-1} & a_0 & a_1 & \cdots & a_{n-2} \\ a_{n-2} & a_{n-1} & a_0 & \cdots & a_{n-3} \\ \cdots & \cdots & \cdots & \cdots & \cdots \\ a_1 & a_2 & a_3 & \cdots & a_0 \end{bmatrix}$ 为由 $a_0, a_1, \cdots, a_{n-1}$ 组成的轮换矩阵(circulant matrix)。

由这个定义，很快可发现如下事实。

①轮换矩阵 A 完全由第一行或第一列决定，所以记为
$$A = \text{circ}(a_0, a_1, \cdots, a_{n-1})$$

②当 $a_0=0$，$a_1=1$，$a_2=a_3=\cdots=a_{n-1}=0$ 时，称为基本轮换矩阵，即

$$P = \begin{bmatrix} 0 & 1 & 0 & \cdots & 0 \\ \vdots & 0 & 1 & \ddots & \vdots \\ 0 & \cdots & \ddots & \ddots & 0 \\ 0 & 0 & \cdots & 0 & 1 \\ 1 & 0 & \cdots & \cdots & 0 \end{bmatrix}, \text{ 则 } P^n = I_n, P^k = \begin{bmatrix} O & I_{n-k} \\ I_K & O \end{bmatrix}$$

这里 I_n，I_k，I_{n-k} 分别是 n 阶、k 阶和 $(n-k)$ 阶单位矩阵。

③用轮换矩阵 A 的第一行当作多项式的系数，得到 $(n-1)$ 次多项式 $c(\lambda) = a_0 + a_1 \lambda + \cdots + a_{n-1} \lambda^{n-1}$，其与轮换矩阵 $A = \text{circ}(a_0, a_1, \cdots, a_{n-1})$ 一一对应，且 $A = c(P) = a_0 I + a_1 P + \cdots + a_{n-1} P^{n-1}$。

文献[34-37]中给出了下面 4 个重要性质。

性质 8-1 有限域上的基本轮换矩阵 P 的特征方程为 $f(\lambda) = \lambda^n - 1$，从而 P 的特征值

由全部的 n 次单位根组成。

性质 8-2 设 λ 为方阵 A 的特征值，则 $c(\lambda)$ 是 $c(A)=b_0I+b_1A+\cdots+b_kA^k$ 的特征值。

性质 8-3 有限域上的轮换矩阵的逆矩阵仍是轮换矩阵。

性质 8-4 有限域上的可逆轮换矩阵 A 的逆矩阵由方程 $A\begin{bmatrix}x_0\\x_1\\\vdots\\x_{n-1}\end{bmatrix}=\begin{bmatrix}1\\0\\\vdots\\0\end{bmatrix}$ 的解（这个线性方程在有限域上求解）决定第一列，从而决定整个逆矩阵。其逆矩阵的第一列为 $\dfrac{1}{\det A}(A_0, A_1, \cdots, A_{n-1})^T$（其中 $A_i (0 \leqslant i \leqslant n-1)$ 是矩阵 A 的第一行中元 a_i 的代数余子式）。

引理 8-2[13] 设有限域 F_q 的特征为 p，那么 $f(\lambda)=\lambda^n-1$ 的根为：

(1) 若 $\gcd(p, n)=1$，则 $f(\lambda)=\lambda^n-1$ 无重根（即有 n 个不同的根，但不一定全在 F_q 上）。

(2) 若 $\gcd(p, n)\neq 1$，此时必有 $n=p^r s$，$\gcd(p, s)=1$，则 $f(\lambda)=\lambda^n-1$ 有 p^r 重根。

由上述性质，可以推导出如下结论。

定理 8-12 设 $A=\mathrm{circ}(a_0, a_1, \cdots, a_{n-1})$ 和多项式 $c(\lambda)=a_0+a_1\lambda+\cdots+a_{n-1}\lambda^{n-1}$，则 A 可逆的充要条件是 $c(\omega)\neq 0$，ω 是任一个 n 次单位根。特别地，当 $n=p^r$ 时 $A=\mathrm{circ}(a_0, a_1, \cdots, a_{n-1})$ 可逆当且仅当 $a_0+a_1+\cdots+a_{n-1}\neq 0$。

证明：由性质 8-1 知 P 的全部特征值是 F_q 上的 n 次单位根 $\omega_i (1 \leqslant i \leqslant n)$。由性质 8-2 知 $c(\omega_i) (1 \leqslant i \leqslant n)$ 是 A 的全部特征根。A 可逆，即要 $\det A = \prod_{i=1}^{n} c(\omega_i) \neq 0$，从而 $c(\omega) \neq 0$，ω 是 n 次单位根。当 $n=p^r$ 时，P 有 n 重根单位根 1，所以 A 可逆等价于 $c(1) = a_0 + a_1 + \cdots + a_{n-1} \neq 0$。

定理 8-13 设 $A=\mathrm{circ}(a_0, a_1, \cdots, a_{n-1})$，多项式 $c(\lambda)=a_0+a_1\lambda+\cdots+a_{n-1}\lambda^{n-1}$，则 A 可逆的充要条件是 $\gcd(\lambda^n-1, c(\lambda))=1$。

证明：由于 $\gcd(\lambda^n-1, c(\lambda))=1 \Leftrightarrow$ 对任意 n 次单位根 ω 有 $c(\omega)\neq 0$。再由定理 8-12 知此定理是正确的。

定理 8-14 特征为 p 的有限域 F_q 上，可逆轮换矩阵的计数分为：① 若 $\gcd(p, n)=1$，可逆轮换矩阵个数为 $\prod_{d\mid n}(q^{m(d)}-1)^{\frac{\phi(d)}{m(d)}}$；② 若 $n=p^r$，可逆轮换矩阵个数为 $q^{n-1}(q-1)$。

证明：① 由文献 [38] 可证，② 要 A 可逆，即要 $a_0+a_1+\cdots+a_{n-1}\neq 0$，从而 $a_0 \neq -(a_1+\cdots+a_{n-1})$，这样 $a_1, a_2, \cdots, a_{n-1}$ 在 F_q 中选取，共有 q^{n-1} 种选法，而 a_0 只有 $(q-1)$ 种选法，由乘法原理知，此时可逆轮换矩阵个数为 $q^{n-1}(q-1)$。

推论 8-3 有限域 F_{2^m} 上的 n 阶轮换矩阵可逆充要条件是 $c(\omega) \neq 0$，ω 是任一 n 次单位根。当 $n = 2^r$ 时，轮换矩阵 $A = \mathrm{circ}(a_0, a_1, \cdots, a_{n-1})$ 可逆当且仅当 $a_0 + a_1 + \cdots + a_{n-1} \neq 0$，$A$ 可逆时 $\det A = (a_0 + a_1 + \cdots + a_{n-1})^n$。

为了计算轮换矩阵的逆矩阵，给出如下算法。

算法 8-6

第一步，输入矩阵 $A = \mathrm{circ}(a_0, a_1, \cdots, a_{n-1})$，利用欧几里得算法计算 $\gcd(\lambda^n - 1, c(\lambda)) = d(x)$，当 $d(x) \neq 1$ 时，输出"A 不可逆"，当 $d(x) = 1$ 时转到第二步。

第二步，利用高斯消元法在有限域 F_q 中求解线性方程组 $A \begin{bmatrix} x_0 \\ x_1 \\ \vdots \\ x_{n-1} \end{bmatrix} = \begin{bmatrix} 1 \\ 0 \\ \vdots \\ 0 \end{bmatrix}$。

第三步，令 $b_0 \leftarrow x_0$，$b_{n-1} \leftarrow x_1$，$b_{n-2} \leftarrow x_2$，$\cdots$，$b_1 \leftarrow x_{n-1}$。

第四步，输出 $B = \mathrm{circ}(b_0, b_1, \cdots, b_{n-1})$。

由性质 8-4 和定理 8-13 容易证明该算法是正确的。本算法的时间复杂度由第三步完全决定，也即由高斯消元法决定，其时间复杂度与矩阵求逆相当，即为 $O(n^3)$。

本节介绍了轮换矩阵的基本性质，下面将给出 AES 中轮换矩阵的生成算法。

8.3.2 轮换矩阵在 P 置换设计中应用

C. E. Shannon 指出密码设计应包含混淆和扩散，P 置换是密码中扩散层。轮换矩阵的性质由第一行的元素完全决定，如果用轮换矩阵作为 P 置换，那么很多性质可以由第一行元素的性质确定。分支数是设计 P 置换时的一个重要准则，当 P 置换分支数越大时，其抗击差分和线性密码分析的能力就越强，人们自然而然地追求分支数能达到最大。

数域上线性置换与矩阵是一一对应的，所以线性置换的分支数有时也称为矩阵的分支数。此节中交叉使用线性置换和矩阵这两个概念，意义完全相同。

由定理 8-5 知：矩阵 $B_{m \times m}$ 的分支数达到最大当且仅当 $B_{m \times m}$ 各阶子式都不为 0。

定理 8-15 矩阵 $\begin{bmatrix} 02 & 03 & 01 & 01 \\ 01 & 02 & 03 & 01 \\ 01 & 01 & 02 & 03 \\ 03 & 01 & 01 & 02 \end{bmatrix}$ 的分支数达到最大，即 AES 的列混淆的分支数为 $4 + 1 = 5$。

证明：显然一阶子式 01，02，03 非零。二阶子式为

$\begin{vmatrix} 02 & 03 \\ 01 & 02 \end{vmatrix}$, $\begin{vmatrix} 02 & 01 \\ 01 & 02 \end{vmatrix}$, $\begin{vmatrix} 03 & 01 \\ 02 & 03 \end{vmatrix}$, $\begin{vmatrix} 03 & 01 \\ 01 & 03 \end{vmatrix}$, $\begin{vmatrix} 01 & 01 \\ 02 & 01 \end{vmatrix}$, $\begin{vmatrix} 03 & 01 \\ 02 & 01 \end{vmatrix}$, $\begin{vmatrix} 02 & 01 \\ 01 & 03 \end{vmatrix}$ 全

部非零，三阶子式就是第一行的代数余子式。由算法 1 计算知 $\begin{bmatrix} 02 & 03 & 01 & 01 \\ 01 & 02 & 03 & 01 \\ 01 & 01 & 02 & 03 \\ 03 & 01 & 01 & 02 \end{bmatrix}^{-1} =$

$\begin{bmatrix} 0E & 0B & 0D & 09 \\ 09 & 0E & 0B & 0D \\ 0D & 09 & 0E & 0B \\ 0B & 0D & 09 & 0E \end{bmatrix}$，由逆与代数余子式的关系知，四个三阶子式非零。

下面总结四阶轮换矩阵分支数最大的条件，这些条件主要是利用分支数与子式之间的关系得到。

定理 8-16 有限域上的四阶轮换矩阵 $A = \mathrm{circ}(a_0, a_1, a_2, a_3)$ 达到最大分支数 5，要满足以下条件：

① $a_0 + a_1 + a_2 + a_3 \neq 0$，$a_0 a_1 a_2 a_3 \neq 0$；

② $a_0^2 \neq a_1 a_3$，$a_0^2 \neq a_2^2$，$a_1^2 \neq a_0 a_2$，$a_1^2 \neq a_3^2$，$a_2^2 \neq a_1 a_3$，$a_3^2 \neq a_0 a_2$，$a_1 a_2 \neq a_0 a_3$，$a_0 a_1 \neq a_2 a_3$；

③设 $A^{-1} = \mathrm{circ}(b_0, b_1, b_2, b_3)$ 则 $b_0 b_1 b_2 b_3 \neq 0$。

证明：由①知 A 的一阶子式 $\neq 0$。由定理 1 可知 A 可逆。而 A 的二阶子式必有如下形式：$\begin{vmatrix} a_i & a_{i+l} \\ a_{i+s} & a_{i+l+s} \end{vmatrix}$ $(0 \leq i < i+l \leq 3, s \neq 0 \bmod 4)$，下标加在剩余类环 Z_4 中进行。共有 $C_4^2 C_3^1 = 18$ 个二阶子式，$\begin{vmatrix} a_i & a_{i+l} \\ a_{i+s} & a_{i+l+s} \end{vmatrix} = a_i a_{i+l+s} - a_{i+l} a_{i+s} \neq 0$，而这些子式化简后就得到②，由性质 4 知 $b_0 b_1 b_2 b_3 = \frac{1}{|A|^4} A_0 A_1 A_2 A_3 \neq 0$，这正好是四个三阶子式之积。综合知 A 的各阶子式 $\neq 0$，所以 A 达到分支数最大。

从定理 8-16 的证明过程，知轮换矩阵要达到最大分支数，各阶子式有如下规律，这些规律可以推广到 8 阶轮换矩阵上。

①在以 2 为特征的有限域上，要 A 达到最大分支数，A 中每个元都不能为零。不妨设 $A = \mathrm{circ}(\alpha^{i_0} \quad \alpha^{i_1} \quad \alpha^{i_2} \quad \alpha^{i_3})$。为了更好看清定理 3 中的条件，有如图 8-2 所示的示意图。

为了保证定理 8-16 的第二个条件（即要求二阶子式 $\neq 0$），要求任意相邻三个数不成等差数列，对称轴两端数不相等，一边两端数之和不等于对边两端数之和。

②四个三阶子指数规律式为：

$$\alpha^{2i_0+i_0} + \alpha^{2i_1+i_2} + \alpha^{2i_2+i_0} + \alpha^{2i_3+i_2}, \quad \alpha^{2i_0+i_3} + \alpha^{2i_1+i_1} + \alpha^{2i_2+i_3} + \alpha^{2i_3+i_1}$$

$$\alpha^{2i_0+i_2} + \alpha^{2i_1+i_0} + \alpha^{2i_2+i_2} + \alpha^{2i_3+i_0}, \quad \alpha^{2i_0+i_1} + \alpha^{2i_1+i_3} + \alpha^{2i_2+i_1} + \alpha^{2i_3+i_3}$$

写出生成分支数最大的四阶轮换矩阵算法如下。

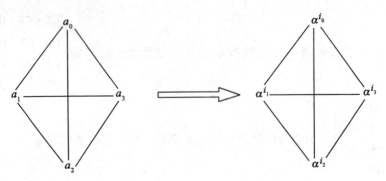

图 8-2　二阶子式示意图

算法 8-7

第一步，输入有限域 $GF(2^k)$，取 $\alpha \in GF(2^k)$ 为一生成元。

第二步，任取 i_0，i_1，i_2，i_3，$0 \leq i_0$，i_1，i_2，$i_3 \leq 2^k-1$。

第三步，如果 i_0，i_1，i_2，i_3 满足下式之一：$2i_0 = i_1+i_3$；$2i_1 = i_0+i_2$；$2i_2 = i_1+i_3$；$2i_3 = i_0+i_2$；$i_0 = i_2$；$i_1 = i_3$；$i_0+i_3 = i_1+i_2$；$i_0+i_3 = i_1+i_2$，则回到第一步。

第四步，如果 α^{i_0}，α^{i_1}，α^{i_2}，α^{i_3} 满足下式之一：$\alpha^{2i_0+i_0}+\alpha^{2i_1+i_2}+\alpha^{2i_2+i_0}+\alpha^{2i_3+i_2}=0$；$\alpha^{2i_0+i_3}+\alpha^{2i_1+i_1}+\alpha^{2i_2+i_3}+\alpha^{2i_3+i_1}=0$；$\alpha^{2i_0+i_2}+\alpha^{2i_1+i_0}+\alpha^{2i_2+i_2}+\alpha^{2i_3+i_0}=0$；$\alpha^{2i_0+i_1}+\alpha^{2i_1+i_3}+\alpha^{2i_2+i_1}+\alpha^{2i_3+i_3}=0$；$\alpha^{i_0}+\alpha^{i_1}+\alpha^{i_2}+\alpha^{i_3}=0$ 则回到第一步。

第五步，输出 i_0，i_1，i_2，i_3。

直接应用定理 8-16 可证明算法 8-7 是正确的，在此基础之上可以用类似方法讨论分支数最大的 8 阶轮换矩阵(8 阶和 4 阶是应用最多的)。8 阶轮换矩阵在生成时判断条件更多，计算更复杂，将在后续文章中讨论。

算法复杂度简要分析：本算法复杂度在于计算各阶子式，这个复杂度等价于计算方阵的所有子式，而子式的计算就是计算行列式，复杂度为 $O(n \times n!)$，所以当 n 越大求分支数达最大的轮换矩阵就越难，这就是本文只讨论 4 阶轮换矩阵的原因。

8.3.3　有限域 F_{2^m} 上轮换正形矩阵的性质

我们知道正形置换具有良好密码学性质，在分组密码的设计中有重要应用。非线性正形置换的研究是一个活跃的课题，其中有很多重要问题急待解决。由于线性正形置换与正形矩阵一一对应，而轮换正形矩阵在工程实践上有优势，所以把二者结合起来讨论。因此本小节研究有限域 F_{2^m} 上轮换正形矩阵。设 A 是有限域 F_{2^m} 上的 n 阶方阵，当且仅当 A，$A+I$(I 为有限域 F_{2^m} 上 n 阶单位阵)都可逆时成立。轮换正形矩阵有如下结论。

定理 8-17　设 $A = \text{circ}(a_0, a_1, \cdots, a_{n-1})$ 是有限域 F_{2^m} 上的 n 阶轮换矩阵，记 $c(\lambda) = a_0+a_1\lambda+\cdots+a_{n-1}\lambda^{n-1}$，$A$ 为正形矩阵当且仅当 $c(\omega) \neq 0$，1，ω 是任一 n 次单位

根。特别地，当 $n=2^r$ 时 $A=\mathrm{circ}(a_0, a_1, \cdots, a_{n-1})$ 是正形矩阵当且仅当 $a_0+a_1+\cdots+a_{n-1} \neq 0, 1$。

证明：由定理 8-12 知，A 可逆当且仅当 $c(\omega) \neq 0$，ω 是任一 n 次单位根。而 $A+I = \mathrm{circ}(a_0+1, a_1, \cdots, a_{n-1})$，再利用定理 8-12，有 $c(\omega)+1 \neq 0$，ω 是任一 n 次单位根。当 $n=p^r$ 时，n 次单位根有 n 重，即此时单位根只有 1。$A=\mathrm{circ}(a_0, a_1, \cdots, a_{n-1})$ 是正形矩阵当且仅当 $a_0+a_1+\cdots+a_{n-1} \neq 0, 1$。

定理 8-18 特征为 p 的有限域 F_q 上，当 $n=p^r$ 时，可逆轮换正形矩阵个数为 $q^{n-1}(q-2)$。

由定理 8-17 很容易得到定理 8-18 的证明，此处省略。

为了更好理解正形轮换矩阵，先看下面的例子。

例：$A=\mathrm{circ}(02, 04, 01, 01)=\begin{bmatrix} 02 & 04 & 01 & 01 \\ 01 & 02 & 04 & 01 \\ 01 & 01 & 02 & 04 \\ 04 & 01 & 01 & 02 \end{bmatrix}$

$A=\mathrm{circ}(02, 04, 01, 01)$ 是正形矩阵，同时也是分支数达到最大的矩阵，若用此矩阵代替 AES 中列混淆矩阵，其安全性有待进一步研究。

在上节生成分支数最大的轮换矩阵算法中，第四步的条件后加上"若 $\alpha^{i_0}+\alpha^{i_1}+\alpha^{i_2}+\alpha^{i_3}=0, 1$ 就返回第一步"便可以生成正形轮换矩阵。有关具有最大分支数的正形轮换矩阵的生成算法很容易得到，不再写出。

8.3.4 有限域 F_{2^m} 上轮换对合矩阵的性质

对合变换[33]在密码技术中有广泛应用，例如 DES 的加密算法从整体上看是一个对合变换。这种变换在工程实践上有计算量减半的优势。先给出对合矩阵的相关密码性质，以便在密码部件设计时应用。

定义 8-11 设 σ 是有限域 F_{2^m} 上的一个变换，称 σ 为对合变换，如果 $\sigma^{-1}=\sigma$。

由定义 8-11，设矩阵 A 表示一个线性置换，如果 A 是对合的当且仅当 $A^2=I$。如果要求 A 是轮换对合矩阵，有如下结论：

定理 8-19 设轮换矩阵 $A=\mathrm{circ}(a_0, a_1, \cdots, a_{n-1})$ 是对合的，则有

$$a_0=\frac{A_0}{|A|}, \quad a_1=\frac{A_{n-1}}{|A|}, \quad a_2=\frac{A_{n-2}}{|A|}, \quad \cdots, \quad a_{n-1}=\frac{A_1}{|A|}$$

这里 $A_0, A_1, A_2, \cdots, A_{n-1}$ 是 A 的第一行元素的代数余子式。

定理 8-19 的证明很简单，由性质 8-4 和对合置换定义便可得到此定理。

定理 8-20 设 $A=\mathrm{circ}(a_0, a_1, \cdots, a_{n-1})$ 是有限域 F_{2^m} 上的轮换矩阵，如果 A 分支数达最大，则 A 不可能是对合矩阵。

证明：由 $I=A^2=\begin{bmatrix} a_0 & a_1 & \cdots & a_{n-1} \\ a_{n-1} & a_0 & \cdots & a_{n-2} \\ \vdots & \vdots & \ddots & \vdots \\ a_1 & a_2 & \cdots & a_0 \end{bmatrix} \times \begin{bmatrix} a_0 & a_1 & \cdots & a_{n-1} \\ a_{n-1} & a_0 & \cdots & a_{n-2} \\ \vdots & \vdots & \ddots & \vdots \\ a_1 & a_2 & \cdots & a_0 \end{bmatrix}$ 知，当 n 为奇数时，A 的第 1 行乘以 A 的第 2 列得到：

$$a_0 a_1 + a_1 a_0 + a_2 a_{n-1} + \cdots + a_{\frac{n+1}{2}} a_{\frac{n+1}{2}} + \cdots + a_{n-1} a_2 = 0$$

从而 $a_{\frac{n+1}{2}} a_{\frac{n+1}{2}} = 0$，这与引理 2 矛盾。

当 n 为偶数时，A 的第 1 行乘以 A 的第 $(n-1)$ 列得到：

$$a_0 a_{n-2} + a_1 a_{n-3} + \cdots + a_{\frac{n-1}{2}} a_{\frac{n-1}{2}} + \cdots + a_{n-1} a_{n-1} = 0$$

化简得 $a_{\frac{n-1}{2}} a_{\frac{n-1}{2}} + a_{n-1} a_{n-1} = 0$，这正好是 A 的一个二阶子式，与引理 8-2 相矛盾。

所以结论成立。

尽管对合矩阵和轮换矩阵在工程实践上都有优势（对合矩阵的逆是它自己），但在矩阵分支数达到最大的条件下，此二者不能同时满足。这说明在密码部件设计时，很多情况下难以兼顾各种密码性质都达到最佳，此时只能折中处理，以求所设计出的密码部件能使得全局最安全。

8.4 小　　结

本章主要研究 P 置换的生成算法，利用本章的方法生成的 P 置换要么分支数大于指定界，要么分支数达最大。此外还研究了一类特殊 P 置换，即轮换矩阵做成的 P 置换，这类 P 置换有结构简单、求逆容易等特点。

8.1 节给出的算法可以生成分组密码中的 P 置换，主要分两种情况：第一种是根据 BCH 码或 Goppa 码理论，此时生成的 P 置换的分支数可以大于指定的界；第二种是利用于范德蒙和柯西矩阵的特性，其中范德蒙矩阵可以看成是 RS 码[11,16,20]的校验矩阵，而 RS 码是 BCH 码的特例，此种方案生成的 P 置换可以看成是由 BCH 码生成的特例。

8.2 节主要介绍线性正形置换的一些知识，我们推广了线性正形置换，研究了广义线性正形置换的一些性质。广义线性正形置换做成 P 置换更加符合应用要求。

8.3 节主要是研究有限域上的轮换矩阵的性质，结合密码学函数的性质要求，在设计轮换矩阵时，要么分支数达到最大，要么是正形矩阵或是对合矩阵的。这些特殊的轮换矩阵在密码部件设计中有各自的优势。经研究发现，分支数达最大的轮换正形矩阵是存在的，但分支数达到最大的轮换对合矩阵不存在。轮换矩阵分支数达最大时必须满足若干条件，当轮换矩阵阶越大，限制条件越多，这些条件是由子式决定。生成分支数最大轮换矩阵的一般方法或简便方法，是我们以后的工作。还需要将所设计的轮换矩阵放入 AES 轮函数中加以分析，才能更清楚了解列混淆的密码学意义。

关于 P 置换的设计，还有很多其他方法，如区组设计，拉丁阵等[12]方法。这些方法设计出来的 P 置换作为线性密码部件，其密码学性质还需进一步研究。

参 考 文 献

[1] Han Haiqing, Zhang Huanguo. The generation Algorithm of A sort of P-permutations [J]. Wuhan University Journal of Nature Sciences, 2010, 15(3): 237-241.

[2] H. M. Heys and S. E. Tavares. The design of product ciphers resistant to differential and linear cryptanalysis[J]. Journal of Cryptology, 1996, 9(1): 1-19.

[3] Han Haiqing, Zhang Huanguo. The Research on the Maximum Branch Number of P-permutations[C]. ISA2010, China, Wuhan. 2010.

[4] Biham E, Shamir A, Differential cryptanalysis of DES-like cryptosystems [J]. Journal of Cryptology, 1991, 4(1): 3-72.

[5] Biham E, Shamir A, Differential cryptanalysis of Feal and N-Hash[C]. Advances in Cryptology-Eurocrypt'91Proc, Berlin: Springer-Verlag, 1991: 1-6.

[6] Biham E, Shamir A, Differential cryptanalysis of the Data Encryption Standard[C]. Berlin: Springer-Verlag, 1993.

[7] Matsui M. Linear Cryptanalysis Method for DES Cipher[C]. Advances in Cryptology-Eurocrypt'93 Pro, Berlin: Springer-Verlag, 1994: 386-397.

[8] Massey J. on the optimality of SAFER+ diffusion. The second AES candidate conference. [EB/OL][2010-04-15]. http://www.dice.ucl.ac.be/Crypto/CAESAR/Caesar.html.

[9] Randall K. Nichols. ICSA 密码学指南[M]. 吴世忠，等，译. 北京：机械工业出版社，2004.

[10] 冯登国，吴文玲. 分组密码的设计与分析[M]. 北京：清华大学出版社，2000.

[11] 韩海清，张焕国. 分组密码中的 P 置换分支数研究[J]. 小型微型计算机系统, 2010, 31(5): 921-926.

[12] 韩海清. 密码部件设计自动化研究[D]. 武汉：武汉大学, 2010.

[13] 樊恽，刘宏伟. 群与组合编码[M]. 武汉：武汉大学出版社, 2002.

[14] Rijmen V, Daemen J. The cipher SHARK[C]. Fast Software Encryption, Berlin: Springer-verlag，1996: 99-111.

[15] S. Vaudenay. On the need for multipermutations: Cryptanalysis of MD4 and SAFER [C]. Proc. Of Fast Software Encryption (2), LNCS 1008, Berlin: Springer-Verlag, 1995: 286-297.

[16] J. Daemen, L. Knudsen, V. Rijmen. The block cipher SQUARE[C]. Proc. of Fast Software Encryption (4), LNCS, Berlin: Springer-Verlag, 1997.

[17] F. J. Mac Williams, N. J. A. Sloane. The theory of error correcting codes[M]. North-Holland Publishing Company, 1977.

[18] 李强，李超．基于自对偶 MDS 码的 P 置换研究[J]．计算机工程与科学，2006，28(1)：131-134．

[19] Lohrop M. Block Substitution Using Orthormorphic Mapping [J]. Advances in Applied Mathematics, 1995, 16(1)：59-71.

[20] 廖勇，卢起俊．仿射正形置换的构造与计数[J]．密码与信息，1996，2：23-25．

[21] Solomon W. Golomb, Guang Gong, Lothrop Mattenthal. Constructions of Orthomorphisms of Z_2^n [EB/OL] [2010-04], http：//www. cacr. math. uwaterloo. ca/techreports/1999/corr99-61. ps.

[22] 李志慧，李学良．正形置换的刻划与计数[J]．西安电子科技大学学报，2000，27(6)：809-812．

[23] 亢保元，王育民．线性置换与正形置换[J]．西安电子科技大学学报，1998，125(2)：224-225．

[24] 李志慧．分组密码体制中置换理论的研究[D]．西安：西北工业大学博士学位论文，2002．

[25] Ju Sung Kang, Choonsik Park, Sangjin Lee, Jong-In Lim. On the Optimal Diffusion Layers with Practical Security against Differential and Linear Cryptanalysis [C]. ICISC'99, LNCS 1787. S Berlin：pringer-Verlag, Heidelberg 2000.

[26] 任金萍，吕述望．正形置换的枚举与计数[J]．计算机研究与发展，2006，43(6)：1071-1075．

[27] 李志慧，李瑞虎，李学良．有限域 F_8 上的正形置换多项式的计数[J]．陕西师范大学学报，2001，29(4)：13-16．

[28] 李志慧，李瑞虎，李学良．正形置换的构造[J]．陕西师范大学学报，2002，30(4)：18-22．

[29] Dai Zongduo, Solonmen W G. Generating all linear orthemorphisms without repetition [J]. Discrete Mathematics, 1999(5)：47-55.

[30] 李志慧．最大线性正形置换及其性质[J]．陕西师范大学学报，2004，32(3)：22-24．

[31] Hall M, Paige L J. Complete Mappings of Finite Groups [J]. Pacific Journal of Mathematics, 1957, 5：541-549.

[32] H. B. Mann. The Construction of Orthogonal Latin Squares[J]. Annual of Mathematics and Statistics, 1943, 13：418-423.

[33] 张焕国，王张宜．密码学引论(第二版)[M]．武汉：武汉大学出版社，2009．

[34] Stuar J L, Weacer J R. Diaonally . scaled permutations and circulant matrices[J].

Linear Algebra Appl. 1994, 212/213: 397-411.
[35] Davis P J. Circulant matrices [M]. NewYork: Wiley-Interscience Publication, 1979.
[36] Wang K. On the generalizations of circulants[J]. Linear Algebra Appl. 1979, 25: 197-216.
[37] McElliece R J. Finite Fields for Computer Scientists and Engineers [M]. Holland: Kluwer Academic Plenum Publishers, 1987: 123-149.
[38] 周炜. 有限域上可逆循环阵的计数[J]. 纯粹数学与应用数学, 1996, 12 (2): 107-108.

第9章 密码的演化分析

前面几章我们讨论了利用演化计算设计密码部件的理论和技术,本章讨论利用演化计算进行密码分析的理论和技术,具体介绍 DES 密码的演化分析和序列密码的演化分析。

9.1 DES 密码的演化分析

1977 年 1 月美国国家标准局(NBS)正式批准数据加密标准(Data Encryption Standard)并作为美国联邦信息处理标准,即 FIPS-46[26]。后来 DES 被许多国际组织采用为国际标准,为确保信息安全发挥了重要的作用。

DES 密码是一个优秀的现代分组密码算法,其设计符合 Shannon 提出的混淆和扩散原则[1],它的安全性经过了长期、充分的研究和论证。DES 密码的智能分析是一项既富有挑战性,又具有实践和理论意义的研究工作。本节重点研究了 DES 密码的部分密钥和 56 比特密钥的智能分析方法,文中结合我们的研究工作和实验结果进行了分析和讨论,探索和分析 DES 智能密码分析的途径和方法也是本节工作的一个重点。

本节的内容主要包括 DES 弱密钥和半弱密钥唯密文的演化分析,DES 的部分密钥的 GA 法分析,DES 密码在特定条件下的 GA 分析,56 比特密钥的 DES 密码的 GA 分析,DES 演化分析技术在差分和线性分析中的应用等。

9.1.1 研究背景

智能计算与密码分析技术相结合,将密码分析对象通过特定的数学模型来描述,在搜索过程中自动获取和积累有关搜索空间的知识,利用密码的相关特征来缩小搜索空间,自适应地控制搜索过程,并运用密码分析的理论和方法有效地降低分析问题的复杂度,在有限的时间内求得分析对象的最优解或满意解。本节研究以此为基础,将智能优化技术与部分密码分析技术相结合,重点研究利用演化计算进行 DES 密码分析。

9.1.1.1 密码演化分析研究的发展趋势

利用智能计算分析密码是智能计算与密码学相结合的产物,是密码分析自动化的发展趋势。30 多年来,国内外许多学者对这个方向进行了一系列的研究和探索,并取得了一些初步的成果。

1979 年，Peleg 和 Rosenfeld 等采用松弛算法(relaxation algorithm)进行了简单代换密码的智能分析，这可能是最早的应用智能计算技术解决密码分析问题的研究。现在，智能密码分析的研究途径和方法呈现出多样化，研究内容也从古典密码逐渐转向现代密码。但从已有的研究文献来看，绝大多数工作主要集中于简单古典密码和简单现代密码的智能分析。采用的智能计算技术主要包括遗传算法和并行遗传算法(简称 GA 和 PGA)、人工神经网络(简称 ANN)、人工免疫系统(简称 AIS)、DNA 算法、细胞自动机(简称 CA)、蚁群算法(简称 AC)和启发式搜索技术(简称 HS)等。在 HS 搜索技术中，主要应用了 Hill 爬山法(简称 HC)、模拟退火法(简称 SA)、禁忌搜索法(简称 TS)等方法。

1993 年，Spillman 和 Janssen 等利用 GA 法[8]，Forsyth 和 Safavi-Naini 等利用模拟退火法进行了单表代换密码的分析。适应度函数(或评估函数)是根据字母的频度分布特性来设计的，如一、二及三字母的频度等。后期的许多学者如 Clark 等在 1998 年[4]，Grundlingh 等在 2002 年[11]，Uddin 和 Youssef 在 2006 年[23]对这种技术进行了发展，并将禁忌搜索法和粒子群优化法等引入单表代换密码的分析。

1994 年，King 等应用松弛算法(Relaxation Algorithms)进行了多表代换密码 Vigenère 的分析。Clark 等在 1998 年[10]和 Dimovski 等在 2003 年分别应用 PGA 法进行了该密码的分析，该方法也适用于较大周期的多表代换密码。适应度函数(或评估函数)的设计也是依据一、二及三字母的频度特性。2004 年，Servos 等使用 GA 技术进行 Alberti 多表代换密码的分析[25]。上述方法的基本特点是利用智能技术识别和确定多表代换密码的参数。

置换/换位密码分析的研究比较丰富，研究方法较多。1993 年，Matthews 使用一种定制的 GA(GENALYST)技术对简单换位密码进行了分析[16]，该方法的性能明显高于 Monte Carlo 法。1994 年，Clark 等描述了启发式搜索技术(GA/TS/SA)进行置换/换位密码分析的效果[6]，2003 年 Dimovski 也采用了 GA/TS/SA 方法。2003 年，Russell 和 Clark 等将蚁群技术引入了置换密码的分析，Garici 等 2005 年利用分散搜索(Scatter Search)技术进行了置换密码的分析，Toemeh 等在 2007 年采用基本 GA 算法进行了置换密码的分析。

1995 年，Feng-Tse Lin 和 Cheng-Yan Kao 介绍了 GA 法进行唯密文攻击 Vernam 密码的情况，但 Delman 等人认为分析的模型并非真正意义上的 Vernam 密码[5]。1997 年，Bagnall 和 McKeown 等描述了采用 GA 法攻击 3 转子、4 转子密码机和变形的 Enigma 机的情况[17]，并在论文中描述了演化的详细参数和实验结果，密文的解密率高于同等条件下迭代(Iterative)攻击的效果。

1993 年，Spillman 首次应用 GA 法攻击 Merkle-Hellman 背包[7]，实验采用 8 和 15 项的简单背包。1996 年，Clark 和 Dawson 等也采用 GA/SA 等算法攻击 Merkle-Hellman 背包[15]，背包项数包括 15、20 和 25 三种。1999 年，Yaseen 和 Sahasrabuddhe 采用 GA 算

法对 Chor-Rivest 背包进行了分析。这些方法的共同特点是背包项数较少,实验数据均采用 ASCII 字符,实验成功率高于穷举攻击。

近年来,遗传算法被广泛应用于现代密码分析。2004 年,Albassal 等采用 GA 方法对变形 Feistel 型密码进行了分析[19],实验中子密钥长度为 16 比特,采用 4 个 4×4 的 S 盒和 5 轮加密,密钥搜索的复杂度为 $5×2^{16}$。采用同样的方法和密码参数,Albassal 等在 2003 年将 GA 技术应用于变形 SPN 密码的分析[18]。2004 年 Albassal 等又采用 ANN 技术对变形 Feistel 型密码进行了分析[19],轮函数 F 类似于 AES 的结构,是一个 $GF(2^8)$ 的映射。分组长度为 16 比特,轮密钥长度为 8 比特,2 轮和 3 轮攻击可以获得成功。2004 年,Ali 和 Al-Salami 介绍了采用 GA 和定时攻击(timing attack)技术进行 RSA 密码分析的方法[20]。

2005 年,Laskari 和 Meletiou 等采用粒子群算法进行了 4 轮 DES 中 14 比特部分密钥的分析[9]。这种攻击的复杂度为 2^{14},在 20(50)个密文对情况下,平均成功率约 99.3%。2006 年,Nalini 等采用模拟退火法、禁忌搜索法和遗传算法进行了 S-DES 的密码分析[14]。其中,分组长度为 8 比特,密钥长度为 10 比特,文献[14]对 GA/SA/TS 三种方法进行了对比实验。

近年来,人工神经网络(ANN 法)也在密码分析中得到了应用。1998 年,Ramzan 等利用 ANN 方法对 Unix Crypt 密码进行了分析[21]。2002 年,Hernández 等利用 GA 算法和 χ^2 统计法对 2 轮次 TEA 密码进行了随机性分析[3],这种技术的基本思路是:选择最坏情况下(worst input patterns)的输入,使 TEA 密码的输出与随机置换的输出产生显著差异(significant deviation),实验结果可以鉴别 1-2 轮 TEA 密码与一个随机置换的差别。这种方法开辟了演化密码分析的一个新途径[3]。

DES 密码的智能分析,是近年来密码演化分析领域的一个研究热点。在前期研究工作的基础上,我们进行了 1~6 轮部分密钥 DES 演化分析的研究和实验[38],并对 1~4 轮 56 比特密钥 DES 演化分析进行了探索[33,34]。2009 年,Shahzad 等[35]基于上述研究工作,采用 PSO 方法,进行了 4 轮 DES 的 56 比特密钥的分析。同时,Shahzad 等采用文献[33]的方法,进行了 8 轮 DES 的 56 比特密钥的分析工作[36]。2010 年,Hamdani 等[37]采用人工免疫方法,进行了 4 轮 DES 的 56 比特密钥的分析。

9.1.1.2 研究方法和研究内容

2004 年,Clark 对智能密码分析的现状和进展进行了系统的分析和描述,指出现代密码的智能分析是一个十分困难的、长期的任务[3]。从已有研究成果可看出,目前智能优化技术主要应用于古典密码或者简单密码算法的分析,对于现代密码和一些复杂密码尚没有有效的技术和解决方法。

对于密码设计来说,特定条件下增大密钥长度和密钥量可以提高密码的安全强度,这是大多数密码设计的一个必要条件。但从智能密码分析的角度来看,密钥搜索空间太大容易导致算法不收敛。这成为目前智能密码分析研究的主要困难之一。目前智能优化技术主要应用于古典密码或者简单密码算法的分析，评估方式多采用简单的线性函数或语言统计特征等，易于线性表示和数学建模。密码设计的另一个必要条件是密钥确定置换的算法要足够复杂，需要充分实现明文与密钥的混淆和扩散，密钥方案一般独立于加密、解密过程。因此难以通过明文、密文和算法特征构造它们的数学模型。现代密码算法设计一般满足雪崩准则和扩散准则，使得演化计算在密码分析过程中的变异算子失效，导致演化计算蜕变为随机搜索，这是目前智能密码分析的另一个主要困难。

智能密码分析算法的设计，通常要考虑以下两方面因素：第一是根据密码分析的对象选择和设计算法的数学模型，并对算法的适用性、可靠性、收敛性、稳定性等因素折中考虑；其次是根据密码分析对象的特征和建模需求，对编码表示、评估方式、进化策略、控制参数、进化算子和终止条件等因素综合设计。

总体来看，目前智能密码分析仍然是一种尝试和探索，还有很多问题需要进一步研究。但的确是一个非常有挑战性和有意义的研究方向。

9.1.2 密码演化分析基础

智能密码分析算法的设计通常需要考虑以下两方面因素：

第一是根据密码分析对象的差别，设计分析算法的数学模型，并对算法的适用性、可靠性、收敛性、稳定性等方面折中考虑。其中，分析对象重点考虑密码算法的类型（如古典密码、分组密码、序列密码等）、密码算法的安全强度、密码算法的结构特征等（如Feistel网络、SP网络等）。

第二是根据密码分析对象的特征和建模需求，对编码表示、适应度函数、进化策略、控制参数和终止条件等因素综合设计。其中，密码分析对象的安全强度、数学模型、适应度函数和进化策略的设计是影响智能密码分析成效的关键因素。

9.1.2.1 评估方法与评价函数

在智能密码分析中，评估方法或适应度函数设计是一个影响分析成效的关键因素。以下简要介绍了十种具有代表性的评估方法或适应度函数，这些评估方式在智能密码分析，特别是在古典密码分析中有较广泛的应用。

1. Spillman 单表代换密码：评估函数[8]

$$\text{Fitness} = \left(1 - \sum_{i=1}^{26}\left\{|SF[i] - DF[i]| + \sum_{j=1}^{26}|SDF[i,j] - DDF[i,j]|\right\}\Big/4\right)^8$$

其中，$SF[i]$是英文明文字母i的标准频度，$DF[i]$是密文解密后英文字母i的测试频度，SDF和DDF是相应的二字母的标准频度和测试频度。

1993年，在上述评估函数的基础上，Spillman和Janssen等[8]利用GA法进行了单表代换密码的分析，评估函数的设计依据是一字母、二字母的语言统计频度，其基本思想是：如果密文解密后英文一、二字母的测试频度与对应标准频度相同，则测试密钥与原始密钥相同。上述评估函数反映了标准频度与测试频度之间的一种逼近关系。这种方法的缺陷是不能确定正确的密钥[5]。

2. Jakobsen 和 Knudsen 单表代换密码：评估函数[12]

$$C_k = \sum_{i,j \in \Lambda} \left| K^b_{(i,j)} - D^b_{(i,j)} \right|$$

其中，Λ 是字符集(26 个字符)，k 是加密密钥，b 指二字母统计，K 是英文明文二字母 i，j 的标准频度，D 是密文经密钥 k 解密后英文二字母 i，j 的测试频度。

1995 年，在上述评估函数的基础上，Jakobsen 和 Knudsen 等[12]采用 GA 法进行了单表代换密码的分析，评估函数的设计依据是二字母的语言统计频度及 Λ 字符集，反映了标准频度与测试频度之间的一种逼近关系。其设计原理是：如果密文解密后英文二字母的测试频度与对应标准频度相同，则测试密钥与原始密钥相同，与 Spillman 方法[8]的区别是，该方法将明密文中字符范围定义在 1~26(a~z 或 A~Z)之间[12]。

3. Clark 和 Dawson 等多表代换 Vigenère 密码：评估函数[10]

$$F(K) = w_1 \sum_{i=1}^{N} (K_1[i] - D_1[i])^2 + w_2 \sum_{i,j=1}^{N} (K_2[i,j] - D_2[i,j])^2$$
$$+ w_3 \sum_{i,j,k=1}^{N} (K_3[i,j,k] - D_3[i,j,k])^2$$

此处，K 是一个 N 字母密钥，K_1、K_2 和 K_3 分别是已知一、二和三字母的标准频度，D_1、D_2 和 D_3 分别是密文解密后一字母、二字母和三字母的测试频度，w_1、w_2 和 w_3(w_1，w_2，w_3<1)是用于不同统计的三个参数。

在上述评估函数的基础上，1998 年 Clark 等[10]采用并行遗传算法进行了 Vigenère 密码的唯密文分析。评估函数设计是依据一字母、二字母及三字母的频度。其基本思想是：如果密文解密后英文一字母、二字母及三字母的测试频度与对应标准频度相同，则测试密钥与原始密钥相同。该方法也适用于较大周期的多表代换密码。上述评估函数中，w_1、w_2 和 w_3 是用于不同统计的三个参数，参数因明文样本的差异而不同，因此，三个参数的选择本身就存在一定的困难，方法的通用性受到了限制[5]。Dimovski 等在 2003 年也在上述评估函数基础上，采用并行遗传算法进行了 Vigenère 密码的唯密文分析[24]。

4. Matthews 简单换位密码：评估函数[16]如下

$$\langle F_L \rangle = L \sum_{i=1}^{Q} (P_i S_i / 100)$$

其中，L 是文本长度，P_i 表示第 i 个二字母或三字母的频度百分比，Q 是对应二字母或三字母的数量，S_i 是相应的和。

在上述评估函数的基础上，1993 年 Matthews[16] 使用一种柔性调度的 GA 算法(GENALYST，flexible scheduling type GA)技术对简单换位密码进行了分析，该方法的性能明显高于 Monte Carlo 法。评估函数的设计是依据二字母、三字母的频度及对应统计数量，该适应度设计可用于判定密钥长度，它的基本思想是：如果密文解密后英文二字母及三字母的统计数量与明文中对应的统计数量相同,则测试密钥与原始密钥相同。该评估函数反映了明文与密文解密后的二、三字母统计数量之间的逼近关系,在错误的密钥长度下,评估函数的使用将受到限制[3]。实验结果中[16]:判定密钥长度的正确率约为 87%,正确密钥的判定率约为 13.33%。这种方法的缺陷是解密率较低[5]。

5. Giddy 和 Safavi-Naini 简单换位密码:评估函数[13]如下

$$C(s) = N \sum_{\alpha \in \Lambda} \sum_{\beta \in \Lambda} \left| \frac{p_{\alpha\beta} - c_{\alpha\beta}}{\varepsilon + p_{\alpha\beta}} \right|$$

其中,Λ 是字符集(26 个字符),N 是密文的长度,$C(s)$ 是基于状态 $s \in S$ 的一个实数,S 表示所有子置换的集合,$\alpha\beta$ 是二字母,$p_{\alpha\beta}$ 是明文中 $\alpha\beta$ 的频度,$c_{\alpha\beta}$ 是 $\alpha\beta$ 对应的密文解密后的频度,ε 是调试参数(fiddle factors)。

1994 年,Giddy 和 Safavi-Naini 等[13]在上述评估函数的基础上使用模拟退火算法对简单换位密码进行了分析。该评估函数反映了明文与密文解密后的二字母统计频度之间的逼近关系,其基本思想是:如果密文解密后英文二字母的统计频度与明文中对应的统计频度相同,则测试密钥与原始密钥相同。这种方法存在 ε 参数选择困难和解密率较低等问题[5]。

6. Clark 简单换位/置换密码:评估函数[6]如下

$$F_k = \left(\alpha \sum_{i \in \Lambda} \left\{ \left| SF[i] - DF[i] \right| + \beta \sum_{i \in \Lambda} \sum_{j \in \Lambda} \left| SDF[i][j] - DDF[i][j] \right| \right\} \right)$$

其中,Λ 是字符集(26 个字符),k 是加密密钥,$SF[i]$ 是英文明文字母 i 的标准频度,$DF[i]$ 是密文经密钥 k 解密后英文字母 i 的测试频度,SDF 和 DDF 是相应的二字母的标准频度和测试频度,α 和 β 是对应于一、二字母的调试参数。

1994 年,Clark 等[6]在上述评估函数的基础上采用遗传算法、禁忌搜索算法和模拟退火算法进行了换位/置换密码的分析。该评估函数反映了明文与密文解密后的一字母、二字母统计频度之间的逼近关系,其基本思想是:如果密文解密后英文一字母、二字母及三字母的测试频度与对应标准频度相同,则测试密钥与原始密钥相同。文献[6]中介绍了分析结果的收敛率和计算时间,正确密钥的判定率在 90% 以上,但没有描述算法和实验参数。这种方法存在 α 参数和 β 参数选择的困难[5]。

7. Grundlingh 和 Van Vuuren 简单换位/置换密码:对于自然语言 L,长度为 N 的密文 T,候选密钥 k',置换密码一字母评估函数[11]如下

$$F_1(L, N, T, k') = \frac{2(N - \rho_{\min}^N(L)) - \sum_{i=A}^{Z} \left| \rho_i^N(L) - f_i^{T(N)}(k') \right|}{2(N - \rho_{\min}^N(L))}$$

置换密码二字母评估函数[11]如下

$$F_2(L, N, T, k') = \frac{2(N - 1 - \delta_{\min}^N(L)) - \sum_{i,j=A}^{Z} \left| \delta_{ij}^N(L) - f_{ij}^{T(N)}(k') \right|}{2(N - 1 - \delta_{\min}^N(L))}$$

其中，$\rho_i^N(L)(\delta_{ij}^N(L))$ 表示在自然语言 L 中的 N 字符文本字母 i（二字母 ij）期望出现的次数，$f_i^{T(N)}(k')(f_i^{T(N)}(k'))$ 表示密文 T 中经密钥 k' 解密后字母 i（二字母 ij）出现的碰撞次数，且

$$\rho_{\min}^N(L) = \min_{ij}\{\rho_i^N(L)\} \; (\delta_{\min}^N(L) = \min_{ij}\{\delta_{ij}^N(L)\})$$

2003 年，Grundlingh 等[11]在上述两个评估函数的基础上采用遗传算法进行了换位/置换密码的分析。该评估函数通过明文与密文解密后的一、二字母的碰撞次数来反映它们之间的逼近关系，其基本思想是：如果密文解密后英文一、二字母的碰撞次数与对应明文字母的碰撞次数相同，则测试密钥与原始密钥相同。Grundlingh 方法在实验中的密文长度为 2519 个字符，种群大小为 20，使用一字母评估函数平均正确率约 90%，使用二字母评估函数平均正确率约 75%。在 200 次运算条件下，可以 3 次获得对应密钥[11]。文献[5]认为上述评估函数因密文采样不同，结果存在较大差异。

8. Spillman 简单 Merkle-Hellman 背包密码：评估函数[7]如下

$$\text{MaxDiff} = \max(\text{Target}, \text{FullSum} - \text{Target})$$

假如 $\text{Sum} \leqslant \text{Target}$，则 $\text{Fitness} = 1 - \sqrt{|\text{Sum} - \text{Target}|/\text{Target}}$

否则，$\text{Fitness} = 1 - \sqrt[6]{|\text{Sum} - \text{Target}|/\text{MaxDiff}}$

其中，FullSum 表示背包中所有分量的和，Sum 表示目前的染色体，MaxDiff 表示一个测试染色体与目标染色体 Target 的最大差别。

1993 年，Spillman 介绍了在上述评估函数的基础上采用遗传算法攻击 Merkle-Hellman 背包密码的方法[7]，该评估函数依据的是超递增背包的分析方法，评估函数值反映了背包的测试分量和与目标分量和之间的逼近关系。实验采用 8 和 15 项（5 个字母）的背包，正确密钥的判定率接近 100%[7]。

9. Clark 等简单 Merkle-Hellman 背包密码：评估函数[15]如下

$$\text{Fitness} = 1 - (|\text{Sum} - \text{Target}|/\text{MaxDifft})^{\frac{1}{2}}$$

1996 年，Clark 和 Dawson 等[15]在上述评估函数的基础上采用遗传算法和模拟退火算法进行了 Merkle-Hellman 背包密码的分析，该评估函数与上述的 Spillman[7]的设计相似，评估函数值反映了背包的测试分量和与目标分量和之间的逼近关系，实验采用 15、20 和 25 项的背包，Clark 等在文献[15]中没有证实上述评估函数的有效性[5]。

10. Laskari 和 Meletiou 等 4 轮 DES 密码中 14 比特：评估函数[9]如下

$$f(X_i) = np - cnpX_i$$

其中，np 表示密文对的数量，$cnpX_i$ 表示在差分分析中满足已知明文 XOR 值的解密对的数量。

2005 年，Laskari 和 Meletiou 等采用粒子群算法进行了 4 轮 DES 中 14 比特部分密钥的分析[9]。Laskari 方法[9]基于以下条件：在 Biham 和 Shamir 的文献[2]中 1 轮差分特征的概率为 1.0 的情况下，可以通过差分分析（DC）获取 4 轮次 DES 56 比特密钥中的 42

比特,其余 14 比特通过穷举产生。Laskari 方法的实验是将 14 比特的穷举转化为智能搜索,即在已知所有低轮次差分的情况下开展工作,这种攻击的复杂度为 2^{14},在 20(50) 个密文对情况下,平均成功率约为 99.3%[9]。

其他评估模型有如 Uddin 粒子群算法分析置换密码的模型[23]、Servos 使用 GA 法分析 Alberti 多表代换密码的模型[25]、Bagnall 采用 GA 法攻击 Rotor 密码机和变形 Enigma 机的模型[17]、Albassal 应用 GA 法分析变形 SPN 密码[18]和变形 Feistel 型密码的模型[19],等等。

9.1.2.2 编码方式与运行参数

智能密码分析算法设计中的一个重要环节是对分析对象的变量编码表示,编码表示方案的选取很大程度上依赖于问题的性质及进化策略的设计[32],通常,编码表示与进化策略的设计是同步进行的。

下面以演化计算为例介绍常用的编码方式与进化策略。

1. 编码表示

编码方案设计一直是演化算法应用的难点之一[32]。1975 年,De Jong 曾提出两条操作性较强的实用编码原则。通常说来,编码方案主要分为三类:二进制编码、浮点数编码和符号编码。

(1) 二进制编码。这是演化计算中最常用的一种编码方法,个体基因是一个二进制编码符号串,编码、解码操作简单,交叉、变异等遗传操作易于实现,符合最小字符集编码原则,便于应用模式定理进行理论分析,主要缺点是相邻整数的二进制编码可能具有较大的 Hamming 距离[32]。在智能密码分析中,这种表示方式可以与密钥二进制串形式直接对应,绝大多数智能密码分析算法都采用这种编码方法。

(2) 浮点数编码。个体的基因用某一范围内的一个浮点数表示,个体的编码长度等于其决策变量的个数,也称作真值编码方法,适应于高精度要求,较大空间的遗传搜索,便于处理复杂的决策变量约束条件等[32]。

(3) 符号编码。个体染色体编码串中的基因值取自一个无数值含义只有代码含义的符号集[32],这种方法便于遗传算法与相关近似算法之间的混合实用,这种编码方法可以应用于古典密码的智能分析。

2. 运行参数

(1) 群体规模:群体大小 M 表示群体中所含的个体数量。当 M 取值较小时,可提高算法的运行速度,但降低了群体的多样性,可能会产生算法的早熟现象[32];M 取值较大又会使遗传算法的运行效率降低。M 一般的取值范围是 20~100。在智能密码分析中,根据分析对象的差别,取值范围可以适当增加。我们在 DES 密码的部分密钥和 56 比特密钥分析中,采用了 M 为 100、200、500 和 1000 的测试。

(2) 交叉算子:这是种群产生新个体的主要方法,包括单点、双点与多点交叉、均匀交叉、算术交叉等[32]。交叉概率一般选择较大值,但取值过大会破坏群体的优良模式，取值过小则新个体产生速度太慢[32]。交叉概率一般取值0.4~0.99，也可以采用自适应思想确定交叉概率。

（3）变异算子：主要包括基本位变异、均匀变异、边界变异、非均匀变异、高斯变异等[32]。取值较大能产生较多新的个体，也有可能破坏很多好的模式，使算法性能蜕变为随机搜索；取值较小，会使新个体产生减少，而且早熟现象较多[32]。一般建议变异算子的取值范围为0.0001~0.1。

（4）选择算子：选择算子是在适应度评价的基础上对群体中的个体进行优胜劣汰，主要包括比例选择、最优保存策略、确定式采样、排序选择、锦标赛选择等[32]。适应度高的个体被遗传到下一代群体中的概率较大，适应度低的个体被遗传到下一代群体中的概率较小。

（5）终止条件：终止代数是算法运行结束条件的一个参数，也可以根据某种判定准则判定算法运行结束，如群体不再有进化趋势时就可终止运行[32]。一般情况下，终止代数的取值范围为100~1000。我们在DES密码的部分密钥和56比特密钥分析中，主要采用了200、500、1000和2000代的测试。

9.1.2.3 进化策略与模型

通常情况下，智能密码分析从一个代表问题可能潜在解集的经过基因编码的个体组成的种群开始，个体基因由二进制编码符号串组成（也可以采用其他编码方案），反复将选择、杂交、变异等算子作用于群体，最终可得到问题的最优解或近似解。新生代中个体一般具有比前一代更好的性能。下面，我们参照文献[32]中遗传算法求解复杂优化问题的步骤和框架，给出下述的演化密码分析问题的步骤和框架。

以下描述了一个演化密码分析问题的步骤。

第一步：根据密码分析对象，确定分析算法模型。

第二步：确定决策变量及各种约束条件，即确定出个体的表现型和问题的解空间。

第三步：建立优化模型，即确定目标函数及其数学描述或量化方法。

第四步：确定密钥个体的编码、解码方案，即确定出个体的基因型、基因型到表现型的对应关系和问题的搜索空间。

第五步：确定个体适应度的量化评估或评价方案，即确定目标函数值与个体适应度的转换关系。

第六步：设计进化算子，如确定选择、交叉、变异算子等具体操作。

第七步：确定相关运行参数。

第八步：对最优解或近似解集合进行密码分析，即采用某种具体的密码分析方法进行结果分析。

如图9-1所示为演化密码分析的构造框架示意图。

9.1.3 DES密码的演化分析探索

DES密码是一个优秀的现代分组密码算法，其安全性经过了长期、充分的研究和论

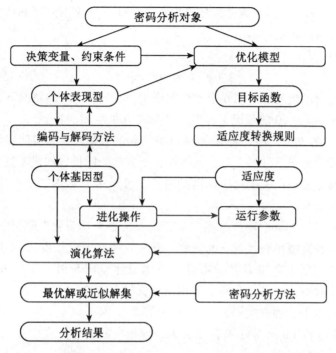

图 9-1 演化密码分析的构造框架示意图

证。DES 密码的智能分析是一项十分富有挑战性又具有实践和理论意义的研究工作。DES 密码的智能分析是近年来演化密码分析发展的一个研究热点。在过去研究成果的基础上，我们开展了 1~6 轮部分密钥 DES 演化分析的研究和实验[38,39,41]，1~4 轮 56 比特密钥 DES 演化分析的探索[33,34]，DES 演化分析技术与差分和线性分析技术的结合与应用[39]等研究。

9.1.3.1 DES 演化分析的研究概况

DES 智能分析的成果和文献相对较少，在已公开的文献中，DES 密码的智能分析研究主要包括以下四个方面。

第一，2005 年，Laskari 等[9]首次利用粒子群优化技术(PSO)进行了 4 轮次 DES 密码 14 比特密钥的智能分析，其密钥搜索空间为 2^{14}。

1991 年，Biham 和 Shamir 在文献[2]中指出，对于 4 轮次 DES，在 1 轮差分特征的概率为 1.0 的情况下，可以通过差分分析(DC)获取 56 比特密钥中的 42 比特，其余 14 比特可以通过穷举产生。Laskari 等采用 PSO 方法[9]对差分分析结果中剩余 14 比特密钥进行智能分析。

Laskari 等[9]的方法的适应度函数设计方法如下。

设 X 是一个 14 维向量,即一个 14 比特的测试密钥。已知 56 比特密钥中的 42 比特(差分分析后的结果)。设 np 是密文对的数量,对 np 个密文对解密并计算满足已知明文差分条件的解密对的数量 cnp_X。

适应度函数 f 为

$$f(X) = np - cnp_X$$

基于上述适应度模型,采用 6 个不同的密钥,在 np 为 20 的情况下,实验平均成功率为 99.3%。在 np 为 50 的情况下,实验平均成功率为 99.4%。

在 Laskari 等的方法[9]中,将剩余 14 比特密钥的穷举转化为智能搜索,这是在已知所有低轮次差分的情况下开展工作。从智能分析方法的随机性和概率性方面来看,这种方法本质上仍属于穷举。关于这个问题的进一步分析可参见本节中 6 轮次 DES 密码的部分密钥的 GA 分析。

第二,2007 年,Nalini 等[14]采用 GA/TS/SA 法在 4 轮简化 DES 中开展了智能分析的研究,并可以较高概率获得对应的密钥。其中,明文分组长度为 16 比特,密钥长度为 16 比特(其中包括 4 个 12 比特子密钥),S 盒设计与 DES 相同,Nalini 等[14]给出了三种智能技术的实验对比结果,实验中采用的密文数量在 3000 个字符以上。其中,适应度函数设计采用以下三种方式[14]。

(1)第一种与 Spillman 等在单表代换密码分析中的设计方式[8]相同,详见 9.1.2.1 中的评估方法和评估函数。

(2)适应度 $f = 1 - c/n$,其中,c 是结果在 $a \sim z$ 或 $A \sim Z$ 中的字符数量,n 是密文中总字符数。

(3)适应度 $f = \alpha * \text{unigram} + \beta * \text{bigram} + \gamma * \text{intelligible\_char}$,其中,$\alpha$,$\beta$,$\gamma$ 是对应的一(unigram),二(bigram)和可识别的字符(intelligible_char)的对应参数。

总的来讲,这种分析方法与古典密码分析中的方法相似,由于密码结构简单,搜索空间较小,这种方法在一定程度上类似于 2^{16} 的随机穷举。与 Laskari 等[9]利用 PSO 技术进行了 4 轮次 DES 14 比特密钥的智能分析相比,其对应的密钥搜索空间增加到 2^{16}。

差分分析和线性分析是迄今已知的攻击迭代密码的最有效方法[30],如何将上述两种技术应用于 DES 密码的智能分析是本节研究的另一个重要方向。

第三,2004 年,Bafghi 等采用蚁群技术搜索 Serpent 密码 6 轮的合适的差分特征[22],方法如下。

差分分析方法的攻击过程主要包括以下环节:

(1)构造 S 盒的差分分布表;

(2)找出一个高概率的 $(r-1)$-轮特征 Ω_{r-1};

(3)基于 Ω_{r-1},获得足够多的明密文对 (Y_0, Y_r) 和 (Y_0^*, Y_r^*);

(4)通过计数得到有效的子密钥比特。

Bafghi 等的差分分析方法[22]基于第(2)个环节,Bafghi 等应用蚁群技术寻找 6-轮特

征 Ω_5。这种方法的基本思想是：首先选择一个中间轮的活动 S 盒，搜索这个 S 盒的前向和后向传播，找出中间轮到第一轮的（向后）的特征和中间轮到最后一轮的（向后）的特征，比较这两个特征从而获得轮特征 Ω_5。

对密码算法中每一个 S 盒的数据流建立权重图，每一个差分对应图中的一条路径。因此，发现最佳差分特征即找出图中的最短路径。对比已公布的 Serpent 的结果，上述方法可以获得 4，5，6 轮的更好的差分特征，这种方法的优点是不用搜索整个空间即可获得合适的差分特征。具体算法及过程详见文献[22]。

第四，DES 中 14 轮最佳线性逼近的智能方法：余昭平等采用模拟退火算法搜索 DES 的 14 轮最佳线性逼近，该方法的基本思想如下[28]。

根据线性逼近的构造过程，搜索最佳的线性逼近即搜索下列各变量的最佳取值：

S_1, α_1, β_1, S_2, α_2, β_2, α_3, α_4, α_5, α_6, α_7, α_8, α_9, α_{10}, α_{11}, α_{12}, α_{13}, α_{14}

使得它们构成的线性逼近的相关系数的绝对值最大，所以搜索最佳线性逼近可看作上述变量的组合优化问题[28]。

随机产生一个规模为 G 的种群，其中每个个体看作 DES 的一个 14 轮线性逼近，然后对种群中的个体分别利用模拟退火算法进行优化，最后选出其中最好的个体作为 DES 的最佳 14 轮线性逼近[28]。

文献[28]指出，利用模拟退火算法进行搜索不受前两轮中候选线性逼近规模大小的限制，由于模拟退火算法属于概率搜索算法，因此在有限的进化次数内不一定搜索到全局最优解。该方法通过实验得到了另外的一些较好的线性逼近。

2004 年，Ayman 和 Albassal 等采用 GA 方法对变形 Feistel 型密码进行了分析[19]，实验中分组长度为 32 比特，密钥长度为 80 比特，子密钥长度为 16 比特，采用 4 个 4×4 的 S 盒和 5 轮加密，密钥搜索的复杂度为 5×2^{16}。采用同样的方法和密码参数，Albassal 等在 2003 年将 GA 技术应用于变形 SPN 密码的分析[18]。2004 年，Albassal 等采用 ANN 技术对变形 Feistel 型密码进行了分析[19]，轮函数 F 类似于 AES 的结构，是一个 $GF(2^8)$ 的映射。分组长度为 16 比特，轮密钥长度为 8 比特，经过 2 轮和 3 轮攻击可以获得成功。

从已公布的研究成果可看出，对于简单密码（如 Vigenère 密码、置换/换位密码、S-DES 密码、16 比特 DES 密码和简单背包密码等）或密码结构（如 SPN 网络、Feistel 网络等），在搜索空间不大于 2^{16} 的情况下，智能分析方法是有效的。在本节中，我们分析了 1~6 轮 DES 中部分密钥及 56 比特密钥的 DES 密码的智能分析的方法和结果，与 Nalini[14] 和 Laskari[9] 等的方法相比较，本节中的实验结果具有一定的优势。

我们通过实验，探索和分析了 2 轮和 4 轮 DES 中 56 比特密钥 GA 分析的方法[33,34]，及 1~6 轮 DES 部分密钥演化分析的方法[38]。2009 年，Shahzad 等[35,36]基于上述研究工作，采用 PSO 方法，进行了 4 轮 DES 的 56 比特密钥的分析。同时，Shahzad 等采用文献[33]的方法，进行了 8 轮 DES 的 56 比特密钥的分析工作，这是一个重要的进步。

2010 年，Hamdani 等[37]采用人工免疫方法，进行了 4 轮 DES 的 56 比特密钥的分析，进一步丰富了 DES 演化分析的方法。

9.1.3.2 定义和假设

定义 9-1[38,39]　(x, y) 表示明/密文等价类中的一对明/密文，k 为真实密钥，$P_{k'}[(x, y)]$ 表示明文 x、密文 y 及其应用测试密钥 k' 发生的概率。

定理 9-1[38,39]　任意密钥 $k' \in K$，$\theta(k') \leq \theta(k)$，对于每个明密文对 (x, y)，当且仅当 $P_{k'}[(x, y)] = P_k[(x, y)]$ 时等式成立。

定理 9-1 中 $\theta(k')$ 为 k 时取得最大值，且对于明密文中的不同密钥其分布也是不同的，k 唯一。在一般情况下存在如下等价关系，假如密钥空间 K 中的两个密钥存在相同的明密文类分布，则这两个密钥 k 和 k' 等价。因此，存在唯一的等价类使相似性最大。

定义 9-2[39]　测试密钥 k' 和真实密钥 k 分组长度为 n，它们的 Hamming 距离 $H(k', k)$ 即 k' 和 k 的相异比特数量。假设 Ψ 是一个集合，$\Psi_l(k') \in \Psi (1 \leq l \leq n)$，表示密钥 k' 和 k 的相同比特位数 l。因此，Ψ 是关于密钥集合 K 的一个划分。

根据划分的定义，上述 $\Psi_0, \cdots, \Psi_n$ 是 Ψ 的一个划分，$\Psi_l(k')$ 称为此划分的块 $(1 \leq l \leq n)$。根据定理 9-1，可以利用 $\Psi_l(k')$ 检测密钥 k' 和密钥 k 的相似程度，$l = n - H(k', k)$。其中，$\Psi_l(k)$ 获得唯一最大值。

定义 9-3[38,39]　近似密钥、优化密钥和最优化密钥的定义如下：

近似密钥[39]　测试密钥 k' 和真实密钥 k 分组长度为 n，Ψ 是密钥集合 K 的一个划分，$\Psi_l(k') \in \Psi (1 \leq l \leq n)$，假如 $l > n/2$，则我们称密钥 k' 是密钥 k 的近似密钥，记为 k'_{prox}。

优化密钥[39]　假如 $l > n/2$ 且 $n - l$ 很小时，即密钥 k' 和 k 中仅少数几个比特位不同时，则我们称密钥 k' 是密钥 k 的优化密钥，记为 k'_{optm}。

最优化密钥[38,39]　密钥 k'_{best} 是 k'_{optm} 的最大值，称为最优化密钥。

假设 1　对于任意密钥 k'_i 和 $k'_j (k'_i, k'_j \in K$ 且 $k'_i \neq k'_j)$，如果 $\Psi(k'_i) > \Psi(k'_j)$，则对密钥 k'_i 中剩余 $n - l_i$ 个比特位实施穷举攻击的复杂度比对密钥 k'_j 中剩余 $n - l_j$ 个比特位实施穷举攻击的复杂度小。

分析：已知 $k'_i, k'_j \in K$，$(1 \leq i, j \leq n)$ 且 $k'_i \neq k'_j$，由于 $\Psi(k'_i) > \Psi(k'_j)$，$l_i = \Psi(k'_i)$ 且 $l_j = \Psi(k'_j)$，根据定理 9-1 和定义 9-2，则 $l_i > l_j$。对于近似密钥 k'_i，采用穷举攻击剩余 $H(k'_i, k'_j)$ 比特位（即密钥 k'_i 和 k'_j 中不同比特位）的计算复杂度为 2^{n-l_i}，近似密钥 k'_j 的计算复杂度为 2^{n-l_j}，$2^{n-l_i} < 2^{n-l_j}$。

假设 2　如果存在一种变换（或者智能优化模型）$G\{g_{k'}: M \to C\}$ 作为适应度函数 f，可以对测试密钥 k' 进行优化。对于 N 对明密文，设全部优化后的密钥集合为 $K' = \{k'_1, k'_2, k'_3, \cdots, k'_N\}$，如可以以一定概率 ρ 从 K' 选出优化的密钥 k'_i，使得任意 $\Psi(k'_i) > t$，t 是一个整数，依据不同密码研究对象而变化 $(1 \leq t \leq n)$，则对密钥 k'_i 实施穷举攻击的

复杂度小于 $\rho \cdot N \cdot C_n^{n-t} \cdot 2^{n-t}$。

9.1.3.3 DES 弱密钥及半弱密钥的智能分析

定义 9-4 弱密钥[29] 如果给定初始密钥 k,各轮的子密钥都相同,即有

$$k_1 = k_2 = \cdots = k_R$$

就称给定密钥 k 为弱密钥(Weak Key)。其中,R 为总轮数。若 k 为弱密钥,则有

$$\mathrm{DES}_k(\mathrm{DES}_k(x)) = x$$

$$\mathrm{DES}_k^{-1}(\mathrm{DES}_k^{-1}(x)) = x \tag{9-1}$$

即以 k 对 x 加密两次或解密两次就可恢复出明文。其加密和解密过程没有区别,而对一般密钥来说只满足

$$\mathrm{DES}_k^{-1}(\mathrm{DES}_k(x)) = \mathrm{DES}_k(\mathrm{DES}_k^{-1}(x)) = x \tag{9-2}$$

弱密钥使 DES 在选择明文攻击下的搜索量减半。

半弱密钥(Semi-weak Key)具有下述性质,它们是成对出现的:若 k_1 和 k_2 为一对互逆的半弱密钥,则有

$$\mathrm{DES}_{k_2}(\mathrm{DES}_{k_1}(x)) = \mathrm{DES}_{k_1}(\mathrm{DES}_{k_2}(x)) = x \tag{9-3}$$

称 k_1 和 k_2 是对合的。

弱密钥和半弱密钥的构造是由子密钥产生器的存数在循环移位下出现的重复图样决定的[29]。对 DES 来说,可能产生弱密钥的有 4 个,半弱密钥有 12 个,如表 9-1[29] 所示。

表 9-1 DES 的弱密钥和半弱密钥(十六进制)

弱密钥	01 1F E0 FE	01 1F E0 FE	01 1F E0 FE	01 1F E0 FE	01 1F E0 FE	01 1F E0 FE	01 1F E0 FE	01 1F E0 FE
半弱密钥	01 FE	01 FE	01 FE	01 FE	FE 01	FE 01	FE 01	FE 01
	1F E0	1F E0	1F E0	1F E0	E0 1F	E0 1F	E0 1F	E0 1F
	01 E0	01 E0	01 E0	01 E0	E0 01	E0 01	E0 01	E0 01
	1F FE	1F FE	1F FE	1F FE	FE 1F	FE 1F	FE 1F	FE 1F
	01 1F	01 1F	01 1F	01 1F	1F 01	1F 01	1F 01	1F 01
	E0 FE	E0 FE	E0 FE	E0 FE	FE E0	FE E0	FE E0	FE E0

文中对 DES 弱密钥及半弱密钥加密的密文进行了 GA 唯密文攻击,分析方法如下。

根据定义(9-1)和定义(9-2),本文设计 DES 弱密钥 GA 分析的适应度为:设 m,c 是一组明密文对,L 为密钥长度,k_w 为 DES 的弱密钥,k_w' 为测试弱密钥。其中,采用密钥 k_w 加密 m 产生的对应密文为 c_w^k,采用测试弱密钥 k_w' 加密 m 产生密文为 $c_w^{k'}$。则适应

度函数 f_w 可设计为

$$f_w = 1 - H(\mathrm{DES}_{k_w'}^{-1}(\mathrm{DES}_{k_w}^{-1}(c_w^k)), c_w^k)) \qquad (9\text{-}4)$$

其中，H 是密钥 c^k 和 $c^{k'}$ 的 Hamming 距离。

同理，根据公式(9-3)，设计 DES 半弱密钥演化分析适应度 f_{sw} 如下：

$$f_{sw} = 1 - H(\mathrm{DES}_{k_{sw1}'}^{-1}(\mathrm{DES}_{k_{sw2}}^{-1}(c_{sw}^k)), c_{sw}^k)) \qquad (9\text{-}5)$$

其中，k_{sw1} 为测试半弱密钥，k_{sw2} 为 k_{sw1} 的逆密钥。采用半弱密钥 k_{sw} 加密 m 产生的对应密文为 c_{sw}^k，采用测试弱密钥 k_{sw}' 加密 m 产生的对应密文为 $c_{sw}^{k'}$。

在已知密钥特征的条件下，DES 的弱密钥、半弱密钥和四分之一弱密钥共有 256 种组合，密钥搜索空间为 2^8，采用 GA 法进行了 DES 弱密钥唯密文演化分析，可以成功获取对应密钥。但在未知密钥特征的条件下，采用 GA 法进行了 DES 弱密钥已知明文分析，对应的密钥搜索空间为 2^{56}，此方法成功概率参见 56 比特 DES 的 GA 分析[38,40]。

9.1.3.4 DES 中部分密钥的智能分析

1. 模式定理与智能算法的收敛性

定义 9-5 模式表示一些相似的模块，它描述了在某些位置上具有相似结构特征的个体编码串中的一个子集。

定义 9-6 在模式 H 中具有确定基因值的位置数目称为该模式的模式阶，记为 $O(H)$。

定义 9-7 在模式 H 中第一个具有确定基因值的位置和最后一个确定基因值的位置之间的距离称为该模式的模式定义长度，记为 $\delta(H)$。

定理 9-2 模式定理[32] 遗传算法中，在选择、交叉和变异算子的作用下，具有低阶、短的定义长度，并且平均适应度值高于群体平均适应度的模式将按指数级增长。

定理 9-3[32] 基本遗传算法收敛于最优解的概率小于 1。

定理 9-4[32] 使用保留最佳个体的遗传算法能收敛于最优解的概率为 1。

定理 9-4 说明使用保留最佳个体策略的遗传算法总能够以概率 1 搜索到最优解。这个结论除了理论上具有重要意义之外，在实际应用中也为最优解的搜索过程提供了一种保证[32]。从理论上讲，对于同一研究对象，不同的智能分析方法最终能取得相同或相似的效果，仅时间复杂度和计算复杂度方面存在一定的差别。

2. DES 中部分密钥的 GA 分析方法

2005 年，Laskari 等利用粒子群优化技术(PSO)进行了 4 轮次 DES 密码 14 比特密钥的分析[9]。本节采用 GA 法开展了 DES 的部分密钥的分析，依据线性逼近的思想构建了一个适应度函数模型，通过该模型进行了定量的 GA 分析和实验，并对三种分析方法进行了分析和探索，具体内容如下。

适应度函数的设计是影响 DES 密码 GA 分析的一个关键因素，它的设计既需要在一定程度上反映不同明密文组和对应密钥之间的关系，也要表现出密钥整体优化的趋势。目前智能密码分析都是依据密码的简单线性函数和统计特征设计评估函数，由于 DES

密码设计的安全性和结构的复杂性,已有的设计并不能充分体现 DES 密码的相应特点。在已知的研究文献中,还没有 DES 密码的比较有优势的适应度设计方法。

设 M 是明文集,C 是密文集,K 是密钥集,真实密钥为 k,测试密钥为 k',其中 k,$k' \in K$。设任一明文分组 $M_i \in M$,采用密钥 k 加密 M_i 产生的对应密文为 C_i^k;采用测试密钥 k' 加密 M_i 产生密文为 $C_i^{k'}$,其中 C_i^k,$C_i^{k'} \in C$。L 为密钥长度,则适应度函数 f 为

$$f(M_i, k') = \left(L - \sum_{j=1}^{B} H(C_i^k, C^i) \right) \Big/ L \qquad (9\text{-}6)$$

其中,H 是对应二进制串的 Hamming 距离,表示在 C_i^k 和 $C_i^{k'}$ 上相异的比特数,$B = L/8$,即 L 中的字节数。对于 DES 密码,L 为 56 比特。

上述适应度函数的景象(Fitness Landscape)凹凸不平,有许多局部最优解。在 k 与 k' 等价的情况下,适应度函数获得全局最大值 1。因此,上述适应度并不是严格区分群体中个体好坏的标准。

参数定义:在 DES 的 GA 分析中采用二进制编码,即每个密钥表示一个个体。在实验中,采用随机方式初始化种群,种群大小 N 为 50,遗传算子采用选择、杂交、变异三种,选择操作 Slt 采用最优化策略,杂交操作 Crs 采用多点交叉方式,变异操作 Mut 采用多点变异方式,杂交率范围是 0.70~0.80 之间,变异率为 0.001。运行代数为 R,明密文对数量为 G。

在 6 轮 DES 的部分密钥的 GA 分析实验中,我们忽略了 DES 算法的初始 IP 和 IP^{-1} 置换,这个操作不会对分析结果产生影响[30]。

DES 的部分密钥的 GA 分析算法

输入:明密文组 M_i 和 C_i,$M_i \in M$ 且 $C_i \in C$,$(1 \le i \le G)$

输出:G 个近似密钥 $k'_{\text{prox\_1}}$,$k'_{\text{prox\_2}}$,$k'_{\text{prox\_3}}$,$\cdots$,$k'_{\text{prox\_G}}$

for$(1 \le i \le G)$
begin
  Input(M_i, C_i);
  for$(1 \le j \le R)$
begin
  Initialize(X); $X_i \in X, X_i = \langle x_{i1}, x_{i2}, \cdots, x_{im} \rangle, 1 \le m \le N$;
  fitness(M_i, X_i);
  do
    Select(X);
    Crossover( );
    Mutation( );
    fitness(M_i, X'_i); X'_i 是新生种群 X' 的个体,$X'_i \in X', 1 \le m \le N$;
  while$((j=j+2)\&\&(1 \le m \le N))$

　　　　end
　　　Output(k'_{prox_i})
　　end

上述算法中 N 对不同的明密文组 $(M_i, X_i)(1 \leq i \leq G)$ 产生 G 个近似密钥 k'_{prox_1}, $k'_{prox\_2}, k'_{prox\_3}, \cdots, k'_{prox\_G}$，其中可能存在部分优化密钥 k'_{optm} 或真实密钥的等价密钥。由于明密文对不同，G 个近似密钥的个体表示 X_i 及其适应度值 f 也可能各不相同。

3. 部分密钥 GA 攻击的实验与分析

在 Laskari 等[9]的 4 轮次 DES 密码 14 比特密钥的分析中，未知的 14 比特是差分分析后的结果。在本节的实验中，我们依据模式定理确定了个体的最后 $\delta(r)$ 比特(以下简写为 r)，其中模式阶 $O(r)$ 和模式长度 r 都分别为 8, 16, 24, 32, 40, 48，对应的有效部分密钥长度(单位为比特)为 49, 42, 35, 28, 21, 14(不包括奇偶校验位)，其相应的穷举密钥空间为 2^{49}, 2^{42}, 2^{35}, 2^{28}, 2^{21} 和 2^{14}。在此基础上，我们进行了 1~6 轮 DES 密码的部分密钥的定量 GA 分析实验。

下述实验的主要目的是：①通过不同模式长度 r 的实验，分析 1~6 轮 DES 部分密钥 GA 分析中结果密钥分布的随机性；②对比不同搜索空间条件下的 1~6 轮 DES 密码中部分密钥 GA 分析的效果；③结合 1~6 轮 DES 部分密钥的定量 GA 分析实验，研究与探索部分密钥 GA 分析的方法。

(1) 6 轮 DES 部分密钥的 GA 分析的结果密钥分布的随机性

本文通过以下实验来观察不同模式长度 r 和不同轮次 DES 加密条件下 GA 分析方法的有效性。其中，2，4，6 轮 DES 密码 GA 分析的实验结果与真实密钥对比，它们的分布情况如图 9-2(2 轮)、图 9-3(4 轮) 和图 9-4(6 轮) 所示，其中 $N = 50$, $R = 500$, $G = 100$。

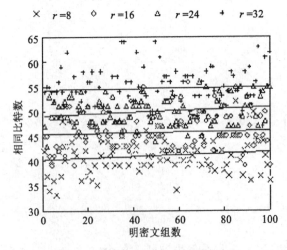

图 9-2　2 轮 DES 的 GA 分析结果分布

第9章 密码的演化分析

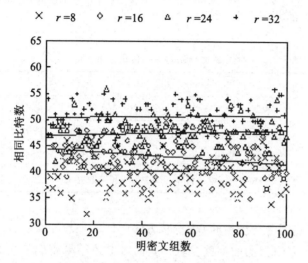

图9-3 4轮DES的GA分析结果分布

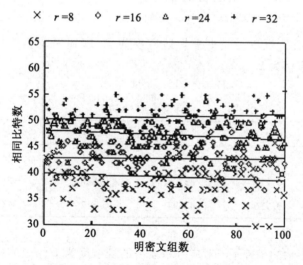

图9-4 6轮DES的GA分析结果分布

图9-2、图9-3和图9-4分别描述了2轮、4轮和6轮DES的GA分析结果的分布情况[38,39]。其中,线性趋势线的位置高低与r数值大小成正比,与搜索空间大小成反比。上述实验结果的平均值$\bar{x}$(相对于64比特)及标准差δ如表9-2所示。

上述实验中,1～6轮的GA攻击均可获得一定数量的近似密钥和优化密钥。对于6轮DES中部分密钥的GA分析问题,从图9-2、图9-3、图9-4和表9-2可看出,在排除r比特和校验位的情况下,DES的GA分析的结果总体平均值接近28(相对于56比特),这说明6轮DES部分密钥的GA分析中结果密钥分布是随机的,也说明DES的设计中

"雪崩"效应是显著的。

表 9-2　　　　　　　　　实验结果的平均值及标准差

轮数	$r=8$		$r=16$		$r=24$		$r=32$	
	$\bar{x}$	δ	$\bar{x}$	δ	$\bar{x}$	δ	$\bar{x}$	δ
2轮	41.05	3.46	45.79	3.67	50.04	2.78	54.62	3.89
4轮	40.37	3.24	43.05	3.07	47.57	2.67	51.72	2.48
6轮	39.33	3.86	42.94	3.02	47.36	2.76	51.77	2.45

(2) 6 轮 DES 密码部分密钥的 GA 分析方法

第一种方法：采用相同的实验参数，我们对上述结果密钥依据适应度值 f 进行排序。6 轮 DES 密码 GA 分析结果的优化密钥的选择概率 ρ 如表 9-3 所示，其中 $r=16$，对于任意测试密钥 $k' \in K'$，最大适应度设为 $\mathrm{Max}(f)$，相对次最大适应度设为 $\mathrm{Max}(f)^-$。选择概率 $\rho = \{k'_{\mathrm{best}} \mid \mathrm{Max}(f) \& \mathrm{Max}(f)^-\}$，是最大适应度和相对次最大适应度条件下选择优化密钥的统计条件概率。表中平均适应度为 $\bar{f}$，密钥平均值为 $\bar{x}$，最大适应度为 $\mathrm{Max}(f)$，最优化密钥为 k'_{best}。

表 9-3　　　　　　　　　选择概率 $\rho(r=16)$

轮数	$\bar{f}$	$\bar{x}$	$\mathrm{Max}(f)$	k'_{best}	概率 ρ
2轮	0.829	45.79	0.891	54	0.5
4轮	0.777	43.05	0.828	51	0.33
6轮	0.776	42.94	0.812	48	0.11

在上述实验参数的条件下，对应穷举攻击的复杂度为 $O(\rho \cdot N \cdot C_n^{n-k'_{\mathrm{best}}} \cdot 2^{n-k'_{\mathrm{best}}})$。该分析方法在 $\mathrm{Max}(x)$ 接近 n 的情况下能取得比较好的效果，例如在低轮次 DES(如 2 轮和 4 轮)的分析实验中，加大实验中种群 N、代数 R 和明密文组数 G，往往能获得相似程度达到 60 比特以上(相对于 64 比特)的最优化密钥 k'_{best}，则对 k'_{best} 通过穷举即可得到真实密钥或其等价密钥。

在实验结果中，往往 k'_{best} 个体并不一定具有最大适应度 $\mathrm{Max}(f)$。经过统计，k'_{best} 个体经常出现在相对于 $\mathrm{Max}(f)$ 的次低适应度的个体中。因此，k'_{best} 个体的筛选是一个选择概率问题，这个概率依据不同的分析对象有一定差别。在上述实验中，在假设 k'_{best} 的个体存在于 $\mathrm{Max}(f)$ 和 $\mathrm{Max}(f)^-$ 条件下，对符合要求的个体进行穷举即可获得对应密钥。对于低轮次 DES(如 2 轮，4 轮，6 轮)的分析，这种方法的计算复杂度小于穷举攻击。

k'_{best} 个体的筛选问题仍处于研究中,有待进一步解决。这种方法在 2 轮 DES 的 GA 分析实验中成功率约为 50%,在 4 轮 DES 的 GA 分析实验中成功率约为 15%。

第二种方法:在上述条件下,如果对明文和密钥的使用进行界定,如界定明文和密钥在 $a \sim z$ 或 $A \sim Z$ 中,则通过缩小搜索空间和直接 GA 分析容易得到真实密钥或其等价密钥。Nalini 等[14]在 4 轮简化 DES 的 GA/TS/SA 法分析中采用了这种方法。

第三种方法:对上述结果密钥的未知 42 比特(不包括校验位)出现频度进行统计,统计结果如表 9-4 所示(保留 2 位小数)。

表 9-4　　2 轮、4 轮、6 轮未知 42 比特的频度统计($r=16$)

比特位	1	2	3	4	5	6	7	8	9	10	11	12	13	14
真实比特	0	1	0	1	0	1	1	0	1	0	1	0	1	0
2 轮	0.59	0.48	0.49	0.61	0.54	0.5	0.56	0.59	0.77	0.67	0.6	0.47	0.83	0.46
4 轮	0.46	0.51	0.48	0.7	0.42	0.36	0.66	0.48	0.65	0.58	0.61	0.39	0.56	0.34
6 轮	0.47	0.43	0.47	0.66	0.47	0.5	0.61	0.55	0.65	0.62	0.58	0.5	0.55	0.38

比特位	15	16	17	18	19	20	21	22	23	24	25	26	27	28
真实比特	0	1	1	0	1	0	1	1	0	0	0	0	1	0
2 轮	0.54	0.51	0.41	0.53	0.55	0.64	0.8	0.72	0.56	0.56	0.53	0.53	0.57	0.55
4 轮	0.51	0.49	0.6	0.56	0.43	0.56	0.45	0.66	0.36	0.45	0.65	0.5	0.45	0.57
6 轮	0.56	0.49	0.49	0.58	0.46	0.57	0.53	0.56	0.38	0.44	0.47	0.48	0.47	0.56

比特位	29	30	31	32	33	34	35	36	37	38	39	40	41	42
真实比特	0	1	0	0	0	1	0	0	0	0	0	0	0	1
2 轮	0.65	0.55	0.52	0.52	0.43	0.71	0.51	0.48	0.51	0.65	0.44	0.49	0.47	0.52
4 轮	0.62	0.51	0.41	0.47	0.44	0.53	0.46	0.52	0.57	0.5	0.57	0.43	0.4	0.5
6 轮	0.48	0.52	0.36	0.48	0.39	0.49	0.46	0.48	0.52	0.47	0.54	0.5	0.42	0.54

对上述 42 比特分别进行统计,在 2 轮、4 轮和 6 轮中,选取对应频度大于 0.5 的比特,分别为 4、7、9、10、11、13、15、18、20、22、28、30、37、42,共 14 个比特。我们可以看出这些比特的统计频度与其对应真实值是一致的(统计频度>1/2),对于 $r=24$ 和 32 的分析也存在这个特征,在 8 至 12 轮实验中这种特征依然存在,但数量上已大幅降低。我们通过进一步研究发现,在不同密钥条件下,6 轮 DES 密码 GA 分析也存在类似特征。通过这一现象我们可以推测,在上述适应度的条件下,1~6 轮 DES 密码的 GA 分析中部分比特存在较显著的差异(它们的对应频度均大于 0.5)。

我们采用同一密钥,对 6 轮 DES 中 $r=16$ 的情况进行总明密文数量为 $S=2000$ 组的比特位筛选。筛选方式为 $N=50$，$R=500$，$G=100$，其中，加密和解密演化分析测试各为 1000 组，其他运行参数与前面相同；对于加密和解密结果中比特的频度 p 全部小于 1/2 或大于 1/2 的个体进行筛选，则未知 42 比特的频度统计结果中 13 个比特满足上述条件，分别为 6、7、10、15、16、20、21、22、23、27、29、35、40，其对应频度分别为 0.306、0.378、0.638、0.635、0.623、0.419、0.62、0.581、0.3、0.411、0.564、0.44、0.576，这些比特存在较显著的差异。我们对上述比特组合进行穷举搜索，搜索空间为 2^{13}。在这种方式下，$r=16$ 的 6 轮 DES 的 GA 分析的搜索空间为 2^{29}，即模式长度 r 为 29 比特密钥的 DES 的智能分析问题。这种分析方式的实验成功概率如表 9-4 所示。这种方法在 2 轮 DES 的 GA 分析实验中成功率约为 30%。如果对明文和密钥的使用界定在 $a \sim z$ 或 $A \sim Z$ 中，则可以取得更好的实验效果。

本文在对 1～6 轮 DES 部分密钥 GA 的分析中，采用上述分析方法进行了实验，其部分环节需要进一步研究和探索：①实验有效性缺乏理论证明；②时间和计算复杂度相对较大；③部分参数是实验统计结果，它的测定存在一定的困难，如优化密钥的选择概率 ρ 等。

(3) 1～6 轮 DES 密码部分密钥的 GA 分析

本文通过下述实验观察在增大种群规模 N、明密文数量 G、演化代数 R 及模式长度 r 的条件下 GA 分析的效果，采用公式(9-6)的适应度函数，$N=200$，$R=1000$，$G=300$，r 分别为 8、16、24、32、40、48，在 1～6 轮 DES 加密条件下获得的等价密钥(包括真实密钥)的数量 S 与概率 σ 如表 9-5 所示(保留 2 位小数)。

表 9-5　　1～6 轮 DES 直接 GA 分析获得等价密钥或真实密钥

轮数	$r=8$		$r=16$		$r=32$		$r=40$		$r=48$	
1 轮	23	0.08	44	0.15	35	0.12	92	0.31	219	0.73
2 轮	0	0.0	3	0.01	5	0.02	42	0.14	113	0.38
3 轮	0	0.0	0	0.0	6	0.02	41	0.14	97	0.32
4 轮	0	0.0	0	0.0	0	0.0	34	0.11	96	0.32
5 轮	0	0.0	0	0.0	0	0.0	40	0.13	98	0.33
6 轮	0	0.0	0	0.0	0	0.0	46	0.15	92	0.31

从表 9-5 可看出，由于 1 轮 DES 中右半部 R_0(32 比特)未进行加密操作，1 轮 DES 在 r 为 8、16、24、32、40、48 条件下直接 GA 分析可以获取对应密钥。在 r 为 32 的条件下，2 轮和 3 轮 DES 直接 GA 分析存在获取对应密钥的可能性，对应搜索密钥空间为 2^{28}。在 r 为 40 的条件下，6 轮 DES 直接 GA 分析能够获取对应密钥，对应搜索密钥空间为 2^{21}。在 r 为 48 的条件下，1～6 轮 DES 直接 GA 分析均能够获取对应密钥，对应搜

索密钥空间为 2^{14}。相对于 Laskari 等 2005 年利用粒子群优化技术(PSO)进行 4 轮次 DES 密码 14 比特密钥的分析结果[9]，上述采用直接 GA 分析的 6 轮 DES 实验结果可达到 21 比特[38,39]，对应搜索空间为 2^{21}，结果具有明显优势。

表 9-5 仅统计了在上述适应度和实验参数的条件下，300 组明密文直接 GA 分析所获得的等价密钥(包括真实密钥)的数量 S 与概率 σ。其中，在 r 分别为 32、40、48 的情况下，1~4 轮的 GA 分析可获得一定量的最优化密钥 k'_{best}($\geqslant$60 比特)。如上文所述，这些最优化密钥 k'_{best} 可以通过进一步穷举或根据明文采用试凑法或采用未知比特的频度统计等方法得到等价密钥(包括真实密钥)。

上述等价密钥(包括真实密钥)的数量 S 与概率 σ 是 300 组明密文的实验统计值，它反映了采用直接 GA 分析成功的有效性和可能性。在 Laskari[9] 和 Nalini 等[14] 的实验结果中，采用了平均运行时间和成功率的统计方式，本文的上述统计方式相对更加"科学"。主要原因是：智能计算技术本质上是有指导的随机性或概率性技术，在较大数量的实验中，时间和成功率存在较明显差异。在上述实验中，如果将 GA 分析的终止条件设定为 f 为 1.0，则表 9-5 的实验结果将不同。

本文在进一步实验中也发现，增大种群规模 N、明密文数量 G 和演化代数 R 能够取得更好的分析效果，但 G，R 增加过大会导致 GA 分析算法类似于穷举攻击。

4. 分析与对比

如上所述，本文对 1~6 轮 DES 的部分密钥进行了定量的 GA 分析实验。通过实验，重点分析和探索以下三个方面：

(1)对 1~6 轮 DES 的部分密钥进行了定量 GA 分析实验。DES 的 GA 分析的结果总体平均值接近 28(相对于 56 比特)，这说明 6 轮 DES 部分密钥的 GA 分析中结果密钥分布是随机的，也说明 DES 的设计中"雪崩"效应是显著的。

(2)文中结合 1~6 轮 DES 部分密钥的定量 GA 分析实验，对三种部分密钥 GA 分析的方法进行了分析和探索，这三种方法分别是最优化密钥 k'_{best} 进一步穷举的方法、将明文和密钥界定在 a~z 或 A~Z 中进一步 GA 分析的方法和选择对应比特统计频度存在显著差异的方法。其中，第一种方法在 2 轮 DES 的 GA 分析实验中成功率约为 50%，4 轮 DES 的 GA 分析实验中成功率约为 15%。第三种方法在 r 为 16 条件下，2 轮 DES 的 GA 分析实验中成功率约为 30%。

(3)文中采用直接 GA 分析进行了 6 轮 DES 的定量实验。在不同模式长度条件下，1 轮 DES 在 r 为 8、16、24、32、40、48 的条件下直接 GA 分析可以获取对应密钥。在 r 为 32 的条件下，2 轮和 3 轮 DES 直接 GA 分析存在获取对应密钥的可能性，对应搜索密钥空间为 2^{28}。在 r 为 40 的条件下，6 轮 DES 直接 GA 分析能够获取对应密钥，对应搜索密钥空间为 2^{21}。在 r 为 48 的条件下，1~6 轮 DES 直接 GA 分析均能够获取对应密钥，对应搜索密钥空间为 2^{14}。相对于 Laskari 等在 2005 年利用粒子群优化技术(PSO)进行 4 轮次 DES 密码 14 比特密钥的分析结果[9]，上述采用直接 GA 分析的 6 轮 DES 实验结果可达到21比特,对应搜索空间2^{21},结果具有明显优势(如表9-4所示)。

上述适应度函数的设计基于简单的线性函数,由于DES密码设计的安全性和结构的复杂性,这个设计并不能充分体现DES密码的特点。到目前为止,在已知的研究文献中仍然没有DES密码的比较有优势的适应度设计方法。如上所述,文中对1~6轮DES的部分密钥进行了定量的GA分析实验。通过实验,我们重点分析和探索以下三个方面:

(1)对1~6轮DES的部分密钥进行了定量GA分析实验。DES的GA分析的结果总体平均值接近28(相对于56比特),这说明6轮DES部分密钥的GA分析中结果密钥分布是随机的,也说明DES的设计中"雪崩"效应是显著的。

(2)文中结合1~6轮DES部分密钥的定量GA分析实验,对三种部分密钥GA分析的方法进行了分析和探索。这三种方法分别是最优化密钥k'_{best}进一步穷举的方法、将明文和密钥界定在a~z或A~Z中进一步GA分析的方法和选择对应比特统计频度存在显著差异的方法。其中,第一种方法在2轮DES的GA分析实验中成功率约为50%,4轮DES的GA分析实验中成功率约为15%。第三种方法在r为16条件下,2轮DES的GA分析实验中成功率约为30%。

(3)文中采用直接GA分析进行了6轮DES的定量实验。在不同模式长度条件下,1轮DES在r为8、16、24、32、40、48的条件下直接GA分析可以获取对应密钥。在r为32的条件下,2轮和3轮DES直接GA分析存在获取对应密钥的可能性,对应搜索密钥空间为2^{28}。在r为40的条件下,6轮DES直接GA分析能够获取对应密钥,对应搜索密钥空间为2^{21}。在r为48的条件下,1~6轮DES直接GA分析均能够获取对应密钥,对应搜索密钥空间为2^{14}。相对于Laskari等2005年利用粒子群优化技术(PSO)进行4轮次DES密码14比特密钥的分析结果[9],上述采用直接GA分析的6轮DES实验结果可达到21比特,对应搜索空间2^{21},结果具有明显优势(如表9-5所示)。

上述适应度函数设计是基于简单的线性函数,由于DES密码设计的安全性和结构的复杂性,这个设计并不能充分体现DES密码的特点。但过去已有的研究文献中没有DES密码的比较有优势的适应度设计方法。

9.1.3.5 DES中56比特密钥的GA分析

近年来,我们开展了56比特密钥的DES的GA分析研究[33,34]。截至2007年,尚未在其他文献中见到相关的研究成果。2009年,Shahzad等[35,36]基于我们的研究工作[33],采用PSO方法,进行了4轮DES的56比特密钥的分析。同时,Shahzad等采用文献[33]的方法,进行了8轮DES的56比特密钥的分析工作,这是一个重要的进步。2010年,Hamdani等[37]采用人工免疫方法,进行了4轮DES的56比特密钥的分析,是DES演化分析方法的延伸。

1. DES中56比特密钥的GA分析方法

(1)DES算法的互补性

若明文组 x 逐位取补得 $\bar{x}$，密钥 k 逐位取补得 $\bar{k}$，且
$$y = \text{DES}_k(x)$$
则有
$$\bar{y} = \text{DES}_{\bar{k}}(\bar{x})$$
式中 $\bar{y}$ 是 y 的逐位取补。称这种性质为算法上的互补性。

(2) 适应度函数设计

对于密钥长度为 56 比特的 DES 密码的 GA 分析，本文的适应度函数设计采取了如下三种方式。

第一种适应度模型：设 M 是明文集，C 是密文集，K 是密钥集，真实密钥为 k，测试密钥为 k'，其中 $k, k' \in K$。设任一明文分组 $M_i \in M$，采用密钥 k 解密 C_i 产生的对应密文为 M_i^k，采用测试密钥 k' 解密 C_i 产生密文为 $M_i^{k'}$，其中 $M_i^k, M_i^{k'} \in C$。L 为密钥长度，则适应度函数 f 为

$$f(C_i, k') = \left(L - \sum_{j=1}^{B} H(M_i^k, M_i^{k'}) \right) / L \tag{9-7}$$

其中，H 是对应二进制串的 Hamming 距离，表示在 C_i^k 和 $C_i^{k'}$ 上相异的比特数，$B = L/8$，即 L 中的字节数。对于 DES 密码，L 为 56 比特。上述适应度的设计与公式(9-6)的区别在于：前者适应度值根据明文，后者适应度值根据密文。

第二种适应度模型：设 M 是明文集，C 是密文集，K 是密钥集，真实密钥为 k，测试密钥为 k'，其中 $k, k' \in K$。设任一明文分组 $M_i \in M$，采用密钥 k 加密 M_i 产生的对应密文为 C_i^k；采用测试密钥 k' 加密 M_i 产生密文为 $C_i^{k'}$，其中 $C_i^k, C_i^{k'} \in C$。L 为密钥长度，则适应度函数 f 为[33,34]：

$$f(M_i, k') = (L - H(C_i^k, C_i^{k'})) / L \tag{9-8}$$

其中，H 是对应二进制串的 Hamming 距离，表示在 C_i^k 和 $C_i^{k'}$ 上相异的比特数。对于 DES 密码，L 为 56 比特。公式(9-8)与公式(9-6)的区别在于适应度值基于 L 比特而非 8 比特。

第三种适应度模型：依据定义 9-4 中 DES 的互补性特征与公式(9-7)的定义，设 M 是明文集，C 是密文集，K 是密钥集，真实密钥为 k，测试密钥为 k'，其对应的互补密钥为 $\bar{k}'$。其中 $k, k', \bar{k}' \in K$。设任一明文分组 $M_i \in M$，采用密钥 k 加密 M_i 产生的对应密文为 C_i^k，采用测试密钥 k' 加密 M_i 产生密文为 $C_i^{k'}$，采用对应的互补测试密钥 $\bar{k}'$ 加密 M_i 产生密文为 $C_i^{\bar{k}'}$，其中 $C_i^k, C_i^{k'}, C_i^{\bar{k}'} \in C$。$L$ 为密钥长度，则适应度函数 f 为：

$$f(M_i, k') = (2L - H(C_i^k, C_i^{\bar{k}'}) - H(C_i^{k'}, C_i^{\bar{k}'})) / 2L \tag{9-9}$$

其中，H 是对应二进制串的 Hamming 距离，表示在 C_i^k 和 $C_i^{k'}$ 及 $C_i^{k'}$ 和 $C_i^{\bar{k}'}$ 上相异的比特数。对于 DES 密码，L 为 56 比特。

上述适应度函数的曲线凹凸不平，即有许多局部最优解。在 k 与 k' 等价且 k' 与 $\bar{k}'$ 互

补的情况下，适应度函数获得全局最大值1。

2. DES 中 GA 分析的部分实验结果

本文结合 2~6 轮 DES 中 56 比特密钥的 GA 分析实验，进一步分析与探索 GA 分析的方法。采用 GA 法进行 DES 的 56 比特密钥的分析实验，相关实验参数定义如下：采用二进制编码方案，即每个密钥表示为一个个体。遗传算子采用选择、杂交、变异三种，选择操作 Slt 采用最优化策略，杂交操作 Crs 采用多点交叉方式，变异操作 Mut 采用多点变异方式。杂交率范围是 0.70~0.80，变异率低于 0.001；采用随机方式初始化种群，种群大小 N 为 100，N 取值较大的目的是为了保持初始化个体的多样性，运行代数为 $R=500$，明密文组数量为 $G=200$。

(1) 2~6 轮 DES 密码 GA 分析的结果密钥分布的随机性

文中采用 GA 法开展 2~6 轮 DES 中 56 比特密钥分析，实验目的主要包括以下两个方面：(1)通过实验探索和分析 56 比特密钥 DES 的 GA 分析方法；(2)测试 DES 密码在不同安全强度(2~6 轮次)下结果密钥分布的随机性。

56 比特密钥的 DES 的分析，其相应的穷举密钥空间为 2^{56}。其中，2~6 轮 DES 密码的 GA 分析的结果密钥与真实密钥相对比，它们的分布情况如图 9-5 所示，其中种群大小 N 为 100，运行代数 R 为 500，明密文数量 G 为 200。

图 9-5 分别描述了 2~6 轮 DES 的 GA 分析结果密钥的分布情况。从图 9-5 中可看出，结果密钥的分布总体呈现一定的随机性。在排除 r 比特和校验位的情况下，DES 的 GA 分析的结果总体平均值接近 28 比特(相对于 56 比特)，这说明 6 轮 DES 部分密钥的 GA 分析中结果密钥分布是随机的，也进一步说明 DES 的设计中"雪崩"效应是显著的。

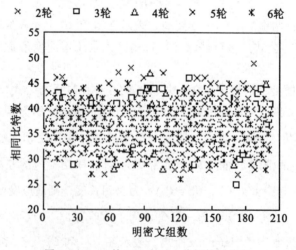

图 9-5　2~6 轮 DES 的 GA 分析结果分布

对上述实例中结果密钥的 56 比特（不包括校验位）的出现频度进行统计，2 轮、4 轮和 6 轮的统计结果如表 9-6 所示（保留 2 位小数）。

表 9-6　　　　　　　　　　　　56 比特的频度统计

比特位	1	2	3	4	5	6	7	8	9	10	11	12	13	14
真实比特	0	1	0	1	0	1	1	0	1	0	1	0	1	0
2 轮	0.54	0.53	0.44	0.45	0.52	0.40	0.64	0.39	0.56	0.58	0.56	0.49	0.63	0.42
4 轮	0.53	0.47	0.49	0.51	0.52	0.42	0.55	0.41	0.55	0.50	0.57	0.54	0.54	0.47
6 轮	0.50	0.50	0.51	0.45	0.59	0.33	0.58	0.43	0.59	0.60	0.57	0.47	0.57	0.39
比特位	15	16	17	18	19	20	21	22	23	24	25	26	27	28
真实比特	0	1	1	0	1	0	1	1	0	0	0	0	1	0
2 轮	0.55	0.56	0.43	0.49	0.41	0.43	0.53	0.66	0.53	0.39	0.52	0.55	0.53	0.44
4 轮	0.63	0.54	0.48	0.48	0.39	0.48	0.44	0.52	0.54	0.41	0.54	0.52	0.53	0.43
6 轮	0.58	0.52	0.53	0.44	0.39	0.44	0.47	0.60	0.46	0.44	0.55	0.51	0.52	0.44
比特位	29	30	31	32	33	34	35	36	37	38	39	40	41	42
真实比特	0	1	0	0	0	0	1	0	1	0	0	1	0	1
2 轮	0.42	0.49	0.47	0.53	0.55	0.56	0.46	0.52	0.51	0.63	0.54	0.45	0.58	0.47
4 轮	0.42	0.45	0.41	0.55	0.59	0.49	0.42	0.49	0.50	0.54	0.52	0.50	0.51	0.46
6 轮	0.47	0.42	0.43	0.54	0.51	0.46	0.49	0.47	0.6	0.56	0.54	0.44	0.55	0.48
比特位	43	44	45	46	47	48	49	50	51	52	53	54	55	56
真实比特	1	1	0	1	1	0	1	0	1	0	1	1	1	1
2 轮	0.57	0.59	0.44	0.50	0.58	0.55	0.45	0.68	0.45	0.57	0.57	0.54	0.50	
4 轮	0.54	0.62	0.48	0.54	0.61	0.55	0.46	0.48	0.58	0.45	0.53	0.53	0.52	
6 轮	0.57	0.59	0.38	0.54	0.52	0.57	0.43	0.54	0.53	0.57	0.53	0.56	0.55	0.44

在表 9-6 中，2 轮、4 轮、6 轮中对应频度均大于 0.5 的个体分别为 1、5、7、9、11、13、15、16、22、25、26、38、39、41、43、44、46、47、48、51、54、55，共 22 个比特位。这些比特的统计频度有显著差异（相对于频率平均值 1/2），它们的统计频度与其对应的真实值一致。

(2) 2 轮 DES 密码在特定条件下的 GA 分析

在上述适应度公式 (9-7) 中，若将明文和密钥的使用界定在 $a \sim z$ 或 $A \sim Z$ 中（对应 ASCII 码为 97~122 或 65~90），则对应密钥的搜索空间约为 2^{39}，利用明文的 ASCII 值可进一步提高分析结果的准确性。种群规模 N 为 300，明密文数量 G 为 200 和演化代数 R 为 5000。

基于 DES 的 GA 分析算法

输入：明密文组 M_i 和 C_i，$M_i \in M$ 且 $C_i \in C$，$(1 \leq i \leq G)$

输出：G 个近似密钥 k'_{prox_1}，k'_{prox_2}，k'_{prox_3}，…，k'_{prox_G}

for$(1 \leq i \leq G)$

begin

  Input(M_i, C_i)；

    for$(1 \leq j \leq R)$

  begin

  Initialize(X)； $X_i \in X, X_i = <x_{i1}, x_{i2}, \cdots, x_{im}>, 1 \leq m \leq N$；

  Select(X_i)； X_i 个体筛选，$X_i \in [a \sim z] or [A \sim Z]$；

  fitness(C_i, X_i)；

  IF$((M_i \notin [a \sim z]) \&\& (M_i \notin [A \sim Z]))$Delete$(X_i)$；根据明文选择 X_i 个体；

  Else

    do

      Select(X)；

      Crossover()；

      Mutation()；

      fitness(C_i, X'_i)；X'_i 是新生种群 X' 的个体，$X'_i \in X', 1 \leq m \leq N$；

      IF$((M_i \notin [a \sim z]) \&\& (M_i \notin [A \sim Z]))$Delete$(X_i)$；

    while$((j=j+2) \&\& (1 \leq m \leq N))$

  end

  Output(k'_{prox_i})

end

算法对于 N 个不同的明密文组$(M_i, X_i)(1 \leq i \leq G)$产生 G 个近似密钥 k'_{prox_1}，k'_{prox_2}，k'_{prox_3}，…，k'_{prox_G}，其中可能存在部分优化密钥 k'_{optm} 或真实密钥的等价密钥。

采用上述算法进行 DES 密码的 GA 分析，在 200 组实验中，1 轮和 2 轮等价密钥或真实密钥的数量分别为 37 和 13，其对应的出现概率分别为 18.5% 和 6.5%，这个结果反映了采用直接 GA 分析成功的有效性和可能性。上述方法在时间复杂度和计算复杂度方面性能较差，一定程度上类似于随机穷举攻击。但从密钥搜索空间来看，相对于 Nalini[14] 和 Laskari[9] 的方法具有一定优势。在增大种群规模 N 和明密文数量的情况下，上述算法能取得更好的分析效果。

(3) 2 轮和 4 轮 DES 密码的 GA 分析方法

以下介绍了 2 轮和 4 轮 DES 中 56 比特密钥智能分析的两种方法[33,34,38,39]，适应度函数设计如公式(9-8)所示。

第一种方法：在 2 轮 DES 中 56 比特密钥的 GA 分析中[33]，对应穷举攻击的复杂度为 $O(\rho \cdot N \cdot C_n^{n-t} \cdot 2^{n-t})$，其中 t 值是通过统计不同轮次获得的最小值。我们根据适应度值对 G 个近似密钥 $k'_{prox\_1}, k'_{prox\_2}, k'_{prox\_3}, \cdots, k'_{prox\_G}$ 进行排序和选择，依次进行穷举攻击。该分析方法在 t 值接近 n(n 为密钥长度)时，即选中最优化密钥 k'_{best} 或优化密钥 k'_{optm} 的情况下，能取得比较好的效果。该分析方法较适用于低轮次 DES(2 轮)的分析和测试明密文量较大的情况(如 1000 个)，在这个前提下可获得相对较多的优化密钥 k'_{optm} 和最优化密钥 k'_{best}。但这种方法所需的计算量相对较大，其中 t 值的选择是根据不同轮次的实验统计产生。

第二种方法：这种方法的基本思想是将 56 比特密钥的随机穷举转化为局部随机穷举[33,34]。在一定数量明密文条件下(如 200)，对 2 轮 GA 分析结果的 56 比特的对应频度进行统计，选择统计频度存在显著差异的比特(如都大于 0.6 且小于 0.4)，然后对上述比特组合进行局部随机穷举，在这种方式下，2 轮 DES 的 GA 分析的搜索空间降低，即小于 56 比特密钥 DES 的 GA 分析问题。重复上述过程，并对统计频度存在显著差异的比特进行统计和局部随机穷举，直至结果出现。

我们根据适应度公式(9-8)，对 1~4 轮次 DES(一个实例)进行 GA 分析，其中种群规模 $N=50$，明密文数量 $G=100$，代数 $R=500$，进行总明密文数量为 $S=1000$ 组的比特频度统计，对上述结果密钥的 56 比特(不包括校验位)的出现频度进行统计，2 轮和 4 轮的比特频度统计如表 9-7 所示(保留 2 位小数)。

表 9-7　56 比特的频度统计

比特位	1	2	3	4	5	6	7	8	9	10	11	12	13	14
2 轮	0.47	0.53	0.56	0.45	0.48	0.4	0.64	0.61	0.56	0.42	0.56	0.51	0.63	0.58
4 轮	0.48	0.47	0.51	0.51	0.48	0.42	0.55	0.6	0.55	0.5	0.57	0.49	0.54	0.54
比特位	15	16	17	18	19	20	21	22	23	24	25	26	27	28
2 轮	0.46	0.56	0.43	0.51	0.41	0.58	0.53	0.66	0.47	0.62	0.49	0.45	0.53	0.56
4 轮	0.37	0.54	0.48	0.52	0.39	0.52	0.44	0.52	0.47	0.6	0.47	0.48	0.53	0.58
比特位	29	30	31	32	33	34	35	36	37	38	39	40	41	42
2 轮	0.58	0.49	0.54	0.47	0.5	0.44	0.46	0.48	0.51	0.37	0.46	0.45	0.43	0.47
4 轮	0.59	0.45	0.6	0.46	0.41	0.51	0.42	0.51	0.5	0.47	0.48	0.5	0.5	0.46
比特位	43	44	45	46	47	48	49	50	51	52	53	54	55	56
2 轮	0.57	0.59	0.56	0.5	0.58	0.46	0.44	0.54	0.68	0.56	0.57	0.57	0.54	0.5
4 轮	0.54	0.62	0.53	0.54	0.5	0.5	0.48	0.58	0.55	0.53	0.53	0.59	0.52	

从表 9-7 中可看出，部分比特存在较显著差异（相对于频度平均值 1/2），如 3，7，8，13，…，55 比特等，这种显著差异在 6 轮以下是明显的，在 10 轮以上逐渐消失。我们在 2 轮 DES 中 56 比特密钥 GA 分析的方法中采用了第二种方法。在 2 轮 DES 实验中，对应频度存在显著差异（大于 0.6 且小于 0.4）的比特有 8 个；在 4 轮 DES 的实验中，对应频度存在显著差异（大于 0.6 且小于 0.4）的比特有 6 个，但该方法在 6 轮次以上存在较大的误差。该方法对于 2 轮 DES 中 56 比特密钥 GA 分析的实验成功率约为 30%。

文献[33]描述了采用方法二，在种群规模 N 为 100、明密文数量 G 为 100 和 200、代数 R 为 10000 的条件下，通过选择统计频度存在显著差异的比特，进而实施 1~2 轮 DES 中 56 比特密钥 GA 分析的一个实例。文献[34]描述了采用上述两种方法，在种群规模 N 为 200、明密文数量 G 为 500、代数 R 为 1000 的条件下，先依据适应度选择优化密钥，然后统计相应频度存在显著差异的比特，进一步实施 4 轮 DES 中 56 比特密钥 GA 分析的一个实例。我们在文献[33]和文献[34]中介绍了两个实例在对应实验中获取 2 轮和 4 轮 DES 的 56 比特密钥的统计频度。由于统计数量的局限性并且缺乏相应的理论依据，方法有一定的局限性。

2009 年，Shahzad 等[35,36]基于上述研究工作，采用 PSO 方法，进行了 4 轮 DES 的 56 比特密钥的分析。同时，Shahzad 等采用文献[33]的方法，进行了 8 轮 DES 的 56 比特密钥的分析工作，这是一个重要的进展。2010 年，Hamdani 等[37]采用人工免疫方法，进行了 4 轮 DES 的 56 比特密钥的分析。

上述关于 DES 的 56 比特密钥的两种 GA 分析方法属于同一种探索方法，在以下三个方面存在不足：①实验有效性缺乏理论证明；②时间复杂度和计算复杂度较大，一定程度上类似于穷举攻击；③部分实验参数还未能从理论上予以证明，如显著差异的比特的筛选问题等。

3. 分析与讨论

已知文献中尚未见到 56 比特密钥的 DES 密码的智能分析成果。本节主要介绍了近年来我们在 DES 密码的 GA 分析方面的一些探索和实验，包括如下三个方面：①测试 DES 密码在不同安全强度（2~6 轮次）下结果密钥分布的随机性；②2 轮 DES 密码在特定条件下的 GA 分析；③通过实验探索和研究 56 比特密钥 DES 的 GA 分析方法。

2~6 轮 DES 中 56 比特密钥 GA 法分析的结果密钥的分布总体呈现一定的随机性。DES 的 GA 分析的结果总体平均值接近 28（相对于 56 比特），这也进一步说明 DES 的设计中"雪崩"效应是非常显著的（如图 9-5 所示）。

在 2 轮 DES 密码特定条件下的 GA 分析，其中明文和密钥的使用界定在 $a \sim z$ 或 $A \sim Z$ 中，对应密钥的搜索空间约为 2^{39}。在 200 组实验中，1~2 轮等价密钥或真实密钥的数量分别为 37，13，其对应的成功概率分别为 18.5% 和 6.5%，这个结果反映了采用直接 GA 分析成功的可能性。从密钥搜索空间来看，比 Nalini[14] 和 Laskari[9] 的方法具有优势。

本书通过实例探索和分析了 2 轮和 4 轮 DES 中 56 比特密钥 GA 分析的两种方法，即最优化密钥 k'_{best} 进一步穷举的方法和选择对应比特统计频度存在显著差异的方法。采用第二种方法，2 轮 DES 的攻击实验成功率约为 30%。文献[33]和文献[34]分别介绍了 2 轮和 4 轮 DES 的 56 比特密钥 GA 分析的两个实例。由于统计数量的局限性和缺乏相应的理论依据，方法的普遍性受到限制。

2009 年，Shahzad 等[35,36]基于上述研究工作，采用 PSO 方法，进行了 4 轮 DES 的 56 比特密钥的分析。同时，Shahzad 等采用文献[33]的方法，进行了 8 轮 DES 的 56 比特密钥的分析工作，是一个重要的进步。2010 年，Hamdani 等[37]采用人工免疫方法，进行了 4 轮 DES 的 56 比特密钥的分析，丰富了 DES 演化分析的方式。

由于 DES 演化分析文献的缺乏和作者知识的局限性，上述分析方法是根据实验进行的分析和探索，部分环节需要更深入地分析和论证。在已知的研究文献中，还没有关于 DES 密码的有优势的适应度设计方法出现。对于 DES 的 56 比特密钥的 GA 分析问题，特别是高轮次 DES 的演化分析(如 16 轮)，还有很多工作需要进一步研究和探索。

9.1.3.6　智能差分分析的设计与探索

差分分析技术和线性分析技术是迄今为止已知的攻击迭代密码的最有效方法[30]，如何将上述两种技术应用于 DES 密码的智能分析是本文研究工作的另一个重要方向。在已知文献中，还没有利用智能计算技术和线性(差分)分析技术结合进行复杂密码分析(如 DES 中 48 比特子密钥)的研究。下面重点描述了我们针对差分分析所设计的适于差分密码分析的 DES 密码(逆)结构，并采用 GA 法在此基础上进行了 DES 分析实验。

1. 智能优化与线性(差分)分析结合中存在的问题

在已知文献中还没有利用智能计算技术和线性(差分)分析技术结合进行复杂密码分析(如 DES 中 48 比特子密钥)的研究。通过实验和分析，我们认为结合存在如下问题和困难。

第一，差分分析技术和线性分析技术的大多数环节都是"确定性"的，但从密码分析的角度来看，智能计算技术大多数是"随机性"的和"概率性"的技术，智能计算技术与上述两种分析技术结合并应用于密码"整体分析"存在一定的困难。将智能优化技术应用于这些环节的设计是可行的，在特定条件下，将差分分析技术用于局部的智能分析也是可行的[9]。

第二，在差分分析中，S 盒的分布表、计数矩阵等环节是通过穷举产生。由于智能计算技术本质上的"随机性"和"概率性"，在实际应用中，将产生"重复计数"和"局部匹配"等问题，致使后继分析失败。在线性分析中，S 盒的分布表也是通过穷举产生，该环节的应用也存在上述类似问题。对上述"重复计数"问题进行算法的限制，则对应智能分析算法蜕变为随机穷举。

第三，密码算法如 DES 的设计是基于非线性和抗差分分析的，DES 结构中有置换

IP 和置换 P 等 6 个置换以及 S 盒、扩展函数 E、函数 f 和模 2 加等,上述结构对输入均产生一定的混淆和扩散,并且这些结构均不能采用简单线性函数表示,而智能优化技术的评估方法多数是基于简单线性函数或统计特征,复杂的扩散和混淆变换将致使智能分析过程蜕变为完全随机过程,这对智能分析的效果产生了较严重的影响。

因此,智能计算技术与差分(线性)分析技术从"整体上"结合存在一定的困难。

2. 基于差分分析的 DES 密码(逆)结构设计

(1) 设计思想

由于上述原因,本文设计了一种 DES 密码(逆)结构,该结构适用于差分和线性自动分析的部分环节,以下针对差分分析介绍这个方法的设计思想。

DES 算法采用 Feistel 迭代结构,16 轮具有相同的运算,其中 $L_i R_i (1 \leq i \leq 16)$ 可表示为:

$$L_i = R_{i-1}$$
$$R_i = L_{i-1} \oplus f(R_{i-1}, K_i)$$

在差分攻击中,设 $L_0 R_0$ 和 $L_0^* R_0^*$ 是两对明文,对应的密文分别为 $L_i R_i$ 和 $L_i^* R_i^*$,其中 $1 \leq i \leq 16$ 是当前的加密轮数。

3 轮 DES 中 R_3 可表示为[30] $R_3 = L_0 \oplus f(R_0, K_1) \oplus f(R_2, K_3)$,相应有 $R_3^* = L_0^* \oplus f(R_0^*, K_1) \oplus f(R_2^*, K_3)$,因此,$R_3' = R_3 \oplus R_3^* = L_0' \oplus f(R_0, K_1) \oplus f(R_2, K_3) \oplus f(R_0^*, K_1) \oplus f(R_2^*, K_3)$。

选择明文使得 $R_0 = R_0^*$,则

$$R_3' = L_0' \oplus f(R_2, K_3) \oplus f(R_2^*, K_3) \tag{9-10}$$

在已知 E、E^* 和 C' 的情况下,$C' = P^{-1}(R_3 \oplus R_3^*)$,$E = E(L_3)$ 和 $E = E(L_3^*)$,后面即 test 矩阵计数问题。此方式下能确定 K_3 子密钥中 48 个比特。

相应的,6 轮 DES 中 R_6' 可表示为[30]:

$$R_6' = L_3' \oplus f(R_3, K_4) \oplus f(R_3^*, K_4) \oplus f(R_5, K_6) \oplus f(R_5^*, K_6) \tag{9-11}$$

上式中要应用 3 轮的差分特征 Ω,设 $L_0' = 40080000_{16}$,$R_0' = 04000000_{16}$。在已知 E、E^* 和 C' 的情况下,$C' = P^{-1}(R_6' \oplus 40080000_{16})$,$E = E(L_6)$ 和 $E = E(L_6^*)$。

类似地,更高轮次的 R_i' 可以通过低轮次的 $L_i R_i$ 和 $L_i^* R_i^*$ 得出。

对于 3 轮 DES 的攻击,在公式(9-10)中如果我们能够求得 f 的逆(以下描述为 f'),则对应问题转化为 K_3 子密钥的搜索问题。相应的,在公式(9-11)中如果能求得 f',问题即转化为即 K_4 和 K_6 两个子密钥的搜索问题,根据 DES 的密钥扩展算法,K_6 可通过 K_4 的移位和置换获得。

通过计算容易求得 f',但对于自动密码分析来说,DES 密码结构中许多部件不能用简单的线性函数表示,如置换中产生的混淆变换。将上述结构中的混淆和扩散置换转变为(逆)置换过程。在此基础上,自动密码分析过程的随机性和复杂度相对较小。

(2) DES 密码结构与(逆)结构

以下结合 DES 密码的结构,介绍本文设计的一种适用于差分分析的 DES 密码(逆)结构。下面描述了两种结构中所使用的函数和密钥方案。

① 初始置换 IP 和逆初始置换 IP^{-1}

初始置换 IP								逆初始置换 IP^{-1}						
58	50	42	34	26	18	10	2	40	8	48	16	56	24	64	32
60	52	44	36	28	20	12	4	39	7	47	15	55	23	63	31
62	54	46	38	30	22	14	6	38	6	46	14	54	22	62	30
64	56	48	40	32	24	16	8	37	5	45	13	53	21	61	29
57	49	41	33	25	17	9	1	36	4	44	12	52	20	60	28
59	51	43	35	27	19	11	3	35	3	43	11	51	19	59	27
61	53	45	37	29	21	13	5	34	2	42	10	50	18	58	26
63	55	47	39	31	23	15	7	33	1	41	9	49	17	57	25

在初始置换 IP 的逆置换 IP^{-1} 中输入和输出都为 64 比特,这两者本身构成一对互逆结构。在 DES 算法中,将中间加密环节去除但保留置换 IP 和置换 IP^{-1} 的情况下,置换 IP 的输入与逆置换 IP^{-1} 的输出是完全一致的。

② 扩展函数 E 和置换 P 及其逆结构

扩展函数 E						置换 P			
32	1	2	3	4	5	16	7	20	21
4	5	6	7	8	9	29	12	28	17
8	9	10	11	12	13	1	15	23	26
12	13	14	15	16	17	5	18	31	10
16	17	18	19	20	21	2	8	24	14
20	21	22	23	24	25	32	27	3	9
24	25	26	27	28	29	19	13	30	6
28	29	30	31	32	1	22	11	4	25

在扩展函数 E 中,输入为 32 比特,输出为 48 比特。这是一种扩展置换,在输入的

基础上加入了重复的 16 个比特位。置换 P 是一个混淆置换,输入和输出具有相同的比特数。这两种置换均存在对应的逆结构,表示为逆置换 E^* 和 P^*。

扩展函数 E^*						置换 P^*			
0	1	2	3	0	0	9	17	23	31
4	5	6	7	8	9	13	28	2	18
0	0	10	11	0	0	24	16	30	6
12	13	14	15	16	17	26	20	10	1
0	0	18	19	0	0	8	14	25	3
20	21	22	23	24	25	4	29	11	19
0	0	26	27	0	0	32	12	22	7
28	29	30	31	32	0	5	27	15	21

在扩展函数 E 中,输入和输出分别为 32 比特和 48 比特。因此,其逆扩展函数 E^* 中输入为 48 比特,输出为 32 比特,在实际使用中只需针对非 0 比特位。置换 P 和 P^* 是一对互逆置换,即 P 的输入与 P^* 的输出完全一致。

③密钥方案

初始密钥 K 是长度为 64 的比特串,有效密钥长度为 56 比特,其中 8 比特是奇偶校验位。56 位密钥经过置换选择 PC-1、循环左移 LS、置换选择 PC-2 等变换,产生 16 个长度为 48 比特的子密钥。

置换选择 PC-1						置换选择 PC-2					
57	49	41	33	25	17	9	14	17	11	24	1	5
1	58	50	42	34	26	18	3	28	15	6	21	10
10	2	59	51	43	35	27	23	19	12	4	26	8
19	11	3	60	52	44	36	16	7	27	20	13	2
63	55	47	39	31	23	15	41	52	31	37	47	55
7	62	54	46	38	30	22	30	40	51	45	33	48
14	6	61	53	45	37	29	44	49	39	56	34	53
21	13	5	28	20	12	4	46	42	50	36	29	32

置换选择 PC-1 可视为一个约化函数(Reduction Function)[30],输入为 64 比特,输

出为 56 比特，其对应逆置换 PC-1* 的输入为 56 比特，输出为 64 比特。相应地，置换选择 PC-2 也可视为一个约化函数，其逆置换 PC-2* 的输入 48 比特，输出为 56 比特。对应结构如下。

置换选择 PC-1*								置换选择 PC-2*					
8	16	24	56	52	44	36	57	5	24	7	16	6	10	20
7	15	23	55	51	43	35	58	18	49	12	3	15	23	1
6	14	22	54	50	42	34	59	9	19	2	51	14	22	11
5	13	21	53	49	41	33	60	52	13	4	53	17	21	8
4	12	20	28	48	40	32	61	47	31	27	48	35	41	54
3	11	19	27	47	39	31	62	46	28	55	39	32	25	44
2	10	18	26	46	38	30	63	56	37	34	43	29	36	38
1	9	17	25	45	37	29	64	45	33	26	42	50	30	40

逆置换 PC-1* 中增加了 8 比特奇偶校验位，在实际使用中，这些比特不对后继过程产生影响。置换选择 PC-2 的逆置换 PC-2* 相对增加了 9、18、22、25、35、43、54 八个比特位，在此逆结构下，PC-2 的输入与 PC-2* 的输出完全一致。

循环左移 LS 本身即它的逆，对应操作转换为循环右移。

						循环左移 LS									
轮数 i	1	2	3	4	5	6	7	8	9	10	11	12	13	14	15	16
LS_i	1	1	2	2	2	2	2	2	1	2	2	2	2	2	2	1

④S 盒及其逆置换 S* 盒

DES 算法中，S 盒的设计为一非线性代换网络[29]。设输入为 $b_1b_2b_3b_4b_5b_6$ 六个比特，其中 b_1b_6 选择行，$b_2b_3b_4b_5$ 选择列，输出为 4 比特的代换。其对应的逆结构 S* 盒输入为 4 比特，输出为 6 比特，即由 $b_1b_2b_3b_4b_5b_6$ 六个比特组成的非线性代换网络，可描述为一个 8×4×16 的矩阵。其逆结构 S* 盒如表 9-8 所示（十进制）。DES 中的 S 盒见文献[26]。

表 9-8　　　　　　　　　　逆结构 S* 盒

输入	1	2	3	4	5	6	7	8	9	10	11	12	13	14	15	16
S_0	28	6	8	16	2	24	20	30	14	26	18	12	22	4	0	10
	1	15	11	29	7	27	19	5	31	25	17	23	21	13	9	3
	62	34	44	56	32	60	42	54	38	52	58	46	50	40	36	48
	59	45	39	53	41	49	61	47	37	43	57	51	35	63	55	33
S_1	26	2	20	12	14	28	8	18	4	16	30	10	24	22	6	0
	19	21	11	1	5	31	25	7	13	27	23	29	17	3	15	9
	32	46	60	58	42	48	54	36	50	56	40	38	52	44	34	62
	57	39	47	41	45	59	51	53	35	63	37	49	55	33	61	43
S_2	2	16	28	10	26	14	8	22	30	4	0	24	20	18	6	12
	5	31	17	9	11	21	13	3	19	7	15	27	25	1	23	29
	46	50	52	44	36	56	34	62	40	38	58	48	54	32	60	42
	39	33	61	55	49	59	41	47	45	43	35	57	63	37	53	51
S_3	8	16	18	6	28	22	10	0	20	12	14	24	26	2	4	30
	13	25	21	15	17	7	9	19	3	31	27	5	23	1	29	11
	38	50	58	52	62	56	34	44	60	36	32	42	40	46	54	48
	37	43	61	33	51	53	39	59	47	49	41	55	57	45	63	35
S_4	26	6	0	20	4	18	14	8	16	30	10	12	2	24	28	22
	19	15	5	25	9	17	31	11	29	27	23	3	7	13	1	21
	60	36	34	58	32	54	56	44	46	50	40	38	52	42	62	48
	53	41	45	63	59	61	49	39	35	55	57	33	37	47	43	51
S_5	16	2	10	20	22	28	12	26	14	8	4	30	0	18	24	6
	25	19	7	29	5	15	17	9	31	13	1	27	11	21	23	3
	50	56	40	46	52	38	62	48	42	32	54	60	44	58	34	36
	59	53	37	35	33	43	57	55	61	41	47	49	39	63	51	45
S_6	10	30	4	16	0	24	28	22	12	20	26	2	18	14	6	8
	3	13	25	19	9	21	31	7	29	11	15	5	23	1	17	27
	56	32	62	42	34	58	52	44	54	60	48	36	40	38	46	50
	53	41	59	61	43	51	33	47	39	49	45	35	63	37	57	55

续表

输入	1	2	3	4	5	6	7	8	9	10	11	12	13	14	15	16
S_7	26	14	2	20	6	24	8	30	4	18	16	12	28	0	22	10
	25	1	31	11	15	19	21	13	7	29	9	23	17	5	27	3
	48	38	46	58	36	60	50	32	62	40	52	34	42	54	44	56
	55	35	33	57	41	59	61	39	45	53	43	63	51	47	37	49

从表 9-8 可看出，逆结构 S^* 盒的输入为 4 比特，输出的 6 比特对应的选择有 4 种可能性，在实际应用中（如 GA 法分析中），这四种可能性可以通过分析算法中个体的比特位随机选择。

差分分析的 DES 逆结构的 f 函数如图 9-6 所示。

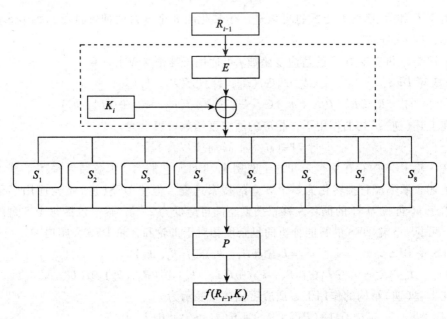

图 9-6 加密函数 f

在分析算法中应用上述逆结构，则分析问题的核心即转化为子密钥 K_i 的搜索问题，如图 9-6（虚框内）所示。

(3) 基于 DES 密码（逆）结构的 GA 法分析

本书基于上述 DES（逆）结构，采用 GA 法进行了实验分析，对于 64 比特密钥（有效长度为 56 比特）的 DES 密码，适应度函数设计采用如下方式。

设 M 是明文集，C 是密文集，K 是密钥集，真实子密钥为 k_i，测试子密钥为 k_i'，其中 k_i，$k_i' \in K$，$1 \le i \le 6$。设任一明文组 M_i 左、右两半分别为 L_0 和 R_0，$M_i \in M$；采用密钥 k_i 加密 M_i 产生的对应密文为 C_i^k，其左、右两半各为 L_i 和 R_i；采用测试密钥 k_i' 加密 M_i 产生密文为 $C_i^{k'}$，其左、右两半各为 L_i' 和 R_i'，其中 C_i^k，$C_i^{k'} \in C$。采用差分分析的思想，则1轮、2轮、3轮和6轮的 DES 的适应度函数 f 可表示为如下形式。

①1 轮 DES：$\qquad R_1 \oplus R_1' = f(R_0, k_1) \oplus f(R_0, k_1')$

在上述(逆)结构的作用下，适应度函数转化为

$$f = 1 - H(k_1, k_1')$$

其中，H 是对应二进制串的 Hamming 距离。在实际应用中，上式可进一步转化为8个S盒的搜索过程，每个S盒有4种选择，即 $8 \times 4 = 32$。

②2 轮 DES：$\qquad R_2 \oplus R_2' = f(L_2, k_2) \oplus f(L_2', k_2')$

在上述(逆)结构的作用下，适应度函数转化为

$$f = 1 - H(k_2, k_2')$$

由于 L_2 和 L_2' 已知，上式也可以进一步转化为8个S盒的搜索过程，每个S盒有4种选择，即 $8 \times 4 = 32$。

上述1轮和2轮 DES 的适应度函数 f 可适用于唯密文攻击。

③3 轮 DES：$\qquad R_3 = L_0 \oplus f(R_0, k_1) \oplus f(R_2, k_3)$

$\qquad\qquad R_3 \oplus R_3' = f(R_0, k_1) \oplus f(L_3, k_3) \oplus f(R_0, k_1') \oplus f(L_3', k_3')$

在上述(逆)结构的作用下，相应的适应度函数可表示为

$$f = 1 - (H(k_1, k_1') + H(k_3, k_3'))$$

在3轮 DES 中存在两个未知的子密钥 k_1 和 k_3，它们的 f 函数结果采用了模2加运算，上述表示不能直接转化为8个S盒的搜索过程，但将 DES(逆)结构应用于分析过程，由于 k_3' 可视为 k_1' 的循环左移，搜索空间可降低为 2^{48+5}，其中包括每个S盒的4种选择。可见，3轮 DES 的智能分析的复杂度相对于1轮和2轮 DES 大幅增加。

④6 轮 DES：$\qquad R_6 = L_3 \oplus f(R_3, k_4) \oplus f(L_6, k_6)$

$\qquad R_6 \oplus R_6' = L_3 \oplus L_3' \oplus f(R_3, k_4) \oplus f(L_6, k_6) \oplus f(R_3', k_4') \oplus f(L_6', k_6')$

在上述(逆)结构的作用下，适应度函数可表示为

$$f = 1 - (H(k_4, k_4') + H(k_6, k_6') + H(L_3, L_3'))$$

在6轮内 DES 的攻击中，要采用3轮的差分特征 Ω，搜索空间进一步加大。上式中存在两个未知的子密钥 k_4 和 k_6，但将 DES(逆)结构应用于分析过程，由于 k_4' 可视为 k_6' 的循环左移，搜索空间也可降低。

同理，6轮以上的 DES 适应度函数 f 也可看作子密钥 k_i 和 k_i' 的线性逼近。

采用上述 DES(逆)结构，对应的 GA 分析算法如下所示，其中真实子密钥为 k_t，测试子密钥为 k_t'，k_t，$k_t' \in K$，$1 \le t \le 16$。

输入：明密文组 M_i 和 C_i，$M_i \in M$ 且 $C_i \in C$，$(1 \le i \le G)$

输出：G 个近似子密钥 k'_{prox_1}, k'_{prox_2}, k'_{prox_3}, ..., k'_{prox_G}
for($1 \leqslant i \leqslant G$)
begin
 Input(M_i, C_i);
 for($1 \leqslant j \leqslant R$)
 begin
 Initialize(X); $k'_i \in X$, $k'_i = \langle k'_{i1}, k'_{i2}, \cdots, k'_{im} \rangle$, $1 \leqslant m \leqslant N$;
 fitness(k_i, k'_i); 适应度函数 f 为子密钥 k_i 和 k'_i 的线性逼近;
 do
  Select(X);
  Crossover( );
  Mutation( ); 产生新生种群 X';
  fitness(k_i, k''_i); k''_i 是新生种群 X' 的个体, $k''_i = \langle k''_{i1}, k''_{i2}, \cdots, k''_{im} \rangle$, $1 \leqslant m \leqslant N$;
 while(($j=j+2$) && ($1 \leqslant m \leqslant N$))
 end
 Output(k'_{prox_i})
end

上述算法在 N 对不同的明密文组 $(M_i, X_i)(1 \leqslant i \leqslant G)$, 产生 G 个近似密钥 k'_{prox_1}, k'_{prox_2}, k'_{prox_3}, ..., k'_{prox_G}, 其中可能存在部分优化子密钥 k'_{optm} 或真实子密钥的等价密钥。

采用上述 GA 算法和 DES(逆)结构, 本书采用唯密文攻击方式, 开展了 2 轮 DES 的分析实验, 并得到了 48 比特子密钥。

(4) 分析和探讨

在上述逆结构下, DES 中"混淆"和"扩散"置换可转变为(逆)置换, 使自动密码分析过程中的随机性和搜索空间在一定程度上降低。但 DES 密码的安全性是基于密钥的, 符合 Kerckhoff 假设。本书描述的方法并不能降低 DES 攻击的复杂度。在一般的智能密码分析中, 攻击的搜索空间取决于有效密钥长度, 如 DES 的搜索空间为 2^{56}, 在低轮次 DES 中这个搜索空间并不会降低。如 3 轮 DES 算法的差分攻击的对象为 K_3 子密钥, 搜索空间可降低为 2^{48}。但在通常情况下, DES 密码智能分析的搜索空间仍为 2^{56}, 如本节中对 56 比特密钥 DES 的 GA 分析。

在现代分组密码设计中"置换"是一种常用的设计方法, 则上述(逆)结构的设计方法可以进一步应用于其他的一些分组密码算法。但对于 IDEA 密码[31]来说, 由于采用了 $2^{16}+1$ 的整数乘法运算和模 2^{16} 的加法, 我们认为在这个环节中采用上述方法设计(逆)结构比较困难。本书采用唯密文攻击方式, 开展了 2 轮 DES 的 GA 分析实验, 并得到了 48 比特子密钥。

9.1.4 进一步的研究工作

利用智能计算分析密码是智能计算与密码学结合的产物，是密码分析自动化的发展趋势，探索智能密码分析的一般途径和方法对于密码学和演化计算两方面都有重要的意义。智能密码分析是一项既富有挑战性又具有实践和理论意义的研究工作。目前，将智能计算技术应用于自动密码分析研究仍然是一种尝试和探索，很多问题有待解决。进一步可开展的工作主要包括：

1. 目前智能密码分析面临的首要问题是缺乏现代密码分析要求的基础理论和评价依据。一方面对智能密码分析的途径和方法从数学和统计理论、信息论、密码学、智能计算等方向开展基础研究是一个重要趋势；另一方面，目前对于智能密码分析技术仍存在一定的争议和质疑，对智能分析方法从可行性方面进行研究也是一个亟待解决的问题。

2. 智能密码分析的应用范围或分析对象是一个需要研究的问题，如 IDEA 算法中采用了 $2^{16}+1$ 的整数乘法和模 2^{16} 的加法运算，这个设计结构一定程度上会导致智能分析的不收敛。因此，需要通过不同密码算法的实验来研究智能分析方法的应用范围。

3. 许多智能优化技术是概率性和随机性算法，在智能分析方法中，这些算法的参数和实验条件需要进一步研究。如实验模型或评估模型是否具有通用性，实验结果是否可重复验证，明文或密文数据采样的依赖性，实验结果的评价依据等方面。

4. 智能优化技术有很多种，不同方法的搜索性能存在一定的差别。采用哪一种方法能取得更好的效果，或是否存在新的方法进行智能密码分析也是一个值得研究的方向。评估方式或适应度函数的设计是影响智能密码分析效果的一个关键因素。对于不同的密码算法，哪一种评估方法具有好的智能分析效果也是一个需要长期研究和解决的问题。

5. 对于 DES 密码的智能分析，进一步研究更高轮次智能分析的结果是我们未来研究工作的一个重点。在 DES 的智能分析及其他现代分组密码（如 AES 算法）这个新的方向，有很多问题值得进一步研究。

总之，智能密码分析还有很多的问题需要研究。通过本书的研究与探索，我们认为将智能计算技术与密码分析技术相结合是一个非常有潜力、有意义的研究方向，我们期待国内外学者在这一方向能有新的、优秀的成果出现，更好地推进智能密码分析技术的发展。

9.2 序列密码的演化分析

序列密码是一种研究得比较充分的密码，它具有安全、加解密速度快和实现容易等许多优点。本节研究序列密码的演化分析[46,47,48]。

9.2.1 滤波模型序列密码的演化分析

9.2.1.1 滤波模型序列密码

滤波模型序列密码由一个线性反馈移位寄存器和一个非线性滤波函数 $f(x)$ 组成，其原理如图 9-7 所示。移位寄存器每动作一拍，$f(x)$ 产生一位输出，$f(x)$ 输出的密钥流序列与明(密)文序列直接模 2 加就得到密(明)文序列。

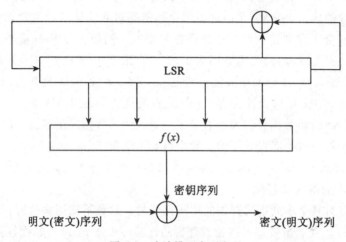

图 9-7 滤波模型序列密码

这里介绍相关优势的概念，它是序列密码分析中的一个常用概念。

定义 9-8 非线性函数中一个变量输入值和函数输出值相同的个数占这个函数输出总个数的比例，叫做这个变量与函数输出的相关优势。

例如在 $f(x)$ 中变量 x_i 的相关优势记为 $p_i = p(f(x) = x_i)$，其中 $p(f(x) = x_i)$ 表示 $f(x)$ 与 x_i 相等的概率。以函数 $f_1(x) = x_1 x_2 \oplus x_2 x_3 \oplus x_3$ 为例，其真值表如表 9-9 所示。

表 9-9 函数 $f_1(x)$ 真值表

x_1	x_2	x_3	$f_1(x)$
0	0	0	0
0	0	1	1
0	1	0	0
0	1	1	0
1	0	0	0
1	0	1	1
1	1	0	1
1	1	1	1

由表 9-9 可知，在函数 $f_1(x) = x_1x_2 \oplus x_2x_3 \oplus x_3$ 中，x_1 与 $f_1(x)$ 的相关优势为 0.75，x_2 与 $f_1(x)$ 的相关优势为 0.5，x_3 与 $f_1(x)$ 的相关优势为 0.75。

非线性函数的函数值与某个变量的相关优势越接近 0.5，则这个函数的输出受到这个变量输入的影响就小。在序列密码中用到的非线性函数要使函数的输出和每个变量的输入的相关优势尽量接近 0.5，并且要保证每个变量的相关优势之间的差别比较小。这样可以使函数的输出受到每个变量的输入的影响都比较小，并且使每个变量的输入对输出的影响比较平衡，不让攻击者利用函数输出与某一个变量输入的相关优势较大来对密码进行比较有效的攻击。显然 $f_1(x)$ 达不到序列密码对非线性函数的这个要求，而 Bent 函数就较好地符合了序列密码对非线性函数的要求。例如 4 元 Bent 函数 $f_2(x) = x_1x_4 \oplus x_2x_3$ 中每个变量和 $f_2(x)$ 的相关优势都是 0.625；6 元 Bent 函数 $f_3(x) = x_1x_4 \oplus x_2x_5 \oplus x_3x_6 \oplus x_1x_2x_3$ 中每个变量与 $f_3(x)$ 的相关优势都是 0.5625；8 元 Bent 函数 $f_4(x) = x_1x_4 \oplus x_2x_3 \oplus x_1x_5 \oplus x_2x_6 \oplus x_3x_7 \oplus x_4x_8$ 每个变量与 $f_4(x)$ 的相关优势都是 0.53125。一个非线性函数的变量与函数输出的相关优势的大小对于这个非线性函数构成的流密码的抗相关攻击的能力是密切相关的，这一点在后面的实验中得到了证实[46,47,48]。

9.2.1.2 滤波模型序列密码在移位寄存器初态未知情况下的相关分析

1. 密码分析的前提和假设

假设攻击方对整个序列密码算法的结构都清楚，只是不知道移位寄存器的初始状态（以下简称初态），即攻击者知道移位寄存器的连接多项式 $g(x)$，非线性函数 $f(x)$ 和非线性函数在移位寄存器中的抽头位置以及截获的一定长度的密钥序列，这样攻击者可以对密码进行选择明文攻击。在这种情况下，移位寄存器的初态就是这个算法的初始密钥，攻击者如果通过各种攻击方法成功地找到线性移位寄存器的真正的初态，则可以得到整个密钥序列，也就是对密码进行了破译。

2. 演化分析算法的设计

（1）个体编码方式和初始种群的产生

以寄存器初态为个体，我们采用二进制编码，则 29 级移位寄存器的初态可以用 29 比特的二进制数来表示。初始种群采用计算机随机数的方式产生，即产生一定数量 29 比特的二进制数，这里的数量就是种群的规模，二进制数就是假定的初态。

（2）适应度函数

由于移位寄存器不同的初态产生的密钥序列是不一样的，因此可以用两个不同的密钥序列之间的差别大小来衡量产生这两个密钥序列的两个初态之间的接近程度。由 Hamming 距离的定义可知，两个密钥序列 Hamming 距离越大说明它们之间差别越大，即产生密钥序列的两个初态的差别越大，反之亦然。我们把每个个体产生的密钥序列和真正的初态产生的密钥序列进行比较，用密钥序列的长度减去这两个密钥序列的 Hamming 距离作为适应度函数。具体表示为

$$\text{sfitness}(x_i) = \text{stringlength} - d(\text{string}(x_i), \text{aimstring}) \tag{9-12}$$

其中 x_i 是一个个体(即一个假定的初态),string(x_i) 是 x_i 产生的密钥序列,aimstring 是真正的初态产生的密钥序列,d(string(x_i),aimstring) 是两个密钥序列的 Hamming 距离,stringlength 是密钥序列的长度,sfitness(x_i) 是个体 x_i 的适应度函数。显而易见,sfitness(x_i) 的取值范围是 $[0, \text{stringlength}]$。

实验过程中为了加快算法的收敛性,提高算法效率,我们对函数 sfitness(x_i) 进行了取幂运算,因此实验中真正取的个体 x_i 的适应度函数为 fitness(x_i) = (sfitness(x_i))^s,其中指数 s 称为幂定标。

(3) 选择策略

选择策略是通过轮盘赌的方式。

① 计算所有个体适应值之和 $\text{sum} = \sum_{i=1}^{POPSIZE} \text{fitness}(x_i)$;

② 计算每个个体适应值所占的概率 pfitness(i) = fitness(x_i)/sum;

③ 计算每个个体的累积概率 cfitness(i) = $\sum_{i=1}^{POPSIZE}$ pfitness(i);

④ 每转动盘子一次,根据得到的值所位于哪个个体的概率区间来决定选择这个个体,转动盘子 POPSIZE 次,选出 POPSIZE 个个体,其中 POPSIZE 为种群数量。

(4) 杂交算子

对种群中相邻两个个体以 P_c 的概率采用单点杂交,先产生一个 0~1 之间的随机数 p,如果 $p<P_c$ 则进行杂交,否则不进行杂交。如果 $p<P_c$ 则随机产生一个 0~28 的整数 q,以确定进行杂交的位置,然后交换两个个体低 q 位,高位保持不变。

(5) 变异算子

对种群中每个个体以 P_m 的概率采用单点变异,先产生一个 0~1 之间的随机数 p,如果 $p<P_m$ 则进行变异,否则不进行变异。如果 $p<P_m$ 则随机产生一个 0~28 的整数 q,以确定进行变异的位置,然后把个体的第 $q+1$ 比特数据变成相反的数,即 0 变 1,1 变 0。

(6) 对新一代种群中最差个体的改进

对于每一代种群中的适应度最大的个体和最小的个体分别记做 bestindividual 和 worstindividual,到当前为止的最好个体记做 currentbest,其中初始种群的 bestindividual 就是当前的最好个体 currentbest。然后对每产生新的一代的种群都计算出那一代的 bestindividual 和 worstindividual,如果新一代种群中的 fitness(bestindividual) > fitness(currentbest),则这一代中最好的个体就变成当前最好的个体,即 currentbest = bestindividual,如果 fitness(bestindividual) ≤ fitness(currentbest) 就用当前最好的个体去代替这一代中最差的个体 worstindividual = currentbest。

(7) 分析成功的判定

因为 fitness(x_i) = (sfitness(x_i))^s,x_i 为真正的初态时,有 fitness(x_i) = (stringlength)^s。

设 currentbest 表示当前最好的个体,则等式 fitness(currentbest) = (stringlength)' 成立可以作为算法成功的判定条件,满足此条件时,算法终止,并判定找到了初态。

注意,如果给出的真正初态产生的密钥序列比较短,则存在一定的误判概率(即虽然满足 fitness(currentbest) = (stringlength)',但 currentbest ≠ aimplant。也就是说虽然以当前找出的最好个体为初态得到的密钥序列和真正的初态产生的密钥序列一样,但这个最好个体却不是真正的初态)。在穷尽攻击和别的攻击算法中也会遇到同样的问题,这是由密钥序列的长短决定的,与攻击算法无关。在实验数据中我们给出了误判次数,同时在实验中设定了一个最大演化代数,如果达到这个数值还没有找到初态,就判定查找失败。因此实验中判定成功次数这个指标是指 N 次实验中,以满足等式 fitness(currentbest) = (stringlength)' 为判定条件的成功的次数。因为存在误判,用成功次数减去误判次数就得到真正找到初态的次数,然后除以实验次数就可得到实验成功的概率。

9.2.1.3 实验数据及分析

我们通过编程,利用遗传算法对已知初态未知的滤波模型密码进行分析[46,48],其中线性移位寄存器的连接多项式为 29 次本原函多项式 $g(x) = x^{29} + x^2 + 1$。密钥序列的长度为 64 比特,种群规模为 100,最大演化代数为 1000。非线性函数分别采用 $f_1(x) = x_1x_2 \oplus x_2x_3 \oplus x_3$, $f_2(x) = x_1x_4 \oplus x_2x_3$, $f_3(x) = x_1x_4 \oplus x_2x_5 \oplus x_3x_6 \oplus x_1x_2x_3$。对于每一个非线性函数都进行了多组实验,其中选择概率 P_c 的变化范围为 0.6~1.0,变异概率 P_m 的变化范围为 0.01~0.1,幂定标 s 的变化范围为 1~10。实验数据如表 9-10、表 9-11、表 9-12 所示。

表 9-10 非线性函数为 $f_1(x) = x_1x_2 \oplus x_2x_3 \oplus x_3$ 时的实验数据

杂交概率	变异概率	幂定标	实验次数	成功次数	误判次数	成功概率	平均演化代数
第一组							
0.85	0.01	5	1000	738	3	73.5%	83
0.85	0.02	5	1000	843	8	83.5%	77
0.85	0.03	5	1000	909	8	90.1%	67
0.85	0.04	5	1000	917	10	90.7%	64
0.85	0.05	5	1000	942	8	93.4%	74
0.85	0.06	5	1000	957	13	94.4%	74
0.85	0.07	5	1000	958	8	95.0%	93
0.85	0.08	5	1000	961	8	95.3%	110
0.85	0.09	5	1000	939	7	93.2%	125
0.85	0.10	5	1000	920	7	91.3%	148

杂交概率	变异概率	幂定标	实验次数	成功次数	误判次数	成功概率	平均演化代数
第二组							
0.85	0.06	1	1000	708	5	70.3%	378
0.85	0.06	2	1000	888	11	87.7%	218
0.85	0.06	3	1000	928	12	91.6%	125
0.85	0.06	4	1000	951	14	93.7%	95
0.85	0.06	5	1000	952	13	93.9%	81
0.85	0.06	6	1000	939	10	92.9%	74
0.85	0.06	7	1000	948	12	93.6%	66
0.85	0.06	8	1000	945	8	93.7%	67
0.85	0.06	9	1000	938	8	93.0%	67
0.85	0.06	10	1000	931	11	92.1%	66
第三组							
0.60	0.06	7	1000	933	3	93.0%	66
0.65	0.06	7	1000	943	8	93.5%	67
0.70	0.06	7	1000	936	16	92.0%	66
0.75	0.06	7	1000	939	8	93.1%	65
0.80	0.06	7	1000	929	9	92.0%	70
0.85	0.06	7	1000	942	12	93.0%	69
0.90	0.06	7	1000	932	11	92.1%	64
0.95	0.06	7	1000	943	10	93.3%	63

表 9-11　　非线性函数为 $f_2(x) = x_1 x_4 \oplus x_2 x_3$ 时的实验数据

杂交概率	变异概率	幂定标	实验次数	成功次数	误判次数	成功概率	平均演化代数
第一组							
0.85	0.01	5	1000	242	0	24.2%	182
0.85	0.02	5	1000	392	1	39.1%	173
0.85	0.03	5	1000	443	1	44.2%	175
0.85	0.04	5	1000	485	1	48.4%	179
0.85	0.05	5	1000	528	0	52.8%	197

续表

杂交概率	变异概率	幂定标	实验次数	成功次数	误判次数	成功概率	平均演化代数
第一组							
0.85	0.06	5	1000	539	0	53.9%	229
0.85	0.07	5	1000	544	0	54.4%	216
0.85	0.08	5	1000	523	0	52.3%	274
0.85	0.09	5	1000	517	1	51.6%	283
0.85	0.10	5	1000	497	0	49.7%	317
第二组							
0.85	0.04	1	1000	267	1	26.6%	441
0.85	0.04	2	1000	484	1	48.3%	335
0.85	0.04	3	1000	511	1	51.0%	230
0.85	0.04	4	1000	516	0	51.6%	219
0.85	0.04	5	1000	519	0	51.9%	174
0.85	0.04	6	1000	468	0	46.8%	170
0.85	0.04	7	1000	458	1	45.7%	184
0.85	0.04	8	1000	446	0	44.6%	168
0.85	0.04	9	1000	393	1	39.2%	166
0.85	0.04	10	1000	382	0	38.2%	175
第三组							
0.60	0.04	5	1000	481	0	48.1%	187
0.65	0.04	5	1000	496	0	49.6%	195
0.70	0.04	5	1000	480	1	47.9%	181
0.75	0.04	5	1000	510	0	51.0%	174
0.80	0.04	5	1000	472	1	47.1%	189
0.85	0.04	5	1000	505	0	50.5%	185
0.90	0.04	5	1000	504	1	50.3%	179
0.95	0.04	5	1000	495	1	49.4%	171

表 9-12　非线性函数为 $f_3(x) = x_1x_4 \oplus x_2x_5 \oplus x_3x_6 \oplus x_1x_2x_3$ 时的实验数据

杂交概率	变异概率	幂定标	实验次数	成功次数	误判次数	成功概率	平均演化代数
第一组							
0.85	0.01	5	1000	79	0	7.9%	172
0.85	0.02	5	1000	107	0	10.7%	160
0.85	0.03	5	1000	189	1	18.8%	248
0.85	0.04	5	1000	216	1	21.5%	241
0.85	0.05	5	1000	268	0	26.8%	230
0.85	0.06	5	1000	259	1	25.8%	287
0.85	0.07	5	1000	251	2	24.9%	293
0.85	0.08	5	1000	230	1	22.9%	346
0.85	0.09	5	1000	232	1	23.1%	326
0.85	0.10	5	1000	233	1	23.2%	403
第二组							
0.85	0.05	1	1000	80	2	7.8%	468
0.85	0.05	2	1000	168	1	16.7%	453
0.85	0.05	3	1000	235	1	23.4%	346
0.85	0.05	4	1000	274	2	27.2%	297
0.85	0.05	5	1000	268	0	26.8%	230
0.85	0.05	6	1000	260	1	25.9%	226
0.85	0.05	7	1000	221	1	22.0%	241
0.85	0.05	8	1000	222	1	22.1%	209
0.85	0.05	9	1000	181	1	18.0%	200
0.85	0.05	10	1000	179	2	17.7%	188
第三组							
0.60	0.05	5	1000	264	1	26.3%	261
0.65	0.05	5	1000	263	2	26.1%	247
0.70	0.05	5	1000	241	1	24.0%	257
0.75	0.05	5	1000	248	2	24.6%	223
0.80	0.05	5	1000	256	1	25.5%	246
0.85	0.05	5	1000	268	0	26.8%	230
0.90	0.05	5	1000	288	3	28.5%	257
0.95	0.05	5	1000	304	3	30.1%	257

确定遗传算法中杂交、变异、幂定标等参数好坏有两个指标：第一个是成功概率，即在实验中成功找到真正的初态的概率，成功概率越大就越好；第二个是在成功的实验中找出真正的初态所需要的平均演化代数，此数值越小越好。参数的选择要综合考虑这两个指标。

对于非线性函数取 $f_1(x)$ 的时候做了三组实验，第一组实验杂交概率和幂定标不变，变异概率变化，实验数据表明变异概率 P_m 从 $0.01 \sim 0.10$ 的变化过程中，实验成功的概率先增大后减小，在 $P_m = 0.06$ 的时候成功概率最高，同时平均的演化代数也比较小，因此第二组实验杂交概率和变异概率不变（$P_m = 0.06$），幂定标发生变化。实验数据表明在幂定标 $s = 7$ 时候成功概率较高，同时平均演化代数也比较小。第三组实验变异概率 $P_m = 0.06$ 和幂定标 $s = 7$ 保持不变，杂交概率变化，实验表明成功的概率和平均演化代数受杂交概率变化的影响不大。在 $P_c = 0.95$ 的时候成功概率达到最大，同时平均演化代数比较小，即当 $P_c = 0.95$，$P_m = 0.06$，$s = 7$ 时成功概率和平均演化代数达到相对比较好的效果。

同样的道理，分析当非线性函数取 4 元 Bent 函数 $f_2(x) = x_1x_4 \oplus x_2x_3$ 时的三组实验数据，可知当遗传算子为 $P_c = 0.75$，$P_m = 0.04$，$s = 5$ 时成功概率和平均演化代数达到比较好的效果。分析当非线性函数取 6 元 Bent 函数 $f_3(x) = x_1x_4 \oplus x_2x_5 \oplus x_3x_6 \oplus x_1x_2x_3$ 时三组实验数据，可知当遗传算子为 $P_c = 0.75$，$P_m = 0.05$，$s = 5$ 时的成功概率和平均演化代数可达到比较好的效果。

从实验数据中可以看出，算法对于变异算子的依赖度最高，也就是说实验结果的好坏受变异算子的影响最大，幂定标次之，在此算法中杂交概率对于实验结果的影响最小。

为了方便分析比较，我们对非线性函数取 $f_1(x)$，$f_2(x)$，$f_3(x)$，将演化算子都取 $P_c = 0.85$，$P_m = 0.05$，$s = 5$ 的实验结果如表 9-13 所示。

表 9-13　　演化算子取 $P_c = 0.85$，$P_m = 0.05$，$s = 5$ 时的实验数据

非线性函数	实验次数	判定成功的次数	误判次数	成功概率	平均演化代数	本算法复杂度	穷举算法复杂度
$f_1(x)$	1000	942	8	93.4%	74	$\approx 2^{13}$	2^{28}
$f_2(x)$	1000	528	0	52.8%	197	$\approx 2^{15}$	2^{28}
$f_3(x)$	1000	268	0	26.8%	230	$\approx 2^{17}$	2^{28}

对于一个已知算法结构的 29 级序列密码进行攻击，进行穷举攻击平均需要试探 2^{28} 次初态（密钥），即计算复杂度为 2^{28}。在我们的实验中，当非线性函数取 $f_1(x) = x_1x_2 \oplus x_2x_3 \oplus x_3$ 时，成功概率为 93.4%，平均演化代数为 74 代，而种群规模为 100，因此平均需要试探密钥的次数为 $(100 \times 74)/93.4\% \approx 7922$，因为 $2^{12} < 7922 < 2^{13}$，算法计算复杂

度大约为 $O(2^{13})$，这是穷举攻击复杂度的 $2^{13}/2^{28}=1/2^{15}$，也就是说只是穷举攻击所需要试探密钥次数的 2^{15} 分之一。同样计算可得非线性函数取 $f_2(x)$ 和 $f_3(x)$ 时，计算复杂度分别为 $O(2^{15})$ 和 $O(2^{17})$，都远远小于穷举攻击的 $O(2^{28})$。

9.2.2 滤波模型序列密码在移存器抽头位置未知情况下的相关分析

1. 密码分析的前提和假设

假设攻击方对整个序列密码算法的结构都清楚，即攻击者知道移位寄存器的连接多项式 $g(x)$、非线性函数 $f(x)$ 和移位寄存器的初态（实际上只要知道了 $f(x)$，根据 $f(x)$ 中变量的个数就可知道抽头的个数），并且截获了一定长度的密钥序列，只是不知道移位寄存器中抽头的位置。这种情况下，抽头位置就可以认为是密码算法的密钥。

2. 演化分析算法的设计

基本思想和前一节的实验大体相同，只是在编码和杂交、变异操作的具体实现上有所不同。以下主要说明这些不同的地方，相同的地方省略。

(1) 个体编码方式和初始种群的产生

分析的目的是要找到线性移位寄存器抽头的位置。我们采用二进制编码，用 29 比特的二进制数作为个体，其中有抽头的位置对应的比特为 1，非抽头的位置对应为 0。因为对于 n 元布尔函数 $f(x)$ 来说有 n 个抽头，所以每个个体的 29 比特中有 n 个 1。初始种群采用计算机随机数的方式产生，具体方法是对于每一个个体，随机产生 n 个 $0\sim28$ 之间的互不相同的整数，让个体的相应位置为 1，别的位置为 0。按这样的方法产生一定数量的 29 比特的二进制数，这里的二进制数中比特数为 1 的位置就是假定的抽头位置。

(2) 杂交算子

对种群中相邻两个个体以 P_c 的概率杂交，先产生一个 $0\sim1$ 之间的随机数 p，如果 $p<P_c$ 则进行杂交，否则不进行杂交。具体的方法如下：

将两个个体分别异或，记为 Xornum，这也是一个 29 比特的二进制数。

①当两个个体中的抽头位置都相同时，不做交换。

②当两个个体中的所有抽头位置都不相同的时候，Xornum 中的 1 的个数为 $2n$，这时随机产生 n 互不相同的 $0\sim28$ 的随机数，以这些随机数为抽头位置作为一个新的个体，剩下的 n 个抽头位置作为另一个新的个体。

③当两个个体中有部分抽头位置相同时，假设位置相同的个数为 m，则两个个体中抽头相同的位置保持不变，不同的位置进行杂交，此时 Xornum 中的 1 的个数为 $2(n-m)$，然后随机产生 $n-m$ 个互不相同的 $0\sim28$ 的随机数，以这些随机数为抽头位置和两个个体相同的 m 个抽头位置作为一个新的个体，剩下的 $n-m$ 个数为抽头位置和相同的 m 个抽头位置作为另一个新的个体。

(3) 变异算子

对种群中每个个体以 P_m 的概率采用单点变异。具体对于个体中的每个抽头，先产生一个 0~1 之间的随机数 p，如果 $p<P_m$ 则进行变异，否则不进行变异。如果 $p<P_m$ 则随机产生一个 0~28 的整数 q，如果 q 与这个个体中的某个抽头位置相同则重新产生 q，否则将这个抽头由当前位置变到位置 q（即将原来抽头位置的 1 置为 0，并将第 $q+1$ 位置的数置为 1）。

3. 实验数据及分析

我们通过实验，利用遗传算法对抽头位置未知的密码算法进行分析[46,48]，其中线性移位寄存器的连接多项式为 $g(x)=x^{29}+x^2+1$。密钥序列的长度取为 64 比特，种群规模为 100，最大演化代数为 100。非线性函数分别采用 $f_2(x)=x_1x_4\oplus x_2x_3$，$f_3(x)=x_1x_4\oplus x_2x_5\oplus x_3x_6\oplus x_1x_2x_3$，$f_4(x)=x_1x_4\oplus x_2x_3\oplus x_1x_5\oplus x_2x_6\oplus x_3x_7\oplus x_4x_8$，对于每个非线性函数都进行了多组实验。表 9-14 是取参数为 $P_c=0.95$，$P_m=0.07$，$s=5$ 时的实验结果。

表 9-14　　　　　　　　密钥序列为 64 比特时的实验数据

非线性函数	实验次数	判定成功的次数	误判次数	成功概率	平均演化代数	本算法复杂度	穷举复杂度
$f_2(x)$	10000	9586	87	94.99%	7	$\approx 2^9$	$\approx 2^{13}$
$f_3(x)$	10000	5134	28	51.06%	22	$\approx 2^{12}$	$\approx 2^{18}$
$f_4(x)$	10000	1643	16	16.27%	40	$\approx 2^{14}$	$\approx 2^{21}$

对一个已知算法结构和初态而抽头位置未知的 29 级序列密码进行穷举攻击，平均需要试探 $\dfrac{C_{29}^n}{2}$ 次，此时抽头的位置就可以认为是这个序列密码的密钥。

当非线性函数取 $f_2(x)=x_1x_4\oplus x_2x_3$ 时，平均需要试探密钥的次数为 $(100\times 7)/94.99\%\approx 737$，而穷举攻击平均试探次数为 $\dfrac{C_{29}^4}{2}=11876$，两者之间的比例为 $737/11876\approx 1/2^4$，也就是说使用这种方法的计算复杂度是穷举攻击的 $1/2^4$。同样当非线性函数分别取 $f_3(x)$ 和 $f_4(x)$ 时，计算复杂度分别是穷举攻击的 $1/2^6$ 和 $1/2^7$。

对于此实验，遗传算子依然是 $P_c=0.95$，$P_m=0.07$，$s=5$ 的情况下，当攻击者截获的密钥序列由 64 比特变为 128 比特时，实验结果如表 9-15 所示。

与表 9-15 相应的数据对比可以发现成功率有了较大提高，同时平均演化代数减小，并且当抽头数量较多时，这种提高更明显。例如当非线性函数取 $f_4(x)$，截获的密钥序列为 128 比特时所需要的平均试探密钥次数只是截获的密钥序列为 64 比特时的 30%，可见在实际密码攻击中，攻击者掌握的密钥序列越长越有助于提高此攻击算法的效率，这对别的攻击算法也是同样适用的。

表 9-15　　　　　　　　密钥序列为 128 比特时的实验数据

非线性函数	实验次数	判定成功的次数	误判次数	成功概率	平均演化代数	本算法复杂度	穷举算法复杂度
$f_2(x)$	10000	9977	118	98.59%	5	$\approx 2^9$	$\approx 2^{13}$
$f_3(x)$	10000	8558	19	85.29%	15	$\approx 2^{11}$	$\approx 2^{18}$
$f_4(x)$	10000	4045	16	40.29%	30	$\approx 2^{13}$	$\approx 2^{21}$

9.2.3 组合模型流密码发生器的分别征服攻击

9.2.3.1 组合模型流密码发生器原理

在前面我们对滤波模型流密码利用演化算法进行了实验分析[46,48]，取得了一定的效果。现在讨论组合模型流密码的演化分析[47,48]。

组合模型流密码发生器的原理图如图 9-8 所示，Geffe 是其中的一个实例，以前的分析方法的特点是将组合模型的 M 个 LFSR 合起来当成一个 LFSR 进行整体分析，设这些 LFSR 分别为 $LFSR_1$，$LFSR_2$，$\cdots$，$LFSR_M$，其对应长度为 n_1，n_2，$\cdots$，n_M，将其当成一个 LFSR 进行分析就使得个体长度达到 $n_1+n_2+\cdots+n_M$，在 M 和 n_i 都较小时效果不错，但是当这两者有一个较大，特别是同时都比较大时，实验的计算复杂度就会有较大提高，不利于分析的进行。基于以上的原因，有些密码分析者提出了分别征服攻击的想法，我们将此思想引入到我们的算法中来，利用遗传算法[49]对组合模型流密码进行分别征服分析。

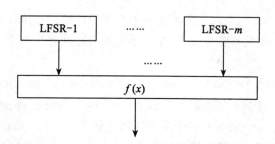

图 9-8　组合模型流密码发生器原理图

我们进行分别征服攻击的思想主要是利用某一个 LFSR 的输出和整个组合模型经过非线性函数的输出存在一定的相关性的特点。实验以 Geffe 模型为例子。在 Geffe 模型中，发生器的输出可以用 $b = a_1 a_2 \oplus (a_1 \oplus 1) a_3$ 来表示，由此式可知发生器的输出和 LFSR-2 和 LFSR-3 的输出有 75% 的概率相同。我们可以先猜测 FLSR-2 的初态，并计算其输出序列，如果猜对了，则此输出序列与发生器的输出序列有 75% 的概率相同，如果猜错了则相同的概率为 50%。

9.2.3.2 实验假设和算法的具体实现

实验假设：假设攻击方对整个序列密码算法的结构都清楚，只是不知道三个 LFSR 的初始状态（以下简称初态），即攻击者知道移位寄存器的连接多项式 $g(x)$，非线性函数 $f(x)$ 和非线性函数在移位寄存器中抽取的抽头的位置以及截获的一定长度的密钥序列。这样攻击者可以对密码进行选择明文攻击。这种情况下，三个 LFSR 的初态就是这个算法的初始密钥，攻击者如果通过某种攻击方法成功地找到这三个 LFSR 的真正的初态，则可以得到整个密钥序列，也就是破译了密码。

我们的算法思想是首先利用 LFSR-3 与发生器的输出序列有 75% 的相关性这一特点，将 LFSR-3 的初态作为个体，利用遗传算法来找到 LFSR-3 的真正的初态，然后利用同样的方法找到 LFSR-2 的真正的初态，最后利用已知 LFSR-2 和 LFSR-3 真正初态的信息和对应的输出序列以及整个发生器的输出序列来找到 LFSR-1 的初态。因为找各个 LFSR 的初态的基本思想和方法都是类似的，因为我们在实验中仅对 LFSR-3 的初态利用遗传算法进行了分析，对组合模型中其他的 LFSR 的分析是类似的，相当于是对模型中的 M 个 LFSR 一个一个进行攻击，因此这种方法叫做分别征服攻击。

具体的分别征服攻击方案如下：

(1) 个体编码方式和初始种群的产生

以 LFSR-3 的初态为个体，设其长度为 n_3，我们采用二进制编码，因此每个个体都是长度为 n_3 的二进制数，初始种群采用计算机随机数的方式产生，即产生一定数量长度为 n_3 比特的二进制数，这里的数量就是种群的规模，二进制数就是假定的初态。

(2) 适应度函数

由于 LFSR-3 的不同初态产生的输出序列是不一样的，而如果个体是真正的 LFSR-3 的初态的话，则输出序列与整个 Geffe 生成器的输出序列有 75% 的相关性，基于此，设计适应度函数如下：

$$\text{fitness}(x_i) = (L \times P - | L \times P - (L - d(\text{string}(x_i), \text{aimstring}) |)^{\cdot} \quad (9\text{-}13)$$

其中 x_i 是种群的一个个体（也就是一个假定的 LFSR-3 的初态），$\text{string}(x_i)$ 是 x_i 产生的 LFSR-3 的输出序列，aimstring 是整个生成器的密钥序列，$d(\text{string}(x_i), \text{aimstring})$ 是两个序列的 Hamming 距离，L 是密钥序列的长度，P 是 LFSR-3 的输出和 Geffe 生成器的输出序列的相关优势，$\text{fitness}(x_i)$ 是个体 x_i 的适应度函数。显然 $\text{fitness}(x_i)$ 的取值范围是 $[0, (L \times P)^{\cdot}]$。

(3) 遗传算子的设计

与滤波模型序列密码的分析相同。

(4) 分析成功的判定

由适应度函数的表示式知道，当 x_i 为真正的初态的时候应该有 $\text{fitness}(x_i) = (L \times P)^{\cdot}$，设 currentbest 表示当前最好的个体，因此等式 $\text{fitness}(\text{currentbest}) = (L \times P)^{\cdot}$ 成立应该作为算法成功的判定条件。但事实上并不是如此，因为 LFSR-3 的输出序列与生成器的密钥序列之间的相关优势是一个概率统计的指标，在两个序列都足够长的条件下，其概率和75%的差别很小，可以忽略不计。实验中我们不需要这么长的输出序列，因为这样第一会影响算法的效率，第二本身在实际应用中要截获到如此长的密钥序列是有困难的。而在输出序列长度比较小的前提下，LFSR-3的输出序列与生成器的密钥序列之间的相关概率并不完全等于0.75，而是有一个上下波动的偏差，因此将满足以下不等式作为算法成功的判定，满足此条件我们就终止算法，并判定找到了初态。

$$(L \times P \times \text{Low})' \leq \text{fitness}(\text{currentbest}) \leq (L \times P \times \text{High})' \tag{9-14}$$

其中我们把High，Low分别叫做偏差上下限，这个参数对于实验的成功与否以及成功的概率有很大影响。如果偏差设置得过大，可能会在算法并没有找到真实初态的时候判定找到了，大大增加了实验的误判次数，如果偏差设置得过小，又有可能将已经找到真正初态的算法判定不出来，从而导致实验假性失败（所谓假性失败，就是明明已经找到真正的初态，但算法却没有判断出来），因为我们在实验中这两个参数和其他遗传算子一样也是需要通过实验进行调整和择优的。

要注意的是如果给出的真正的初态产生的密钥序列是比较短的，同以前的实验一样存在一定的误判概率（即虽然满足$(L \times P \times \text{Low})' \leq \text{fitness}(\text{currentbest}) \leq (L \times P \times \text{High})'$，但currentbest $\neq$ aimplant，也就是以当前找出的最好个体为初态得到的密钥序列和真正的初态产生的密钥序列一样，但这个最好个体却不是真正的初态），在穷尽攻击和别的攻击算法中也会遇见同样的问题，这是由密钥序列的长短决定的，与攻击算法无关。

9.2.3.3 实验数据及分析

设实验移位寄存器对应的反馈多项式为$g_1(x) = x^{15} + x + 1$，$g_2(x) = x^{17} + x^3 + 1$，$g_3(x) = x^{23} + x^5 + 1$。其中$g_3(x)$为LFSR-3的反馈多项式，实验的目的是找到LFSR-3的真正的初态，种群规模为100，最大演化代数为1000。$P_c = 0.95$，$P_m = 0.05$，$s = 7$，实验数据如表9-16所示。

表9-16　遗传算法对组合模型流密码进行分别征服攻击的实验数据

LFSR反馈多项式	密钥序列长度	实验次数	Low	High	误判概率	成功概率	平均演化代数	本算法复杂度	穷举复杂度
	256	1000	0.95	1.05	24%	22.3%	170	$\approx 2^{17}$	2^{22}
$g_1(x)$	256	1000	0.975	1.025	4.2%	19.7%	193	$\approx 2^{17}$	2^{22}
$g_2(x)$	512	1000	0.875	1.125	38%	25.6%	171	$\approx 2^{16}$	2^{22}
$g_3(x)$	512	1000	0.9	1.1	6.2%	36.3%	277	$\approx 2^{16}$	2^{22}
	512	1000	0.95	1.05	0.0%	32.2%	344	$\approx 2^{17}$	2^{22}

由以上实验数据可以看出，参数 Low，High 如何设定对实验的成功概率，特别是误判概率有较大影响，通过大量实验我们总结出了设置这两个参数的一个方法：当密钥序列长度较短的时候，要求两个参数 Low，High 之间的差比较小，这样有利于减少误判的情况。当密钥序列较长的时候可以将两者适当放大，这样有利于提高成功概率。这里要说明的是一般 Low，High 相对于 P 是对称分布的，即 High$-P=P-$Low。

实验数据显示通过此算法可以将找到 LFSR-3 真正初态的平均复杂度由 2^{22} 降低到 $2^{16} \sim 2^{17}$，也就是对于此类某个 LFSR 与整个发生器输出序列之间有一定相关性的流密码，利用如上所述的算法，可以提高密码分析效率。为了进一步验证遗传算法对于此类问题是否有效，我们将反馈多项式 $g_3(x)$ 换成稠密本原多项式进行实验，这里定义的稠密多项式是项数≥10 的多项式，稀疏多项式一般指项数<10 的多项式，当 $g_3(x)$ 定义为 $g_3(x)=x^{23}+x^{20}+x^{18}+x^{15}+x^{10}+x^8+x^7+x^6+x^5+x^1+1$，最大演化代数设为 3000 时，实验数据如表 9-17 所示。

表 9-17　　　　　　　　　$g_3(x)$ 为稠密多项式时的实验数据

LFSR反馈多项式	密钥序列长度	实验次数	Low	High	误判概率	成功概率	平均演化代数	本算法复杂度	穷举复杂度
$g_1(x)$ $g_2(x)$ $g_3(x)$	256	1000	0.875	1.125	18%	6.9%	1026	$\approx 2^{20}$	2^{22}
	256	1000	0.95	1.05	0%	7.3%	946	$\approx 2^{20}$	2^{22}
	512	1000	0.875	1.125	0%	7.6%	1183	$\approx 2^{20}$	2^{22}
	512	1000	0.9	1.1	0%	6.9%	1277	$\approx 2^{20}$	2^{22}
	512	1000	0.95	1.05	0%	7.1%	1103	$\approx 2^{20}$	2^{22}

由以上实验数据可以看出，当反馈多项式 $g_3(x)$ 为稠密本原多项式的时候，参数 Low，High 如何设定对实验成功的概率的影响不大，因此这两个参数的选取也比 $g_3(x)$ 为稀疏多项式的时候要容易和宽松一些，当然这里 Low，High 也不是随便选取的，因为如果 High，Low 的值过大。会使得误判概率大大增加，特别是如果误判概率大大高于正确判断的概率的情况并不是我们所愿意看到的，也不利于提高算法的效率。

对比表 9-16 和表 9-17 的数据可以发现，当 $g_3(x)$ 为稠密本原多项式的时候，算法的计算复杂度有较大提高，这也是在实际应用中一般要求 LFSR 尽量选取稠密本原多项式的原因，但是相对于穷举算法来说还是有了一定的提高，在本例中，将复杂度从 2^{22} 降低到 2^{20}，因此在反馈多项式为稠密多项式时，遗传算法对于组合模型流密码的分别征服攻击也有一定的优势。

9.3 小　　结

利用智能计算分析密码是智能计算与密码学结合的产物,是密码分析自动化的发展趋势,探索智能密码分析的一般途径和方法对于密码学和演化计算两方面都有重要的意义。智能密码分析是一项既富有挑战性又具有实践和理论意义的研究工作。

本章讨论了利用演化计算进行密码分析的理论和技术,具体介绍了我们研究小组在 DES 密码的演化分析和序列密码的演化分析方面实际完成的一些研究工作。

在 DES 密码的演化分析方面,我们开展了 1~6 轮部分密钥 DES 演化分析的研究和实验[38,41],1~4 轮 56 比特密钥 DES 演化分析的探索[33,34,39],DES 演化分析技术与差分和线性分析技术的结合与应用等研究。

在序列密码的演化分析方面,我们研究了滤波模型序列密码和组合模型序列密码的演化分析[46,47,48]。此外在文献[48]中,我们还对门限发生器、交错停走发生器,Beth-Piper 停走发生器,自采样发生器,自收缩发生器等类型的序列密码进行了演化分析研究,并进行了实际实验。

这些研究表明,利用演化算法等智能计算进行密码分析是实现密码分析自动化的一种新方法,在有些情况下攻击是有效的(如对于一些弱的密码)。我们的一些研究成果已被其他学者采用。

但是应当指出,我们的研究还是初步的,许多问题还没有来得及研究。目前,将智能计算应用于自动化密码分析研究仍然是一种尝试和探索,很多问题有待解决。需要进一步开展研究的工作主要包括:

1. 目前智能密码分析面临的首要问题是缺乏现代密码分析要求的基础理论和评价依据,因此,迫切需要对智能密码分析的技术和方法,从数学、统计学、信息论、密码学和智能计算等方面开展基础理论研究。

2. 智能密码分析的适用范围或分析对象是一个需要研究的问题,如 IDEA 算法中采用了 $2^{16}+1$ 的整数乘法和模 2^{16} 的加法运算,这种设计结构在一定程度上会导致智能分析的不收敛。因此,需要通过理论和实验两方面来研究智能分析方法的适用范围。

3. 许多智能计算算法是概率性和随机性算法,在智能分析方法中这些算法的参数和实验条件需要进一步研究。如研究实验模型或评估模型是否具有通用性、实验结果是否可重复验证、明文或密文数据采样的依赖性、实验结果的评价依据等问题。

4. 智能计算算法有很多种,不同算法的性能存在差异,采用哪一种算法能取得更好的密码分析效果是一个值得研究的问题。评估方式或适应度函数的设计是影响智能密码分析效果的一个关键因素。对于不同的密码算法,哪一种评估方法具有好的智能分析效果也是一个需要研究和解决的问题。

5. 探索发现适合用于密码分析的新型智能算法是智能计算和密码学领域共同的长

期性的研究问题。

总之,目前对智能密码分析的研究才刚刚开始,所做的实验也很有限,因此智能密码分析还有很多问题需要研究。通过本章的研究与探索,我们认为将智能计算技术与密码分析技术相结合是一个非常有潜力、有意义的研究方向。我们期待国内外学者在这一方向能有新的优秀成果出现,共同推进智能密码分析技术的发展。

参 考 文 献

[1] Shannon C E. Communication theory of security systems [J]. Bell Systems Technical Journal, 1949, 28: 656-715.

[2] Biham E, Shamir A. Differential cryptanalysis of DES-like cryptosystems [C]. In Advances in Cryptology-Crypto'90, Proceedings, Springer-Verlag, 1991, LNCS, 537: 2-21.

[3] Clark J A. Invited Paper—Nature-Inspired Cryptography: Past, Present and Future [C], Conference on Evolutionary Computation, Special Session on Evolutionary Computation in Computer Security and Cryptography. Canberra, Dec 8 2003. CEC2003, 1647-1654.

[4] Clark J A. Optimisation Heuristics for Cryptology [D]. PhD thesis, Queensland. University of Technology, 1998. http://sky.fit.qut.edu.au/~clarka/papers/thesis-ac.pdf.

[5] Bethany Delman, Genetic Algorithms in Cryptography [D]. Master thesis, Rochester Institute of Technology, Kate Gleason College of Engineering Master of Science, Computer Engineering. July 2004. http://ritdml.rit.edu/dspace/bitstream/1850/263/1/thesis.pdf.

[6] Clark, A. Modern optimisation algorithms for cryptanalysis [C]. In Proceedings of the 1994 Second Australian and New Zealand Conference on Intelligent Information Systems. Nov 29, 1994, 258-262.

[7] Richard Spillman, Cryptanalysis of Knapsack Ciphers Using Genetic Algorithms [J]. Cryptologia, 1993, XVII(4): 367-377.

[8] Richard Spillman, Mark Janssen, Bob Nelson, Martin Kepner. Use of A Genetic Algorithm in the Cryptanalysis of simple substitution Ciphers [J]. Cryptologia, April 1993, XVII(1): 187-201.

[9] Laskaria E C, Meletiouc G C, Stamatioud Y C, Vrahatisa M N. Evolutionary computation based cryptanalysis: A first study, Nonlinear Analysis [J]. Elsevier, 2005, 63: 823-830.

[10] Andrew Clark, Ed Dawson, A Parallel Genetic Algorithm for Cryptanalysis of the

Polyalphabetic Subsitution Cipher[J]. Cryptologia, April 1998, 21(2): 129-138.

[11] Grundlingh W, van Vuuren J H. Using Genetic Algorithms to Break a Simple Cryptographic Cipher[J/OL]. submitted 2002, Retrieved March 31, 2003. http://dip. sun. ac. za/~vuuren/abstracts/abstr genetic. htm.

[12] Thomas Jakobsen. A Fast Method for Cryptanalysis of Substitution Ciphers [J]. Cryptologia, July 1995, XIX (3): 265-274.

[13] Giddy J P, Safavi-Naini R. Automated Cryptanalysis of Transposition Ciphers[J]. The Computer Journal, 1994, 37(5): 429-436.

[14] Nalini N, Raghavendra Rao. Cryptanalysis of Simplified Data Encryption Standard Via Optimaisation Heuristics [J]. IJCSNS International Journal of Computer Science and Network Security, January 2006, 6(1): 240-242.

[15] Andrew Clark, Edward Dawson, Helen Bergen. Combinatorial Optimisation and the Knapsack Cipher. Cryptologia[J]. January 1996 Vol. XX(1): 85-93.

[16] Robert Matthews. The Use of a Genetic Algorithm in Cryptanalysis [J]. Cryptologia, April 1993, XVII(2): 187-201.

[17] Bagnall A J. The Applications of Genetic Algorithms in Cryptanalysis[D]. Master thesis, School of Information System University of East Anglia, 1996. http://www2. cmp. uea. ac. uk/~ajb/Postscripts/msc_ thesis. ps. gz.

[18] Albassal A M B, Wahdan A M. Genetic algorithm cryptanalysis of the basic substitution permutation network[C]. Circuits and Systems, 2003. MWSCAS '03. Proceedings of the 46th IEEE International Midwest Symposium, Dec. 2003, 1: 471-475.

[19] Albassal A M B, Wahdan A M. Neural Network Based Cryptanalysis of a Feistel Type Block Cipher [J]. Electrical, Electronic and Computer Engineering, IEEE, 2004: 231-237.

[20] Hamza Ali, Mikdam Al-Salami. Timing Attack Prospect for RSA Cryptanalysts Using Genetic Algorithm Technique[J]. IAJIT Journal, Jan 2004, 1(1): 81-85.

[21] Ramzan Z. On Using Neural Networks to Break Cryptosystems [D]. PhD Thesis, Laboratory of Computer Science, Massachusetts. Institute of Technology, Cambridge, MA 02139, Dec 1998.

[22] Bafghi A G., Sadeghiyan B. Finding suitable differential characteristics for block ciphers with Ant colony technique [C]. Proceedings of the Ninth International Symposium on Computers and Communications, ISCC'04, 2004, 2: 418-423.

[23] Uddin M F, Youssef A M. Cryptanalysis of Simple Substitution Ciphers Using Particle Swarm Optimization[C]. Evolutionary Computation, CEC 2006, 2006: 677-680.

[24] Dimovski A, Gligoroski D. Attacks On the Transposition Ciphers using Optimization

Heuristics[C]. Proceedings of ICEST 2003, Sofia, Bulgaria. Oct 2003, 1-4.

[25] William Servos, Trinity College, Hartford CT. Using a genetic algorithm to break Alberti Cipher[J]. Journal of Computing Sciences in Colleges archive. 2004, Vol.19: 294-295.

[26] National Institute of Standards and Technology, DATA ENCRYPTION STANDARD (DES) [S]. FIPS publication 46-3, 1995. http://csrc.nist.gov/publications/fips/fips46-3.

[27] Laskari E C, Parsopoulos K E, Vrahatis M N. Particle swarm optimization for minimax problems, Evolutionary Computation[C]. CEC 2002. 2002 Vol.2: 1576-1581.

[28] 余绍平, 燕善俊, 张文政, 李云强. 基于模拟退火算法的DES的最佳线性逼近[J]. 计算机工程, 2006, 32(16): 158-159.

[29] 王育民, 刘建伟. 通信网的安全-理论与技术[M]. 西安: 西安电子科技大学出版社, 2002.

[30] 冯登国. 密码分析学[M]. 北京: 清华大学出版社, 2000.

[31] 冯登国, 吴文玲. 分组密码的设计与分析[M]. 北京: 清华大学出版社, 2000.

[32] 周明, 孙树栋. 遗传算法原理及应用[M]. 北京: 国防工业出版社, 2002.

[33] Song Jun, Zhang Huanguo, Meng Qingshu, Wang Zhangyi. Cryptanalysis of Two-Round DES Using Genetic Algorithms[C]. Springer Lecture Notes in Computer Science, ISICA 2007, Springer Berlin / Heidelberg, 2007, 4683: 583-590.

[34] Jun Song, Huanguo Zhang, Qingshu Meng, Zhangyi Wang. Cryptanalysis of Four-Round DES Based on Genetic Algorithm[C]. 2007 International conference on Wireless Communications, Netwoking and Mobile Computing, WICOM 2007, Sep 21 2007: 2326-2329.

[35] Waseem Shahzad, Abdul Basit Siddiqui, Farrukh Aslam Khan, Cryptanalysis of four-rounded DES using binary particleswarm optimization[C]. Genetic And Evolutionary Computation Conference-Proceedings of the 11th Annual conference on Genetic and evolutionary computation (ACM GECCO'09), 2009: 1757-1758.

[36] Waseem Shahzad, Abdul Basit Siddiqui, Farrukh Aslam Khan, Cryptanalysis of four-rounded DES using binary particleswarm optimization[C]. Genetic And Evolutionary Computation Conference-Proceedings of the 11th Annual conference on Genetic and evolutionary computation (ACM GECCO'09), 2009: 2161-2166.

[37] Syed Ali Abbas Hamdani, Sarah Shafiq, Farrukh Aslam Khan, Cryptanalysis of Four-Rounded DES Using Binary Artificial Immune System [C]. Advances in Swarm Intelligence First International Conference, ICSI 2010, Beijing, China, Springer Berlin, 2010: 338-346.

[38] 宋军,张焕国,王丽娜. 6轮数据加密标准的演化分析[J]. 武汉大学学报(理学版),2009,55(1):71-74.

[39] 宋军. 智能计算在密码分析中的应用研究[D]. 武汉:武汉大学博士学位论文,2008.

[40] Jun Song, Fan Yang, Maocai Wang, Huanguo Zhang. Cryptanalysis of Transposition Cipher Using Simulated Annealing Genetic Algorithm[C]. ISICA'2008. Springer Berlin / Heidelberg, 795-802.

[41] Fan Yang, Jun Song, Huanguo Zhang. Quantitative Cryptanalysis of Six-Round DES Using Evolutionary Algorithms[C]. ISICA'2008. Springer Berlin / Heidelberg, 134-141.

[42] 丁存生,肖国镇. 流密码学及其应用[M]. 北京:人民邮电出版社,1994.

[43] 杨礼珍,傅晓彤,肖国镇,陈克非. 对非线性组合生成器的相关攻击[J]. 西安电子科技大学学报,28(5):566-568.

[44] 张卫明,李世取. 组合生成器的多线性相关攻击[J]. 电子学报,33(3):427-432.

[45] 孙林红,叶顶峰,吕述望,冯登国. 序列密码的复合攻击法[J]. 电子与信息学报,2004,26(1):72-76.

[46] 陈连俊,赵云,唐明,张焕国. 基于演化计算的序列密码分析[J]. 计算机应用,2010,56(2):227-230.

[47] 陈连俊,赵云,唐明,张焕国. 基于演化计算的组合模型序列密码分析[J]. 武汉:武汉大学学报(理学版),2010,56(2):227-230.

[48] 赵云. 基于演化计算的序列密码分析方法研究[D]. 武汉:武汉大学硕士学位论文,2008.

[49] 潘正君,康立山,陈毓屏. 演化计算[M]. 北京:清华大学出版社,1998.

第10章 椭圆曲线的演化产生

前几章介绍了我们在对称密码领域中进行的演化密码研究，在那里已经看到演化密码的思想和方法在对称密码领域的成功。本章介绍我们将演化密码的思想和方法应用到公钥密码领域的研究，在这里你将看到演化密码的思想和方法在公钥密码领域也是成功的。

10.1 概　　述

椭圆曲线密码(ECC)的理论和技术已经成熟，应用已经展开，其密码算法已经标准化[1-3]，ECC已经逐渐被包含到IEEE、ANSI、ISO和NIST等发布的标准中。2000年2月NIST提出FIPS 186-2[4]，推荐了15条安全椭圆曲线，其中5条为素数域F_p上的随机椭圆曲线，5条为二进制域F_{2^m}上的随机椭圆曲线，5条为二进制域F_{2^m}上的Koblitz椭圆曲线。

安全椭圆曲线是椭圆曲线密码的基础参数。要想构成一个安全的椭圆曲线密码系统，必须首先选择一条安全的椭圆曲线。如果椭圆曲线是不安全的，则建立在此椭圆曲线之上的椭圆曲线密码必定是不安全的。然而，椭圆曲线的生成对于一般用户而言是比较困难的。因此，美国NIST向社会推荐了15条椭圆曲线，这15条椭圆曲线已经成为目前工程应用中常用的椭圆曲线。然而，这就给我们提出如下两个问题：

第一，这15条椭圆曲线是安全的吗？用户应当对此进行验证。

第二，除了这15条椭圆曲线外，还有其他的安全椭圆曲线吗？如果有，如何把它产生出来？

国内学者[5-8]在素数域F_p、二进制域安全椭圆曲线选择已经开展研究，但是目前的公开报道均仅给出了一个域上的安全椭圆曲线，而且没有超过Certicom公司椭圆曲线密码安全挑战的要求(163bit)。文献[5]提出了一种利用Weil定理求解椭圆曲线基点的算法[5]，得到域$GF(2^{158})$中的椭圆曲线$y^2+xy=x^3+2$上的一个基点。文献[6]还讨论并实现了大素数域的安全椭圆曲线选择算法[6]。文献[7]完成了SEA算法与SATOH算法的实现[7]，优化了SEA算法选取具有素数或者拟素数阶的椭圆曲线的速度，在2.64个小时中，尝试了特征为$p=2^{160}-47$的有限域F_p中的2671条椭圆曲线，得到10条素数阶的椭圆曲线。

文献[8]介绍了新一代可信平台模块芯片,其中实现了基于 NIST 推荐的 192～384bit 的四条素数域椭圆曲线的椭圆曲线密码[8]。

基于自然界生物群体智能演化规律求解通用问题的方法,文献[9]提出了演化密码的概念以及演化密码设计方法[9],并在密码部件 S 盒、Bent 函数和 Hash 函数等演化分析与设计中取得了实际的研究成果[9,10,11]。受到这些研究成果的启发,本书提出了一种基于演化密码思想的安全椭圆曲线产生方法,应用蚁群算法来选择产生安全椭圆曲线,这一工作从实践上验证了演化密码的思想和方法在公钥密码领域的成功。

10.2 Koblitz 安全椭圆曲线的演化产生

Koblitz 椭圆曲线是一种定义在域 F_2 上的椭圆曲线,因此称为反常二进制椭圆曲线,其优点是点乘运算可以不使用倍点运算[12]。Koblitz 椭圆曲线在域 F_2 上的定义为:

$$E_0: y^2+xy=x^3+1$$
$$E_1: y^2+xy=x^3+x^2+1$$

令 $a \in \{0, 1\}$,l 是 m 的一个因子,则 $E_a(F_{2^l})$ 是 $E_a(F_{2^m})$ 的子群,因此 $\#E_a(F_{2^l})$ 能够整除 $\#E_a(F_{2^m})$。如因为 $\#E_0(F_2) = 4$,$\#E_1(F_2) = 2$,所以 $\#E_0(F_{2^m})$ 是 4 的倍数,$\#E_1(F_{2^l})$ 是 2 的倍数。

余因子的定义:Koblitz 椭圆曲线 E_a 在 F_{2^m} 上有素数(简化)阶,若 $\#E_a(F_{2^m}) = hn$,其中 n 是素数并且 $h = \begin{cases} 4 & 若 a=0 \\ 2 & 若 a=1 \end{cases}$,$h$ 称为余因子。

1. Weil 定理扩展子域方法求阶

ECC 椭圆曲线的阶的计算是有限域中椭圆曲线选取的核心问题。现存比较好的求阶方法是 SEA 算法,虽然该方法选取的椭圆曲线安全性好、选取的空间足够大,但是实现比较复杂,对于阶的运算普遍比较慢,所以对于速度要求比较高的系统不适合。为了提高 ECC 椭圆曲线的阶的运算速度,本书利用 Weil 定理求解以 2 为特征的子域扩展算法来求阶。

下面介绍利用 Weil 定理[13]计算扩域中 ECC 椭圆曲线的阶的步骤。

STEP1:建立 $p=2$ 小素数域,建立 ECC 计算平台;

STEP2:当 $p=2$ 时,建立其相对应 ECC 方程 $y^2+xy=x^3+ax^2+b$,然后求出小素数域中椭圆曲线的阶数,即 count $= \#E(F_p)$;

当 $a=0$,$b=1$ 时,可以很容易计算出 count $= \#E(F_2) = 4$,即椭圆曲线上共有 4 个点;

当 $a=1$，$b=1$ 时，可以很容易计算出 count $=\#E(F_2)=2$，即椭圆曲线上共有 2 个点；

STEP3：根据 Weil 定理，我们要先计算出 $A=p+1-\#E(F_2)$ 的值；

当 $a=0$，$b=1$ 时，$\#E(F_2)=4$，所以 A 是一个定值为 -1；

当 $a=1$，$b=1$ 时，$\#E(F_2)=2$，所以 A 是一个定值为 1；

STEP4：建立二次方程 $T^2-AT+p=0$；

当 $a=0$，$b=1$ 时，方程可写为 $T^2+T+2=0$，然后利用二次方程的万能求根公式求取此方程的根 t_1 和 t_2，我们可以很容易地求出这两个值，$t_1=-\frac{1}{2}+\frac{\sqrt{7}}{2}i$，$t_2=-\frac{1}{2}-\frac{\sqrt{7}}{2}i$，那么该二次方程可以改写为 $(T-t_1)(T-t_2)=\left\{T-\left(-\frac{1}{2}+\frac{\sqrt{7}}{2}i\right)\right\}\left\{T-\left(-\frac{1}{2}-\frac{\sqrt{7}}{2}i\right)\right\}$ 形式。

当 $a=1$，$b=1$ 时，方程可写为 $T^2-T+2=0$，然后利用二次方程的万能求根公式求取此方程的根 t_1 和 t_2，我们可以很容易地求出这两个值 $t_1=\frac{1}{2}+\frac{\sqrt{7}}{2}i$，$t_2=\frac{1}{2}-\frac{\sqrt{7}}{2}i$，那么该二次方程可以改写为 $(T-t_1)(T-t_2)=\left\{T-\left(\frac{1}{2}+\frac{\sqrt{7}}{2}i\right)\right\}\left\{T-\left(\frac{1}{2}-\frac{\sqrt{7}}{2}i\right)\right\}$ 形式。

STEP5：利用 Weil 定理求取扩域的阶数：$\#E(F_{p^n})=p^n+1-(t_1^n+t_2^n)$；

当 $a=0$，$b=1$ 时

$$\#E(F_{2^n})=2^n+1-(t_1^n+t_2^n)$$
$$=2^n+1-\left\{\left(-\frac{1}{2}+\frac{\sqrt{7}}{2}i\right)^n+\left(-\frac{1}{2}-\frac{\sqrt{7}}{2}i\right)^n\right\}$$
$$=2^n+1-\frac{1}{2^n}\left\{(-1+\sqrt{7}i)^n+(-1-\sqrt{7}i)^n\right\}$$
$$=2^n+1-\frac{1}{2^n}\left\{(\sqrt{7}i-1)^n+(-1)^n(\sqrt{7}i+1)^n\right\}$$

当 $a=1$，$b=1$ 时

$$\#E(F_{2^n})=2^n+1-(t_1^n+t_2^n)$$
$$=2^n+1-\left\{\left(\frac{1}{2}+\frac{\sqrt{7}}{2}i\right)^n+\left(\frac{1}{2}-\frac{\sqrt{7}}{2}i\right)^n\right\}$$
$$=2^n+1-\frac{1}{2^n}\left\{(1+\sqrt{7}i)^n+(1-\sqrt{7}i)^n\right\}$$

2. 蚁群算法在 Koblitz 椭圆曲线产生中的应用

蚁群算法[14]具有分布式计算、无中心控制和分布式个体之间间接通信的特征，易于与其他优化算法结合，蚁群算法通过简单个体之间的求解表现出了求解复杂问题的能力,已被广泛应用于求解优化问题[15]。蚁群算法相对易于实现,且算法中并不涉及复杂的数学操作,因此我们考虑将其应用在 m 的搜索中。

基于蚁群的优点,并参照蚁群算法在 TSP 中的应用,本书设计出一套适合 m 搜索的蚁群模型,这个模型类似于最大最小蚂蚁系统(MMAS)。

(1) 信息素的限制

MMAS 的一个最大特点就是把信息素的大小取值限制在由下界和上界限定的一个范围内,以避免算法陷入停滞状态。同时结合一个较小的信息蒸发速率,使得算法在最初的搜索步骤中能尝试更多的解。

如果 TSP 是二维模型,那么这里设计的模型则是一维的,即只存在点,而不存在点之间的路径距离问题。我们将信息素 τ_i 设置在点上,而 TSP 是将信息素置于路径上。如图 10-1 所示为信息素模型,图中信息素越浓的点颜色越深。起始时刻,所有点的信息素都为最大值 $\tau_{\max}$。

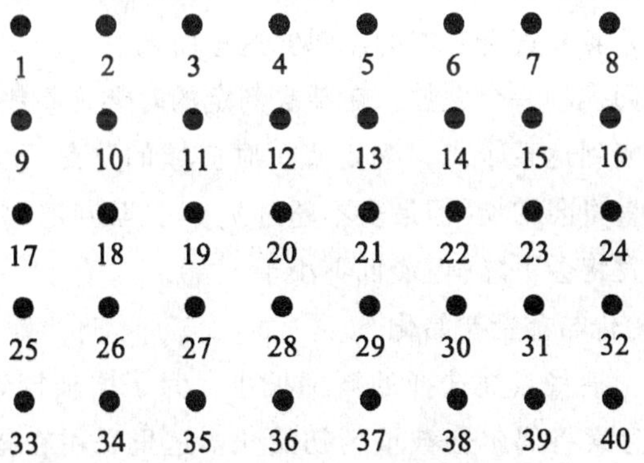

图 10-1 信息素模型

信息模型中的点代表我们要验证的 m。出于简化的目的,只选择素数 m。所以在 0~2000 之中,只要验证 303 个素数。本算法将预先计算所有域的阶,并将其保存下来。试验表明这是一个十分耗时的过程,计算 2、3、5、7、…、1997、1999 素数的阶共需耗时 4~5 个小时。

(2) 模型的构建

位于点 i 的蚂蚁 k,根据伪随机比例规则选择点 j 作为下一个访问的点。这个规则由下式给出[36]:

$$j = \begin{cases} \arg\max\{\tau_i [\eta_i]^{\beta}\} & \text{如果 } q \leq q_0 \\ J & \text{否则} \end{cases}$$

其中 q 是均匀分布在区间 $[0,1]$ 中的一个随机变量,$q_0 (0 \leq q_0 \leq 1)$ 是一个参数,J 是根

据式子

$$p_j = \frac{[\tau_j]^\alpha [\eta_j]^\beta}{\sum_{l \in N} [\tau_l]^\alpha [\eta_l]^\beta}$$

给出的。式中 η_i 代表一个预先给定的启发式信息，α 和 β 是两个参数，它们分别决定了信息素和启发式信息的影响力，N 代表了当前蚂蚁可以访问的所有点。

也就是说，蚂蚁选择当前最优移动方式的概率是 q_0，这种最优的移动方式是根据信息素的积累量和启发式信息值求出的。同时，蚂蚁以 $1 \sim q_0$ 的概率有偏向性地探索其他可能的点。通过调整参数 q_0，可以调节算法对其他解的探索度，从而决定算法是集中搜索最优解附近的区域还是探索其他区域。

当 J 的概率小于某个值 $Q(0<Q<1)$ 的时候，可认定剩下的点所对应域的阶判定为素数的可能性非常低，没有必要再去检验，于是就可以结束这只蚂蚁的旅行。因此，每次迭代中的最优蚂蚁也是访问点数最少的蚂蚁。实验中，将 Q 取在较小的值(比如 0.2)能够增加蚂蚁访问点的数量，同时放弃了可能性非常低的点。

那么，怎样的点才算是符合要求的点呢？这里引入一个概念：素数的判定存在一定的概率。也就是说，同样的一个大数，在某次判定的时候是素数，那么在下一次就有可能判定为非素数。蚂蚁到达某个点，判定点 i 对应域的阶是否为大素数。若判定为素数，该点的信息素含量将会增加(但最多不超过 τ_{max})；若判定为非素数，该点的信息素含量随着信息素的挥发将会下降(但最低不小于 τ_{min})。

(3) 信息素的初始化与重新初始化

随着算法的执行，某些点被选择的概率很小，为了增加探索这些点的可能性，在 MMAS 中，点上的信息素将偶尔会被重新初始化。这里采用在指定的 K 次迭代中未能得到一条更优解时，就会触发信息素的重新初始化。

实验表明，素数判定的准确率较高，解的收敛速度较快，因此可以适当减小 K 的值以增加信息素初始化的频率，提高蚁群的全局搜索能力。

(4) 全局信息素更新

在 MMAS 中，只有每次迭代中最优的蚂蚁才被允许在每次迭代后释放信息素。信息素更新规则由下式给出：

$$\tau_i \leftarrow (1-\rho)\tau_i + \Delta\tau_i^{best}$$

其中 $\rho(0<\rho\leq 1)$ 是信息素的蒸发率。参数 ρ 的作用就是避免信息素的无限积累，而且还可以使算法"忘记"之前选用的较差解。对于判定为素数的点，它的 $\Delta\tau_i^{best}$ 为正数，且必须满足 $\Delta\tau_i^{best} - \rho\tau_{max}$ 略大于 0，也就是信息素的增量必须稍大于信息素的挥发量，这样才能保证符合要求的点的信息素含量不会随着迭代次数的增加呈下降趋势；对于判定为非素数的点，它的 $\Delta\tau_i^{best} \leq 0$($\Delta\tau_i^{best}$ 的取值略小于 0 即可)，这样能够加快蚁群算法的求解

速度，同时又避免了收敛过快。

图 10-2 所示是经过几次迭代后每个点的信息素含量：黑色点表明信息素含量很高，这些点有很大的可能性是大素数；灰色点表明信息素部分挥发，这些点有较小的可能性是大素数；白色点表明信息素已经达到最小值，表示这些点几乎不可能是大素数。

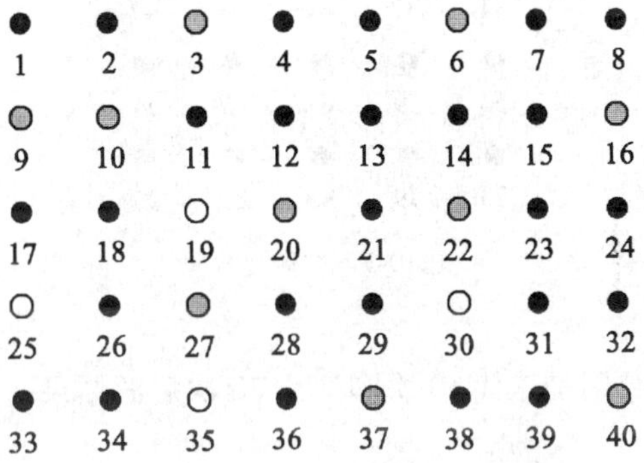

图 10-2 几轮迭代后的模型状态

（5）局部信息素更新

为了避免同次迭代中的蚂蚁都得到相类似的结果，还引入了局部信息素更新规则，这将增加探索未到达点的机会，使得算法不会陷入停滞状态（即蚂蚁不会得到相同的解）。也就是说，迭代中的每只蚂蚁每经过一个点，将立刻调用下面这个公式更新该点的信息素。

$$\tau_i \leftarrow (1-\xi)\tau_i + \xi\tau_0$$

其中，ξ 和 τ_0 是两个参数，ξ 满足 $0<\xi<1$，τ_0 是信息素量的初始值，也就是 τ_{max}。

3. 蚁群算法求基域

由于受到篇幅限制，这里只列举了 $a=0$，$b=1$ 时 m 为 $0\sim100$ 的搜索情况。

STEP1：参数的初始化，取 $\alpha=1$，$\beta=5$，这里更注重启发信息在探索中的作用。信息素蒸发因子 $\rho=0.02$，实验表明 ρ 取较小的数能够避免蚁群算法过快收敛。算法模型如图 10-3 所示：

每一个点代表一个 m 值，也对应相应的阶。实验表明迭代次数大于 20 次能得到比较好的结果，其中每次迭代蚂蚁的数量取 5。

STEP2：每次迭代开始，将 5 只蚂蚁随机放在不同点，蚂蚁每到达一个点都要用验证目标函数判定该点对应的阶是否为大素数，然后按照模型构建的规则选择下一个要到达的点。每只蚂蚁每走一步都要进行一次局部更新；每次迭代结束后，选择一个最优蚂蚁进行一次全局更新。

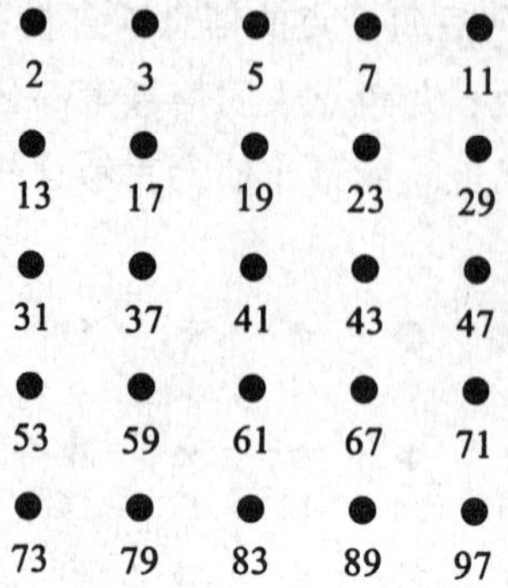

图 10-3 初始化模型

图 10-4 和图 10-5 分别是迭代 10 次和迭代 20 次后的结果。

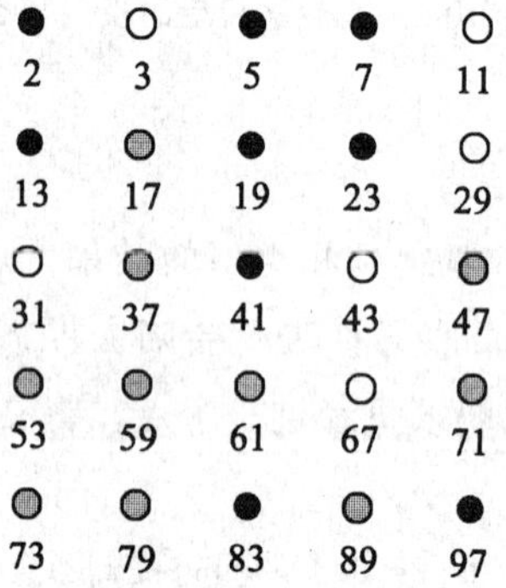

图 10-4 迭代 10 次后结果

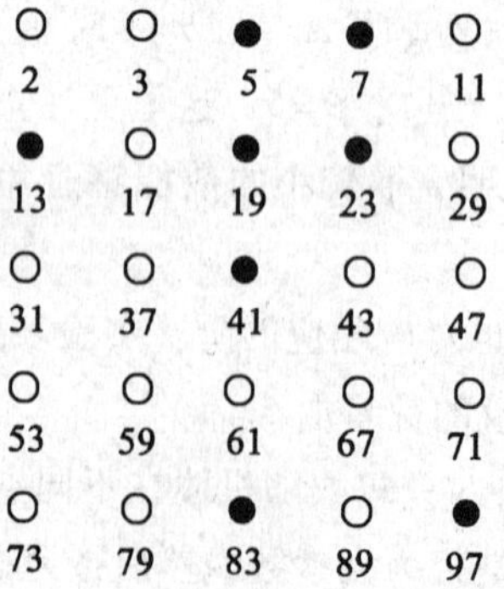

图 10-5 迭代 20 次后结果

从最终的结果中可以看出，$m=5$，7，13，19，23，41，83 时能够找到对应的基点的阶是素数。

4. 实验结果

机器环境：PC 机，CPU：AMD sempron 2800+，内存：256MB　硬盘：80G

软件平台：Microsoft Visual C++ 2005

我们分别对 Koblitz 的两类椭圆曲线在 0～10000 范围内的基域做了搜索，产生的安全椭圆曲线基域的范围最大超过 9000bit（PC 机耗时 5 个小时），远超过美国 NIST 公布的最高 571bit 和国内公开报道的最高 163bit，实验结果如下。

在 $a=0$，$b=1$ 类型的 Koblitz 椭圆曲线中，在基域 m 范围从 1～2000 中一共找到安全基域 31 个：5、7、13、19、23、41、83、97、103、107、131、233、239、277、283、349、409、571、1249、1913、2221、2647、3169、3527、4349、5333、5903、5923、6701、9127、9829。其中大于 163bit 的有 20 个。

在 $a=1$，$b=1$ 类型的 Koblitz 椭圆曲线中，在基域 m 范围从 1～2000 中一共找到安全基域 25 个：5、7、11、17、19、23、101、107、109、113、163、283、311、331、347、359、701、1153、1597、1621、2063、2437、2909、3319、6011。其中大于 163bit 的有 15 个。

例 10-1　对于下面形式的 Koblitz 椭圆曲线

$$E_1: y^2+xy=x^3+x^2+1$$

701bit 基域产生结果如下，其中 k 表示基域，n 为基域为 k 的阶：

$k=2^{701}$

$n=5260135901548373507240989882880128665550339802823173859498280903068732154297080822113666536277588451226980007447205738750785915445464713273053067741405968564334794313753878032816084302756649401756057061240038011$

$Gx=$ 0x12357E01799C6A79B5DAF8EFA949ED08C13B383E00E8C06EB11788E73A6B6CC8AC577F452EBA8BDFAC3569DA68EC34B3BDF81741AD51C8C807A20CE222295FDFFD951998FDBA0936F24A7CD9346F970CAA9ECD166F6CE137

$Gy=$ 0xA0466426EEE1727C8CCE8E3A430D61F11D88A6F987032AC37F204C57AF97FDEFB11DABD5062644C86B96511D4643603E530C33BFAE598CABFFBCC4E9538E5B2FDE53BA58CFA5D1E23329397E4253B4DBC0AB919100FBDB7

我们的实验覆盖了美国 NIST 公布的 $F(2^{163})\sim F(2^{571})$ 5 条 Koblitz 安全椭圆曲线。对于这些曲线，我们提供了不同的基点，对比如下：

m	163
a	1
$p(t)$	$t163+t7+t6+t3+1$
h	2
n	5 846 006 549 323 611 672 814 741 753 598 448 348 329 118 574 063
Gx	0x 6 243C 77BD 6DAC AC2D 474C 9CF4 E307 2577 3B77 7EB8
Gy	0x 3 E996 C6AB 5165 45F8 6D4B 7CEE 7633 B358 C5F7 93D9
平均耗时	1 分钟

	Curve K-163
a	1
$p(t)$	$t163+t7+t6+t3+1$
n	5846006549323611672814741753 598448348329118574063
Gx	0x 2 fe13c053 7bbc11ac aa07d793 de4e6d5e 5c94eee8
Gy	0x 2 89070fb0 5d38ff58 321f2e80 0536d538 ccdaa3d9

m	233
a	0
$p(t)$	$t233+t74+1$
h	4
n	3 450 873 173 395 281 893 717 377 931 138 512 760 570 940 988 862 252 126 328 087 024 741 343
Gx	0x 1CD 4147 A6FF 9F38 FD22 AA83 7A7C 779F C97B F996 D22F 9E73 E4B0 424F 66C3
Gy	0x 169 20A8 0536 B1CC 4792 B161 1C0A 78D7 9F78 23CF DBAE BF0C BFBC 940D F423
平均耗时	3.7 分钟

	Curve K-233
a	0
$p(t)$	$t233+t74+1$
n	3450873173395281893717377931 1385127605709409888622521263 28087024741343
Gx	0x 172 32ba853a 7e731af1 29f22ff4 149563a4 19c26bf5 0a4c9d6e efad6126
Gy	0x 1db 537dece8 19b7f70f555a67c4 27a8cd9b f18aeb9b 56e0c110 56fae6a3

第 10 章 椭圆曲线的演化产生

m	283
a	0
$p(t)$	$t283+t12+t7+t5+1$
h	4
n	3 885 337 784 451 458 141 838 923 813 647 037 813 284 811 733 793 061 324 295 874 997 529 815 829 704 422 603 873
Gx	0x 4E9 E511 FA31 5504 5481 A04C 6F39 592A 7099 26CC FAE5 0816 9E5D ED4A 9CA3 F1BC 4E7D 4C45
Gy	0x 4A9 EF59 6F69 8043 AE1D B416 F928 B642 CFD7 461A 67AF 8BA2 5233 4868 BC9B E1EB 7DCB 08D0
平均耗时	4 分钟

	Curve K-283
a	0
$p(t)$	$t283+t12+t7+t5+1$
n	3885337784451458141838923813 64703781328481173379306132429587 4997529815829704422603873
Gx	0x503213f78ca44883f1a3b8162f188 e553cd265f23c1567a16876913b0c2 ac2458492836
Gy	0x1ccda380f1c9e318d90f95d07e542 6fe87e45c0e8184698e45962364e34 116177dd2259

m	409
a	0
$p(t)$	$t409+t87+1$
h	4
n	330 527 984 395 124 299 475 957 654 016 385 519 914 202 341 482 140 609 642 324 395 022 880 711 289 249 191 050 673 258 457 777 458 014 096 366 590 617 731 358 671
Gx	0x 106 7E7B 22DA B059 BD12 2D14 C49E 14A0 08D3 C926 ED4D C105 F0C2 B659 8509 9A11 B097 C200 A43F 6F46 5F7A 4A8F 6A3A 9121 BD71 B614
Gy	0x 4E EE2A B519 E518 A978 E5A3 5E7B 72F9 6C78 7E15 F92F C6AA 72D9 DE68 B3E2 A0ED 1AEC 286D 67B3 C24A C714 94DF 34E3 81D6 7BDB FE2A
平均耗时	13 分钟

	Curve K-409
a	0
$p(t)$	$t409+t87+1$
n	330527984395124299475957654 0163855199142023414821406096 4232439502288071128924919105 0 673258457777458014096366590 617731358671
Gx	0x060f05f658f49c1ad3ab1890f7184 210efd0987e307c84c27accfb8f9f67 cc2c460189eb5aaaa62ee222eb1b3 5540cfe9023746
Gy	0x1e369050b7c4e42acba1dacbf04 299c3460782f918ea427e6325165e 9ea10e3da5f6c42e9c55215aa9ca2 7a5863ec48d8e0286b

m	571
a	0
$p(t)$	$t571+t10+t5+t2+1$
h	4
n	19322687615086291723476759454659936 72149463664853217499328617625725759 57114478021226813397852270671183470 67128008253514612736749740666173119 2968242161709250355573368527 6673
Gx	0x 69E 202A 15A4 739E 0FEE ECDA 1B17 1AB0 7AC0 8EC3 6369 7701 8FCF 52D2 BF79 7DFD 9E29 19EE A954 1D83 2EE8 E37D DC92 7003 79F5 CBDB F146 8B63 582F ECAB DADA 8AD9 4A21 EF89 4D82 F454
Gy	0x 28C 3E1D 87E3 0527 4B9A C627 9532 E328 BE6A 607C AB08 9FC3 4300 8E22 E46E 9ADD 451D FCBF 8798 E765 A443 40D9 195B 0DBE 98B0 8B95 D737 57AF 5B0E BDD1 CF13 DAD6 DC8A 3D5E A7FF 0A71
平均耗时	16 分钟

	Curve K-571
a	0
$p(t)$	$t571+t10+t5+t2+1$
n	19322687615086291723476759454 59936721494636648532174993286 17625725759571144780212268133 97852270671183470671280082535 14612736749740666173119296824 2161709250355573368527 6673
Gx	0x26eb7a859923fbc82189631f8103f e4ac9ca2970012d5d4602480480184 1ca44370958493b205e647da304db4 ceb08cbbd1ba39494776fb988b4717 4dca88c7e2945283a01c8972
Gy	0x349dc807f4fbf374f4aeade3bca953 14dd58cec9f307a54ffc61efc006d8a2 c9d4979c0ac44aea74fbebbb9f772ae dcb620b01a7ba7af1b320430c85919 84f601cd4c143ef1c7a3

此外,在美国公布的 $F(2^{163}) \sim F(2^{571})$ 范围内又有 8 条新的安全曲线发现。

5. 安全性分析

根据公开的资料,美国 NIST 数字签名标准 FIPS 186-2 及 FIPS 186-3 中并没有明确提出其推荐的安全椭圆曲线参数采用的是怎样的安全准则。FIPS 186-3 中提到其椭圆曲线参数产生方法基本按照 ANSI X9.62 中公布的算法实现,可以看出其安全准则至少与 ANSI 的安全准则是一样的。以下是 ANSI 的安全准则,然后相应地列出了我们在选择 Koblitz 安全椭圆曲线时所采用的安全措施。

(1)椭圆曲线的阶能够被一个大素数(大于 2^{160})整除。

如果所选的 ECC 椭圆曲线的阶 $\#E(GF(p))$ 的分解式包含大于 2^{160} 的大素数因子,则平方根攻击(Baby Step/Giant Step、Pollard-ρ)方法对于椭圆曲线攻击是无效的,同时可保证 Pohlig-hellman 攻击的 $O(\sqrt{n})$ 计算量不能实现。

我们在 $2^{163} \sim 2^{2000}$ 范围内筛选安全基域，由于椭圆曲线阶的数量级等于基域数量级，故椭圆曲线阶也落在 $2^{163} \sim 2^{2000}$ 之间。另外，规定余因子最大不超过 4，根据公式：基点的阶=椭圆曲线的阶($2^{163} \sim 2^{2000}$)÷余因子($1 \sim 2^2$)，我们得到基点的阶必定落在 $2^{161} \sim 2^{1998}$ 之间，保证大于 2^{160}（当然我们只选择是大素数的阶）。

（2）必须避免受到 MOV 攻击。

为了抵抗 MOV 攻击，必须有 $p^i \neq 1 \bmod n$，其中 $i=1, 2, \cdots, \log_2 \frac{p}{8}$，$n$ 为基点的阶。实验表明，MOV 攻击只对很少一部分的椭圆曲线有效。但具体实现的时候，我们还是将这个因素考虑在内。由于 MOV 检测只涉及基域 p 及基点的阶 n，因此该部分我们安排在求阶计算之后，而不是在基点选取之后。我们将基点的阶 n 通过如图 10-6 所示的处理。

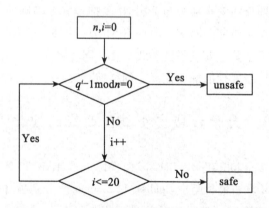

图 10-6 MOV 攻击检验流程图

我们将搜索得到的安全基域 $p=2^m$（m=163、223、239、277、283、311、331、347、349、359、409、571、701、1153、1249、1597、1621、1913）以及相对应基点的阶 n 代入以上模型进行检验，结果表明以上基域均不会遭受 MOV 攻击，因此建立在上述参数的椭圆曲线是安全的。

（3）若椭圆曲线的阶等于基域，这样的椭圆曲线不能使用。

在 Koblitz 安全椭圆曲线选择实验中我们并未发现有基点阶等于基域的情况出现。事实上，即便这种情况出现了，由于 Koblitz 椭圆曲线的基域都是以 2 为特征的，当基点的阶等于基域的时候，这样的阶必定不是大素数。因此在 Koblitz 安全椭圆曲线选择中可以不必考虑这类攻击。

（4）为了避免将来可能存在的对特殊非奇异椭圆曲线的攻击，最好随机选择椭圆曲线。

　　由于我们这里研究的是 Koblitz 类型椭圆曲线，所以不存在随机选择椭圆曲线的问题。另外，我们考虑了 Weil 下降攻击（GHS 攻击）。与 MOV 攻击一样，该攻击能够成功的概率很小。Menezes 等人的研究表明，当基域 2^m 中的参数 m 为素数且大于 160 的时候，GHS 攻击将会变得很困难。因此，安全基域选择的时候，我们只考虑 160～2000 之间的素数。从最后的结果中可以很清楚的看出，我们所公布的安全椭圆曲线基域参数 $m = 163$、223、…、1913 都是素数。

　　另外，FIPS 186-3 也明确指出 ANSI X9.62（1998）在安全椭圆曲线选择时没有考虑余因子大小问题，这样选择的椭圆曲线会有一定的安全隐患。FIPS 186-3 给出了不同基域范围下余因子所能够达到的最大值，同时指出余因子应当越小越好。在我们所讨论的 Koblitz 椭圆曲线中余因子只取 2 和 4 两种情况，因此也满足这方面的安全要求。

　　综上所述，我们选择的安全准则与美国 NIST 推荐安全椭圆曲线的安全准则基本一致，因此选出来的椭圆曲线完全涵盖了美国 NIST 公布的 5 条 Koblitz 安全椭圆曲线。在此基础上，我们还发现了其他安全椭圆曲线存在，同时将安全基域范围扩大到更高的数量级，研究表明，这些新发现的椭圆曲线也同样拥有较高的安全特性。

10.3　大素数域安全椭圆曲线的演化产生

　　复乘法（Complex Multiplication，CM 算法）实际上是 Atkin 和 Morain[16] 实现素性证明的副产品，完整的 CM 算法最早是由 Spallek 和 Zimmer[17] 分别独立完成的，它发展到现在已经成为一种比较成熟的算法，国际标准组织如 ANSI[18] 所颁布的标准中都有关于 CM 算法的详细介绍。

　　一般来说，Weber 多项式（除了 $D = 3 \bmod 8$）的每个解都对应了一条可能的安全椭圆曲线，因此，如何在短时间内求得足够多的解是我们关注的重点。在 Weber 多项式的求解上，目前的 CM 算法采用的都是因式分解法。研究表明，因式分解属于组合优化问题，分解过程中会产生大量有效数据，通过数据综合我们能够得到许多隐含的信息。而现有的 CM 算法并未注意到这些有效数据，求解效率较低。

　　本节就 Weber 多项式的求解问题引入了演化（蚁群）模型的思想[8]，同时将该模型改进后嵌入到 CM 算法中，构成一套完整的 CM 演化算法。本节第一部分介绍和分析传统 CM 算法，指出其存在的算法上的缺陷并对安全性做了简要的分析；第二部分设计出一套适合 Weber 多项式求解的蚁群模型，给出了模型中参数设定、资源分配、信息更新等问题的解决方案；第三部分给出了实验过程和结果分析；第四部分做了简单的总结和展望。

1. CM 算法分析

通常 CM 算法可以分成：(p, D) 求解；Weber 多项式产生；Weber 多项式求解；j 不变量求解；$kP=O$ 检验五个部分。下面对这些部分及其安全性问题进行分析。

(1) $4p = u^2 + Dv^2$ 的求解

这里的 p 值是一个素数，u 和 v 都是整数。求解这个方程是必要的，因为 D 值和相应的多项式需要事先确定。

通常我们可以使用以下两种方法求解：①第一种方法是直接算法，随机产生 (u, v) 对，然后计算 p 值，检查其是否是素数。如果是的话则完成求解，否则再随机产生另外的 (u, v) 对，继续检验。②第二种方法是 Cornacchia 算法，该方法是求解另一个稍微不同的方程 $p = x^2 + Dy^2$，其中 p 和 D 都是已知的，求解 x。一旦找到了这样的 x，再利用 $u = 2x$ 即可求出 u。

实验表明 Cornacchia 算法比直接算法更有效。直接算法是事先确定 (u, v) 再寻找合适的 (p, D)，这样找到的 D 值往往较大，给后面的 Weber 多项式求解带来麻烦；Cornacchia 算法事先确定了 (p, D) 再寻找合适的 (u, v)，保证了 D 值的大小在合适的范围内。因此我们实验的时候采用的是 Cornacchia 算法。

(2) Weber 多项式的产生

虽然 Weber 多项式具有较小的系数，但当 D 值达到某个数量级的时候，Weber 多项式的计算也比较困难。好在 Weber 多项式只与 D 值有关，与其他参数无关，所以 Weber 多项式可以进行预计算。

Weber 多项式的实现主要分为两个部分：类不变量的计算和连乘的实现。

类不变量有 10 种：当 $D \not\equiv 0 \bmod 3$ 时，$D \equiv 1, 2, 3, 6, 7 \bmod 8$；当 $D \equiv 0 \bmod 3$ 时，$D \equiv 1, 2, 3, 6, 7 \bmod 8$。这里我们只研究 $D \not\equiv 0 \bmod 3$ 时的 5 种类不变量。

Weber 多项式的构造过程中会涉及大量的复数运算，采用合适的算法可以大大提高计算速度；另外还需要考虑计算精度问题，类数不同的 Weber 多项式计算用到的精度不一样。精度不够会影响计算结果，精度过高会影响计算速度。Harald Baier 在文献 [19] 中介绍了许多计算技巧以及计算精度的选择，具体实现的时候我们就采用这些方法来提高运算速度。

(3) Weber 多项式的求解

Weber 多项式是可以进行预计算的，但 Weber 多项式的求解必须是实时的。多项式的每一个根都对应了一条椭圆曲线，因此，如何高效求解 Weber 多项式直接影响了 CM 的实现效率。

上述问题可以归结为任意次同余方程的求解问题。通常的做法是使用因式分解[20]，将高次同余方程分解成多个一次因式连乘的形式，即找到同余方程的解。文献 [20] 和 ANSI X9.63 标准中都有这种方法介绍。

Algorithm 1：

    Input：输入一个基域 $p>2$ 和一个模 p 的同余多项式 $f(x)$；

    Output：一个随机的解；

    Step1：令 $g(x)=f(x)$；

    Step2：若 $\deg(g)>d$；

    2.1：随机选取一个次数为 1 的首一多项式 $u(x)$；

    2.2：计算 $c(x):=u(x)^{\frac{p-1}{2}} \bmod g(x)$；

    2.3：令 $h(x)=\gcd(c(x)-1, g(x))$；

    2.4：若 $h(x)$ 为常数或 $\deg(h)=\deg(g)$，返回 2.1；

    2.5：若 $2\deg(h)>\deg(g)$，令 $g(x)=g(x)/h(x)$，否则，令 $g(x)=h(x)$；

    Step3：输出 $g(x)$。

为了便于分析，我们给出一个 5 次同余方程：
$$f(x)=x^5-167x^4+1646x^3-344x^2+1446x-579 \bmod 2003$$

穷举计算：通过穷举计算我们得知，该同余方程有 5 个解，分别是 1、17、29、49 和 71。

因式分解算法：从最初的高次同余方开始，每重复一次上面所有步骤，就可能得到一个次数较低的同余方程。通过不断重复循环上面的计算，最终能得到次数为 1 的同余方程，即方程的解。

我们将 Step2.3 中的 $c(x)-1$ 做如下因式分解：
$$c(x)-1$$
$$=x^4+1069x^3+386x^2+159x+388$$
$$=(x-1)(x-17)(x-71)(\cdots\cdots)$$

$c(x)-1$ 的因式中包含了 $x-1$、$x-17$ 和 $x-71$，分别对应了 1、17 和 71 这 3 个解。

根据 Algorithm 1，$c(x)-1$ 是由 $u(x)$ 经过 Step2.3 计算得到的。为了使分析更具有普遍性，我们随机选择其他的 $u(x)$ 以便获得不同的 $c(x)-1$ 进行观察：

$$u(x)=x+3$$
$$c(x)-1=x^4+862x^3+830x^2+1046x+1207$$
$$=(x-1)(x-49)(x-71)(\cdots\cdots)$$
$$h(x)=(x-1)(x-49)(x-71)$$

$$u(x)=x+452$$
$$c(x)-1=x^4+1966x^3+1834x^2+19x+559$$
$$=(x-17)(x-49)(x-71)(\cdots\cdots)$$
$$h(x)=(x-17)(x-49)(x-71)(\cdots\cdots)$$

$$u(x) = x+4$$
$$c(x)-1 = x^4+744x^3+1419x^2+1220x+471$$
$$= (x-49)(x-71)(\cdots\cdots)$$
$$h(x) = (x-49)(x-71)$$
$$u(x) = x+1321$$
$$c(x)-1 = 2001$$
$$h(x) = 1$$

不难看出，每一种 $u(x)$ 得到的 $h(x)$（除了常数外）都包含了至少一个或更多同余方程的解，且不同 $u(x)$ 的 $h(x)$ 之间可能存在重复的解。

我们将传统的搜索过程用网状图表示出来，如图 10-7 所示。

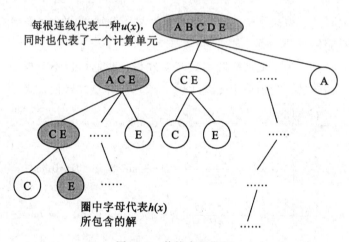

图 10-7 传统求解模型

图 10-7 中每一个圈代表一个 $h(x)$，$h(x)$ 是由部分解组成的多项式（顶端圈是由全部解组成的）。我们不能直接看出 $h(x)$ 所包含的解是哪些，这正是我们所要求的。但为了容易理解，我们将 $h(x)$ 所隐含的解都写在圈中，以便观察，这样的圈我们称为解集。

每一根连线代表一种 $u(x)$，连接了两个相邻的解集。图 10-7 中由三条粗线条和三个深色解集组成的路径代表一次搜索过程，该搜索找到解 E，当然还有其他许多条搜索路径。由于 $u(x)$ 是一个随机多项式，因此每次的搜索路径可能都不一样，但最终得到的解只有一个，而且可能重复。

浪费有效信息以及缺少必要的信息综合是传统搜索方法的两个最大的缺陷。很明显，Algorithm1 的 Step2 是一个循环搜索的过程。最好的情况下，我们仅需要一次计算就可以找到一个解；最坏的情况将耗费 n 次循环计算才能找到。平均下来需要 $n/2$ 次循环找到一个解。为此，我们考虑引入演化算法中的蚁群算法，通过信息综合来加速寻找过程。

(4) Weber 解与 Hilbert 解的转换（j 不变量求解）

上面求出的 Weber 多项式的解并不是椭圆曲线的 j 不变量，它需要转换为 Hilbert 的解才是 j 不变量，如何实现快速转换是需要考虑的问题。

我们所讨论的类不变量中（$D \not\equiv 0 \bmod 3$），$D \equiv 1, 2, 7 \bmod 8$ 的情况比较简单。这种情况下，Weber 多项式的长度等于 Hilbert 多项式的长度，解的个数等于多项式的最高次数，另外，Weber 解与 Hilbert 解是一一对应的关系。

只有 $D \equiv 3 \bmod 8$ 的情况稍微复杂些。在这种情况下，Weber 多项式长度是 Hilbert 多项式的 3 倍。当 Weber 多项式解的个数是 Hilbert 解的 3 倍的时候，转换关系变为三对一，即 3 个不同的 Weber 解映射到同一个 Hilbert 解上；当 Weber 解的个数等于 Hilbert 解的个数时，转换关系变为一一对应；当然还会遇到 Weber 多项式无解的情况，这时候也没有对应的 Hilbert 解。

具体实现的时候，为了提高椭圆曲线产生效率，我们可以不考虑 $D \equiv 3 \bmod 8$ 的情况。其他情况下的转换，我们采用文献[21]、[22]中介绍的转换公式。

$$R_H = \frac{(A-16)^3}{A} = \frac{(R_W^{-24}-16)^3}{R_W^{-24}} \quad (D \equiv 7 \bmod 8 \text{ and } D \not\equiv 0 \bmod 3)$$

$$R_H = \frac{(A-16)^3}{A} = \frac{(2^{12}R_W^{-24}-16)^3}{2^{12}R_W^{-24}} \quad (D \equiv 3 \bmod 8 \text{ and } D \not\equiv 0 \bmod 3)$$

$$R_H = \frac{(A-16)^3}{A} = \frac{(2^6 R_W^{12}+16)^3}{2^6 R_W^{12}} \quad (D \equiv 2, 6 \bmod 8 \text{ and } D \not\equiv 0 \bmod 3)$$

$$R_H = \frac{(A-16)^3}{A} = \frac{(2^6 R_W^{12}-16)^3}{2^6 R_W^{12}} \quad (D \equiv 1 \bmod 8 \text{ and } D \not\equiv 0 \bmod 3)$$

$$R_H = \frac{(A-16)^3}{A} = \frac{(2^6 R_W^6-16)^3}{2^6 R_W^6} \quad (D \equiv 7 \bmod 8 \text{ and } D \not\equiv 0 \bmod 3)$$

公式中 R_W 表示 Weber 多项式的解，R_H 是对应 Hilbert 多项式的解。根据 D 的不同情况选择上面不同的转换公式。

2. 蚁群算法在求解 Weber 多项式中的应用

这里我们将蚁群算法应用在 Weber 多项式的求解部分。相对于城市旅行商问题（TSP），多项式的求解从原理上说比较简单，因此蚁群模型设计的时候就不应该复杂化，尽量用最简洁的思路达到最好的结果。在尝试了多种可能的模型之后，我们选出其中最有效的模型介绍如下。

(1) 分解、搜索与迭代

分解：从前面的分析我们可以知道，$h(x)$ 的值可能有 3 种情况：$h(x)=1$，$h(x)=g(x)$ 和 $h(x)=z(x)$（$z(x)$ 能被 $g(x)$ 除尽）。前两种情况对应图 10-8(a)，这是一种无效的分解；最后一种对应图 10-8(b)，是一种有效的分解。有效的分解能将原方程分解成次数更小的一个方程。

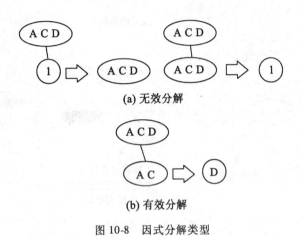

图 10-8　因式分解类型

搜索：从原方程得到一个次数更小的方程的过程，我们称为一次搜索。由于无效分解的存在，一次搜索可能包含了多个分解，但最后一次分解一定是一个有效的分解。最理想的情况是一次搜索仅用一次分解，但实际情况并不如此。由于 $u(x)=x+a$ 是随机选择的，我们事先无法知道某个 $u(x)$ 对应的 $h(x)$ 是否能有效分解，因此可能需要进行多次尝试。

迭代：完整的搜寻过程是由多次迭代构成的，每次迭代使用不同数量的蚂蚁进行搜索，一只蚂蚁进行一次搜索。所有蚂蚁搜索完成后，进行全局更新，为下一次迭代做准备。

模型中我们设计的每只蚂蚁只完成一次搜索，且每只蚂蚁的搜索目标都不一样，目标之间不存在重合部分。为了完成搜索，每只蚂蚁至少要尝试一次分解。其中，无效分解的次数直接决定了搜索的速度，实验表明，在随机选择 $u(x)$ 的条件下，发生无效分解的概率大概为 10%，会对搜索效率产生一定的影响。

（2）数据结构

解集：如图 10-9 所示，图中每一个圈都代表一个解集，解集是许多由字母表示的解组成的，不同的解集在模型中不同的位置具有不同的作用。有时候解集作为迭代的搜索目标存在，还有些时候解集作为搜索结果或是局部更新的结果存在。详细内容将在后面介绍。

搜索路径：如图 10-9 所示，我们把连接两个相邻解集的线条称为搜索路径。蚂蚁就是在搜索路径上完成自己的搜索任务。

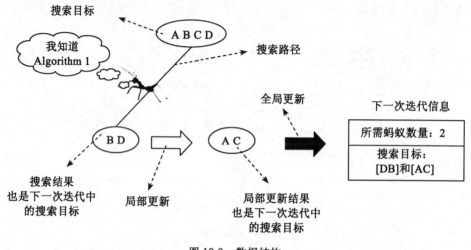

图 10-9　数据结构

搜索目标：用于存储本次迭代中蚂蚁需要分解的同余多项式。这些同余多项式来自上次迭代后全局更新的结果，并在下一次迭代中分配给不同的蚂蚁作为新的搜索目标。

蚂蚁：全局更新将搜索目标分配给下次迭代中不同的蚂蚁。我们假设每只蚂蚁都知道 Algorithm 1，并且懂得应该如何分解目标。

搜索结果：用于存放蚂蚁的分解结果。全局更新后，搜索结果将转换为下一次迭代的搜索目标。

局部更新解集：局部更新发生在蚂蚁完成搜索任务后，更新获得的结果保存在这个解集中。

蚂蚁数量：蚂蚁的数量等于本次迭代中搜索目标的数量，而搜索目标来自上一次迭代后的全局更新。但第一次迭代比较特殊，搜索目标只有一个，因此蚂蚁也只分配一只。

禁忌表：每只蚂蚁都有自己的禁忌表。正如我们前面介绍的那样，因式分解通常包含两种情况：有效因式分解和无效因式分解。因为 $u(x)$ 是随机选择的，因此无效因式分解是无法避免的。我们能做的事情是尽量避免使用已经被证明是无效的 $u(x)$，于是引入禁忌表用于记录这些无效的 $u(x)$。不同的蚂蚁有不同的搜索目标，所以蚂蚁之间不共享自己的禁忌表。

（3）局部信息更新

局部更新发生在每只蚂蚁完成搜索之后，利用同一只蚂蚁的目标方程与结果方程进行"除"运算，得到的结果保存在局部更新集合中。

局部更新的意义在于：由于蚂蚁通过分解得到的结果方程必定包含于目标方程中，这也就意味着我们可以利用目标方程与结果方程之"差"找到另一结果（该方程也是一个有效分解），使得搜索（分解）效率提高一倍。

(4) 全局信息更新

全局更新发生在本次迭代所有蚂蚁完成搜索和局部更新之后，全局更新的目的是综合本次迭代的信息。全局更新所需要的信息包括每只蚂蚁本次迭代的搜索结果和局部更新结果两部分。图 10-9 中的黑色箭头表示经历了一次全局更新过程。

全局更新的意义在于：我们能够将当前得到的数据信息进行汇总，能够更好地指引下一步的搜索方向——通过全局更新我们得到了下一次迭代的分解目标集合和下一次搜索需要用到的蚂蚁数量，使得整模型带有自主性，恰当地分配系统资源，减少了不必要的人为干涉，提高了搜索（分解）效率。

(5) 模型工作机制

以上部分介绍了模型的各个组成部分，下面将介绍该模型的工作机制。

Step1：初始化——将 Weber 方程作为目标方程分配给一只蚂蚁。

Step2：进行搜索——蚂蚁通过因式分解，找到了目标方程的一种因式 Poly1，记录下来。

Step3：局部更新——局部更新发生在每只蚂蚁完成搜索之后，利用每只蚂蚁的目标方程与 Poly1 进行"除"运算，得到目标方程的另一个因式 Poly2，将 Poly2 也记录下来。

Step4：全局更新——全局更新发生在本次迭代所有蚂蚁完成搜索和局部更新之后，全局更新的目的是让不同蚂蚁相互交换信息。全局更新汇总本次迭代的所有信息——每只蚂蚁的 Poly1 和 Ploy2，提取出本次迭代所获得的解，并确定下一次迭代中所需要的蚂蚁数量和目标方程，实现自动分配系统资源的功能，减少人为干涉。

Step5：信息反馈——如果下次迭代所需蚂蚁数量为 0，那么跳转到 Step7，否则继续往下执行。

Step6：重新初始化——为新一轮的迭代进行初始化，把下次迭代的目标方程分配给新的蚂蚁。

Step7：汇总所有的解。

(6) 具体实施过程

假定需要求解的 Weber 多项式含有 7 个解[A B C D E F G]，我们的目标是利用上述蚁群模型将这些解都分解出来。搜索的路径可能有很多种，图 10-10 给出其中一种搜索的详细过程。其他可能的搜索在图 10-11 中给出。无论搜索过程怎样，我们都能够得到 Weber 多项式所有的解。

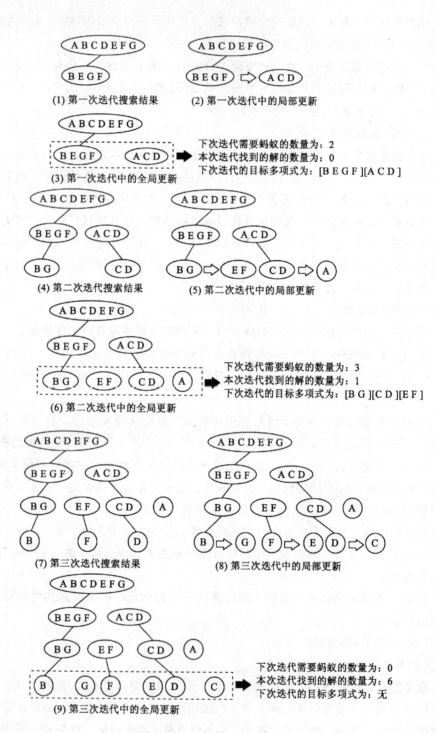

图 10-10 一种搜索过程

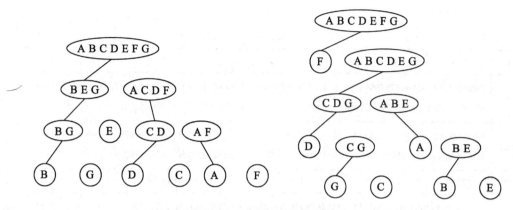

图 10-11 其他可能的搜索过程

3. 演化 CM 算法

在以上实验验证的基础上,我们将蚁群搜索模型引入到 CM 算法中,同时加上必要的安全准则,构成完整的演化 CM 算法。具体过程如下:

(1) 根据当前硬件配置使用 ANSI X9.63-2001[25] E1.4 提供的算法预先计算适当范围内所有 D 的 Weber 方程,并记录下所有的方程,存储在数据库 DataBase 中;

(2) 随机选择一个无平方因子的正整数作为判别式 D 的值,且 D 值必须满足 ANSI X9.63-2001 E3.2.1 中的一致性条件。如果不满足,则需要重新选择 D 值;

(3) 使用 ANSI X9.63-2001 E3.2.2 的方法判断上述 D 值是否为大素数 p 的判别式。如果不是,则返回(2)重新选择 D 值;

(4) 给定余因子 k 的可取范围,结合(1)(2)得到的判别式 D 和基域 p,使用 ANSI X9.63-2001 E3.2.3 的方法确定椭圆曲线的阶 u 和基点的阶 r,它们之间满足 $u=kr$;

(5) 从数据库 DataBase 中查找上述 D 值的 Weber 方程;

(6) 使用以下蚁群搜索模型求解步骤 5 给出的 Weber 方程,获得其所有解;

(7) 利用步骤 6 中的解根据 ANSI X9.63-2001 E3.4.1 提供的方法构造椭圆曲线 $y^2 = x^3 + ax + b$,每个解都可以构造一条椭圆曲线;

(8) 根据 ANSI X9.63-2001 H.1 提供的安全准则,判断步骤 6 所构造的椭圆曲线是否安全。

4. 实验过程

实际应用到 CM 算法中的时候,我们使用双线程技术。线程一用于寻找合适的 (p, D) 对,线程二用于寻找安全椭圆曲线。中间需要蚁群搜索模型作为转换器,将线程一的结果快速转换为线程二所需要的 j 不变量。其转换速度决定了整个演化 CM 算法的执行效率。表 10-1 给出了大小为 521bit 椭圆曲线随机产生结果(受篇幅的限制,这里只列出其中的某几条椭圆曲线）。

表 10-1　　5 条演化产生的大素数域椭圆曲线

m	521	h		4	
p	368349126499583487856976723183180798098308303084968821668226455139999173585578784273367870637152281668283324039467375809592926796463662392196158056330065106 1				
#Ep	920872816248958719642441807957951995245770757712422054170566137849997933963946098706035149799064370311296408942090656312038831947931637554246328503511485763				
D	11519	hD	125	Security Level	4
Weber roots	2237209703838095851972454675046771308497674565774075422128152331961333264123033600033943023041834490497137841513553854457527910289937339420381110550420507 79				
	2381694581007604906232949922180794842755140280895422315781362444381628832610234789240433316818906033099742775225751334787205916913240174023257118642756045 315				
	1256030102032038558505389091466160150941303076845910871769204223286228493181530114253060999415457379240240548547812079647397743087800124584433975821099759674				
	2911444971285116527227171420839286083128715732606321847451256616310665690207608968207971463471574355218493895872084073397701472388567508186854397220135264324				
	others.				
Hilbert roots (j-invariants)	1400931440212935973074701153705166680858274491789107342935262462040997729045571089359781800610844944482185716753011719230846057846381422695537598529306811693				
	1926029616563663846901100435225596841688078654311568137247452996806466452543769359020929833055291476558037259736028180203311671827744762299032971912447413 10				
	1731974222724236484249058160432279814485539139414759823402773561454286648335449044005997826394916106355852537640857137662213066069728208858376320424739116405				
	1065105018717081277266043418029613956924227143088927339784422534884970986140171669621574983826392620876585556307908310860827197523935668278963480390318163212				
	others				
The number of Curves			125		
Curve-1					
a	9327617396288542173699148708918018023926732659027109743556301911394510858927034940510397076561184911755783151005510909272784544007682276924851926042545614 96				

续表

b	6059892619127088146099791633494014587325788330147554226570013897070298546901269515438664303530952781105588700645238587471241197210333895123303984515971760923
Gx	5890188755789873570772464566455310371741573009471103633317563099654516198551719544256697049197777051219260065751905230093490478331695881073891129380698681253
Gy	2313079963284756147479231212484230935405209512894830757878374774307256043303523030906747768424192134315320776272467527788479808095405248620194654412272001528

Curve-2	
a	3428662608801633119305360447937274439024174654370174697744476463149095753656750992838260112686861242879358109170678596660494549069372041176037501615829251361
b	1397716192461412799032860266540291688300299927936238418185946909300594566751287180841505297913615321429927834280888026988932901918388596471269912819414483487
Gx	5937810593851178701583479839841635175220722552178025654592761722710219596185220586114444189449548788224544359503654971356002687381149199112588408240731597823
Gy	5110735687935793482463416558194923188622116643137556873822088279866880500403217142172534379705760581925193255660851009843783200925090580432903398139764927

Curve-3	
a	1939087461487302581189678138877975974750957737314201366480314768529059554415375071203728249726105805360699339861348545254162329591209803647704322146620584679
b	1162935869005688198253392728635888004154750195690324566801299855247288120960275181019966971096944674214755933688883475227844625582284546849504838944453377588
Gx	9648333439276650022380574067362940053336012010432480888673686371250432942314084730676496993547899447835348303592048572572996682141563491998291320637766081 98
Gy	7341779488673309868412064743941900214551861835539892857899536760758486583959599233121372238114843531126716221120421234812568667015733921501582353947744599 3

Curve-4	
a	6828487373786025351577862471997045832206136270109762973233412812288213493467473153712283784123260717654602386211155022719515464294062252038577738699524863 88
b	3228258773410099855131243067032004925502673946175704018466703697247444169624622965819526454096638768839193081313930089914628237011699140452723064649998993469

续表

Gx	3026616912025961363036539015424281142623598119229890620157447695682640129602074604967070243994711456460943851721448049703185111652843528412601163233973923335
Gy	6382314538650815367245628062243125098095654341056784596629173894857168086865599166406620550217848014772497750225824295839007841716515429608476873100107271 95

Curve-5 ············· Curve-125

5. 安全性分析

我们实验中主要依据 ANSI X9.63 的安全准则：

①椭圆曲线的阶能够被一个大素数（大于 2^{160}）整除；

②必须避免受到 MOV 攻击；

③若椭圆曲线的阶等于基域，这样的椭圆曲线不能使用；

④为了避免将来可能存在的对特殊非奇异椭圆曲线攻击，最好随机选择椭圆曲线。

根据以上安全准则生成的椭圆曲线基本具备了抵御现有椭圆曲线密码体制攻击算法（穷举、Pohlig-Hellman 攻击[23]、Baby-Step Giant-Step 攻击、Pollard's Rho 攻击[24]、SSAS 攻击、MOV 约化[25]、FR 约化）的能力。

目前研究较多的侧信道攻击[26]主要是利用 ECC 体制实现中的一些缺陷，通过统计学的方法间接获得密钥，与椭圆曲线本身的安全性关系不大，因而在椭圆曲线参数选择时我们不考虑这类攻击问题。

另外，从文献[5]得知，利用 CM 法构造的安全椭圆曲线，最好来自 $hD > 200$ 的类多项式，理由是利用较小 hD 多项式产生的椭圆曲线可能会遭受到特殊攻击。不过，到目前为止，还没任何国际安全标准有这种要求。尽管如此，我们必须对该提议引起足够的重视。

10.4 小　　结

本节探讨采用演化密码思想，研究椭圆曲线密码的安全曲线产生方法，从工程实践中证明了演化密码思想对于公钥密码也是有效的。

本节第一部分工作，研究 Koblitz 安全椭圆曲线产生。利用蚁群的正反馈和贪婪性等特点加速安全基域的搜索过程，提出一种新的 Koblitz 安全椭圆曲线搜索算法。在 PC 机上初步完成了 $F(2^{2000})$ 以内 Kolitz 安全曲线的搜索实验，产生的安全曲线基域的覆盖范围、曲线的规模和产生效率均超过目前国内和美国 NIST 的公开报道的结果。可提供的安全曲线的基域和基点最高超过 1900bit，远超过美国 NIST 公布的 571bit；此外在 NIST 公布的安全曲线 $F(2^{163}) \sim F(2^{571})$ 基域范围内，还有新的安全曲线发现。

本节第二部分工作，研究大素数域安全曲线产生。我们考虑引入演化算法改进 CM 算法的 Weber 多项式的求解，来提高有效数据的发掘能力，同时带来部分自适应能力，节约计算资源，与传统的 CM 算法每次只能产生一条安全曲线相比，本节方法可以产生多条安全曲线。

云计算的发展，黑客轻松获得高性能计算能力以增强密码破译能力已成为可能，有必要增强目前的 ECC 的安全强度，产生的安全曲线要能超过 NIST 推荐最高参数。

根据演化密码的思想，实战中不仅仅需要一次一密，变换算法也有助于提高密码系统的安全性，所以也需要产生多条安全曲线。

理论分析和实践表明，演化密码思想和方法，无论是对对称密码还是对公钥密码都是有效的。

本章的椭圆曲线产生算法采用了与 NIST 推荐的安全椭圆曲线相同的安全准则，能够抵御目前常见的安全攻击，并且演化密码可以在目标函数设计时有更好的灵活性，适应更进一步的安全设计要求。

但是应该看到，目前完成的是基域计算的演化密码设计，仅仅是安全椭圆曲线密码部件设计。除了在蚁群算法的优化，如初始点选择，如何缩小搜索范围找到更优的解，避免早熟等问题还需要做深入算法分析和理论研究外，演化密码的思想和方法应用于椭圆曲线密码的未来研究，应该包括如下几点：

①采用演化密码思想研究椭圆曲线密码其他部件的设计，如阶的计算、基点计算等；

②进一步分析采用演化产生的椭圆曲线的安全性；

③引入大型机，加快安全椭圆曲线的演化产生，建立安全椭圆曲线资源库；

④引入大型机，采用演化密码思想分析椭圆曲线密码的安全性等。

参 考 文 献

[1] 叶顶峰. 椭圆曲线密码研究进展[J]. 中国计算机学会通讯，2007，3(9)：60-63.

[2] Brown M., Hankerson D., Lopez J., Menezes A.. Software implementation of the NIST elliptic curves over prime fields [C]. London, UK: Topics in Cryptology-CT-RSA 2001, Proceedings Lecture Notes in Computer Science, 2001：250-265.

[3] Tim Guneysu, Christof Paar. Ultra High Performance ECC over NIST Primes on Commercial FPGAs [J]. Cryptographic Hardware and Embedded Systems-CHES'08, 2008, 5414：62-78.

[4] NIST, Digital Signature Standard. Federal Information Processing Standards Publication, Jan, 2000.

[5] 刘胜利，郑东，王育民. 域 $GF(2^n)$ 上安全椭圆曲线及基点的选取[J]. 电子与信息

学报，2000，5(22)：824-830.

[6] 张方国，王育民．GF(p)上安全椭圆曲线及其基点的选取[J]．电子与信息学报，2002，3(24)：377-381.

[7] 祝跃飞，顾纯祥，裴定一．SEA算法的有效实现[J]．软件学报，2002，6(13)：1155-1161.

[8] 张焕国，王张宜．密码学引论(第二版)[M]．武汉：武汉大学出版社，2009.

[9] 张焕国，冯秀涛，覃中平，刘玉珍．演化密码与DES密码的演化设计[J]．通信学报，2002，5(23)：57-64.

[10] 张焕国，冯秀涛，覃中平，刘玉珍．演化密码与DES的演化研究[J]．计算机学报，2003，26(12)：1678-1684.

[11] 孟庆树，张焕国，王张宜，覃中平，彭文灵．Bent函数的演化设计[J]．电子学报，2004，32(11)：1901-1903.

[12] 张焕国，王张宜．椭圆曲线密码学导论[M]．北京：电子工业出版社，2005.

[13] 祝跃飞，张亚娟．椭圆曲线公钥密码导论[M]．北京：科学出版社，2006.

[14] Xiaojun Bi, Guangxin Luo. The Improvement of Ant Colony Algorithm Based on the Inver-over Operator [C]. International Conference on Mechatronics and Automation-ICMA 2007, Aug. 5-8, 2007：2383-2387.

[15] 许殿，史小卫，程睿．回归蚁群算法[J]．西安电子科技大学学报（自然科学版），2005，6(32)：944-947.

[16] Atkin A. O. L., Morain F.. Elliptic curves and primality proving [J]. Math. Comput., 1991, 61：29-67.

[17] Lay G. J., Zimmer H.. Constructing elliptic curves with given group order over large finite fields [C]. In：Algorithmic number theory-ANTS-I. Lecture Notes in Computer Science, Berlin Heidelberg New York：Springer, 1994, 877：250-263.

[18] ANSI. Public Key Cryptography For The Financial Services Industry：Key Agreement and Key Transport Using Elliptic Curve Cryptography [CP/OL]. ANSI X9.63-199x, [1999-7-8]. 1999. http：//www.whuecc.com/ECC/X9.63-199x.pdf.

[19] Harald Baier. Efficient Algorithms for Generating Elliptic Curves over Finite Fields Suitable for Use in Crytography [D]. Dept. of Computer Science, Technical Univ. of Darmstadt, 2002.

[20] Joachim Von, Zur Gathen, Daniel Panario. Factoring Polynomials Over Finite Fields：A Survey [J]. Symbolic Computation, 2001, 31：3-17.

[21] Elisavet Konstantinou, Yannis C. Stamatiou, Christos Zaroliagis. On the Construction of Prime Order Elliptic Curves [C]. Berlin Heidelberg：Springer-Verlag, 2003, 309-322.

[22] Elisavet Konstaninou, Yannis C. Stamatiou, Christos Zaroliagis. Efficient generation of secure elliptic curves [C]. Int. J. Inf. Secur. , 2007, 6: 47-63.

[23] Pohlig S. C. , Hellman M. E. . An improved algorithm for computing logarithms over GF(P) and the cryptographic significance [J]. IEEE Transactions on Information Theory, 2002, 24(1): 106-110.

[24] Oorschot P. , Wiener M. J. . Parallel collision search with cryptanalytic applications [J]. Journal of Cryptology, 1999, 12(1): 1-28.

[25] Menezes A. T. , Okamoto T. , Vanstone S. A. . Reducing elliptic curve logarithms in a finite field [J]. IEEE Transactions on Information Theory, 1993, 39: 1639-1646.

[26] P. Kocher. Timing attacks on Implementations of Diffie-Hellman, RSA, DSS and other system [C]. CRYPTO'96, 16th Annual International Cryptography Conference. Santa Barbara, California, USA: August 18-22, 1996.

第 11 章　安全协议的演化设计

作为保证网络安全的基础和关键，安全协议的安全性分析和设计是信息安全领域的一个研究热点。利用演化密码的思想和演化计算不仅可以自动化设计密码部件，而且还可以自动化设计安全协议。本章介绍安全协议的自动化设计，包括通用协议、认证协议和非否认协议的演化设计方法。

11.1　协议的演化设计

11.1.1　安全协议的设计与分析简介

通俗地讲，协议就是通信双方或多方为完成某项特定目的而采取的一系列步骤。密码协议使用密码技术在网络上分配密钥、认证主体和数据，其目的是在不安全的网络上建立安全可靠的通信信道。密码协议的安全是电子商务系统和计算机通信网络安全的重要环节，基本的安全问题是身份认证（即知道谁发送了信息）和防泄露（即防止消息被泄露给不合法的接收者）。密码协议主要分成三类：

1. 密钥建立协议，在通信双方之间建立共享密钥；
2. 认证建立协议，帮助一个实体在某种程度上确信与他进行通信的另一个实体的身份；
3. 认证的密钥建立协议，在身份可被证实的实体之间建立共享秘密。

其中 2、3 两类协议又统称为认证协议。

非否认协议是一类用来在分布式系统中防止主体否认已经发送或接收了特定消息的协议，通常用于电子交易，如电子合同、电子商务。

对于协议的安全性分析，包括非形式化方法即攻击检验方法和形式化分析方法。对于形式化分析方法，通过将协议形式化，能够将协议转化为特定的逻辑或模型，从而进行分析。形式化分析的方法大致可以分为形式逻辑方法、模型检测方法、定理证明方法等。早期的形式化分析方法一般只是应用于通信协议的分析，直到 1989 年，Burrows, Abadi 和 Needham[1] 以逻辑形式方法提出了一种基于知识和信仰的逻辑——BAN 逻辑，用来描述和验证认证协议。BAN 逻辑成功地对 Needham-Schroeder、Kerberos 等几个著名的协议进行了分析，找出了其中已知和未知的漏洞。BAN 类逻辑的成功大大激发了研究者对协议安全性分析领域的兴趣,开创了不同于状态搜索方法的一个开阔领域,并且这类逻辑可以实现完全自动化,如 Brackin 的自动认证协议分析器。但随着研究发展,人们发现 BAN 的逻辑处理能力有限:初始假设及理想化步骤非形式化,逻辑语义不清楚,没有考虑窃听者存在以及攻击者知识增长,对零知识协议的分析能力有限等。由此出现了多种对 BAN 逻辑的增强和扩展,包括 GNY 逻辑、AT 逻辑、VO 逻辑和 SVO 逻辑等,这些逻辑都被称为 BAN 类逻辑。

形式化分析方法能够帮助人们发现已有协议中存在的缺陷,而能够直接得到正确的认证协议的设计方法将更加高效和安全。协议的形式化分析方法在成功发现许多协议的漏洞的同时,也不断地给协议设计者总结了很多设计经验。但是与较为成熟的认证协议形式化分析方法相比,形式化方法在认证协议设计方面的研究尚处于起步阶段。Gong 和 Syverson[2] 提出了错误—停止(Fail-Stop)协议的概念,首先将 BAN 类逻辑引入到协议设计中。Perrig 和 Song[3,4] 提出了另外的自动协议生成算法(APG),通过扩展新的约简规则,成功地自动生成两方认证协议和密钥协商协议,并给出了协议的生成—约简—优化模型。Clark 和 Jacob[5,6] 以 BAN 逻辑的一个子集作为通信方的状态转化关系,使用启发式算法对候选的协议进行搜索,可以自动生成比 APG 方法更大规模的协议。Alves-Foss 和 Soule 提出了安全协议自动生成的概念[23],指出可以使用最弱前提演算自动导出安全协议。Datta 和 Derek[28,30,31] 等提出了一个用于协议导出的形式化框架,能够从简单的协议成分出发,通过组合(composition)、精化(refinement)和变形(transformation)等操作导出一系列协议。作为该方法的应用实例,Datta 和 Derek 等成功地由两个基本协议导出了一个协议族中的所有协议,并且指出使用该框架和相应的逻辑,在给出协议基本元素以及对基本元素的可行操作之后,可以自动地进行协议导出过程,且导出协议的安全性证明可以通过基本元素的安全性证明来获得。周雅洁、张焕国[46] 等提出了基于演化算法和 SVO 逻辑的认证协议自动生成算法。王鹃、张焕国[15] 等提出了基于演化算法和 Kailar 逻辑[42] 自动生成非否认协议的算法。上述工作表明将形式化证明方法与智能算法结合起来是一种有效的自动化设计安全协议的方法。

接下来我们首先以 BAN 逻辑为例,介绍如何进行协议的自动化分析与设计。

11.1.2 BAN 逻辑

BAN 逻辑是一种基于知识和信仰的形式逻辑分析方法,它通过从协议执行者最初的一些基本信仰开始,根据协议执行过程中每个参与者发出、收到的信息,通过形式化的规则和逻辑推理,最后得出参与者的最终信仰。应用 BAN 逻辑对某个特定协议进行验证的时候,首先需要进行"理想化步骤",将协议的消息转换成 BAN 逻辑中的公式,再根据具体情况进行合理的假设,由逻辑的推理规则根据理想化协议和假设进行推理,推断协议能否完成预期的目标。如果在协议流程结束时,能够建立起关于共享通信密钥、对方身份等的信任,就表明协议是安全的;反之,表明协议存在安全漏洞。

首先我们介绍本节使用的基本术语和符号。

主体：参与协议的各方

A，B，C，S：具体的通信主体，通常 S 表示服务器方

K_{ab}，K_{as}，K_{bs}：具体通信主体之间的共享密钥

K_a，K_b，K_c：具体通信主体的公钥

K_a^{-1}，K_b^{-1}，K_c^{-1}：具体通信主体的私钥

N_a，N_b，N_c：伪随机数

P，Q，R：一般意义上的主体

X，Y：一般意义上的观点（逻辑构件）

(X,Y)：X 和 Y 的连接

$P \mid\equiv X$：P 相信 X，或 P 有权相信 X，表示主体 P 认为 X 是真的

$P \mid\sim X$：P 曾说过 X，主体 P 在某一时刻曾发送过包含 X 的消息，同时表明 P 能理解 X 的含义

$P \triangleleft X$：P 接收到 X，且 P 能理解 X 的含义

$P \mid\Rightarrow X$：P 对 X 有管辖权

$\#(X)$：X 是新鲜的

$P \xleftrightarrow{Y_{PQ}} Q$：$P$、$Q$ 之间共享密钥 Y_{PQ}

$P \mid\equiv P \xleftrightarrow{Y_{PQ}} Q$：$P$ 相信 Y_{PQ} 是 P 和 Q 的共享密钥

$P \mid\equiv Q \mid\equiv X$：$P$ 相信 Q 相信 X

$P \mid\equiv Q \mid\sim X$：$P$ 相信 Q 发送过（说过）X

$P \mid\equiv Q \mid\Rightarrow X$：$P$ 相信 Q 对 X 有管辖权

$\{X\}_K$：用加密密钥 K 对 X 进行加密

根据上面的定义，BAN 逻辑的推理如下：

消息意义规则：如果 $P \mid\equiv Q \xleftrightarrow{K} P$ 且 $P \triangleleft \{X\}_K$ 那么 $P \mid\equiv Q \mid\sim X$；

如果 $P \mid\equiv \xmapsto{K} Q$ 且 $P \triangleleft \{X\}_{K^{-1}}$ 那么 $P \mid\equiv Q \mid\sim X$；

如果 $P \mid\equiv Q \mid\sim H(X)$ 且 $P \triangleleft X$ 那么 $P \mid\equiv Q \mid\sim X$。

上面三个推理规则分别对应于发送方使用对称密码、公钥密码和 Hash 函数加密消息后，接收方的信念集合的更新规则。第一条的意义是如果 P 相信 K 为 P、Q 之间共享密钥，并且 P 知道 X 使用 K 进行加密，那么 P 相信 Q 发送过（说过）X。

类似地，第二条和第三条分别是发送方使用公钥系统中自己的私钥或 Hash 函数加密消息后，接收方 P 相信 Q 发送过（说过）X。

Nonce 检验规则：如果 $P \mid\equiv \#(X)$ 且 $P \mid\equiv Q \mid\sim X$ 那么 $P \mid\equiv Q \mid\equiv X$。

Nonce 检验规则表示如果 P 相信 X 是新鲜的，并且 P 相信 Q 说过 X，则 P 相信当前

Q 仍相信 X。注意 Nonce 检验规则是唯一的由"说过"推出"相信"的规则，要求 X 必须为明文，因此在对于每条消息自动更新信念集合时应该首先使用消息意义规则，解密后再使用 Nonce 检验规则。

新鲜性规则：如果 $P \mid\equiv \#(X)$ 那么 $P \mid\equiv \#(X, Y)$。

新鲜性规则表明只要消息的一部分是新的，则整个消息被认为是新的。

管辖权规则：如果 $P \mid\equiv Q \mid\Rightarrow X$ 且 $P \mid\equiv Q \mid\equiv X$ 那么 $P \mid\equiv X$。

管辖权规则表明如果 P 相信 Q 对 X 有仲裁权，并且 P 相信 Q 说过 X，那么 P 相信 X。

在 BAN 逻辑分析阶段，首先找出完成协议的最初信仰假设，这些假设是协议中各条消息起作用的条件。初始假设包括信仰假设（信任关系等）和状态假设（管辖权等）。然后建立协议目标信仰集合。对初始假设和断言运用逻辑推理规则进行推理，得出各个认证主体的最终信仰集合。如果最终信仰集合包含目标信仰集合中的所有元素，则协议安全。

以上列举的仅是 BAN 逻辑的一部分推理规则。对于一些简单的协议，使用上述规则已经可以进行形式化分析和设计。下一节我们介绍如何将这些协议和逻辑进行编码，从而使用演化计算进行协议的设计。

11.1.3 基于 BAN 逻辑的协议设计

下面我们介绍 Clark 等[5,6]对于 BAN 逻辑的编码和候选协议搜索算法以及我们的改进策略[7-9]。对于协议的演化设计，整个过程包括协议的编码、评估、约简等步骤。

1. 候选协议的编码

对于候选协议，我们可以将每条消息分为通信方和通信内容两部分编码。设协议中有 N 个通信方，则分别对于每个通信方从 0 到 N-1 编码；对于有 T 条信念的信念集合，分别对每条信念从 0 到 T-1 编码。这样我们就可以对于编码后的二进制串直接进行交叉、变异、选择等演化操作，以便生成新的候选协议。

例如考虑这样的需求：通信方 A 和 B 都知道服务器 S 的公钥，且知道自己的私钥；S 知道 A 和 B 的公钥和自己的私钥；A 和 B 都信任 S 拥有管理通信各方公钥的权利。我们的目标是协议执行后 A 和 B 得到对方的公钥并相信其是可用的。我们可以把 S，A，B 编码为 0，1，2，并分别对它们的信念集合编码。

2. 候选协议的评估

对于候选协议，首先初始化通信方的信念集合，对于上节的例子我们有：

$A \mid\equiv \overset{K_a}{\mapsto} A$ $\qquad B \mid\equiv \overset{K_b}{\mapsto} B$ $\qquad S \mid\equiv \overset{K_a}{\mapsto} A$

$A \mid\equiv \overset{K_s}{\mapsto} S$ $\qquad B \mid\equiv \overset{K_s}{\mapsto} S$ $\qquad S \mid\equiv \overset{K_b}{\mapsto} B$

$A \mid\equiv (S \mid\Rightarrow\overset{K_b}{\leftrightarrow} B)$ $B\mid\equiv(S\mid\Rightarrow\overset{K_a}{\leftrightarrow}A)$ $S\mid\equiv\overset{K_s}{\leftrightarrow}S$

$A\mid\equiv \#(N_a)$ $B\mid\equiv\#(N_b)$

然后对于每条消息 M_i，依次执行下列操作：

①利用编码规则判断发送者 a 和接收者 b；

如果消息为明文或者 Hash 值则跳至 2；

否则判断双方是否共享有会话密钥 K_{ab} 或者接收者拥有对应的私钥 K_b^{-1} 或者公钥 K_a，是则继续，否则跳至 5。

②对第 i 条消息进行解码，得出信念集合（在这里每条信念都被表示为一个整数 V）。

如果发送者当前有 T 条可以发送的信念，则说明这条信念是发送者的信念集合中的第 $j=(V \bmod T +1)$ 个信念。

③检查接收者的信念集合。注意这里如果消息含有被接收者认为是新的部分，那么整个消息也被接收者认为是新的（时新性规则）。

④更新接收者的信念集合：

- 如果消息 X 被收到，则发送者 $\mid\sim X$ 添加到接收者的信念集合（消息意义规则）；
- 如果消息 X 是新的，则发送者 $\mid\equiv X$ 添加到接收者的信念集合（Nonce 检验规则）；
- 如果发送者有 X 的管辖权，则接受者 $\mid\equiv X$（管辖权规则）

对于消息中包含的每条信念重复使用上面的推理规则，直至没有新的信念产生。

⑤将该条消息传递后所达到的目标个数进行统计。

对于上节的例子我们要得到的目标信念有：

$A\mid\equiv\overset{K_b}{\leftrightarrow}B$ $B\mid\equiv\overset{K_a}{\leftrightarrow}A$

$A\mid\equiv B\mid\equiv\overset{K_b}{\leftrightarrow}B$ $B\mid\equiv A\mid\equiv\overset{K_a}{\leftrightarrow}A$

演化算法在进化搜索中基本不利用外部信息，仅以适应度函数为依据，利用种群中每个个体的适应度值来进行搜索。因此适应度函数的选取至关重要，直接影响到演化算法的收敛速度以及能否找到最优解。对于每条消息执行完上述操作后，我们就得到候选协议的每条消息以及最终执行结果，并可以此作为适应值函数的参数来控制演化计算的方向。

下面是我们对于上节的例子得到的候选协议之一：

Message1： $A \rightarrow S$： $\{N_a, \overset{K_a}{\leftrightarrow}A\}_{K_S}$

Message2： $B \rightarrow S$： $\{N_b, \overset{K_b}{\leftrightarrow}B\}_{K_S}$

Message3： $S \rightarrow A$： $\{\{N_a, N_b\}_{K_a}, \overset{K_b}{\leftrightarrow}B\}_{K_S^{-1}}$

Message4： $S \rightarrow B$： $\{\{N_a, N_b\}_{K_a}, \overset{K_a}{\leftrightarrow}A\}_{K_S^{-1}}$

Message5: $B \to A$: $\{N_a, \{\overset{K_b}{\mapsto}B\}_{K_a}\}_{K_a}$

Message6: $A \to B$: $\{N_b, \{\overset{K_a}{\mapsto}A\}_{K_b}\}_{K_b}$

3. 适应度函数的选择

对于上述搜索算法,最简单的适应度函数就是使用第 5 步中统计出的达到目标个数。

设候选协议中共包括 M 次通信,第 i 次消息传递后达到的目标个数为 g_i,则

$$\text{Fitness} = \sum_{1}^{M} g_i$$

但是这样直接求和的话,如果有两个候选协议,前者在前几步就完成了大部分甚至全部目标,后者在最后一步才完成目标,显然前者在效率上更好一些。为了在适应值函数中体现出搜索的收敛效率等因素,考虑在适应值函数中添加加权值:

$$\text{Fitness} = \sum_{1}^{M} w_i \cdot g_i$$

为此,文献[5]、[6]对于不同的加权值,给出了不同的适应值函数方案,具体的 w_i 取值策略可参见 11.2.4.2 节关于适应值函数的讨论和实验结果。

4. 协议的约简

对于第一阶段所得出的最终候选协议,由于其产生过程直接使用 BAN 逻辑的推理规则,因此可以认为在 BAN 逻辑范围内是安全的,但是我们不能保证是没有冗余的最优结果。现在就需要进一步的约简,约简规则[8,9]如下:

S1:如果消息 X 在接收者的信念集合,则去除这条消息

S2:如果消息 X 被加密,且接收者没有会话密钥 K_{ab} 或者对应的私钥 K_b^{-1} 或者公钥 K_a,则去除这条消息

以上两条去除对于接收者不会增加信念集合内容的冗余消息。

S3:如果消息 $X = \{X_1, \cdots, \{X_i\}_K, \cdots, X_n\}_K$,则去掉内层的加密 $X = \{X_1, \cdots, X_i, \cdots, X_n\}_K$

S4:如果消息 $X = H(\{X_1, \cdots, X_n\}_K)$,则改变加密操作的顺序 $X = \{H(X_1, \cdots, X_n)\}_K$

以上两条减少通信双方加解密操作的开销。注意对于多重加密虽然可能有密码学意义的安全性加强,但是对于 BAN 逻辑不会影响其推理结果。

对于目前的应用背景,一般默认为通信开销要远大于加密开销,例如在 IC 卡中加解密需要的时间要远少于读卡器读写操作的时间,而在 PC 上加解密需要的时间也要远少于 PC 之间通过互联网通信的时间。因此我们在第一阶段中演化计算的适应值函数的选择上只考虑消息的数目,而不考虑每条消息的加密操作数量,这样可以减少设计过程中的开销。而对于加密冗余直接通过第二阶段中的规则(S3)、(S4)进行约简。

下面是我们对于上节的例子得到的候选协议约简后的结果：

Message1： $A \rightarrow S: \{N_a\}_{K_S}$

Message2： $B \rightarrow S: \{N_b\}_{K_S}$

Message3： $S \rightarrow A: \{N_a, N_b, \stackrel{K_b}{\mapsto} B\}_{K_{\bar{S}}^{-1}}$

Message4： $S \rightarrow B: \{N_a, N_b, \stackrel{K_a}{\mapsto} A\}_{K_{\bar{S}}^{-1}}$

Message5： $B \rightarrow A: \{N_a, \stackrel{K_b}{\mapsto} B\}_{K_a}$

Message6： $A \rightarrow B: \{N_b, \stackrel{K_a}{\mapsto} A\}_{K_b}$

11.2 认证协议的演化设计

认证系统作为网络安全的第一防线，其安全性对整个系统的安全来说十分重要。实现身份认证的方式有很多，其中最安全的是设计基于密码技术的身份认证协议。很多认证协议在公布后被发现有漏洞。因此，怎样保证认证协议的安全性成为协议研究人员的重要任务。

11.2.1 认证协议概述

身份认证是一种可靠地证实某人或某事身份的技术[11]。身份认证的方法很多，有基于口令的认证、基于地址的认证及基于密码体制的认证等形式[12]。其中，口令认证是一种最简单、最常用的手段，口令可由使用者自己设定，也可由机器随机自动生成，或采用动态口令技术产生。对于许多安全要求较高的系统或场合，如电子商务系统等，采用简单的用户名和口令认证机制是不够的，需要采用一种更安全的方式——基于密码体制的认证。

身份认证是通过认证协议具体实现的，例如 NS 认证协议[13]是应用于通信网络的第一个密码协议，它是 R. M. Needham 和 M. D. Schroeder 在 1978 年设计的。NS 认证协议的提出，使计算机网络的安全发生了革命性的变化，这是密码协议设计的里程碑，后来提出的很多著名协议如 Kerberos 协议[14]都是在此协议基础上发展起来的。

身份认证协议有许多种类，可根据以下几个方面对协议进行划分。

1. 根据认证协议中采用的不同密码技术可分为三种：

(1) 对称密钥密码体制方法，如 Otway-Rees 协议[1]；

(2) 公钥密码体制方法，如 X.509 协议[16]；

(3) 混合密码体制方法，如 Bellovin 和 Merrit 的加密密钥交换协议[17]。

2. 根据协议涉及的参与方数目一般分成两种：

(1) 两方认证协议，如 Andrew 安全 RPC 协议；

(2)三方认证协议,如 Needham-Schroeder 公钥认证协议[13]。

3. 根据协议认证的方式可分成两种:

(1)单向认证协议[18];

(2)双向认证协议,如 Gong 双向认证协议[19]。

4. 根据认证协议实现的功能分为两种:

(1)G1:身份认证协议只保证参与方在认证过程中具备正确的身份,而不保证认证过程之后参与方之间通信的身份鉴别性和私密性;

(2)G2:身份认证协议在认证参与方身份的同时,分配了参与方共享的秘密会话密钥,用于保证未来通信的身份鉴别性和私密性。

在实际系统中,身份认证之后往往是数据信息的交互过程,这就需要一定的机制来保证整个通信过程中各参与方的合法身份。G2 类型的认证协议通过在认证过程中分发新的共享会话密钥对随后通信中参与双方交互的信息进行加密,不仅有效地实现了这一目标,而且又保证了交互信息的私密性。

11.2.2 认证协议自动生成模型

尽管目前已经有了一些有关认证协议自动验证的方法和相应的工具,但由于都存在着这样或那样的问题,离实用还有一段距离,并未被协议开发人员推广使用。与认证协议的自动验证工具相比,支持认证协议设计、实现的自动工具则更少,有必要对认证协议的开发过程提供全面的自动化支持。

认证协议自动生成模型如图 11-1 所示。

通过对协议本身进行合适的编码,认证协议自动生成问题可以看作是一个状态空间搜索问题。

模型的输入是认证协议形式化的需求规范,输出是形式化的认证协议。该模型的工作流程如下。

步骤 1:用形式化方法来描述认证协议,构造出认证协议状态空间;

步骤 2:对状态空间进行评估;

步骤 3:如果当前的认证协议状态空间满足终止条件,则输出形式化的认证协议;否则对现有状态空间进行更新,得到新的状态空间,而后转向步骤 2。

下面对模型中的主要问题进行说明。

- 模型的输入和输出

认证协议的自动生成问题是一个非常复杂的问题,涉及多个方面和多个抽象层次。该模型在逻辑抽象层次上探讨认证协议的自动生成过程,不涉及具体实现的问题,如认证协议的实现环境、通信机制、数据缓存等。其输入是逻辑方法描述的协议安全需求和环境需求,其输出是逻辑方法描述的安全协议。输出的协议用逻辑方法描述,且满足一

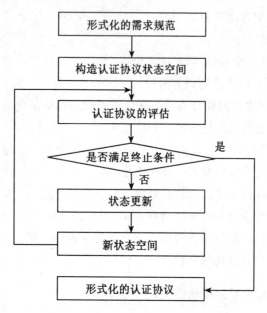

图 11-1 认证协议自动生成模型

定的安全性质。这些安全性质在安全需求中给出，包括认证性等，生成过程能够保证输出的协议满足这些安全性质。

协议通常是一个消息序列，每条消息由消息内容按照一定的消息结构组成。为进一步降低生成问题的复杂性，重点考虑消息内容的自动生成问题。下面给出了一个有 L 条消息的协议，其中，S_i 和 R_i 分别表示第 i 条消息的发送方和接收方。

$S_1 \rightarrow R_1: M_1$

$S_2 \rightarrow R_2: M_2$

……

$S_L \rightarrow R_L: M_L$

如果假设密码系统是完善的，不考虑具体的密码算法和函数，则可以对认证协议所依赖的密码系统进行抽象，用 $\{M\}_K$ 表示用密钥 K 对消息 M 进行加密。如果第 i 条消息采用对称密钥进行加密，则可以表示为 $S_i \rightarrow R_i: \{M_i\}_{K_{S_i R_i}}$，这里 $K_{S_i R_i}$ 表示发送方和接收方的共享密钥。

- **生成方法**

认证协议状态空间的更新是认证协议自动生成模型的核心，直接影响认证协议自动生成的效果和效率。认证协议的生成问题，可以归结为在认证协议空间中搜索符合要求的认证协议的问题。由于认证协议的复杂性，认证协议空间是一个离散的、多模的、非线性的空间，空间中所含的认证协议数量巨大，且分布很不规整，空间中大多数协议是没有意义的。认证协议自动生成时，采用穷尽搜索(brute force search)是不切实际的，需要引入人工智能或计算智能的方法，简单的迭代深化搜索算法结合剪枝技术、经典人工智能规划算法和计算智能方法都是用于空间搜索的有效方法。

目前的方法存在着一些不足之处，需要进一步深入探讨。目前引入的方法局限于经典搜索算法、模拟退火算法等，算法本身的效率、通用性和灵活性存在一定的问题。

演化算法实质上是一种全局随机优化搜索算法，其搜索过程是一个"生成+测试"(generate-and-test)的迭代过程。演化算法具备智能性、本质并行性、通用性等优良性质，正好适合于安全协议自动生成这一问题。

用于认证协议生成的演化算法的介绍详见本书第2章。

- 评估方法

对认证协议进行评估非常困难，不仅要考虑安全性，还要考虑到认证协议的代价和效率等因素。对认证协议进行安全性评估，即检查协议是否达到了安全目标，这需要使用形式化验证方法，一方面形式化验证方法是保证认证协议安全性质的必要手段，另一方面，形式化也是自动化的基础。在认证协议自动生成系统的评估模块，采用基于SVO逻辑的安全协议形式化验证方法。SVO逻辑方法能够准确地描述认证协议的安全需求，也容易描述认证协议本身。SVO逻辑方法比较成熟，严谨、直观、简洁而易于使用，也容易自动化，它处于较高的抽象层次，能够有效降低认证协议生成问题的复杂度。

这个形式化、自动化的认证协议生成模型的特点是：

(1) 自动化和高效率。协议设计者给出安全需求和环境需求，剩下的工作是完全自动化的，大大简化了协议设计工作的复杂性，节省了协议开发的时间和费用。

(2) 高可靠性和高质量。设计阶段使用了形式化方法，使协议的描述是精确、无二义的，并且不会漏掉显见的假设；由于采用优化技术和全空间搜索技术，所生成的认证协议不仅是满足安全性质的，而且还是最优的或是次优的。

11.2.3 用于认证协议评估的 SVO 逻辑

SVO 逻辑吸收了 BAN 逻辑、GNY 逻辑、AT 逻辑和 VO 逻辑的优点，同时具有十分简洁的推理规则和公理。在形式化语义方面，SVO 逻辑对某些概念进行重新定义，取消了 AT 逻辑系统中的一些限制。

- SVO 逻辑的优势：

(1) 前四种逻辑缺乏独立的语义，SVO 逻辑在 AT 逻辑的基础上提出计算和语义模型；

(2) 有相当详细的模型，消除了由于形式表达式的含义或逻辑规则的适用性而引起的混淆，即由于可检查表达式的语义解释，所以能够对于表达式是否真正表达了在给定

环境下想要表达的意思得出更好的结论,这有助于 BAN 和 BAN 类逻辑的协议理想化步骤;

(3)作为公共的语义,SVO 逻辑允许从不同的角度看待 BAN 逻辑的各种扩展。SVO 逻辑具有很好的扩展能力,因此它不是一个复杂的逻辑系统。SVO 逻辑是对各种逻辑系统取长补短的集成,相当简洁。

SVO 逻辑是 BAN 类逻辑中的佼佼者,理论基础坚实,在实用上保持了 BAN 逻辑简单、易用的特点,因此被广泛接受。应用 SVO 逻辑,可成功分析各种认证协议和在电子商务中应用日益广泛的非否认协议。

- SVO 逻辑概念

依照 BAN 逻辑的惯例,P、Q 和 R 表示主体变量,K 表示密钥变量,X 和 Y 表示公式变量。A、B 表示两个具体主体,S 是可信服务器。K_{ab}、K_{as}、K_{bs} 等表示具体的共享密钥;K_a、K_b、K_s 等表示具体的公开密钥;K_a^{-1}、K_b^{-1}、K_s^{-1} 等表示相应的秘密密钥;N_a、N_b 和 N_c 等表示临时值;$h(X)$ 表示 X 的单项散列函数。SVO 逻辑所用的记号与 BAN 类逻辑相似,仍用符号 $|\equiv$,$\triangleleft$,$|\sim$,$|\approx$,$|\Rightarrow$,$\propto$,$\#$,$\equiv$ 分别表示相信(believes)、接收到(received)、发送过(said)、刚发送过(says)、管辖(controls)、看到(sees)、新鲜(fresh)与等价(equivalent)。

(1)$P |\equiv X$:表示主体 P 相信公式 X 是真的。

(2)$P \triangleleft X$:表示主体 P 接收到了包含 X 的消息,即存在某主体 Q 向 P 发送了包含 X 的消息。

(3)$P |\sim X$:表示主体 P 曾经发送过包含 X 的消息。

(4)$P |\approx X$:表示主体 P 刚发送包含 X 的消息。

(5)$P |\Rightarrow X$:表示 P 享有对 X 的管辖权。

(6)$P \propto X$:表示主体 P 看到 X。

(7)$\#(X)$:表示 X 是新鲜的,即 X 没有在当前回合前作为某消息的一部分被发送过,这里 X 一般为临时值。

(8)$\alpha \equiv \psi$:表示公式 α 和公式 ψ 等价。

(9)$P \ni X$:表示主体 P 拥有 X。

SVO 逻辑系统中所特有的 12 个符号及其含义如下:

(1)$*$:表示主体收到的不可识别的消息。

(2)K^{-1}:表示密钥 K 对应的解密密钥。

(3)$\{X\}_K$:表示加密消息 $\{X\}_K$,P 是发送者(常省略)。

(4)$[X]_K$:表示用密钥 K 对消息 X 签名后所得到的签名消息,即 $[X]_K = (X, \{h(X)\}_K)$。

(5)$\langle X^P \rangle_Y$:表示 $\langle X \rangle_Y$,是 X 和 Y 的合成消息,可以表示成 (X, Y),P 是发送者(常省略)。

(6) $PK_\psi(P, K)$:表示 K 为主体 P 的公开加密密钥,只有 P 才能理解应用密钥 K 加密的消息。

(7) $PK_\sigma(P, K)$:表示 K 为主体 P 的公开签名验证密钥,K 用于验证应用 K^{-1} 签名的来自于 P 的消息。

(8) $PK_\delta(P, K)$:表示 K 为主体 P 的公开协商密钥(或参数)。

(9) $SV(X, K, Y)$:表示用密钥 K 可验证 X 是 Y 的签名,即 $\{X\}_K = h(Y)$。

(10) $P \xleftrightarrow{k} Q$:表示 K 是 P 和 Q 之间的"好的"共享密钥,但 P 和 Q 可能不知道 K。

(11) $P \xleftrightarrow{k-} Q$:表示 K 是 P 的、适合于与 Q 通信的非确认共享密钥(unconfirmed key),即:$P \xleftrightarrow{k-} Q \equiv (P \xleftrightarrow{k} Q) \wedge (P \ni K)$。

(12) $P \xleftrightarrow{k+} Q$:表示 K 是 P 的、适合于与 Q 通信的确认共享密钥(confirmed key),即 $P \xleftrightarrow{k+} Q \equiv (P \xleftrightarrow{k} Q) \wedge (P \ni K) \wedge (Q P \models \approx Q \ni K)$。

与 AT 逻辑相似,SVO 逻辑也将语言划分为集合 T 上的消息语言 MT 和公式语言 FT。其中 T 为原子术语集,由主体、共享密钥、公开密钥、私有密钥及一些常量符号构成。

定义 11-1 消息语言 M_T 是由以下规则生成的最小语言:

(1) 若 $X \in T$,则 $X \in M_T$;

(2) 若 $X_1, \cdots, X_n \in M_T$ 且 F 为函数,则 $F(X_1, \cdots, X_n) \in M_T$;

(3) 若 $\varphi \in F_T$,则 $\varphi \in M_T$。

定义 11-2 公式语言 F_T 是由以下规则生成的最小语言:

(1) 若 $X \in M_T$ 且 P 为主体,则 $P \ni K$,$P \triangleleft X$,$P \mid \sim X$,$P \mid \approx X$,$\#(X) \in F_T$;

(2) 若 P, Q 为主体且 K 为密钥,则 $P \xleftrightarrow{k} Q$,$PK_\psi(P, K)$,$PK_\sigma(P, K)$,$PK_\delta(P, K)$,$P \ni K \in F_T$;

(3) 若 $X, Y \in M_T$ 且 K 是密钥,则 $SV(X, K, Y) \in F_T$;

(4) 若 $\varphi \in F_T$ 且 P 为主体,则 $P \mid \equiv \varphi$,$P \mid \Rightarrow \varphi \in F_T$;

(5) 若 $\varphi, \psi \in F_T$ 则 $\neg \varphi$,$\varphi \wedge \psi \in F_T$。

与 AT 逻辑一样,SVO 逻辑的两条推理规则是:

MP 规则(Modus Ponens):由 ψ 和 $\varphi \supset \psi$ 可以推导出 ψ;

Nec 规则(Necessitation):由 $\vdash \varphi$ 可以推导出 $\vdash P \mid \equiv \varphi$。

其中,$\supset$ 表示蕴涵,$\vdash \varphi$ 的含义参看下面的定义 11-3。

定义 11-3 若 Ω 是某个协议的初始假设集合(包含各主体的初始信念、接收消息、理解消息和解释消息),而 Γ 是某一公式集合,则 SVO 逻辑中对结论 $\Omega \vdash \Gamma$ 的一个证明,指存在一个长度有限的公式序列 $F_1, F_2, \cdots, F_n$,使得 Γ 为 $\{F_1, F_2, \cdots, F_n\}$ 的子集,且对于 $\forall i \in \{1, 2, \cdots, n\}$,$F_i$ 满足以下 3 个条件之一:

1. F_i 是某个公理的实例化;
2. F_i 是某个假设(即 $F_i \in \Omega$);
3. F_i 可以由前面的某些公式通过应用 MP, Nec 规则得出。

若 $\Omega \mapsto \Gamma$ 在 SVO 逻辑中存在证明,则结论 $\Omega \mapsto \Gamma$ 成立。若 $\Omega = \Gamma$,可将 $\Omega \mapsto \Gamma$ 简记为 Γ。于是,由 SVO 逻辑的合理性有:若 Ω 中的命题为真,则 Γ 中的命题也为真。

- SVO 逻辑公理

SVO 逻辑有 21 条公理,并由公理推导出一些重要推论,其中 φ 和 ψ 为公式。

1. 信任公理(Believing Axioms)

A0:$(P \models \varphi \wedge P \models \psi) \equiv (P \models \varphi \wedge \psi)$

A1:$P \models \varphi \wedge P \models (\varphi \supset \psi) \supset P \models \psi$

A2:$P \models \varphi \supset P \models (P \models \varphi)$

A1 说明主体相信所有来自他的信念,A2 说明主体能告诉他都相信什么。

2. 消息来源公理(Source Association Axioms)

A3:$(P \xleftrightarrow{k} Q \wedge R \triangleleft \{X^Q\}_K) \supset Q \mid\sim X$

A4:$PK_\sigma(Q, K) \wedge R \triangleleft [X]_{K^{-1}} \supset Q \mid\sim X$

3. 密钥协商公理(Key Agreement Axioms)

A5:$PK_\delta(P, K_p) \wedge PK_\delta(Q, K_q) \supset P \xleftrightarrow{K_{pq}} Q$

定义:$K_{pq} = f(K_p, K_q^{-1}) = f(K_q, K_p^{-1})$,$f$ 是某个密钥交换函数(key agreement function)。

4. 接收公理(Receiving Axioms)

A6:$P \triangleleft (X_1, \cdots, X_n) \supset P \triangleleft X_i$

A7:$P \triangleleft \{X\}_K \wedge P \ni K \supset P \triangleleft X$

5. 消息拥有公理(Seeing Axioms)

A8:$P \triangleleft X \supset P \propto X$

A9:$P \propto (X_1, \cdots, X_n) \supset P \propto X_i$

A10:$(P \propto X_1 \wedge \cdots \wedge P \propto X_n) \supset (P \propto F(X_1, \cdots, X_n))$

F 实际上是任何能被 P 计算的函数。

6. 消息理解公理(Comprehending Axioms)

A11:$P \models (P \propto F(X)) \supset P \models (P \propto X)$

A12:$P \triangleleft F(X) \wedge P \models P \propto X \supset P \models P \triangleleft F(X)$

F 是任何有效的一一映射函数。F 对于 P 是实际可计算的。F 可代表加密或解密,同时使用 K 作参数。

7. 消息发送公理(Saying Axioms)

A13:$P \mid\sim (X_1, \cdots, X_n) \supset P \mid\sim X_i \wedge P \propto X_i$

A14：$P \mathrel{|\!\approx} (X_1, \cdots, X_n) \supset P \mathrel{|\!\sim} (X_1, \cdots, X_n) \wedge P \mathrel{|\!\approx} X_i$

8. 管辖公理(Jurisdiction Axioms)

A15：$(P \mathrel{|\!\Rightarrow} \varphi \wedge P \mathrel{|\!\approx} \varphi) \supset \varphi$

9. 消息新鲜性公理(Freshness Axioms)

A16：$\#(X_i) \supset \#(X_1, \cdots, X_n)$

A17：$\#(X_i) \supset \#(F(X_1, \cdots, X_n))$

函数 F 必须依赖于新鲜的自变量值 X_i。

10. 临时值验证公理(Nonce-verification Axioms)

A18：$(\#(X) \wedge P \mathrel{|\!\sim} X) \supset P \mathrel{|\!\approx} X$

11. "好的"共享密码对称性公理(Symmetric Goodness of Shared Keys Axioms)

A19：$P \xleftrightarrow{K} Q \equiv Q \xleftrightarrow{K} P$

12. 拥有等价公理(Having Axioms)

A20：$P \ni K \equiv P \propto K$

说明：主体 P 拥有一个 K，等价于 P 看到 K，在以后的描述中不区分 has 和 sees。一般使用 sees，并使用符号 $\propto$ 表示。

- SVO 逻辑分析步骤

用 SVO 逻辑分析协议的步骤：

1. 协议理想化，用 SVO 语法转换给定的协议。

2. 注释协议，并用注释产生的公式作为协议的初始化假设集 Ω，即用 SVO 逻辑语言表示各主体的初始信念、收到的消息、对所收到消息的理解。

3. 给出协议的目标集，即用 SVO 逻辑语言表示一个公式集 Γ，在 SVO 逻辑中给出 6 种不同形式的认证目标。

4. 用 SVO 逻辑证明结论 $\Omega \mapsto \Gamma$ 是否成立，即用初始化假设集合，通过一系列逻辑公式的推导，证明是否达到了目标集。推导的每个步骤都是根据初始化假设、公理和使用 MP 或 Nec 规则进行的。$\Omega \mapsto \Gamma$ 若成立，说明协议达到了预期设计目标，协议设计成功。

因此，正确理解安全协议中消息的含义和协议设计目标，是用 SVO 逻辑进行协议分析的基础。

11.2.4 认证协议的演化设计

11.2.4.1 认证协议的描述和验证

算法采用 SVO 逻辑来描述和验证认证协议。认证协议的需求规范作为自动生成模型的输入而直接给出。需求规范通常包括认证协议的初始假设和安全目标等。

认证协议由通信主体之间交换的一系列消息组成。在 SVO 逻辑中，消息交换过程可以看作是主体之间交换信念的过程。在 SVO 逻辑中，假设主体是诚实的，发送者只能发送他在发送时拥有的信念,且通常对发送的信念进行加密处理。

举一个简单的例子:$S \rightarrow R$:$\{M_1, M_2, \cdots, M_n\}_{K_{SR}}$($K_{SR}$表示发送方和接收方的共享密钥)表示$S$将他所拥有的信念$M_1, M_2, \cdots, M_n$使用$S$和$R$的共享密钥加密之后发送给$R$。

在给出了认证协议的需求规范和协议本身的形式化描述之后,可以利用SVO逻辑对认证协议的安全性质进行形式化验证。

11.2.4.2 认证协议自动生成算法

1. 算法流程

认证协议自动生成算法如图11-2所示。

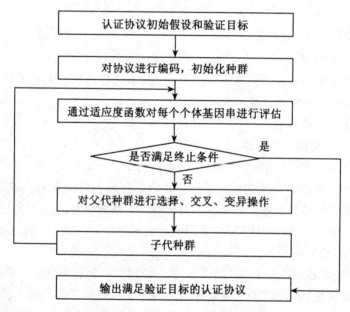

图11-2 认证协议自动生成算法流程图

协议空间的状态更新算法是认证协议自动生成模型中最核心的算法,模型采用演化算法,下面将详细描述该算法所采用的协议编码方法、适应度函数以及详细的操作算子设计方案。协议验证是认证协议自动生成方法的一个关键部分,在SVO逻辑的计算模型中,每个主体都有一个状态,状态由两部分组成,用基本术语集合和公式集合来表示(详见定义11-1和定义11-2)。

每个主体都有一个初始状态,这是协议的初始假设,随着协议的执行,主体之间不断交换消息,每条消息的接收方都会更新自己的状态,也即更新自己的术语集合和公式集合,直到协议执行完毕。协议的目标也用术语和公式来表示,目标的达成与否对应于协议执行结束后主体术语集合和公式集合是否包含目标术语和目标公式。

对于使用的消息结构 $S \rightarrow R$：$\{M_1, M_2, \cdots, M_n\}_{K_{SR}}$（$K_{SR}$表示发送方和接收方的共享密钥），主体 R 应用 SVO 逻辑公理来更新 R 的状态，算法流程如下：

(1) 更新公式集合：

假设有 F1：$R \models R \triangleleft \{M_1, M_2, \cdots, M_n\}_{K_{SR}}$

由 F1、A7、A1　　　　　得 F2：$R \models R \triangleleft M_1, M_2, \cdots, M_n$

由 F2、A8、A9、A1　　　得 F3：$R \models R \propto M_i$

由 F2、A3、A13、A1　　 得 F4：$R \models S \mid\sim M_i$

　　　　　　　　　　　　和 F5：$R \models S \propto M_i$

if(某个消息成分 M_i 是新鲜的)

{　　由 F4、A18、A1　　 得 F6：$R \models S \mid\approx M_i$

　　if($R \models S \mid => M_i$)

　　　　由 F6、A15、A1　　 得 F7：$R \models M_i$

}

由 F5、A20、A1　　　　 得 F8：$R \models S \ni M_i$

由 F3、A20、A1　　　　 得 F9：$R \models R \ni M_i$

(2) 更新基本术语集合：

if(M_i 是基本术语)

由 F3，将 M_i 加入到 R 的基本术语集合中。

2. 编码和解码方法

算法采用 SVO 逻辑来描述和验证安全协议。SVO 逻辑是一种信念逻辑，在安全协议分析中占有非常重要的地位，获得了广泛的认可。SVO 逻辑将协议的执行过程看作是主体之间不断传递信念的过程，从协议执行应当具备的初始信念出发，随着协议双方不断发送和接收消息，协议双方不断从已有信念根据推理规则推出新的信念。协议安全性的达成与否，对应于通过相互发送和接收消息能否从初始信念逐渐发展到协议运行最终要达到的目标信念。在分析认证协议前要给出认证协议的初始信念和目标信念。主体某个时刻拥有信念的集合，可以看作是该主体的信念状态。

在 SVO 逻辑中，认证协议可以看作是消息的一个序列，而每条消息包含若干个信念，通常具有如下形式：$S \rightarrow R$：$\{M_1, M_2, \cdots, M_m\}_{K_{SR}}$（$K_{SR}$表示发送方和接收方的共享密钥）。

算法设计了直观的安全协议染色体编码方案，如图 11-3 所示。

编码中包括 m 个消息。每个消息开始处的发送方(vs)、接收方(vr)是主体名，如 A、B、S，用若干个二进制位表示。密钥信息表示本条消息所使用加密密钥，例如，对有可信第三方的认证和密钥交换协议，包括 3 个密钥 K_{ab}、K_{as}、K_{bs}（假设协议参与主体为 A、B、S）。信念 $vb_1 \sim vb_n$ 是消息的具体内容，由主体名、新鲜数、消息 M 等组成，每个信念用若干个二进制位表示。假设主体名用 2 位二进制数表示，密钥信息用 2 位二

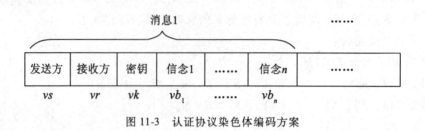

图 11-3 认证协议染色体编码方案

进制数表示，每条信念用 4 位二进制数表示，那么对于一个包含 6 条消息，每条消息最多由 4 条信念组成的协议，需要的二进制位数为 $6\times(2+2+2+4\times4)=132$ 位。假设参与协议的主体总数为 N，密钥数为 L，每个主体最多拥有的信念数为 T，则在图 11-3 中，$vs=vs\bmod N$、$vr=vr\bmod N$、$vk=vk\bmod L$、$vb_i=vb_i\bmod T$，通过模运算，可以保证基因串中各字段能够在一个合理范围内取值。通过对认证协议进行合理的染色体编码，构造出了认证协议自动生成与验证模型中的认证协议状态空间。

此染色体编码方案对应的解码策略具体过程如下。

（1）给出安全协议的初始信念和目标信念，并确定每个主体的初始信念，这构成了每个主体的初始信念状态。

（2）依次对每条消息进行如下处理。

Step1：解码得到发送方与接收方。对于对称密码体制，若发送方和接收方不共享密钥，直接跳到 Step4；对于公钥密码体制，假设每个主体的公钥是公开的，消息发送方用接收方的公钥来加密消息。

Step2：解码得到当前消息的 N 个信念。这 N 个信念都以二进制串表示，这可以很自然地对应于 N 个整数，这些整数可以看作是发送方信念状态向量中的信念的索引。在 SVO 逻辑中，假设协议的每个主体是诚实的，每个主体只发送其当前信念状态中拥有的信念，因此，可以通过查找发送方的信念状态向量解码得到这 N 个信念。于是接收方获得这些信念，并利用 SVO 逻辑推理规则推出新的信念，然后更新其信念状态向量。每一步都可以查看主体的信念状态中包含了多少目标信念，即安全目标的达成情况。

Step3：将当前消息的 b 个信念加入到接收方的信念集合中，并使用 SVO 逻辑的推理规则为接收方推出新的信念，更新接收方的信念状态。

Step4：对于对称密码体制，如果发送方与接收方之间不共享密钥，则无法交换任何信念。不处理本条消息，继续处理下一条消息。

3. 适应度函数

适应度函数是实现认证协议自动生成模型中认证协议评估的主要手段。设计适应度函数时首先必须考虑的是安全性，这是认证协议最根本的性质。演化算法在进化搜索中基本不利用外部信息，仅以适应度函数为依据，利用种群中每个个体的适应度值来进行搜索。因此，适应度函数的选取至关重要，直接影响到演化算法的收敛速度以及能否找到最优解。算法适应度函数采用如下形式[6]：

$$\sum_{i=1}^{M} w_i \cdot g_i$$

其中，W_i 是权重，由表 11-1 中的若干个权重策略决定，g_i 是在分析过消息 i 后得到的所需目标数。适应函数用于累计奖励。如果一个目标在某条消息后是合适的，则它对于其后所有的消息序列都是合适的。因此，g_i 是一个单调递增序列。下面简要介绍权重策略：

(1) 早期信用(Early Credit，EC)：随 i 单调递减。早期满足预期目标应给予奖励。
(2) 统一信用(Uniform Credit，UC)：所有权重相同。
(3) 延迟满足(Delayed Gratification，DG)：单调递增。目标早期满足未必好。
(4) 提前延迟满足(Advanced Delayed Gratification，ADG)：单调递增。信息交换初期，满足预期目标不马上给予奖励。
(5) 统一延迟满足(Uniform Delayed Gratification，UDG)：信息交换初期，满足预期目标不马上给予奖励，并且之后的权重都是相同的、非负的。
(6) 目标判断(Destination Judgment，DJ)：只有最后一个权重不为 0。判断最终有多少满足的目标。

表 11-1　　　　　　　　　　　　权　重　策　略

权重	策　　略					
	EC	UC	DG	ADG	UDG	DJ
W_1	2000	500	50	0	0	0
W_2	1000	500	100	0	0	0
W_3	500	500	200	200	1000	0
W_4	200	500	500	500	1000	0
W_5	100	500	1000	1000	1000	0
W_6	50	500	2000	2000	1000	1000

4. 操作算子

下面进一步详细描述改进演化算法用于认证协议自动生成时的操作算子设计方案，这是实现认证协议自动生成模型中状态演化的主要手段。

(1) 选择

确定从父代群体中选取哪些个体遗传到下一代群体。选择操作不但可以确定交叉的个体，还可以确定被选个体产生后代个体的个数。

比例选择和父代种群参与子代竞争方法。首先按轮盘赌方法执行选择操作，当新生的子代个体的适应度值高于当代种群的平均适应度值时，用子代替代父代；而新生子代个体的适应度值低于当代种群的平均适应度值时，放弃新生子代个体，保留适应度值高的父代个体于种群中。其主要优点是能保证演化算法终止时的结果是历代出现过的最高适应度的个体。算法有稳定的收敛趋势。

（2）交叉

交叉算子用来产生新个体。交叉指按某种方式交换两个相互配对的染色体的部分基因，从而形成两个新个体。交叉是演化算法区别其他进化算法的重要特征，它在演化算法中起关键作用，是产生新个体的主要方法。

在交叉操作之前必须对群体中的个体配对。常用的配对算法是随机配对，即将群体中的 M 个个体以随机的方式组成 $[M/2]$ 对个体组，交叉操作是在这些个体组中的两个个体间进行。

单点交叉。在个体编码串中随机设置一个交叉点，依设定的交叉概率在该点相互交换两个配对个体的部分染色体，产生出两个新个体。

（3）变异

交叉操作是产生新个体的主要方法，它决定演化算法的全局搜索能力；变异操作是产生新个体的辅助方法，但它也是必不可少的步骤，因为它决定演化算法的局部搜索能力。

基本位变异操作是指对个体编码串中以变异概率随机指定的某一位或几位基因值作取反运算或其他等位基因值来代替，产生出新代个体。

另外，算法采用全局保优策略，可尽早捕获全局最优解。在每一代的进化操作时，要计算此代种群中各染色体的适应度值，这时应记下最好适应值的染色体和适应度值，这样可提高算法的效率，并能够有力地验证算法在迭代一定的次数后，是否已真正收敛。

（4）终止条件判断

采用常用的算法终止条件，规定群体最大进化代数，一旦进化代数达到群体最大进化代数，算法终止。

11.2.4.3 算法实现过程

算法中的每个个体是一个协议，用二进制串表示。假设每个协议有 M 条消息，且每个消息中最多包含 L 个信念。首先根据协议规范以及协议的运行环境初始化每个主体的初始信念，然后对于协议中的每条消息，执行如下操作。

（1）根据编码规则，计算二进制串中的各个组成部分（接收者、发送者、密钥、信念 $1 \sim n$）的十进制值，并对其取模。

（2）判定该基因串中的发送者、接收者和密钥。对于对称密码体制，若发送方和接收方不共享密钥，则忽略该条消息，处理下一条消息；对于公钥密码体制，假设每个主体的公钥是公开的，消息发送方用接收方的公钥来加密消息。

(3)解析当前消息中的每一个信念。

(4)接收方获得这些信念,并利用SVO逻辑推理规则推出新的信念,然后更新其信念状态向量。每一步都可以查看主体的信念状态中包含了多少目标信念,即安全目标的达成情况。

(5)转向下一条消息,执行步骤(2),直到把该协议的 M 条消息处理完。

(6)记录当前协议满足目标信念的情况,使用适应度函数进行评估。依次处理其他基因串。如果任何一个协议都没有达到安全目标,则对基因串施行交叉和变异操作。然后转到步骤(2)继续处理。

在SVO逻辑的计算模型中,每个主体都有一个状态,状态由两部分组成,用基本术语集合和公式集合来表示。每个主体都有一个初始状态,这是协议的初始假设,随着协议的执行,主体之间不断交换消息,每条消息的接收方都会更新自己的状态,也即更新自己的术语集合和公式集合,直到协议执行完毕。协议的目标也用术语和公式来表示,目标的达成与否对应于协议执行结束后主体术语集合和公式集合是否包含目标术语和目标公式。

11.2.5 实验结果

经实验,该方法可生成无可信第三方参与的对称密钥协议:

1. $A \rightarrow B$:$\{N_a\}_{K_{ab}}$

2. $B \rightarrow A$:$\{A \mid \sim N_a, N_b, A \xleftrightarrow{K_{ab}^*} B\}_{K_{ab}}$

3. $A \rightarrow B$:$\{B \mid \sim N_b, A \xleftrightarrow{K_{ab}^*} B\}_{K_{ab}}$

可生成有可信第三方参与的对称密钥协议:

1. $A \rightarrow S$:$\{N_a\}_{K_{as}}$

2. $B \rightarrow S$:$\{N_b\}_{K_{bs}}$

3. $S \rightarrow A$:$\{A \mid \sim N_a, B \mid \sim N_b, A \xleftrightarrow{K_{ab}} B\}_{K_{as}}$

4. $S \rightarrow B$:$\{A \mid \sim N_a, B \mid \sim N_b, A \xleftrightarrow{K_{ab}} B\}_{K_{bs}}$

5. $B \rightarrow A$:$\{A \mid \sim N_a, A \xleftrightarrow{K_{ab}} B\}_{K_{ab}}$

6. $A \rightarrow B$:$\{B \mid \sim N_b, A \xleftrightarrow{K_{ab}} B\}_{K_{ab}}$

可生成有可信第三方参与的公钥协议:

1. $A \rightarrow S$:$\{N_a\}_{K_s}$

2. $B \rightarrow S$:$\{N_b\}_{K_s}$

3. $S \rightarrow A$:$\{A \mid \sim N_a, B \mid \sim N_b, \xrightarrow{K_b} B\}_{K_s^{-1}}$

4. $S \rightarrow B$:$\{A \mid \sim N_a, B \mid \sim N_b, \xrightarrow{K_a} A\}_{K_s^{-1}}$

5. $B \rightarrow A$：$\{A \mid \sim N_a, \xrightarrow{K_a} A\}_{K_b^{-1}}$

6. $A \rightarrow B$：$\{B \mid \sim N_b, \xrightarrow{K_b} B\}_{K_a^{-1}}$

11.3 非否认协议的演化设计

11.3.1 非否认协议

1. 非否认协议的概念和分类

非否认协议是一类用来在分布式系统中防止主体否认他们已经发送或接收了特定的消息的协议，通常用于电子交易中，如电子合同、电子商务。

在电子交易中经常发生如下具有两种可能性的情况[43]：消息是真实的或者伪造的；消息可能发送给接收方或者根本没有发送；消息可能到达接收方或者在发送过程中丢失；消息到达接收方时可能是完整的或者是破坏的；消息可能按时到达或者被延迟发送。如果这些情况中的任何一种不能被正确区分，那么参加电子交易的一方可以做如下的一种否认：

（1）否认拥有某个消息；

（2）否认发送过某个消息；

（3）否认接收到某个消息；

（4）否认在规定时间内收到或发送消息。

一旦出现了争议，发生争议的双方必须取得足够的证据，证明实际上发生了什么事件。有了这些证据，争议双方就能够解决他们之间的争议，或者在某个仲裁者的调停下解决争议。非否认[32]协议的目的就是为某一特定事件参与方提供证据，使他们对自己的行为负责。

非否认协议按协议交换证据的方式不同，可以分为两大类[33,34,35]：

第一类是无需可信第三方（Trusted Third Party，TTP）的非否认协议，它采用逐步释放消息和逐步请求的方法，使协议参与方将所要交换的信息传递给对方。此类协议一般需要通信主体进行多次消息交互，比较典型的如概率公平协议[36]。

第二类是使用可信第三方的非否认协议，在此类协议中 TTP 可以作为信息中心、仲裁中心、时戳中心等参与协议。此类协议需要 TTP 维护大量数据，且 TTP 容易成为协议通信或计算的瓶颈，因此，目前的研究重点是如何减少协议对可信第三方的依赖程度。此类协议中比较典型的如基于在线 TTP 的 ZG 协议[37]，基于离线 TTP 的离线 ZG 协议[38]，KM 协议[39]，ASW 协议[40]等。

在基于 TTP 参与的公平非否认协议中，根据 TTP 参与协议的方式不同又分为三类[35]：

（1）内线 TTP(inline TTP)非否认协议

该类协议的 TTP 参与协议交互过程中每一条消息的传输。

（2）在线 TTP(online TTP)非否认协议

该类协议的 TTP 参与协议的每一次运行，但并不参与交互过程中每一条消息传输。

（3）离线 TTP(offline TTP)非否认协议

TTP 只在协议执行出现非正常的情况下或者网络出现错误时参与协议。

由于概率公平非否认协议需要大量的消息交换基于 inline-TTP 的非否认协议中，TTP 参与协议交互过程中每一条消息的传输需要 TTP 维护大量数据，而且作为消息中枢的 TTP 使通信瓶颈最大化，因此这两类协议在实际中使用较少。本文只介绍在实际中使用较广泛的基于在线 TTP(online TTP)非否认协议和离线 TTP(offline TTP)非否认协议。

2. 基于 Online TTP 的非否认协议[43]

基于 online TTP 的协议并不要求作为认证中心的 TTP 参与每一次消息交换，但 TTP 参与每一次协议的运行。基于 online TTP 的非否认协议广泛用于认证电子邮件协议、电子支付协议和电子合同协议。

1996 年，Zhou-Gollmann 提出了一种基于 online TTP 的非否认协议（以下简称 ZG 协议）[37]，适用于在信道不可靠的条件下签订电子合同。

在通信信道不可靠的情况下，如何实现非否认协议呢？Zhou-Gollmann 提出一种基于 FTP(File Transfer Protocol)的方法，即主体通过多次向 TTP 进行 FTP 操作获取他所需要的消息，用符号 A↔TTP：m 表示。

ZG 协议描述如下：

(1) A→B: f_{NRO}, B, L, C, NRO

(2) B→A: f_{NRR}, A, L, NRR

(3) A→TTP: f_{SUB}, B, L, K, SUB_K

(4) A↔TTP: f_{CON}, A, B, L, K, CON_K

(5) B↔TTP: f_{CON}, A, B, L, K, CON_K

协议中的主要符号定义如下：

M：由 A 发送给 B 的消息明文。

C：消息 M 的密文，$C = (M)_K$。

K：由 A 产生的用于加密的对称密钥。

L：协议轮标志，具有唯一性。

f_X：标明一个消息的用途的标记，比如 X 为 NRO 时，说明该消息是发送方非否认证据或证据的一部分。

NRO(Nonrepudiation of Origin) = $Sig_A(f, B, L, C)$，是消息 M 的发送方非否认证据的部分，该消息使用 A 的私钥进行签名。

NRR(Nonrepudiation of Receipt) = Sig_B(f, A, L, C)，是消息 M 的接收方非否认证据的部分，该消息使用 B 的私钥进行签名。

SUB_K = Sig_A(f, B, L, K)，是主体 A 提交过密钥 K 的证据。

CON_K = Sig_{TTP}(f, A, B, L, K)，是可信第三方 TTP 发放密钥 K 的证据。

A(B)↔TTP：m，表示 A 或 B 通过多次 FTP 操作从 TTP 获取消息 m。该方法在通信信道不可靠的情况下，可保证主体最终可以获得所需的信息。

ZG 协议中消息 M 的传输分两步：首先由 A 将消息的密文传给 B，在 A 收到 B 对此消息的应答后，通过可信第三方将 K 发送给 B。在协议执行完毕后，如果 A 希望证明 B 收到了 M，可向仲裁方出示证据：NRR 和 CON_K。前者证明 B 收到了 C，后者证明 B 收到了 K，由此仲裁者可以判断 B 获得了 M。如果 B 希望证明 A 来源于 M，可向仲裁方提供证据：NRO 和 CON_K。前者证明 A 发送 C，后者证明 A 发送了 K 给 TTP，因此 M 来源于 A。

ZG 协议在实现非否认的前提下，将协议对 Onlie TTP 的依赖减到了最小，它的简单高效受到了广泛的关注和讨论。此后，对非否认性和公平性的形式化分析大部分都以此协议为分析实例。

3. 基于 Offline TTP 的非否认协议[43]

基于 Offline TTP 的协议，又称离线 TTP 协议，该类协议不要求 TTP 参与每一次协议会话，只有在协议执行出现非正常情况或者网络出现错误的时候 TTP 才参与协议，帮助主体公平的完成协议执行。基于 Offline TTP 的非否认协议[38,39,40]假设协议在大多数情况下都能正常运行，因此这类非否认协议又称为乐观非否认协议。

1998 年，Asokan 等人提出了一种一般性的 Offline TTP 协议[40]，该协议由 4 个子协议构成：exchange，abort，resolve_A 和 resolve_B。在正常情形下只执行 exchange 子协议，仅当 A 或 B 认为协议执行出现问题时才执行其他子协议。

协议的 exchange 子协议如下，其中 N_A 和 N_B 分别为 A 与 B 生成的新鲜随机数，M 为 A 向 B 发送的电子邮件，C = {M, NA, K_A, K_B}$_{K_{TTP}}$是加密电子邮件。

(1) A→B：me1 = K_A, K_B, TTP, C, h(M), Sig_A{K_A, K_B, TTP, C, h(M)}

   IF B gives up THEN quit ELSE

(2) B→A：me2 = h(N_B), Sig_B{me1, h(NB)}

   IF A gives up THEN abort ELSE

(3) A→B：me3 = M, N_A

   IF B gives up THEN resolve_B ELSE

(4) B→A：me4 = N_B

   IF A gives up THEN resolve_A

协议的 abort 子协议如下：

(1) A→TTP：ma1 = aborted, me1, Sig_A{aborted, me1}

　　　　IF B has resolved THEN resolve_A ELSE
（2）TTP→A：abort_token = aborted，ma1，Sig_{TTP}｛aborted，ma1｝
协议的 resolve_B 子协议如下：
（1）B→TTP：mrb1 = K_B，me1，me2，N_B
　　　　IF aborted THEN
（2）TTP→B：mrb2 = abort_token
　　　　ELSE
（3）TTP→B：mrb3 = M，N_B
协议的 resolve_A 子协议如下：
（1）A→TTP：mra1 = K_A，me1，me2，M，N_A
　　　　IF aborted THEN
（2）TTP→A：mra2 = abort_token
　　　　ELSE
（3）TTP→A：affidavit_token = affidavit，mra1，Sig（affifavit，mra1）

在协议执行过程中，如果主体在有限时间内未收到另一主体发送的消息，那么它放弃当前协议的执行，终止协议或执行子协议。当协议正常终止，未执行其他子协议时，A 获得 B 收到邮件 m 的非否认证据 EOR =｛me1，me2，N_B｝，B 获得 A 发送邮件 m 的非否认证据 EOO =｛me1，N_A｝。

在有可信第三方的非否认协议中，基于 Offline 的非否认协议在实现协议非否认性、公平性的前提下，将协议对 TTP 的依赖程度减到了最小。但基于 Offline 的非否认协议允许主体提前终止协议，因此只能达到弱公平性。

4. 非否认协议的安全性质[44]

非否认协议及其技术多种多样，但一般情况下，一个好的非否认协议应具有如下三个基本性质：非否认性、可追究性和公平性。这三个基本性质体现了非否认协议与其他协议的主要区别。

（1）非否认性

非否认性[32,33]是指协议主体应当对自己的行为负责，不能否认曾经发生的行为，在发生纠纷时，主体可以提供必要的证据以保护自身的利益，它是通过接收方拥有发送方非否认证据 EOO（Evidence of Origin）和发送方拥有接收方非否认证据 EOR（Evidence of Receipt）实现的。发送方非否认证据是指协议向接收方提供的不可抵赖证据，用于证明发送方确实向接收方发送过某个消息；收方非否认证据是指协议向发送方提供的不可抵赖证据，用于证明接收方确实收到了发送方发送的某个消息。非否认性在协议中通常通过数字签名实现。

（2）可追究性

可追究性[42]的目的在于某个主体要向第三方证明另一方对某行为负有责任，在某些情况下可以看作是对非否认性的另一角度的陈述。比如，一个主体不能向其他方否认自己曾经参与通信事件 A 的话，那么当它否认参与事件 A 时，而这样的否认又影响到了其他方的利益，那么其他方就可以追究此主体参与过事件 A 的责任。可以保证这种追究有效的协议我们称为具有可追究性。

只要协议满足可追究性，那么它一定满足非否认性。例如，如果主体 A 能向第三方证明 B 收到了消息 M（可追究性），那么主体 A 一定拥有 B 收到了消息 M 的证据，所以 B 不能否认他收到了消息 M（不可否认性）。

（3）公平性

关于公平性的定义[37]，目前还没有一个统一的概念，主要的描述有以下几种：

强公平性：一个协议是强公平的，当协议结束时它提供给消息发送方和接收方合法的不可反驳的证据，同时在协议运行的任何阶段，任何一方不能获得优于对方的好处。

具体来说，强公平性包括两个层次的含义：

① 协议执行完后，应当保证发送方收到接收方非否认证据 EOR，且接收方收到发送方非否认证据 EOO。

② 如果协议在任何一步终止，接收方收到发送方非否认证据 EOO，当且仅当发送方收到接收方非否认证据 EOR。

弱公平性：一个协议是弱公平的，当在协议执行的某些阶段，即使正确执行协议的主体可能受到某种程度上的公平性损失，在以后的争端解决中，此主体也可使用协议执行过程中生成的相关证据恢复其公平性。

概率公平：一个非否认协议是概率公平的，如果协议通信方仅有无穷小机会通过不正当行为获得优于其他方的好处。

11.3.2 Kailar 逻辑及其改进

1. Kailar 逻辑

Kailar 逻辑[42]是 Kailar 提出的一种"可证明性"逻辑，与 BAN 逻辑等信念逻辑不同，它适合于分析电子商务协议的可追究性。可追究性的目的在于某个主体要向第三方证明另一方对某行为负有责任。只要协议满足可追究性，那么它一定满足非否认性。例如，如果主体 A 能向第三方证明 B 收到了消息 M（可追究性），那么主体 A 一定拥有 B 收到了消息 M 的证据，所以 B 不能否认他收到了消息 M（不可否认性）。因此，可追究性与非否认性的实质是等价的。实践证明，Kailar 逻辑适合验证非否认协议的非否认性。目前，利用 Kailar 逻辑及其改进版本成功验证的非否认协议有 Zhou-Gollman 协议、IBS 协议、IS1 支付协议、CMP1 协议和 CMP2 安全电子邮件协议等。此外，Kailar 逻辑的证明过程简单易行，便于自动化实现，因此本文选择 Kailar 逻辑作为算法中的协议正确性验证方法。

(1) 基本符号

在介绍 Kailar 逻辑之前，先列举 Kailar 逻辑中用到的基本符号。

A，B，C……：参与协议的各个主体。

m：由一个主体发送给另一个主体的消息。

TTP：可信任第三方(Trusted Third Party，TTP)。

K_a：主体 A 的公开密钥。

K_a^{-1}：与 K_a 对应的 A 的私钥。

K：会话密钥。

K_{ab}：A 与 B 的共享密钥。

(2) Kailar 逻辑的构件

Kailar 逻辑由下述 6 个构件组成：

① 证明构件：A CanProve x

强证明：A CanProve x

如果对于任何主体 B，主体 A 执行一系列操作之后没有向 B 泄露任何秘密消息 y(y 不等于 x)并且能够使 B 相信 x。

弱证明：A CanProve x to B

对于某个特定主体 B，主体 A 执行一系列操作之后没有向 B 泄露任何秘密消息 y(y 不等于 x)并且能够使 B 相信 x。

一般而言，如果主体能够提供强证明则其也能提供弱证明。

② 签名验证构件：Ka Authenticates A

密钥 K_a 能用于验证主体 A 的数字签名。这里将主体 A 与他的公开密钥和秘密密钥对 K_a 与 K_a^{-1} 绑定。

③ 消息解释构件：x in m

x 是消息 m 中一个或几个可被理解的域。通常可被理解的域是明文或者主体拥有密钥的加密域。例如，A 收到 m=$\{m_1, \{m_2\}_k\}$，那么 m_1 in m。如果 A 知道 K，那么 m_2 in m。

④ 声明构件：A said x 和 A says x

主体 A 声明过公式 x。A said x 表明主体 A 曾经声明过 x；A says x 表明主体 A 声明了 x，且 x 是新鲜的。

⑤ 消息接收构件：A Received m SignedWith K^{-1}

$$\frac{\text{A Received m SignedWith } K^{-1}; \ x \text{ in } m}{\text{A Received } x}$$

主体 A 收到了由 K^{-1} 签名的消息 m，且 x 是消息 m 的一个域，那么主体 A 收到了消息 x。

⑥ 信任：A IsTrustedOn x

主体 A 对公式 x 具有管辖权。换句话说，协议中的其他主体都相信 A 声明的公式 x。

(3) Kailar 逻辑的推理规则

Kailar 逻辑共有以下 4 条推理规则。

①连接规则

$$\frac{A\ CanProve\ x;\ A\ CanProve\ y}{A\ CanProve\ (x \wedge y)}$$

如果 A 能够证明公式 x,并且 A 能够证明公式 y,那么 A 能够证明公式 x∧y。

②推理规则

$$\frac{A\ CanProve\ x;\ x \Rightarrow y}{A\ CanProve\ y}$$

如果 A 能够证明公式 x,而由公式 x 能推导公式 y(即公式 x 蕴涵公式 y),那么 A 能够证明公式 y。

③签名规则

$$\frac{A\ Received\ m\ SignedWith\ K^{-1};\ x\ in\ m;\ A\ CanProve\ (K\ Authenticates\ B)}{A\ CanProve\ (B\ Said\ x)}$$

如果 A 收到一个用私钥 K^{-1} 签名的消息 m,m 中包含 A 能理解的公式 x,并且 A 能够证明公钥 K 能用于验证 B 的签名,那么 A 能证明 B 声明了公式 x。

④信任规则

$$\frac{A\ CanProve\ (B\ Said\ x);\ A\ CanProve\ (B\ IsTrustedOn\ x);}{A\ CanProve\ x}$$

如果 A 能够证明 B 对 x 有管辖权,并且 B 声明了公式 x,那么 A 能证明公式 x。

(4) 分析步骤

利用 Kailar 逻辑分析协议需要以下 4 个步骤:

① 用 Kailar 逻辑描述协议的安全目标。

② 对协议的语句进行解释,使之转化为 Kailar 逻辑中的构件。

③ 列举分析协议时需要用到的初始假设。

④ 根据 Kailar 逻辑推理规则,对协议进行推理验证。

2. Kailar 逻辑的改进

由于 Kailar 逻辑的简单性和有效性,Kailar 逻辑已被应用于很多安全电子商务协议的形式化分析。但是,在应用过程中,Kailar 逻辑也被发现存在缺陷。周典萃、卿斯汉等[45]发现 Kailar 逻辑在解释和分析协议语句时,只能解释和分析那些签名的明文信息,缺乏处理加密的签名消息的机制,并对 Kailar 逻辑进行了改进,在 Kailar 逻辑中引入拥有操作的逻辑推理,增加了密文处理规则。我们在应用 Kailar 逻辑分析和设计非否认协议的过程中,发现 Kailar 逻辑没有考虑证据的新鲜性,因此无法防止重放攻击。

鉴于此,我们在文献[45]的基础上,增加了对签名密文的处理机制,并在 Kailar 逻辑中引入签名新鲜性规则。

增加的密文理解规则如下：

$$\frac{\text{A CanProve (B Says \{M\}}_K\text{)}; \text{ A CanProve (B Says K)}}{\text{A CanProve (B Says M)}}$$

$$\frac{\text{A CanProve (B Received \{M\}}_K\text{)}; \text{ A CanProve (B Received K)}}{\text{A CanProve (B Received M)}}$$

第一条密文理解规则表示：如果 A 能够证明 B 声明用密钥 K 加密的消息$\{M\}_K$，并且 A 能够证明 B 声明了密钥 K，那么 A 能够证明 B 声明了 M。

第二条密文理解规则表示：如果 A 能够证明 B 收到消息$\{M\}_K$，并且 A 能够证明 B 收到了密钥 K，那么 A 能够证明 B 收到了 M。

增加的签名新鲜性规则如下：

$$\frac{\text{A Received m SignedWith K}^{-1}; \text{ Na in m}; \text{ A CanProve(Na IsFresh)}; \text{ A CanProve (K Authenticates B)}}{\text{A CanProve (B Says m)}}$$

IsFresh 是增加的新鲜性构件。X IsFresh 表示随机数 X 是新鲜的。签名新鲜性规则表示：如果 A 收到一个用私钥 K^{-1} 签名的消息 m，m 中包含新鲜元素 Na，A 能够证明公钥 K 能用于验证 B 的签名并且 Na 是新鲜的，那么 A 能证明 B 最近声明了 m，即签名中的消息是新鲜的。

11.3.3 非否认协议的演化设计

1. 算法流程

图 11-4 描述了基于 Kailar 逻辑和演化算法自动化生成非否认协议的算法流程。

在图 11-4 中，首先需要建立主体初始知识并用 Kailar 逻辑描述主体的初始信念和安全目标(非否认性)，产生初始种群。然后，对每个个体(协议)进行解码，并应用 Kailar 逻辑推理规则更新主体信念集合，以验证协议是否能够满足安全目标。接下来，对每个个体通过适应度函数进行评估，如果没有满足安全目标的协议，则进行遗传操作，生成下一代种群。继续对下一代种群进行解码、评估和遗传操作。下面将详细描述该算法所采用的协议编码方法、适应度函数以及详细的操作算子设计方案。

2. 编码和解码方法

(1)编码方法

本书中采用二进制编码方案对协议进行编码。在实际中，每个协议由若干个消息组成，每条消息又由若干个知识组成。在编码时，还需要每条消息的发送方和接收方及消息所使用的签名密钥。图 11-5 描述了协议中一条消息的编码方案。

图 11-5 中，发送方(vs)和接收方(vr)是主体名，如 A、B、S，用若干个二进制位表示；密钥信息表示本条消息所使用签名密钥，即发送方的私钥；知识 $1 \sim n$(vb1 ~ vbn)是所发送消息的具体内容，通常由主体名、新鲜数、密钥等组成。每个知识用若干个二进制位表示。假设主体名用 2 个二进制位表示，密钥信息用 2 个二进制位表示，

演化密码引论

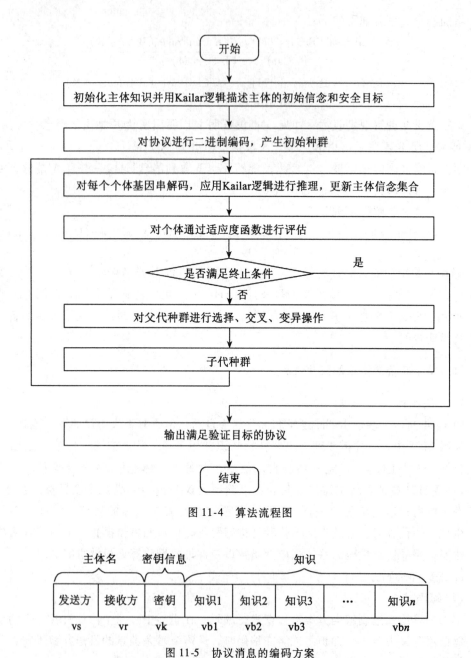

图 11-4 算法流程图

图 11-5 协议消息的编码方案

每条知识用 4 个二进制位表示，那么对于一个包含 6 条消息，每条消息最多由 4 个知识组成的协议，需要的二进制位数为 $6 \times (2+2+2+4 \times 4) = 132$ 位。假设参与协议的主体总数为 N，密钥数为 L，每个主体最多拥有的知识数为 T，则在上述表格中，vs = vs mod

N、vr = vr mod N、vk = vk mod L，vb$i$ = vb$i$ mod T，通过模运算，可以保证基因串中各字段能够在一个合理范围内取值。

在本算法中，参与通信的主体都维持一个知识状态向量，包含了他当前拥有的所有知识。假设主体都是诚实的，这意味着发送方只发送他当前拥有的知识。于是，消息中包含的任何知识都是发送方的知识状态向量中的某个知识。

（2）解码方法

①在染色体解码前，首先建立协议每个主体的知识状态向量，并将主体的初始知识加入主体的知识状态向量中。当主体接收到新的消息时，更新主体的知识状态向量，将新的知识添加到主体的知识状态向量中。

②对协议中的每条消息进行解码。假设协议有 S 条消息，对于消息 $i(0<i<S-1)$，首先取出表示主体名的二进制串，将其转换成整数，并对其取模，得到消息的发送方和接收方。然后取出表示密钥信息的二进制串，得到签名密钥。如果签名密钥不是发送方的私钥，则修改协议中表示签名密钥的二进制串，将其改为发送方的私钥。接下来，取出消息中表示主体所发送知识的二进制串，将其转换成整数，并对其取模，这些整数可以看作是发送方知识状态向量中的知识的索引，于是通过查找发送方的知识状态向量可以得到主体所发送的知识。

3. 适应度函数

适应度函数是演化算法成功的关键因素。一个高效准确的适应度函数可以精确地将解选择出来。本算法的适应度函数为：

$$\sum w_i$$

其中 w_i 是第 i 个安全目标的权重。实验中可加入辅助目标，不同等级的安全目标具有不同的权重，以此体现各个目标在协议验证中的重要程度。

4. 操作算子

（1）选择

本算法采用最佳保留选择，最佳保留选择首先按轮盘赌选择方法执行选择操作，然后将当前群体中适应度最高的个体结构完整地复制到下一代群体中。算法的主要优点是能保证演化算法终止时得到的最后结果是历代出现过的最高适应度的个体。

（2）交叉

本算法选择较常用的单点交叉。

单点交叉又称为简单交叉，是指在个体编码串中只随机设置一个交叉点，然后在该点相互交换两个配对个体的部分染色体。单点交叉的具体执行过程如下：

① 个体进行两两随机配对，若群体大小为 M，则共有 $[M/2]$ 对相互配对的个体组。

② 对每一对相互配对的个体，随机设置某一基因串之后的位置为交叉点，若染色体的长度为 N，则共有 $N-1$ 个可能交叉点位置。

③ 对每一对相互配对的个体，依设定的交叉概率在其交叉点处相互交换两个个体的部分染色体，从而产生出两个新的个体。

(3) 变异

本算法采用较常用的基本位突变方法。

基本位变异操作是指对个体编码串中以变异概率随机指定的某一位或某几位基因座上的值进行变异运算，操作过程如下：

①对个体的每一个基因串，以变异概率指定其为变异点。

②对每一个指定的变异点，对其基因值进行取反运算或其他等位基因值来代替，从而产生出新一代的个体。

(4) 终止条件判断

采用常用的算法终止条件，规定群体最大进化代数，一旦进化代数达到群体最大进化代数，算法终止。

5. 算法实现

由于 Kailar 逻辑是可证明逻辑，它的信念用 P CanProve X 的形式表示，而接收者收到的知识（消息中的各个组成部分）并不一定就是能证明的。因此本算法中建立了两个向量，一个是知识状态向量，包括每个主体的初始知识和接收到消息之后生成的新知识。另一个是信念推理向量，包括每个主体在 Kailar 逻辑验证框架下的初始假设和接收到消息之后应用改进的 Kailar 逻辑推理规则生成的新的信念。算法在执行过程中，在处理每条消息时，需要同时更新接收者主体对应的知识状态向量和信念推理向量。

算法中的每个个体是一个协议，用二进制串表示。假设每个协议有 M 条消息，且每个消息中最多包含 N 条知识（区别于主体拥有的最多知识数 T）。首先根据协议定义以及协议的运行环境初始化每个主体的初始知识和初始信念，然后对于协议中的每条消息执行如下步骤的操作：

①根据编码规则，计算二进制串中的各个组成部分（接收者，发送者，密钥，知识 $1 \sim n$）的十进制值，并对其取模。

②判定该基因串中的发送方、接收方和密钥。如果该密钥是发送者的私钥，则转向步骤③进行处理，否则修改基因串中表示密钥的二进制串，将其替换为发送方的私钥。

③将签名消息加入到接收者知识状态向量中，并取出签名消息的内容（知识），与接收者知识状态向量中的知识进行比较，如果有新知识，则将新知识加入到接收者知识状态向量中，同时应用 Kailar 逻辑推理规则，更新接收者信念推理集合。

④转向下一条消息，执行步骤②，直到把该协议的 M 条消息处理完。

⑤记录当前协议（基因串）满足目标信念的情况，使用适应度函数进行评估，依次处理其他基因串。如果任何一个协议都没有达到安全目标，则对基因串施行交叉和变异操作，然后转到步骤①继续处理。

6. 实验和分析

(1)实验结果

① 非否认协议的初始知识、假设及安全目标

下面给出了一个协议的初始知识和初始假设以及它的安全目标,设计一个有可信第三方的非否认协议,协议中主体 A 颁发消息 m 的加解密密钥。

初始知识:

主体 A 的初始知识:

    A(主体名)

    Na(A 的新鲜数)

    K(消息 m 的加解密密钥)

    $\{M\}_K$(加密的电子消息)

主体 B 的初始知识:

    B(主体名)

    Nb(B 的新鲜数)

可信第三方 TTP 的初始知识:

    N_{TTP}(TTP 的新鲜数)

初始假设:

主体 A 的初始信念:

    A CanProve(Kb Authenticates B)

    A CanProve(K_{TTP} Authenticates TTP)

    A CanProve(Na IsFresh)

主体 B 的初始信念:

    B CanProve(Ka Authenticates A)

    B CanProve(K_{TTP} Authenticates TTP)

    B CanProve(Nb IsFresh)

安全目标(非否认性):

  G1 A CanProve(B Received M)

  G2 B CanProve(A Says M)

辅助目标:

  G3 A CanProve(B Receive $\{M\}_K$)

  G4 B CanProve(A Says $\{M\}_K$)

两个辅助目标可以降低搜索的难度,用来加快搜索过程收敛。

② 辅助推理规则

假设 TTP 是可信的,为简化推理步骤,按照协议执行步骤,加入以下辅助推理规则(公理):

$$\frac{B\ \text{CanProve}\ (\text{TTP Says }K)}{B\ \text{CanProve}\ (A\ \text{Says }K)}$$

$$\frac{A\ \text{CanProve}\ (\text{TTP Says }K)}{A\ \text{CanProve}\ (B\ \text{Received }K)}$$

$$\frac{A\ \text{CanProve}\ (B\ \text{Says }m)}{A\ \text{CanProve}\ (B\ \text{Received }m)}$$

③基本参数设置

实验基本参数设置如下：

算法中规定每个协议最多 6 条消息，每条消息最多由四条知识组成，种群规模为 100。适应度函数中 W_i 的取值分别为 $w_1=w_2=100$，$w_3=w_4=60$，交叉因子取值为 0.25，变异算子取值为 0.01，进化代数为 200。实验运行 20 次的成功概率约为 70%。

④实验结果

以下给出了实验得到的两个较优的有可信第三方的非否认协议：

$A \to B: \{A, Na, \{M\}_K\}K_A^{-1}$

$B \to A: \{B, Nb, Na, \{M\}_K\}K_B^{-1}$

$A \to TTP: \{Na, Nb, K\}K_A^{-1}$

$TTP \to B: \{Nb, K\}K_{ttp}^{-1}$

$TTP \to A: \{Na, K\}K_{ttp}^{-1}$

$A \to TTP: \{A, B, Na, K\}K_A^{-1}$

$TTP \to A: \{Na, Nttp\}K_{ttp}^{-1}$

$A \to B: \{B, Nttp, \{M\}_K\}K_A^{-1}$

$B \to TTP: \{Nb, \{M\}_K\}K_B^{-1}$

$TTP \to B: \{Nb, K\}K_{ttp}^{-1}$

$TTP \to A: \{Na, K, \{Nb, M\}_K\}K_B^{-1}\}K_{ttp}^{-1}$

（2）实验结果分析

在实验过程中，我们发现随着进化代数增大，最优解适应度逐步上升，以后稳定在一个较高的水平。在本例中，算法在 50 代之后，最优解的适应度很快地接近理论上的最大值 320；在 20 次运行中，成功概率为 70%。由此可见，通过演化算法自动生成非否认协议的方法是可行的，能够产生一些正确的协议。

11.4 小 结

本章我们首先介绍了安全协议和 BAN 逻辑的基本概念，然后讨论了基于 BAN 逻辑的协议设计方法，其中包括候选协议的编码表示、协议的评估、适应值的改进以及协议的冗余化简等技巧。整个过程以演化计算为工具，以 BAN 逻辑为基本的推理准则，在第一阶段随机搜索候选协议，然后在第二阶段通过冗余协议约简方案得出优化的协议。两阶段设计方案可以自动生成满足各种需求的两方或三方通信协议，并且广泛支持对称密码、公钥密码和 Hash 函数等加密方法。通过两阶段的生成和过滤，该方法可以实现较大规模协议的自动化设计，例如三方密钥分配协议等。

但是值得注意的是，在第一阶段中由于使用的 BAN 逻辑本身处理能力有限，存在如下一些缺陷：初始假设及理想化步骤非形式化，逻辑语义不清楚，没有考虑窃听者存在以及攻击者知识增长，对零知识协议的分析能力有限等，因此如果对于 BAN 逻辑进行增强和扩展，可能会得到更好的结果。另外对于网络安全协议的自动化生成，还要考虑很多方面的问题，比如通信量的具体度量和约简，对于未知攻击的应对措施等。

对于认证协议，我们提出了基于演化算法和 SVO 逻辑的认证协议自动生成算法。实验表明该算法是可行的，能够产生正确的协议，但还有需要进一步深入研究的问题：①模态逻辑方法目前还存在着很多缺点，还有许多方面需要深入研究。如需要非形式化的协议理想化过程，抽象级别过高，分析范围过窄等。另外，为模态逻辑方法开发相应的自动验证工具，也有着非常重要的实际意义。②安全协议的生成问题本质上是一个复杂的、非线性的状态空间搜索问题。在处理较长协议时，以上算法如何取得好的效果和效率是值得进一步探讨的问题。

对于非否认协议，我们在研究目前安全协议自动生成方法的基础上，提出基于演化算法和 Kailar 逻辑自动生成非否认协议的算法。由于 Kailar 逻辑是可证明逻辑，它的信念用 P CanProve X 的形式表示，而接收者收到的知识（消息中的各个组成部分）并不一定就是能证明的。因此本算法建立了两个集合，一个集合是知识集合，包括每个主体的初始知识和接收到消息之后生成的新知识。另一个集合是推理集合，包括每个主体在 Kailar 逻辑验证框架下的初始假设和接收到消息之后应用改进的 Kailar 逻辑推理规则生成的新的信念。算法在执行过程中，在处理每条消息时，需要同时更新接收者主体对应的知识集合和信念集合。生成实例中，为加快搜索过程，加入了两个辅助目标，辅助目标与协议非否认目标分别定义了不同的权重，且辅助目标的权重小于非否认目标，以此区分两种目标对协议生成的重要性；为简化推理过程，在协议验证中加入了三个辅助的推理规则，以保证算法具有较高的效率。实验结果表明，通过演化算法自动生成非否认协议的方法是可行的，能够产生一些正确的协议。但目前本算法所生成的协议只能保证协议的非否认性，如何生成满足各个安全性质的非否认协议是需要进一步研究的问题。

随着安全协议变得越来越复杂，必须使用更加高效的生成方法，如可以引入多目标优化算法、协同进化算法以及利用安全协议领域的启发式知识来指导安全协议空间的搜索过程，以降低搜索过程的代价。

参 考 文 献

[1] Burrows M, Abadi M, Needham R. A Logic of Authentication[J]. ACM Transactions in Computer Systems, 1990, 8(1): 18-36.

[2] Gong L, Syverson P. Fail-Stop Protocols: An Approach to Designing Secure Protocols [C]. Proceedings of DCCA-5 Fifth International Working Conference on Dependable Computing for Critical Applications, Oakland: IEEE Computer Society Press, 1998: 79-100.

[3] Adrian Perrig, Dawn Song. A First Step on Automatic Generation[C]. Proceedings of Network and Distributed System Security 2000, February 2000.

[4] Adrian Perrig, Dawn Song. Looking for Diamonds in the Desert— Extending Automatic Protocol Generation to Three-Party Authentication and Key Agreement Protocols [C]. Proceedings of the 13Th Computer Security Foundations Workshop. IEEE Computer Society, June 2000.

[5] Clark J A, Jacob J L. Protocols are Programs Too: the Meta-heuristic Search for Security Protocols[J]. Information and Software Technology, 2001 (43): 891-904.

[6] Clark J A, Jacob J L. Searching for a Solution: Engineering Tradeoffs and the Evolution of Provably Security Protocols[C]. Proceedings 2000 IEEE Symposium on Research in Security and Privacy, IEEE Computer Society, May 2000: 82-95.

[7] 李莉, 安全协议的形式化分析及验证技术[D]. 武汉: 武汉大学博士学位论文, 2004.

[8] 王张宜, 李莉, 张焕国, 网络安全协议的自动化设计策略[J]. 计算机工程与应用, 2005, 41(5).

[9] 李莉, 张焕国, 王张宜. 一种安全协议的形式化设计方法[J]. 计算机工程与应用, 2006(11).

[10] 王亚弟, 束妮娜, 韩继红等, 密码协议形式化分析[M]. 北京: 机械工业出版社, 2006.

[11] Davies, Price W L. Security for Computer Networks[M]. Wiley, 1984.

[12] Kaufman C, Perlman R, Speciner M. Network Security: Private Communication in a Public World[M]. Prentice Hall PTR, 1995.

[13] Needham R M, Schroeder M D. Using Encryption for Authentication in Large Networks of Computers[J]. Communications of the ACM, 21(12). 993-999, December 1978.

[14] Neuman B C, Tung B, Wray J, Trostle J, Public Key Cryptography for Initial Authentication in Kerberos[EB/OL]. Internet Draft, October 1996, ftp://ietf.org/

internet-drafts/ draft-itef-cat-kerberos-pk-init-02. txt.

［15］王鹃，非否认协议的形式化分析和演化设计［D］．武汉：武汉大学博士论文，2008.

［16］CCITT. CCIIT Draft Recommendation X. 509［S］. The Directory-Authentication Framework, Version7, November 1987.

［17］Bellovin S M, Merrin M. Encrypted Key Exchange: Password based protocols secure against dictionary attacks［C］. In Proceedings 1992 IEEE Symposium on Research in Security and Privacy, pages 72-84. IEEE Computer Society, May 1992.

［18］ISO/IEC. Information technology-Security techniques-entity authentication mechanisms part 2: Entity authentication using symmetric techniques［S］, 1993.

［19］Gong L. Using one-way functions for authentication［J］. Computer Communication Review, 1989, 19(5): 8-11.

［20］Martin Abadi. Roger Needham, Prudent engineering practice for cryptographic protocols［J］. IEEE Transactions on Software Engineering, 1996, 22(1): 6-15.

［21］Ross Anderson, Roger Needham. Robustness principles for. public key protocols［C］. In Proceedings of Crypto'95, 1995.

［22］Syverson P. Limitations on Design Principles for Public Key Protocols［C］. In Proceedings of the IEEE Symposium on Research in Security and Privacy. 1996: 62-73.

［23］Alves-Foss J, Soule T. A weakest precondition calculus for analysis of cryptographic protocols［C］. In Proceedings of the DIAMACS Workshop on Design and Formal Verification of Security Protocols, 1997.

［24］Dawn Song, Adrian Perrig, Doantam Phan. AGVI-Automatic Generation, Verification, and brrplementation of Security Protocols［C］. In 13th Conference on Computer Aided Verification (CAV'01). Paris, 2001.

［25］Randy W Ho. Automatic Design of Network Security Protocols［D］. A dissertation submitted in partial fulfillment of the requirements for the degree of Doctor of Philosophy. The University of Michigan. 2002.

［26］Hao Chen, John Clark, Jeremy Jacob. The Synthesis of Effective and Efficient Security Protocols［C］. Second International Joint Conference on Automated Reasoning, ARSPA Cork, Ireland, July 2004.

［27］Hassen Saidi. Toward automatic synthesis of security protocols［C］. System Design Laboratory, SRI International. 2002.

［28］Data A, Derek A, Mitchell J C, Pavlovic D. A derivation system for security protocols and its logical formalization［C］. In Proceedings of 16th IEEE Computer Security Foundations Workshop, pp. 109-125, June 2003.

[29] Hao Chen, John Clark, Jeremy Jacob. Automatic design of security protocols[C]. In Conference on Evolutionary Computation 2003, Special session on Computer Security. Canberra, Australia: IEEE Computer Society, December 2003: 2181-2188.

[30] Dana A, Derek A, Mitchell J C, Pavlovic D. Abstraction and refinement in protocol derivation[C]. In Proceedings of 17th IEEE Computer Security Foundations Workshop, pp. 30-45, June 2004.

[31] Dana A, Derek A, Mitchell J C, Pavlovic D. A derivation system and compositional logic for security protocols[J]. Journal of Computer Security, 2005.

[32] ISO/IEC 13888-1, Information technology Security techniques Non repudiation Part 1: General[S]. 1997.

[33] ISO/IEC 13888-2, Information technology Security techniques Non repudiation Part 2: Mechanisms using symmetric techniques[S]. 1998.

[34] ISO/IEC 13888-3, Information technology Security techniques Non repudiation Part 3: Mechanisms using asymmetric techniques[S]. 1997.

[35] Steve Kremer, Olivier Markowitch, Jianying Zhou, An intensive survey of fair non-repudiation protocols[J]. Computer Communications, 2002, 25(17): 1606-1621.

[36] Markowitch O, Roggeman Y, Probabilistic non-repudiation without trusted third party [C], Second Conference on Security in Communication Networks'99, 1999.

[37] Zhou J, Gollmann D. A fair non-repudiation protocol[C]. IEEE Symposium on Security and Privacy, Research in Security and Privacy, IEEE Computer Society, Technical Committee on Security and Privacy, IEEE Computer SecurityPress, Oakland, CA, 1996, 55-61.

[38] Zhou J, Gollmann D, An effcient non-repudiation protocol[C]. Proceedings of The 10th Computer Security Foundations Workshop, IEEE Computer Society Press, 1997: 126-132.

[39] Kremer S, Markowitch O, Optimistic non-repudiable information exchange [C]. Biemond J(Ed.), 21st Symp. on Information Theory in the Benelux, Werkgemeenschap Informatie-en Communicatietheorie, Enschede (NL), Wassenaar (NL), 2000: 139-146.

[40] Asokan N, Schunter M, Waidner M, Optimistic protocols for fair exchange [C]. Matsumoto T(Ed.), 4th ACM Conference on Computer and Communications Security, ACM Press, Zurich, Switzerland, 1997: 6, 8-17.

[41] Kim K, Park S, Baek J. Improving fairness and privacy of Zhou-Gollmann's fair non-repudiation protocol[C]. The 1999 ICPP Workshops on Security, Aizu, Japan, 1999.

[42] Kailar R. Accountability in Electronic Commerce Protocols[J]. IEEE Transaction on

Software Engineering, 1996, 22(5): 313-328.

[43] 卿斯汉. 安全协议[M]. 北京: 清华大学出版社, 2005.

[44] 邓子宽, 公平非否认协议分析方法研究[D]. 成都: 电子科技大学硕士学位论文, 2007.

[45] 周典萃, 卿斯汉, 周展飞. 一种分析电子商务协议的新工具[J]. 软件学报, 2001, 12(9): 1318-1328.

[46] 周雅洁, 认证协议的形式化分析及设计研究[D]. 武汉: 武汉大学博士论文, 2009.

第 12 章　演化密码软件系统

在国家自然科学基金的支持下,我们研究小组对演化密码进行了长期研究,取得了实际的研究成果,其中既包括一些理论成果,也包括一些技术成果。为了使演化密码发挥实际作用,我们研制了一个"演化密码软件系统"。经过实际应用,实践表明这一系统是成功的,完全可以作为密码学研究和应用的一个有力工具。本章简单介绍"演化密码软件系统"。

12.1　系统结构与功能

12.1.1　系统设计指导思想

1. 系统设计原则

演化密码软件系统旨在利用演化密码算法及设计方法,用于分组密码的非线性部件、线性部件及轮函数的动态设计。同时,利用演化密码设计方法中的适应值函数,对用户提供的分组密码部件及轮函数的各类密码学特性进行测试,给出各类指标的定量分析结果。

为了提高演化密码软件系统的可扩展性,我们在演化密码软件系统中设置方便用户自定义的密码学接口,保证用户可根据自己的实际需要进行特殊密码学指标的定制,以此密码学指标作为设计分组密码部件及轮函数的参考并对已有分组密码进行实际测试。

根据我们对演化密码的研究发现,存在多种密码学指标间相互矛盾的情况,即当某个指标较高时,另一个指标会出现降低的情况。针对这种多目标优化问题,我们在演化密码软件系统设计中将各类密码学指标的具体阈值交给使用者自行定义,可方便用户定制出符合实际需要的分组密码部件及轮函数。

2. 系统设计方法

(1)采用演化密码的思想与方法

迄今为止的常用分组密码都是一种加解密算法固定而密钥随机可变的密码,如 DES、IDEA、AES、RSA 等。设 E 为加密算法,$K_0 K_1 \cdots K_i \cdots K_n$ 为密钥,M 为明文,C 为密文,则把 $M_0 M_1 \cdots M_i \cdots M_{n-1} M_n$ 加密成密文的过程可表示为:

$$C_0 = E(M_0, K_0), \ C_1 = E(M_1, K_1), \ \cdots, \ C_i = E(M_i, K_i), \ \cdots, \ C_n = E(M_n, K_n)$$
(12-1)

在这一过程中加密算法固定不变。

如果能够使上述加密过程中加密算法 E 也不断变化，即

$$C_0 = E_0(M_0, K_0), \ C_1 = E_1(M_1, K_1), \ \cdots, \ C_i = E_i(M_i, K_i), \ \cdots, \ C_n = E_n(M_n, K_n)$$
(12-2)

则称其为加密算法可变的密码。

由于加密算法在加密过程中可受密钥控制而不断变化，显然可以极大地提高密码的强度。更进一步，若能使加密算法朝着越来越好的方向发展变化，那么密码就成为一种自发展的、渐强的密码。

另一方面，密码的设计是十分复杂、困难的。密码设计自动化是人们长期追求的目标。我们提出一种模仿自然界的生物进化，通过演化计算来设计密码的方法。在这一过程中，密码算法不断演化，而且越变越好。设 $E_{-\tau}$ 为初始加密算法，则演化过程从 $E_{-\tau}$ 开始，经历 $E_{-\tau+1}, E_{-\tau+2}, \cdots, E_{-1}$，最后变为 E_0。由于 E_0 的安全强度达到实际使用的要求，可以实际应用。我们称这一过程为"十月怀胎"，$E_{-\tau}$ 为"初始胚胎"，E_0 为"一朝分娩"的新生密码。

设 $S(E)$ 为加密算法 E 的强度函数，则这一演化过程可表示为

$$E_{-\tau} \to E_{-\tau+1} \to E_{-\tau+2} \to \cdots \to E_{-1} \to E_0 \tag{12-3}$$

$$S(E_{-\tau}) < S(E_{-\tau+1}) < S(E_{-\tau+2}) < \cdots < S(E_{-1}) < S(E_0) \tag{12-4}$$

综合以上两个方面，可把加密算法 E 的演化过程表示为：

$$E_{-\tau} \to E_{-\tau+1} \to E_{-\tau+2} \to \cdots \to E_{-1} \to E_0 \to E_1 \to \cdots \to E_n \tag{12-5}$$

$$S(E_{-\tau}) < S(E_{-\tau+1}) < \cdots < S(E_{-1}) < S(E_0) \leqslant S(E_1) \leqslant \cdots \leqslant S(E_n) \tag{12-6}$$

其中 $E_{-\tau} \to E_{-\tau+1} \to \cdots \to E_{-1}$ 为加密算法的设计演化阶段，即"十月怀胎"阶段。在这个阶段，加密算法的强度尚不够强，不能实际使用，这是密码的演化设计阶段，这一过程在实验室进行。E_0 为"一朝分娩"的新生密码，它是密码已经成熟的标志。$E_0 \to E_1 \to E_2 \to \cdots \to E_n$ 为密码的工作阶段，而且在工作过程中仍不断地演化，密码的安全性越变越好。这就是演化密码的思想和方法。

我们设计的演化密码软件系统是第一个利用演化密码思想和方法进行完整密码设计与测试的软件系统，充分体现了本书前面章节中提出的演化密码设计的思想和方法，以分组密码为设计和测试对象进行演化密码思想的实践与成功尝试。

设计过程中，用户可以得到各个阶段的演化密码中间结果和最终演化设计产生的符合设计要求的结果，根据初始种群和演化设计代数的设定，不同密码学指标设定前提下的演化密码部件与轮函数设计在演化代数和时间上有稍许区别，但都能满足密码设计与

实际使用的要求。

（2）采用带指导的基因块演化算法

在现代生物科学发展以前，生物的进化是靠着大自然的作用通过优胜劣汰、适者生存的简单法则缓慢进行的，是一个长期的过程。借鉴大自然的这一进化过程，人们提出了各种各样的演化算法，并成功地运用于一些困难问题的解决。随着现代生物科学的发展，人们慢慢地可以参与大自然的进化过程，如可以选择一些好的基因来加速进化过程，但仍然用优胜劣汰、适者生存的法则选择进化的结果。杂交水稻的成功就是一个非常好的例子。基于人类基因组工程，医学专家们着力寻找各种致病基因以达到治病的目的。我们借鉴这一过程，提出了带指导的基因块演化算法。其主要思想是：将要研究的对象分解为基因块，如果研究对象表现的性质是我们需要的，则其基因块会具有一些特点，我们可以根据这些特点来区分好的基因和坏的基因，在演化设计时，我们可以直接去掉那些不合格的基因块，从而可以提高演化的速度。由于密码学的许多研究对象都是基于复杂度理论的，一般的演化算法往往由于复杂度太高而失败，我们带指导的基因块演化思想和算法可以降低问题求解的复杂度，这种方法我们已有成功的实例。例如我们以真值表为演化对象时，我们将真值表划分为若干子块，则每一子块的 Walsh 谱表现了一定的特点，利用这些特点，我们得到了系列结果。又比如，我们以迹函数作为演化对象，我们给出的基于基因块演化算法在演化效率及生成 Bent 函数仿射等价类个数等方面都好于国际同行的工作。

（3）多种理论方法相结合

密码部件的设计是复杂的工作，必须综合多种理论方法才能奏效。

利用有限域、有限环等代数学方法来开展研究。在将布尔函数和 S 盒表示为域上多项式时，问题转化为有限域上多项式的性质。而有限域的研究从工具到方法都比较成熟，我们可以方便地应用。例如运用迹函数表示布尔函数时，我们很容易确定其代数次数。

运用频谱理论、组合理论等来研究。密码函数的许多密码学性质，如自相关性、非线性度等指针都可以通过频谱理论来刻画。通过特征函数的联系、组合理论也可用来设计布尔函数，如 Bent 函数等。

运用不变量理论和纠错码理论来研究 P 置换。不变量理论是用来划分集合的有效方法，我们运用不变量理论来分析给定输入和输出函数的条件下 P 置换的求取问题。利用纠错码理论研究 P 置换的设计是行之有效的，往往可以使 P 置换的分支数达到最佳。

运用布尔函数和序列的转化关系，将布尔函数的设计转化为对序列的设计。这种研究方法有时是很有效的。

3. 系统设计目标

演化密码软件系统的设计目标是为方便密码设计与分析人员而提供一种动态、高效的密码设计与分析工具,根据用户的需求在密码学指标、密码算法的规格等多个方面有较高的灵活性。

目前我们以分组密码为例,进行较成功的设计与分析,可对不同规模的非线性部件、线性部件及轮函数等进行高安全性设计,如 AES 类分组密码中的 SBOX 设计可达到或接近 AES 标准。

12.1.2 系统结构

1. 单机版(v1.0)主界面

演化密码软件系统 v1.0(单机版)主界面如图 12-1 所示。

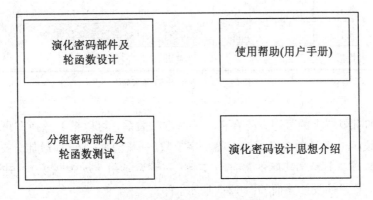

图 12-1 演化密码软件系统 v1.0(单机版)主界面

2. 演化密码设计界面

(1) S 盒设计

S 盒是密码算法中重要的非线性部件,它的密码强度决定了整个密码算法的安全强度,它的工作速度决定了整个算法的混淆速度。特别地,使用高强度的 S 盒对于增强 Feistel 型密码、SPN 型密码和 IDEA 型密码的安全性起着至关重要的作用。

S 盒演化设计界面如图 12-2 所示。通过手动设定参数,包括输入输出比特数、密码学指标(差分均匀度、非线性度、代数免疫参数)来产生相应的 S 盒,并给出实际 S 盒的差分均匀度、非线性度及代数免疫参数,需要时可以将生成的 S 盒导出。

(2) P 置换设计

P 置换是分组密码轮函数的重要组成部分,对整个密码安全性起着重大作用。SP 网络中的 P 置换的主要目的是把那些并置的 S 盒各自输出的结果打乱从而相互扩散,提供了密码所必须具有的雪崩效应,使整个密码体系能更好地抗击差分和线性密码分析。一个好的 P 置换可以使密码具有可证明的抗差分和线性密码攻击的能力。

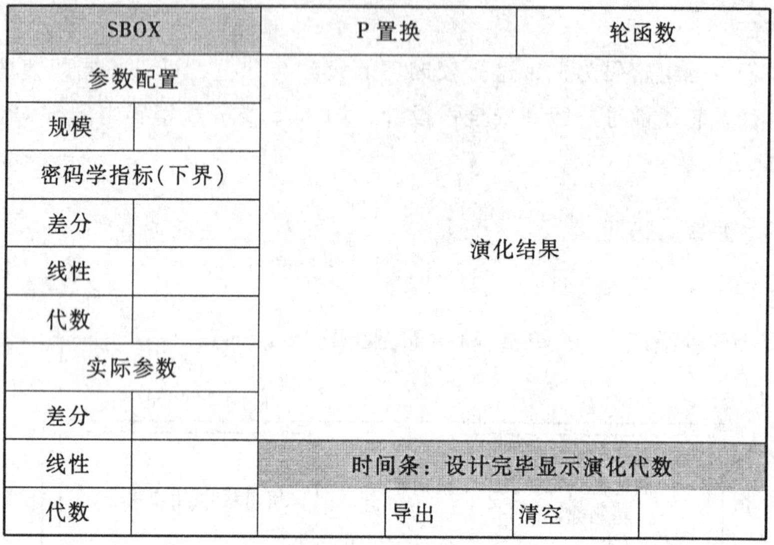

SBOX	P 置换	轮函数
参数配置		
规模		
密码学指标(下界)	演化结果	
差分		
线性		
代数		
实际参数		
差分		
线性	时间条:设计完毕显示演化代数	
代数	导出	清空

图 12-2　S 盒演化设计界面

P 置换和有限域上的可逆方阵存在一一对应的关系,可以把 P 置换和可逆矩阵等同视之。通过设定 P 置换的规模即输入输出字节数(一般为 1~16)和最佳分支数来产生 P 置换所用的矩阵,并给出实际的最佳分支数(一般为 $m+1$,m 为规模),并可以将产生的矩阵导出。P 置换设计界面如图 12-3 所示。

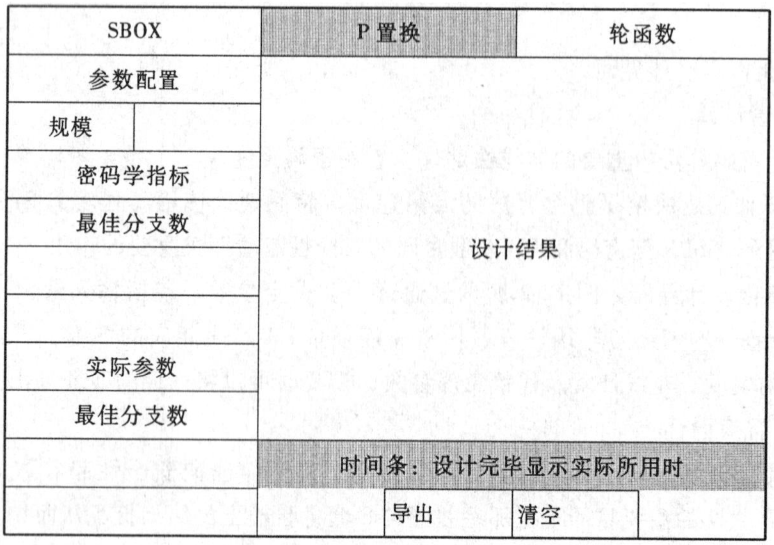

SBOX	P 置换	轮函数
参数配置		
规模		
密码学指标		
最佳分支数	设计结果	
实际参数		
最佳分支数		
	时间条:设计完毕显示实际所用时	
	导出	清空

图 12-3　P 置换设计界面

(3) 轮函数设计

轮函数中可以选择的结构，是 feistel 结构或者是 SPN 结构，然后设定轮函数的规模（输入规模以及输出规模），同时设定轮函数的密码学指标（差分及线性）。轮函数设计界面如图 12-4 所示。

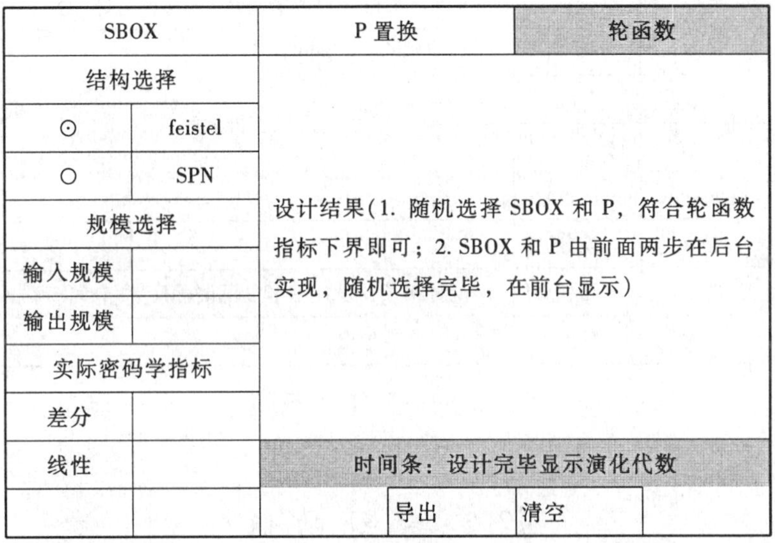

SBOX		P 置换	轮函数
结构选择			
⊙	feistel		
○	SPN	设计结果(1. 随机选择 SBOX 和 P，符合轮函数指标下界即可；2. SBOX 和 P 由前面两步在后台实现，随机选择完毕，在前台显示)	
规模选择			
输入规模			
输出规模			
实际密码学指标			
差分			
线性		时间条：设计完毕显示演化代数	
		导出	清空

图 12-4 轮函数设计界面

3. 演化密码测试界面

(1) S 盒测试

选择已有的 S 盒，如果不进行系统设计，则系统给出输入 S 盒的输入比特、输出比特以及差分线性代数性质。如果进行系统设计，则输入想要达到的密码学性质，系统在对当前 S 盒进行评价的同时，也对 S 盒进行演化改进，以达到密码学指标，并且可以将演化后的 S 盒导出，清除之后可以重新选择 S 盒继续进行操作。演化密码的测试界面如图 12-5 所示。

(2) P 置换测试

选择已有的 P 置换，如果不进行系统设计，则系统给出当前 P 置换的规模；如果进行系统设计，则系统在给出当前 P 置换的参数的同时，还会根据用户需求对当前 P 置换进行改进，可以将改进后的 P 置换导出。

(3) 轮函数测试

与同类应用密码算法相比可达到或接近这些密码算法的各项密码学指标。

说明：其他部件及轮函数的测试只是在参数配置和测试指标上的区别。

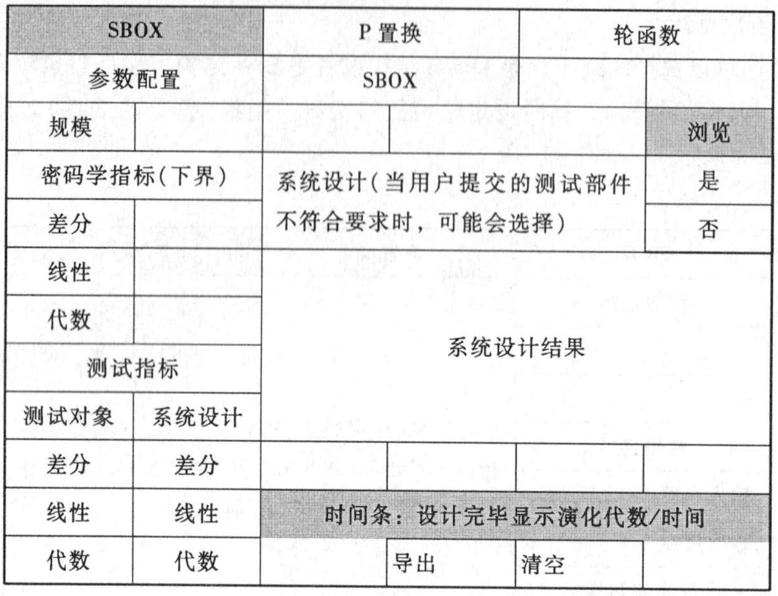

SBOX		P 置换	轮函数
参数配置		SBOX	
规模			浏览
密码学指标(下界)		系统设计(当用户提交的测试部件不符合要求时,可能会选择)	是
差分			否
线性			
代数			
测试指标		系统设计结果	
测试对象	系统设计		
差分	差分		
线性	线性	时间条:设计完毕显示演化代数/时间	
代数	代数	导出	清空

图 12-5 演化密码的测试界面

12.2 系统功能

演化密码是密码算法可以不断演化变化而且越变越好的一种新型密码。演化密码的理论和技术既可以增强密码体制的安全性,还可实现密码部件设计的自动化。

演化计算就是基于自然界的发展规律而提出的一种通用的问题求解方法,它具有高度并行、自适应、自学习等特征,它通过优胜劣汰的自然选择以及简单的遗传变异操作来解决许多复杂的问题。演化密码就是演化计算与密码学相结合的产物。

演化密码软件系统可以自动设计产生用户定制的不同规模、不同密码学指标(用户规定指标下界)的密码部件和轮函数,并可以对用户提供的密码部件及轮函数进行定量安全性分析。

1. S 盒设计

S 盒是密码算法中重要的非线性部件,它的密码强度在很大程度上决定了整个密码算法的安全强度,它的工作速度决定了整个算法的混淆速度。特别地,使用高强度的 S 盒对于增强 Feistel 型密码、SPN 型密码和 IDEA 型密码的安全性起着至关重要的作用。

(1) S 盒规模参数设置

表示 S 盒的输入比特数和输出比特数,用户根据需要在输入比特数中输入一个 4~15 的整数,输出比特数也必须在 4~15 之间,而且不能超过输入比特数,且输入输出的比特数相等。

(2)密码学指标(下界):

①差分均匀性:差分攻击的基本思想是通过分析明文对的差值对密文对差值的影响来恢复某些密钥比特,它是迄今为止对迭代型分组密码进行攻击和安全评估的最有力手段之一。S 盒的差分均匀性用于刻画 S 盒抗差分攻击能力,是 S 盒的一个重要密码指标。对于 $n\times m$ 的 S 盒($n\geqslant m$),其差分均匀性的取值范围是 $2^{n-m}\sim 2^n$,且差分均匀性越小的 S 盒抵抗差分攻击能力越强。

②非线性度:线性攻击的基本原理是利用轮函数中输入、输出以及子密钥的线性关系式,串连各轮的线性关系式,设法得到一个"有效的"只包含明文 P、密文 C 以及密钥 K 的线性表达式,进而恢复输出部分密钥比特。S 盒的非线性度用于刻画抗线性攻击能力,它的定义根据其对应的向量布尔函数的非零线性组合得出,可以与相应的 Walsh 谱建立联系。对于 $n\times m$ 的 S 盒($n\geqslant m$),其非线性度的取值范围是 $0\sim 2^{n-1}-2^{n/2-1}$,且非线性度越大的 S 盒抵抗线性攻击能力越强。

③代数免疫参数:代数攻击是对密码算法进行代数结构分析的攻击方法的统称,它的主要思想是建立初始(输入)密钥和输出密钥流比特之间的代数方程,攻击者希望得到的方程是多变元的低次非线性方程,运用线性化手段(或者 XL 算法)求解方程,进而获得初始密钥。代数免疫参数表示抗代数攻击能力。对于 $n\times m$ 的 S 盒($n\geqslant m$),其代数免疫参数的取值范围是 $0\sim 2^n$,且代数免疫参数越大的 S 盒抗代数攻击能力越强,一般要求这个值尽量接近或等于最大值。

(3)参数输入

用户根据实际需要在参数的取值范围内输入差分均匀性、非线性度和代数免疫参数这三个参数值,程序自动生成满足条件的 S 盒。

2. P 置换设计

P 置换是分组密码轮函数的重要组成部分,对整个密码安全性起着重大作用。SP 网络中的 P 置换的主要目的是把那些并置的 S 盒各自输出的结果打乱从而相互扩散,提供了密码所必须具有的雪崩效应,使得整个密码体系能更好地抗击差分和线性密码分析。一个好的 P 置换可以使密码具有可证明的抗差分和线性密码攻击的能力。

(1)P 置换参数配置

用户在"规模(字节)"中输入一个 1~16 之间的整数,作为 P 置换配置参数。

(2)密码学指标

P 置换和有限域上的可逆方阵存在一一对应的关系,故可以把 P 置换与可逆矩阵等同视之。对于 $GF(q)^m$ 上的 P 置换,$B(P)=\min_{a\neq 0}\{H(a)+H(P(a))\}$ 表示其分支数 (Branch Number),其中 $H(a)$ 表示元素 $a=(a_1,a_2,\cdots,a_m)\in GF(q)^m$ 中非零 a_i 的个数。$GF(q)^m$ 上的 P 置换的取值范围等于 $1\sim m+1$,当 P 置换分支数越大时,进行线性或差分密码分析所需的明文数就越多，其抗击差分密码分析和线性密码分析的能力就越强。

（3）实际参数

最大分支数由程序根据输入自动生成。

3. 轮函数设计

（1）结构选择

本软件支持 Feistel 结构和 SPN 结构的轮函数的自动化设计，用户可以选择自己需要的结构。

Feistel 结构由于 DES 的公布而广为人知，已被许多分组密码所采用。Feistel 结构的最大优点是容易保证加解密算法的对合性，这一点在实际应用中尤其重要。

SPN 结构(如 AES)的扩散性比较好，可以有效抵抗差分密码攻击和线性密码攻击。SP 结构分组密码中的 S 是指混淆层，一般由若干个 S 盒并置而成，它们是非线性部分，主要起混淆的作用同时也是密码安全性的重要保障；P 是指扩散层，一般由一个置换或一个可逆变换构成，主要起扩散作用，大多数情况下采用线性变换，称为 P 置换。

（2）轮函数的密码指标

差分攻击和线性攻击是迭代型分组中最重要、最基本的两种密码分析方法。在迭代型分组密码中，考察低轮密码算法的最大差分特征概率和最大线性逼近概率，进而评估整个算法抵抗这两种攻击的能力十分必要。由于单轮函数的差分指标和线性指标可根据轮函数中密码指标最佳的 S 盒推导而得，故此软件系统只考察 $r(r\leqslant 16)$ 轮函数的最大差分特征概率和最大线性逼近概率。

（3）规模选择(字节)

用户需要选择输入规模、输出规模及轮数 r，其中输入输出规模指输入输出数据的字节数。

（4）密码学指标

程序根据用户输入生成 r 轮差分特征以及 r 轮线性逼近式及相应的概率，产生轮函数的密码学指标，具体公式见第 5 章。

实验数据表明，该演化设计系统 1 分钟内约产生 100～120 个密码学性质良好的 S 盒，其中一部分达到理论最佳值。

12.3 系统介绍

12.3.1 软件主界面

软件主界面如图 12-6 所示。

第 12 章　演化密码软件系统

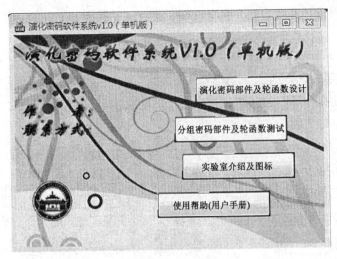

图 12-6　软件主界面

12.3.2　分组密码部件及轮函数设计

1. 输入 S 盒的相关参数：输入输出比特数均为 8，差分均匀度为 4，非线性度为 112，代数免疫参数为 192。产生的 S 盒如图 12-7 所示，并且可以看到该 S 盒的差分均匀度为 4，非线性度为 112，代数免疫参数为 194，而且可以将 S 盒导出保存为 txt 文档。

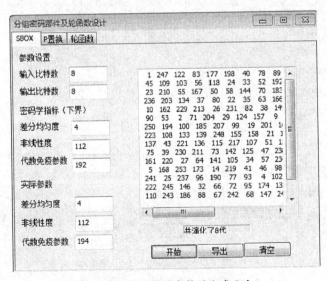

图 12-7　输入相关参数后生成 S 盒

2. 输入 P 置换的相关参数：规模为 16，最佳分支数为 17。生成的 P 置换如图 12-8 所示。可以将生成的 P 置换导出保存为 txt 文档，如图 12-9 所示。

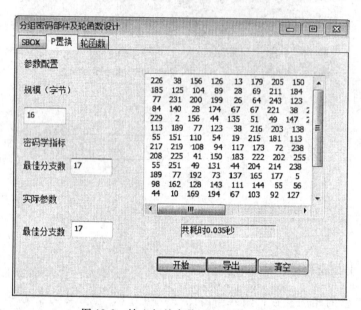

图 12-8　输入相关参数后产生的 P 置换

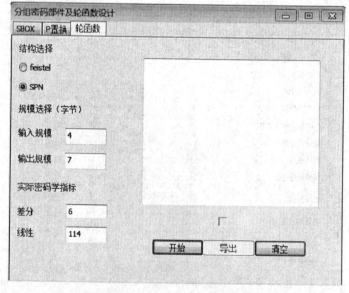

图 12-9　输入相关参数后产生轮函数(未能产生)

12.3.3 分组密码部件及轮函数测试

1. 导入生成的 S 盒,选择不进行系统设计,这样开始后就会测试出 S 盒的相关参数:输入输出比特数均为 8,差分度为 4,非线性度为 112,代数免疫参数为 193,结果如图 12-10 所示。

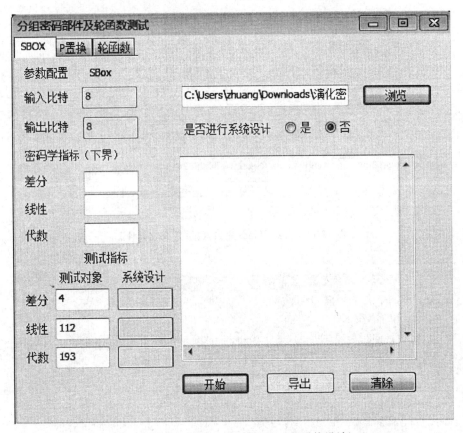

图 12-10　分组密码 S 盒测试(不进行系统设计)

2. 同步骤 1,选择进行系统设计,然后输入想要达到的密码学性质要求,开始后,如果 S 盒满足下界要求就不进行演化,如果不满足则进行演化计算,直到得到满足要求的 S 盒。如图 12-11 所示的结果就产生了比导入 S 盒密码学性质更高的 S 盒,可以导出另存为 txt 文档。

3. 导入已经存在的 P 置换。如果不进行系统设计,开始后就会给出导入 P 置换的相关参数,如图 12-12 所示。

4. 导入已经存在的 P 置换,如果选择进行系统设计,当导入的 P 置换不满足用户

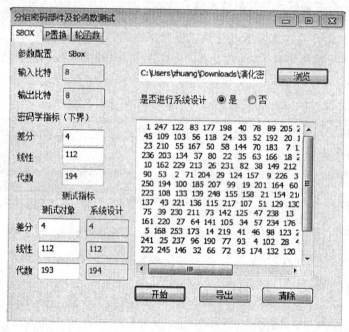

图 12-11　分组密码 S 盒测试(进行系统设计)

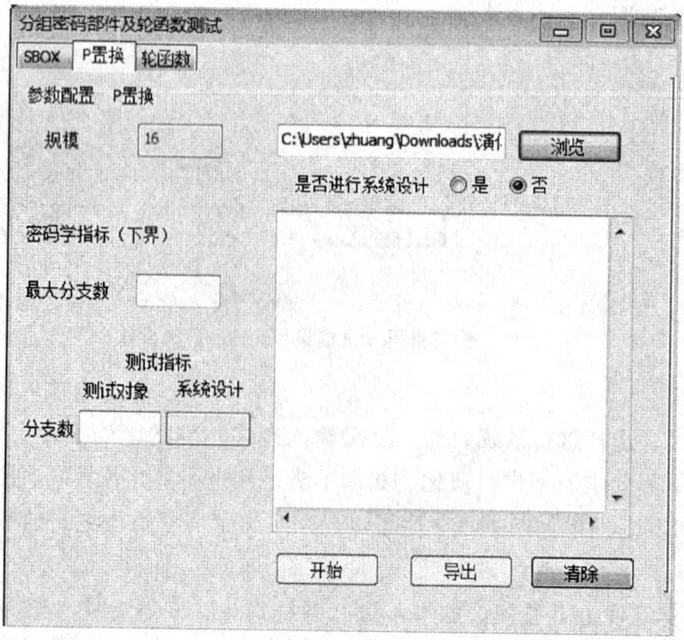

图 12-12　P 置换测试(不进行系统设计)

的密码学指标要求时，系统会根据用户输入的参数对当前 P 置换进行演化变化。如图 12-13 所示。

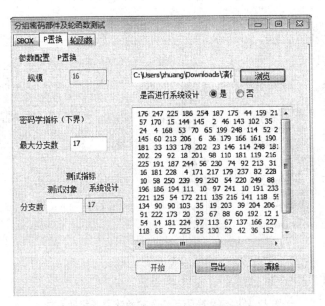

图 12-13　P 置换测试（进行系统设计）

12.3.4　系统帮助

1. 演化密码部件及轮函数设计的帮助文档根据软件功能分成了 S 盒、P 置换、轮函数三级，然后根据每一级的输入参数对每个参数进行解释，具体目录如图 12-14 所示。

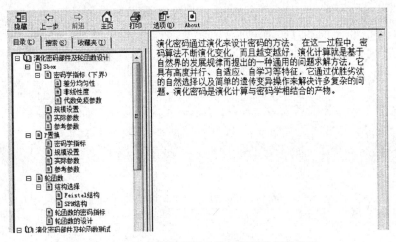

图 12-14　演化密码部件及轮函数设计帮助目录

2. 演化密码部件及轮函数测试的帮助文档结构与设计部分基本相同，具体目录如图 12-15 所示。

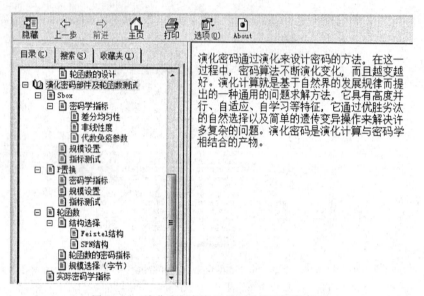

图 12-15　演化密码部件及轮函数测试帮助目录

附录1 演化设计的2组(16个)DES的S盒

第一组

S_1 0, 13, 14, 3, 5, 11, 4, 10, 9, 7, 8, 15, 6, 1, 2, 12
       0, 11, 3, 4, 5, 14, 12, 7, 10, 13, 9, 2, 15, 1, 6, 8
       0, 6, 3, 10, 5, 15, 12, 1, 14, 9, 13, 7, 8, 4, 11, 2
       8, 11, 13, 4, 5, 6, 12, 9, 7, 1, 14, 4, 0, 10, 3, 15
       差分指标=14 代数指标=63 线性指标=6

S_2 0, 12, 3, 6, 14, 2, 7, 4, 13, 1, 8, 11, 5, 8, 12, 1
       0, 11, 3, 8, 5, 14, 15, 1, 9, 7, 12, 2, 6, 13, 10, 4
      10, 9, 12, 5, 11, 8, 5, 6, 2, 4, 10, 15, 1, 14, 9, 12
       1, 11, 15, 6, 4, 14, 3, 0, 9, 7, 15, 8, 12, 7, 9, 10
       差分指标=14 代数指标=63 线性指标=4

S_3 0, 12, 3, 6, 14, 2, 7, 4, 13, 1, 8, 11, 5, 8, 12, 1
      10, 9, 12, 5, 11, 8, 5, 6, 2, 4, 10, 15, 1, 14, 9, 12
       0, 11, 3, 8, 5, 14, 15, 1, 9, 7, 12, 2, 6, 13, 10, 4
       1, 11, 15, 6, 4, 14, 3, 0, 9, 7, 15, 8, 12, 7, 9, 10
       差分指标=14 代数指标=63 线性指标=4

S_4 1, 12, 7, 10, 8, 9, 4, 5, 4, 3, 14, 0, 0, 14, 3, 4
       7, 12, 13, 11, 2, 6, 8, 1, 1, 5, 12, 2, 13, 0, 3, 14
       1, 10, 7, 12, 6, 15, 0, 3, 0, 15, 6, 3, 11, 5, 13, 14
       0, 11, 3, 14, 5, 8, 6, 1, 12, 7, 9, 2, 10, 13, 15, 4
       差分指标=14 代数指标=63 线性指标=4

S_5 0, 12, 3, 6, 14, 2, 7, 4, 13, 1, 8, 11, 5, 8, 12, 1
      10, 9, 12, 5, 11, 8, 5, 6, 2, 4, 10, 15, 1, 14, 9, 12
       0, 11, 8, 3, 5, 14, 1, 15, 6, 13, 4, 10, 5, 9, 10, 12
       1, 15, 11, 6, 4, 3, 14, 0, 12, 9, 7, 10, 4, 3, 14, 0
       差分指标=14 代数指标=63 线性指标=5

S_6　　7, 3, 0, 13, 1, 6, 10, 8, 11, 9, 5, 2, 4, 9, 15, 14
　　　　15, 3, 0, 10, 5, 1, 14, 15, 14, 15, 5, 1, 2, 8, 7, 13
　　　　0, 10, 3, 12, 5, 15, 9, 6, 11, 4, 14, 2, 8, 1, 7, 13
　　　　0, 3, 13, 8, 10, 7, 12, 1, 10, 15, 7, 2, 5, 12, 14, 1
　　　　差分指标=14 代数指标=63 线性指标=5

S_7　　0, 12, 3, 15, 5, 6, 10, 9, 7, 1, 14, 2, 11, 8, 13, 4
　　　　3, 13, 0, 4, 9, 11, 6, 14, 12, 8, 5, 7, 5, 10, 14, 4
　　　　15, 8, 7, 10, 5, 11, 1, 6, 2, 13, 6, 12, 5, 9, 10, 12
　　　　2, 14, 13, 4, 12, 5, 9, 6, 4, 11, 7, 2, 0, 15, 6, 3
　　　　差分指标=14 代数指标=63 线性指标=2

S_8　　15, 4, 10, 1, 5, 2, 9, 14, 0, 13, 3, 8, 0, 14, 3, 4
　　　　4, 7, 3, 0, 11, 1, 6, 12, 4, 5, 9, 14, 14, 2, 9, 15
　　　　5, 1, 15, 14, 6, 2, 13, 12, 5, 11, 1, 10, 3, 11, 14, 0
　　　　10, 5, 1, 11, 0, 3, 7, 12, 11, 13, 4, 2, 14, 8, 9, 15
　　　　差分指标=14 代数指标=63 线性指标=5

第二组

S_1　　7, 12, 4, 9, 3, 0, 11, 6, 14, 5, 11, 8, 9, 10, 7, 2
　　　　0, 13, 3, 8, 5, 14, 6, 1, 10, 7, 12, 11, 9, 2, 15, 4
　　　　15, 0, 3, 6, 9, 5, 10, 12, 9, 14, 4, 15, 4, 11, 8, 1
　　　　6, 8, 7, 1, 0, 3, 14, 11, 3, 0, 8, 13, 11, 13, 10, 12
　　　　差分指标=14 代数指标=63 线性指标=3

S_2　　0, 6, 3, 9, 5, 10, 12, 15, 11, 1, 13, 14, 8, 4, 7, 2
　　　　5, 12, 1, 14, 0, 3, 14, 7, 10, 15, 8, 1, 12, 6, 13, 2
　　　　4, 15, 12, 11, 5, 15, 14, 2, 0, 9, 3, 12, 11, 1, 8, 4
　　　　12, 1, 15, 11, 10, 8, 13, 5, 10, 13, 7, 6, 3, 7, 4, 0
　　　　差分指标=14 代数指标=63 线性指标=2

S_3　　0, 13, 11, 3, 7, 14, 1, 13, 15, 4, 1, 10, 7, 14, 1, 13
　　　　13, 6, 12, 11, 2, 5, 10, 1, 9, 0, 3, 10, 7, 9, 15, 8
　　　　1, 7, 14, 13, 10, 12, 11, 7, 11, 7, 13, 2, 6, 10, 5, 12
　　　　3, 0, 7, 13, 10, 9, 14, 13, 12, 15, 1, 2, 9, 1, 15, 14
　　　　差分指标=14 代数指标=63 线性指标=5

附录1 演化设计的2组(16个)DES的S盒

S_4 0, 12, 3, 15, 5, 6, 10, 9, 7, 1, 14, 2, 11, 8, 13, 4
15, 8, 7, 10, 5, 11, 1, 6, 2, 13, 6, 12, 5, 9, 10, 12
3, 13, 0, 4, 9, 11, 6, 14, 12, 8, 5, 7, 5, 10, 14, 4
2, 14, 13, 4, 12, 5, 9, 6, 4, 11, 7, 2, 0, 15, 6, 3
差分指标=14 代数指标=63 线性指标=2

S_5 0, 6, 3, 9, 5, 10, 12, 15, 11, 1, 13, 14, 8, 4, 7, 2
1, 12, 5, 14, 13, 6, 12, 2, 8, 15, 10, 1, 11, 1, 15, 12
4, 15, 12, 11, 5, 15, 14, 2, 0, 9, 3, 12, 11, 1, 8, 4
12, 1, 15, 11, 10, 8, 13, 5, 10, 13, 7, 6, 3, 7, 4, 0
差分指标=14 代数指标=63 线性指标=2

S_6 0, 14, 3, 13, 5, 2, 10, 7, 15, 8, 6, 1, 9, 4, 12, 11
3, 11, 4, 0, 11, 8, 12, 15, 9, 13, 14, 6, 10, 8, 1, 5
11, 2, 7, 13, 0, 3, 10, 9, 5, 12, 2, 1, 0, 3, 14, 4
6, 11, 10, 1, 5, 2, 9, 14, 0, 9, 3, 10, 15, 8, 12, 7
差分指标=14 代数指标=63 线性指标=5

S_7 0, 14, 3, 13, 5, 2, 10, 7, 15, 8, 6, 1, 9, 4, 12, 11
11, 2, 7, 13, 0, 3, 10, 9, 5, 12, 2, 1, 0, 3, 14, 4
3, 11, 4, 0, 11, 8, 12, 15, 9, 13, 14, 6, 10, 8, 1, 5
6, 11, 10, 1, 5, 2, 9, 14, 0, 9, 3, 10, 15, 8, 12, 7
差分指标=14 代数指标=63 线性指标=5

S_8 15, 4, 10, 1, 5, 2, 9, 14, 0, 13, 3, 8, 0, 14, 3, 4
4, 7, 3, 0, 11, 1, 6, 12, 4, 5, 9, 14, 14, 2, 9, 15
5, 15, 1, 14, 5, 1, 11, 10, 5, 9, 11, 2, 3, 14, 11, 0
10, 5, 1, 11, 0, 3, 7, 12, 11, 13, 4, 2, 14, 8, 9, 15
差分指标=14 代数指标=63 线性指标=6

附录 2　演化设计的 108 个 DES 的 P 置换

注：以下所有 P 置换的分支数都达到最大，只是分类不同。

第 1 类 P 置换个数 = 3

P_1　4 12 20 28 8 16 24 0 13 21 29 5 17 25 1 9 22 30 6 14 26 2 10 18 31 7 15 23 3 11 19 27
P_2　4 16 12 28 8 20 17 0 13 24 21 5 18 29 25 9 22 1 30 14 26 6 2 19 31 10 7 23 3 15 11 27
P_3　8 16 4 28 12 20 9 0 17 24 13 5 21 29 18 10 25 1 22 14 30 6 26 19 2 11 31 23 7 15 3 27

第 2 类 P 置换个数 = 2

P_1　4 20 16 28 8 24 21 0 12 29 25 5 17 1 30 9 22 6 2 13 26 10 7 18 31 14 11 23 3 19 15 27
P_2　12 20 8 28 16 24 13 0 21 29 17 4 25 1 22 9 30 5 26 14 2 10 31 18 6 15 3 23 11 19 7 27

第 3 类 P 置换个数 = 94

P_1　4 12 16 24 8 20 17 28 13 21 25 0 18 29 26 5 22 30 1 9 27 6 2 14 31 7 10 19 3 15 11 23
P_2　4 12 16 24 8 20 17 28 13 21 25 0 18 29 26 5 22 30 1 9 27 6 2 14 31 10 7 19 3 15 11 23
P_3　4 12 16 24 8 20 17 28 13 21 25 0 18 29 26 5 22 1 30 9 27 2 6 14 31 10 7 19 3 15 11 23
P_4　4 12 16 24 8 20 17 28 13 21 25 0 18 29 26 5 22 1 30 9 27 6 2 14 31 7 10 19 3 15 11 23
P_5　4 12 16 24 8 20 17 28 13 21 25 0 18 29 26 5 22 1 30 9 27 6 2 14 31 10 7 19 3 15 11 23
P_6　4 12 16 24 8 20 17 28 13 25 21 0 18 26 29 5 22 1 30 9 27 2 6 14 31 10 7 19 3 15 11 23
P_7　4 12 16 24 8 20 17 28 13 25 21 0 18 26 29 5 22 1 30 9 27 6 2 14 31 7 10 19 3 15 11 23
P_8　4 12 16 24 8 20 17 28 13 25 21 0 18 26 29 5 22 1 30 9 27 6 2 14 31 10 7 19 3 15 11 23
P_9　4 12 16 24 8 20 17 28 13 25 21 0 18 29 26 5 22 30 1 9 27 6 2 14 31 7 10 19 3 15 11 23
P_{10}　4 12 16 24 8 20 17 28 13 25 21 0 18 29 26 5 22 30 1 9 27 6 2 14 31 10 7 19 3 15 11 23
P_{11}　4 12 16 24 8 20 17 28 13 25 21 0 18 29 26 5 22 1 30 9 27 2 6 14 31 10 7 19 3 15 11 23
P_{12}　4 12 16 24 8 20 17 28 13 25 21 0 18 29 26 5 22 1 30 9 27 6 2 14 31 7 10 19 3 15 11 23
P_{13}　4 12 16 24 8 20 17 28 13 25 21 0 18 29 26 5 22 1 30 9 27 6 2 14 31 10 7 19 3 15 11 23
P_{14}　4 12 8 24 16 20 9 28 13 21 17 0 25 29 18 5 22 30 26 10 1 6 27 14 31 7 2 19 11 15 3 23
P_{15}　4 12 8 24 16 20 9 28 13 21 17 0 25 29 18 5 22 1 26 10 30 6 27 14 2 7 31 19 11 15 3 23
P_{16}　4 12 8 24 16 20 9 28 13 25 17 0 21 26 18 5 29 1 22 10 27 6 30 14 2 7 31 19 11 15 3 23

P_{17}	4 12 8 24 16 20 9 28 13 25 17 0 21 29 18 5 26 30 22 10 1 6 27 14 31 7 2 19 11 15 3 23
P_{18}	4 12 8 24 16 20 9 28 13 25 17 0 21 29 18 5 26 1 22 10 30 6 27 14 2 7 31 19 11 15 3 23
P_{19}	4 16 12 24 8 17 20 28 13 25 21 0 18 26 29 5 22 1 30 9 27 2 6 14 31 10 7 19 3 11 15 23
P_{20}	4 16 12 24 8 17 20 28 13 25 21 0 18 26 29 5 22 1 30 9 27 2 6 14 31 10 7 19 3 15 11 23
P_{21}	4 16 12 24 8 17 20 28 13 25 21 0 18 26 29 5 22 1 30 9 27 6 2 14 31 7 10 19 3 15 11 23
P_{22}	4 16 12 24 8 17 20 28 13 25 21 0 18 26 29 5 22 1 30 9 27 2 6 14 31 10 7 19 3 11 15 23
P_{23}	4 16 12 24 8 17 20 28 13 25 21 0 18 26 29 5 22 1 30 9 27 6 2 14 31 10 7 19 3 15 11 23
P_{24}	4 16 12 24 8 17 20 28 13 25 21 0 18 29 26 5 22 30 1 9 27 6 2 14 31 7 10 19 3 15 11 23
P_{25}	4 16 12 24 8 17 20 28 13 25 21 0 18 29 26 5 22 30 1 9 27 6 2 14 31 10 7 19 3 11 15 23
P_{26}	4 16 12 24 8 17 20 28 13 25 21 0 18 29 26 5 22 30 1 9 27 6 2 14 31 10 7 19 3 15 11 23
P_{27}	4 16 12 24 8 17 20 28 13 25 21 0 18 29 26 5 22 1 30 9 27 2 6 14 31 10 7 19 3 11 15 23
P_{28}	4 16 12 24 8 17 20 28 13 25 21 0 18 29 26 5 22 1 30 9 27 2 6 14 31 10 7 19 3 15 11 23
P_{29}	4 16 12 24 8 17 20 28 13 25 21 0 18 29 26 5 22 1 30 9 27 6 2 14 31 7 10 19 3 15 11 23
P_{30}	4 16 12 24 8 17 20 28 13 25 21 0 18 29 26 5 22 1 30 9 27 6 2 14 31 10 7 19 3 11 15 23
P_{31}	4 16 12 24 8 17 20 28 13 25 21 0 18 29 26 5 22 1 30 9 27 6 2 14 31 10 7 19 3 15 11 23
P_{32}	4 16 12 24 8 20 17 28 13 21 25 0 18 29 26 5 22 30 1 9 27 6 2 14 31 10 7 19 3 11 15 23
P_{33}	4 16 12 24 8 20 17 28 13 21 25 0 18 29 26 5 22 30 1 9 27 6 2 14 31 10 7 19 3 15 11 23
P_{34}	4 16 12 24 8 20 17 28 13 21 25 0 18 29 26 5 22 30 1 9 27 6 2 14 31 10 7 19 3 15 11 23
P_{35}	4 16 12 24 8 20 17 28 13 21 25 0 18 29 26 5 22 1 30 9 27 2 6 14 31 10 7 19 3 11 15 23
P_{36}	4 16 12 24 8 20 17 28 13 21 25 0 18 29 26 5 22 1 30 9 27 2 6 14 31 10 7 19 3 15 11 23
P_{37}	4 16 12 24 8 20 17 28 13 21 25 0 18 29 26 5 22 1 30 9 27 6 2 14 31 7 10 19 3 15 11 23
P_{38}	4 16 12 24 8 20 17 28 13 21 25 0 18 29 26 5 22 1 30 9 27 6 2 14 31 10 7 19 3 11 15 23
P_{39}	4 16 12 24 8 20 17 28 13 21 25 0 18 29 26 5 22 1 30 9 27 6 2 14 31 10 7 19 3 15 11 23
P_{40}	4 16 12 24 8 20 17 28 13 25 21 0 18 26 29 5 22 1 30 9 27 2 6 14 31 10 7 19 3 15 11 23
P_{41}	4 16 12 24 8 20 17 28 13 25 21 0 18 26 29 5 22 1 30 9 27 2 6 14 31 10 7 19 3 15 11 23
P_{42}	4 16 12 24 8 20 17 28 13 25 21 0 18 26 29 5 22 1 30 9 27 6 2 14 31 7 10 19 3 15 11 23
P_{43}	4 16 12 24 8 20 17 28 13 25 21 0 18 26 29 5 22 1 30 9 27 6 2 14 31 10 7 19 3 11 15 23
P_{44}	4 16 12 24 8 20 17 28 13 25 21 0 18 26 29 5 22 1 30 9 27 6 2 14 31 10 7 19 3 15 11 23
P_{45}	4 16 12 24 8 20 17 28 13 25 21 0 18 29 26 5 22 30 1 9 27 6 2 14 31 7 10 19 3 15 11 23
P_{46}	4 16 12 24 8 20 17 28 13 25 21 0 18 29 26 5 22 30 1 9 27 6 2 14 31 10 7 19 3 11 15 23
P_{47}	4 16 12 24 8 20 17 28 13 25 21 0 18 29 26 5 22 30 1 9 27 6 2 14 31 10 7 19 3 15 11 23
P_{48}	4 16 12 24 8 20 17 28 13 25 21 0 18 29 26 5 22 1 30 9 27 2 6 14 31 10 7 19 3 11 15 23
P_{49}	4 16 12 24 8 20 17 28 13 25 21 0 18 29 26 5 22 1 30 9 27 6 2 14 31 10 7 19 3 15 11 23
P_{50}	4 16 12 24 8 20 17 28 13 25 21 0 18 29 26 5 22 1 30 9 27 6 2 14 31 7 10 19 3 15 11 23
P_{51}	4 16 12 24 8 20 17 28 13 25 21 0 18 29 26 5 22 1 30 9 27 6 2 14 31 10 7 19 3 11 15 23

P_{52} 4 16 12 24 8 20 17 28 13 25 21 0 18 29 26 5 22 1 30 9 27 6 2 14 31 10 7 19 3 15 11 23
P_{53} 4 16 8 24 12 17 9 28 20 25 13 0 18 26 21 5 29 1 22 10 27 6 30 14 2 7 31 19 11 15 3 23
P_{54} 4 16 8 24 12 17 9 28 20 25 13 0 18 29 21 5 26 30 22 10 1 6 27 14 31 7 2 19 11 15 3 23
P_{55} 4 16 8 24 12 17 9 28 20 25 13 0 18 29 21 5 26 1 22 10 30 6 27 14 2 7 31 19 11 15 3 23
P_{56} 4 16 8 24 12 20 9 28 17 21 13 0 25 29 18 5 22 30 26 10 1 6 27 14 31 7 2 19 11 15 3 23
P_{57} 4 16 8 24 12 20 9 28 17 21 13 0 25 29 18 5 22 1 26 10 30 6 27 14 2 7 31 19 11 15 3 23
P_{58} 4 16 8 24 12 20 9 28 17 25 13 0 21 26 18 5 29 1 22 10 27 6 30 14 2 7 31 19 11 15 3 23
P_{59} 4 16 8 24 12 20 9 28 17 25 13 0 21 29 18 5 26 30 22 10 1 6 27 14 31 7 2 19 11 15 3 23
P_{60} 4 16 8 24 12 20 9 28 17 25 13 0 21 29 18 5 26 1 22 10 30 6 27 14 2 7 31 19 11 15 3 23
P_{61} 8 12 4 24 16 20 9 28 13 21 17 0 25 29 18 5 22 30 26 10 1 6 27 14 31 11 2 19 7 15 3 23
P_{62} 8 12 4 24 16 20 9 28 13 21 17 0 25 29 18 5 22 1 26 10 30 2 27 14 6 11 31 19 3 15 7 23
P_{63} 8 12 4 24 16 20 9 28 13 21 17 0 25 29 18 5 22 1 26 10 30 6 27 14 2 11 31 19 7 15 3 23
P_{64} 8 12 4 24 16 20 9 28 13 25 17 0 21 26 18 5 29 1 22 10 27 2 30 14 6 11 31 19 3 15 7 23
P_{65} 8 12 4 24 16 20 9 28 13 25 17 0 21 26 18 5 29 1 22 10 27 6 30 14 2 11 31 19 7 15 3 23
P_{66} 8 12 4 24 16 20 9 28 13 25 17 0 21 29 18 5 26 30 22 10 1 6 27 14 31 11 2 19 7 15 3 23
P_{67} 8 12 4 24 16 20 9 28 13 25 17 0 21 29 18 5 26 1 22 10 30 2 27 14 6 11 31 19 3 15 7 23
P_{68} 8 12 4 24 16 20 9 28 13 25 17 0 21 29 18 5 26 1 22 10 30 6 27 14 2 11 31 19 7 15 3 23
P_{69} 8 16 4 24 12 17 9 28 20 25 13 0 18 26 21 5 29 1 22 10 27 2 30 14 6 11 31 19 3 15 7 23
P_{70} 8 16 4 24 12 17 9 28 20 25 13 0 18 26 21 5 29 1 22 10 27 6 30 14 2 11 31 19 7 15 3 23
P_{71} 8 16 4 24 12 17 9 28 20 25 13 0 18 29 21 5 26 30 22 10 1 6 27 14 31 11 2 19 7 15 3 23
P_{72} 8 16 4 24 12 17 9 28 20 25 13 0 18 29 21 5 26 1 22 10 30 2 27 14 6 11 31 19 3 15 7 23
P_{73} 8 16 4 24 12 17 9 28 20 25 13 0 18 29 21 5 26 1 22 10 30 6 27 14 2 11 31 19 7 15 3 23
P_{74} 8 16 4 24 12 20 9 28 17 21 13 0 25 29 18 5 22 30 26 10 1 6 27 14 31 11 2 19 7 15 3 23
P_{75} 8 16 4 24 12 20 9 28 17 21 13 0 25 29 18 5 22 1 26 10 30 2 27 14 6 11 31 19 3 15 7 23
P_{76} 8 16 4 24 12 20 9 28 17 21 13 0 25 29 18 5 22 1 26 10 30 6 27 14 2 11 31 19 7 15 3 23
P_{77} 8 16 4 24 12 20 9 28 17 25 13 0 21 26 18 5 29 1 22 10 27 2 30 14 6 11 31 19 3 15 7 23
P_{78} 8 16 4 24 12 20 9 28 17 25 13 0 21 26 18 5 29 1 22 10 27 6 30 14 2 11 31 19 7 15 3 23
P_{79} 8 16 4 24 12 20 9 28 17 25 13 0 21 29 18 5 26 30 22 10 1 6 27 14 31 11 2 19 7 15 3 23
P_{80} 8 16 4 24 12 20 9 28 17 25 13 0 21 29 18 5 26 1 22 10 30 2 27 14 6 11 31 19 3 15 7 23
P_{81} 8 16 4 24 12 20 9 28 17 25 13 0 21 29 18 5 26 1 22 10 30 6 27 14 2 11 31 19 7 15 3 23
P_{82} 12 16 4 24 8 17 13 28 20 25 14 0 18 26 21 5 29 1 22 9 27 2 30 15 6 10 31 19 3 11 7 23
P_{83} 12 16 4 24 8 17 13 28 20 25 14 0 18 26 21 5 29 1 22 9 27 6 30 15 2 10 31 19 7 11 3 23
P_{84} 12 16 4 24 8 17 13 28 20 25 14 0 18 29 21 5 26 30 22 9 1 6 27 15 31 10 2 19 7 11 3 23
P_{85} 12 16 4 24 8 17 13 28 20 25 14 0 18 29 21 5 26 1 22 9 30 2 27 15 6 10 31 19 3 11 7 23
P_{86} 12 16 4 24 8 17 13 28 20 25 14 0 18 29 21 5 26 1 22 9 30 6 27 15 2 10 31 19 7 11 3 23

P_{87} 12 16 4 24 8 20 13 28 17 21 14 0 25 29 18 5 22 30 26 9 1 6 27 15 31 10 2 19 7 11 3 23
P_{88} 12 16 4 24 8 20 13 28 17 21 14 0 25 29 18 5 22 1 26 9 30 2 27 15 6 10 31 19 3 11 7 23
P_{89} 12 16 4 24 8 20 13 28 17 21 14 0 25 29 18 5 22 1 26 9 30 6 27 15 2 10 31 19 7 11 3 23
P_{90} 12 16 4 24 8 20 13 28 17 25 14 0 21 26 18 5 29 1 22 9 27 2 30 15 6 10 31 19 3 11 7 23
P_{91} 12 16 4 24 8 20 13 28 17 25 14 0 21 26 18 5 29 1 22 9 27 6 30 15 2 10 31 19 7 11 3 23
P_{92} 12 16 4 24 8 20 13 28 17 25 14 0 21 29 18 5 26 30 22 9 1 6 27 15 31 10 2 19 7 11 3 23
P_{93} 12 16 4 24 8 20 13 28 17 25 14 0 21 29 18 5 26 1 22 9 30 2 27 15 6 10 31 19 3 11 7 23
P_{94} 12 16 4 24 8 20 13 28 17 25 14 0 21 29 18 5 26 1 22 9 30 6 27 15 2 10 31 19 7 11 3 23

第 4 类 P 置换个数 = 3
P_1 4 12 20 28 8 24 16 0 13 29 21 5 17 1 25 9 22 6 30 14 26 10 2 18 31 15 7 23 3 19 11 24
P_2 4 20 12 28 8 24 16 0 13 29 21 5 17 1 25 9 22 6 30 14 26 10 2 18 31 15 7 23 3 19 11 27
P_3 8 20 4 28 12 24 9 0 16 29 13 5 21 1 17 10 25 6 22 14 30 11 26 18 2 15 31 23 7 19 3 27

第 5 类 P 置换个数 = 2
P_1 4 16 20 28 8 24 21 0 12 29 25 5 17 1 30 9 22 6 2 13 26 10 7 18 31 14 11 23 3 19 15 24
P_2 4 20 16 28 8 24 21 0 12 29 25 5 17 1 30 9 22 6 2 13 26 10 7 18 31 14 11 23 3 19 15 27

第 6 类 P 置换个数 = 2
P_1 4 16 12 24 8 20 17 28 13 25 21 0 18 29 26 5 22 1 30 9 27 6 2 14 31 10 7 19 3 15 11 23
P_2 8 16 4 24 12 20 9 28 17 25 13 0 21 29 18 5 26 1 22 10 30 6 27 14 2 11 31 19 7 15 3 23

第 7 类 P 置换个数 = 2
P_1 8 20 16 28 12 24 21 0 17 29 25 4 22 1 30 9 26 5 2 13 31 10 6 18 3 14 11 23 7 19 15 27
P_2 12 20 8 28 16 24 13 0 21 29 17 4 25 1 22 9 30 5 26 14 2 10 31 18 6 15 3 23 11 19 7 27